科 学 通 识 书 系

# 二十世纪生物学的分子革命

## 分子生物学所走过的路

### （增订版）

Histoire de la
biologie moléculaire

［法］米歇尔·莫朗热（Michel Morange）著

［英］马修·科博（Mathew Cobb）英译

昌增益 中译

北京大学出版社
PEKING UNIVERSITY PRESS

著作权合同登记号　图字：01-2021-5141

图书在版编目（CIP）数据

二十世纪生物学的分子革命：分子生物学所走过的路：增订版 /（法）米歇尔·莫朗热著；
（英）马修·科博英译；昌增益中译 . —北京：北京大学出版社，2021.11
ISBN 978-7-301-32474-5

Ⅰ . ①二 … Ⅱ . ①米 … ②马 … ③昌 … Ⅲ . ①分子生物学—普及读物 Ⅳ . ① Q7-49

中国版本图书馆 CIP 数据核字（2021）第 178466 号

*Histoire de la biologie moléculaire* by Michel Morange

Copyright © Editions La Découverte, Paris, 2003, 2020.

This edition is a translation authorized by the original publisher.

Simplified Chinese edition ©2021 Peking University Press

All rights reserved.

| | |
|---|---|
| 书　　　名 | 二十世纪生物学的分子革命 —— 分子生物学所走过的路（增订版）<br>ERSHI SHIJI SHENGWUXUE DE FENZI GEMING ——FENZI SHENGWUXUE<br>SUO ZOUGUO DE LU（ZENG DING BAN） |
| 著作责任者 | 〔法〕米歇尔·莫朗热（Michel Morange）著<br>〔英〕马修·科博（Mathew Cobb）英译<br>昌增益 中译 |
| 责 任 编 辑 | 唐知涵 |
| 标 准 书 号 | ISBN 978-7-301-32474-5 |
| 出 版 发 行 | 北京大学出版社 |
| 地　　　址 | 北京市海淀区成府路 205 号　100871 |
| 网　　　址 | http://www. pup. cn　新浪微博：@北京大学出版社 |
| 微信公众号 | 科学元典（微信号：kexueyuandian） |
| 电 子 信 箱 | zyl@pup. pku. edu. cn |
| 电　　　话 | 邮购部 010-62752015　发行部 010-62750672　编辑部 010-62753056 |
| 印 刷 者 | 北京市科星印刷有限责任公司 |
| 经 销 者 | 新华书店 |
| | 787 毫米 ×1092 毫米　16 开本　25 印张　560 千字 |
| | 2021 年 11 月第 1 版　2023 年 6 月第 3 次印刷 |
| 定　　　价 | 118.00 元 |

# 中文版序

我非常感激昌增益教授将本书从英文翻译成中文，也感谢北京大学出版社同意出版中文版。若干年前，也是昌增益教授提供了令我感动的帮助，将此书第一版翻译成中文。此书新版增加了不少内容，以反映近年生物学领域诸多新进展，特别是一些新领域的崛起，如系统生物学、合成生物学及表观遗传学，等等。

中国是第一个将这个新版本翻译出版的国家，这使我分外高兴，因为中国的研究人员在这些获得最新进展的领域研究活跃。我近年多次访问中国，深知中国学生对科学，特别是生命科学，是如此的热爱和渴望。

然而，我发现，一个科学领域越是活跃和辉煌，学生对其历史就知道得越少，而且更加倾向于认为，这样的历史知识对他们没有多大用处。这是我在法国作为生物学教授，从我的学生身上观察到的一种悖论。我敢肯定，中国学生也如此。

本书旨在告诉生物学领域的学生和未来的研究人员，对主要发生于20世纪下半叶并仍在持续的、使生物学完全改观的分子革命了解越多，你对它的兴趣会更加浓厚，而且这些知识对你的未来发展也非常有用。书中你将遇见大量参与见证过这段历史发展的有趣人物。你将发现那些使得这一新科学崛起的美妙实验。通过对这些杰出人物和实验的了解，我希望你能学到如何开展创新研究。你将明白，像系统生物学这样的新领域的出现，以及其领域内或它与其他领域之间所存在的争议，如果缺乏对其历史背景的了解，你就难以完全理解。

认识过去是把握现在以及为未来做好准备的最佳方式。

我希望中国读者能享受这本书，并发现它有价值。

# 中译者序

历史学家可能感叹于人类在 20 世纪所经历的两次残酷世界大战。但作为生物科学工作者，我惊叹于 20 世纪我们对生命现象认识的深入。正是在这个世纪，发生了生物学的分子革命，我们对生命的认识进入到分子水平，蛋白质、核酸（DNA 和 RNA）、糖类、脂类、代谢小分子等成为我们描述生命现象的常用词汇。

这也使人类的生活发生了翻天覆地的变化。这些进步和变化，生活在 19 世纪的人们可能难以预料。

人类一直在与瘟疫斗争，但到现代才知道它们是由病毒或细菌引起的。面对新冠肺炎这场新的瘟疫，中国科学家在仅仅几周时间内，就鉴定出一种新型冠状 RNA 病毒为病原体，测定出其全基因组序列，并在此基础上推断出其编码蛋白质的种类及各种蛋白质的氨基酸序列。更为重要的是，基于病毒 RNA 的精确序列，建立了专一检测这种病毒的聚合酶链式反应（PCR）方法，使得我们可以快速检测任何个体是否携带这种病毒！这完全依赖于分子生物学革命所提供的理论和技术体系。这为我们有效地控制这场瘟疫（特别在中国）所做出的贡献，是分子生物学研究成果造福人类的一个极佳范例。

然而，大约在 100 余年前，当人类面临 1917—1918 年发生的西班牙流感时（被认为起源于美国），我们对病毒这种主要由核酸和蛋白质组成的、比细胞小很多的微小颗粒的认识刚刚开始，更是无法像今天这样快速鉴定和检测它。在病毒面前，人类显得那么无能为力，除了恐慌还是恐慌。西班牙流感导致全世界死亡人数多达 5000 万，感染人数达几亿！更早期由天花病毒和鼠疫杆菌等导致的瘟疫死亡人数甚至远超 5000 万（记住，那时的世界人口比现在少多了）。我们今天的笃定和自信与我们祖先的慌乱和无助形成鲜明对比，这正是生命科学，特别是分子生物学的进步所带来的变化！

分子生物学主要关注两类重要生物大分子：蛋白质与核酸。像糖类、脂类及其他类型的生物分子则由生物化学所关注。这些分子通过相互协调、相互作用而构成极其复杂而高效的生命现象。

生命科学，特别是生物化学与分子生物学，之所以能达到目前水准，是因为利用了来自物理学、化学，甚至数学的理论和实验方法。很多物理学家和化学家直接参与了这场生物学的分子革命。通过这场革命，我们对遗传、代谢、个体发育、癌症发生、细菌和病毒感染等生命现象本质的认识大大提高。

从这场分子革命中，我们也认识到，认识复杂生命现象采用最合适（往往是最简单的）模式系统的重要性。比如认识遗传物质的化学本质，一开始研究的对象是植物和动物，但难以奏效。正是通过将侵袭细菌的病毒（噬菌体）作为研究对象，才使得科学家很快找到令人信服的证据——原来遗传信息的载体不是20世纪开始几十年所认为的蛋白质，而是DNA这种被认为结构过于单调、简单的大分子！

本书作者生动记述了这些物理学家、化学家参与这场生物学分子革命的精彩故事。

然而，书中提及的科学家大多来自欧洲、美国及日本等。尽管也提及了几位华人科学家，但他们都是海外华人，无一来自中国本土（个别中国本土科学家的贡献我以译注形式进行了补充）。我希望再过一百年，在科学史书籍中会出现来自中国本土科学家的名字。希望寄托在现在的青年学生身上。

如何开展更具原始创新的科学研究，将是中国科学面临的一个重要挑战。在这方面，本书提供了很多启示，值得我们去领会。科学创新是一种意识和习惯，也需"从娃娃抓起"。中国要复兴，如果没有一流科学与技术的原创成果则难以实现。这可能是教育部将此书列入中学生阅读指导目录的原因。我一直认为，学习的最高境界是"读到书中没写的，听到他人没讲的"。希望学生们能以这样一种标准来阅读这本书。

生命科学是一个值得青年人喜爱并投入的科学领域。然而，我们对生命的认识仍旧肤浅，这影响了我们对很多疾病的有效防止（如癌症和病毒类传染病）。21世纪被说成是生命科学的世纪，这反映的不是生命科学的进步，而是它仍然落后。生命现象很神奇，与人类健康和生活息息相关，我们必须全力去认识它。华夏文明是人类历史上唯一延续至今的文明。凭借我们深厚的文化底蕴，我们一定要，也一定能在未来的生命科学领域取得优异成绩！

本书最初于1994年以法文出版，然后由英国的马修·科博（Matthew Cobb）教授翻译成英文，于1998年出版（原书名为 *A History of Molecular Biology*）。依据这个英文版本，我将其翻译成了中文版《二十世纪生物学的分子革命：分子生物学所走过的路》，于2002年出版。目前这个新版本于2021年出版，它经过了作者的大幅修改，增加了多个章节，总结了分子生物学的最新进展，书名也更改为 *The Black Box of*

*Biology*：*A History of the Molecular Revolution*《生物学黑箱：一部分子革命史》。但根据该书的内容，我觉得最合适的书名是《二十世纪生物学的分子革命：分子生物学所走过的路》，故仍沿用 2002 年中文版的书名。

2009 年 8 月，我邀请本书作者米歇尔·莫朗热（Michel Morange）教授到上海参加第 21 届国际生物化学与分子生物学联盟学术大会（The 21st IUBMB Congress），从此成为朋友。书中合影即为当时所拍。

我特别感谢米歇尔·莫朗热教授为此书的中文版专门撰写序言。

书中引用了一些非英文（主要是法文）文献，我非常抱歉无法将这些文献的题目翻译成中文。在此，我要特别感谢北京大学出版社编辑唐知涵女士和我的助理于春燕女士，她们在本书人物中文译名确认和参考文献格式整理方面提供了热心帮助。

昌增益

2020 年 8 月 22 日

于北京大学燕园

# 目　录

# 绪　论

　　20 年前，当我出版本书的时候，几乎没有一天新闻媒体不会把焦点集中到生物学领域的某一项新发现上——基因治疗、人类基因组计划、通过遗传工程制造出新的动物和植物，甚至克隆人的可能性。公众很自然地被这些新发现所强烈吸引。那时候，人人都知道，这些发展是在 20 世纪中叶出现的分子生物学的产物。

　　面对过去 20 年里所获得的大量科学发现，以及它们令人鼓舞的（或令人担忧的）前景，我感觉该推出一个新版本。尽管本书基于我最初出版的那本书——特别是前三部分——但它远非仅仅是一个新版本。书中全新的第四部分关注了在 20 世纪后期仅仅梦想过的那些新发展，而且我也借此机会对原来的那些章节进行了广泛修订和更新。

　　分子生物学并非仅仅是用分子术语来描述生物学——如果这样，那么它就不仅应该包括生物化学，而且还应该包括 19 世纪所有对生命分子进行的化学与生理学的研究。依据这样一种宽泛定义，甚至巴斯德（Pasteur）也该被算作分子生物学家了！[1] 相反，分子生物学只关注那些使得对大多数关键生物过程——如生物的稳定性、生存和繁殖等——开展分子分析成为可能的技术手段和科学发现。它不仅是一种更高层次的对活生命的观察和解释，它也为人们理解和操控生命提供了一种介入和干扰的方法。尽管它并非开展生物学研究的唯一可能层次，但它无疑代表了我们理解生命世界的一种重要途径。

　　分子生物学是由 20 世纪初诞生的两个生物学分支——遗传学与生物化学——相汇的产物。这两个学科各自有其明确界定的研究对象：遗传学研究基因，而生物化学则研究蛋白质和酶。当这两个对象——基因与蛋白质（酶）——之间的关联变得更为清晰的时候，分子生物学就诞生了；科学家将基因鉴定为一种大分子（DNA），测定了其结构，并描述了它在蛋白质合成过程中的角色。

　　严格地说，分子生物学并非一个新领域，相反，它只是将生物看作是信息存储器和传递者的一种新的认识方式。[2] 这种新视角为遗传工程早期那种对生物实施操作和干扰提供了可能性。

研究生物大分子所需技术在 1920—1940 年发展起来，而用于分析生物现象的那些新的概念工具则是在 1940—1965 年建立。后来人们获得的对生物的操控能力是在 1972—1980 年随着遗传工程技术的建立而被赋予。在之后几十年里，分子生物学完全改变了我们对生物现象的认识广度与深度。本书覆盖了这场生物学分子革命的全部过程，从其最早期的岁月开始，直至昨日。

分子生物学与遗传工程之间的关联实在紧密，以至于它们的发展历史难以分开；离开了分子生物学，遗传工程无法被理解；但也正是通过遗传工程，那些分子生物学所产生概念的重要性才得以突显。1983 年，一种被称为"聚合酶链式反应"（PCR）的 DNA 扩增技术被揭示，但其理论框架是 20 世纪 50 年代建立的，而其实验所需工具则在 20 世纪 70 年代才被发现。这一例子最好地说明了生物学家们在 20 世纪后半叶所发展出的理论与实践工具的有效性。

当不再满足于基因角色的抽象观点的遗传学家，将其注意力聚焦于基因本质及其作用机制方面时，分子生物学就诞生了。它的诞生也是生物化学家们试图对蛋白质（包括酶）这一类具专一性的生命关键成分是怎样被合成，以及基因如何干预此过程等予以理解的结果。

分子生物学发展的历史终点更难被辨识。在最近几十年的不同时间点上，若干生物学家，历史学家和哲学家都宣告过分子生物学时代的结束。在本书最后一部分我将简要描述过去 40 年所发生的关键变化，以便探究它们如何深刻影响了分子生物学家所创造的解释框架。我的结论是，我们仍旧生活在分子范式之中[3]，而且当代生物学家仍在使用五十多年前所建立的概念框架。尽管不断有人宣告其死亡，但分子生物学仍在活蹦乱跳。

本书第一，第二和第三部分对作为分子生物学建立基础的科学实验进行了细致描述。这种探究方法难以在第四部分予以重复，因为对这一部分中每一种新进展进行描述本身就需一本书的体量。因此，这最后一部分的章节只能以一种综合性的方式叙述这一近期历史。这也给予了处于该书核心位置的关键问题予以更为直接的聚焦：如此多的生物学亚领域的"分子化"是否改变了分子生物学本身，一直到它作为一个独立学科的形式消失，并被一种新的生物学形式所取代。

这最后几章也以一种相当不同的方式关注了一些关键参与者。尽管科学知识的获取总是一种集体努力的结果，但在前三部分里我试图概述了一些主要个体的贡献。这在本书的第四部分里已经不可能实现——有几千位研究人员值得提及。被提到名字的个体是被看作过去四十年里所有生物学分支的标志性论文或实验的作者。

在描写生命科学领域所发生的分子革命的历史时，一个主要的问题在于，可利用的文献浩如烟海。许多亲身参与这场革命的人都提供了他们自己的记述。也有大量科学家、历史学家和哲学家对此开展过研究。[4] 特别其中有四本书从迥异角度在分子生物学的历史研究方面做出了重要贡献。英国历史学家罗伯特·奥尔比（Robert Olby）翔实地记载了导致 DNA 双螺旋结构被发现的过程。[5] 霍勒斯·贾德森（Horace Judson）采访了一百多位最重要的分子生物学历史的见证者，然后重现了围绕分子生物学的诞生而出现的技术与概念方面的争论。[6] 莉莉·凯（Lily Kay）揭示了分子视野是如何被建立起来的，强调了技术与基金组织的角色。[7] 最近，马修·科博再次探究了对认识生命现象最重要的一个方面的工作，对那些被许多人认为已经定案的故事添加了新的和原创性的见解。[8]

本书的目的并非重复这些作者们已经完成的工作。与其不同的是，我的这本分子生物学历史描述了遗传工程（这个术语现在听起来相当老式，但也未被改进过）的发展经历。这个故事仅仅以片段形式被讲述过，而且一般都倾向于聚焦于生物技术的发展经历。[9] 从遗传工程角度去探究这段历史，可以使人们更容易欣赏构成分子生物学这一新生命观的原创性。另一方面，在试图解释重大科学发现是如何获得以及为何能获得等一系列历史研究中，奥尔比、贾德森和凯等的著书已被补充修正，或者被批判。但这些文章都发表在不同的专业学术刊物上，他们的见解尚未被同时收集到通用的分子生物学历史书中。许多这些见解都体现在本书中，其中一个重要部分就是关注分子生物学的起源问题。

研究当代科学史的历史学家需面对若干问题的困扰。首先，资料众多——除了传统的资料（如书、论文、实验室记录本等）外，还有科学家自己关于其科学发现的叙述。这些叙述存在的形式可以是自传性书籍或文章、访谈或口述记录等。这些丰富的资料并非总是体现清晰的历史。口述历史尽管可能生动迷人，正如贾德森的作品所展示的那样，但多米尼克·帕斯特利（Dominique Pestre）指出，对待口述记录需极为小心，因为口述记录大多经过了部分重构，并非完全可信的真实历史档案。[10] 这一点在弗雷德里克·霍姆斯（Frederic Holmes）对梅塞尔森（Meselson）、斯塔尔（Stahl）开展的有关 DNA 复制实验的煞费苦心的分析中得到了验证。[11] 就分子生物学的情况而言，不难理解的是，自传叙述的作者们都倾向于证明他们自己或他们的研究领域所扮演的重要角色。这些自传性叙述中的大多数都是当作者仍旧占据重要位置并在制定科学政策中扮演主要角色时创作的。这样的自传作品经常被有意或无意地更多烙上了作者的策略性动机，而非在乎其历史的真实性。

对近期科学发展进行历史分析的另一种困难在于，历史学家们总是试图用现在的眼光去解释过去发生的事。当所使用的术语和技术与今天仍旧在使用的相同（或者似乎相同）时，这种在任何历史分析中都存在的危险性就更大。历史学家总是面临着用当代思维方式去解释过去实验的危险性。如果这种历史是由那些相信一个学科的过去仅仅是其现在状态的开始这样的科学家撰写的话，那么问题就特别严重。

尽管我认识到，本书的大部分读者都是现行的或崭露头角的科学家，我的目的是写一本可供一般大众阅读的书。太多这方面的文章和书籍要求读者在阅读之前就完全了解所涉及的学科。我必须承认的是，阅读本书也需要一点这样的背景知识，但我将本书相当大的篇幅用来解释科学发现过程，并尽可能详细地描述有关的技术。因为一般的读者可能在理解某些术语方面存在困难，所以我在书尾也加了一个附录，总结了分子生物学的一些关键结果。

我也试图写一部尽可能完整的历史。许多先前的著作都强调一个特别的研究流派或一种特别的研究路径。我试图对那些推动分子生物学发展做出过贡献的领域，通过特别强调生物化学所扮演的角色，提供一种基本平衡的描述。[12]

最后，本书还包括了某些在分子生物学诞生过程中扮演过重要角色的科学家的小传。这反映出丰富的传记和自传材料的存在，并提供了一种额外的优点：它使我可以走出纯内在的历史框架，并概括出外部因素的作用，比如分子生物学诞生的文化背景。这门新学科的奠基人所走过的偶尔杂乱的历程——游走于不同的学科或不同的国家之间——都为产生这一新型生物学文化糅杂做出了贡献。[13]

一本书要面面俱全是不现实的。不可避免的是，对于某些方面，我无法给予我原本期望的那么长的篇幅，特别是在覆盖最近发展的第四部分里。这里的每一章都聚焦于一个不同的主题：一个发现、一个研究小组、一条研究路线，或是一个特别的历史问题。尽管这种按照主题划分的陈述，因为每一章相对独立，而有利于读者的阅读，但它也存在无法跟踪事件发生的准确时间顺序的不足之处，这也可能会导致某些重复。

在科学史领域，通常的做法是一开始作者就解释其写作的策略。尽管我不会试图使自己置身于这个有着不同学术流派和不同知识创造路径的复杂世界之中，但值得对本书的目的作一个简要的陈述，因为这里描述的历史需回答一个基本问题，那就是，在分子水平开展对生物现象的研究时，是否的确发生过一次分子革命，还是仅仅为生物学的一种缓慢的演化过程。这两个表面上相互矛盾的解释——是革命还是演化——事实上既是可能的也是互补的。

法国历史学家费尔南德·布罗代尔（Fernand Braudel）揭示，历史是按照相互叠合在一起的不同节奏和速度发展的。[14] 只有弗雷德里克·霍姆斯的工作属于部分例外[15]，这种理论很少被应用到科学史领域。但是，如果将分子生物学的历史看作三种平行却不同的历史的话①，它就会变得更为清晰。

最长时间跨度的历史以还原论为框架——始自 17 世纪的将生物学简化为物理学和力学，以及始自 19 世纪的将生物学再次简化为化学。这种还原论潮流的历史是复杂的，时进时退，但到 20 世纪中叶时，它形成了一股强大的历史潮流将生物学推至结构化学家的足下。

一些更短的不同生物学领域的历史被叠合到了这个长的时间框架中。这里，最重要的事件是在 20 世纪初生物化学的诞生，以及更为重要的是，遗传学的出现。从这种观点来看，分子生物学是这两门学科融合后结出的硕果，它同时也标志着遗传与发育、遗传学与胚胎学相互和解的开始。包括细菌学和病毒学在内的微生物学则是遗传学与生物化学之间的相遇所发生的关键之地。

最后，这些缓慢的转变形成了若干涉及实验和理论事件的历史背景。那些影响分子生物学诞生的事件并非仅仅属于科学史范畴。像第二次世界大战以前大批科学家向英国和美国的移民、日益增加的全球通信的需求以及战争期间对密码破译的聚焦和与之关联在一起的计算机技术的诞生等，这些都帮助赋予了分子生物学现在的模样。

将分子生物学看成是三种不同历史的结果，可以使我们避开演变与革命之间没有实际意义的对立观点：在某一时间范围内看似乎是革命性的过程，当被放在一个更长的时间轴上考察时，可能被发现是演变性的。

尽管这种还原论的研究方法与 16 世纪和 17 世纪现代科学的诞生密切相关，但它后来所采纳的化学形式却是伴随 19 世纪基础化学与应用化学发展的产物。研究处于中等层次的学科的历史，是分析概念方面历史与社会学方面历史之间如何结合的最恰当方式。比如，遗传学的历史是基因被发现的历史，但它同时也是遗传现象的重要性被社会所认识的历史。用这种研究方法去看分子生物学诞生时已经存在的生物化学和其他学科（如病毒学和细菌学），可以获得类似的见解。最后，以事件为基础的历史也可以被理解为生物学的内部发展——如本身并非是遗传学家的奥斯瓦尔德·埃弗里（Oswald Avery）发现基因由 DNA 组成这一事实——与那些使得物理学家成为这一新学科的助产师的外部因素间冲突的结果。

贯穿 20 世纪后半叶及更后期的时间里，乘此三股浪潮的顶峰，分子生物学改变了生命科学的面貌。

即使像分子生物学这样一门其历史被如此深入研究的学科，仍旧还有许多方面几

---

① 这里是指极长时间、中长时间和短时间的三种平行历史。——中译者注

乎没有被探究过，甚至未被触及。例如，尽管 DNA 双螺旋结构被发现的历史已经被一次又一次地描述，但对于 DNA 聚合酶———一种使 DNA 复制加倍的酶———的发现，即使在最全面的史学研究中也几乎不被提及。与许多其他学科类似，科学史也不能回避知识界的潮流[16]，某些历史学家倾向于聚焦那些最为引人瞩目的和被高度宣传的科学方面。通过拒绝采用研究科学史的通常方法——即通过阅读科学出版物，并理解所使用技术的可能性与局限性——他们更喜欢直接采访那些"明星人物"，并钻研他们交流的信函。这种经常通过长篇的方法学解释来为自己辩护的态度[17]，经常与其所宣称的目标背道而驰：它强化了一种知识分子和精英者的科学观，即科学由"伟大的人物（而且常常是男人）"所开展。考虑到生物学最近获得的相对其他科学领域的更为主导的地位以及它在新闻媒体中的中心位置，这种危险性在今天甚至更大。

某些历史学家离开历史材料太远的事实也解释了他们对大卫·布卢尔（David Bloor）的对称性原理所做出的带有偏见性的注释，根据对称性原理，历史学家应该给予科学实验中的成功与失败同样的比重。[18]布卢尔争辩说，应该使用同样的分析框架去对待一种成功的与一种失败的理论。这是一个极好的原理，因为科学家的自然倾向就是认为最好的理论必然是那个最后成功的理论，即历史上被保留下来的那种理论。但这种研究方法有时也被用来使科学的客观性相对化，认为所有的理论都是平等的、那些"失败"的理论是由于政治和社会的原因而不是因为其准确性更低而被抛弃。[19]

这种观点并未考虑科学是怎样运作的，以及实验方面的约束所扮演的关键角色。[20]科学家可以描绘他们愿意提出的任何模型与理论，却无法强迫他们的实验一定"成功"。[21]只要对生物学实验室进行一次短暂访问，你就会明白，生物材料难以被处理；在日常实验室生活中，失败的那些实验也占有重要位置。科学知识的确是被"建构"起来的，科学家可以随意确定其实验策略，并详细提出其模型，但这只能在他们所使用的实验系统留给他们的一个非常狭小的范围里行事。

总之，从历史角度而言，我试图准确无误：尽可能忠实地描述分子生物学历史中的已知和未知方面。我对托马斯·库恩（Thomas Kuhn）描述为"常态科学"的方面给予了特别注意。无论这里所给出的解释的价值如何，本书和它所包含的历史信息将会使他人在理解生物学的分子革命方面继续往前走，并承认这些信息在今天和明天的科学研究中仍然重要。

我无法向对本书的撰写做出过贡献的所有人———一致谢，这包括我在生物学以及生物学的历史和哲学两个领域里的同事和学生。但我想感谢哈佛大学出版社的执行编辑贾尼丝·奥代特（Janice Audet）所提供的支持，我也感激三位审稿人提出的非常有帮助的正面评语。我想特别致谢一份刊物和它的编辑们，以及一位朋友。一份刊物就是由印度科学院出版的《生物科学学报》（*Journal of Bioscience*）。若干年前，其当时的主编维戴南德·南江戴尔（Vidyanand Nanjundial）提议我为该刊每一期写一篇作为"历史告诉我们什么"系列的历史短文。这在当时是一种挑战，结果却使我得以探究分子生物学历史的许多事件，获得了成为现在这本书的一部分的见解。一位朋友是马修·科博，尽管他的国家（英国）做出了脱离欧洲的决定，但我们当然还继续是朋友。二十年前他是译者，他同意彻底修订这个版本，与芭芭拉·梅勒（Barbara Mellor）一起将新添加的部分从法文翻译成了英文。他告诉我说，通过翻译最初的那本书，他也受到了鼓励，开始写历史了，包括一本最近出版的有关遗传密码的书。通过其洞察力和风格，科博丰富了这本新书的内容，正如他二十多年前针对我之前的那本书那样。

# 第一部分

# 分子生物学的诞生

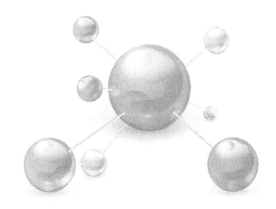

# 第 1 章　这门新科学的根基

20 世纪伊始，当生物化学取代了一系列可以被粗略地归类在生理化学这个名称下的研究领域时，一门新的科学出现了。[1] 与其前身不同的是，这门新的生物化学为医学提供了诊断的科学方法；作为一门基础科学，它试图揭示生物体内分子被转变的方式。

第一次真正的生物化学实验在 1897 年进行。当时，通过使用不含细胞的酵母抽提液，德国化学家爱德华·比希纳（Eduard Buchner）在活的生物体之外成功地实现了将糖转化为酒精的发酵过程。这一发现特别重要，因为在 40 年前，法国科学家巴斯德曾经争辩说，发酵过程代表着生命的"符号"或"标记"。[2]

生物化学在两个方向得到了发展。一方面它研究了生物体内分子（尤其是糖）的转变。另一方面，它鉴定了蛋白质（包括酶）的特征，而它们不仅是生命的关键组分，也是生物化学家所关注的使生物体内分子发生转变的主体。

20 世纪前半叶对生物化学而言是一个重要时期。这一期间的标志性成果包括，揭示了主要的代谢途径——糖酵解途径、尿素循环、三羧酸循环[①]等，并对细胞呼吸现象开展了大量研究。与此同时，物理化学领域的进展导致在生物体外对酶活性开展研究的系统被创建。[3]一种对酸性的量化标度（pH）被建立，正如可以重现细胞内液体介质特性的"缓冲溶液"的建立。这些进展为研究酶催化的动力学行为的基本原理——酶学——奠定了基础。它们也使得稳定酶的活性，从而对酶进行纯化成为可能。相应地，纯化后对酶的结晶又使人们能够研究酶的结构。

在 20 世纪前 20 年的生物化学领域，被称为胶体理论的内容占据一种主导地位。[4]在化学与生物学交界处，该理论探究了被称为物质一种新状态——胶体——的存在，它被认为是一种为生命所特有却可以被物理学和化学所研究的物理化学性质。该理论的边界模糊而不确定，一系列带有该理论特征的研究现在被认为是物理化学领域的经典。尽管胶体理论早已被人们遗忘，但它在当时极其重要。的确，几次诺贝尔奖被授予给了胶体研究领域！

---

① 也被称为柠檬酸循环或克雷布斯循环。——中译者注

我们现在知道，这种理论在多个方面都是完全错误的。该理论的关键性假设之一是，当质量分子低的简单分子组合在一起时，胶体就形成了。胶体理论的支持者认为，大分子不可能存在，只有小分子聚合体才可能存在。

胶体理论的支持者和反对者之间的一场重要争论，发生在当合适的技术被建立之后对分子质量的测定方面。对蛋白质和酶的结晶形式的分离以及利用这些晶体获得的X射线衍射图像表明，这些生物组分具有清晰界定的结构，而这与胶体理论不吻合。[5] 这些争辩以及新的科学发现所导致的结果是，胶体理论逐渐被大分子理论所取代。"大分子"（macromolecule）这个术语 1922 年由德国化学家赫尔曼·斯托丁格（Hermann Staudinger）引入，它用于描述其原子通过强的化学键连接在一起的高分子质量的分子。

在生物化学历史中以及后来的分子生物学的发展中，另一关键概念是"专一性"（specificity）。专一性最初描述的是酶辨识其所作用的特定分子（即底物）的化学结构的能力。这个被认为是生物分子所独有特性的概念，在 20 世纪上半叶的生物学中无所不在，但今天不太常见。专一性这个概念是 1890 年由德国化学家埃米尔·费歇尔（Emil Fischer）首次清楚提出的，他曾对蛋白质开展过广泛研究。为了阐明专一性这个概念，费歇尔用了锁和钥匙进行比喻——底物与酶之间的相互作用可以类比为一把钥匙与一把锁之间的相互作用。

所有生物分子都具化学专一性这个概念，在免疫系统的研究中得到了最为惊人的发展。免疫学家们很快就将酶－底物之间的相互作用与抗原－抗体之间的相互作用进行了类比。

在德国生物学家保罗·埃利希（Paul Ehrlich）提出免疫响应的模型等见解之后，对抗体的化学研究——免疫化学——在 20 世纪上半叶通过卡尔·兰德施泰纳（Karl Landsteiner）的领导而发展起来。[6] 作为一位奥地利籍并在纽约的洛克菲勒研究所工作过的免疫学家，兰德施泰纳向动物体内注射了不同的分子，然后研究了动物体针对这些分子所产生的抗体。其结果令人难忘：无论所注射分子的化学本质如何，只要它们与载体大分子偶联在一起，那么动物机体就能够产生针对这些化学分子的专一性抗体。

兰德施泰纳对所注射物质进行了一定的分子改造，结果表明，动物机体可以识别这些细微的变化，并合成了可以与这些新的被改造过的分子特异结合的抗体，揭示这种分子识别的专一性乃动物本身的固有特性。本身就是一门独立学科的免疫化学，被证明是用于研究一种生物的不同组分——一个之前由生理学和解剖学占主导地位的学科——的有效工具。如果一种动物被注入了从其他种类生物中提取出来的一种特定蛋白质的话，那么它就会产生针对这种异源蛋白质的特异性抗体。于是，利用这种免疫学识别中的专一性就能有效揭示，某种生物体中的蛋白质等化学组分的特异性。

1936—1940 年，对专一性这一概念的理解发生了实质性变化，从一种生物学的概念逐渐演化成了一种被称为立体化学的概念。这种快速发展对于在物理化学水平解释有机体的特异性是不可或缺的，而这一发展是兰德施泰纳与美国化学家莱纳斯·鲍林（Linus Pauling）相遇的结果。[7] 兰德施泰纳希望就动物体针对被注射的分子所产生抗体表现出来的专一性进行化学解释。对于想研究生物分子的鲍林而言，兰德施泰纳的研究结果是用来表征使抗原和抗体之间发生特异相互作用的化学键的极佳材料。

当时，鲍林已经因为将量子力学应用于分子研究而知名。[8] 奥地利物理学家薛定谔（Erwin Schrödinger）的理论研究，与沃尔特·海特勒（Walter Heitler）和弗里茨·伦敦（Fritz London）将量子力学应用于理解氢分子结构的工作一起，都表明化学键的形成可以通过量子力学来解释，并且还能通过参与化学键形成原子的结构来进行预测。然而，所涉及的计算如此困难，以至于新的量子理论并不能被应用于对复杂分子的认识。鲍林简化了这些计算，并通过使用很多案例揭示，量子力学可以解释化学键的存在与特征。他后来又把这一工作延伸到了一些计算所得出的键长与键强与实际测定的值不匹配的分子上。鲍林提出，这种出入是由于这些分子在几种不同的结构形式之间"共振"而产生。这种观察到的差异是分子处于两种形式之间的一种平衡状态的直接反映，这样能产生共振能量。鲍林利用这种见解重新解释了先前的实验结果，尤其是那些来自 X 射线衍射晶体学的。他这种半经验性的研究方法——不断在结构研究与从量子力学原理衍生来的简单理论规则之间进行切换——赋予化学一种新的形式。鲍林的个性、超凡魅力和他在教学方面的天赋也在这种转变过程中发挥了重要作用。

这项研究方法致使鲍林能够将强的共价键与弱的化学键予以区分。强键被经典地称为化学键——它们源自两个原子之间共享电子。弱键——比如氢键和离子键——由原子与原子间部分地共享其电子而形成；后者尽管被这样称呼，但它们在生物学中扮演重要角色。

兰德施泰纳的实验数据是对弱键在分子相互作用过程中的重要性的惊人证实。鲍林通过抗体－抗原之间通过一定数目的弱键——特别是氢键——的形成，解释了抗原和抗体分子之间相互作用的专一性现象。弱键只有当两个原子之间彼此相距很近时才会形成。大量弱键的存在表明，抗原和抗体分子之间具有互补性的结构，可以相互契合，这也就证实了半个世纪以前埃米尔·费歇尔所提出的模型。由于鲍林的工作，专一性这个概念获得了真正的化学资质，并且可以从立体专一性、结构互补性以及弱键的集合等角度来予以理解。[9]

通过将弱键这个概念应用于理解蛋白质结构特征，鲍林研究了由热、酸、碱或诸如尿素这样的化学试剂所引起的蛋白质变性现象，并在 1936 年得出了对这个现象的正确解释。[10] 蛋白质变性并不涉及分子中任何共价键的断裂，也不涉及胶体状聚集分子之间的解离，相反，这只是基于稳定蛋白质三维结构的氢键被破坏而已。尽管总体概念是对的，但鲍林的答案是不完全的，因为它遗漏了其他弱键，特别是非极性的氨基酸之间为形成蛋白质内部的疏水核心而发生的相互作用[①]。

鲍林在揭示专一性可以通过（"简化为"）物理和化学的术语来理解方面扮演了一种关键角色。他提出的弱键概念以及结构互补的概念仍然是我们现在理解生物大分子之间所发生相互作用的基础，而这些原理支配着我们对所有生命形式中的结构与功能的理解。

遗传学的发展史同样引人入胜。1866 年，奥地利摩拉维亚的修道士格雷戈尔·孟德尔（Gregor Mendel）第一次阐述了杂合体生物性状的"分离定律"，现在一般被错误地称为"遗传定律"。该定律于 1900 年被雨果·德弗里斯（Hugo de Vries）、埃里希·切尔马克（Erich von Tschermak）和卡尔·科伦斯（Carl Correns）重新发现[11]。在这两个年份之间，奥古斯特·魏斯曼（August Weismann）和其他生物学家建立了有关遗传的复杂理论模型。当孟德尔的定律在 1900 年被重新发现之后，这些定律发展成我们今天所知道的形式还是几年后的事。比如，直到 1909 年，威廉·约翰森（Wilhelm Johannsen）才引入了基因型与表现型之间存在根本区别的概念。"基因型"指的是一代一代传递下去的生物因子，其中的一个因子由父本提供，另一个因子由母本提供。这些因子被称为"基因"。"表现型"指的是成熟个体的性状（特征）的总和；许多性状都具有多种易于被区分的表现形式。

遗传学的扩展与将果蝇（*Drosophila*）选作一种模式生物密切相关。由于果蝇具有快速的繁殖率，美国哥伦比亚大学的生物学家托马斯·摩尔根（Thomas Morgan）与其合作者选择了它作为研究材料，这就使得开展对其性状变化的研究变得特别方便。[12] 1910 年，摩尔根发现某些基因的传递依携带它的果蝇的性别的不同而不同，表现出与"性染色体"传递的方式一致。这就既证实了性染色体在性别决定中的角色，也证实了由西奥多·博韦里（Theodore Boveri）和沃尔特·萨顿（Walter Sutton）几年前提出的关于基因是由染色体携带的假说。

发生在一对染色体上所携带基因（等位基因）之间的重组（recombination）可以

---

① 中国科学家吴宪在更早的 1931 年就提出了蛋白质变性不破坏共价键的理论，是国际上最早正确解释蛋白质变性现象的科学家。——中译者注

被解释为在生殖细胞系形成阶段所发生的染色体片段之间的交换。基因在染色体上相距越近，发生重组的频率就越低。重组现象使得摩尔根所领导的科研小组能够确定不同基因在染色体上的排列顺序，进而构建所谓的染色体遗传图谱。

采用果蝇作为研究材料被证明是一种特别明智的选择。果蝇唾液腺细胞中含有巨型染色体，很容易在显微镜下被观察到——显示出一系列明暗交替的条纹。到 20 世纪 30 年代的时候，当基因被改变时所观察到的这些条纹的对应变化被用于构建基因组的物理图谱。这种物理图谱可以叠合到基于重组频率而构建的遗传图谱上。这一重大发现强烈证实，基因是一种物理实体，且位于染色体上。

遗传学家也描述基因突变（mutation）与染色体结构的改变，并分析它们对形态性状与生理性状所产生的影响。这样的研究表明，某些类型的物理或化学处理（如 X 射线照射）可以增加基因突变的频率。对果蝇的遗传分析成为对其他生物开展遗传分析的参照。这些工作证实，遗传学为认识生物繁殖如何进行提供了一种新的准确的视角，最为重要的是，它帮助了遗传学作为一门科学的建立。

在分子生物学诞生过程中遗传学所扮演的关键角色可以被解释如下。鉴于其精致科学发现的极大影响及其对农艺的影响，遗传学成为一门主导性的生物科学。在美、英两国，农场主和种子商都在促进遗传学研究和遗传研究所的建立方面做出了自己的贡献，这同时还辅以公共的资助。[13] 遗传学在美国的发展远快于法国和德国；不像法国或德国，美国大学系统的灵活性，使之能快速响应这门新科学的挑战。[14] 遗传学很快发展成一门与生物学其他分支接触不多的独立学科。这远不是一种缺陷，相反，这种学院化的孤立促进了这门新科学的发展，特别在美国。在那些遗传学尚未被承认为一门独立学科的国家里（比如德国），遗传学研究在生理学系或生物系进行，但并未发展到相同程度。[15] 最后，遗传学似乎比其他生物学科更接近物理学。特别是，它使用了数学。基因被认为是生物学中的"原子"，它们的突变被类比为大约同时期由物理学家开始研究的元素的蜕变（正如后面还将讨论的那样）。

为了理解为什么遗传学从其他学科中独立出来对于其发展是必需的这一点，我们必须回顾孟德尔对遗传定律的发现过程。孟德尔的结果须等待 40 年才被人们所理解和接受。这期间，遗传研究从胚胎学研究中被独立出来，这是遗传学诞生前所必须经历的一个过程。对有性繁殖研究的一个重要方面是，两个生物个体怎样产生出第三个（相似的）个体。因此，它涉及两个紧密关联的主题：从卵细胞到成熟个体的生物体发育过程，以及生物体与其上一代之间的相似性。遗传学研究所获得的成功表明，这些主题的分离——遗传与胚胎发育之间的分离——至少在一定阶段是必需的。[16]

由于其智力活动上的孤立，导致许多生物学家将遗传学看作一门一定程度上与现实脱节的理论科学。遗传学家在研究基因时，似乎既不关注它们工作的方式，也不对它们的化学本质感兴趣。赫尔曼·穆勒（Hermann Muller）是摩尔根的学生中唯一立刻对这些问题表现出兴趣的人。对于穆勒来说，基因是"生命的基础"，是生命奥秘可以被揭示的一个主体。1927年，穆勒发现了X射线对基因的诱变效用。正如欧内斯特·卢瑟福（Ernest Rutherford）1919年的化学元素蜕变实验开启了一条通往理解原子核的道路一样，穆勒确信，他的实验可以帮助揭示基因的奥秘。[17]穆勒对德国那位由物理学家转变为遗传学家的麦克斯·德尔布吕克（Max Delbruck）的工作表现出特别浓厚的兴趣，后者正试图通过研究突变频率随辐射能量水平变化的关系来定义基因的性质（见第3章）。

然而，遗传学家们对这种研究的兴趣是有限的，这出自两方面原因：一个是实验方面的，另一个是理论方面的。在20世纪30年代，对染色体的直接化学研究表明，它们由核酸（脱氧核糖核酸，或被称为DNA）和蛋白质组成。尽管生物学家很快就接受了这一发现，但这并不意味着这两种组分同等重要。[18]在很长一段时间里，基因都被认为由蛋白质组成，而核酸则只是一种支撑性物质，或者只是一种贮存能量的物质。基因的化学本质并不被认为是一个重要的问题，其简单原因是大多数遗传学家认为这个问题至少已经被部分解决。

遗传学家并没有立即热衷于研究基因怎样起作用的第二个原因是，他们对细胞内基因所扮演的角色已经有所认识。在1945年的一次报告中，穆勒把基因描述为"起着参照系作用的……相对不变的……向导"。总体来看，生物体内的基因被认为形成"使其他组分附着其上、相对稳定的、控制性结构"。[19]遗传学家可能把基因看成是所有生物体的基础，但这并不意味着他们认为基因和生物体中的其他组分之间存在化学差异。[20]这可以从苏联遗传学家尼古拉·科尔佐夫（Nikolar Koltsov）于1934年提出的有关染色体结构的错误模型中看出，此模型认为染色体是与像激素这样的在生物体内具有活性的其他分子连接在一起的氨基酸长链。[21]

然而，遗传学家的确认为，基因具有一种关键且独特的性质，那就是能自我复制。这种能力与基因的本质之间存在一种内在关联性，但可以与它们发挥功能的过程分开而予以独立研究。因此，对比它们在细胞中的作用而言，遗传学家们更强调基因的自我复制功能。自我复制现象尤其引人入胜，并产生过许多模型——一些科学家将其与显微镜下能观察到的相同染色体之间的配对现象联系在一起，并争辩说，这就是一种"同性相吸"现象。[22]

基于量子力学的原理，德国理论物理学家帕斯丘尔·乔丹（Pascual Jordan）提出了一种基因复制模型。该模型显示，基因通过吸引周围介质中的组分而复制，两种相同组分之间的相互作用是通过远距离共振能量的存在而实现的。[23]1940 年，莱纳斯·鲍林与麦克斯·德尔布吕克驳斥了乔丹的这一模型，认为它与量子力学的结果不吻合。他们提出，两种相同分子之间的吸引力源自它们在亚分子水平上的结构互补性的存在。[24]

鲍林和德尔布吕克的论文似乎暗示了 DNA 互补双螺旋结构的存在及其自我复制过程的发生。事实上，这样的解释与当时的实际情况并不符合，超过了论文作者所赋予论文的分量。当鲍林在 20 世纪 50 年代试图去测定 DNA 的结构时，他自己也没有引用过这篇论文。这种自相矛盾的现象表明基因自我复制特性的理论研究在当时并非一个有效的研究项目。

尽管遗传学与其他生物学科——如胚胎学或生物化学——之间是分离的，但它与演化生物学之间的关系却是复杂的。遗传学模型最初很少得到人们的热烈响应。许多演化生物学家（既包括达尔文学派中的，也包括新拉马克学派中的）都学会了用渐进演化，以及一代一代所积累的连续变异来思考演化问题。由遗传学家所发现的突变所产生的效用，要远大于自达尔文以来一直被许多生物演化理论学家认为是生物演化基础的微小变异。此外，达尔文主义者与生物统计学者之间存在一种密切联系，后者测量遗传性状的可变性，及其在代与代之间传递的情况。尽管他们与遗传学家之间有着共同的研究对象，但生物统计学家却有着一种完全不同的理论研究方法。他们所研究的遗传性状（如高度和重量）在今天看来都是多基因性状。这就使得对这些性状怎样一代一代传递下去开展研究变得特别困难。

遗传学与达尔文的演化理论之间的和解是一个缓慢的过程，在此过程中，数学遗传学家罗纳德·费希尔（Ronald Fisher）、霍尔丹（J.B.S.Haldane）和休厄尔·赖特（Sewall Wright）扮演了重要角色。基于他们所开展的争论和研究，结果在 20 世纪 30 年代群体遗传学出现了。随后，在狄奥多修斯·杜布赞斯基（Theodosius Dobzhansky），乔治·辛普森（George Simpson），朱利安·赫胥黎（Julian Huxley）和恩斯特·麦尔（Ernst Mayr）等的影响下，又出现了被称为"演化合成论"的概念。[25]被赫胥黎命名的"现代合成论"通过将以下两种现象结合在一起揭示了生物演化过程：自发的小规模遗传变异（突变）的存在以及对具有更高繁殖率的个体的选择。

在遗传学良好声望的促进下，对生物演化现象的这种新解释，获得了其优势地位。[26]然而，与遗传学一样，现代合成论这种演化理论也面临着一系列主要问题。其关键假设之一就是，变异（突变）是小规模的，并且可以产生正的或负的效果。鉴于当时人们对突变、基因、基因产物的本质毫无所知，这仍旧存在问题。以此观点看来，人们可以争辩说，生物演化的合成论是抽象的，并与真实世界脱节，正如得以从中衍生出来的形式（经典）遗传学一样。

# 第 2 章  一个基因一种酶假说

依据多种版本的记述，乔治·比德尔（George Beadle）和爱德华·塔特姆（Edward Tatum）1941 年的研究表明，基因控制着酶的合成，并且对应每一种酶都存在一个不同的基因。[1]这经常被认为是朝着生物化学与遗传学之间的统一迈出的第一步，也是分子生物学的第一个主要发现。用乔舒亚·莱德伯格（Joshua Lederberg）和哈丽雅特·朱克曼（Harriet Zuckerman）创造的术语来说，比德尔和塔特姆的科学发现是"过熟"的。鉴于 20 世纪伊始生物化学和遗传学的惊人发展，令人吃惊的是，这个发现竟然未能在更早获得。[2]

如果追溯到遗传学的起源之时，多项研究结果表明，基因与生物体内所发生的化学反应之间存在关联。[3]最容易检测到的遗传差异是因色素的存在与否而导致的颜色差异。到 19 世纪末，许多色素都至少已经被部分地进行了化学鉴定。

基因和代谢之间的精确关系于 1902 年首次被英国伦敦的圣·巴瑟罗森医院的医生阿奇博尔德·加罗德（Archibald Garrod）描述。[4]1898 年，加罗德的病人中有一位是患了尿黑酸症（alkaptonuria）的年轻男孩——他的尿液一接触空气就立刻变成黑色。这种疾病为人们所熟知，使尿液呈现黑色的化学物质在 1859 年就已经被鉴定清楚。后来人们发现，这种黑色物质由食物中存在的一种氨基酸——酪氨酸——转变而成。

1901 年，第五位患尿黑酸症的小孩在同一个家庭中出生。通过对其他病人以及这个新生婴儿的研究，加罗德发现，该症状因为代谢紊乱（一种可与解剖学上的畸形类比的化学异常）所引起。加罗德也注意到，婴儿的父母之间是表亲关系。通过研究其他患尿黑酸症的小孩，他发现在四个例子中有三个患者的父母都是表亲关系。在注意到英国遗传学家威廉·贝特森（William Bateson）的工作后，加罗德下结论说，这种紊乱由一种稀有的孟德尔因子所引起："表兄妹之间的婚配正好使一种稀有的并且通常处于隐性的遗传特征显现出来。"[5]

在加罗德 1909 年出版的《代谢的先天缺陷》一书中，他描述了在患尿黑酸症患者中所发现的代谢紊乱的化学本质——在这些患者体内，酪氨酸代谢第一个阶段的一步反应，苯环的断裂没有发生。加罗德的结论是："我们可以进一步设想，在正常的代谢过程中，苯环的断裂在一种特异的酶催化下进行，而在先天性尿黑酸症患者中，这种酶缺乏。"[6]

加罗德的工作得到了像霍尔丹这样的英国遗传学家和生物学家们的正面响应，却无法形成一个可行的研究项目，因为其中的实验材料——人——不能通过遗传学或生物化学手段开展研究。此外，在 1909 年，遗传学仍处于其初创期，群体遗传学尚不存在。认识涉及该疾病的代谢途径也被证明困难重重；直到 1950 年前后，人们通过层析技术和放射性同位素标记技术等方法才最终揭示该代谢途径的细节。加罗德开展过生理化学领域的研究，目的是鉴定生物体内的化学成分。这个学科逐渐衰弱下去，最终被生物化学所取代，后者关注的是根本性的代谢反应。我们也可以争辩说，当时很少存在理解这种现象的医学压力，因为除了他们尿液的颜色之外，患者可以正常生活，并不表现出任何病症。

在 20 世纪 20 年代至 40 年代期间所收集到的其他三组实验数据也表明，在基因和酶之间存在某种关联。第一组数据来自对植物色素或者花青素（anthocyanin）的研究——开始由缪里尔·威尔德尔（Muriel Wheldale），后来由罗丝·斯科特 - 蒙克里夫（Rose Scott-Moncrieff）所开展。第二组来自由弗里茨·维斯坦（Fritz von Wettstein）开展的关于一种蝴蝶眼睛颜色方面的工作。第三组来自由鲍里斯·伊夫鲁西（Boris Ephrussi）和乔治·比德尔所开展的关于果蝇眼睛颜色的工作，这项工作先在位于美国加州理工学院的托马斯·摩尔根实验室开展，后来在位于法国巴黎的物理化学生物研究所开展。[7]

所有这些研究都遇到与加罗德所遇到的同样的障碍，也就是代谢途径的复杂性以及鉴定所涉及物质的化学本质的难度。对于所开展研究的对象的选择被证明至关重要，它将决定着这样的研究课题能否获得成功。比德尔和塔特姆的长处在于，他们研究核心代谢途径的遗传控制，而不是那些众所周知或至少容易用实验方法开展研究的"外围"代谢途径。然而，生物化学与遗传学之间的分离还存在其他原因，它们直接源自当时占据遗传学主导地位的学派——摩尔根学派的影响。

摩尔根和他的学生收集了相当多关于果蝇的实验数据。他们将基因定位到特定染色体上，并研究了这些基因的不同形式（即等位基因）所出现的频率。[8] 这种集中精力开展一项研究的现象在科学上很常见。当一项技术——这里是基因作图——高产，并提供越来越多的结果时，科学家总是很难去抛弃它，即使在其结果的创新价值很快就下降的情况下。比如，在文艺复兴期间，人们发表了美妙的解剖学结果。尽管这些结果都很美也很准确，但是我们对生理学或者医学的认识并没有获得立刻伴随的突破。简单地说，大多数遗传学家并未表现出对两个现在看来既显而易见也至关重要的问题的兴趣：基因的本质及作用机制。存在某些例外——在 20 世纪 40 年代，为解决这些问题，在分子生物学发展历史上扮演极其重要角色的一个非正式的研究网络（"噬菌体小组"）形成了（见第 4 章）。摩尔根的一个学生杰克·舒尔茨（Jack Schultz）去了瑞典物理化学家托比约恩·凯斯帕森（Torbjorn Caspersson）的研究小组（见第 13 章）。作为一位德国遗传学家，并对先前的形式遗传学提出过尖锐批评的理查德·戈尔德施密特（Richard Goldschmidt），嘲笑了那些基于遗传性状被传递频率而制作的染色体图谱的人，却故意忽略那些探究基因如何控制遗传性状的人。[9]

除了像康拉德·沃丁顿（Conrad Waddington）和戈尔德施密特等几位叛逆者之外，遗传学家们都对基因在发育过程中所扮演的角色同样缺乏兴趣[10]。鉴于包括摩尔根在内的遗传学的几位奠基人最初都是胚胎学家这一事实，这种情况的出现更是令人费解。[11] 更令人觉得奇怪的是，摩尔根后来"皈依"遗传学的过程还与对染色体在发育过程的一个关键方面——性别决定中的作用这一发现有关。[12]

针对遗传学家们对最初将他们引向该学科的生物学问题的明显冷漠，有些历史学家将其解释为一种既是认知方面也是体制方面所采取策略的结果。[13] 如前所述，遗传学只有当它将遗传和基因传递与发育和基因的作用之间予以分离（尽管只是人为地）时，才能发展。从体制的角度看，这使得遗传学家获得了一定程度的自主性，变得与胚胎学家和其他生物学家日益分离。

其他一些政治色彩更淡、科学色彩更浓的原因，导致摩尔根转向了遗传学研究。他确信，在未来，科学家的确会研究基因作用的机制和基因在发育过程中的角色。然而，即使到了 20 世纪 30 年代这么晚的时候，他仍旧觉得，因为基因型与表现型之间关系的复杂性对这些关联开展研究还为时过早。[14] 鉴于加罗德在试图解释尿黑酸症的化学缺陷时所遇到的问题，以及人们在对植物花青素和昆虫眼睛色素等方面进行遗传研究时的部分失败，摩尔根表现出来的小心翼翼似乎无可非议。回想起来，考虑到分子生物学只是到了 20 世纪 80 年代才开始介入发育遗传学领域，这种小心就更合情合理了。

如前所述，比德尔曾跟随伊夫鲁西研究过果蝇的眼睛色素。[15] 这一经历使比德尔深信，这个系统不会揭示出这些与基因作用相关物质的化学本质。他逐渐明白，这个问题需反过来研究才行，即从熟知的代谢化合物出发，然后再去研究它们的产生或功能发挥如何受到遗传控制。

这就需要选择一种既可以开展遗传学研究同时又能对其进行简单生物化学研究的生物体。比德尔选择了一种叫作链孢霉（Neurospora）的真菌，该真菌不久前已由摩尔根研究小组中的卡尔·林德格瑞（Carl Lindegren）进行过遗传分析。比德尔的问题很直接，为了生长，链孢霉细胞并不需要外加维生素（除了生物素以外），这是因为它自身能够产生这些化合物。比德尔决定去分离那些丧失了这种能力，因而需在培养基中添加特定维生素才能生长的突变体。

链孢霉具有一种复杂的增殖循环：这种生物体是单倍体形式（也就是说，它只含有一套而非两套染色体）。其中的每种基因都只有一个拷贝。这样，对基因的任何修饰都会立刻体现出来，因为它不会像在双倍体细胞中那样被该基因的另一个拷贝所"掩盖"。两个单倍体杂交后即可以得到其双倍体的形式，这一杂交形式的单倍体后代又可以被分离出来。尽管这可能听起来有点复杂，但这种增殖循环过程使得分离突变体的过程变得容易且迅速。

为了产生大量的突变，比德尔和塔特姆对链孢霉的单倍体孢子进行了辐射处理。在将这些孢子进行杂交之后，他们将它们或者加入到正常培养基中或者加入到一种添加了维生素 $B_1$ 和维生素 $B_6$ 的培养基中。这个实验过程使得比德尔和塔特姆分离到了好几十种需添加某种维生素才能存活的变异菌株。通过将这些菌株进行杂交，他们发现这每一种营养缺陷型菌株都由单个基因中的单个突变所引起。然后，他们又发现了不能合成一种特定氨基酸——色氨酸的变异菌株；所以必须在培养基中添加色氨酸，变异菌株才能生长。他们鉴定到了能够使他们描述色氨酸生物合成途径的若干变异菌株和基因，从而发现该代谢途径的每一步都由一个不同的基因控制。

比德尔和塔特姆的结果被大家欣然接受了。在1944年，比德尔被选入美国科学院，而且在 1958 年，他与塔特姆以及莱德伯格一起又分享了诺贝尔奖。

比德尔和塔特姆的成功是基于他们对基因与表型之间关联的研究焦点的重要转变。当比德尔多年前跟随伊夫鲁西开始其研究时，他们没有试图去理解基因与酶（蛋白质）之间的关联。相反，他们希望鉴定基因在胚胎生成期间的果蝇眼睛形成过程——特别是颜色的形成——中的角色。比德尔的新研究方法代表了一种对之前那些徒劳努力的机智调整。正如所发生的那样，在比德尔和塔特姆的工作被发表前的一年时间里，对果蝇眼睛色素形成必不可少的物质——它在某些突变株中缺失了，因此其合成由基因的作用控制——已经于 1940 年由阿道夫·布特南特（Adlof Butenandt）在德国被鉴定。假如比德尔被困住在果蝇的工作上，可能会出现另外一种揭示基因与酶之间关系的研究路径。

在对比德尔和塔特姆的科学发现所进行的传统教科书式描述中，历史学家强调了若干异常之处。比如，在第一篇描述有关链孢霉代谢方面工作的论文中，他们事实上并未宣告对基因与酶之间这种著名关系的建立（的确，这种经典的"一个基因一种酶"形式的描述完全并非他们自己所说）。对比德尔和塔特姆而言，最初最重要的东西是，他们设计了一种新的实验系统，它使得通过一种相对简单的方式来探究基因与基因产物之间的关联成为可能。

就比德尔和塔特姆在1935—1940年——在他们工作获得突破的前期——发表的文章而言，最为令人吃惊的方面可能是对"激素"这个词的反复使用，用它来描述通过基因的作用所产生的物质（这个术语在鲍里斯·伊夫鲁西同一时期发表的论文中也是这样被使用的）。可能的是，他们并未意识到这个术语的精确含义——那时激素正被生物学家们所纯化和研究，这样的工作被连续授予过诺贝尔奖。

必然的结论是，比德尔和塔特姆所预期发现的是，激素既是基因作用的产物，也是这种作用的主体。这并非牵强附会——激素（如甲状腺激素、固醇类激素、生长激素）在动物发育过程中以及动物组织的分化过程中的角色都已经是众所周知的事实。植物中的情况也如此——植物生长激素的作用那时正被深入研究。但这种基因与激素之间的关联是大家心照不宣的，只是被像理查德·库恩（Richard Kuhn）（他利用面粉蛾在开展与比德尔、塔特姆和伊夫鲁西类似的工作）这样的研究人员所明确描述。对于比德尔和塔特姆的成功至关重要的是，他们只局限于对胚胎学中的那种基因作用模型的摒弃，将其替换为适用于所有生物的基因作用的模型。换句话说，他们采纳了一种与分子生物学的未来精神更加吻合的研究方法。[16]

历史学家莉莉·凯揭开了比德尔工作中被隐藏——至少是被遗忘——的应用方面。这使得比德尔和塔特姆即使在第二次世界大战期间也得以开展他们的研究。[17]比德尔的研究工作存在两方面的潜在产出：它可以使人们更好地理解代谢过程，也许还可以带来关键代谢因子——如维生素或氨基酸——的发现。但是，最重要的是，比德尔和塔特姆的突变菌株提供了一种间接但极佳的测量不同种类食物中营养成分的方法。突变链孢霉菌株的生长依赖于氨基酸或维生素的供给。比德尔和塔特姆十分清楚地认识到，他们的研究成果可能具有重要的应用价值。塔特姆曾在位于美国麦迪逊的威斯康星大学接受过培训。该校的生物化学系与奶制品、农业和食品工业都有着密切的联系。这些联系纽带的建立要部分归功于塔特姆的父亲，阿瑟·塔特姆（Arthur Tatum），他自己也是一位在大学工作的知名生物化学家。

此外，比德尔和塔特姆得到过许多来自医药、农业方面的公司以及营养基金会等的资助。在获得这些社会资金支持的同时，比德尔也继续获得来自洛克菲勒基金会的主要经费支持。他的研究项目从一开始就受到该基金会的支持，而且聘用塔特姆正是在该基金会支持下进行的。最重要的是，可能的应用前景使比德尔在那个金钱大多流向与战事相关、青年科学家多被征召入伍的战争年代里能够保留他的学生继续从事该研究工作。

　　比德尔和塔特姆的实验数据对分子生物学发展所起的作用，尽管很清楚地得到了大家的认可，但还是难以衡量。1945 年，比德尔应邀在纽约做了极具威望的哈维讲座，其间，他表示，他的工作导致了生物化学和遗传学之间的统一———这两门学科过去由于"人为的限制和我们的高等教育体系那种呆板的组织方式"而处于分离状态。[18]

　　由比德尔所创建的遗传学研究方法后来被发现是一种研究代谢途径极为有效的工具。在短短几年里，生物化学家们通过利用放射性同位素标记的分子以及大肠杆菌这种细菌确定了生物代谢途径的复杂网络。

　　比德尔和塔特姆的工作导致了生物化学与遗传学在实验方面的联合。无论教科书怎么告诉我们，但完全不清楚的是，他们的研究是否的确澄清了基因与酶之间的关系。比德尔和塔特姆的所有研究结果，以及其他研究组用同样的研究路径所获得的结果都表明，代谢过程中的每一基本化学步骤都由一个单一的基因控制。因为每一步代谢反应都由一种酶控制，所以，"一个基因一种酶"的假说就顺理成章地被推理出来。但是如果不考虑当时的时代背景而去回看这一假说的话，可能会产生误导。尽管我们现在知道，每一种蛋白质，也就是说每一种酶的结构都由一个不同的基因所"编码"，但是，编码的概念以及蛋白质和酶的精细结构由遗传决定这样的概念在比德尔的脑子里全然不存在，简单的理由是，当时还无人思考过这些问题。

　　有两点将降低这一发现的重要性，或者至少需要将其放在一个恰当的科学背景来看待。一个单一的基因似乎控制一种代谢酶这一事实，并非意味着对于合成这种酶而言一个基因就足够。酶是蛋白质，而蛋白质由许多氨基酸形成，所以人们认为，为了合成一种特定的酶，将需几种酶，也就是几个基因的作用。这也就是说，需要几个基因参与。由比德尔和塔特姆的实验所揭示的基因是赋予一种新合成的酶其最终结构、形式和专一性的那个基因。作为总是提出质疑的、非正式"噬菌体研究小组"领导人和公认的分子生物学奠基人之一，德尔布吕克对比德尔和塔特姆所获得结果的重要性持怀疑态度。[19]与大多数生物化学家一样，德尔布吕克这位物理学家认为，由几个基因控制着一种蛋白质或一种酶的合成。依据这种观点，这些基因中的一部分，包括由比德尔和塔特姆所发现的那些，对一种单一的酶而言是特异的。其他基因则同时控制着几种酶的合成，因此就没有通过比德尔和塔特姆所设计的实验流程被选择出来。这意味着，一个基因一种酶的假说产生自一种人为的实验假象。

　　另一方面，比德尔和塔特姆的研究结果似乎将基因与酶之间的关系拉近了，甚至近到了一种现在看来奇怪、达到可以用于相互鉴别的程度。当时许多生物学家都认为基因具有酶的特征，其推理方式如下：生物专一性是由酶的惊人催化性质所致，基因既控制着生物体也控制着酶的合成，因此，最简单的假说是，基因是自我合成、自我复制的酶。[20] 这种基因是蛋白质或酶的理论是基于美国洛克菲勒研究所的约翰·诺思罗普（John Northrop）小组所开展的噬菌体复制实验结果，以及温德尔·斯坦利（Wendell Stanley）关于烟草花叶病毒（TMV）的研究工作而提出（见第 4 章和第 6 章）。关键是，对比德尔和塔特姆实验结果所给予的即时解释，并非我们现在看到的这种被历史保留下来的解释。当需要理解奥斯瓦尔德·埃弗里于 1944 年描述的被称为转化因子的那种物质的化学本质这一历史背景时，基因被看作蛋白质或酶这一点就显得尤为重要（见第 3 章）。

在 20 世纪 30 年代，德国遗传学家弗朗茨·莫乌斯（Franz Moewus）是第一批试图对微生物——一种名为衣藻的藻类——进行遗传学研究的生物学家之一。[21] 与德国生物化学家理查德·库恩一起，莫乌斯发现，衣藻增殖循环的各个阶段，由在酶的作用下被合成和转化的类胡萝卜素类激素所控制；每一种酶又都由一个不同的、定位到细胞染色体上的基因所控制。莫乌斯的结果最初被大家很好地接受，但事情很快就开始崩溃。他的有些数据从统计学角度看好得令人难以置信，他人无法维持莫乌斯研究中使用的那些衣藻株。最后，即使他本人亲自指导，他的实验结果也无法被重复。

莫乌斯是第一个意识到微生物在建立生物化学与遗传学之间联系方面具有很大潜力的科学家。但他利用衣藻所开展的工作与其他人早期利用其他系统所开展的研究工作之间并非存在断层——这一情形与比德尔、伊夫鲁西在果蝇中开展眼睛颜色的研究存在可以类比之处。莫乌斯的结果是对基因通过激素的产生而起作用这一被比德尔和鲍里斯·伊夫鲁西以及许多其他生物学家所采纳模型的完美证实。这并不令人吃惊——欺诈性的结果经常与科学家所预期的一致。对于欺诈者而言，不幸的是，从长期看，这种预期很少可以真正实现。不像比德尔和塔特姆，莫乌斯并没有反过来研究这个问题——即利用遗传学手段来研究众所周知的生物化学反应。比德尔和塔特姆的妙笔之处在于，不仅选择了一个合适的系统，而且也为一个基因一种酶假说获得了足够的观察结果——在定量的意义上，不只是在定性的意义上。

# 第3章　基因的化学本质

　　表明基因由 DNA 构成的第一个实验，由美国微生物学家奥斯瓦尔德·埃弗里与其同事一起实施，成果于 1944 年伊始发表在《实验医学杂志》刊物上[1]。令人吃惊的是，在有关分子生物学起源和发展的最早描述中，并未提及埃弗里的这项工作，却聚焦于八年以后才进行的另一项结论并非那么清晰的实验[2]。的确，在教科书中，这第二项实验仍旧经常与埃弗里的实验被同时描述，似乎二者重要性相当。这导致大量有关这部分历史的文献的出现，其中都将埃弗里描述为一名未得到大家承认的科学天才。他被比拟为分子生物学领域里的孟德尔[3]。

　　真实情况更为简单，也更为复杂。说它更为简单，因为埃弗里并非完全不知名；说它更复杂，因为尽管他获得的发现在当时被许多科学家所理解，其重要性也被认可，但大量研究人员出于不同原因拒绝承认该发现，主要原因是，这些人都认为，基因必须由蛋白质组成，不可能是 DNA。用怀亚特（H.V.Wyatt）的话来说就是，每个人都知道埃弗里的发现，但这些信息却并未"转变成知识"[4]。

　　埃弗里就职于美国纽约颇有名望的洛克菲勒研究所。在那里，他花费其科学生涯的大部分时间研究肺炎球菌。在磺胺类及抗生素类药物被发现之前，肺炎是一种十分严重、经常致死的疾病：在 1918—1919 年发生的世界性流感大传播期间，这种次要的细菌性肺炎可能是致死的主要原因[5]。埃弗里的主要科学工具是免疫学：当动物被感染后，会产生相应的抗体来抵抗这些致病菌。这使得埃弗里能够鉴定出肺炎链球菌的不同种类——抗体与细菌的外套（外鞘）反应，后者由多聚糖组成。通过与迈克尔·海德伯格（Michael Heidelberger）合作，埃弗里在不同种类肺炎链球菌外壳结构特征的描述方面做出了重要贡献。因其高质量的工作，他在同行中赢得了声望，其程度使他在 20 世纪 30 年代和 40 年代不断地被提名为诺贝尔奖候选人。

　　肺炎链球菌感染可以在小鼠身上实现。由于这种细菌引起如此严重的疾病，肺炎链球菌感染小鼠成为研究人类传染病的一种模型。于是，埃弗里的工作很好地符合了洛克菲勒研究所的研究兴趣范围——使用最前沿的物理与化学技术在最根本的水平上认识致病现象。

在侵染期间，肺炎链球菌会自动脱去其糖外鞘。这样脱去糖外鞘的细菌的菌落呈现粗糙（Rough）外观。不像糖外壳完整的光滑（Smooth）型肺炎链球菌，这些粗糙（R）型肺炎链球菌并不具感染性。当抗体将自己附着于细菌外膜上时，它们将促进这些细菌细胞被宿主的白细胞所吞噬，这就帮助动物清除了这些病原体。尽管粗糙型肺炎链球菌不具感染性，但它们能逃逸宿主的防御系统而在生物体内生存下来。

1928 年，英国医生弗雷德里克·格里菲思（Fred Griffith）发现了"转化"（transformation）这一奇怪现象。当一只小鼠被同时注入不致病的 R 型肺炎链球菌（从 I 类细菌衍生而来）和通过加热杀死了的Ⅲ类 S 型肺炎链球菌时，这只小鼠很快就会染上疾病而死去。从死去小鼠的血液中，格里菲思分离到了活的具有致病能力的Ⅲ类 S 型细菌。对该现象唯一可能的解释是，被杀死的Ⅲ类 S 型肺炎链球菌，转化了活的不致病的 I 类 R 型肺炎链球菌[6]。

1931 年，埃弗里实验室的马丁·道森（Matin Dawson）和理查德·希耳（Richard Sia）在体外重现了这个转化实验的结果。而且，莱诺·阿洛维（Lionel Alloway）的结果也表明，用已经被杀死的另一类致病的肺炎链球菌的提取液可以在体外将一种无致病能力的肺炎链球菌转化为致病性细菌。阿洛维的实验为进一步提纯这种被称为"转化要素"（transforming principle）的物质开辟了道路——无论存在于被杀死的致病性肺炎球菌提取液中的这种引起不致病肺炎链球菌转化的成分是什么。

埃弗里开始试图提纯这种"转化要素"。开始时是与科林·麦克劳德（Colin MacLeod），后来与玛克琳·麦卡蒂（Maclyn McCarty）一起，埃弗里持续开展该工作近十年，这期间，除了他出现严重健康问题那段时间之外，很少被干扰[7]。埃弗里 1944 年发表在《实验医学杂志》刊物上的论文代表了很大的工作量。在这篇论文中，作者用了好几页的篇幅专门解释在体外开展转化实验的精确且易重复的条件，并对转化因子（或要素）的纯化过程进行了比较细致的描述[8]。但这篇论文的关键部分还是通过一系列物理与化学方法对所纯化转化因子的表征。

通过所有这些技术所获得的实验结果都指向同一个方向：转化因子不是蛋白质而是一种脱氧核糖核酸（DNA）。这种因子能够承受的温度足以使蛋白质变性失活。比色实验结果表明，经纯化的转化要素只含 DNA，未发现任何即使是微量的蛋白质或核糖核酸（RNA）。简单的化学分析证实，在提纯后的物质中蛋白质所占比例少于百分之一。酶学检测结果表明，转化因子并不受水解蛋白质的酶影响，也不受可降解 RNA 的核酸酶的影响，但它却被未经加热的血清所破坏。这最后一点很重要——人们知道血清中含有一种能够降解 DNA 的酶。

洛克菲勒研究所，以具有最先进的物理和化学研究技术而著名（见第 9 章）。通过使用这些技术，埃弗里证明纯化的转化因子具有高的分子质量，可能是一种核酸。

最后，该论文还用了相当大的篇幅叙述所进行的免疫学分析。该分析证实，所提纯的物质并不与抗细菌糖外鞘的抗体反应。这似乎表明，尽管转化因子导致细菌糖外鞘的形成，但它本身并不含有这样的糖组分。因此，转化因子与它所转化的化学结构在化学上不同。该篇论文在结尾处讨论了有关转化因子的本质和作用机制等方面。

对埃弗里的科学发现未能产生重要影响这一事实，通常的解释是，他的论文未被他人读到，或者至少是没有被那些真正理解这些发现的人所阅读。尤其是，它被假想为没有被遗传学家读到。《实验医学杂志》这份刊物更多的是针对生理学家和病理学家的，而不是研究蛋白质的生物化学家或遗传学家。另外，这篇论文的题目和摘要基本上是以转化为核心内容，并未强调其关键结果的重要性。即使在讨论部分，作者也特别小心谨慎——埃弗里确实提出了转化主体可能与基因或病毒——尤其是几年前由佩顿·劳斯（Peytor Rous）所发现的肿瘤病毒——相关或者本质相同这样的假说，但他仅仅描述了一种可能的关系，并未走得更远。这种小心翼翼是埃弗里性格的典型特征。他那时 67 岁，但仍旧喜欢在实验台上亲自做实验；他从未谋求过一个重要职位，也很少参加学术会议 [9]。

然而，正如怀亚特所清楚指出的那样，事实上，所有的这些问题并未妨碍他的论文被人们阅读和讨论 [10]。应该记住的是，洛克菲勒研究所是美国最负盛名的研究所之一，而且埃弗里很知名，他的工作广为同行所重视，并且发表其论文的那份期刊的发行量很大，声望也很高。

埃弗里的工作并未被人们所忽视，他的发现被《美国科学家》这一类的杂志广为宣传后，引起一些重要的生物化学家、遗传学家以及正处于成长阶段的分子生物学这门科学的从业者们的注意。其结果似乎非常重要，但它提出了如此意义深远的问题，以至于使得很多研究人员难以赏识其真正的重要性。

德尔布吕克在埃弗里的结果尚未发表之前就闻到了风声，他回忆说，"你真不知道该拿这些结果怎么办" [11]。这个评价既反映了那个时候该领域中有关知识的状态，也反映了德尔布吕克的噬菌体小组在发现基因的化学本质方面兴趣的最初缺乏。他们似乎并未考虑到这是一个重要问题，或者未能明白，通过研究形式与功能之间的关联可以获得对科学的见解。

最初看来，"转化"似乎仅仅局限于肺炎链球菌，是一种不寻常的新现象。即使法国的安德烈·博伊文（Andre Boivin）将此现象扩展到大肠杆菌这种细菌身上，人们也没有支持埃弗里的观点。博伊文的结果无法被其他实验室重复，这意味着，随着围绕它的一种怀疑氛围的积累，转化现象甚至变得更加边缘化了 [12]。再者，人们对肺炎链球菌的生物化学组成知之甚少。在埃弗里开展工作之前，这种细菌中被鉴定的唯一核酸是 RNA。细菌中基因的普遍存在并未得到公认[13]，像英国生物化学家塞力尔·新尚乌德（Cyril Hinshelwood）爵士等科学家就认为细菌的特性，包括其适应性与变异性，可以通过生物化学平衡的改变予以解释（见第 5 章）。

另一个问题在于，在那时，人们对核酸的了解还很少。核苷酸的化学结构，以及将它们连接成多聚体的化学键的本质，在当时都还是仍具争议的问题。占主导地位的观点，是由菲伯斯·莱文（Phoebus Levene）在 1933 年提出的四核苷酸模型。据此，DNA 由一种基本单元——含有四种碱基（腺嘌呤、胸腺嘧啶、鸟嘌呤和胞嘧啶）中的每一种——不断重复而成。这意味着，DNA 是一种单调乏味的分子（"枯燥的"是后来用来描述它的一个术语）。DNA 分子的功能也几乎不为人们所知，虽然主要由托比约恩·凯斯帕森在瑞典开展的详细细胞学实验已经揭示，DNA 与染色体相关联。根据染色体的核酸蛋白质模型，DNA 只是携带被人们认为拥有遗传专一性的蛋白质的支撑材料。

几年前，德裔美国生物化学家弗里茨·李普曼（Fritz Lipmann）发现腺苷三磷酸（ATP）这种核苷酸可以作为细胞内的能量储备。这又为染色体中的核酸蛋白质组分提出了一种与能量相关的维度——DNA 也许扮演了一种为基因复制提供所需能量的角色。埃弗里的发现因此是在一种对认为 DNA 在遗传过程中扮演一种特异角色这样的观点极为不利的历史背景下获得的。埃弗里自己也很清楚地意识到这个问题。在其论文中被详细讨论的问题之一，就是 DNA 分子似乎是非专一性的这一事实。

除了这些由于对核酸结构和性质方面的无知所导致的困难以外，另一个困扰着这项研究的问题在于，它与人们当时广泛拥有的观点（即使埃弗里自己最初也认同）——即蛋白质是决定遗传专一性的最可能的候选分子——背道而驰（见第 1 章）[14]。蛋白质是基因关键组分这一观点并非新颖：它既被像穆勒这样的遗传学家所接受，也被下一章将要专门介绍的像"噬菌体研究小组"里那些年轻的分子生物学家们所接受[15]。当温德尔·斯坦利于 1935 年将烟草花叶病毒（TMV）鉴定为一种蛋白质的时候，他也支持这种观点（见第 6 章）；斯坦利因此而在埃弗里的突破性发现发表两年之后获得了诺贝尔奖。这种基因为蛋白质的模型与前半个世纪所积累下来的所有实验数据都吻合；这些数据表明，从蛋白质控制细胞中广泛的化学反应角度看，蛋白质是生物专一性的"执行者"。而且，埃弗里在洛克菲勒研究所的两名同事，约翰·诺思罗普和约翰·萨姆纳（John Sumner）提纯并结晶了几种酶，并且证实它们都是蛋白质。

蛋白质形式与功能的专一性特征可以通过制备特异的针对蛋白质分子的抗体来研究。免疫学反应最初被用于揭示物理化学方法尚无法检测到的蛋白质分子之间的微小结构差异。这种免疫学标准后来成为定义专一性的"金"标准——如果某分子可以诱导特异抗体的产生，那么它就被认为是"特异的"。迄今，DNA 分子还未能通过这种"特异性"测试。

其他争辩也支持蛋白质为基因主要组分这一假说——蛋白质是染色体的两种关键组分之一，而且比德尔与塔特姆的工作也表明，控制不同代谢反应的酶受到基因的严密控制。比德尔和塔特姆的工作倾向于将基因与酶联系在一起，对许多生物学家而言，这或多或少地强化了将基因鉴定为酶和蛋白质的这种含义。另外，尽管埃弗里已经获得了相对高产量的转化因子，但其中所含有的痕量级别的污染蛋白质仍可以解释所观察到的实验现象。至少，那些基因是蛋白质这一理论的铁杆支持者——像洛克菲勒研究所的艾尔弗雷德·米尔斯基（Alfred Mirsky）——是这样争辩的。

在接下来的几年里，埃弗里的同事们改进了转化要素的纯化技术。氨基酸——蛋白质的组分——的污染被降低到万分之二以下。具有讽刺意义的是，很久以后人们明白了，即使是这些微量的氨基酸组分也并非蛋白质污染所致，而是由一种核苷酸（腺嘌呤）降解所产生。将 DNA 鉴定为引起转化现象的主体，通过观察到其活性被脱氧核糖核酸酶（一种新近在洛克菲勒研究所分离到的酶）直接破坏的现象得到进一步证实。然而，埃弗里实验的这些改进并没有撼动那些认为蛋白质在遗传中扮演关键角色者的信念。

阻碍埃弗里发现的重要性被所有科学家接受的主要问题，并非与研究 DNA 的困难性或者基因是蛋白质理论的支持者们的反对意见相关，更多的是因为人们无法想象 DNA 如何产生蛋白质，而这正是基因所必须承担的任务。埃弗里给他兄弟的信件以及他的同事所提供的证言表明，尽管他在 1944 年的论文中所给出的结论小心谨慎，事实上他深信，所分离出来的物质——转化因子——代表了一种纯净的基因[16]。

虽然肺炎链球菌的转化是用来发现基因化学本质的理想系统，但它肯定不是最适合将这个结果推广并普及的系统，更不能对该结果给予一种科学的解释[17]。转化是一种高度特殊的现象，主要是医学界对它感兴趣，而且该现象最初也仅仅局限于肺炎链球菌。在接下来的几年中，埃弗里的同事们揭示，转化现象也适用于外鞘以外的其他细菌性状特征。但是，将这个现象可靠地推广到其他细菌（如大肠杆菌）中被证明是困难的。此外，即使在肺炎链球菌中观察转化现象也是一件非常费时且不易操作的事。的确，埃弗里的论文中强调在对转化现象进行实验观察的过程中需特别细心。

埃弗里获得的结果中最引发人们兴趣的一个方面是，提出一种核酸究竟怎样改变由糖组成的细菌外鞘结构的假说。这个问题在 1943 年埃弗里给洛克菲勒研究所的报告中进行了充分描述："转化要素——一种核酸——和它所引起的终端类型的合成产物——Ⅲ型多糖——各自在化学上不同……前者与一个基因关联，后者与一种基因的产物关联，这种基因产物的获得通过酶催化的合成反应而实现。[18]"

埃弗里的模型中需要一个涉及酶或蛋白质存在的阶段。他须揭示核酸——一种被认为是非特异的化合物——怎样控制蛋白质的活性，或者更准确地说，怎样控制负责糖外鞘合成的那些酶。基因为蛋白质这一理论的支持者们可以避免这个问题。对于他们来说，解释蛋白质（基因）怎样控制其他蛋白质的活性比想象一种核酸如何控制酶来得更加容易。或者说，至少看起来似乎如此。

在基因由 DNA 构成这一观点被大家认真考虑之前，两大障碍必须被克服。与可能被期望的相反，遗传密码概念并非一种必需前提。事实上，遗传密码的概念在 1953 年詹姆斯·沃森（James Watson）和弗朗西斯·克里克（Francis Crick）发现 DNA 双螺旋结构很久之后才逐渐被引入。事实上，这一概念在 1961 年遗传密码被破译之后才被真正接受。接受 DNA 在遗传过程中扮演一种角色的真正前提条件是，将基因的本质与其作用机制分成两个问题考虑。

与生物化学家不同的是，遗传学家已经为这种类型的研究路径做好了思想准备。自 20 世纪 40 年代后期以来，一些物理学家开始从信息传递这一角度来思考遗传学，并将基因看作是遗传信息的载体。实际上，这种见解是他们缺乏理解的结果，也是他们面对看起来复杂而没有规律的生物化学现象时所产生的绝望。物理学家能够从另一个角度来研究这个问题，并且能从这个问题的生物化学和蛋白质内涵中抽象出专一性这个概念。他们将基因与基因在细胞中的作用这两个概念予以分开考虑，并且能够在直接的蛋白质－蛋白质相互作用之外，去想象基因与蛋白质之间的关系。

只有在一种对基因的传递与复制的研究比对基因功能的鉴定（如一种病毒）更为重要的新实验体系中，这种对基因的其他理解方式才可能胜出。这个新的实验系统本来可以是对植物或动物病毒的研究系统，却成了对噬菌体的研究系统，在第 4 章里我们将介绍这一全新实验系统。这种关于基因角色的另类概念导致了认为基因远距离控制生物体功能的想法被逐渐抛弃，并被分子生物学的当代模型所取代。按照此模型，基因从最小的化学细节上决定着生物体的发育过程与功能发挥。

埃弗里的实验很难被其许多同代人所接受，而要他们对这些实验做出解释也就更难。结果是，尽管他的实验广为人知，但它却并没有引起一场人们可能期望的即时性的概念革命。

埃弗里在研究过程中也许并没有像他可能被认为的那样专心致志。在 1937—1940 年，他曾经有一段时间将转化方面的研究课题搁置起来[19]。但是，人们不应该认为埃弗里的结果对分子生物学的后续发展没有影响[20]。他的研究工作与菲伯斯·莱文的四核苷酸模型不相符合这一事实，引起了一位在奥地利出生的美国生物学家欧文·查格夫（Erwin Chargaff）的极大兴趣。欧文·查格夫重复了基于菲伯斯·莱文模型的实验测量过程，并且精确测定了几个不同物种的 DNA 分子中四类核苷酸的百分比 [21]。

欧文·查格夫的实验数据在多个方面都很重要。他发现，四种核苷酸的比例依所研究物种的不同而不同，这就移除了在理解 DNA 遗传角色方面的一个主要障碍。此外，欧文·查格夫用一种灵敏度极高的、后来被广泛应用于分子生物学研究中的层析技术，来分离四种不同的核苷酸。最后，但并非最不重要的是，他相当犹豫地报道了四种核苷酸以及组成它们的四类碱基之间比例的某种规律性。依据该故事的一个当代版本，他发现腺嘌呤和鸟嘌呤的比例分别与胸腺嘧啶和胞嘧啶的比例相同。实际上，因为较低的测量准确性，欧文·查格夫所报道的数据从来不会那么准确——这就解释了他的犹豫以及他对于推广他的发现所表现出的持续的不情愿。很久之后，这种比例效用被人们称为欧文·查格夫法则，并且如后所述，它被回顾性地认为在支持沃森和克里克的 DNA 结构双螺旋模型方面提供了强有力证据（见第 11 章）。

怀亚特的研究表明，噬菌体研究小组很清楚地知晓埃弗里的研究结果（德尔布吕克在 1943 年的 5 月看到过一封埃弗里宣布该发现的私人信函）。但是，尽管该研究组的一些成员试图重复其实验，然而，对于该研究小组的其他人而言，这无疑就意味着他们必须考虑 DNA 是噬菌体复制过程中的关键成分这样的假说 [22]。令人吃惊的是，几年后，他们才开始探究基因的物理本质。埃弗里的实验第一次削弱了许多生物化学家和遗传学家对基因是蛋白质这一理念。虽然埃弗里的实验未能立刻使生物化学家和遗传学家相信基因由 DNA 组成，但它却为这样的可能性打开了一扇门，展示出在未来的几年中将闪耀光芒的一条科学小径。

# 第 4 章　噬菌体研究小组

　　"噬菌体研究小组"这个术语是指在 1940—1960 年，使用细菌病毒（即噬菌体）作为模型系统来研究生物体增殖现象的所有科学家。这个小组不是一个有组织的机构，也从未正式存在过。此外，其成员所开展的研究也极为多样，且随着时间的变化而演化。人们赋予这个小组的标志性特征——除了他们所研究的病毒之外——是一种心态，对生物学问题的一种新的研究路径。这主要是受德尔布吕克影响的结果，他被公认为是该研究小组背后的发起人与驱动者[1]。

　　麦克斯·德尔布吕克 1906 年出生于德国一个上流社会家庭。其父亲是柏林大学的历史学教授。1930 年，德尔布吕克被授予理论物理学博士学位[2]。次年，在得到洛克菲勒基金会一笔经费的支持后，他加盟了位于丹麦哥本哈根的尼尔斯·玻尔（Niels Bohr）的实验室。与玻尔的相遇，尤其是听了他的"光与生命"的报告之后（1932 年 8 月 15 日在哥本哈根），德尔布吕克决定转向了生物学[3]（玻尔的演讲以及他对生物学的看法将在第 7 章中予以讨论）。玻尔并非一位善于表达的报告人，因此德尔布吕克从报告中所获取的信息可能并非玻尔所希望表达的。德尔布吕克所理解到的是，即使对生物分子的研究极其深入，但它仍然不会导致人们对生命现象的深刻认识。生命现象只有通过一种全新的研究路径才可能被人们所认识，这种新路径可以补充现有研究方法的不足。德尔布吕克返回柏林后，创立了一个由生物学家和物理学家共同组成的非正式小组，该小组经常在他母亲家中会面。他的第一项生物学研究与俄国遗传学家逖莫费夫 - 瑞瑟富斯基（Nikiolaï Timofeeff-Ressovsky）和德国物理学家卡尔·齐默（Karl Zimmer）合作开展[4]。

　　开展这项研究的设想源自核物理学。物理学家无法对原子核开展直接研究；他们须用粒子对原子核进行轰击。通过利用这些不同数量及不同能量级别的粒子，然后将这些变量与轰击所产生结果进行关联，人们就可能推断出被轰击目标——原子核的某些性质。德尔布吕克决定通过同样的路径来研究基因。1927 年，穆勒已经发现，突变可以利用 X 射线来诱发。逖莫费夫 - 瑞瑟富斯基在小组中的任务是，确定在不同温度下给予的不同剂量的辐射在果蝇中诱发的突变数量。齐默将辐射剂量转换成了所形成离子对的数量（人们假设是所形成的离子对基因产生了诱变效用）。基于这些实验，德尔布吕克估算出的基因大小为一个毫米的千分之几。突变的频率随温度不同而产生的变化可以用基因的量子力学模型来解释，据此，基因被认为具有几种稳定的能量状态；突变被解释为从一种稳态向另一种稳态的迁移。

他们的文章——被称作"三人论文"——于 1935 年在德国格丁根的一份发行量不大的刊物上发表[5]。尽管如此，这篇论文还是引起了薛定谔的注意，他在一个系列讲座中花了相当多的篇幅来介绍他们的工作，这些讲座内容于 1944 年作为一本具有高度影响力的书《生命是什么》予以出版[6]。一位在罗马恩利克·费米（Enrico Fermi）实验室工作、后来与德尔布吕克有过亲密合作的物理学家萨尔瓦多·卢里亚（Salvador Luria）也听说过这篇文章[7]。基于这项研究，德尔布吕克和逖莫费夫 - 瑞瑟富斯基后来在《自然》杂志上发表了一篇文章，其结论是宇宙射线对地球上的物种形成并未产生多少影响[8]。

有几个研究小组也使用了或即将使用类似的研究路径来研究基因的结构与突变的本质。但在对基因的化学本质缺乏任何实验数据的情况下，这些结果难以被解释。尽管德尔布吕克的离子化引发突变的模型后来被证明是错误的，但它却是一次"成功的失败"[9]。这些及其他类似实验揭示了，基因可以通过使用物理学工具进行研究。

1937 年，在洛克菲勒基金的另外一笔经费资助下，德尔布吕克走访了美国一些关键的遗传学实验室，包括位于加州理工学院的摩尔根实验室。德尔布吕克并未对利用果蝇作为模型系统留下深刻印象——他认为果蝇太复杂，无法用于揭示生命奥秘。自从他与玻尔会面后，他一直确信，揭示生命奥秘，须用最简单的生物系统。只有在最基本的水平——原子及其组成——上开展研究，才使得量子力学原理得以被发现[10]。同样的推理应该也适用于生物学。只有用最简单的体系进行研究，相互矛盾和似是而非的实验结果才会出现；对一个物理学家而言，这正是新理论的开端。对德尔布吕克而言，这个简单的生物系统就是噬菌体，这一点是在他访问摩尔根实验室时所意识到的。新近开始对噬菌体进行研究的埃默里·埃利斯（Emory Ellis）和摩尔根都在加州理工学院的同一个系工作[11]。

噬菌体——即细菌病毒——立即打动了德尔布吕克，它才最适合用于研究生命现象的关键特征——自我复制[12]。噬菌体感染细菌细胞，并在宿主体内快速增殖。它们似乎是基本的"生物粒子"——长度小于一毫米的万分之一，也就是说，根据德尔布吕克更早期的研究结果，它们比基因还小。

噬菌体已经被广泛研究多年。最初被英国细菌学家弗雷德里克·特沃特（Frederick Twort）于 1915 年描述，1917 年被加拿大 / 法国科学家费利克斯·德赫雷尔（Felix d'Herelle）重新发现。之后，又有几个其他小组对噬菌体进行过研究，尤其在位于巴黎和布鲁塞尔的巴斯德研究所和位于纽约的洛克菲勒研究所[13]。尽管体积小，但噬菌体很容易被检测：先在一种有盖的培养皿的表面长上一层细菌；被噬菌体侵染后，在细菌被噬菌体杀死并裂解的区域就会出现浅色的斑点（"溶菌斑"）。

尽管开展过大量研究，但噬菌体的本质及其与细菌之间的关系仍然不清楚，并且被广泛争议[14]。一些科学家认为，噬菌体是一种真实的感染性颗粒；另外一些科学家，如艾伯特·克鲁格（Albert Krueger）和诺思罗普将噬菌体增殖看成仅仅是在噬菌体被加入之前就已经存在于细菌体内的无活性蛋白质前体经自催化后转变的过程。根据这种被广为接受的模型，噬菌体复制——呈现出类 S 形动力学曲线——与像胰蛋白酶这样的酶的自催化激活过程相似[15]。

德尔布吕克与已经在研究噬菌体生长曲线的埃默里·埃利斯开始一起工作。第一步是建立一种可以确保他们计算噬菌体数量方法正确的统计学检测系统。他们发现噬菌体的增殖过程不规则，牵涉一系列步骤及平台区（这是费利克斯·德赫雷尔已经观察到的现象）。他们将在 37℃下噬菌体数量每 30 分钟就出现一个猛增的现象解释为细菌裂解、然后释放出大量噬菌体的结果。噬菌体很快将自己吸附到它们将侵染的新宿主上，30 分钟后，猛增现象将再次出现。

这个被称作"一步生长实验"的结果发表在《普通生理学杂志》上，并因其清晰性及其精致的统计学方法产生了重大影响[16]。但最重要的是，它与克鲁格和诺思罗普所提出的自催化模型完全相反。在埃默里·埃利斯和德尔布吕克的实验结果中完全没有任何类 S 形曲线的痕迹。

德尔布吕克的洛克菲勒基金资助在 1938 年被续延。由于德国政治的发展，德尔布吕克想留在美国。1939 年年底，位于田纳西州纳什维尔市的范德比尔特大学为他提供了一份教授物理学的工作。这个永久性职位使德尔布吕克在之后的岁月里可以开展有关噬菌体的工作。

此时，还很难谈得上存在一个什么"噬菌体研究小组"。德尔布吕克唯一的合作者埃默里·埃利斯不得不停止有关噬菌体的研究，回到更为直接关注癌症方面的研究上来。噬菌体研究小组的出现是 1940 年年底德尔布吕克和卢里亚相遇，并于 1941 年夏天在位于纽约长岛的冷泉港实验室开展合作研究的结果[17]。卢里亚和德尔布吕克的这一合作也使得细菌遗传学诞生了。（卢里亚的科学生涯以及他与德尔布吕克的首次实验合作将在第 5 章中描述）。该研究小组的第三位创始人艾尔弗雷德·赫尔希（Alfred Hershey）于 1943 年加入这个小组[18]。

为理解噬菌体的复制过程，噬菌体研究小组成员开展了大量实验。卢里亚的发现之一是，如果同一种细菌被两种不同类型的噬菌体侵染，那么在这两种噬菌体之间就会产生某种干扰或互相排斥现象。为了揭示在"隐蔽期"（使噬菌体得以复制的一个潜伏期）噬菌体中发生了什么，他们开展了一系列其他实验。

对噬菌体研究小组 1940—1953 年（即直到 DNA 双螺旋结构被发现之前的一段时间）所获研究产出的分析，揭示其重要科学发现相对较少。许多生物学家都对此感到惊讶——毕竟，正是在噬菌体研究小组里细菌遗传学诞生了，而且艾尔弗雷德·赫尔希和玛莎·蔡斯（Martha Chase）所开展的一项实验表明，DNA 是遗传物质。但事实上，这两项发现与噬菌体研究小组之间的关系相当复杂。卢里亚和德尔布吕克 1943年揭示细菌内存在突变现象的实验，实际上只是他们开展噬菌体工作的一个微不足道的副产品而已。不久，德尔布吕克放弃了细菌遗传学，把精力集中到了研究噬菌体方面 [19]。正如后面将会看到的那样，赫尔希和蔡斯的发现仅仅为埃弗里和其同事所获发现，提供了一种新的和最终并非确定的证据而已。赫尔希 - 蔡斯实验能在历史上被描述成具有如此影响的实验，主要得益于这个噬菌体研究小组后来的声望。这种声望被以下事实放大：即最早期的历史叙述由这个小组的成员撰写，以及 DNA 双螺旋结构也几乎在同一时期被发现。

噬菌体研究小组在其工作的聚焦点——噬菌体复制——方面所获得的结果相对而言并不重要。尤其是德尔布吕克最初的那种不打开生物化学这一"黑匣子"就将复制作为一种简单现象予以理解的梦想，最终被证明是一种幻觉。1942 年，托马斯·安德森（Thomas Anderson）和卢里亚转向了利用电子显微镜技术研究噬菌体，他们发现，它不是一种基本的生物颗粒，而是一种具有高度组织性和复杂结构的实体 [20]。［类似的电镜图像也在 1941 年被德国的厄恩斯特·卢斯卡（Ernst Ruska）所获得 [21]]。在此发现之后，人们意识到，通过不同类型的物理处理，尤其是辐射处理，来干扰噬菌体复制似乎并非一种有效表征其复制各阶段特征的合适途径。

此时，卢里亚对该问题的理解如下 [22]。物理学家研究基因的方式就像有人为了认识树上结的果子而用不同口径的枪来对树进行射击一样。依据不同大小的子弹所产生的效果，他就可以推断出树上的果子是樱桃那么大还是苹果那么大。但要想进一步了解树上的果子，简单靠这种射击的方法是不可能的；更准确地说，果子必须先被分离出来，然后才能对其特征予以分析。

因此，噬菌体研究小组最初的研究项目是失败的 [23]。不仅没有什么新的物理学原理被发现，也没有什么似是而非的实验结果被记录，但是，对噬菌体的研究日益受到生物化学的影响，而德尔布吕克却发现生物化学令人沮丧地复杂 [24]。

噬菌体研究小组所获实验结果的稀少似乎与其声望不成比例。产生这个看上去似是而非的现象有几方面的原因。该研究小组的会员资格并不只局限于与德尔布吕克一起工作过的那些人。1940—1945 年，许多实验室开始研究噬菌体[25]。例如，冷泉港实验室的一位果蝇遗传学家米里思拉夫·德默拉克（Milislav Demerec）也开始研究噬菌体，以及另一位帮助筹组曼哈顿原子弹研究计划的物理学家利奥·西拉德（Leo Szilard），之后也转向了生物学，组织了每月一次的噬菌体讨论会。于是，大批受过生物学和物理学训练的科学家开始研究噬菌体。

噬菌体研究小组的快速成长，一定程度是德尔布吕克个人影响的结果[26]。他的科学研究路径特别雅致——利用简单的统计学测试，他就可以澄清令人迷惑的问题。他的研究路径也得益于那些围绕源于物理学的任何技术或概念的良好声望。但最重要的是，德尔布吕克的研究表明，建立一种生物学研究的革命性方法是可能的。这种新研究关注了被认为是生命所特有的现象——自我复制。正如后面将要陈述的那样，德尔布吕克与其同事的信条是：同样的原理应该可以解释从病毒到人类的一切生物体的功能与增殖现象。

这些想法的魅力因德尔布吕克个人的非凡感召力而加强，他有着极其聪明的头脑和富有魅力的个性，他既善良又有点儿冷酷。在一场报告会结束时，德尔布吕克经常会对演讲者说："这是我听过的最糟糕的报告。[27]"

然而，单凭德尔布吕克的个人魅力不会使噬菌体研究小组声名显赫。德尔布吕克还为生物学研究引入了一种新的风格。在其青年时代，他深深地被哥本哈根的玻尔研究组那种没有等级制度、自由讨论，以及工作与娱乐混合一体的氛围所影响（比如，玻尔研究组的那些年轻物理学家们经常会一起去山中做徒步旅行）。德尔布吕克将这种新的研究风格带到了噬菌体研究小组，先是在他位于纳什维尔的实验室，从 1947 年开始，又带到了加州理工学院。

更多的是在生物学领域而非其他领域，德尔布吕克的这种研究路径标志着实验室运作方式的一次重要变化。他希望研究人员每周至少有一天的时间远离实验台，仅仅对其实验进行思考。各自的实验和论文都在整个研究组进行集体讨论，并让大家进行活泼的评论。这些讨论（经常发生在去往加利福尼亚州沙漠中的野营旅途）以及在德尔布吕克家中举行的大量聚会都给参与者留下深刻印象。对于任何一位步入分子生物学这门新科学的人而言，造访一次德尔布吕克的实验室都是不可或缺的。许多现代分子生物学小组仍以德尔布吕克的模式运转，尽管大多数人并不知道这种传统的起源。

除了这种心理学上和文化方面的影响之外，在冷泉港实验室开设的年度噬菌体实验操作课程起到了更为直接的作用。这不仅是为学生也是为已有建树的科学家启动进入神秘的噬菌体世界而设计的培训课程。第一次培训在 1945 年 7 月 23 日至 8 月 11 日举办。因为该课程最初是针对那些有意投身生物学研究的物理学家而开设，因此要求学员们具有一定的数学基础。因为薛定谔在其《生命是什么》一书中对德尔布吕克工作的介绍，后者因此而出名，所以任何拟投身于生物学研究的物理学家，都或多或少务必参加这个冷泉港的培训课程。这门培训课程形成了一个以德尔布吕克以及噬菌体研究小组其他创始人为核心的非正式人际关系网络。所有参与者全都学会了使用同样的材料和同样的技术，这就强化了德尔布吕克研究方式的影响力 [28]。

科学实验至少有两种类型，每种都有不同的本质和功用。埃弗里的转化实验是第一种类型的范例：即在没有任何先入为主的预期结果的情况下，科学家发现一种新的、未曾预料到的现象。赫尔希和蔡斯在 1952 年所开展的实验属于第二种类型的范例：已经存在不同的假说，因此实验的目的是，尽可能清楚地对这些假说予以区分。在后一种情况下，实验被设计为揭示蛋白质和 DNA 在噬菌体复制过程中的角色（令人吃惊的是，他们竟然没有引用埃弗里的任何一篇论文）。教科书告诉我们说，实验完全成功，但事实与此有相当的差距，正如大家当时所认识到的那样。

赫尔希－蔡斯实验实际上由一系列实验组成，而且所有实验都被解释为证明了噬菌体 DNA 是噬菌体复制的根本 [29]。历史聚焦了这些实验中的一个，即"搅拌器"（或"韦林氏搅拌器"）实验。这是分子生物学领域使用放射性同位素标记分子所实施的首批实验之一，也是分子生物学进入原子时代的标志。正如安杰拉·克里杰（Angela Creager）所揭示的那样，对使用放射性同位素标记分子这一做法的快速和广泛采纳是美苏冷战的间接产物 [30]。这一政策背后的驱动因素是，需要证明涉及核物理研究的投入，对于人类健康和知识获取具有正面影响。使用放射性同位素标记的分子所获得的结果，经常比通过传统方法提供的结果更为清晰和明确，使得研究人员能够在不同的假说之间进行选择，或者至少似乎如此。

在赫尔希－蔡斯实验中，噬菌体在用存在放射性硫（$^{35}S$）标记物的培养基中生长的细菌中复制（放射性硫将最终掺入到噬菌体的蛋白质分子中）或者在用存在放射性磷（$^{32}P$）标记物的培养基中生长的细菌中复制（放射性磷将被掺入到噬菌体的 DNA 分子中）。这些具有放射性同位素标记的噬菌体然后被加入到一种含有未被放射性同位素标记的细菌培养液中，经过一段合适的时间后，噬菌体和细菌的混合物被放置于著名的韦林氏搅拌器（一种实验室设备）中搅拌。这种强烈的搅动将去除细菌细胞表面百分之八十的噬菌体蛋白质，但仅仅去除了百分之三十的噬菌体 DNA。此外，这种处理并未阻止细菌被噬菌体感染，也未阻碍噬菌体的生长（我们现在知道当噬菌体附着在细菌细胞表面时，它很快就将其 DNA 注射到细菌细胞里面）。

同一篇论文中所描述的其他实验提示，噬菌体只不过是一种包裹着（并保护着）

其内部 DNA 的蛋白质外壳。盐浓度的剧烈下降可导致噬菌体蛋白质与其 DNA 分开，分离出来的 DNA 可被酶降解。此外，有证据表明，DNA 是当噬菌体与细菌的细胞膜作用时从噬菌体中释放出来的：如果噬菌体吸附在被杀死的细菌或细胞膜碎片上，那么噬菌体中的 DNA 就可以被外加的酶所降解。最后，放射性同位素标记过的噬菌体的后代含有不到 1% 的起始蛋白质（即放射性 $^{35}$S 的含量少于 1%），却含有至少 30% 的起始 DNA（即放射性 $^{32}$P 的含量超过 30%）。

这篇论文描述的所有实验结果似乎都表明，噬菌体中负责复制的部分是其 DNA。包裹噬菌体 DNA 的蛋白质外壳只是简单地保护着里面的 DNA，并且像注射器一样使 DNA 注入细菌细胞内。这篇论文在许多有关分子生物学历史的记述中都占据标志性位置，但作者在结论部分却令人吃惊地犹豫不决："这种蛋白质可能对细菌内噬菌体的生长并不发挥任何功能。其 DNA 具有某种功能。从这些描述的实验中不应该做更多的化学推论。"在 1953 年 6 月举行的冷泉港学术讨论会上，以及在 DNA 双螺旋结构被描述之后，赫尔希报告了他这些一年前就已经发表的科学发现。然后他解释了有关 DNA 可能不是唯一遗传性分子的信念：

这些结果单独或集体都不形成足够的基础，以对 DNA 的遗传功能予以科学判断。这一陈述的证据在于，生物学家（所有他们，作为人，都有一种自己的观点）处正反双方的人数大约均等。我自己的猜测是，DNA 将不会被证实为遗传专一性的独一无二的决定者，但对此问题的未来贡献只能来自那些乐意考虑相反观点的人[31]。

尽管存在这种不确定性，早期的分子生物学历史却将 DNA 的遗传学角色这一发现都归功于赫尔希和蔡斯[32]。这就引发了来自埃弗里同事们的抗议，他们认为应该将埃弗里的实验在分子生物学发展史的"先贤祠"中的地位予以恢复。甚至在今天，分子生物学教科书中还经常将这两个实验给予同等的地位，忽略了这两个实验的实施相差八年之久，以及作者对其发现所做解释的确定性程度完全不同这一事实。

怀亚特发现，在许多描述赫尔希 – 蔡斯实验的书籍中，"搅拌"或曲解了该实验的不同方面，以便使它们更加令人信服[33]。比如，搅拌后细菌中仍然保留的放射性同位素硫和磷的百分比经常按照"正确的"方向被"美化"。有人甚至说，两种放射性同位素标记物——标记蛋白质的硫和标记 DNA 的磷——是在同一个实验中被加入的。在其他的记述中，1952 年论文中所描述的其他实验甚至都不被提及。还有，甚至无人指出赫尔希自己对其科学发现的重要性缺乏认识。

这些删节和更改使人们无法理解赫尔希和蔡斯的实验结果，为什么最终如此容易被大家接受。它们实际上是一长串殊途同归型实验的最后一个。显示噬菌体附着于细菌细胞表面但并未穿透进入到细胞内的第一张电子显微镜照片就暗示，噬菌体组分中只有一部分负责其增殖过程。噬菌体的形状——一种类似于带爪的注射器——表明，它将其组分中的一种，注入到了细菌细胞中。噬菌体的化学组成很简单，仅由 DNA 和蛋白质组成。免疫学实验表明，蛋白质形成了噬菌体的外壳，而 DNA 则似乎存在于蛋白质外壳里面。

即使未被完全接受，埃弗里的科学发现逐渐成为人们进行科学思考的一个重要组成部分[34]。噬菌体研究小组的所有成员都知道这一点，而且这鼓励着他们对噬菌体中的 DNA 开展研究。此外，菲伯斯·莱文的四核苷酸模型已经被欧文·查格夫和其他人的研究成果所削弱。这就减弱了人们接受 DNA 在自我复制过程中具有一种特异功能这一思想的某些障碍。由安德烈·博伊文、罗杰·范德利（Roger Vendrely）和科利特·范德利（Colette Vendrely）所开展的生物化学研究，以及有关的细胞化学数据都表明，DNA 在细胞核中的含量是固定的，但在精子细胞中例外，其中的 DNA 含量只有体细胞中的一半[35]。所有这些实验都帮助人们认识到，DNA 在遗传现象中具有一种关键角色的设想是可能的。

1952 年首次在巴黎进行报告之后，赫尔希和蔡斯的实验结果在 1953 年 7 月的冷泉港会议上进行了第二次公开概括，同时沃森和克里克描述了 DNA 双螺旋结构模型（见第 11 章）。在很多人的心目中，这两套结果变得具有关联性了，被大家看成是 DNA 具有遗传功能的额外证据。

然而，不将赫尔希和蔡斯的实验与埃弗里的实验进行比较是不可能的。洛克菲勒研究所的艾尔弗雷德·米尔斯基抨击了埃弗里的实验结果——或者更准确地说是他们对实验结果的解释——因为在纯化的 DNA 中含有痕量的（0.02%）蛋白质成分，这就可以被假想成导致肺炎链球菌发生转化的原因所在。但在赫尔希 - 蔡斯的实验中，至少有百分之一的 $^{35}$S 标记的噬菌体蛋白质进入到了细菌体内，正如由不含硫的氨基酸组成的、从而未被放射性同位素标记的蛋白质也可能进入到细菌体内一样，所有这些可能进入了细菌体内的蛋白质成分不是也可能指导噬菌体的复制吗？这些批评意见当时却无人提出，赫尔希和蔡斯的结果也就很快帮助生物学界的同行们确信，DNA 具有遗传角色至少是一种可用的工作假说。这种差异说明，一个科学实验本身并不具有一种内在价值：只有当它成为一种理论、一种实验和一种社会框架的一部分时才算数。

1944—1952 年，情况发生了变化。即使是那些怀疑者这时也都认为 DNA 可能在遗传过程中扮演着某种角色。埃弗里获得了一种未曾预料到的实验结果，并继而回答了一个当时甚至还没有人提出的问题：遗传物质的化学本质是什么？在赫尔希和蔡斯的手中，放射性同位素标记实验对于在两种成分中——DNA 和蛋白质——的哪一种潜在地扮演这种角色给出了一个建议性的答案。

　　这两次实验在科学概念大相径庭的背景下实施。此外，埃弗里是一个孤立的研究者，他没有做太多的努力去让人们关注其实验数据，而赫尔希和蔡斯的结果却通过噬菌体研究小组这一非正式却十分有效的关系网络传开了。赫尔希和蔡斯的实验还得益于媒体给予几乎在同一时间出现的沃森和克里克有关 DNA 双螺旋结构这一发现的宣传。

# 第 5 章　细菌遗传学的诞生

微生物在 17 世纪由荷兰的安东尼·列文虎克（Antony van Leeuwenhoek）首先发现，但直到 19 世纪中期的巴斯德、罗伯特·科赫（Robert Koch）以及许多其他微生物学家的工作之后，科学家才开始理解它们是如何繁殖的[1]。人们最终接受了这些生物并非自然发生，而是像低等原始植物一样通过细胞分裂而增殖的这种思想。

在匆忙的认识过程中，遗传学绕过了细菌，聚焦于那些遗传变异很容易被观察到的有性繁殖生物。看上去并非通过有性繁殖而进行增殖的细菌，似乎具有非常复杂的生命周期，使得它们能经历不同的状态或形式。这样，光滑（S）型肺炎链球菌转化为粗糙（R）型肺炎链球菌就被通过所谓的"循环发生"理论予以解释[2]。这种对细菌的混乱理解，阻止了对这些生物体的遗传变异方面的研究，或者至少使开展这类研究变得更加困难。在 20 世纪前半叶，对细菌生理学的研究取得巨大进展。比如，细菌被发现可以调整自身状态以利用新的食物，但是，人们不知道这种适应现象是否为一种遗传现象[3]。提议细菌不含基因以及它之所以稳定的简单原因是，其内部的化学反应处于平衡状态这样模型的人，倾向于将微生物与生命世界里的其他生物分开[4]。鉴于复杂程度低于细菌的病毒都被部分学者认为几乎属于纯净的基因这一点，这种将细菌与其他生物分开考虑的做法就更令人吃惊。

1920—1940 年，生命科学各领域出现了一次重要的统一过程，因为人们广泛认同的是，同样的基本机理可以解释所有生命形式的功能过程，而且生物演化的综合理论在将群体遗传学和达尔文演化理论进行统一方面获得了成功[5]。生物化学领域的实验结果在这种生物学一统化过程中扮演一种关键角色，特别是阿尔伯特·克莱夫（Albert Kluyver）的工作。20 世纪 30 年代，安德烈（André）和玛格丽特·勒沃夫（Marguerite Lwoff）夫妇也揭示，所有的生物都使用同样的维生素和辅酶。同样的代谢途径和同样的生物分子的转变过程发生于细菌和酵母中，以及鸟类和哺乳动物的肌肉中。比德尔和塔特姆的实验表明，在真菌中，催化这些关键代谢步骤的酶中的每一种，都精确地由一个基因控制；似乎非常不太可能的是，在细菌中这些代谢步骤可以与基因无关。

与此同时，越来越多的物理学家转向生物学研究，期望去发现生命现象的基本原理。轻松愉快地加入，也没有意识到生物世界的复杂性，他们确信，同样的原理必然在一个细菌（以及病毒）和一个大象中运行——转述这句一般都被归功于雅克·莫诺（Jacques Monod）但实际上最初由阿尔伯特·克莱夫创造的格言。对德尔布吕克来说，神秘的噬菌体复制过程，必须遵从与动物和植物那样清楚地属于遗传增殖过程的法则。

物理学家为揭示生命的奥秘而开展的第一批实验，强化了他们对生命统一性的看法。被穆勒发现可以改变基因的 X 射线也能够扰乱细菌的发育[6]。后来人们发现，紫外线和不同化学试剂也能产生同样效果。对不同生命形式而言，进行诱变的剂量和波长都相似。

许多实验已经提示，细菌也表现出遗传变异性。1934 年，路易斯（I.M. Lewis）提出一种新的实验路径，它能够证实细菌中出现的代谢变化，究竟是由一个一个的突变引起，还是因为生存能力更强的突变菌体被选择的结果。为了区分这两种情形，只需在代谢物被加入到培养基中之前，测定可以生长的细菌的比例，与在代谢物被加入之后细菌生长的比例进行一番比较即可。如果这两个值相等，那么代谢改变一定是可遗传的。路易斯进行了两次实验，证实了其选择性模型[7]。

1943 年，卢里亚和德尔布吕克开展了一种被称为波动测试（Fluctuation Test）的关键实验，这预示着细菌遗传学研究时代的到来。实验在一个极其有利的历史背景下完成，结果与他们对噬菌体在细菌细胞内如何复制的观点一致[8]。卢里亚和德尔布吕克在之前发现，当两种不同噬菌体被同时加入到同一种细菌中时，干扰就发生了：一种噬菌体阻止另一种噬菌体的发育[9]。

为了实施这个实验，卢里亚必须确定，在共感染的细菌中设法让自己生长的那种噬菌体的本质。这涉及使用对其中的一种噬菌体具有抗性的细菌——通过与这种噬菌体的预混合得到。大多数经过这种预混合培养的细菌都死了，但其中有很少一部分细菌因为对这种噬菌体具有抗性而存活下来。通过将这些菌落挑选出来，并让这些细菌增殖，卢里亚发现他可以获得抵抗一种或另一种噬菌体的培养细菌。通过在一种已知其抗性特征的培养细菌中加入某种未知类型的噬菌体，他就可以确定所加入噬菌体的本质。

至此，卢里亚或多或少地下定了决心，要研究细菌对噬菌体这种抗性的起源，以便确信细菌的这种抗性特征在其所设定的实验条件下稳定。他需要知道的是，细菌是在和噬菌体进行预混合之后才变得具有抗性，还是有的细菌在与噬菌体有任何接触之前就已经获得这种抗性——即它们只不过是在后来的感染阶段被选择出来而已。

卢里亚的人生故事很有趣。他 1912 年出生在意大利都灵一个中产阶级犹太人家庭[10]。他开始念的是医科，但发现并非满怀热情。后来，他被一个朋友说服，觉得新的物理学领域值得一试。他就这样去了罗马的费米实验室。卢里亚很快发现他的数学功底不足以让他开展物理学研究。然而，在费米实验室待的那段光阴，是他人生的一个转折点——在那里，教光谱学课的佛朗哥·拉西梯（Franco Rasetti）将德尔布吕克最近发表的那篇有关基因结构的论文介绍给了他。卢里亚被这篇论文迷住了，因为他觉得这篇论文论述了被他后来称为"生物物理学圣杯"的东西。他对噬菌体的知晓过程也相当偶然。有一天，在一辆抛锚的无轨电车里，他发现自己刚好坐在细菌学家吉欧·瑞塔（Geo Rita）的旁边。他们聊上了，瑞塔邀请卢里亚访问他在那里开展细菌和噬菌体研究的实验室[11]。

尽管他当时并不知道，但卢里亚和德尔布吕克转向噬菌体研究是同时发生的事件。为了开始工作，卢里亚向意大利政府申请了一项去美国加州大学伯克利分校研究放射生物学的资助。就在墨索里尼宣布意大利"种族"法律之前不久，他的申请被批准，随之又被取消。在知道了德国的"水晶之夜"所发生的事件①之后，卢里亚立即离开意大利前往巴黎。在那里，他得到了国家研究基金会（法国国家科学研究中心 CNRS 的前身）的一项资助。这使他能与法国物理学家费尔南德·贺威克（Fernand Holweck）一起在由玛丽·居里（Marie Curie）所创立的放射研究所开展辐射对噬菌体作用方面的研究。在法国首都逗留期间，卢里亚还与巴斯德研究所的一位噬菌体专家尤金·沃尔曼（Eugene Wollman）共事过[12]。1940 年 6 月，在德国部队到达巴黎两天之前，卢里亚骑着一辆自行车离开了巴黎；他辗转来到了法国的马赛，在那里他获得了前往美国的签证。

得益于洛克菲勒基金的帮助，以及发表的第一批论文所带来的学术声誉，卢里亚在美国哥伦比亚大学的内科学和外科学学院获得了一个职位。1940 年后期，在费城召开的一次美国物理学会的会议上他与德尔布吕克相遇。从此，两人建立了持续多年的合作关系。这种合作关系每年夏天在冷泉港实验室得以更新。在美国的头两年时间里，卢里亚帮助托马斯·安德森拍摄噬菌体的电子显微镜照片[13]。1942 年，卢里亚在德尔布吕克位于纳什维尔的实验室里工作了一年，1943 年，他在位于美国布卢明顿的印第安纳大学获得一个永久职位。很快，卢里亚就开展了他著名的波动测试实验。

根据卢里亚的自述，这个实验的想法是他在印第安纳大学一次舞会上闲散地观察

---

① 发生在 1938 年的希特勒青年团等袭击德国和奥地利犹太人的事件。——中译者注

自动投币赌博机时产生的[14]。当把一个硬币塞入投币机后，赌博者一般什么也得不到，但偶尔他们也可以中个大彩。总体来说，所赢的硬币数不会多于所投入的硬币数。但就所付钱的数量而言，投币机并非按统计学规律运作。如果它遵循泊松分布（Poission Distribution）的话，那么玩家每次可能得到一个、两个或零个硬币，很少能够得到更多。但事实是，赌博者偶尔有可能会赢一大笔钱。

卢里亚将这种推理应用到了分析具噬菌体抗性的细菌起源的实验中。他准备了20瓶独立的细菌培养液，每瓶都含相同数量的细菌，然后加入噬菌体。如果对噬菌体的抗性是因为细菌与噬菌体相遇后被诱导出来的话（"获得性可遗传免疫力"），那么对特定细菌而言，其生存机会是固定的，而且，尽管每一个培养瓶中具有噬菌体抗性的细菌数目将不同，但相对而言这种差异将会很小，遵循泊松分布规律。相反，如果具有抗性的细菌是随机发生的自发突变的产物，那么这种具有抗性的细菌的数量在不同瓶子中将会出现很大差异。尤其是如果引起抗性的突变是在细菌增殖的开始阶段发生的话，那么所产生的具有抗性的细菌数量就会非常大——这瓶培养液就将中大彩（这个术语被用于所发表的论文中）。通过测定不同培养瓶中抗性细菌数目的差异，作者从这种"波动"中推断出究竟是哪种过程可以解释噬菌体抗性的起源——是获得性免疫还是突变。

卢里亚在一封给德尔布吕克的信中描述了这个设想的实验，并毫不耽搁地立刻着手实施这个实验。德尔布吕克很快就回信了，并于一周后寄来一份有关该实验的数学分析，其中指出，这样的实验结果也可以用来计算突变的频率，而这正是任何遗传分析所必须测定的关键数据[15]。这是突变频率第一次可以用如此精确的方法来测定。卢里亚－德尔布吕克实验获得了完全成功，并证实具有抗性的细菌因自发突变而产生。

对许多人而言，这个实验标志了细菌遗传学的诞生。在经典遗传学中，遗传性状需要被追踪观察很多代才能被确定，然后它们的传递和重组才可以被追踪。但卢里亚－德尔布吕克实验却并没有这样予以分析。该实验之所以重要是因为它把细菌纳入到了几年前在现代综合学说中所概括出来的对于生物演化的一般理解之中：生物表现出变异，而发生了这样的变异的生物久而久之就会在演化过程中被选择留下。

因此，回顾过去，卢里亚－德尔布吕克实验代表了达尔文主义的最终胜利，这是发生于多年来一直被看作是"拉马克主义最后堡垒"的核心——微生物学——中的一次胜利。这将达尔文主义与分子生物学一劳永逸地关联在一起（见第23章）[16]。文章发表在美国遗传学会主办的《遗传学》刊物上，他们的实验也向一个广泛的科学共同体宣告了一种德尔布吕克心中一直构想着的一种生物学研究路径——将简单而清晰的实验与其背后理论的彻底数学分析融为一体。但是，令人吃惊的是，文章并未提及达尔文或者自然选择理论，也没有提及最近的新达尔文派的综合理论，而且也没有说到任何有关他们的研究对于我们理解生物演化方面含义的内容。卢里亚和德尔布吕克只是提及，在这一特别案例中，他们证实了细菌对噬菌体的抗性由于自发突变而产生。

尽管成功了，但这个实验并未立刻给予遗传学家进入到细菌世界的机会。基因只有当进行重组时，即组织成新的组合，它们在染色体上的位置才能被确定。导致重组的最简单过程就是有性增殖。那时，大家普遍接受的看法是，细菌只通过裂解方式进行增殖。有几个实验试图探测细菌中的有性重组，但所获得的结果都是否定的，尽管肯定的结果只有在重组频率非常高的情况下才可能被检测到。

在 1945 年出版的《细菌细胞》一书中，洛克菲勒研究所的勒内·杜博斯（Rene Dubos）指出，并没有很强的实验证据表明细菌能进行有性增殖[17]，但是这种证据的缺乏并不能被理解为它真正缺乏的证据——可能仅仅表明的是，对这个现象的研究还不够深入。围绕现代综合理论的生物学的统一，以及这种观点给予有性增殖在生物演化过程中的重要角色都倾向于支持以下说法，有性增殖模式必然起源于最简单、最"原始"的生命形式——比如细菌[18]。

虽然如此，对细菌中是否存在有性增殖开展研究是一件危险的事情。细菌遗传学整个领域充满了相互矛盾的结果和陷阱。任何认识到成功的关键在于针对"可解决"的问题下手的科学家都会本能地避开这个领域[19]。

允许给予自己奢侈的时间来研究这个问题的科学家是那些对于他们而言这种尝试的"边际成本"比较低的那些——借用一个经济学的术语。这将包括那些非常年轻的科学家——他们能允许自己鲁莽一阵子，或者是那些非常著名的科学家——他们已有的声誉不会因这种失败而受到损害。乔舒亚·莱德伯格和爱德华·塔特姆正好形成了这么一对这两种类型科学家的代表[20]。

出生于 1925 年的莱德伯格是哥伦比亚大学的医科学生，他 18 岁时开始在弗朗西斯·瑞安（Francis Ryan）实验室研究链孢霉这种真菌。瑞安刚从斯坦福大学做完博士后回来，受到比德尔和塔特姆实验方法鼓舞。在读到埃弗里那篇表明 DNA 为遗传物质的文章之后，莱德伯格的热情被激发了，他试图在链孢霉中重复这一转化实验。尽管实验失败，但他从中萌发了一种可能检测到细菌有性重组的新思路。为实施这个实验，他需要突变了的细菌，就像比德尔和塔特姆在链孢霉中得到的突变——它们需依赖外加的某种维生素或氨基酸才能生长。塔特姆刚开始研究细菌，并已经得到了一些正好适合莱德伯格做实验用的大肠杆菌突变株。

接近 1945 年年终的时候，在塔特姆离开斯坦福大学去耶鲁大学工作之后，莱德伯格给他写了封信，解释了其研究课题，并寻求他的帮助。塔特姆正忙于搬家，加上其研究对象的改变，并无太多空闲时间。但是他给予了莱德伯格很大的鼓励，并邀请他在 1946 年的 3 月访问其新实验室。

在不到 6 个星期的时间里，莱德伯格揭示，他所选用的遗传标志相对稳定，经过杂交后，得到了重组的细菌。这证实遗传物质进行了交换，所以某种形式的有性繁殖必然在细菌中发生了。该结果在 1946 年 7 月的冷泉港会议上首次被报告[21]。其结果被大家很好地接受了，但有两个值得注意的例外：永远持怀疑眼光的德尔布吕克认为，这个现象是无趣的，因为它并非立刻适合进行统计学分析；而法国科学家安德烈·勒沃夫（Andre Lwoff）怀疑，观察到的具不同缺陷的大肠杆菌菌株之间的互补行为并非遗传现象，仅仅是细菌之间交换代谢中间物的结果。在马克斯·泽尔（Max Zelle）的帮助下，莱德伯格在显微镜下分离出了重组细菌，并通过证实缺乏突变的菌株之间，的确显示了遗传互补性，而回答了勒沃夫的问题。在 21 岁的年龄，莱德伯格就把细菌带入了有性增殖的世界，自己也跨入了颇有声望的年轻分子生物学家的行列。

在历史上，"如果……将会怎样"一般是一个难有答案的问题。但是，就我们今天所知，莱德伯格的结果似乎是一个准奇迹。他选择了一种当时并没有被广泛使用的大肠杆菌菌株（K12），但是我们现在知道，这是少数几种接合（即交配）现象能被检测到的菌株之一。如果莱德伯格不走运的话，他将可能必须检测至少 20 种菌株才会得到一个阳性结果。在得到了几个阴性结果之后，他还会费神继续进行测试吗？即使在他选择了 K12 这个菌株后，莱德伯格的运气仍旧存在。碰巧地，他决定跟踪由塔特姆所建立的遗传标志的传递情况，这些遗传标志恰好都位于大肠杆菌染色体的同一个区域。正如后来弗朗索瓦·雅各布（Francois Jacob）和埃利·沃尔曼（Elie Wollman）所揭示的那样，在接合过程中，染色体的传递从染色体的某个特定物理位点开始；莱德伯格所用的遗传标志碰巧都处在这个部位附近，因此能以相对较高的频率发生交换。

事实上，在"通常的"细菌生命过程中，遗传交换是一种稀有现象，生理学意义也不怎么重要。然而，对生物学家而言，这一发现却证实了生命世界的根本统一性。并且最为重要的是，它为研究基因提供了一种新的手段。

在往后的 15 年中，细菌遗传学取得了显著进展，莱德伯格于 1958 年在年仅 33 岁这么一个年纪轻轻的时候就斩获了诺贝尔奖[22]。当卢里亚揭示，正如存在着对噬菌体有抗性的突变细菌一样，也存在可以在这些具有抗性的突变细菌细胞中生长的突变噬菌体这一现象时，噬菌体遗传学也就融入了细菌遗传学之中 [23]。与此同时，赫尔希分离出了可以产生不同形状溶菌斑的其他一些突变噬菌体 [24]。1946 年，赫尔希和德尔布吕克分别独立地证实，如果细菌被携带有不同突变的两种噬菌体同时感染，那么就可以得到同时含有两种突变或不含任何突变的"重组"噬菌体 [25]。

细菌遗传学的威力源于以下事实，即通过使用抗生素、噬菌体或突变的细菌（如果是研究噬菌体遗传学的话），能在相对较短的时间内选择出极其稀有的重组事件。西莫·本泽尔（Seymour Benzer）和若干其他研究人员利用这种可能性将遗传分析带到了一个远比基因层次更为精细的水平上，揭示了基因的内部结构。细菌遗传学就这样帮助将基因带到了一个更接近真实情况的世界里——即进入了分子层次 [26]。

细菌遗传学对分子生物学的成长所做贡献特别复杂。分子生物学领域的许多重大发现，如遗传密码的破译，都在细菌遗传学领域之外发生。然而细菌遗传学家所开发的研究手段，经常使得人们能够为生物化学实验结果提供雅致的核实或证明。细菌遗传学对分子生物学成长做出的最大贡献在基因调节领域，这尤其体现在分子生物学的法国学派所开展的工作中（见第 14 章）。从更长远的角度看，细菌遗传学也为遗传工程的发展提供了必要的工具（见第 16 章）。

细菌遗传学至少与果蝇遗传学一样"抽象"和正规，但基于它为处理细菌和噬菌体提供了一套简单而又精确的技术，细菌遗传学又完全实用。然而，尽管这些技术本身可能简单，但它们所产生的数据最初却难以理解。

细菌的重组现象一经发现，莱德伯格就试图建立一种大肠杆菌的遗传图谱。不幸的是，所获实验数据并非能被有效解释。1951 年，莱德伯格和他的同事们最终提出，细菌染色体是一种具有四个臂的分叉结构（实际上，大多数细菌都具环形染色体）[27]。1952 年，爱尔兰科学家威廉·海斯（William Hayes）发现，细菌的有性繁殖极不寻常。他的结果为科学家们提供了一种新的解释框架。海斯的结果表明，在细菌接合阶段，不同遗传标志的转移既非同时也非对称发生：一个细菌细胞表现为供体（雄性），而另一个则表现为受体（雌性）[28]。事实上，用雄性和雌性这两个术语来标示这两类细菌，更多的是男性科学家所提出的假设，而非科学客观性的反映。

细菌性别的真正本质，最后由埃利·沃尔曼和弗朗索瓦·雅各布揭示。埃利·沃尔曼是尤金·沃尔曼和伊丽莎白·沃尔曼（Elisabeth Wollman）夫妇的儿子，他在第一次世界大战和第二次世界大战之间的岁月里，曾在位于巴黎的巴斯德研究所开展溶原性方面的工作（见第 14 章）。他是勒沃夫的一个学生，1948—1950 年，他在加州理工学院德尔布吕克的实验室研究过 T4 噬菌体的吸附现象 [29]。为研究接合现象，沃尔曼和雅各布使用了一种被称为 Hfr 的菌株，它表现出高频率的接合现象。沃尔曼拥有一种在实验室的搅拌器中猛烈搅拌细菌培养液而干扰细菌之间交配的想法，同一种仪器（和原理）被赫尔希和蔡斯，及更早时被安德森，用于将细菌与正在侵染它的噬菌体分开。沃尔曼和雅各布揭示，基因的转移过程随时间有规律地发生[30]。他们提出假设认为，基因被转移的顺序与它们在细菌染色体上的位置相关，而且这种顺序可以被直接地转换成遗传图谱。

这个发现之后，细菌接合成为一种强有力的遗传学工具。与最初的假设相反，人们发现细菌接合现象与其他有机体中发生的有性增殖很不同。但至少从遗传学家可以利用这一现象的角度而言，它与诺顿·金德（Norton Zinder）和莱德伯格在1950年发现的传统遗传学技术和广义的细菌转导现象都相似[31]。金德和莱德伯格的最初目的是，揭示大肠杆菌以外的其他细菌中也存在接合现象[32]。他们选择的细菌是沙门氏菌。用抗体进行的研究表明，这种微生物的表面具有几种不同的抗原，而不同的细菌株携带有这几种抗原的不同组合。莱德伯格觉得这种复杂的抗原谱是菌株之间进行了有性重组的结果。

最初的实验表明，在沙门氏菌的不同菌株之间，的确有遗传物质的转移。但这种转移不像接合过程那样需要两种菌株细胞之间进行物理接触。遗传转移由一种可以穿过滤膜且不受脱氧核糖核酸酶作用影响的未知成分完成。因此，这种遗传转移的新现象与埃弗里的转化现象（见第3章）不同。这种成分的性质，结果与那些将遗传物质片段从一个细菌细胞被动地运输到另一细菌细胞中的噬菌体的性质完全一样[33]。

当相似的效应在大肠杆菌中也被发现之后，噬菌体转导就成为一种研究基因结构以及它们在染色体上排列方式的强有力工具。比德尔和塔特姆的工作已经表明，生物合成或降解代谢途径中的每一步，都由一种对应着一个不同基因的不同的酶催化（见第2章）。噬菌体转导实验揭示，在细菌中，涉及特定代谢途径的那些基因，在染色体上的位置接近，而且经常与它们在代谢途径中起作用时所出现的顺序相同[34]。这种空间分布的靠近意味着这些基因可能被共同调节（见第14章）。

然而，转导现象仍然是个谜。特别是，细菌的遗传物质如何与噬菌体结合这一点不清楚。问题的答案间接地来自对所谓的温和噬菌体——它产生一种被称为溶原性的效应——的研究。人们知道，这种噬菌体可以整合入细菌基因组中的一个特定位点；它们也可以转导宿主的遗传物质，但只有那些位于噬菌体所整合的特异位点附近的细菌染色体基因，才可被噬菌体转导。这样，转导对应于温和噬菌体的一种不精确的"删除"，当噬菌体脱离细菌染色体时，会带走部分周围的细菌基因。可以解释广义转导现象的最简单假说是，进行转导的噬菌体也能将它们自己再次整合到细菌染色体上，但不存在位点"偏好性"[35]。在删除时，噬菌体可以从它们碰巧所在的染色体部位把细菌遗传物质带走。

细菌接合和噬菌体转导现象使得绘制大肠杆菌的遗传图谱成为可能，而大肠杆菌的遗传图谱比那些被经典遗传学家研究的生物体（如果蝇）的遗传图谱具有更高的分辨率。这些新技术就这样帮助遗传学"降临"到了分子水平。

# 第 6 章　烟草花叶病毒的结晶

分子生物学的早期历史表明，病毒是用来研究遗传物质化学本质的最合适系统。病毒于 19 世纪末被发现，于 20 世纪初被表征。由于其微小的尺寸，病毒似乎介于化学世界（以分子及大分子为代表）和生物世界（最简单的代表是细菌）之间。

就像生物和基因一样，病毒能够增殖并转变成一种新的稳态，也就是说它们能突变。对于病毒可能是基因或基因初级形式这一事实，在 20 世纪 20 年代就被穆勒提出[1]。无论是研究基因，还是认识生命的奥秘，病毒似乎都是一种理想的材料。除了这些科学方面的原因外，多种实际的因素也使病毒研究成为一种关键课题：病毒可以引起人类一些严重疾病以及农业动植物疾病[2]。进行病毒研究总能获得大量的经费支持。事实上，39 岁时感染脊髓灰质炎（引起小儿麻痹症）的美国总统富兰克林·罗斯福（Franklin Delano Roosevelt）在确保研究该病毒和开发疫苗的经费方面发挥了重要作用。

病毒不会在人工合成的培养基中增殖。这一难题直到 20 世纪 50 年代通过细胞培养技术的建立才得以克服，这就解释了为什么在很多年内，对动物病毒的结构研究都极度困难。尽管对噬菌体的研究容易得多，但其病毒本质直到 20 世纪 40 年代才得以被确定。贯穿于这个时期，植物病毒，特别是烟草花叶病毒（TMV），成为研究病毒增殖的有效模型系统[3]。被感染植物的叶子就相当于细胞培养皿：病毒可以被置放在一片叶子上，孵育一段时间后，它们的数目可以通过对叶子上死亡部分的面积的测量而直接估计。

由温德尔·斯坦利在 1935 年夏天完成的对烟草花叶病毒的提纯和结晶是一次革命性事件，被当时的新闻媒体广泛报道[4]。斯坦利被比作了巴斯德，为此，他被授予 1946 年的诺贝尔化学奖。

该成功是用物理化学方法对生物现象开展研究的典范，这种研究方法在洛克菲勒研究所尤其具有良好的根基。斯坦利受到的是化学方面的训练，其博士论文课题涉及有机化合物的合成。1931 年，在慕尼黑待了一年后，他被洛克菲勒研究所的所长西蒙·弗莱克斯纳（Simon Flexner）聘用，到其动物和蔬菜病理学系的新实验室工作。该实验室坐落于研究所在美国新泽西州普林斯顿所兼并的地盘上。

　　斯坦利发现普林斯顿的学术氛围出于几方面的原因极其令人赞许，其中之一是经费方面的：洛克菲勒研究所是 1929 年大萧条后能躲过预算紧缩的几个研究机构之一[5]。普林斯顿也有科学方面的优势：斯坦利在普林斯顿的一个同事是约翰·诺思罗普，此人经过在摩尔根实验室小组的培训后，决定从遗传学转向物理生物学和化学生物学，因为他觉得这些学科从科学角度考虑"更安全"。在斯坦利到达普林斯顿时的一年之前，诺思罗普成功地结晶了一种具有酶活性的蛋白质，即胃蛋白酶。

　　最重要的是，斯坦利发现洛克菲勒研究所和普林斯顿的氛围，体现出了哲学意义上的支持。正像我们在讨论埃弗里的情况时所看到的那样，在洛克菲勒研究所，占主导地位的生物学研究路径是"还原论"角度的——研究人员寻求用物理化学术语来解释生物现象。萨姆纳在 1926 年结晶第一种酶——尿素酶方面获得的成功，以及诺思罗普更为最近的结果（对其他酶的纯化和结晶）都强化了人们对这种还原论方法的信心。这种还原论方法最早在 20 世纪 20 年代被德国出生的美国生物学家雅克·洛布（Jacques Loeb）所倡导，后者也是诺思罗普的导师[6]。

　　斯坦利并非第一个试图纯化和结晶烟草花叶病毒的人，但是他为这个项目带来了作为一名化学家所具有的实质性技巧。最重要的是，他深信这种病毒是一种蛋白质，所以用纯化蛋白质的方法就能将这种病毒以高度纯化的形式分离出来。在已经清楚地表明了烟草花叶病毒的感染性会被胃蛋白酶、具极端 pH 的溶液处理及一些已知能使蛋白质失活的化学物质破坏的前提下，斯坦利只用了几周的时间就完成了对该病毒的纯化和结晶。在他 1935 年发表于《科学》刊物上的论文中，斯坦利宣称他获得的结晶物是一种蛋白质，并且其感染性质在经历了十多次连续结晶后仍保持不变[7]。

　　在随后的岁月里，斯坦利揭示了有关这种病毒的更多特性。在瑞典化学家特奥多尔·斯韦德贝里（Theodor Svedberg）访问纽约时，斯坦利给了他一些纯化的病毒样品。斯韦德贝里回到瑞典的乌普萨拉后，利用超速离心技术，发现这种病毒的分子质量为 1700 万道尔顿，具杆状结构。这种结构于 1940 年在首批应用电子显微镜——在离斯坦利实验室很近的普林斯顿 RCA 实验室里建造的——开展的研究中得到证实。斯坦利实验室也是美国首批装备了阿尔内·蒂塞利乌斯（Arne Tiselius）电泳装置的实验室之一（见第 9 章）。斯坦利利用这种新的装置鉴定了不同株的烟草花叶病毒以及其他植物病毒。

　　斯坦利的发现影响巨大。它被认为是已经享有很高声望的洛克菲勒研究所迄今获得的所有发现中最重要的一个。媒体对斯坦利的工作做了大量报道；在这方面，斯坦利所起作用也不小。正是这种病毒的结晶，激发了大众的想象力。晶体一般是物质、矿物、机械世界的一种象征，但这种特别的晶体是生命的一部分！正如《纽约时报》

所说："鉴于斯坦利博士的发现，古已有之的对生与死的区分就失去了其部分正当性。"从某种意义上说，烟草花叶病毒的结晶代表了一种生命的"模糊地带"[8]。

尽管受到了这样的热情欢迎，但斯坦利的工作很快就遭到批评了。部分批评涉及原则性问题——结晶并不意味着纯净；其他批评涉及实验本身。在英国，弗雷德里克·鲍登（Frederick Bawden）和诺曼·皮里（Norman Pirie）试图重复斯坦利的结果；他们勉强结晶了这种病毒，但是发现其中的 6% 由一种核酸（RNA）组成[9]。此外，他们揭示，任何使 RNA 失去生物学活性的处理，也都改变了病毒的感染性。他们的结论是，这种病毒并非单纯由蛋白质组成，而是一种核酸蛋白质复合物。这一结果与那些认为核酸蛋白质复合物是基因和染色体关键组分的模型吻合。尽管斯坦利从未直接回应他的批评者，但他后来承认，他已经知道 RNA 是烟草花叶病毒的一种组分，但并未给予这一观察任何重要分量[10]。事实上，在 1940 年，人们对 RNA 结构的认识就像对 DNA 的认识那样少，这也就没有鼓励研究人员去思考 RNA 可能会在遗传传递过程中起任何作用。

出于所有这些原因，烟草花叶病毒的纯化和结晶，并未给认识遗传物质的化学本质方面带来任何真正的曙光。1956 年，有少数人对核酸可能携带遗传信息这一观点仍持怀疑态度，格哈特·施拉姆（Gerhard Schramm）和海恩茨·弗伦克尔－康瑞特（Heinz Fraenkel-Conrat）最终提供了决定性的证据表明，烟草花叶病毒中的 RNA，的确是病毒的感染性成分。这样，埃弗里的实验仍旧是首次揭示遗传物质由一种核酸组成的实验，尽管病毒转化与基因表达之间的关联，比被认为存在于病毒与基因之间的关联贫乏得多。

然而，如果只把问题交代到此的话，斯坦利实验的重要性将会被低估。从哲学高度来看，尽管存在根本性错误，但斯坦利的观察帮助确认了还原论者的观点——即可用物理化学方法去研究生物现象。科学地说，他的发现产生了巨大影响，特别是针对遗传学家们。穆勒热烈欢迎这一"发现"，而诺思罗普也将他的部分工作重新定向为分离纯化噬菌体。斯坦利自己也将越来越多的时间投入到遗传学研究工作中，并鼓励他实验室的部分研究人员进入这个新领域。

逐渐地，将遗传学家与生物化学家之间分开的鸿沟开始被填补。斯坦利所用来纯化，尤其是用来表征"他的"病毒的技术，成为病毒学家们的实验参考[11]。洛克菲勒研究所装备了一台新的超速离心机，这不仅允许对病毒样品进行大规模的制备与纯化，更为重要的是，这使人们能够对细胞组分进行部分或完全的分离。这些研究很快就导致了微粒体——细胞内以某种方式参与蛋白质合成的颗粒——的发现。但是，基因和微粒体之间关系的最终澄清，将还需另外 20 年的工作（见第 13 章）。

# 第 7 章　物理学家进入分子生物学领域

正如我们已经看到的那样，多位物理学家在分子生物学诞生过程中发挥了重要作用，尽管他们未曾接受过正规的生物学训练。说来奇怪的是，在这些物理学家中，有一部分并未与生物学家们进行密切合作；相反，他们选择了自己的研究课题，从他们的结果中独立地开发了这些生物学的"副产品"。

在此，"物理学家"这个术语，指的是属于不同学科和亚学科的一组研究人员的集合——他们可以是数学家、理论物理学家、量子力学领域的专家，等等。他们通过不同的方式，为分子生物学的崛起做出了贡献。尽管存在这种多样性，但他们可以被划分在同一个界别中，因为他们都来自生物学之外。他们也相信，需要加快生物学的发展，通过使用衍生自物理学的概念和技术，来使生物学摆脱那种挥之不去的形而上学的解释。

物理学家转向生物学领域的运动，远非只涉及一小部分专家——许多在物理学领域长期开展工作、有着突出生涯的科学家，决定重新培训自己，开始研究生物学。这其中的一个典型例子就是匈牙利物理学家利奥·西拉德，他是对麦克斯韦妖（Maxwell'demon）提出第一种物理学解释的人，这样就帮助创立了后来被称为"信息理论"的一个领域[1]。作为原子链式反应的发明者，他在建立曼哈顿项目并研制出第一颗原子弹方面扮演了关键角色：与另外两位匈牙利物理学家一起，他警示爱因斯坦说，存在纳粹德国可能在研制第一颗原子弹的危险性。这导致爱因斯坦给美国总统罗斯福写了一封信。但是，在 1945 年年初，一旦局势变得明朗，表明纳粹德国正处在失败的边缘但不具有核弹时，西拉德也是强烈反对将原子武器用于军事目的首批科学家之一。在第二次世界大战结束时，他放弃了物理研究，转向对细菌代谢开展研究，并且在细菌的基因调控分析方面扮演了重要角色（见第 14 章）。

宇宙起源"大爆炸"理论的提出者之一乔治·伽莫夫（George Gamow），是为分子生物学的发展做出过重要贡献的另一位物理学家。伽莫夫对沃森和克里克 1953 年的第二篇论文——有关 DNA 双螺旋结构的遗传学含义方面的——反应迅速。在这篇论文发表后的几天时间内，伽莫夫就写信给文章的两位作者，提出了一种可以解释 DNA 的碱基序列与蛋白质氨基酸链之间对应关系的一种密码（见第 12 章）[2]。伽莫夫的模型及其中的错误将在后面讨论；在这里只需提及的是，他是第一个试图破译遗传密码的人。没有他的推动，克里克可能不会将其注意力投向这个方面。伽莫夫的来信，对于沃森和克里克而言很突然——尽管他们在文章中使用了"密码 (code)"这个词，但他们并没有将这个模型进行一种逻辑推导，也没有想象到这个密码将可以被破译。伽莫夫后来还在对遗传密码结构开展理论研究方面做出若干其他贡献[3]。

许多其他物理学家也对生物学着迷。尼古拉斯·马林斯（Nicholas Mullins）试图通过对噬菌体研究小组的细致研究，而对他们的贡献予以量化，通过使用在 1945 年到 1966 年期间参与该研究小组的不同研究人员的起始科学背景的数据，以他们最初所获博士学位的领域为准[4]。在 1945 年之前，研究小组 6 位学者中有 3 位获得的是物理学或化学方面的博士学位。从 1946 年到 1953 年，19 位新成员中有 10 位拥有物理学、生物物理学或化学博士学位。物理学家（和化学家）在该小组中所占分量在 1954 年开始减少（1954—1962 年，13 位新成员中仅有 4 位是物理学或化学博士）。这种转变毫无疑问受到了 DNA 双螺旋结构发现的影响（见第 11 章），这个发现帮助吸引了年轻生物学家进入分子生物学领域，此时的分子生物学日益变成一门独立的科学，为研究生提供了大量潜在的研究方向。这种进行量化的企图，仅仅基于噬菌体研究小组，它只是分子生物学众多分支中的一个而已。此外，噬菌体小组的人员结构始终模糊不清，所以其精确组成难以确定，所以与此有关的数据也应谨慎对待。

无论其精确价值是什么，物理学家在人数上的重要性无法被否定。弗朗索瓦·雅各布对这种智力转移的原因，以及由于第二次世界大战的爆发而引起的变化提供了一种特别深刻的分析[5]。在第二次世界大战前，一些年轻的物理学家对于他们所受训的学科感到失望。这更多的并不是因为正沐浴在量子力学和相对论双革命中的物理学不再是一个辉煌的领域——这些新理论每一天都在带来新发现。更准确地说是，物理学已经进入了一个被托马斯·库恩称为"常态科学"的阶段，其中大多数的活动属于"解谜"性质的，而不是对学科的最基本理论去提出质疑[6]。对那些最具野心的年轻物理学家而言，核实或至多是稍微改进一下前辈的理论模型这类工作有点缺乏吸引力。此外，甚至物理学中的研究体系的结构也在发生变化。单枪匹马式的研究工作正被那些集中研究某一大项目或是使用超大型仪器设备（如粒子加速器）这样的团队工作所取代。在这类基于大批专业人士合作的工作中，每一个个体的角色和贡献就被削弱了，至少是更加难以确定了。一些科学家过于个人主义，以至无法接受自己是一个大的跨学科团队中近乎匿名的一员的事实。

随着第二次世界大战的爆发，其他因素倾向于将一些科学家从物理学领域推出去。

许多美国和英国的物理学家密切地卷入了战事。历史上第一次——法兰西第一共和国的军队建构中的科学家角色也许是个例外——物理学家和数学家们被召唤来帮助军队。他们研制出了雷达和声波定位计、改进了通信设备、破译了情报、研制出了高功率的计算器（后来的计算机自然从它们演化而来）[7]。物理学在第二次世界大战期间为关键技术的进步做出了主要贡献，第二次世界大战是以智慧、组织和科学为其特征的战争。英国人最先意识到战争所采取的这种新的形式，并相应地组织和调整了他们的科学工作——他们所处地理位置和军情，留给他们很少别的选择[8]。他们获得胜利的唯一希望是转移战场。

不同科学家的协作，以及赋予信息和信息交换的重要性，导致了一种新世界观的出现。但是，科学家参与战事的一个负面结果是，他们中有许多都具有逃离这种被他们看作是一种服兵役形式的欲望。在第二次世界大战结束时，他们都极力想结束因参与了不同的军事行动而产生的负罪感。战争彻底改变了人们长期以来都认为似乎是正义与邪恶之间较量的东西。与曼哈顿工程自身不一样的是，给日本广岛和长崎投放原子弹，不能被说成是因为德国潜在的核威慑而实施的正当行为。这种可怕的摧毁效用也提醒了物理学家，军事家和政治家的动机和目的与他们的不同，而这方面他们无能为力。战争中出现的针对原子以及基础物理学所开展的研究被玷污了，在很长的时间里，这类研究都让人起疑。这时，生物学就以一种新鲜学科的形式出现了，它远离政治的关切，也避开了潜在的军事用途。

物理学家被生物学所吸引的另外一个原因在于，生物学似乎蕴含着大量尚未解决的根本性问题，是科学认识的一个新前沿。量子物理学以及它所产生的新化学，似乎能为解开生物学奥秘提供所需的工具和概念。另外，物理学家看到了使生物现象自然化的机会：消除生物学中所有形而上学和目的论遗迹，正如三个世纪以前在物理学领域所做的那样。这种类型的哲学动机，对于作为物理学家被训练的克里克而言非常重要，对于像雅克·莫诺这样的生物学家而言也是如此。事实上，正是量子力学之父——玻尔和薛定谔成为倡导这种新的生物学研究方法的先驱。这可以从他们的著作中看到，其中反映了他们与许多其他物理学家所持的相同动机和希望。

在参与量子革命的所有先驱中，玻尔可能是大众最为熟知的一位。所有的高中生都要学习玻尔所提出的原子概念，电子围绕着带正电的原子核在精确的轨道上旋转。他对围绕原子核旋转的电子的位置的描述——与经典物理学中提供的信条是相背离的——可以解释原子对光的吸收和发射方面的实验数据，并奠定了量子力学的基础。

但是，玻尔并没有对这门新物理学的诞生起直接作用。他没有参与由路易斯·布罗格利（Louis de Broglie）和薛定谔所建立的波动研究，也没参与沃纳·海森伯格

（Werner Heisenberg）、保罗·迪拉克（Paul Dirac）和沃尔夫冈·保利（Wolfgang Pauli）所进行的更偏向于数学方面的研究，他对薛定谔提出的综合论也没有做出什么贡献。然而，这些结果都证实，玻尔的原子模型是一种日后的验证。此外，玻尔是看到这种新理论的极端新颖性的第一人，新理论挑战了经典物理学中的绝对决定论，支持了将这种新的互补方法用于对真实世界进行研究的正确性，消除了观察者与所观察到的亚原子世界之间的分割。以玻尔为核心的一个小组在丹麦的哥本哈根成立了，他们将这种新理论的影响推向了极致。许多物理学家拒绝接受后来被称为"哥本哈根解释"的东西——爱因斯坦和薛定谔都未跟着一起摈弃决定论。爱因斯坦在余生中一直在努力寻找隐藏的、可以用来将决定论重新放回到新物理学之中的变量参数。薛定谔则建立了那个著名的、为验证这种新的观点中所无法被接受的"一个盒子中的一只猫"含义的思想实验。

在物理学领域扮演这一决定性角色的同时，玻尔也对生物学感兴趣。他是克里斯丁·玻尔（Christian Bohr）的儿子，后者是一位声名显赫的丹麦生理学家，他研究了氧气如何通过血液被固定的过程。正如我们已经看到的那样，玻尔鼓励了许多物理学家（如德尔布吕克）转攻生物学。玻尔邀请了乔治·赫维西（George Hevesy）加盟他在哥本哈根创办的理论物理学研究所，并鼓励他开展利用放射性同位素作为生物标记物方面的研究，包括从洛克菲勒基金会获取经费支持[9]。第二次世界大战之后，这项新技术对于生物化学和分子生物学的发展至关重要。

1932 年 8 月，玻尔受邀在哥本哈根召开的"国际光治疗大会"上做开幕式演说。次年，这篇演说稿以"光与生命"为题被刊登在《自然》杂志上[10]。在花费了一个长的篇幅介绍量子力学之后，玻尔进入了正题：最近那些在物质（和光）的本质方面获得的研究结果，如何改变了我们的生命观。玻尔的目的不是想仅仅通过将一个学科的成果应用到另外一个学科中，而使物理学对生物学实行某种意义上的接管，相反，他的目的是探究在对生物世界的认知过程中，提供物理世界新视角的认识论影响。

新物理学的关键结果之一是对互补原理的发现。一个给定的对象——比如说一个光子——能够也的确应该，用不同却互补的方法去研究。光子既需作为波，也需作为粒子予以研究。同样地，玻尔争辩说，生命也应当用这种互补性的方法去研究。在所有生物体的功能发挥过程中，没有任何人可以否认化学和原子现象的重要性。对生物分子的研究所取得的进展，已经消除了存在一种"生命力"的说法，并提示，生命物质与非生命物质之间并无不同。然而，对有机分子的研究一般都要求提供材料的生物是死的——对生命开展的还原论研究，意味着生命必须首先被破坏。为解决这个悖论，玻尔提出，生命应该被看作是一种无法被解释的基本事实，即生命相当于物理学中的量子。玻尔问到，是否可以想象甚至建立与还原论方法同时存在的另外一种生物学，它将接受生命的目的论和意识论方面的特征。

在他的结论里，玻尔试图纠正他的演说可能产生的负面印象。对无生命世界的有限知识，并没有阻止量子力学带给我们对自然世界的远为高端的认识，以及人类对付自然威力的大幅度提高。相似地，现在放弃任何解释生命方面的努力，并不会成为未来我们在生物学认识方面获得巨大进步的障碍。

这篇讲演经常被人引用，却极少被人阅读。似乎那些读了它的人都误解了其内容。玻尔的想法遭到其批评者的摈弃，德尔布吕克的想法更是如此；后者发展了玻尔的理论，并用它们作为自己生物学研究项目的基础。玻尔提出，物理学永远也无法解释生物体发挥功能的机制；在生物世界变得可以被理解之前，其他的原理必须被揭示。正如我们已经看到的那样，这正是德尔布吕克的动机之一。这就解释了为什么当沃森和克里克并未将基因的自我复制能力简化为什么新的物理定律，而仅仅简化为 DNA 双螺旋化学结构的互补性时，德尔布吕克不久就离分子生物学而去了。尽管看上去玻尔似乎也同样是受到期盼发现新的物理原理的激励，当德尔布吕克后来试图表明，他的热情是被玻尔激发起来的时候，玻尔更多的是持保留态度[11]。

德尔布吕克和玻尔之间这种表面上的误会提示，对玻尔在哥本哈根的讲演存在不同的解读。玻尔对于生命不能被简化为物质世界这一点相当认同。但对可能存在一种有效的新的生物学研究方法的提议，仅仅意味着玻尔很慎重，并非在推销一种反还原论主义的宣言。自相矛盾的是，因为这种研究方法抛弃了所有还原论的哲学，生命不可简化，正是这种新生物学的"量子"，这一宣称开辟了通向实验还原论主义的道路。通过限制化学、物理学及生物学研究方法的哲学含义，科学家似乎可以往前迈进，仿佛生命只不过是生物体内的分子之间发生相互作用的结果。一种类似的策略在 19 世纪被克劳德·伯纳德（Claude Bernard）采纳，他既拒绝了唯物论，也拒绝了活力论，把它们都看作是在科学中没有地位的形而上学的问题，他反倒更偏向于聚焦在给生物现象提供物理化学解释方面。

在最后的分析中，玻尔的动机并不重要。重要的是，他的演说帮助物理学家将其注意力转向了生物学的研究目标。

在其 1943 年于都柏林所做系列演说中，以及以这些演说为基础，在 1944 年出版的名为《生命是什么》一书中，薛定谔将年轻物理学家的注意力吸引到了遗传学的最新研究结果上来，并提出，量子力学将可以解释这些结果[12]。薛定谔的书一经出版（不像玻尔的演说），很快就被大家广泛认可。这代表着物理学新概念转移到生物学领域的标志，或者更有争议地说，是物理学家接管遗传机制领域的呼唤。

该书的整体框架反映了薛定谔的意图。他将经典物理学中作为有序性基础的那些原理的描述作为开篇。对物理学家而言，反映宏观层次有序性的热力学，仅仅是微观层次无序性的统计学结果。薛定谔然后描述了遗传学领域一些主要概念与发现，强调了基因的稳定性，以及这种稳定性只有通过突然和稀有的突变，才会被扰乱，使基因进入一种新的稳态。薛定谔也描述了穆勒通过辐射诱导突变方面的成功。薛定谔争辩说，基因的这两大特征，稳定性与可突变性，无法用经典物理学来解释：基因实在太小，其稳定性不可能是组成它们的分子的一种统计行为的结果。相反，薛定谔声称，基因的这些特征召唤了一种稳定的能级，量子力学分析表明，这种能级状态在分子中存在。依据薛定谔的观点，要使其获得的能级达到所观察到的稳定程度，形成基因的分子必须足够复杂。薛定谔然后讨论了德尔布吕克如何通过使用基因的这一分子模型，来解释突变的部分特征，并试图估算出基因的尺寸。该书接下来的两章讨论了生物体中的有序性，以一篇关于决定论和自由意志问题的后记结束全书。

薛定谔的书产生了引人注目的影响力。很多分子生物学的先驱者都声称，这本书在他们做出转向生物学的决定时，起了至关重要的作用。作为遗传学家（也是遗传学历史学家）的甘瑟·斯腾特（Gunther Stent）争辩说，对于新一代生物学家而言，该书扮演了类似于《汤姆叔叔的小屋》在美国内战前期所扮演的角色[13]。薛定谔以一种活泼、引人入胜的方式介绍了最新遗传学成果——远超生物学家所能做到的。70多年之后，该书魅力依然：其清晰性和简洁性使其成为一种阅读的享受。

当代分子生物学家翻阅薛定谔这本书时，定会感到自在。他们共享薛定谔的基因决定论观点："当把染色体纤维的结构称作密码本时，我们的意思是说，拉普拉斯（Laplace）曾经所构思的能洞察万物的头脑——它将瞬时揭穿每一种因果关联——将可以从基因的结构告知，在适宜的条件下，一个卵细胞是被孵化成一只黑公鸡还是花母鸡，被孵化成一只苍蝇、一棵玉米、一棵杜鹃花、一只甲壳虫、一只小鼠还是一个女人。[14]"这种观点可以回溯若干个世纪，远至17世纪初的勒内·笛卡儿（Rene Descartes）。

今天的分子生物学家将会完全同意这样一个研究项目。此外，薛定谔是第一位使用"密码"这个词来描述基因作用的学者。在该书试图描述基因结构的另外一部分内容中，薛定谔提出了如下假说：基因由某种类型的非周期性晶体所形成——这是对核酸链非单调性多聚体结构的一种惊人预见。

薛定谔的思想是否原创，甚至是否合乎逻辑，是一个被激烈争论的问题，绝大多数当代历史学家和科学哲学家对于用"先驱"或"创建人"这样的字眼来描述薛定谔感到不安[15]。科学哲学家（经常正确地）将这种做法，看成是科学家建立他们自己的历史神话这种惯性的结果。可以提出争辩的是，薛定谔这本书的重要性，直到 20 世纪 60 年代——那时分子生物学领域的关键科学发现已经获得，才得到大家的充分赏识。也许这是这门新学科编撰自己历史的一个例子，为自己提供了像玻尔和薛定谔这样声名显赫的创始人[16]。

薛定谔的确从别的科学家——不仅从德尔布吕克那里，也从像穆勒那样的遗传学家那里——借鉴了一些想法。人们很容易指出薛定谔的盲点：尽管他对基因的（物理）本质进行了敏锐的猜测，但他事实上对其化学本质却没有兴趣。他也没有提及埃弗里在转化因子方面所获得的那些早期未发表的结果，尽管这些结果已经被狄奥多修斯·杜布赞斯基在其 1941 年出版的《物种的遗传学和起源》一书中强调[17]。此外，尽管他引用了德尔布吕克的工作，但并非引用了他在基因方面的工作，也不是他作为萌芽期的噬菌体小组的领导人，那时这个小组的影响力已开始被人们所感受到。最后，薛定谔并未讨论基因的确切作用，也未提及比德尔和塔特姆在遗传生理学方面的工作。

然而，所有这些批评与指责无一能贬低薛定谔的原创性，这出自一个物理学家的远见卓识，这使他能将基因仅仅看作是一种决定生物个体形成的密码[18]。薛定谔敢于说出那些没有遗传学家愿意说出的内容，即"这些染色体……以某种形式的密码本，含有决定生物个体未来发育以及其成熟状态时功能发挥的全部模式"。[19] 对薛定谔而言，基因已经不再仅仅是生物体内的秩序维持者——确保生物功能可以和谐发挥的神秘指挥者。相反，基因是在最细微的水平上决定每一种生物体的功能发挥和未来命运的总乐谱。其含义是，破解这一包含在染色体中的分子密码本的过程，就是认识生物有机体的过程。薛定谔将遗传学家所认为的基因是生命有机体的心脏和灵魂的信念，转化成了一种新的分子视野[20]。因此，他预期到了分子生物学后来揭示的基因决定所有氨基酸的位置和本质，进而决定细胞里的所有蛋白质这一结果。

薛定谔的视野无疑是原创性的，但这不一定能被当时的读者所感知。对发表在当时的一些刊物上有关该书的不同评论意见进行一番调查，就特别能说明这方面的问题[21]。大多数书评都集中在该书的最后几章，将大部分注意力放在了以下方面：关于有序性，关于被薛定谔称为"负熵"的内容——生物通过消耗周围环境中的有序性而增加自身有序性的一种特征，以及关于自由意志的问题。这些书评中甚至无一提到密码这一思想，也没有提到基因由一种非周期性晶体组成这一概念，或者有关基因角色的新概念。此外，当该书的读者在书出版 20 年后被再次采访时，他们中无一记得曾被书中所含概念的新颖性震撼过，相反，却都声称被书的简洁性，以及它使得生物学变得对年轻的物理专业学生具吸引力这一事实等诱惑。克里克是一种例外，他在 1953 年

8 月给薛定谔寄去了他与沃森一起发表的有关 DNA 结构的两篇《自然》杂志文章的平装本，并指出薛定谔的想法与他们的发现之间的关联性。文献没有记载薛定谔是否给予了任何回复。

但是，早期书评者未能领悟到薛定谔原创性这一点，还并非故事的终点。这只是表明，从严格意义上说，薛定谔的书并非科学作品。它既非生物学方面的专著亦非论文集。其目的既非鼓励新的实验，也不是为认识生物体如何发挥功能而提出新的模型，相反，它只是提供了一种理解生命的新视角。但一种新的视角所施加影响，与一种新的理论所能施加影响的方式不同。一种新视角在开始时不被人们所注意，并且它也永远不会是某一个人的工作。从这个角度看，薛定谔既是书作者，也是这种新视角的代表人物。

说这种新视角对于科学家或他们所开展的研究没有直接影响，并不意味着它一点影响也没有。薛定谔有关密码与程序方面的新概念，诚然并未反映分子生物学这门新科学的根源。但是，与新出现的但在薛定谔的书中未提及的信息概念一起，它们就提供了一种新的概念框架，在这个框架中实验结果得以被解释，它也使得新的实验和新的研究课题得以被建立。

尽管很多其他物理学家也对生物学感兴趣，但很少有人达到了薛定谔的程度——进行科普讲座，并以一本书的形式将其出版。尽管薛定谔举行这些讲座是为了满足他在都柏林新职位的职责要求，但他很清楚地以一种享受的心情举办了这些讲座，并将这个系列讲座从一次扩展成了三次，甚至将这个讲座带到了其他省级的爱尔兰城市。薛定谔的这种献身精神体现了他的个性、他的学术训练和他的哲学理念[22]。薛定谔是量子力学的创建人之一，但他拒绝接受玻尔的非决定论解释。他在生命的最后岁月里，专注于试图将物理学的不同分支予以统一。恢复决定论，以及将物理学的不同领域进行再次统一，似乎是他毕生事业的两大奋斗目标。在这方面，他是路德维希·玻尔兹曼（Ludwig Boltzmann）的信徒。玻尔兹曼尽管不是薛定谔的老师，但在玻尔兹曼1906—1910 年任教于维也纳大学期间，他一直是薛定谔的榜样。玻尔兹曼已经把物理学的两个分支——热力学与力学统一起来了，这两个领域在整个 19 世纪一直处于分离状态；他还揭示，在原子的表面无序状态后面，存在着一种物理上的有序性。

虽然透过玻尔兹曼的这种影响，我们可以理解薛定谔为什么具有试图在生命的核心世界内找到一种有序性原理的那种欲望，但是薛定谔的个性以及他成长的环境，也解释了为什么他对生物学问题施用了这种高度原创性的研究方法。1925 年，在获得他在物理学上的关键发现之前，薛定谔撰写了一本哲学方面的书籍，披露了其"世界观"[23]。该书揭示了他是在何种哲学框架内进行其科学思考的[24]。作为一位印度教哲学思想的行家，薛定谔拒绝接受生命和世界的二元论①观点。他相信，每一个生命体都仅仅是同一整体的一个侧面：这既解释了我们怎样才能作为一个整体来认识这个世界，也解释了为什么我们每个人所获知识都一样。他声称，生命有机体区别于非生命体的唯一一点是存在记忆功能：对个体亲身经历的过往事件的记忆，以及对物种前世的记忆。他争辩说，生物本能地体现了它们之前的那些生物行为的记忆痕迹，而胚胎发育是对生命演化的记忆。虽然他没有通过这种方式来表述，但对薛定谔来说，遗传记忆的存在构成了所有不同生命形式的特异之处。

因此，这本早期的哲学著作也包含了薛定谔在大约 20 年后的《生命是什么》一书中向他的物理学同行建议的一些研究方向的模糊轮廓：找到解释生物体内有序性的一种原理，并将它与对往事的记忆关联起来。这两大主题——记忆和对一个深层次的、隐藏着的有序性的探寻——是 20 世纪早期维也纳思想的核心所在[25]。多亏了薛定谔，分子生物学可以被看作是 20 世纪早期作为维也纳特有现象的"知识精英思想迸发"的迟开之花。

今天，除了生物信息学作为部分例外，没有多少物理学家或数学家会有胆量提出对生物世界的新观点，这与 20 世纪前半叶的情况完全不同。科学的日益专业化并不是导致这种变化的唯一因素。在 20 世纪初，大家通常都认为我们对生命世界的认识远远落后于我们对非生命世界的认识。运用新近获得的物理学和化学知识来消除这种差距是一个"自然而然的"工程，至少对于物理学家而言是如此。生物学似乎成为新的知识前沿。

但是，科学的历史不仅是想法和愿望的历史，它也是技术和资金支持的历史。在这个方面，有一个机构在鼓励使用物理和化学工具使生物学获得新生命的愿望方面扮演了关键角色——这就是美国的洛克菲勒基金会。

---

① 二元指物质和意识。——中译者注

# 第8章　洛克菲勒基金会的影响

　　洛克菲勒基金会提供的资金在分子生物学诞生过程中扮演了关键角色[1]。科学史学者关于这个时期的研究是如此之多，很清楚，其背后的驱动因素并非简单地是旨在认识分子生物学的发展过程。其利害性要比这高得多：这个问题对科学政策的制定有着非常重要的含义。如果洛克菲勒基金会的确扮演了关键角色，这就说明科学研究可以从外部被引导到特定方向，这意味着类似政策在今天也可以被实施。

　　与很多国家，特别是欧洲国家形成对比的是，在美国，基金会对于科学的发展扮演一种重要角色[2]。洛克菲勒基金会是1913年由著名石油巨头约翰·洛克菲勒（John Rockefeller）创建，该基金会旨在促进人类福祉。基金会认为，这个目标可以也应该通过对科学知识的系统应用来实现。在这个相当宽泛的框架中，基金会的目的却相对多样化。从1913年到1923年，基金会主要聚焦于普通教育与公众健康方面。从1923年到1930年，它主要支持医学与科学教学方面。第二次世界大战之后，洛克菲勒基金会工作的一个重要部分是致力于开发高产量的小麦品种，并将其向墨西哥、印度和其他发展中国家推广。我们这里所关注的时期从20世纪30年代延伸到紧接第二次世界大战结束之后的那段时间，其间，洛克菲勒基金会的资助方向经历了一种重要转变。

　　这项新政策的出台是1929年大萧条开始之后所进行激烈讨论的结果。这是美国历史上已知最为严重的经济危机之一，它发生在很长一段时间的不间断经济高速增长之后。经济下跌的规模暗示着一种深刻、非偶然的产生原因。对洛克菲勒基金会的管理者们而言，危机的根源是人们对生产力的理解与对我们自身理解之间所存在的鸿沟：生产力在前一时期持续地增长，而人们对自身的认识却并没有进步。引用一段沃伦·韦弗（Warren Weaver）——根据教育背景他是一位数学家和物理学家，自1931年以来一直担任洛克菲勒基金会自然科学部主任——的话，就能说明基金会对这次经济危机的分析以及其新政策的目标：

　　我们对非生命力量的认识与控制，超过了我们对生命力量的理解与控制。其指向是，我们需要特别强调在科学中增加对生物学与心理学，以及作为生物学与心理学基础的数学、物理学与化学发展的支持[3]。

经与韦弗磋商后，基金会的管理人员逐渐为基金会草拟了一个最初极为野心勃勃的计划。直到 1934 年，韦弗计划的一个重要方面就是通过对心理学、激素和营养学的研究来认识人类自身。韦弗写道：

人类能获得对其自身力量的一种明智控制吗？我们能创建出一种如此可靠而又广泛，使得我们可以期望在未来繁衍出更高等人类的遗传学吗？我们能获得足够的性生理学与性心理学方面的知识，使得人类能把这项生命中普遍存在、高度重要和危险的方面予以理性控制吗？我们能揭示不同的内分泌腺之间纠缠在一起的功能调节问题，并在一切已太晚之前，开发出一种阻止因为分泌功能紊乱而导致的一整个系列的可怕的精神与生理异常的治疗方法吗？我们能揭示不同的维生素的功能奥秘吗？我们能将心理学从目前的混乱和无效的状态中解脱出来，并将其塑造成一种每个人每天都能使用的工具吗？人类能获得有关其自身的关键过程的足够知识，以便我们能期望更加理性地看待人类的行为吗？简单地说，我们能创建一门关于人类的新科学吗[4]？

1934 年，在该计划特别聚焦于心理生物学方面这一内部讨论之后，韦弗将其注意力重新聚焦到了基础生物学，以及将物理学新技术应用到生物化学、细胞生理学以及遗传学等方面。韦弗给予内分泌学和维生素研究的重要性，先是下降了，最终完全消失了。1938 年，韦弗第一次使用"分子生物学"这个词汇，来描述将物理学与化学领域的技术，应用于研究生物学问题的这种新的研究路径[5]。在这种情况下，沃伦·韦弗被认为是分子生物学之父，尽管这个时候的这种表述，未能清晰地描述这个新领域实际涉及什么内容。"大分子生物学"可能是一个更准确的术语，尽管它毫无疑问并非那么朗朗上口。

这些决定，并非简单地就是韦弗与其同事进行内部讨论后的产物。基金会的项目官员定期地咨询主要的科学家，在如何最有效地为有前途的年轻科学家提供支持方面，以及最为重要的是，哪些新的方向和新的研究方法应该是提供赠款的聚焦点等方面获取指导意见。在 1932—1959 年，该基金会为分子生物学领域贡献了大约 2500 万美元——如果换算成今天的等价货币，是一笔不小的财富。在 20 世纪 30 年代，这种资助特别重要，因为事实上那时美国联邦政府并不给研究提供经费支持。这些金额中的一部分，是以经费的形式给予了年轻的或有经验的研究工作者，以支付比如欧洲科学家到访美国实验室的费用；还有一部分用来资助特定研究课题。这种受控的经费分配方案，打破了之前基金会的资助举措：那时，资金的重要部分被直接拨给了有名望的机构，后者再对资金进行分配，并监管其使用情况。在将有限的一部分经费拨给特别的研究课题时，也只是倾向于鼓励购置新的实验设备，而非建立新的研究小组。

这样一来，该基金会所提供的资金，在很多实验室添置实验设备方面起了重要作用，这样的设备包括分光光度计、超速离心机、进行 X 光衍射所需材料、用于探测放射性同位素的盖格计数器，如此这般。洛克菲勒基金会在这些新技术的开发方面也做出了贡献（见第 9 章）。最后，该基金会继续将相当可观的经费，给予了少数排名在前的实验室所提出的长期研究项目，比如莱纳斯·鲍林在美国加州理工学院的实验室和位于英国利兹的威廉·阿斯特伯里（William Astbury）的实验室。

这些经费被授予的方式也是全新的：资助的决定由韦弗和他的几个身边幕僚做出。项目的质量和项目负责人的水平，要由从有关国家的最知名科学家中选出的几位专家进行通信评审。这个非正式评审网络给韦弗提供了海量信息，当需要评判那些接受了基金会资助的科研项目的经费使用情况以及研究成果的科学水平时，这些信息特别有帮助。

特别是欧洲的实验室从这种新的资助政策中获益良多——当基金会试图改变它先前的以美国为中心的政策而寻求某种平衡时。此外，欧洲科学政策的多元化（或无组织性）赋予了基金会比在美国更为广阔和更为自由的活动空间。获得了洛克菲勒基金会资助的部分实验室对分子生物学的崛起发挥了重要作用。在 20 世纪 30 和 40 年代，位于加州理工学院的摩尔根遗传实验室，就像莱纳斯·鲍林和比德尔实验室一样，得到过该基金会的大笔经费支持。采纳了加拿大出生的法国科学家路易斯·拉普金（Louis Rapkine）的建议，洛克菲勒基金会的管理者们在第二次世界大战结束之后为法国国家科学研究中心（CNRS）提供了重要经费支持。这些资助主要被用于实验室购置设备和组织国际学术讨论会。在法国，这些资助的关键受益者是巴斯德研究所的鲍里斯·伊夫鲁西研究组，以及安德烈·勒沃夫和雅克·莫诺两个人各自的实验室[6]。在本书第 14 章中我将详细描述这些法国研究小组在分子生物学一个特别学派的发展过程中所扮演的角色。

对比而言，一些在 20 世纪 50 年代和 60 年代期间对分子生物学的发展做出过重要贡献的研究组，却未能从该基金会获得任何经费。例如，噬菌体研究小组的不同成员未获得该基金会的任何资助。这可从以下事实中得到部分解释，从 20 世纪 40 年代中期开始，分子生物学得到的公共资金快速增加，特别是通过美国国立卫生研究院（NIH）、英国医学研究理事会（MRC）以及不久后的法国国家科学研究中心（CNRS）[7]。这表明，洛克菲勒基金会的资助对于分子生物学发展的史前期，即在其发展的最初阶段，比在其后期更为重要。

大多数科学史学家争辩说，洛克菲勒基金会在 20 世纪 40 年代生物学领域所发生的范式改变过程中，扮演了一种不可或缺的角色。一种不同的意见来自佩莉纳·阿贝 - 阿姆（Pnina Abir-Am），他否认该基金会发挥了任何积极作用，他争辩说，该基金会只资助了那些已经相对富有的知名研究组，却并未给予那些年轻的研究小组或是那些开展真正具有创新意义研究的课题组任何经费支持[8]。给予物理学家的那些资助甚至使获得者更加孤立，阻止了他们采纳真正的生物学方法——或者至少没有帮助他们去这样做。根据阿贝 - 阿姆的观点，真正的分子生物学诞生于生物学家、生物化学家、遗传学家和物理学家之间的密切合作，这方面未获得任何来自洛克菲勒基金会的资助。这种批评中的正当观点，使得历史学家能够对该基金会的精确角色予以澄清。大家的共识可以总结如下。

沃伦·韦弗和洛克菲勒基金会所遵循的资助政策是：优先资助那些希望启动生物学研究的物理或化学实验室，或者是购买对生物开展物理学研究所需仪器设备的生物学实验室。这些政策相当清楚地是基于唯物论与还原论哲学，将生物学的未来进展，看作是对构成所有生命的那些分子的理解。给实验室提供使用物理 - 化学技术的能力，无疑在改变科学家们的思维方式方面起了重要作用。一种先验的看法是，生物学家可能会被认为存在以下想法，即仅仅研究生物分子本身，还不足以完全理解生命有机体的功能机制。但是，如果有可用的技术和设备，使他们能够对这些分子进行研究的话，毫无疑问，这种见解将会被动摇。根据洛克菲勒基金会的考虑，他们将会慢慢地相信，对生物分子的物理化学研究，必将成为这一新生物学的基础。

经常发生的是，对科学史的概念性陈述，使人们无法看到科学家提出模型和概念时，究竟在多大程度上受其所使用技术的限制。这些技术往往只是被粗略地描述，因为人们忌讳这些晦涩的技术所诱发的心理上的约束。早期分子生物学家所使用的还原论主要起源于实验过程这一事实，也解释了为什么还原论的影响有限。他们只是罕见地会下沉到最为根本的物理化学层次，他们经常将生物大分子仅仅看作成黑箱子，其分子复杂性只是中度的有趣。这可以从德尔布吕克对于他如何看待 DNA 被鉴定为遗传物质这一发现的重要性的回忆中看出："它只意味着遗传特异性，由某种讨厌的其他生物大分子，而非蛋白质所携带而已。[9]"

在一个更为具体的层次上，洛克菲勒基金会所支持的实验室，在分子生物学发展过程中扮演了不可或缺的角色，尽管它们中的许多——如果孤立地看的话——并非处于这门新科学的前沿。许多这些实验室所探究的研究方向，后来被发现是错误的。但是，如果突出这些错误或它们所走向的死胡同的话，科研工作的偶然性方面就会被忽视。比如，莱纳斯·鲍林未能发现 DNA 的双螺旋结构，但这与他在将生物学问题还原到物理化学层次进行研究方面所扮演的不可或缺角色相比并不重要。无疑最重要的一点是，已经具有很高声望的鲍林在试图发现 DNA 结构的过程中揭示，这个结构对于整个生物学而言是多么重要（见第 11 章）。

鲍林在分子生物学后期的发展，如基因在控制蛋白质结构方面的角色，以及分子数据对于生物演化研究的重要性（见第 23 章）等方面，都扮演了重要角色。他从化学转向生物学研究的部分激励，来自洛克菲勒基金会所给予的一笔相当可观的经费——在大约 20 年的时间跨度里，鲍林实验室从该基金会总共获得了将近一百万美元的资助。

洛克菲勒基金会的一个决定，被指责给分子生物学的发展带来了负面影响。1935年，它拒绝资助在英国剑桥大学创立一个"数学与物理化学形态学研究所"[10]。后者旨在使用一种分子路径来研究胚胎的发育及生物形态的发生过程。它得到了晶体学家约翰·伯纳尔（John Bernal）、理论生物学家约瑟夫·伍杰（Joseph Woodger）、胚胎学家李约瑟（Joseph Needham）和康拉德·沃丁顿以及数学家多萝茜·林池（Dorothy Wrinch）等的支持[11]。因为未能获得洛克菲勒基金会的支持，这个研究所也未被创建，鼓励对胚胎生成开展分子研究的机会也就溜走了。但是，这并非故事的全部——沃丁顿获得了洛克菲勒基金会提供的资助，于 1937 年和 1938 年访问了美国的遗传学实验室。也就是说尽管基金会没有为该研究所的创建提供经费，但这组科学家的工作还是得到了其资助。

出于几个方面的原因，韦弗拒绝了为该研究所的成立提供经费支持。剑桥大学本身对这个计划并不具特别的热情。韦弗所咨询过的几位英国生物学家，对于这个计划的本质及其参与者的个性都持保留态度，其中的三位参与者是众所周知的激进派人物。其成员中的两位，伍杰和林池的理论性的和反还原论的见解，与基金会所倡导的方向相悖——他们寻求使用数学公式来理解胚胎的发育过程，特别是有关组织构建这一生物学问题。

沃丁顿和李约瑟以其在被称为"组织原"方面的工作而知名，这项研究被他们看成是拟成立研究所的核心优势。组织原的本质和功能是胚胎发育过程中最为激动人心和最根本的问题之一。胚胎诱导现象已经在青蛙和蟾蜍的早期发育研究中被揭示——1924 年，汉斯·斯佩曼（Hans Spemann）和希尔德·曼戈尔德（Hilde Mangold）通过切除和移植实验揭示，两栖动物胚胎的一个特别部分（胚孔唇的中胚层）能够组织胚胎的发育——如在非神经组织中诱导出神经细胞[12]。这表明，在中胚层中存在着一种物理化学本质尚属未知的诱导物质。斯佩曼同事以及沃丁顿和李约瑟的研究表明，当中胚层通过加热或酒精处理后，诱导过程不受影响，而且细胞抽提物也具诱导活性。旨在鉴定这种诱导物——后来被重新命名为诱发因子——的研究走入了一个死胡同，因为组织抽提物中一系列不同组分（如糖原、核酸）都被发现具有这种诱导能力。即使是完全人工合成的化合物，如亚甲基蓝，也具有活性。最为令人困惑的是，诱导活性甚至可以从并不显示这种诱导效应的组织中获得。

最后，对生物结构和功能通过数学予以研究，就其当时的发展阶段而言是一种有害的选择。林池的理论研究是基于一种化学上错误的蛋白质结构模型（环醇理论），这个模型被鲍林断然否定[13]（见第 9 章）。

作为后见之明，直到 20 世纪 90 年代，拟成立的研究所提出的计划毫无疑问不可靠，胚胎诱导问题一直处于悬而未决状态。正如乔纳森·斯莱克（Jonathan Slack）所指出的那样，对参与诱导的相关化合物的寻找有点像"在一个游泳池中寻找隐形眼镜，而且还存在隐形眼镜在水中会被溶解的可能性。[14]"在科学中有若干问题具有相当的理论重要性，但经验提示，解决的时机尚未成熟，因此应暂时避开。尽管很少有科学家会大声地将此说出，但避免这种类型的研究课题，却是所有研究人员不成文训练内容中的一个重要组成部分。

毫无疑问，如果韦弗资助了那些与他自己的见解相去甚远的科学家，那将是一件值得高度称颂的事情。但是，鉴于这个项目本身以及参与其中的那些人的情况，想要这样一个研究所对分子生物学的发展做出什么重大贡献，似乎不太可能。

总之，在将化学与物理学技术应用到生物学的分子研究这方面而言，洛克菲勒基金会无疑扮演了重要角色。这或多或少无意识地确认了生物学的一种还原论概念。但是，这一争辩存在瑕疵。基金会不应该被看作是这种变化背后的驱动力。通过其资助政策，基金会既成为科学内部一场更为广泛运动的映射，也成为其仆人（在第 7 章进行了描述）[15]。这场并非局限在一个单一研究机构或单一国家的运动，最终导致生物技术在 20 世纪 70 年代的诞生与成长[16]。

伊夫鲁西和比德尔都曾工作过的、位于法国巴黎的生物物理化学研究所（IBPC）就是一个极佳例子，可以说明洛克菲勒基金会所支持的想法，在当时是多么的广泛。这个研究所在洛克菲勒基金会的项目尚未启动之前的 1927 年，由罗斯切尔德（Baron Edmond de Rothschild）——与洛克菲勒基金会齐名的一个基金会的主席——和物理学家吉恩·佩林（Jean Perrin）创办。其宗旨与洛克菲勒基金会后来所制定的方向非常类似，将物理学家、化学家以及生物学家置于同一屋檐下，通过使用来自物理学与化学的概念和技术，来促进这三门学科中最欠发展的学科生物学的进步。其创始人的野心是将生物学回归到对其最基本问题的研究，比如生命现象的本质上，这在巴斯德通过其获得的发现，将生物学研究推向医学应用这个方向之后被部分放弃了。自创建之时起，该研究所的设备在法国属于最先进的。它也给外国科学家，包括比德尔和生物化学家奥托·迈尔霍夫（Otto Fritz Meyerhof）提供了机会，这在当时的法国极不寻常。但是，在第二次世界大战期间，它遭到了法国的维希政府所通过的反犹太人法律的重创[17]。部分因为这些悲剧性事件，使得法国的分子生物学研究最终在巴斯德研究所，而非生物物理化学研究所发展起来了。

# 第 9 章　分子生物学中的物理技术

理解分子生物学本质的最佳途径，并非阅读有关的科普性介绍，而是相当简单地去参观一个正开展分子生物学研究的实验室。这些实验室的外观和给人的感受——以及其气味——在世界各地都惊人地相似，而且在所使用的技术和仪器设备方面，也存在惊人的一致性。在发展过程中，尽管部分技术和设备有所改变，先是通过遗传工程革命，后是通过像基因测序这样的技术，以及计算机日益增加的重要性等，但其基本原理大多数仍旧未变。

许多分子生物学实验室都使用细菌学技术，这些技术中的一部分可以追溯到数十年前，有时甚至一个多世纪前。细菌培养基、仪器的式样，甚至仪器的操作方式，在19 世纪末期就由法国和德国的细菌学学派（分别以路易斯·巴斯德和罗伯特·科赫为代表）所建立[1]。噬菌体研究小组——德尔布吕克、卢里亚和他们的同事——采纳并改良了这些技术。

将不同类型的生物大分子及每一类型中的不同组成分子予以分离的技术也存在了。这些技术在持续地被改进，尽管这些变化并非总是那么引人瞩目，但它们部分代表了我们认识自然的方式的重要进步。在 20 世纪前半叶，分级分离蛋白质时，最广泛使用的方法是"盐沉淀"，但这种方法后来逐渐被层析技术所取代。

在层析技术（它在有机化学领域被使用了很长时间后，才被应用到生物化学领域）中，一种液相流经一种多孔和刚性的吸附性材料。由英国科学家马丁（A.J.P. Martin）和辛格（R.L.M.Synge）所建立的"分配层析法"和新的检测方法，提高了这项技术的灵敏度，从而可以用于分析同一类生物大分子中的不同组分，特别是将不同的氨基酸予以分离[2]。作为常规使用的固体吸附材料的替代，马丁和辛格使用了一种惰性的粉末作为支撑液相的材料。层析技术中的柱子，被用与第一相不能混合的第二个液相冲洗。在这种类型的层析技术中，分子在两个液相材料之间分配的过程，取代了原来仅仅让分子吸附在一种固相材料上的过程。最初被用作第一相的支撑材料的是二氧化硅，后来变成了纸[3]。另一位英国科学家弗雷德里克·桑格（Frederick Sanger）立即将这种新技术应用到了测定胰岛素这种蛋白质分子的氨基酸序列方面（见第 12 章）。在埃弗里结果的激发下，欧文·查格夫使用了同样的方法，试图通过测定不同来源核酸分子的碱基组成，以对菲伯斯·莱文的四核苷酸学说进行验证（见第 3 章）[4]。

其他类型的层析技术也被建立或改进，以便用于对生物大分子的分离。这包括利用具有离子交换性质的树脂或葡聚糖颗粒进行的层析，根据分子之间的电荷差异而将它们予以分开[5]。在亲和层析技术中，与待纯化蛋白质具高亲和力的化学分子被固定（即共价连接）在一种惰性支撑材料上；后来使用的高气压不仅加速了纯化的过程，而且通过限制生物分子的扩散而提高了纯化的效果[6]。

最佳体现分子生物学崛起的两项技术是超速离心与电泳。这些技术可用于两种相当不同的目的：一为分析目的——对生物大分子的性质（如质量、形状、电荷等）进行分析；二为制备目的——通过与杂质分离开而将这些生物大分子进行纯化。这些技术的建立以及在不同生物学实验室里的流传，都得到了洛克菲勒基金会的大力帮助。这些技术改变了生物学家的工作方式和目标，鼓励大家对生物学的分子视角予以采纳。它们的重要性足以需要我们更为详细地讨论一下其发展历史。

超速离心技术可能是将一项技术与一个地方（瑞典乌普萨拉大学）和一位研究人员（特奥多尔·斯韦德贝里）紧密关联的最佳例子[7]。第一台用于测定蛋白质分子质量和性质的离心机，1924 年由斯韦德贝里研制出来，第一次实际测量在 1926 年进行。如第 1 章中所注意到的那样，花费了一些时间后，生物大分子的概念才得以克服胶体学说的影响。根据胶体学说，生命物质是通过小分子的聚集而形成的混合物；这样，它们的分子质量就应该是不同聚集体分子质量的平均值。但是依据对大分子的认识，分子质量应该是一个精确的值。对这种分子的质量进行测定变得至关重要。已有的技术，无论基于光散射，还是渗透压或黏度的变化，都只能给出不精确的结果。旨在从快速离心期间分子的沉降速度来推算分子质量的第一批实验在 20 世纪初进行，但是，所获得的相对比较慢的离心速度，只允许对（相对比较大的）微珠的质量予以测定。

斯韦德贝里受到的是对胶体进行物理化学分析方面的训练，他最初研究了布朗运动，到 20 世纪 20 年代时开始对超速离心技术产生兴趣[8]。在 1923 年访问美国威斯康星大学期间，他建立了在超速离心过程中直接观察蛋白质沉降的光学方法。回到瑞典后，斯韦德贝里制造了一台能够产生 7000 倍地球引力（g）的离心力的机器。两年之后，他研制了一台能够产生 10 万倍地球引力离心力的新机器。利用这台设备，他能够确定血红蛋白（血液中运输氧气的蛋白质）的分子质量，并揭示，它表现得像是一种大分子，具精确的分子质量。在接下来的几年里，斯韦德贝里测定了一系列被纯化的蛋白质——包括蛋白质激素和血清蛋白质成分——的分子质量。每次他得到的都是精确的数值。斯坦利将新近得到的烟草花叶病毒的结晶样品邮寄给了斯韦德贝里，让他测量它们的分子质量（见第 6 章）。斯韦德贝里也测定了他在洛克菲勒研究所履职时所研究过的那些蛋白质的分子质量。

科学发展的历史永远不会简单。这些超速离心的初期结果导致了胶体学说的衰落以及海曼·斯多丁格大分子理论的最终胜利。但是它们似乎也表明，蛋白质分子质量相对不变。斯韦德贝里研究过的几种蛋白质结果都由具有大约 35000 道尔顿（后来减为 16500 道尔顿）恒定分子质量的亚基组成[9]。这个数值占据过一个极其重要的历史地位，因为它导致了若干种蛋白质结构模型的建立。基于这些数据，剑桥理论生物学俱乐部的成员、康拉德·沃丁顿和李约瑟一起在数学和物理化学形态研究所这一个项目中工作过的林池提出了一种蛋白质结构的环醇理论[10]。根据该理论，蛋白质结构通过肽键以外的共价键稳定其空间结构。在 1939 年发表于《科学》杂志上的一篇论文中。莱纳斯·鲍林和卡尔·尼曼（Carl Niemann）拒绝接受这个模型，并争辩说，如果所有蛋白质都具有一种偏爱的分子质量，这无法通过化学来解释，而只能说明具有一种与生命演化相关联的生物学起源[11]。所假定的这种蛋白质分子质量特定大小的存在，最后被证明是由于研究的蛋白质数目太少而产生的假象。然而，这些初步结果所诱发的兴趣表明，许多生物化学家都希望发现能够解释蛋白质结构以及它们形成过程的简单规则（见第 12 章）。

这样，斯韦德贝里在分析型超速离心技术的建立过程中起了关键作用。1926 年他获得了诺贝尔奖——但并不是因为他的这项工作，而是因为他 20 年前对布朗运动的研究。但这些研究的理论价值受到了爱因斯坦的猛烈批评；法国物理学家吉恩·佩林后来的发现，也削弱了斯韦德贝里这些结果的科学价值。斯韦德贝里发现，围绕他获诺贝尔的争论让他尴尬——在瑞典科学院的特别委员会的最初讨论中，他拒绝将他的名字放到候选人名单上。但是在后来的一次全体会议中，他却保持了沉默，这让委员会中的其他成员惊讶不已。在 20 世纪 80 年代发现的一份他的自传性便条中，他写道："我向自己承诺用我生命中接下来的十年时间来让自己配得此荣誉。"[12] 尽管诺贝尔奖通常因一项主要的科学成就而被授予，但在斯韦德贝里这个例子里，这个奖却促成了一项成就的获得。这个荣誉使得他的工作更容易进行了，包括购置他后续实验中所需仪器设备。瑞典国会给了他一百多万克朗，用于创建一个物理化学系，而 1926 年洛克菲勒基金会又给这个系增加了 50000 美金用于购买设备。

洛克菲勒基金会与斯韦德贝里之间的联系很早就建立，当时支持用物理手段研究生物问题的实验小组，还并非基金会的第一要务。这种联系在后来的若干年里被一直维持着。1936 年，瑞典的乌普萨拉大学从洛克菲勒基金会获得了一笔超过 25 万美金的经费。韦弗是斯韦德贝里的私交朋友（他们 1923 年在威斯康星大学相识）。这种关联也解释了威廉·斯坦利（William Stanley）和诺思罗普所就职的普林斯顿大学洛克菲勒研究所，为什么很快就得到了一台与在瑞典建造的具有同样威力的超速离心机。这台在斯韦德贝里的协助下得到的离心机，帮助了洛克菲勒研究所在病毒研究方面取得领先地位，并且在后来的许多年里仍然维持着这种地位（见第 6 章）[13]。

超速离心技术不仅对测定分子质量重要，对制备分子样品也重要——用于将不同的生物大分子分离开。从 20 世纪 20 年代末期开始，相对速度较慢的"制备型"超速离心技术，在生物化学实验室里被广泛使用。高速度的制备型离心机——超速离心机——后来才问世，虽然比分析型超速离心机更简单（无须可以在离心期间进行实时观察的那套光学器件），但机械上的约束却无异。

蛋白质生物化学家和分子生物学家仍在以不同的方式使用制备型离心机，使用的方式依可以达到的离心速度，也就是可产生的离心力大小而改变。通过低速离心，可以收集细胞破碎后的粗提物，也可以在加入盐或醇并形成沉淀后将蛋白质或核酸分离出来。高速离心机可使研究人员将病毒分离出来，以及将各种细胞结构（即细胞器）相互分离，它们中的每一种在细胞生命中都起特定作用——能量产生，蛋白质合成，等等[14]。通过使用一些实验技巧，如在离心管中产生一种蔗糖梯度，超速离心甚至可以用于将不同的蛋白质分子分离开。通过离心或超速离心将细胞内的组分进行分级分离，导致了细胞抽提物的分离。利用这些细胞提取物，首次体外蛋白质合成实验得以开展，而这是遗传密码被破译的起点（见第 12 章）。

为使超速离心变得可靠并易于使用，一些关键的改进是必需的。比如，将离心室置于真空中以避免过热，以及使用电力马达来驱动离心机[15]。这些改进由美国弗吉尼亚大学的杰西·比姆斯（Jesse Beams）和爱德华·皮科尔斯（Edward Pickels）所实施。在 20 世纪 40 年代中期，皮科尔斯成立了一家名为 Spinco（专用设备）的公司，不到 10 年就卖出了 300 多台新型超速离心机，在生物化学和分子生物学实验室里被装备的这些历史尚未被人记述过，但这段历史毫无疑问会教给我们大量有关理论模型和科学概念如何在这两个学科中进行扩散的情况。

与超速离心技术一样，电泳也被赋予了广泛用途[16]。在早期，它被用作一种鉴定大分子——尤其是蛋白质，也包括核酸的分析技术，显示这些化合物对应于具有确切性质的独特物质。在对蛋白质及其片段进行分离时，它也被用作一种制备技术。随着遗传工程技术的发展，电泳技术被赋予了新的重要性，成为一种被用于分离 DNA 片段，以及测定 DNA 分子中碱基序列的技术（见第 16 章）。

利用一种电场来分离不同生物组分的想法早已有之。同样，它的第一次实际应用至少部分是斯韦德贝里的脑创意。在经过若干次失败之后，他在 20 世纪 30 年代早期将这个项目交给了他的学生阿尔内·蒂塞利乌斯。1948 年，蒂塞利乌斯因发明这种电泳装置而荣获了诺贝尔化学奖。

第一批结果令人失望。与试图攻克这个难题的其他研究人员一样，蒂塞利乌斯在产热和扩散方面遇到了困难。困难是如此之大，以致他或多或少放弃了这个研究项目，直到 1934 年他在一项洛克菲勒基金的资助下访问普林斯顿大学时。在普林斯顿大学逗留期间，他遇见了美国的许多蛋白质研究人员以及洛克菲勒研究所的免疫化学家们——温德尔·斯坦利、卡尔·兰德施泰纳、莉奥诺·米凯利斯（Leonore Michaelis）和迈克尔·海德伯格，他们都强调了建立一种用于分离和鉴定蛋白质新方法的重要性。于是蒂塞利乌斯又回到了该项目上，集中精力消除那些阻碍电泳成为一种精确分析方法的可变因素的来源。1936 年，在一个洛克菲勒基金的资助下，一台新的、体积极大、解决了产热和扩散问题的仪器完成了。在超速离心机里使用的那套光学系统被用在了这里，所以被分析样品中的不同组分可以被直接观察。人们甚至可以在电泳的过程中移出部分样品，这样，使得这套设备既是分析型的也是制备型的工具。

蒂塞利乌斯用这种新设备得到的第一批结果引人瞩目：他能将血清中存在的不同蛋白质分离开。与埃尔文·卡巴特（Elvin Kabat）和迈克尔·海德伯格一起，他发现，抗体存在于血清中的 γ- 球蛋白组分里。蒂塞利乌斯的仪器后来被复制和改进，但是，即使这个初始版本，也让洛克菲勒研究所的朗沃思（L. G. Longworth）发现，在健康人和病人的血清蛋白质成分之间存在差异，这就为该新技术在医学上的应用开辟了一条道路。

但是，这种电泳仪器笨重、昂贵、难以使用，需具备高超的技巧。截止到 1939 年，在美国只有 14 台这样的仪器被投入使用，其中大多数是利用洛克菲勒基金会的钱购置，其中的 5 台由洛克菲勒研究所的实验室购买。1945 年，美国的科利特（Klett）公司制造出了第一台商业性电泳仪。到 20 世纪 50 年代早期，已有 4 家不同的公司制造电泳仪，且销售价格降了不少。但是直到 50 年代早期，当光学观察系统被易于检测的标记分子取代时，电泳的使用才真正变得普遍。

除液相电泳外，该技术也可使用硅胶（或纸）[17]。从 20 世纪 40 年代开始，这种方法被广泛应用于分离氨基酸和核苷酸。它最终被琼脂（从海藻中提取的固态糖多聚体）电泳取代了，后来又被淀粉电泳所取代；依次又被聚丙烯酰胺凝胶电泳（英文缩写为PAGE）所取代。自 20 世纪 60 年代始，聚丙烯酰胺凝胶电泳成为分子生物学领域分离生物大分子的主要技术[18]。1970 年，乌尔里希·来蒙利（Ulrich Laemmli）使用了一种还原剂来破坏蛋白质中存在的二硫键，以及使用一种通过断开稳定其三维空间结构的弱键而使蛋白质去折叠的变性剂（十二烷基磺酸钠，SDS）。SDS 与去折叠的（即变性的）肽链结合，给予它们与其分子质量成比例的电荷；这样，它们的电泳迁移只依赖于变性多肽链所占据的体积，越小的肽链在胶上迁移越快。这些创新使得以下成为可能，即在单一的一次聚丙烯酰胺凝胶电泳过程中，将多肽链依照它们的分子质量分离开，并测定它们的分子质量[19]。

使电泳对分子生物学的发展具有与超速离心同等影响力的努力，花费了许多年时间。然而，根据美国历史学家莉莉·凯的说法，电泳导致了一种局面的出现，那就是"生命过程……日益被应用来自物理科学的工具而予以系统探测。这种趋势改变了生物学知识的本质，以及研究的组织方式"，特别是通过使越来越多的物理学家参与到生物学研究中[20]。

通过创造标记分子——在化学上表现出与正常分子同样的性质，但可通过物理特征（质量或放射性）予以区分的分子——物理学对新生物学做出了决定性贡献。通过检测这些差异，对这些分子的去向进行跟踪变得相对容易，无论是在试管里还是在活的生物体内。埃弗里的实验与赫尔希和蔡斯的研究之间的差别之一是，赫尔希和蔡斯利用了放射性标记来区分噬菌体中的蛋白质和 DNA。这种新技术增加了实验的影响力。

乔治·赫维西是首批在生物学中使用同位素的科学家之一，他于 1923 年测量了植物根对铅同位素的吸收情况。正如我们已经看到的那样，赫维西加盟了玻尔在哥本哈根的研究小组，继续利用同位素在生物学和医学领域开展他的工作。

大多数最初被标记的分子并非是放射性的，而是含有某种元素的重同位素[21]。后来，更为敏感的检测技术使得放射性同位素几乎完全取代了重同位素，其程度使得人们几乎彻底忘记了以下事实：在大约 10 年内重同位素使生物学取得了相当可观的进步。生物学历史中这一被遗忘的篇章无疑值得详细研究。

1931 年，在哥伦比亚大学化学系，哈罗德·尤里（Harold Urey）发现了氢的重同位素氘。该发现很快就导致了同位素在生物学研究中的应用。第一篇描述利用含氘（即重氢）化合物开展中间代谢研究的文章，于 1935 年由哥伦比亚大学内科和外科学院生物化学系的鲁道夫·舍恩海默（Rudolph Schoenheimer）和大卫·里滕伯格（David Rittenberg）发表。同年，洛克菲勒基金会设立了一个专项基金，资助那些知道如何对付氘并希望将它掺入到具生物学意义分子内的化学家。

当尤里得到富含重氮同位素 $^{15}N$ 的化合物时，这些研究就在甚至更大范围内展开。这种化合物立即就被舍恩海默和他的同事们利用上。被氘标记的化合物非常适用于对脂类代谢的研究，而 $^{15}N$ 标记的化合物则特别适用于氨基酸和蛋白质代谢的研究。但是，尽管对氘的检测相对容易（它只涉及对密度或折射率的测量），而研究含 $^{15}N$ 的分子则需要复杂得多的设备——一种被称为质谱仪的某种类型的微型粒子加速器。这就将 $^{15}N$ 的使用限制在少数几个设备良好的实验室里。

舍恩海默将其研究先是拓展到蛋白质方面，然后又拓展至所有生物化学物质。在跟赫维西工作了一段时间后，舍恩海默在 1933 年被迫逃离德国前往美国，而后他在哥伦比亚大学的生物化学系得到一个职位。舍恩海默的研究使他确信，生物体的所有组分都处于一种动力学非稳定状态。他的结论在他去世后于 1942 年出版的那本名为《身体组分的动态性》的重要书籍中进行了描述：

大而复杂的分子及其组成单位——脂肪酸、氨基酸和核苷酸——在不断地参与快速的化学反应……自由氨基酸发生脱氨反应，释放出的氮被转移到其他之前已经脱氨的分子上，形成新的氨基酸。新形成的小分子库中的一部分重新进入到大分子的空位上恢复其脂肪、蛋白质和核酸蛋白质复合体的结构。[22]

这种观点对生物化学具有重要影响，特别在代谢分析方面。但是，舍恩海默的书所产生的影响却不明确：通过争辩说蛋白质具有和氨基酸一样的代谢不稳定性，以及提议形成蛋白质的氨基酸可以持续地增加或减少，舍恩海默将蛋白质的合成与分解代谢途径与氨基酸的合成与分解途径混为一谈。这样，他将蛋白质的合成问题放到了代谢这种普遍的背景下予以考虑。他的解决方案与分子生物学后来提出的方案背道而驰（见第 12 章）。在 20 世纪 60 年代，法国分子生物学家雅克·莫诺承认，舍恩海默的书对他有过重要影响。在舍恩海默思想的武装下，莫诺和他的同事怀疑蛋白质能够通过单一的一步反应合成，以及一旦合成在代谢上是稳定的——当他们必须解释有关 β- 半乳糖苷酶的相关结果时这是一个重要问题（见第 14 章）[23]。

洛克菲勒基金会再度扮演了关键角色。舍恩海默、尤瑞和其他一些人的研究工作大部分由洛克菲勒基金会资助，除了其他事项之外，基金会帮助购买了质谱仪。的确，韦弗直接监督着他们的研究进展。

自 20 世纪 40 年代初开始，放射性同位素逐渐取代了重同位素而被用于标记分子。通过粒子加速器制备的首批放射性同位素具有很短的半衰期，所以没有对重同位素的主导地位产生多少影响。只有像乔治·赫维西所使用过的放射性磷成为生物化学研究中的一种重要工具。1940 年 2 月，在位于美国加州伯克利的劳伦斯实验室里，马丁·卡门（Martin Kamen）和塞缪尔·鲁宾（Samuel Ruben）发现了放射性同位素 $^{14}C$，这种碳同位素具有很长的半衰期。这一发现宣告重同位素黄金时代的结束[24]。重同位素的使用涉及物理学、物理化学和化学方面的技巧之间的结合。与之相比，放射性同位素的使用只需获得一个盖格计数器即可；因此它们的使用在 1940 年到 1950 年期间快速地扩散开了。

超速离心、电泳和同位素技术都显示一种类似的转变历程：开始时都极为笨重，并需物理学家、化学家和生物学家的密切合作，这些方法逐渐地被足够简化，以至于所有生物学实验室皆可使用。

类似的发展历程在其他物理学技术如光谱学方法——对可见光或紫外光的光吸收的研究——的使用过程中看到[25]。这个案例中，在开发首台仪器和资助那些对生命现象开展物理化学研究的过程中，以及对生物成分进行定量检测等使用这些重要新技术的实验方面，洛克菲勒基金会还是起了非常重要的作用[26]。值得注意的是，半个多世纪后，在生物学实验室里计算机的快速进入过程中体现出来的特征，依然是快速的简化和去专业化（见第 27 和 28 章）。

最后一种对分子生物学的成长发挥过重要作用的来自物理学的技术是电子显微镜。它对两方面的重要科学发现做出过直接贡献：噬菌体的结构（见第 4 章）和核糖体的存在（见第 12 和 13 章）[27]。但是，除了这些例子之外，电子显微镜只是扮演了一种次要的角色，即在细胞内结构的鉴定方面（见第 12 和 13 章）——尽管对科学的一种天真的现实主义构思可能与此看法不同。电子显微镜所产生的图像实际上过于复杂；为了正确解释这些图像，科学家需先对其观察对象具有某种预设模型。此外，来自电子束的能量是如此的高，以及为稳定样品和增加反差所进行的化学处理是如此的极端，以至于使得这种技术产生了大量的假象，并在没有任何真实结构存在的地方观察到假的结构[28]。用电子显微镜产生的图像无疑具有某种教育学价值，并在作为书面证据方面有用，但是它们很少产生任何重要科学发现。作为替代，电子显微镜只能简单确认一般通过其他技术已经获得结果的真实性。最近，冷冻电子显微镜拓展了电子显微镜的威力，通过与 X 射线衍射研究结合在一起，使之能够测定高分子质量大分子的结构（见第 21 章）。

# 第 10 章  物理学的角色

　　来自物理学界的科学家和技术人员在分子生物学诞生过程中扮演了根本性角色，但历史学家却对这种影响的本质和程度存在分歧。比如，霍勒斯·贾德森争辩说，被很多人认为是从物理学传承下来的"信息"这一概念，对于解释分子生物学的主要科学发现而言几乎必不可少。但是，尽管今天看来这个概念极其重要，但在当时却并非如此：它对分子生物学的早期发展并未扮演任何角色 [1]。

　　作为一位后来转攻生物学的物理学家，阿瑟·科恩伯格（Arthur Kornberg）将很多物理学策略引入到了这一新领域，但很少引入其战术 [2]。换句话说，他们仅仅改变了生物学研究的形式，但并未改变其根本。对神经生物学家阿兰·普洛柴恩兹（Alain Prochiantz）而言，分子生物学只是生物学的一种化身（阿凡达）。按照普洛柴恩兹的看法，薛定谔毫无促进分子生物学的成长——这个学科在《生命是什么》一书出版之前很久就已经存在——该书的有趣内容只在他所提出的那些科学类比方面 [3]。

　　尽管我不能为这种辩解提供一种明确答案，但有若干要点可以强调。尽管物理学家的确影响了生物学的发展，但生物学既未简化为化学，也未简化为物理学。在当今的生物学中并不存在任何物理学形式主义的痕迹（最近出现的系统生物学和合成生物学除外；见第 28 章）。用尼尔斯·洛尔汉森（Nils Roll-Hansen）的话说，生物学现象并未简化为物理学和化学——它们只是被物理学和化学解释而已 [4]。人们提出的一种驳斥物理学家在分子生物学诞生过程中具有任何真正影响的论据是，在这段时间内，生物学研究展示了一种显而易见的连续性，没有发生任何突然的方向性变化。但是，这种非常真实的连续性并非意味着不存在一场分子革命——实际上，为使新旧科学视角之间可以进行正面交锋——这是科学中一场革命的标志之一，这种连续性是必需的 [5]。

　　具讽刺意味的是，无论是那些轻易接受还是那些轻易拒绝物理学家对分子生物学发展有影响这一观点的人，一般都对科学进程持有一种相同的错误视角。为了找到对一门科学的关键影响所在，他们会关注其起源，其婴儿期——这是对科学史的某种预成论观点。在这方面，贾德森的评论特别引人注目，因为他不经意地揭示，无法探测到物理学概念对分子生物学早期实验的任何影响。然而，这些概念——特别是那些基于信息的概念——对于描述这个学科而言已经变得必不可少。这种相互矛盾的现象可以简单地通过以下事实予以解释：今天的分子生物学，在导致这门学科诞生的初期实验中并不存在——它逐渐地演化成今天我们所知道的这个样子而已。那些对于理解和解释现代生物学研究结果如此有用的概念（如信息、反馈、程序，等等）并非从物理学（或计算机科学）中借来。相反，这些概念无论是对于这些学科而言，还是对于生物学而言，都是等同的。它们是第二次世界大战期间和之后发展起来的这种新世界观的核心。它们构成了分子生物学的实验、理论和模型成形的框架。

科学家从欧洲到英国尤其是到美国的迁移，是由于法西斯和纳粹政权崛起的后果，这对新世界观的产生也起了重要作用。不同科学传统之间的被迫交锋，以及在非常不同的领域中工作，但都同样处于困难的离乡背井状态的科学家之间所塑造的关联性，都是帮助了新科学成形的丰富文化融合的重要方面[6]。

遗传工程技术的建立表明，在 1940—1965 年获得的对生物学的分子理解是一种"操作性"的理解[7]。今天，无论是分子生物学家还是物理学家都共享一种科学世界观，其中知识和行动密切相连。通过他们构思和执行实验的方式，物理学家对于生物学知识形式的改变起了重要作用。通过步德尔布吕克的后尘和就生物对象提出简单问题，他们迫使对这些生物对象用同样简单的语言来回答这些问题。

但是，物理学家所做出的最重要贡献或许只是自己确信了（带着一定程度的天真）生命的奥秘并不是一个永恒的谜，而是可以企及的，以及重要的是，也让生物学家们确信了这一观点。

在我们能够理解在 20 世纪 40 年代到 60 年代期间发生了什么之前，科学史学家还有大量的工作要做。在此期间，两门基础学科——计算机科学和分子生物学[8]——诞生并发展了；同时，一种新的世界观出现了——在许多方面，它将信息与逻辑看得比能源与物质更为根本[9]。

第二部分

# 分子生物学的发展

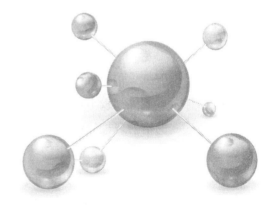

# 第 11 章　双螺旋的发现

很少有科学发现能够比詹姆斯·沃森和弗朗西斯·克里克的发现更为人们所熟知，他们 1953 年发现了 DNA 双螺旋结构[1]。该发现并非一个相互协调的小组或一个实验室的工作，而是两位在不同科学领域里受过训练却有着互补能力的非凡人物相遇的结果。作为物理学家出身的克里克，在伦敦大学学院开始了其研究生涯，在那里他研究了水在高压下被加热后的黏度[2]。他在第二次世界大战期间为英国海军部开展过磁铁矿开发方面的工作，1945 年之后，决定转向生物学。

当被英国医学研究理事会（MRC）聘去从事细胞中的小磁粒运动研究期间，克里克听说剑桥大学的卡文迪什（Cavendish）实验室正在组建一个新的研究小组。这个由麦克斯·佩鲁茨（Max Perutz）领导、由劳伦斯·布拉格爵士（Lawrence Bragg）监管的小团队，正开展通过 X 射线衍射来描述蛋白质结构的研究[3]。克里克请求转到这个小组，并如愿以偿。

佩鲁茨决定开展研究的蛋白质是血红蛋白。工作涉及纯化这种物质，获得其晶体，然后用一束 X 光照射晶体。光束的衍射及其分解而成的许多不同的光束，会在一块放置于晶体背后的感光板上留下一种痕迹，形成一种衍射图谱。由劳伦斯·布拉格和其父亲所建立的衍射理论，将衍射图谱的分布和强度描述为由晶体中分子的结构所产生。

在第二次世界大战以前由英国的布拉格小组和美国加利福尼亚州的莱纳斯·鲍林所进行的研究表明：通过使用小分子的晶体，人们能够从衍射图谱中推断出分子的三维立体结构。布拉格的目标是研究更为复杂的分子，并证明衍射技术可以帮助确定像蛋白质这么复杂的分子的结构[4]。这不是一项轻松的任务。首先，拍摄到的衍射图像质量并不高。其次，也存在若干主要的理论问题。衍射斑点的强度是具有给定强度和相位的一种波通过晶体时发生衍射的结果。但是，当观察者需要测定这两个因子的值时，只能获得其中一个。除了这些理论问题之外，还有解释这些图像，需要进行的计算极其复杂这一事实，必须借助滑动尺和原始的计算器进行（对于这类工作，当时还没有计算机可被利用）。

蛋白质晶体学家因此也无法直接解释这样的衍射图像，他们只能对他们正在研究的蛋白质的形态提出一种大概的模型、从理论上预测这种模型的衍射谱，然后看看理论结果与观察到的图形之间是否吻合。衍射图像或者从一幅图像衍生得到的数学函数——如帕特森（Patterson）曲线——的特征之一是，它们倾向于对称且规则。这种对称性反映了晶体和形成晶体的分子的重复性和规则性。

通过其博士论文研究，弗朗西斯·克里克对分析衍射图像的复杂性变得十分熟悉，并很快意识到这些可利用工具的局限性。他体现出来的那种对事物普遍的消极态度并未得到实验室同事的欣赏[5]。作为一个三十几岁却尚未完成博士论文的人，被大家看作是有能力却有点怪异的人。

沃森一直是一位才华横溢的学生。年纪轻轻就完成生物学本科学习之后，他成为萨尔瓦多·卢里亚的第一个研究生。作为博士研究生课题，他研究了 X 射线对噬菌体发育的影响，但所获得的实验数据却难以被解释。在对西莫·科恩（Seymour Cohen）开展噬菌体生物化学表征研究所获得的结果留下深刻印象的基础上，卢里亚和沃森都确信，为了理解这些结果，以及更为广泛地说，为了理解这些针对噬菌体的实验，人们需要对噬菌体的化学组成，特别是其中的 DNA 有更好的了解。噬菌体研究小组的科学家日益相信，DNA 在噬菌体的复制过程中可能起了重要作用：沃森结束博士学习的时间比赫尔希－蔡斯实验结果发表的时间仅仅早两年（见第 4 章）。

卢里亚和德尔布吕克认为，欧洲科学家比美国同行更富想象力，所以让像沃森这样一位才华横溢的年轻研究人员去欧洲做博士后研究是一种理想选择。卢里亚决定将沃森送到哥本哈根去跟随赫尔曼·克尔卡（Herman Kalckar）工作，后者是一位核酸代谢方面的专家，他们在冷泉港噬菌体培训课程上相遇过。

除了在哥本哈根的另一个实验室与欧立·马洛（Ole Maaløe）一起开展的一项噬菌体研究之外，沃森对克尔卡实验室的访问，相对而言产出较少。在与克尔卡一起访问意大利的那不勒斯动物研究所时，几乎是通过一个偶然的机会，沃森参加了一个生物大分子方面的学术研讨会。他被莫里斯·威尔金斯（Maurice Wilkins）所做关于 DNA 纤维的 X 射线衍射方面的报告所打动，为了能在一个晶体学实验室工作一段时间，沃森决定延长他的欧洲之行。卢里亚联系了在佩鲁茨实验室工作的约翰·肯德鲁（John Kendrew）。在得到了佩鲁茨的同意后，沃森加入到了卡文迪什的这个团队。沃森的正式课题是，纯化并结晶一种与血红蛋白相似但更为简单的蛋白质（肌红蛋白）。但一到剑桥之后，他就开始了与克里克之间的紧密合作，目标是确定 DNA 的结构。对沃森和克里克而言，理解这个结构是理解基因作用——特别是它们复制的能力——的根本所在。

初看起来，沃森和克里克之间没有太多可以共事的可能性。尽管他们所受科研训练具有互补性——克里克可以为沃森理解晶体学原理和解释其结果提供必需的信息，反之，沃森也可以让克里克知道细菌遗传学的发展动态和噬菌体研究小组的最新结果——但他们之间的障碍比这大得多。克里克必须聚焦于其博士论文课题，而沃森要全身心投入到结晶肌红蛋白的工作中——这是他被聘来开展的课题。但最大的障碍是，他们两个都无法直接获得 DNA 纤维的衍射图谱——他们不得不依赖先前威廉·阿斯特伯里在 1938 年发表的研究结果，以及特别是来自伦敦国王学院那个小组的数据，这由莫里斯·威尔金斯提供。

在第二次世界大战期间，莫里斯·威尔金斯——就像克里克一样，也是学物理出身——在加州大学伯克利分校从事作为曼哈顿计划一部分的对铀同位素的分离工作。与克里克一样，他也是在第二次世界大战结束之后转向了生物学。在从事了一段时间的紫外线显微镜技术的工作之后，他开始通过 X 射线衍射研究 DNA 纤维。通过使用他从瑞士科学家鲁道夫·塞纳（Rudolf Signer）那里获得的高质量 DNA 样品，威尔金斯能够得到非常精确的衍射图像，并揭示水合程度对 DNA 分子的结构有重要影响。

罗莎琳德·富兰克林（Rosalind Franklin）随后加入到了威尔金斯研究组。富兰克林是一位物理化学家，在 X 射线衍射方面知识丰富，她在法国巴黎时曾将这项技术应用于碳结构的研究中 [6]。富兰克林是一位出色的实验师：她很快就制作了质量远优于任何以前所获得的 X 射线衍射图谱。

这样，威尔金斯研究组明显具备了在 DNA 结构研究方面取得快速进展的所有条件。但在富兰克林和威尔金斯之间存在的一个根本性问题，使得他们之间很难有效共事。在富兰克林来到国王学院时，基于实验室主任约翰·兰德尔（John Randall）的信函内容，她以为她将拥有自己的 DNA 研究课题。但是，威尔金斯认为她只是被聘来为他能成功开展研究提供所需技术专长而已。这一严重误解限制了小组成员之间的有效交流，阻碍了一个清楚研究策略的制定。

基于威尔金斯在非正式讨论中和学术研讨会上所展示的数据，沃森和克里克开始构建 DNA 分子的模型。但是他们能做的非常有限：DNA 中存在的水的比例未知，分子中碱基的结构仍具争议。大家唯一认同的事情是多核苷酸链的结构。他们搭建的模型——由三条多核苷酸链组成——立即就被富兰克林和威尔金斯否定。这一事件导致了伦敦小组与剑桥小组之间以及约翰·兰德尔与劳伦斯·布拉格之间的矛盾。最后结果是，沃森和克里克不再被允许继续开展 DNA 结构方面的工作，因为所有的实验数据都由伦敦国王学院产生 [7]。DNA 结构是国王学院的宝贝。

　　尽管他自己并不知道，但莱纳斯·鲍林在沃森和克里克工作的发展过程中发挥了决定性作用——直接地和间接地。在 1950 年和 1951 年出版的一系列文章中，莱纳斯·鲍林构想出了蛋白质中存在的一些基本"模体"的结构——第一批蛋白质晶体 X 射线衍射图谱显示，这些分子中含重复有规则的结构[8]。早在 1933 年，在利兹大学工作的英国晶体学家威廉·阿斯特伯里，就曾经根据他对那些用于形成羊毛和蚕丝的蛋白质——α 和 β- 角蛋白的研究，提出过这些结构的模型[9]。随后，具规则螺旋构象的多肽链模型被劳伦斯·布拉格、麦克斯·佩鲁茨和约翰·肯德鲁等提出[10]。莱纳斯·鲍林完成并且修正了这些最初的模型。鲍林开展工作的优势，源于他对稳定蛋白质构象可能起关键作用的肽键和氢键的立体化学知识的熟练掌握[11]。这种知识既来自量子力学的简单应用，也来自对小的"模式"分子的晶体进行 X 射线衍射所直接测定的化学键的长度和角度。如果结构的约束予以满足的话，那么多肽链可能的空间构象种类就为数不多了。通过使用简单而精确的分子模型，莱纳斯·鲍林假想了蛋白质中规则性结构的存在——这很快就被证实的确存在，以 α- 螺旋和 β- 片形态存在。

　　莱纳斯·鲍林的工作揭示，螺旋在生物大分子中是一种重要结构。这种观点已被晶体学家和生物大分子结构方面的专家们所广泛接受；因此，鲍林的结果仅仅是确认了一些他们确信存在的东西。更为重要的是鲍林的研究路径所提供的教训：只有在严格满足分子的空间化学约束的前提下，预测才正当。

　　但是，鲍林在揭示 DNA 结构方面最重要的贡献，可能就是他转向研究这个问题的决定，以及他发表的后来被证明是完全错误的一种初步的模型[12]。对沃森和克里克而言，鲍林对这个问题的兴趣证实了他们之前所做工作的重要性，并强化了他们破译 DNA 结构的渴望。布拉格最终同意沃森和克里克开展 DNA 方面的工作，因为他担心鲍林可能重复他在 α- 螺旋故事方面的那种成功，赶在英国人之前发现 DNA 的结构。沃森和克里克最初尝试过不同的双螺旋和三螺旋结构模型，其中的碱基都位于分子外部。接着，部分出于绝望，也可能是受到约翰·格兰德（John Gulland）工作的启发。后者在 1947 年提出，DNA 的碱基通过氢键相互作用。他们因此选择了一种相反的模型，其中的碱基位于分子内部[13]。得益于化学家琼·布鲁姆黑德（June Broomhead）的工作，沃森对于碱基之间能够形成的氢键有了透彻理解。沃森和克里克也获知了富兰克林的最近数据（包括显示 DNA 之 B 型结构的那张著名的第 51 号照片，尽管这比沃森后来所声称的重要性低得多），如果被正确解释的话，这些数据表明，结构是螺旋状的，以及两条多核苷酸链往相反方向延伸，每一个重复单位为 10 个核苷酸残基。最重要的是，这两人可以利用克里克用于解释螺旋分子 X 射线衍射数据的复杂方法，这作为他博士工作的一部分而建立并于 1952 年发表。

　　沃森开始时制作了一种 DNA 双螺旋模型，其中相同碱基之间形成配对——腺嘌呤与腺嘌呤、胸腺嘧啶与胸腺嘧啶，等等。这个模型立刻暗示 DNA 分子的多核苷酸链是如何进行复制的。但很快这个模型就被抛弃，原因是在鲍林实验室工作过几年的杰里米·多诺霍（Jeremy Donohue）向沃森指出，他选择了碱基的一种错误互变异构体形式——将氢原子放在了碱基的错误位置上，因为他所使用的纸模板真正地颠倒了位置。在既放弃了"外部"模型，也放弃了"相同碱基配对"的模型之后，沃森想到了一个由不同的碱基进行配对的模型。他发现，A–T（腺嘌呤 – 胸腺嘧啶）和 G–C（鸟嘌呤 – 胞嘧啶）之间进行的碱基配对具有相同空间结构，这就使得构建出一个完美规则的双螺旋结构成为可能。他明白了，A 与 T 和 G 与 C 之间的配对解释了 A 与 T 以及 G 与 C 总是以大约相同浓度存在这一现象，这一点早就被欧文·查格夫所发现，在查格夫随后对剑桥进行访问之前，他们对此毫无所知。这种 1:1 比例的重要性——甚至其真实性——在那之前完全无人理解（见第 3 章）。

　　沃森和克里克很快就写好了一篇描述其模型的文章，他们最初倾向于将此作为一篇单独的文章发表在《自然》杂志。在被国王学院小组抗议后，文章在 1953 年 4 月 25 日与一篇由莫里斯·威尔金斯、亚历山大·斯托克斯（Alexander Stokes）和威尔逊（H. R. Wilson）所著文章，以及一篇由罗莎琳德·富兰克林和雷蒙德·戈斯林（Raymond Gosling）所共同撰写的文章一起发表[14]。后两篇文章中包含有支持他们模型的 X 射线晶体衍射实验数据，其中的大多数已经被沃森和克里克知晓，正如他们在论文的致谢里所提到的那样。他们能构建 DNA 双螺旋模型，仅仅是因为他们能够获得国王学院的实验室提供给英国医学理事会的报告，其中含有罗莎琳德·富兰克林的关键数据。

　　总之，这三篇论文揭示，基于其双螺旋结构，可提出 DNA 复制的一种非常简单的模型，因而解释基因的自我复制威力。DNA 的两条链之间可以解开，每条链上的碱基将与细胞介质中以自由核苷酸形式存在的互补性碱基结合。仅仅需要的是，核苷酸之间形成化学键，以产生两个子链 DNA 分子，其中的每一个都与原来的母分子完全相同。沃森和克里克也提出假说认为，碱基的稀有过渡形式导致复制期间碱基之间的错误配对进而产生突变。

　　几周后，沃森和克里克将第二篇文章投到了《自然》杂志，该文涉及 DNA 双螺旋结构的遗传学含义。这比第一篇更具假想性的文章于 1953 年 5 月 30 日发表，其中含有"碱基的精确序列即为 DNA 所携带的遗传信息密码"这一决定性的描述[15]。

　　在 1953 年夏天举行的冷泉港学术研讨会上，沃森报告了这种结构模型及其遗传学含义。德尔布吕克将这些发表在《自然》上论文的复印件发给了所有与会者。尽管存在一些批评意见，并缺乏绝对的实验证据支持（模型就是模型，尽管有来自富兰克林和威尔金斯同期发表数据的支持），但 DNA 双螺旋结构很快就被科学界广泛接受。一度有历史学家声称，双螺旋结构产生了很少的即刻影响，但精确的文献计量学分析证明，事实并非如此[16]。大批来访者慕名前来卡文迪什实验室仰慕该模型。分子生物学这一年轻学科的历史翻开了新的一页。DNA 和基因的结构已经被发现，这种结构解释了自 20 世纪初期甚至更早以来一直如此吸引着生物学家的生命的自我复制现象。

历史学家难以知道该如何对待沃森和克里克的发现。似乎所有能说的都说了，不存在什么未知的因素能够篡改该故事的这个或那个方面，或者至少提供一种新的原创的观点。但自相矛盾的是，这些信息的过量存在也削弱了我们对它的理解。双螺旋结构这一发现的表观透明性消除了对其进行历史研究的需要：没有什么还需要解释，因为一切都已经为大家所熟知。

实际上，双螺旋结构发现的故事被如此熟知这一事实，对分子生物学史学家而言是一种黄金机会：通过使用细节和轶事，使得重现这一新学科发展过程中起作用的科学背景和社会力量成为可能。

双螺旋结构的共同发现者的科学生涯和个性尤其具启迪意义。克里克和威尔金斯都是因为期望获得重要新发现而转攻生物学的这个物理学家小组中的成员。他们通过遗传学，或者更准确地说是通过薛定谔在《生命是什么》一书中所展现的、变了样的遗传学发现了生物学。他们的这种研究方向的改变也受到了负责管理科研的政府机关政策及决定的鼓励：英国医学研究理事会为物理学家专门预留了若干职位。

在英国，这些科学家的一个明显研究领域是通过 X 射线晶体衍射揭示大分子的结构。这种方法由劳伦斯·布拉格的父亲威廉·布拉格（William Bragg）所建立，后来因他的儿子和其他研究人员——如约翰·伯纳尔（先在剑桥，后来在伦敦）和威廉·阿斯特伯里（在利兹）的工作得到进一步发展；阿斯特伯里的贡献随后被予以深入研究[17]。与多萝西·克劳夫特（Dorothy Crowfoot）——出嫁后改姓成了多萝西·霍奇金（Dorothy Hodgkin）——一起，伯纳尔是第一位获得清晰蛋白质 X 射线衍射图像的晶体学家。为此，他将蛋白质晶体放置在一个两端封闭的毛细管内，以避免实验期间的脱水反应。尽管 1934 年他得到的第一幅图像并没有导致对蛋白质结构的一种三维描述，但图像绝对清晰，这就证实了蛋白质的大分子本质[18]。因此，解析蛋白质的三维立体结构成为一个"可行的"课题。

英国的晶体学学派毫无疑问是世界上最优秀的，但其也有缺点。晶体学家们坚信他们终将获得成功：X 射线衍射技术的持续进步表明，对生物大分子——DNA 和蛋白质——结构予以测定是很有可能的。但是，被这样一种确定性所武装，且没有认识到这些结构对分子生物学家的重要性——对后者而言，基因的化学本质与结构变成了一个关键问题——晶体学家们并没有特别着急。克里克和沃森认为威尔金斯和富兰克林工作非常细致但太慢，因为 DNA 的结构对他们而言并非那么重要——只是获取科学知识长征中的一小步。

沃森的急切心情是噬菌体小组成员的态度变化的一个代表。在其研究的初始阶段，德尔布吕克希望能够解释基因和噬菌体的自我复制现象，但这并非必须要认识它们的化学组成。在初期所开展的所有研究都表明，噬菌体极其复杂，要想不打开这个"黑匣子"——也就是说不探究其各个组成部分的化学本质、结构和相互作用——而去理解它是怎么复制的是无望的。在噬菌体复制期间对寄主细菌进行辐射，正如沃森在攻读博士学位期间所做的，不足以揭示复制的机制。

卢里亚对此有清醒认识，因此他鼓励沃森从事核酸的生物化学研究。但是，这项工作存在一个沃森侥幸地躲开的陷阱，多亏一系列幸运的机会——他冒着卷入到核苷酸和碱基代谢复杂性，并在生物合成和生物降解这种复杂细胞途径中迷路的危险。

沃森和克里克的发现为我们展示了如何进行分析这样一个问题，这与在更早的时候埃弗里在工作中所遇到的问题类似。埃弗里以及他的论文的读者们都为他所得到的结果感到震惊，因为他们都确信，DNA 并非一类重要和特异的分子。在读沃森和克里克的论文并研究人们对这些论文的反应时，大家体现出来的惊讶反应正好相反。依据教科书中所言，到了这个时期，每个人都对遗传过程中 DNA 所扮演的角色确信无疑，没有人觉得需要对这种论断予以解释。这并非完全准确，迟至 1960 年，《自然》杂志还发表了一篇假想蛋白质可能是遗传物质的论文。但清楚的是，大约在双螺旋结构被发现的那个时期，许多生物学家的观点发生了一次巨大变化，人们广泛接受了被频繁称为 DNA 是遗传物质的工作假说（记住，那时在比细菌更复杂的任何生物中仍旧没有获得过任何有关 DNA 作用的证据）。

解释 DNA 对遗传过程是根本性的这一新观点被快速接受的原因，存在几种理论。但无一能完全解释这种观念上的大转变——有人认为这类似于一次宗教信仰的大改变。我们应该摒弃一种被分子生物学的崇拜者和诋毁者都广泛拥有的观点，即沃森和克里克开启了一种新的研究风格——即讨论和理论变得比实验和观察更为重要。的确，沃森和克里克在没有对 DNA 分子开展任何实验的情况下，确定了其双螺旋结构。同为事实的是，德尔布吕克将一种新的工作风格引入到了噬菌体研究小组，其中对实验和文章的讨论被给予突出地位[19]。细菌遗传学涉及相对易于操作却难于构思设计的实验。

但沃森和克里克是例外。晶体学（测定蛋白质结构）和生物化学（研究蛋白质合成）中的实验——分子生物学不可或缺的组成部分——都是既费时也费心的。20 世纪

60 年代，一些细菌遗传学专家企图放弃这方面的课题，转而对多细胞生物开展分子研究。为此，他们必须离开自己的办公室——在那里他们花费大部分时间以拟定精巧的遗传杂交实验方案——转而去花费更多时间待在冷藏室中，以分离出微量的蛋白质或RNA 样品。

对沃森和克里克的研究路径进行一番深入研究也揭示，就像他们的同事一样，他们的研究工作更类似于一名修理工，而不像一名工程师或建筑师[20]。建设者选择其信任的材料，以此为基础，建造出一幢稳固的建筑。相反，研究人员手上却只有腐烂的木板，高度可能的是，他们会退却。从这些腐烂的木板中他们会挑选出用来建设一座新大厦的几块。大多数情况下，大厦会倒塌，但偶尔也能支撑下来。随着建筑工作的推进，破木板将变得日益坚固。

这也正是为什么对科学进行历史分析如此困难。在科学家自身的鼓励下，存在着一种清晰的倾向，即为那些用于建造"大厦"的木板被选择的正当性予以辩护（正确的理论），并认为这些木板从一开始就毫无疑问是最好的[21]。情况很少会是这样的。某些木板被选择以及后来变得越来越坚固是运气与科学天分结合在一起的产物。沃森和克里克对于碱基的结构、多核苷酸链的数目、X 衍射图谱的解释甚至 DNA 在遗传过程中的角色都不确定。然而，尽管如此，他们却提出了一种如此完美的结构，以至于让每一位学习它的人都不得不信服。

遗传学家兼历史学家甘瑟·斯腾特曾提出，沃森和克里克的发现类似于一件艺术品，他用这个例子指出了科学创造与艺术创造之间的相似性[22]。这两种活动经常被说成是相反的——在一件艺术品中，艺术家被假想成是完全自由的：他们创造出某些从未存在过的东西。但科学家却不是自由的——他或她仅仅是揭示隐藏着的真理——直到如今，这些真理一直避开着人类的眼睛。艺术品是独一无二的，并与其创作者不可分隔地联系在一起。科学发现是一个共同体的产物，科学结果经常相当于是匿名的，因为其作者的名字并不那么重要。

斯腾特的争辩——实际上，在进行艺术选择时艺术家并不比科学家更自由——特别令人信服。尽管所有的艺术创造的确都是独特的，然而，艺术流派却也的确存在，其中的所有作品都具某种相似性。相比之下，以双螺旋结构为例，斯腾特声称，这是归属于沃森和克里克的一种独特发现。如果他们不存在的话，双螺旋结构也一定会被发现，但可能不会这么雅致，而且会更加缓慢。然而，克里克争辩说，科学发现的重要性主要来自被发现的对象——双螺旋——及其惊人的简单结构[23]。

一些科学史模型将科学研究等同于其他人类活动。他们争辩说，科学理论并非反映真实存在，仅仅是人类的思想建构，这与文学作品或艺术作品的状态相同。这种科学的建构主义视角，当被用于解释高度抽象的粒子物理学模型时可能很具诱惑力。但很难看出，双螺旋结构怎么会是多种可能的人类思想建构中的一种，而非反映一种真实的存在。

在 DNA 双螺旋结构发现这一故事中，如果缺少对罗莎琳·富兰克林的悲剧命运的认知，它就不是完整的。在双螺旋结构被揭示几年后，因癌症而病逝的富兰克林在沃森的自传中被一笔带过。最近，她的遭遇被描写成在男人占统治地位的科学研究世界中女性研究工作者的缩影。根据这些分析，富兰克林对双螺旋结构的发现所做出的贡献被抹杀了。

这是错误的。一位女性科学家的生活必然困难——富兰克林对她在巴黎的日子进行了充满渴望的回忆，她认为那里的两性关系更为简单。但是，正如她的传记作者布兰妲·马杜克斯（Brenda Maddox）所概括的那样，她在英国的困难主要源自其上层知识分子家庭出身，这与其合作者的出身很不相同[25]。富兰克林与威尔金斯之间所存在的问题——这导致她如此的不快，被假想为阻止了他们去发现 DNA 双螺旋结构——有一种更为琐碎的解释，即对各自角色的混淆不清以及两人个性之间的严重冲突。在双螺旋结构被发现之后的几年时间里，她在伦敦大学的伯贝克学院的生活是愉快的，她完成了有关烟草花叶病毒结构的一项非常重要的晶体学研究，这被想象为一项可能为她带来诺贝尔奖的工作[26]。她是克里克和他的妻子奥黛尔（Odile）的亲密朋友，有时与他们共度假日，与沃森也维持了一种诚恳的关系。

富兰克林的晶体学数据，对于 DNA 双螺旋结构的发现非常重要。但也相当清楚的一点是，富兰克林最初并没有像沃森和克里克那样意识到 DNA 分子结构的生物学重要性，也没有认识到依据这种结构去解释基因自我复制能力的必要性[27]。此外，她对想象性的模型构建所表现出的敌意，以及她对数据应该是"不言而喻"这一点的坚持，意味着她没有试图解释这些就在她鼻子底下的关键科学发现。

然而，在围绕双螺旋结构这一发现所想象出来的神话中，富兰克林承担着一种殉道者的角色。沃森和克里克被一些人声称偷盗了她的数据；在一种更为不严肃版本的历史中，她甚至被说成发现了双螺旋结构。社会大众中，部分人希望塑造一位女性主角的热情可以理解，但不太清楚的是，为什么某些科学家会采纳这样一种奇怪的定位。一种解释是，科学家——不只是分子生物学家——所感觉到的那种被人们充分研究过的需求，为一门新的学科赋予一种神话性的起源[28]。

在分子生物学这个案例中，佩莉纳·阿贝-阿姆已经揭示，这样一种神话性视角可以如何扭曲对真实历史的记述[29]。如果仅仅是为了把科学家塑造成英雄而矫正其个人缺陷的话，这样一种扭曲并非存在特别的问题。但是，一旦它扭曲历史真相，使得一个学科的历史变得无法理解的时候，它就远为无益了。就分子生物学而言，这种神话视角倾向于将一个学科的整个历史集中于一方面的科学发现。所有先前的结果仅仅是"通向双螺旋之路"（这是有关这个时期的主要历史的一个题目）的台阶，从它流出了所有其他后期的发现，包括信使 RNA 和遗传密码[30]。这是一种误解：现实意义上，双螺旋结构的发现在分子生物学的后期发展过程中扮演了一种极其模棱两可的角色。

尽管双螺旋的发现表明，碱基的顺序对 DNA 的遗传功能及其复制机制都是根本性的，但它也暗示，仅仅有了关于分子结构的知识就能导出对其功能的认识。正如后面将会看到的那样（见第 12 和 13 章），核糖核酸（RNA）在蛋白质合成过程中也扮演一种不可或缺的角色。包括沃森在内的许多研究人员因此转向了对这一种分子的结构研究[31]。尽管沃森和克里克在 1953 年的《自然》杂志文章中概括了 DNA 双螺旋结构的"遗传学含义"，但遗传密码存在的真正含义——即只有核酸分子所携带的信息重要，而其结构并不重要——这一点大多数科学家都难以恰当理解。

在接下去的十年中，双螺旋结构的发现对于普通大众而言有着巨大影响，这包括建筑师和画家，如萨尔瓦多·达利（Salvador Dali）。一位专门从事 DNA 研究的化学家保罗·多蒂（Paul Doty）回忆说，在 20 世纪 50 年代末期，他看到过一个印有"DNA"字样的徽章。当他向摊主询问这个徽章的含意时，他被告知它当然指的就是基因，并责备他最好能长点知识[32]！从许多方面说，正是 DNA 双螺旋结构的发现——既非埃弗里的实验、也非赫希尔和蔡斯的实验——使得整个生物学界确信基因几乎必然由 DNA 组成，这样它就成为遗传的基础。相似地，正是通过 DNA 双螺旋结构的发现，DNA 的遗传学角色才得以进入教科书[33]。

我们给予双螺旋这一发现的分量高度自相矛盾——尽管人们对沃森和克里克的发现充满了热情，但在现实中，它极其脆弱。双螺旋结构还仅仅是一种假说，一种模型而已。即使来自富兰克林和威尔金斯的两篇同期杂志发表的文章提供了实验数据，但它们并未证实这种模型。虽然碱基互补配对的概念被广泛接受，但 DNA 是一种双螺旋这一概念却相当难以令人信服。在复制过程中螺旋将必须解开，这就引出了一个严重的生物化学（和拓扑学的）问题，而沃森和克里克几乎没有触及这个问题。

有关 DNA 结构的其他模型也被提出，其中两条多核苷酸链在同一个平面上或者与沃森－克里克模型的转向不同（如 1979 年描述的 Z－型 DNA 分子）[34]。的确有些晶体学实验结果似乎支持这些"非传统"模型。直到 20 世纪 80 年代，也就是沃森和克里克获得其发现 25 年后，双螺旋结构才被毫不含糊地证实，而 DNA 在多细胞生物中的角色在 20 世纪 70 年代末期之前也未被最终证实。

沃森和克里克认为，在 DNA 复制期间，两条链将分开，然后各自从它们富含核苷酸的环境中获取碱基，以合成一条互补链。这样一种复制模型被称为"半保留复制"，因为一半的 DNA 被保留下来，而另外一半则被重新合成出来。

为辨明真相，但同时也因为他们认为沃森和克里克的模型过于简单，德尔布吕克和斯腾特概括出了其他可能的复制模型：分散型复制（即其中没有任何东西被保留下来，母体 DNA 分子被降解，新的 DNA 分子被合成）和保留型复制，即其中 DNA 的两条原始链仍旧完整，而两条子链都是利用核苷酸被"无中生有"新合成的[35]。

1941 年——基因的精确化学本质尚未被揭示，声名显赫的酶学家和群体遗传学创始人之一贺尔丹提出，基因复制可以利用像氮 $-15$（$^{15}$N）这样的重同位素进行研究。其设想是，通过突然改变周围环境的组分，科学家们能够区分基因的新旧拷贝[36]。正如第 9 章所示，放射性同位素已经取代重同位素成为生物化学家和分子生物学家手中的武器。最初试图测试 DNA 半保留复制模型的实验就是利用放射性同位素进行的，但没有获得多少成功。

1954 年，马修·梅塞尔森（Matthew Meselson）——莱纳斯·鲍林的前学生——和富兰克林·斯塔尔（Franklin Stahl）决定测试一下基于密度将新合成 DNA 分子进行分离的想法。经过一系列预测试之后，他们决定将 DNA 用 $^{15}$N 标记。但是否能使仅有微小密度差异的 DNA 分子分离开成为问题。为此，他们制备了一种密度梯度，这需使介质具有跟 DNA 接近的密度（可通过将重盐溶解于水中来实现，梅塞尔森和斯塔尔使用了氯化铯），还需使用一种物理学方法——超速离心。

1957 年，梅塞尔森和斯塔尔终于实施了该实验。在开展实验之前，他们在一种含有 $^{15}$N 标记的氯化铵（$NH_4Cl$）培养液中，让细菌先增殖几代[38]。在实验开始的时候，细菌被稀释到一种含有氮 $-14$（$^{14}$N）的正常培养液中。在实验过程中，梅塞尔森和斯塔尔收集细菌样品，提取其 DNA，然后将 DNA 与氯化铯混合。以每分钟旋转 45000 圈的速度离心 20 小时后，细菌 DNA 在离心管中的位置被记录。

实验伊始，密度非常高的 DNA 在靠近离心管底部的位置形成了一条带。过了一会儿，另外一条密度稍低的 DNA 带出现在更为上部的位置。细菌增殖一代后，这一条密度稍低的带成了唯一可见的带。这条带对应于由一条以 $^{15}$N 标记的重链和一条以 $^{14}$N 标记的轻链组成的双链 DNA 分子的密度。这正是半保留复制模型所预期的结果。梅塞尔森和斯塔尔确认了在细菌繁殖一代之后所检测到的中等密度的 DNA 条带的确由一条重链和一条轻链所组成。他们将 DNA 分子进行了热变性，得到了两条分子密度稍有差异的条带，一条带的密度对应重的 $^{15}$N 标记的 DNA 分子，另一条的密度则对应轻的 $^{14}$N 标记的 DNA 分子。

结果是清晰干净的，并与半保留复制模型的预期完美吻合 [38]。此外，该实验结果的价值因为实验方法——密度梯度离心——的精巧性而被强化。该方法后来在分子生物学中被广泛地应用于对 DNA 分子的分离 [39]。用历史学家弗雷德里克·霍姆斯的话来说，这是"生物学中最美丽的实验。"

梅塞尔森和斯塔尔的发现特别令人吃惊，因为是用大肠杆菌，而非噬菌体为实验材料获得的。因此，这就表明，DNA 半保留复制模型对于完整的细菌染色体而言也正确。

# 第 12 章　破译遗传密码

从 DNA 双螺旋结构的发现到遗传密码的破译之路极其曲折。为了揭示基因在蛋白质合成过程中的角色，存在两种可能的实验路径。受到遗传学启发的研究者，可以根据 DNA 的分子结构以及基因在细胞中的作用，来推断蛋白质合成过程中 DNA 所扮演的角色。一条更偏生物化学的攻克路线是，建立一种可以合成蛋白质的体外系统——正是这种路径最终导致了遗传密码的破译。第三种路径——在 20 世纪 50 年代不少极其聪明的学者全神贯注于其中——试图通过理论的数学方法来破解此密码，以彻底失败告终。

多种记述——包括沃森和克里克的自传——都支持 DNA 结构的揭示几乎自然而然就产生了遗传密码概念这一观点。据此，DNA 分子中一连串的核苷酸（碱基）编码不同的氨基酸，它们依次串联在一起就形成蛋白质。在他们发表于 1953 年 5 月 30 日的第二篇《自然》刊物论文中，沃森和克里克确实在文章中写到"碱基的精确顺序就是携带遗传信息的密码。[1]"这种异乎寻常的原创性表述，仅仅反映密码和信息概念已经进入科学主流这一事实——但它并非意味着沃森和克里克对遗传密码的存在有了清晰概念，也不意味他们已经想象到，试图认识这种密码将是一种切实可行的研究课题。因此，在他们的文章发表到《自然》刊物上之后，他们惊讶地收到了一封乔治·伽莫夫——出生于俄国但在美国工作的物理学家——的来函。他提出了一种有关遗传密码的具体方案：它是 DNA 中的碱基与蛋白质中的氨基酸之间的一种直接对应关系[2]。伽莫夫的想法是，DNA 的双螺旋结构中含有 20 种不同的空间，其形状取决于周围核苷酸的本质。这些不同"空间"可以作为不同氨基酸的"容器"。为使一种碱基序列对应于一种蛋白质，只需用共价键将不同氨基酸简单连接起来即可[3]。

伽莫夫来信令沃森和克里克感到意外。那时有关蛋白质结构的知识还太模糊，生物学家不可能满怀信心地说，蛋白质的氨基酸序列由遗传决定。同时，尽管蛋白质合成的细节仍属未知，但人们知道 RNA 似乎参与其中。伽莫夫有关 DNA 是蛋白质组装的直接物理模板这一观点明显不正确。他之所以能够接受这么简单的一种假设，仅是因为他对这个领域的无知。

克里克对伽莫夫这封来信的第一反应是忽视它——该信以孩子式的笔迹写成，似乎是一个古怪人的作品。但四个月后，第二封含有更多细节的信到来了，这迫使住在纽约的克里克去证明伽莫夫是错误的。伽莫夫模型的弱点之一在于他选择了20种氨基酸——在生物中发现的氨基酸有100多种。它们中的一部分存在于所有蛋白质中，其他相对比较罕见的是蛋白质合成后由其他氨基酸修饰而成。因此，伽莫夫将氨基酸划分为基本氨基酸和衍生氨基酸并非完全贴切。运用他多年研究蛋白质的丰富经验，克里克提出了另外一个20种组成蛋白质的基本氨基酸的清单，令人吃惊的是，这后来竟然被证明正确。

尽管存在这些错误，但伽莫夫的提议极富成果。克里克从字面意义上采纳了"遗传密码"这个提法——即核苷酸与氨基酸之间的一种对应关系，所以从技术上说是一套暗号——而他之前一直以一种非常松散的方式使用这一术语。伽莫夫的建议意味着，这套密码也许可以被直接破译，而无须做任何实验，无须研究从DNA到蛋白质的所有中间生物化学步骤。

在伽莫夫密码提出的一种后期版本中，每三个碱基（我们现在称之为三联体或密码子）为一组，编码一种不同的氨基酸，但编码连续氨基酸的三联体是重叠的。这种类型的编码方式限制了氨基酸序列存在的可能数目。基于那时少有的几种已知氨基酸序列的蛋白质的情况，这使得克里克和悉尼·布伦纳（Sydney Brenner）得以否定这种猜想。乔治·伽莫夫和马提拉斯·雅卡斯（Martynas Ycas）然后设计了一种新的版本——组合密码，其中碱基的顺序并不重要；重要的是它们之间的组合。这套密码很容易允许4种物体以20种不同的方式组合——对应4种碱基以3个为一组的组合——但是，很难想象细胞机器怎样辨认这种碱基组合。

尽管重叠密码的想法被否定，但是，存在一套简单密码的主要问题在于，如果使用两个碱基组成的密码，四种碱基则只可提供16种组合（少于蛋白质中可能存在的20种氨基酸这一数目），而如果使用三种碱基组成的密码，则能给出64种组合（这又远多于蛋白质中的20种氨基酸的数目）。此外，如果使用一套非重叠密码的话，却又存在一个后来被称为阅读框架的问题。细胞怎么能知道一个三联体从哪里结束，下一个三联体从哪里开始呢？

1957年，克里克和莱斯利·奥格尔（Leslie Orgel）提出了一种解决这些问题的方案[4]。如果每一个核苷酸三联体都被放在一个正确的阅读框架中被阅读的话，它将编码一种氨基酸；但如果阅读框架被移位一个碱基的话，所有的三联体都将失去它们原有的编码意义。这意味着，只有20种有意义的核苷酸三联体。这种密码子数目与氨基酸数目之间的完美关系似乎好得难以置信。

　　许多其他密码子形式也被提出，都力图将重要密码子的数目减少到 20 种，或是找出一种简单的方法来确定阅读框架。当遗传密码自 1961 年开始被最终破译时，所有这些定义密码子的不同尝试都被证明是错误的和无意义的[5]。

　　大多数提出来的密码，特别是克里克和奥格尔所提出的，都基于以下假说：如果某种蛋白质含有一种特定的氨基酸组成，那么核酸也必须含有特定的核苷酸组成。随着对来自不同生物的 DNA 组成的更多了解，人们就越发觉得不同生物体中的同一种蛋白质的氨基酸组成或多或少相同，而这些不同生物中的核苷酸组成却表现出相当大的差异。在 1959 年于纽约附近的布鲁克黑文（Brookhaven）国家实验室所做的一次绝望的学术报告中，克里克详细列出了解决编码问题遇到的所有困难，他当时已经准备放弃这方面的工作[6]。

　　尽管遗传密码假说——特别是所有用来表征这套密码的理论方法——走向了一个死胡同，但在双螺旋结构被发现后的几年里，基因密切控制着所形成蛋白质的氨基酸的本质这一概念却得到了强化。

　　发生在 20 世纪上半叶对蛋白质进行表征的决定性步骤已经在前面描述过。大分子概念已经决定性地彻底击败了胶体理论。同时，继莱纳斯·鲍林的工作之后，研究人员普遍接受了蛋白质是由氨基酸通过肽键形成的线性链这样的概念。蛋白质链然后将折叠成一种精确的空间构象——其稳定性依赖弱键（如氢键）的形成来维持。

　　这个快速回顾并非意味着在 1950 年前后，科学家的认识水准达到了今天的程度，即无论氨基酸的顺序是什么，一条多肽链都能够自发折叠成一种稳定的空间构象。所有那个时代的生物化学家都觉得，一定存在一种规则，能简化蛋白质合成问题。一些生物化学家觉得这些规则必定存在于氨基酸连接成肽链这一层次上。1937 年，洛克菲勒研究所的马克斯·伯格曼（Max Bergmann）和卡尔·尼曼（Carl Niemann）提出，每一种蛋白质都由 $2n \times 3m$ 个氨基酸组成，每一种氨基酸都以 $2n' \times 3m'$ 个数目存在于精确的肽链位置上，这里的 $n$，$m$，$n'$ 和 $m'$ 都是整数[7]。这种神秘的算术是基于对蛋白质水解酶的认识，那时蛋白质水解酶被认为也负责蛋白质的合成（本章后面部分将对该模型进行描述）。并非所有的生物化学家都对蛋白质的认识达到了这样一种精确的境界。然而，他们中有许多都认为一定存在一种指导氨基酸组装成蛋白质的规则。

　　其他科学家也都希望找到支配蛋白质三维立体结构形成或蛋白质折叠的普遍原理。从这种意义上说，莱纳斯·鲍林在 1950 年发现的多肽链的二级结构，尤其是 α- 螺旋（见第 11 章）就显得特别重要。对鲍林而言，这种发现的重要性并非因为他描述了几种可能的蛋白质折叠模型，而是因为他揭示了蛋白质发生折叠所依赖的根本性结构。

蛋白质如何形成这个问题，必然存在一种简单解释，这种信念源自生物化学家对基因在蛋白质合成过程中的作用这方面的观点。当时有关蛋白质合成的理论都相对模糊：存在几种模型，其中至少一部分互不相容。然而，它们都赋予了基因一种关键但有限的角色，暗示蛋白质合成应该是一种相对简单的生物化学过程。

但是，当第一种蛋白质的序列被测定时，任何试图找出氨基酸规则性成链的希望都破灭了。仅仅在几年前，辛格、马丁以及他们在英国利兹毛纺工业研究协会的同事们，已经建立了通过层析技术分离氨基酸和肽的方法——先是利用二氧化硅，然后是利用纸（见第9章）[8]。英国生物化学家弗雷德里克·桑格后来建立了将多肽链断裂成片段然后测序的方法——开始时是在酸的作用下，后来是在蛋白质水解酶（尤其是胰蛋白酶）的作用下；随后将肽段予以分离并进行氨基酸序列测定[9]。胰岛素是被完整测定序列的第一种蛋白质[10]。这个序列表明，每一种氨基酸在多肽链上都有精确的位置，但并未揭示出任何氨基酸序列的规则性。

基因既控制多肽链中氨基酸的本质，也控制氨基酸的位置，这两点几乎被同时证实，但这是分两步完成的，其间相隔7年多时间，都涉及同一种人类疾病。第一步由莱纳斯·鲍林完成。在1949年发表于《科学》刊物上的一篇论文中，鲍林揭示，镰状细胞贫血症——之所以这么叫，是因为患者拥有镰刀形的红血细胞——与一种异常的血红蛋白结构相关；血红蛋白是血液中用来输送氧气的蛋白质[11]。鲍林报道说，镰状细胞贫血症患者的血红蛋白所带电荷，与正常人血红蛋白所带电荷不同。此外，在低氧气压力条件下，这种异常蛋白质的溶解度比正常蛋白质更低，并形成长的针状沉淀，使红血细胞变形，变成特征性的镰刀形状。这些红血细胞将无法有效通过患者的毛细血管，因此倾向于阻碍人体组织获得氧气。因为比正常红血细胞更为脆弱，所以它们将导致患者贫血。在鲍林获此发现前不久，詹姆斯·尼尔（James Neel），密歇根大学的人类遗传学家，报道说镰状细胞贫血症是一种遗传异常，表现出孟德尔遗传现象[12]。

鲍林的文章极其重要：它通过表明一种分子的紊乱可以解释一种疾病的症状而创建了分子医学这个领域。鲍林与其同事希望继续鉴定导致血红蛋白这些观察到的新特征所发生的修饰。但是初步的研究错误地提示，正常和异常的血红蛋白有着相同的氨基酸组成，因此他们放弃了这种努力。

证明基因既控制多肽链中氨基酸本质也控制氨基酸位置的第二步由英国科学家弗农·英格拉姆（Vernon Ingram）在克里克建议下完成。在对洛克菲勒研究所进行过一次访问之后，英格拉姆到剑桥的卡文迪什实验室开始与克里克一起工作，使用的是桑格那种比较原始的蛋白质测序方法。1956年，英格拉姆揭示，引起镰状细胞贫血症的突变与一条单一肽链有关，只涉及这条肽链上一个单一氨基酸的替换[13]。尽管克里克深度参与了这项工作，但他并未在英格拉姆发表的文章里署名。

英格拉姆的发现对生物化学家有重要影响：它表明基因直接干预蛋白质的结构，而且可以影响像一个单一氨基酸的本质和位置这种看上去并不重要的细节。

直到此时，与理解蛋白质合成有关的生物化学问题仅仅被暗示了。对于蛋白质合成涉及哪种机制的问题，最初被认为是蛋白质降解的逆向过程。因为酶——蛋白质水解酶——能够在特异的位点切割蛋白质，相同或是相似的酶被认为将执行反向的操作。此外，除了涉及多肽链的直接合成反应之外，可能还存在涉及肽链之间进行氨基酸交换的反应，这种交换反应从能量角度来看易于发生。鲁道夫·舍恩海默利用 $^{15}$N 重同位素进行的研究表明，蛋白质处于一种不稳定的代谢状态，氨基酸在不断地加入到蛋白质中或是从蛋白质中去除（见第 9 章）。这些结果与提出的蛋白质水解酶在蛋白质合成中的假想角色吻合。

在 1940—1955 年，有关蛋白质合成的一种多酶模型被广泛接受 [14]。但是，出于一系列的困难，这一模型被逐渐推翻。首先，它引发了一个主要的理论问题：如果每一种蛋白质和每一种酶都由一种多酶复合体合成，那么这种多酶复合体中的酶又是怎样被合成的呢？如果它们自己也由多酶复合体合成的话，那么就很难看出这整个过程该如何被启动 [15]。此外，一种蛋白质对应于一种多酶系统的模型也与比德尔和塔特姆的实验结果以及一个基因一种酶假说不符（见第 2 章）。

实际上，蛋白质合成的多酶模型并未给核酸留下任何位置。尽管核酸的确切角色仍旧不清楚，但它们似乎在两个层次上参与了蛋白质的合成。自 20 世纪 40 年代末以来，分子生物学家知道，基因以某种方式控制蛋白质的合成，而且基因至少部分由核酸形成。相比之下，研究染色体被通过核膜与细胞中的其他部分分开的真核生物（而不是细菌）中的蛋白质合成的学者揭示，蛋白质合成发生于细胞质中，而不是含有基因的细胞核中 [16]。20 世纪 40 年代伊始，瑞典人托比约恩·凯斯帕森和比利时人基恩·布拉舍（Jean Brachet）的研究揭示，蛋白质的合成水平与细胞质中 RNA 的含量之间存在一种对应关系（见第 13 章）[17]。核酸再次被暗示参与了蛋白质的合成过程。

1952 年，熟知蛋白质合成的多酶模型存在这些问题的、罗切斯特大学的亚历山大·道恩斯（Alexander Dounce）提出了一种迥异的"模板"模型 [18]。依据这个想法，为合成蛋白质，核酸为氨基酸组装提供一种骨架。专一性的 P1 类酶将核苷酸与氨基酸之间特异关联起来，而非专一性的 P2 类酶则催化被带到一起的氨基酸之间形成肽键。尽管具一定吸引力，但这个模型仍留下一个根本的问题需要回答：模板是什么？如果模板是 DNA，那么蛋白质为什么能在细胞质中合成，而基因（DNA）却被发现存在于细胞核中呢？如果模板是 RNA，基因在蛋白质合成过程中的角色又该如何解释呢？

为了回答这些问题，道恩斯在 1953 年指出，DNA 可能以自身为模板来合成 RNA，而 RNA 又依次作为蛋白质合成的模板[19]。这是对将来被称为分子生物学中心法则（见第 13 章）内容的一种引人注目的预期。但是，这种理论并不新——它在 1947 年就被安德烈·博伊文和罗杰·范德利提出来过（但该工作未被道恩斯引用）[20]。此外，参与蛋白质合成的 RNA 分子的本质仍旧不清楚，道恩斯模型的重要性也未得到广泛认可。对道恩斯来说，P1 酶单独作用就可使一个氨基酸与一种多核苷酸序列中的一个给定的核苷酸关联起来。他首次提出蛋白质和核酸之间的关系是间接的，因此不是立体特异的（见第 1 章），并且二者在结构上不存在对应关系。但这并非模板模型被理解的正确方式。科学家依据生物化学传统解释了这个模型，认为生物大分子的形成是它们与其他分子之间进行立体专一性相互作用的结果。这种模型的原型是莱纳斯·鲍林在 1940 年提出的抗体形成过程[21]。对这个模型的描述表明，分子生物学与先前的研究方法存在多么大的差异。

当一种外来分子——抗原——进入到一种脊椎动物体内时，无论抗原的精确化学本质是什么，几乎在所有的情况下生物体都会通过合成被称为抗体的蛋白质而发生响应[22]。抗体特异结合到抗原上，形成一种可被清除的复合物。第 9 章讨论了人们对抗体的这种理解是怎样通过使用电泳和超速离心这类新的物理技术而突飞猛进的。利用这些方法进行的研究表明，抗体分子是血清中的 γ- 球蛋白，它们或多或少含有相同的氨基酸组成。

通过洛克菲勒研究所的奥地利裔免疫学家卡尔·兰斯登勒利用化学修饰所开展的对抗原免疫效果的详细研究，莱纳斯·鲍林能够精准地描述抗体与抗原之间成键的化学本质（见第 1 章）[23]。这些研究解释了抗体与抗原之间的特异相互作用如何发生，但对抗体的起源未予任何提及。生物体是怎样制造出与几乎任何外来抗原分子存在互补结构的抗体分子的呢？

最简单的解决办法早在 1930 年就由斯图尔特·马德（Stuart Mudd）、杰罗姆·亚历山大（Jerome Alexander）、弗里德里克·布雷恩尔（Friedrich Breinl）和费利克斯·赫洛维茨（Felix Haurowitz）提出：抗体之所以能与抗原相互作用，是因为抗原指导了抗体的形成[24]。抗原具有一种被称为指导性角色的功能。1940 年，莱纳斯·鲍林采纳了这种模型并且为它提供了所缺少的化学细节。对鲍林而言，所有抗体分子都具有相同的氨基酸链。但抗体是极不寻常的蛋白质：中心部分具有高度固定的结构，但两端却似乎没有一种固定的结构形式，在不同构象之间"徘徊"。这种效应可能是由于这些区域中一种特定氨基酸脯氨酸的存在所致。新合成的抗体分子并不立刻形成其最终构象——只有当一种抗原存在时，抗体的每一端将围绕着外来的抗原分子而折叠，形成固定的与该抗原分子构象互补的构象。抗原分子然后逃离抗体分子，这样就产生了可以与任何新的可能遇到的这种抗原相互作用的抗体分子。

从它导致了一定数目的、能够相当简单地通过实验检测的预测这个角度来看，这种理论是非常科学的[25]。比如，因为一种抗体只有在其抗原存在时才会采纳其最终构象，所以如果将抗原从生物体中去除的话，特异抗体的合成就会停止。但是，人们已经知道，免疫性可以持续多年；然而，正如鲁道夫·舍恩海默揭示的那样，蛋白质——包括球蛋白——会快速周转。这提示，抗原被储存在生物体中的某处。通过使用一种放射性标记的抗原，科学家可以跟踪它被注射入生物体内后的去向。实验表明，尽管绝大多数抗原分子会快速消失，却有少量被保留下来[26]。

此外，抗体是二价的，即每个抗体分子拥有两个抗原识别和结合位点；如果动物个体被同时用两种不同的抗原 a 和 b 免疫的话，你将会期望获得具双重特异性的抗体，既能与 a 抗原结合，也能与 b 抗原结合。莱纳斯·鲍林引用了部分支持这一预测的多个结果。最重要的是，鲍林的模型提示了一种在生物体外制造抗体的方式。鲍林于1940 年宣布的这些实验由他与同事共同完成，于 1942 年发表[27]。他们获得了做梦也想不到的成功。

鲍林采纳的具体步骤如下。他首先使用一种染料作为抗原。然后将从一只未经免疫的动物体内提取的不同的免疫球蛋白加入到染料中（他通过将免疫球蛋白流经一种碱性介质而使其变性了）。球蛋白 - 染料混合物然后被慢慢地调至中性 pH，形成一种含有抗原和免疫球蛋白的沉淀物。接下来，鲍林使用一种更为温和的手段来使免疫球蛋白发生变性——加热到低于抗体变性温度以下 10℃。这应该加快了免疫球蛋白分子中的构象变化。有超过 40% 的球蛋白变成了针对这种抗原的抗体。最后，仍旧通过使用这种不是那么激烈的蛋白质变性过程，但这次是使用从肺炎球菌中抽提出来的一种多糖作为抗原，鲍林得到了几乎相同的结果，尽管实验还存在问题——由于在不使抗体变性条件下将抗原从沉淀物中去除方面的困难所致。

这三次实验中所得到的抗体在与从动物身上直接提取的天然抗体在稍有差异的条件下使抗原沉淀。但是，与总体结果——即与鲍林的模型完全吻合——相比，这点小差异似乎相对次要。这些结果足以鼓舞鲍林考虑要以工业规模来生产特异抗体。洛克菲勒基金会非常清楚地认识到了这些结果的重要性，并为鲍林提供了大额的经费支持。

然而，这些最初的成功并没有被立刻重复出来。在土耳其伊斯坦布尔工作的费利克斯·赫洛维茨批评了鲍林的一个实验，他指出球蛋白分子与共价耦联在卵白蛋白分子上的染料分子之间可以自发形成沉淀，这是相反电荷相互吸引的结果[28]。但是，赫洛维茨的这一批评只针对鲍林众多实验中的一个。他其余那些表明试管中形成了针对单一染料分子或是肺炎球菌多糖抗体的实验数据没有问题。尽管赫洛维茨对鲍林的实验提出了批评，但他事实上认同鲍林提出的抗体形成理论。

鲍林最初的那些结果不能被重复；正如科学中所常见的那样，这些负的结果未发表[29]。更为令人好奇的是，当鲍林的模型被引用时，好像该模型还纯粹是理论性的[30]。这些实验，尽管为该模型提供了惊人的验证，却从未被提及，甚至没有被论文的作者鲍林自己提及[31]。鲍林1940年提出的抗体合成模型后来被1957年弗兰克·伯内特（Frank Burnet）建立的克隆选择模型所取代（见第17章）。然而，1940年的模型对于生物化学而言具有根本的重要性。

鲍林相信他的模型仅对抗体有效，他认为抗体是唯一显示构象灵活性的蛋白质，而其他蛋白质的构象都严格地由其氨基酸序列所决定。可是，他的模型却含蓄地或明确地延展到了所有蛋白质和酶。依次，对许多生物化学家而言，酶的底物——即酶所转化的化合物——干预酶的合成：酶通过围绕其底物分子进行折叠而形成最终构象[32]。

这种理论对于雅克·莫诺和索尔·施皮格尔曼（Sol Spiegelman）所研究的诱导酶非常适合（见第14章）。这些酶只有当生物体接触相关底物时才被产生——因此，依照逻辑推理，人们会想象底物在酶的合成过程中发挥了某种作用。1947年，莫诺提出了一种模型，表明底物如何将一种无活性的蛋白质转变成有活性的酶，这几乎肯定是通过构象变化实现的[33]。对莫诺而言，这样的诱导形成是一种普遍现象，与蛋白质的合成存在密切关联[34]。所有的酶都能够被诱导产生；那些似乎有着组成性表达和固有活性的酶，实际上也是在细胞中一直存在的内源性诱导物作用下被合成的。这样，针对诱导酶所提出的模型普遍有效。

模板模型与鲍林的模型可能看上去不同，如果不是不相容的话：第一种模型认为蛋白质的结构是拷贝的产物，第二种模型认为这种蛋白质结构以另一种"负的"分子为模具产生。但是，这些模型之间从未正式对抗过。"模板"这个术语的含义足够含糊，它既有"模式"（pattern）的意思——暗示一种制造完全相同副本的过程，也有"模子"（mold）的意思——意味着一种互补的副本被制造的过程。对大多数生物化学家和遗传学家而言，这两种模型都是同一种生物学视角的一部分，据此，"形式"扮演一种根本性的角色。正如前面所看的那样，这种从酶学和免疫化学中拿来的"形式"和"专一性"的概念，在分子生物学的诞生和发展过程中起了重要和复杂的作用[35]。

对这两种模型予以研究特别困难，因为尽管在20世纪40年代到20世纪60年代期间，它们在生物化学家的思维中无所不在，但是，它们却从未被明确阐述过。似乎科学家们都觉得如果他们的模型被记录在纸上，其脆弱之处就会被暴露。但是，有时

候，在接受采访或撰写科普文章的时候，科学家会更加自由地表达其思想。例如，在
1949 年接受《科学美国人》刊物采访时，乔治·比德尔对分子生物学在加州理工学院
的发展过程做了如下描述：

我们在试图揭示统治生命根本过程的基本原理……这些研究倾向于表明，被称为
蛋白质的这类分子的形式是最关键的结构……我们相信，基因对所有这些生命活动都
施加一种否决性控制。我们认为，基因通过作为在生命过程中起重要作用的许多蛋白
质的"母模"来实现其控制。因此，或许存在一种基因充当机体制造胰岛素的模板，
而另一种为胃蛋白质酶提供模子，还有其他的作为白蛋白、纤维蛋白、形成抗体的多
肽链，以及所有其他蛋白质的模板 [36]。

最后举一个例子，让大家了解免疫学概念和工具与其他生物学科——生物化学，
甚至遗传学——的概念与工具之间所存在的密切联系。1944 年，跟随摩尔根工作过
多年的遗传学家艾尔弗雷德·斯特蒂文特（Alfred Sturtevant）将以下两套实验数据关
联在一起。一套是免疫学家的，他们揭示，一些抗原，如血型抗原，是基因作用的直
接产物 [38]。另一套是兰斯登勒（以及后来莱纳斯·鲍林）的结果，他们发现抗体与抗
原之间存在着互补性的结构。斯特蒂文特推断说，针对一种抗原产生的抗体，可能与
负责该抗原合成的基因之间发生相互作用，这样抗体就可能诱发特异的基因突变。这
正是塞林·埃默森（Serling Emerson）刚刚在脉孢菌中成功完成的一个实验 [39]。这些
数据极其重要，但是因为没有被验证，这些数据就连同它们所支持的模型一起被遗
忘了。

幸运的是，生物学是一门科学，当所有的模型或假设与实验结果相矛盾时，都会
淡出历史。就蛋白质合成而言，所有的实验发现都是试图在体外重现蛋白质合成过程
的那些生物化学家耐心工作的产物。

生物化学家对后来成为分子生物学领域最引人注目的科学发现之一——遗传密码
的破解——所做出的积极贡献并未被广泛知晓 [40]。这一事实以及随后生物化学家所表
现出的不满，可以追溯到关于分子生物学诞生过程的早期描写，特别是 1966 年那本专
为德尔布吕克制作的纪念论文集中所收录的文章，它们将分子生物学描述成了噬菌体
研究小组的遗传学家与剑桥大学的晶体学家和结构化学家之间协作的成果 [41]。而沃森
和克里克在发现 DNA 双螺旋结构方面所扮演的角色则被看作是这种协作的象征。

在第二次世界大战之后，通过放射性化合物的制备所提供的新的实验可能性，几
个研究小组直接研究了蛋白质合成的机制。其中最为活跃的是保罗·扎麦利克（Paul
Zamecnik）在哈佛大学领导的一个实验小组 [42]。扎麦利克小组的最初目的是，比较正
常细胞与癌细胞在蛋白质合成方面的异同。早期实验用大鼠的肝脏切片进行，其中的

部分肝脏用致癌剂处理，导致肝癌的形成。需要建立一些非常精良的技术以获取放射性氨基酸，并测量掺入到蛋白质中的放射性，但得到了一些令人非常失望的结果。尽管在正常组织和癌组织之间存在差异，但这种差异似乎只是含量方面的，因此并未改变所合成蛋白质的本质。

　　这些结果导致扎麦利克实验室不得不重新定位其研究方向：试图打开蛋白质合成这个"黑匣子"。这种改变受到扎麦利克小组所获得的一种创新观察的激发而实现：蛋白质合成似乎依赖于细胞的能量状态——这与蛋白质合成的多酶模型不符。再者，在 1950 年，亨利·博苏克（Henry Borsook）揭示，蛋白质合成在一种特定的细胞结构——微粒体——中进行。博苏克的观察结果使得人们可以将生物体外和生物体内进行蛋白质合成研究的数据予以比较，这就为检测体外合成结果的可靠性提供了判断标准。

　　早在 1951 年，扎麦利克就成功地得到了肝细胞匀浆的较粗的分级分离样品，利用它们在体外观察到放射性氨基酸掺入到蛋白质中的现象。在随后几年里，扎麦利克小组确立了可行的实验程序，使得他们能够区分那些真正参与蛋白质合成的和那些可能因某种人工假象而掺入的放射性氨基酸。在经过一系列日益有效的分级分离之后，这个系统已经变得足够灵敏，从而可以用来研究蛋白质合成的关键步骤。

　　1954 年，扎麦利克建立了一种具有蛋白质合成活性的体外系统，其中只含有氨基酸、提供能量的供体分子（腺苷三磷酸，ATP）、微粒体，以及一种原始细胞粗提物经超速离心后所得上清液。利用这个系统所进行的研究表明，ATP 对蛋白质合成是必需的。对于受过代谢研究方面训练的那些生物化学家而言，ATP 的重要性暗示一定存在一种通过利用 ATP 的反应而被活化的氨基酸形式。比利时生物化学家休伯特·尚特雷纳（Hubert Chantrenne）提出了这种被活化氨基酸的一种结构形式，这很快就被扎麦利克实验室的马伦·霍格兰（Mahlon Hoagland）所确认[43]。但这仅仅是第一步。霍格兰的工作表明，氨基酸后来被加载到一种小分子 RNA 上，他称之为可溶性 RNA。同一组酶催化先使氨基酸与 ATP 反应，然后催化将其固定到可溶性 RNA 上。细胞内似乎存在着与氨基酸种类同样多的这类酶的数目。

　　这些生物化学发现证实了克里克在 1955 年所提出的假说，即必定存在一种被称作"衔接分子"的小 RNA 分子，它们既能够结合氨基酸，又能与核酸基质发生相互作用[44]。这个由悉尼·布伦纳建立的假说受到了乔治·伽莫夫提出的遗传密码模型的启发。这个模型的一个弱点在于，它不能真正地以化学的术语来描述核酸怎样才能为氨基酸侧链提供一种容器。另一方面，DNA 双螺旋结构的发现已经表明，一个核酸分子可以通过形成一组氢键而与另一个核酸分子结合。克里克提出假说认为，存在 20 种衔接 RNA 分子，每一种对应一种氨基酸，同时存在 20 种酶可以将每一种氨基酸专一性地结合到一种衔接 RNA 上。衔接 RNA 然后再结合到核酸基质上。尽管观察到的可溶性 RNA 分子（由数十个核苷酸组成）比克里克所想象的要大得多，但是，这种差异并未诱发任何严重的问题。

破译遗传密码的理论性方法与生物化学家发展的接地气的方法之间殊途同归这一事实，确认了蛋白质体外合成系统的实验价值。随后不久，扎麦利克利用细菌抽提物建立了一种体外蛋白质合成系统，它随后被艾尔弗雷德·提西瑞斯（Alfred Tissieres）所改进 [45]。破译遗传密码所需的一切要素都到位了。

1961 年 5 月 22 日，星期一，下午 3:30，一位在美国工作的德国生物学家约翰·马太（Johann Heinrich Matthaei）取了一支试管，并将以下物质混合在一起：经过离心的细菌磨碎抽提物、含有小分子可溶性 RNA 的分级分离组分、形成蛋白质的 20 种氨基酸（其中的 16 种被放射性同位素标记）、作为能量来源的 ATP、盐以及一种为保持混合物 pH 恒定的缓冲液 [46]。然后他加入了几个微克的体外人工合成的、由一种核苷酸（UMP）简单重复而成的核糖核酸（RNA）分子。将混合物置于 35℃孵育一个小时后，马太用三氯乙酸将混合物中的蛋白质沉淀下来、清洗沉淀物，再把它置于放射性计数器中。结果很清楚：在多聚尿嘧啶核酸（poly-U）存在时，但不是在其缺乏时，氨基酸被掺入到一种能在酸性介质中沉淀的物质中——即进入到了蛋白质中。多聚尿嘧啶核酸指导了蛋白质的合成！

在这个星期的剩余时间里，马太夜以继日地工作，以确定在有多聚尿嘧啶核酸存在时，哪一（几）种氨基酸被掺入到蛋白质中。在 5 月 27 日，星期六，早上 6:00，他终于得到了答案：多聚尿嘧啶核酸编码了一种只含一种单一氨基酸——苯丙氨酸的单调蛋白质。就这样，在不到一个星期的时间里，马太鉴定了遗传密码的第一个单词。

马歇尔·尼伦伯格（Marshall Nirenberg）是位于美国首都华盛顿的国家关节炎和代谢疾病研究所——这也是马太工作的单位——一个小团队的负责人，他参与了马太以上实验的构思。他在结束了对加州大学伯克利分校四周的访问后回来了。由于马太须停止工作两周以参加冷泉港实验室的细菌遗传学课程，尼伦伯格自己完成了对产物进行鉴定的那些实验。这两位研究人员很快就写好了两篇文章，一篇描述他们对体外蛋白质合成系统所进行的改进，另一篇展示了用不同 RNA 分子，包括多聚尿嘧啶核酸，所获得的结果 [47]。这两篇文章在 1961 年 8 月 3 日被投稿到了《美国国家科学院院刊》，于当年 11 月在同一期发表。

甚至在文章发表之前，尼伦伯格和马太的结果就已经引起了轰动。它们成为 1961

年8月在莫斯科举行的第五届国际生物化学大会[①]的主要事件。马太和尼伦伯格都还不怎么知名，他们所工作的研究所的声望也并非特别高。由于这两方面的原因，尼伦伯格未被接受为1961年6月举行的冷泉港年度学术会议的参加者。但像莫斯科这样的国际会议与冷泉港那样的相对更具选择性的会议相比，对科学家更加开放，年轻学者也有机会报告他们的研究结果。尼伦伯格被给予了15分钟报告其实验数据。他的演讲被安排在一个小会议室，几乎没有什么人去听他的报告。听他演讲的少数几个人中有一位——马修·梅塞尔森，他也只是因为偶然的机会看到了这个报告的信息——将尼伦伯格和马太的发现告诉了克里克。在与尼伦伯格讨论后，克里克邀请他在次日再做一次报告，不过这次是在主会议厅。整个大会的氛围都被他们的发现所点燃。在接下来的几个星期里，其他小组重复了尼伦伯格和马太的结果，并将结果扩展到了其他人工合成的RNA分子中。

这些结果显示了实验方法较理论方法的优越性：克里克和奥格尔在1957年所提出模型最强的一个预言是，由单一字母（比如，仅一种碱基）形成的密码单位将不会编码任何东西——它们将是无义的。

马太和尼伦伯格的实验极其重要。他们的研究工作是生物化学传统的一部分，这种传统旨在显示，生物现象仅仅当能在体外被重现时，才可以被理解为复杂的物理化学事件。扎麦利克是第一个建立无细胞蛋白质合成系统的人，而尼伦伯格和马太所引入的大多数改进，都已经被提西瑞斯所建立，尽管尼伦伯格和马太进一步降低了系统中的噪音（即假阳性结果）。

马太和尼伦伯格敢于将遗传密码这个概念带向其逻辑的终点，并试图通过实验来测定这种密码，并没有在意参与蛋白质合成的RNA的精确本质（见第13章）。他们还抛弃了根深蒂固地存在于生物化学家的头脑中、却很少被公开表述的一种世界观，即RNA分子的形态在蛋白合成过程中扮演一种不可或缺的角色。

在分子生物学家的圈子里一直存在一种传闻——这被噬菌体小组的甘瑟·斯腾特所讲述的历史版本所鼓励——那就是，马太和尼伦伯格的成功实际上纯粹靠的是运气。多聚尿嘧啶RNA在体外蛋白质合成体系中据称是被用作负（空白）对照：人工合成的无特定形状的RNA，被假定是非编码性的。但是，没有证据支持这种声称，马太和尼伦伯格抗议过对他们工作所持的这种观点。科学史学家支持了他们自己的记述，引用了尼伦伯格的详细实验室日记，它表明这个实验经过相当的深思熟虑之后才实施[48]。无

---

① 这是由国际生物化学联盟（IUB）主办的国际盛会；该组织后来被更名为国际生物化学与分子生物学联盟（IUBMB）；本书译者昌增益现任该组织执委，兼出版及命名委员会主席。——中译者注

论那些自己未能成功开展这些实验的人怎样吹毛求疵，尼伦伯格和马太及时和正确地解释了他们用多聚尿嘧啶 RNA 所获得的实验结果。

余下的遗传密码在五年内被破译。到 1966 年时，所有的密码子（codons；这是 1962 年创造的一个词）——与不同氨基酸相对应的碱基三联体以及标点符号——都被表征清楚。遗传密码的破译激发了人们巨大的热情，几乎是逐日被美国主要报纸追踪报道。

这一快速进展涉及若干个实验小组所开展的极其大量巧妙和艰苦的工作。在尼伦伯格和马太的突破之后，塞韦罗·奥乔亚（Severo Ochoa）的实验室——它在多核苷酸的研究方面已经处领先地位——也把自己投入到这场竞赛中。其他实验室也很快纷纷加入，数据被积累起来，尽管结果的质量还无法与他们获得这些结果的速度相媲美 [49]。最先使用的多核苷酸由一种或多种核苷酸组成，在一种酶（多核苷酸磷酸化酶）的作用下，多种核苷酸将随机地分布在多核苷酸链中。但是，基于这样的多核苷酸，一种特定的密码子并不能够与一种特定的氨基酸进行对应。这个问题被葛秉德·科拉纳（Gobind Khorana）克服，他建立了一种有效的化学方法，得以合成出具有特定碱基序列的多核苷酸 [50]。尼伦伯格也揭示，很短的多核苷酸（仅含有三个核苷酸残基）就足以固定到微粒体（现在被称作核糖体）上，并能使连接有特异氨基酸的可溶性 RNA（现在被称作转移 RNA）结合上去，这样提供了一种破译遗传密码的非常简便的方法 [51]。

克里克和悉尼·布伦纳于 1961 年后期发表的攻克遗传密码问题的雅致实验方法来得太晚 [52]。他们的实验原理是，使用导致单个核苷酸插入的化学试剂。人们预期的是，一个或两个核苷酸的插入将通过改变阅读框架（即插入了核苷酸位置下游的所有氨基酸都会被改变）而对蛋白质合成产生巨大影响。但当插入的核苷酸数目等于形成一个密码子的核苷酸的数目时，对蛋白质合成的影响将小得多，因为阅读框架得以恢复。这些在尼伦伯格和马太宣告他们的结果之后完成的实验表明，遗传密码几乎可以肯定是由三个字母组成的密码子（但仍旧存在它们是由多个三核苷酸组成的理论可能性），而且遗传信息是线性的 [53]。这些遗传技术对于证实某些密码子的确是无义密码子这一点是有用的，这些无义密码子的作用仅仅是中断蛋白质的合成。

当研究人员开始破解遗传密码时，DNA、蛋白质和 RNA 之间的关联，以及不同 RNA 在蛋白质合成过程中的角色都未知。科学家在开始探究这些奥秘之前得先发现信使 RNA。

# 第 13 章 信使 RNA 的发现

1953 年，乔治·伽莫夫提出，每一种氨基酸分子可以纳入到 DNA 分子中一个对应的"孔"中。他从寻找基因（由 DNA 构成）与蛋白质之间的结构关系开始了对这个问题的探究。相比之下，对蛋白质合成的生物化学研究倾向于强调 RNA 的作用。这两种研究路线的共存表明，RNA 和 DNA 的角色尚未被清楚定义。克里克接着声称，1953 年，当他和沃森发现 DNA 双螺旋时，他们已经有了相对清楚的从 DNA → RNA →蛋白质这种顺序的概念[1]。但是，那时的论文和公文中都未表明有这么一回事，1960 年之前，这三种大分子之间的关系仍然极其模糊。

1957 年，克里克在伦敦实验生物学会上做了题为"论蛋白质合成"的演讲，该演讲后来被认为是对众所周知的分子生物学法则的早期关键阐述（见第 15 章）。在其讲演中，克里克第一次争辩说，蛋白质折叠是一个自发进行的过程，而其最终形成的空间构象仅仅依赖于其氨基酸序列[2]。他也提出了序列假说，据此，一种核酸分子的专一性存在于其碱基序列之中——这正是决定蛋白质中氨基酸序列的密码。最为著名的是，他利用这次演讲陈述了他称之为分子生物学中心法则的内容：序列信息可以从核酸传递到核酸，以及从核酸传递到蛋白质，但不能从蛋白质传递到蛋白质或者从蛋白质传递到核酸。最后，他第一次公开提出了衔接子假说（见第 12 章），并提出了编码问题以及为解决这个问题所做的不同理论尝试。

从生物化学角度看，克里克强调了富含 RNA 的微粒体（核糖体）结构在蛋白质合成过程中的重要性。但是，尽管他专门用了几页纸的篇幅来证实是基因——DNA——控制着蛋白质的氨基酸序列，并花费了一些功夫来解释微粒体在蛋白质合成中的作用，但他只用了一句话来说明 DNA 与 RNA 之间的关系："至少某些微粒体 RNA 的合成必须在细胞核内 DNA 的控制下进行。[3]"

在将天然的或人工合成的多核苷酸加入他们的无细胞系统中之前，马太和尼伦伯格试图观察在这种系统中进行的自发蛋白质合成过程是需要 DNA 还是需要 RNA 的存在。这样，他们在合成系统中或加入 DNA 酶（降解其中的 DNA），或加入 RNA 酶（降解其中的 RNA）。这两种酶都抑制了蛋白质的合成。RNA 酶的作用更快，提示可能存在从 DNA 到 RNA 的信息传递 [4]。马太和尼伦伯格在对这两种生物大分子在蛋白质合成过程中的角色下结论时非常谨慎。

RNA 参与蛋白质合成过程的证据多年前就存在，而且是在一个非常不同的系统中进行了一整套观察后获得的结果。第一批实验由托比约恩·凯斯帕森和基恩·布拉舍（Jean Brachet）在 20 世纪 40 年代进行。凯斯帕森建立了一套极其灵敏的光谱学方法，这使得他能够通过紫外光吸收测量细胞中的某些组分 [5]。与不同的降解酶和染料的作用进行关联后，这些研究表明，染色体由核酸蛋白质复合体组成，而细胞质则富含 RNA，而且 RNA 的水平与细胞的代谢活性——即蛋白质的合成——成比例。

无论是从试图解决的问题看，还是从所使用的方法看，布拉舍所进行的探索都不同 [6]。通过使用生物化学与组织化学方法，布拉舍希望理解核酸在胚胎发育过程中的角色。他的实验给出了与凯斯帕森相同的结果：DNA 的量随着细胞的分裂成比例增加，而 RNA 的量则与细胞中蛋白质合成的活性相关。

最能清楚显示蛋白质合成只需 RNA 的实验，是布拉舍 1955 年涉及去除细胞核的研究。在缺失细胞核的细胞里，蛋白质合成仍然持续了好几天 [7]。与这些研究同时进行的，是洛克菲勒研究所的研究人员开展的涉及利用超速离心技术对细胞组分予以分级分离的实验，但聚焦于与蛋白质合成不相关的问题 [8]。1911 年，洛克菲勒研究所的佩顿·劳斯通过一种被称为病毒的无细胞抽提物，将一种癌症从一只鸡转移到了另一只鸡。美国人詹姆斯·墨菲（James Murphy）和比利时人艾伯特·克劳德（Albert Claude）试图纯化劳斯的致癌剂。尽管成功了，但在一个对照实验中，他们从正常的未被感染的细胞中，也分离到了看上去与病毒相同的小颗粒。他们提出假设认为，劳斯的致癌剂由细胞的一种内源性组分，经自催化后发生转化产生。于是他们采纳了约翰·诺思罗普关于噬菌体复制的理论（见第 4 章）。这些内源性颗粒与线粒体不同，被称为微粒体（microsomes）。

1943 年，克劳德放弃了微粒体与致癌剂有关的想法，争辩说它们实际上是存在于细胞质中的自我复制性颗粒。他不再提及他以前的那些观点，随后将其工作解释为试图理解细胞的复杂内部运作机制。

负责微粒体表征工作的是罗马尼亚生物学家乔治·帕拉德（George Palade），他使用电子显微镜研究了培养的细胞以及薄的组织切片，同时结合了生物化学分析和超速离心技术 [9]。通过对这些使用不同技术手段获得的经常相互矛盾的结果进行广泛比较后，帕拉德能够将这些颗粒结构——1957 年被命名为核糖体——与它们所结合的细胞膜成分予以区分。即使有了这个发现，核糖体和微粒体这两个术语继续被不加区分地使用了数年；组成核糖体的 RNA 常被称作微粒体 RNA。每个核糖体的直径被显示为大约 250 埃，并含有等量的 RNA 与蛋白质。核糖体被发现存在于所有生物组织中，其数量与蛋白质合成的量成正比。1950 年，亨利·博苏克和其同事发现，蛋白质合成在微粒体中发生，而且在 1955 年，保罗·扎麦利克通过利用一个无细胞体系揭示，氨基酸掺入到蛋白质中的过程发生在核糖体上。

除了这些实验之外，对烟草花叶病毒的研究证实了 RNA 在蛋白质合成过程中的角色。1956 年，海恩茨·弗伦克尔－康瑞特和格哈特·施拉姆（终于）揭示，是病毒的 RNA 成分具感染性，而不是像温德尔·斯坦利所声称的那样是其蛋白质成分（见第 6 章）。弗伦克尔－康瑞特将病毒的 RNA 和蛋白质分开；通过将它们重新组合在一起，他能够得到具感染力的病毒。使用同样的策略，但将不同病毒株的蛋白质和 RNA 进行不同的组合，他揭示，从受感染的植物中产生的病毒与提供 RNA 的而非提供蛋白质的那个病毒株相同。很清楚的是，RNA 控制着病毒的蛋白质合成及本质[10]。

信使 RNA（mRNA）——当时被称作 X——是 1960 年由弗朗索瓦·雅各布和雅克·莫诺在研究一种诱导酶——半乳糖苷酶——时发现的（见第 14 章）。莫诺鉴定出了两类影响这种酶产生的突变——其中一类阻止了有活性的半乳糖苷酶的合成，而另一类则无论诱导物存在与否都导致该酶的永久性和组成性合成。

为了理解第二类突变如何产生其效应，雅各布和莫诺利用了十年前由乔舒亚·莱德伯格所发现的细菌有性增殖过程。在细菌杂交过程中，"雄性"细菌将其染色体的一个片段转移给"雌性"细菌，而不涉及其他细胞成分的转移（见第 5 章）。

在这些实验中观察到的一个现象，后来被证明是信使 RNA 概念诞生的关键所在。这些实验清楚地显示，一旦编码 β-半乳糖苷酶的基因进入到雌性细菌中，酶立刻就以最高的速度合成[11]。但雄性细菌被认为并未将微粒体颗粒转移给雌性细菌。这个实验结果出乎意料，它与所有已知的关于蛋白质合成和微粒体颗粒作用的结论相违背。

阿瑟·帕迪（Arthur Pardee），弗朗索瓦·雅各布和雅克·莫诺做了大量的对照实验，来消除对这种结果的任何其他可能解释。在法国度过了一年的学术休假之后，帕迪返回美国，然后与莫妮卡·瑞利（Monica Riley）一起进行了一个给出了互补性结果的实验。帕迪和瑞利将放射性的磷引入到细菌中；随着磷的衰变，细菌的基因失去了活性。他们的结果显示，一旦基因被破坏，β-半乳糖苷酶的合成也停止。因此，基因严格地控制着蛋白质的合成[12]。尽管获得了这个结果，雅各布和莫诺并不认为蛋白质是直接在基因上产生的。尽管理论上这在细菌中可能发生，但人们已经知道，在真核生物中基因被限制在细胞核内，而蛋白质合成发生于细胞质中。雅各布和莫诺因此提出假说认为，在基因和微粒体之间存在一种短寿命的中介物。他们称之为中介物 X（"信使 RNA"这个名称直到 1960 年秋才被创建）[13]。"帕雅莫（以帕迪、雅各布、莫诺三位作者的名字共同命名）"实验的数据与同时也在莫诺实验室里工作但使用完全不同的实验途径的弗朗索瓦·格罗斯（Francois Gros）所得到的结果吻合。格罗斯的结果表明，当加入 5-氟尿嘧啶这种碱基类似物时，会几乎即刻终止 β-半乳糖苷酶的合成[14]。

有关信使 RNA 被突然发现的情节，已经被当事人和史学家充分描述过[15]。在 1960 年耶稣受难日对剑桥的一次访问期间，雅各布向克里克和布伦纳描述了他的实验数据。在讨论进行的过程中，克里克和布伦纳突然明白，原来雅各布和莫诺的结果与以前埃利奥特·沃尔金（Elliot Volkin）和拉扎勒斯·阿斯特拉昌（Lazarus Astrachan）获得的结果是相同的，那些结果直到当时都未能被解释[16]。沃尔金和阿斯特拉昌研究了 T2 噬菌体在大肠杆菌中的复制过程，揭示了在噬菌体感染大肠杆菌后的很短时间内，一种碱基组成与噬菌体 DNA 可比的 RNA 被合成。这个巴斯德研究所小组的结果为认识这些数据带来了希望的曙光，并提供了一种精确的解释：沃尔金和阿斯特拉昌所观察到的 RNA 分子作为"信使"而发挥作用，它控制为噬菌体复制所需的蛋白质的合成。

于是，一切似乎都变得明朗了：微粒体中所含有的 RNA 并非控制蛋白质合成的信使 RNA。核糖体仅仅是一种"读头"，为被翻译成蛋白质，信使 RNA 必须与核糖体结合。这种类型的信使 RNA 迄今尚未被人们所觉察。它寿命短、大小不一、仅代表细胞 RNA 含量中的很少一部分——其丰度远不及核糖体 RNA。

讨论持续到了傍晚，甚至贯穿于由克里克和其妻子举行的宴会中。当那些聪明的年轻人在隔壁房间热舞时，雅各布和布伦纳设想了一种证明这种新型 RNA 的存在，并将其与核糖体 RNA 予以区分的实验策略。这些实验于 1960 年夏在加利福尼亚州的梅塞尔森的实验室里被实施[17]。使用不同的研究路径开展的互补性实验也由格罗斯及其合作者在哈佛大学的沃森实验室里实施[18]。

雅各布和布伦纳揭示，由感染一种细菌的噬菌体所合成的 RNA 可以与感染前就存在于细胞中的核糖体结合。为了实施这个实验，他们利用了几年前由梅塞尔森建立的密度梯度离心技术（见第 11 章）。细菌在富含 $^{15}N$ 和 $^{13}C$ 重同位素的培养基里繁殖了数代。细菌将这两种重同位素特别地掺入到其核糖体中，使核糖体的密度增大。在实验开始的时候，细菌被放置在具有正常密度但含可以标记核酸的放射性同位素 $^{32}P$ 的培养基里，然后用噬菌体感染这些细菌。实验表明，新合成的被 $^{32}P$ 标记的 RNA 分子结合到了密度更高的含重同位素的核糖体上。这样，在合成噬菌体蛋白质的过程中核糖体只扮演了一种被动的角色：它们仅仅为使短寿命 RNA 分子翻译成蛋白质提供一种物质支撑。

格罗斯实验的技术复杂程度更低一些。但它具有能在正常的、未受感染的细菌中实施的优势。在加入能掺入到核酸中去的放射性元素之后，格罗斯用能将分子按大小分开的蔗糖梯度离心技术将 RNA 分子进行了分级分离。当放射性元素仅仅被短时间地加入到培养基中时，一类不同于核糖体 RNA、大小不等的新型 RNA 分子被发现。但这些 RNA 分子仍然附着在核糖体上。这些快速周转的 RNA 分子——尽管实验持续的时间很短，却仍然被高强度地标记上了放射性同位素——具有信使 RNA 的一切预期特性。

按照克里克的说法，信使 RNA 的发现属"过度成熟"的科学事件[19]。但如果不是因为一系列不幸情况的话，这个发现可能会被更早获得：细胞内最丰富的 RNA 是核糖体 RNA，并且这种 RNA 具有结构（和催化）功能这一事实是"坏的运气"。如果核糖体只由蛋白质组成——当然这是一种不太可能的情况（见第 25 章）——并且如果除了那些可溶性的小分子 RNA 以外，细胞内唯一的 RNA 是信使 RNA 的话，它的发现就会容易得多！

为理解为什么发现信使 RNA 花费了如此长的时间，我们需认识分子生物学家在 20 世纪 50 年代末期所面临的问题。对参与蛋白质合成的 RNA 所预期的性质与微粒体中 RNA 性质之间令人困惑的差异开始动摇分子生物学这个脆弱大厦，甚至使得那些最热诚的支持者也开始质疑遗传密码这种说法。在 1958 年 7 月 12 日发表于《自然》杂志上的一篇文章中，俄罗斯人安德鲁·伯罗赞斯基（Andrei Belozersky）和亚历山大·斯皮林（Alexander Spirin）报道了对 19 种不同细菌的 DNA 和 RNA 的碱基组成进行的色谱分析结果。DNA 的碱基组成表现出高度的种间差异，但 RNA 的碱基组成在不同细菌之间具有惊人的恒定性。正如文中所说，"细胞中的大部分核糖核酸（RNA）似乎独立于其脱氧核糖核酸（DNA）"[20]。

在这种不确定性后面，是分子生物学早期发展所发生的重要变化。对代谢途径的研究揭示了生物大分子与其组分之间许多可能关联的方式。一种解决这种复杂性的临时方案是，将问题进行极端的简化——这是克里克在其 1957 年的演讲中所采纳的研究路径，也是雅各布和莫诺在他们的实验中所采纳的研究方法。在不采纳这种简化情况下所发生的情况是一个反例，可以在基恩·布拉舍和布鲁塞尔的罗格 - 克洛伊特（Rouge-Cloitre）实验室成员的身上看到。尽管他们做出了重要贡献，却未能完全成功地从他们所研究系统的极端生物化学复杂性中逃脱出来，难以获得决定性突破[21]。此外，从化学角度看，从 DNA 到 RNA 或者从 RNA 到 DNA 的直接转化都相对比较简单：人们很容易想象细胞如何实施这些反应。

一个主要的概念性问题是，赋予基因什么角色。经典遗传学认为基因在细胞内具有一种远距离控制的功能，而分子生物学家则相信基因在最细微处决定了蛋白质的结构。20 世纪 50 年代末，关于基因角色的经典概念仍占主导地位，并与当时存在的为数不多的生物化学数据吻合。例如，基恩·布拉舍的研究表明，蛋白质合成可以在去除细胞核的细胞中持续几个小时甚至几天。真核生物中基因与细胞质被物理隔离开这一事实，也倾向于强化这样的想法，即基因以一种决定性但简单的方式干预，只是瞬时性地参与。许多科学家认为细胞质中还含有参与蛋白质合成的自我复制性颗粒。

这种假说——某些细胞质成分具遗传学连续性，它们尽管与细胞核内的基因关联不同——自 20 世纪伊始就一直萦绕在生物学家们的头脑中（特别是德国的），并延续至 20 世纪 60 年代。的确，从某种意义上说，历史已经证明这是正确的：像线粒体和叶绿体这样的细胞器，的确含有它们自己的 DNA 分子。

20 世纪 50 年代末期，被称为细胞质基因的拟遗传细胞质组分，被认为在大多数细胞分化事件中扮演一种根本性角色。一系列的实验结果被或多或少地严格按照这种细胞质基因假说予以解释：这包括安德烈·勒沃夫对纤毛形态发生的研究；特蕾西·索恩本（Tracy Sonneborn）对草履虫所做研究；索尔·施皮格尔曼对适应酶的考察；基恩·布拉舍关于细胞质 RNA 的实验数据；甚至包括艾伯特·克劳德和乔治·帕拉德在微粒体方面实施的首批实验[22]。细胞质基因假说填补了遗传学理论中的一个缺口——遗传学无法解释形态发生及胚胎发育。这一缺口直到雅各布和雅克·莫诺所开展的工作以及他们关于基因调节的模型被建立之后才开始得以填补（见第 14 章）。细胞质基因理论也曾经受到那些反对遗传学的人所偏爱——这些科学家认为细胞质在形态发生过程中扮演一种活跃角色，而且外部的介质在生物演化过程中扮演着一种重要角色[23]。

巴斯德研究所这几位科学家的关键成就之一是，将基因与蛋白质之间的关系拉得更近了，揭示基因永久而直接地干预蛋白质合成过程。基因不再被看作是孤立的颗粒；尽管它们在代谢上稳定，却活跃地参与细胞的生命过程。

基因的远程控制概念，解释了为什么研究人员花费了这么长时间来研究 DNA 与 RNA 之间的准确结构关系。1959 年，克里克仍然在讲述从 DNA 到 RNA 的翻译过程，似乎将现在被看作为两个截然不同的过程（翻译和转录）混为一谈[24]。他也争辩说，DNA "控制" 着 RNA——这种含糊不清的术语仅仅反映了其模糊不清的想法。更为令人好奇的是，这时一系列的生物化学研究开始表明，RNA 只有在 DNA 存在的情况下才能被合成[25]。在今天看来，这些研究似乎相当明显地表明了信息是从 DNA 传递到 RNA 的。但是，这些文章几乎没有提及这些现象的任何潜在生物学意义，甚至没有讨论蛋白质合成这个问题。对许多科学家而言，DNA 似乎仅仅具有诱发 RNA 合成的功能。这些研究中无一探究过那些新合成 RNA 的碱基组成，以便看看是否与 DNA 碱基序列之间存在关联。

尽管研究人员自 1952 年开始就知道 RNA 可以卷曲成一种螺旋这一事实[26]，但在 1959 年之前没有任何文献提到过 DNA 和 RNA 之间能够形成一种异源双螺旋[27]。从未有人提出这样的假说这一事实表明，从 DNA 到 RNA 的合成过程从未被认为可与 DNA 复制的过程比拟。即使在揭示短寿命信使 RNA 存在的第一批论文中，提示信使 RNA 从 DNA 衍生而来的唯一数据是对碱基组成的测定[28]。没有任何直接证据表明 RNA 为 DNA 的一种精确副本。

第一次清楚描述 DNA 被拷贝成 RNA 的想法见于马伦·霍格兰（Mahlon Hoagland）1959 年发表在《科学美国人》刊物上的文章中[29]。即使霍格兰合乎情理地将信使 RNA 与核糖体 RNA 进行了混淆，但这篇文章明确表述了 DNA 的碱基序列与 RNA 的碱基序列之间存在互补性这一思想。第一个证明 RNA 与 DNA 之间存在互补的实验是 1960 年年底由索尔·施伯格尔曼实施。他揭示，在大肠杆菌被 T2 噬菌体感染期间，新合成的 RNA 分子与噬菌体 DNA 之间存在互补性[30]。该实验严格遵照保罗·多蒂和朱丽叶斯·马默（Julius Marmur）所描述的、将加热分开的两条 DNA 链在足够慢的条件下进行冷却时，能重新退火（形成双链 DNA）的实验步骤进行[31]。

为什么将 DNA 与 RNA 进行这种关联花费了这么长的时间呢？为什么在 1959 年以前的科学文献中没有任何清晰的痕迹可寻呢？最简单的解释是，这种关联是大家所知道的，而对那些相关人士而言，RNA 为 DNA 精确拷贝这一点显而易见。但事实却并非如此：当时文章中存在的混淆，反映了科学界对此问题的不确定性。但是，最为令人好奇的方面，并非人们未能明白 DNA 与 RNA 之间的确切关系，而是好像无人对此问题感兴趣。研究人员似乎满足于像"DNA 控制 RNA 的制造"这样的描述。

如果要精确理解 DNA、RNA 和蛋白质之间的关系，就必须摈弃这种专一性的概念以及在蛋白质合成过程中存在一种"模板"的想法。尽管看起来这些想法的丧钟似乎在沃森和克里克 1953 年第一次提出遗传密码的想法（见第 12 章）时就被敲响，但事实并非如此。实际上第一套密码——由乔治·伽莫夫提出——暗指 DNA 与它所编码的氨基酸之间存在一种精确的结构关系。

在伽莫夫的模型被提出之后，若干其他形式的遗传密码也被提出过，但无一涉及过核酸与蛋白质结构之间是否存在任何关联。1955 年克里克所提出的衔接子假说，断然排除了碱基与氨基酸之间存在任何直接相互作用的可能性。但是，如果就这样下结论说，"形式"的概念已经完全从生物化学家和分子生物学的头脑里消失，那也是错误的：在 1950 年到 1960 年，研究者将大量的注意力集中在 RNA 的三维空间结构方面，希望这样的结构能揭示蛋白质合成的机制（见第 11 章），这就表明事实并非如此。毫无疑问，这一点的最后体现是，赋予了微粒体颗粒一种重要性：它们被看作是蛋白质被"形成"的"工作台"。

通过赋予微粒体颗粒在蛋白质合成过程中一种次要角色，法国学派的研究代表了形态与信息之间的最后突破，并使分子生物学时代的最后到来成为可能。

究竟谁最先发现了信使 RNA 呢？正如马修·科博所揭示的那样，这是一个复杂的问题[32]。这种复杂性可能解释了为什么没有诺贝尔奖被授给有关这种关键成分如何参与基因的功能发挥方面的那些科学发现。帕雅莫实验极其重要，因为它使得人们能够对更早期的一些观察结果予以重新解释。但 1961 年时人们脑子里的信使 RNA，并非精确地就是现在生物学家心目中的信使 RNA。悉尼·布伦纳，克里克和雅各布所关注的信使 RNA 被假想为不稳定，实际上这是因为采用特定实验体系——噬菌体复制与诱导酶合成——而导致的结果，在这些体系里蛋白质合成发生着快速的变化。尽管信使 RNA 存在的短暂性，对于使其与核糖体 RNA 得以区分的那些决定性实验而言是极其关键的，但这种不稳定性现在并未被认为是信使 RNA 这类分子的一种根本性特征。

# 第 14 章 法国学派

由于在微生物基因调控机制方面的工作，弗朗索瓦·雅各布，安德烈·勒沃夫和雅克·莫诺荣获了 1965 年的诺贝尔生理学或医学奖。其他研究人员已经确定了基因的化学性质、DNA 的分子结构以及基因与蛋白质之间的对应关系（即遗传密码）。雅各布、勒沃夫和莫诺的工作揭示了生物体内发生的信息交换循环中的最后一步。他们解释了调节蛋白如何通过结合到基因自身来控制基因表达——即由基因所编码蛋白质的合成过程。

这个法国小组的工作因其典雅性，以及将生物化学技术与细菌遗传学中最先进工具进行结合而受到普遍赞扬[1]。这个小组的工作开启了理解动物胚胎发育机制之门（见第 22 章）。生物丧失调控所导致后果（如癌症）方面的研究也从中获益。

巴斯德研究所这个小组的成功是莫诺的生物化学方法以及勒沃夫和雅各布的遗传学方法之间，未曾意料到的殊途同归的结果[2]。他们研究工作的起始可以追溯至巴斯德研究所的传统。

雅克·莫诺出生于法国一个古老的新教徒家庭。他在索邦（Sorbonne）大学开始了其研究生涯。在那里，他从事有关微生物营养需求方面的工作[3]。1936 年他与鲍里斯·伊夫鲁西一起访问了美国的摩尔根实验室，并在那里学习了遗传学。在那次访问期间，他也开始意识到法国生物学的相对落后，部分因为法国过于僵化的大学体制。

在索邦大学期间，莫诺发现并表征了细菌的"双峰生长"现象：当有两种食物原料被添加到微生物培养基里时，细菌先消耗掉其中的一种，然后，经过一段潜伏期后再开始消耗另一种。这种效应产生了一种双相生长曲线。勒沃夫是第一个为这种现象提供解释的人，如此，他也将莫诺推上了一条让他走了二十多年的研究之旅[4]。勒沃夫认识到，莫诺所观察到的现象对应于酶的适应性，这是在巴斯德研究所被弗雷德里克·戴尔内特（Frédéric Dienert）和埃米尔·杜克劳（Emile Duclaux）描述的一种现象，1930 年由芬兰生物学家亨宁·卡斯特罗（Henning Karström）命名。当微生物被放置到一种含有新的食物资源的环境中时，它们能够合成利用这种新的食物所需的酶。莫诺所选择的系统是细菌适用乳糖的系统，它导致降解这种糖所需的酶——即 β- 半乳糖苷酶的合成。

适应酶的产生过程是研究蛋白质合成的一种理想系统[5]。实验者可以通过将一种简单的化学物质添加到培养基里，就可轻而易举地诱导一种酶的合成。这样的系统似乎使得确定基因和环境在蛋白质与酶的生物合成过程中扮演的相对角色成为可能。

如前所述，比德尔和塔特姆的工作已经证实了酶的合成是受到遗传控制的。在适应性酶这个案例中，所加入的食物原料——在莫诺的系统中为乳糖——也扮演一种关键角色。对这些实验数据的最简单解释，在莫诺到巴斯德研究所工作之后所发表的不同文章中进行了含蓄阐述（见第 12 章）。根据这种观点，在基因的作用下，适应酶以不具生物活性的蛋白质前体形式被合成[6]。诱导剂——乳糖——与这种蛋白质前体结合形成一种立体特异性的复合物，然后将前体转变成具有这种活性的酶，即 β- 半乳糖苷酶[7]。接下来十年的发展，使莫诺开始质疑这种观点中的那些假设是否正确，进而使他从一个完全崭新的角度开始重新研究酶的适应性问题[8]。

莫诺的最初研究似乎证实了这种模型。1952 年，他成功地纯化了 β- 半乳糖苷酶并获得了针对它的抗体。利用这些抗体他能够显示，前体——被称为 Pz 蛋白——在添加诱导剂之前就已经存在，但在进行诱导之后似乎消失了。1953 年，问题开始出现了。利用作为 β- 半乳糖苷酶组分的放射性同位素标记的氨基酸所进行的实验清楚地表明，这种酶是在诱导剂加入后才从无到有合成的。这种假想的 Pz 蛋白，也伴随着这些失败的或被错误解释的实验，消失得无影无踪，甚至其名字也在后来的记述中消失了[9]。

大约在这同一时期，莫诺与其同事将诱导剂与底物这两种成分进行了区分：乳糖的化学类似物是极佳的诱导剂，但不会被 β- 半乳糖苷酶代谢（分解）。这种自由诱导剂的存在，为这种诱导系统在生物演化过程中是否起作用，提出了根本性的疑问。在 1953 年投稿到《自然》杂志的一篇通信文章中，莫诺和其他研究适应酶的主要人员提议，将其名称改成"可诱导酶"（inducible enzymes），这个术语既描述了这种效应，也未将其归因于任何最终原因。

这种词汇的突兀改变在科学上极为罕见，尤其当涉及一个已经非常普遍使用的术语时。在莫诺于 1944—1947 年发表的六篇关键论文中，其中四篇的标题中都含有"适应性"这个词。科学家们一般都承认他们使用的词汇并非完全精确，有时可能隐藏混乱。但像这样一种由权威们自己决定放弃使用一个科学术语的案例实属罕见。

在本书的前一个版本中，我提出，隐藏在这一变化的背后的是政治和哲学方面的动机。名称的改变，确保了莫诺的研究不被看作是当时还在法国兴盛的新拉马克潮流的一部分，更不与像苏联农学家李森科（T.D.Lysenko）所代表观点的当时的一种版本相关联。莫诺在一篇很长的未发表的文稿中，严厉批评了李森科的理论。在一篇发表于 1948 年 9 月 15 日那天的《论战》报刊上的文章中，他争辩说，李森科和米丘林（Vladimirovich Michurin）的理论毫无科学价值。他将这些观点所获得的支持，看作是反映了苏联共产党系统中知识分子的破产。根据这一解释，通过改变他实验中的术语，莫诺光荣地与法国共产党分手了，该党号召知识分子和科学家支持新的苏联的理论[11]。尽管这种解释与莫诺的思想演化吻合，但缺乏直接证据支持。

在接下来的若干年里，莫诺揭示，β- 半乳糖苷酶以外的其他蛋白质也可被同一种诱导剂（乳糖）所诱导。其中的一种，即乳糖通透酶——被乔治斯·科恩（Georges Cohen）研究过——能使乳糖渗入细菌细胞中。莫诺获得了一些突变菌株，其中的一部分显示出 β- 半乳糖苷酶或乳糖通透酶功能的改变；另外一部分显示了诱导过程本身的改变。有的突变体在无须诱导剂的情况下表现出 β- 半乳糖苷酶和乳糖通透酶的组成性表达。莫诺并未深入表征和定位这些突变，因为这需使用复杂的遗传学技术，这在他实验室还无法实施。于是他开始了一个与遗传学家弗朗索瓦·雅各布的合作项目。这项工作很快成为一种密切的智力合作，其中的第一批联合实验，揭示了这两个小组以前所各自研究的系统之间存在的重要相似性。

雅各布的研究是另外一种"巴斯德式"项目的一部分。噬菌体是 1915 年由英国的弗雷德里克·特沃特发现，两年后也被巴斯德研究所的费利克斯·德赫雷尔独立发现。他们的发现激发了人们利用特异噬菌体攻击病原菌的期望。但这种期望很快就破灭了，将噬菌体用于疾病治疗仍旧有限，至少在西方是如此。

1925 年，奥斯卡·巴伊（Oskar Bail）发现了"溶原现象"（lysogeny）。它可能在 1915 年也被特沃特发现过：有些细菌菌株对噬菌体的破坏作用具抵抗能力，但其中的一些细菌发生自发裂解并能释放噬菌体到培养基中[12]。因此，这些所谓的溶原性细菌中可能含有一种无活性形式的噬菌体。

溶原现象在两次世界大战的间隙时间里（即 1919—1939 年）被广泛研究，特别在法国巴斯德研究所由尤金和伊丽莎白·沃尔曼夫妇所领导的小组里[13]。但这并未吸引美国的噬菌体研究小组的注意力（那位怀疑一切的德尔布吕克认为，对溶原现象的观察结果毫无意义，可能是被污染的结果）。无论如何，溶原现象是不可控制的，因为溶原性细菌的诱导产生自发进行，这就限制了它在研究方面的实用性。

部分为了回应德尔布吕克的批评，勒沃夫在第二次世界大战结束后开始研究溶原现象。通过使用由巴斯德研究所的皮耶尔·德·冯布纳（Pierre de Fonbrune）所建立的显微操作技术以及一种溶原性细菌的培养体系，勒沃夫将那些正在进行连续分裂的细菌细胞分离开。他这样就能够证实，"溶原性能力"——即释放噬菌体的能力——在细菌细胞间被传递了，这意味着噬菌体在细菌细胞内以一种隐藏的形式存在，勒沃夫称这种噬菌体为"原噬菌体"。通过利用紫外光照射细菌或通过加入不同的化学试剂，勒沃夫能以一种可重复的方式诱导这种原噬菌体的形成。这一发现极为重要，因为它使得对溶原现象开展研究变得容易得多了。这也导致了勒沃夫招聘了弗朗索瓦·雅各布，一位最近刚从军队退役、对生物学研究稍有知晓，通过阅读薛定鄂的《生命是什么》一书而被感召的年轻医生[14]。在短短几年时间里，通过使用细菌遗传学的所有工具，雅各布和伊丽莎白·沃尔曼逐渐揭示了溶原现象的复杂机制[15]。

他们证实了莱德伯格之前的一个观察，即在原噬菌体阶段，被称为 λ（lambda）的感染大肠杆菌的噬菌体与细菌染色体紧密结合在一起。通过使用具有高接合率的高频重组细菌菌株，以及一个韦林氏搅拌器（与赫尔希－蔡斯实验中所使用的属同一类设备）在不同的时间点终止细菌之间的接合（由埃利·沃尔曼凭空构想出来的一个实验），这样他们将原噬菌体在细菌染色体上予以准确定位。足够奇怪的是，噬菌体在细菌进行接合期间一旦进入到"雌性"细菌细胞中就被诱导了——雅各布和沃尔曼最初称此现象为"性"诱导。

人们已经知道，携带了原噬菌体的溶原性细菌不再会受到其他噬菌体的感染，即具"免疫力"。这种免疫力是噬菌体一个单一的显性基因（位于所谓的 C 位点）作用的结果。在弗朗索瓦·雅各布和雅克·莫诺获得他们的早期合作研究结果而为认识这些现象带来新的曙光里之前，诱导现象与溶原现象一直被归属于分开的不同现象。

雅各布和莫诺在巴斯德研究所一栋旧建筑的顶层开展实验（因此人们给予实验室的昵称是"阁楼"）。他们很快就揭示，同样的调节机制在这两个系统中发挥作用。这一现象的普遍性使得雅各布和莫诺的发现显得特别重要。引人注目的是，两个小组现在都使用"诱导"这个术语来描述不同的现象，但并没有觉得这有什么不妥之处[16]。实际上，勒沃夫成为这两个研究项目之间的活联系，这两个项目都在探究依据严格的遗传决定论似乎无法解释的一种现象。正如我们将很快看到的那样，这正是 20 世纪 30 年代到 20 世纪 50 年代期间法国生物学的一种特色。

第一批实验仅仅是将细菌接合技术应用于 β－半乳糖苷酶的诱导研究。这些帕雅莫（有时被称为"睡衣"）① 实验获得了令人惊讶的结果[17]。当只有在诱导剂（乳糖）存在时才能产生一种正常形式的 β－半乳糖苷酶的雄性细菌与无须诱导就组成性地产生一种突变形式的 β－半乳糖苷酶的雌性细菌进行杂交时，正常形式的 β－半乳糖苷酶将在缺乏诱导剂的条件下很快产生。但这种合成是暂时性的，将在几个小时后停止。

这些实验表明，调节基因发挥作用时必须形成一种抑制 β－半乳糖苷酶合成的细

---

① 为三人姓氏的开始两个英文字母合在一起的谐音。——中译者注

胞质产物。这种调节基因的产物被称为"阻遏物"（Repressor）。细菌交配期间所发生的 β- 半乳糖苷酶的诱导生成与前面描述过的 λ 噬菌体的"性"诱导是一种可以类比的现象：即同样的机制应该可以用于解释溶原性现象和可诱导酶合成的调控。莫诺和雅各布后来揭示，调节基因的产物——阻遏物——是一种蛋白质。处于天然状态时，具生物活性的阻遏物可被乳糖（或者更准确地说，被一种乳糖衍生物）抑制，或者在噬菌体的例子中是被紫外光所抑制。在一段时期里，人们并不清楚阻遏物是在基因水平——即通过控制基因被拷贝或转录成 RNA，还是在蛋白质合成水平发挥作用。雅各布和莫诺选择了第一种假说：即阻遏物通过结合到位于被调节基因上游一段被称为操纵子的 DNA 序列上阻止被调节基因转录成 RNA[18]。

雅各布和莫诺的实验也揭示，一旦一个基因的阻遏作用被终止，蛋白质合成很快就会被诱导发生。类似地，一旦一个基因本身被失活，蛋白质合成很快就终止。这意味着在基因和蛋白质之间必然存在一种短寿命的中间物，它后来被雅各布和莫诺称之为信使 RNA（见第 13 章）。

很少有实验会像"帕雅莫"实验那样具有如此丰富的内容，导致了如此多的发现：信使 RNA 的发现、阻遏物存在的证实以及对基因表达负调控现象的总体阐述。但是，这些发现该归功于谁呢？莫诺还是雅各布呢？在观察到"性"诱导现象后，雅各布确实处于对"帕雅莫"实验结果予以解释的更好位置。此外，莫诺此时还没有完全放弃诱导剂在蛋白质折叠和可诱导酶的构象形成方面扮演了一种角色的想法[19]。因此莫诺尚未准备好接受以下观点：即诱导剂是作用于一种蛋白质——阻遏物——它有别于可被诱导的 β- 半乳糖苷酶和乳糖通透酶。

在 1958 年夏天于纽约所做的"哈维"（Harvey）讲座中，雅各布清楚地阐述了在"帕雅莫"实验中原噬菌体的"性"诱导与 β- 半乳糖苷酶的暂时激活之间的可比性。在其自传中，雅各布提出，这两个系统之间的相似性是他在蒙帕纳斯[①]观看一场电影时脑子里突然出现的。似乎可能的诱发因素是，他希望在一个名义上聚焦于溶原性现象和接合现象的一个演讲中，描述最近他跟莫诺一起获得的一个结果的强烈欲望。无论如何，这两种条件下观察到的结果之间的相似性突然出现在他脑子里：压力经常会激发创造力[20]。为了解释噬菌体阻遏物如何能够使病毒的所有功能同时丧失，雅各布提出的假说是，阻遏物必须直接作用于 DNA。这个假说对于像莫诺那样的人而言特别成问题，因为他们认为基因是一种远程的、孤立的和不可触及的结构。

这些不同观点反映了被研究系统之间的差异。像雅各布这样的细菌遗传学家已经

---

① 巴黎一个著名的文化区。——中译者注

走近了基因，甚至已开始将基因进行分段了。经典遗传学家和像莫诺这样的另类生物学家，对基因的本质和角色仍然保持着一种远非真实的观点。如果说雅各布在基因调控模型的建立过程中扮演了关键角色的话，那么莫诺在详尽阐述这种模型、定义其不同组分以及用一种极漂亮的实验方式证明其正确性方面则起了关键作用。

雅各布和莫诺确认了，若干个结构基因可以被一个单一的调节基因控制。这些结构基因通常组合在一起形成一种被称为操纵子（operon）的结构，它们被从一段叫作启动子（promoter）的特异 DNA 序列开始转录成一个单一的信使 RNA 分子。雅各布和莫诺的基因调控模型因此被称为操纵子模型 [21]。

这种模型的一个特点，即存在阻遏蛋白的思想，值得进行一番更为严密的历史分析。思考了几个月后，莫诺才接受了诱导可以通过对阻遏蛋白的抑制来实现这种想法，即一个正的现象可由两个负的现象所引起。在很长一段时间里，他把诱导——适应——看成是一种正的现象，是细胞与强加于细胞的扰动之间进行复杂相互作用的一种结果。这使他难以接受诱导物在新模型中的微小作用。只是在听了利奥·西拉德做的一次学术报告之后，莫诺才对调节基因编码阻遏蛋白这一概念变得信服了 [22]。

西拉德在第二次世界大战之后放弃了物理学方面的研究，开始研究细菌代谢。他帮助发现了通过末端产物的反馈效应使一条代谢途径被抑制的现象。对所涉及机制的表征，是控制论在生物学领域最有效的应用之一，导致了分子生物学调控观的出现以及对被称为变构酶所开展的研究 [23]。这项工作使得西拉德与莫诺之间开始了接触，并使西拉德在将诱导的概念发展成一种去阻遏的概念中扮演了积极角色。西拉德有着一种不寻常的职业生涯，他经常在一个研究课题仅仅接近部分解决的时候放弃它。与德尔布吕克一样，他在人生的晚期将兴趣转向了似乎是科学的最后堡垒——神经系统——的研究。他提出了一系列模型以试图解释记忆现象。作为一位思想者而非实验者的西拉德，像他的许多物理学家同行一样，在澄清一些生物学问题方面扮演了一种关键角色 [24]。

通过这些研究他们获得的结论是：除了编码酶或者结构蛋白质的那些基因之外，还存在一类调节基因，后者的唯一功能是调控其他基因的活性。这一种根本性思想对分子生物学发展产生的影响尚未被足够强调 [25]。特别有趣的是，弗朗索瓦·雅各布和雅克·莫诺所得到的稀少实验数据，既无法清楚区分结构基因与调节基因，也难以使调节基因这一概念普遍化。

按照雅各布和莫诺的说法，这种区分在 1959 年 10 月发表于《法国科学院院刊》的一篇论文中进行过清晰陈述，这很快就成为他们所提出的基因调控模型的"第一假设" [26]。似乎正是雅各布基于噬菌体 λ 的研究，即观察到单个基因在控制溶原现象时的重要性，第一个设想出了调节基因与结构基因之间的区分。通过这种区分他引入了基因的分级分层这一概念。这也改变了分子生物学研究的目标。

对 20 世纪 60 年代的分子生物学家而言，主要目标之一变成了理解动物的生理功能发挥的过程以及个体发育的过程。但是从单个（受精卵）细胞出发，如何形成像人类这样的多细胞生物所需的两百种左右的不同类型的细胞呢？比如产生皮肤和肌肉细胞——它们虽拥有相同的基因却差异性地表达这些基因，因此合成不同的蛋白质——涉及什么样的机制呢？调节基因的发现意味着分子生物学家的工作应集中到对这类基因的研究方面（见第 22 章）。

调节基因的概念在癌症研究——癌细胞是基因表达失调的细胞（见第 19 章）——和分子演化方面的研究中也扮演了重要角色（见第 23 章）[27]。调节基因的概念之所以重要，不仅因为它在三十多年的时间里为分子生物学的研究确定了一个方向，而且也因为它关停了——几乎是决定性地——另一条研究路线。后者部分由德国出生的遗传学家理查德·戈尔德施密特开启，然后特别被美国遗传学家芭芭拉·麦克林托克（Barbara McClintock）在玉米方面的工作所推进[28]。根据麦克林托克的观点，基因的差异表达是由于它们在基因组里的物理运动所致。当基因发生移动时，它们就被置于不同调节元件的控制之下。这种遗传"转座"现象又依次由另一种基因控制。麦克林托克实际上应该预期到了调节基因的存在。但是由于她所研究的生物系统的复杂性、将其结果向其他科学家解释的困难性以及最关键的是她赋予基因的物理运动的重要性，都限制了其科学发现应该产生的影响力。

弗朗索瓦·雅各布和伊丽莎白·沃尔曼在噬菌体以及细菌接合方面的工作表明，基因在细菌内的运动也可以改变基因的功能。这样，就存在两种可能的遗传调控模型：一种将这种调控看成在一个稳定基因组里发生，即在一个由调控基因组成的网络的控制下进行；另一种将基因表达的调控与生物个体生命过程中所发生的基因组在结构上的修饰联系在一起。

1960 年 6 月，雅各布在《癌症研究》杂志上发表了一篇论文，给癌症专家解释了存在于微生物中的调节机制，将这两种可能的调节模式以平起平坐的方式予以介绍[29]。在由雅各布与沃尔曼合著的《细菌遗传学与性别》一书里，他们争辩说，那些可移动的遗传元件——他们称之为游离基因——通过在细胞分化期间的干预而修饰细胞核的潜力[30]。雅各布最终选择了基因组并不发生物理改变的稳定调节模型——最初体现在他于 1961 年的冷泉港学术讨论会所给的演讲里[31]。在 1963 年他与雅克·莫诺合写的一篇论文里，更加清楚地写道："大多数已知事实支持已经发生分化的细胞的遗传潜力并未被根本改变、丢失或重新分布这种观点。[32]"（雅各布对这种模型的选择也许反映了来自莫诺的影响，认为自然是简单的、笛卡儿式的；后者一直倾向于在两种相互竞争的假说中选择简单的那种）。

将调控基因与结构基因进行区分，甚至仅仅提出调节基因这个概念本身，具有重要的历史和哲学意义。它将遗传学与胚胎学拉近了，并暗示，二者最终的融合仅仅是个时间和艰苦努力的问题。从哲学角度说，它代表了从 20 世纪 40 年代开始的一种新的生物学视角被完全建立的最后一步，这使得包含在基因里的信息成为所有生命现象的组织原则（或秩序规范）。雅各布和莫诺走得更远，他们将生物体内的信息区分成了两种：形成生物体组分所需的结构信息，以及负责在发育过程中使这些结构组分逐渐进行空间组织的调控信息。这种区分在薛定谔的《生命是什么》一书中进行了概括，并在雅各布和莫诺的著作中被予以最清楚的表述。

史学家爱德华·约克森（Edward Yoxen）的研究已经表明，薛定谔那本在分子生物学发展早期影响很大但后来基本上被人遗忘的书，在 20 世纪 60 年代被人们重新发现[33]。雅各布和莫诺的文章与薛定谔著作的风格相似，尽管仍然不清楚这是一种直接影响的结果，还是表明薛定谔的思想仍然贴切，而且他的猜想与分子生物学家所建立的模型之间存在奇异的共鸣[34]。

在一起工作了五年多之后，雅各布与莫诺分道扬镳了。莫诺转向了对一类蛋白质——调控蛋白（阻遏物为其模型）的研究方面。阻遏蛋白与 DNA 相互作用，但这种相互作用可能会被乳糖降解产物结合到阻遏蛋白分子中的另一个位点所抑制。许多其他蛋白质或酶——特别是那些受负反馈调控的——具有相似的特性：它们的活性可以被结合到催化位点以外位点的激活剂或抑制剂所调节。

雅克·莫诺、让－皮埃尔·尚泽（Jean-Pierre Changeux）以及杰弗里斯·怀曼（Jeffries Wyman）一起，建立了"变构模型"这一概念，它解释了这些蛋白质和酶的变构调节特性[35]。该模型在很大程度上受到对血红蛋白研究工作的启发，从莱纳斯·鲍林在 20 世纪 30 年代的开拓性研究到晶体学的最新结果[36]。其他调控模型由一些与他们竞争的研究小组提出——如丹尼尔·科西兰德（Daniel Koshland）的诱导契合模型，在之后的几年时间里，人们对变构理论进行了热烈的辩论[37]。各种历史数据——以及从 X 射线衍射所得到的结构数据——普遍支持了莫诺的变构假说，尽管它最终没有像莫诺所希望的那样具普适性[38]。

回顾过去，变构模型的两个特点令人惊讶。首先是其教条式的陈述，通过一系列假设的形式，它们过分死板而且有时没有必要。这种教条主义风格可能因为在法国缺乏结构化学的深厚传统而被强化。但是，这些假设提供的关于酶及酶的结构方面的信息极其丰富。另外一些限制性少得多的模型，在不寻求结构基础的前提下描述了酶的动力学行为。

使变构模型有异于其竞争者模型的第二个特点与上述第一个特点之间存在关联：尽管其他模型几乎总能够描述酶的行为，但变构模型做出了若干容易被检验的预测。变构模型的这两个特点是雅克·莫诺一直执意要给生命的无序性施加某种秩序的结果。它们也是莫诺接纳卡尔·波普尔（Karl Popper）科学哲学的结果；据此，科学是通过容易证伪的模型，而非可以解释一切的理论向前发展[39]。在当时的分子生物学背景下，变构理论宛如在盎格鲁－撒克逊实用主义汪洋大海中的一座坚固的笛卡儿主义孤岛。变构理论在科学上的潜力直到最近得到完全承认，专注于变构效应的文章的数目在逐年增加（见第 21 章）。

弗朗索瓦·雅各布仍旧忠实于他 1963 年与雅克·莫诺一起发表论文中所涉及课题，在转向研究多细胞生物的基因表达调控之前，他研究了日益复杂的细菌调控回路。继续对噬菌体 λ 进行研究的雅各布与其同事描述了 λ 噬菌体从感染到进入溶原状态这一转变的复杂调控回路。他们也研究了细胞分裂的调控，这是细菌生命周期中的关键一环。只有当细胞的体积足够大，可利用的食物足够多的时候，细胞分裂才会发生。雅各布、布伦纳和库志恩（Francois Cuzin）建立了基于一种正调节基因的被称为复制子（replicon）的调控模型，它至今仍被研究人员参考[40]。最后，雅各布在细菌与多细胞生物之间架起了一座桥梁，并在 1970 年开始研究小鼠的胚胎发育（见第 22 章）[41]。

雅各布和莫诺的研究对认识分子生物学基本原理而言，是一种画龙点睛性质的工作，并为未来分子生物学研究奠定了基础。但法国研究人员在这门新科学的早期发展阶段几乎缺席。此外，分子生物学的两种来源——生物化学和遗传学——在法国的发展远晚于其他国家。

在两次世界大战之间，生物化学首先在德国，随后在英国和美国取得辉煌进展，而同时期生物化学在法国几乎不存在，这形成惊人反差。这种滞后可能主要归咎于一个人的作用，他就是伽布里尔·伯特兰德（Gabriel Bertrand）——巴黎大学生物化学系的主任，同时也是巴斯德研究所一个主要生物化学实验室的主任[42]。在对酶进行了一系列引人注目的研究之后，伯特兰德灾难性地断定，蛋白质在酶的催化过程中并非扮演什么真正的角色，关键的催化作用由那些被发现结合在酶中的金属离子所完成。伯特兰德的研究定位及其决定性影响，意味着法国的生物化学在随后对主要代谢途径的表征或对蛋白质的研究中，没有扮演任何角色——尽管伯特兰德的研究在医学和农学上具有重要意义。

法国在遗传学领域落后的原因则更为复杂。一些历史学家争辩说，在法国的大学里遗传学领域主任教授位置的创建之所以缓慢，是法国大学体系将多兵少和机制过分死板的结果，这是一种僵化的象征。其他理由也同样可以解释这种滞后：在 19 世纪末，法国在接受——甚至是讨论——达尔文的理论方面特别缓慢[43]。在 20 世纪上半叶的法国生物学家中，新拉马克主义十分盛行[44]。他们并未直接拒绝接受孟德尔遗传学的实验结果，却倾向于极力贬低基因在生物体内行使的功能及其在发育过程中的角色，特别强调细胞质在其中的角色[45]。

尽管存在这些明显的缺陷，为了理解法国如何最终在分子生物学的发展过程中仍然扮演了一种重要角色这一点，我们必须将法国研究人员在生物化学和经典遗传学方面的弱点看成是一种优势[46]。正如前面所显示的那样，通过显示蛋白质和酶在生物自我复制现象中并非处于核心位置，通过反对生物学现象可以用那些与生物体内整体化学反应相关联的热力学规律去解释这种说法，分子生物学经常通过与生物化学的对立而发展自己。从某种意义上说，法国分子生物学家比他们的英国和美国同行更为自由，因为他们可以花费更少的时间去与生物化学家作对。

法国分子生物学家与法国遗传学家之间的关系比他们跟生物化学家之间的关系既更为复杂，也更富有成果。法国在第二次世界大战之后所建立起来的遗传学实验室，如位于巴黎外面的鲍里斯·伊夫鲁西的实验室，采纳了一种不同寻常的研究路径[47]。通过绕开对染色质的表征工作——这在美国的遗传学流派中占主导地位——法国学者倾向于将注意力集中于似乎与细胞核无关的遗传现象方面。这是开始于安德烈·勒沃夫的对被称为纤毛虫的单细胞生物的细胞器的遗传学研究的延续传统，以及伊丽莎白和尤金·沃尔曼夫妇的对溶原性细菌中的噬菌体的命运的研究工作之传统的继续[48]。

除了对这种拟遗传现象的研究之外，也存在伟大的法国生理学家克劳德·伯纳德的影响。正如基恩·格扬（Jean Gayon），理查德·伯瑞安（Richard Burian）和劳伦特·卢瓦松（Laurent Loison）所指出的那样，伯纳德的研究路径更强调生理学方面而非形态学方面[49]。对伯纳德而言，生物体的特征在于其不断适应生理条件变化的能力，而不是其结构或形态。与摩尔根学派遗传学家关注控制生物形态（如果蝇翅膀的结构）的基因所不同的是，法国学派对生物有机体的适应性的遗传控制感兴趣[50]。他们的研究表明，基于外部环境条件所引发的适应过程受到严格的遗传控制。

但是，在这些法国特性之外，正是巴斯德研究所那种极为特殊的框架给勒沃夫、雅各布和莫诺的研究提供了一种有利的环境。研究所赋予其研究小组完全的科学自主权，以及与大学系统的完全独立性。尽管在 20 世纪上半叶研究所处于颓废状态，但在埃米尔·罗克斯（Emile Roux）长期担任所长期间其声望仍然保持完整。研究所不断吸引了大量从欧洲和美国来访的外国科学家。这种独立性和杰出的声望使得勒沃夫小组能彻底整合到正在兴起的分子生物学国际网络之中。

1965 年授予给勒沃夫、雅各布和莫诺的诺贝尔奖在法国具有重要影响，它大大扩展到了能理解这些科学发现重要性的那少数几位法国人之外。这种影响是他们的个性——特别是雅各布和莫诺——他们在第二次世界大战期间的英雄行为，以及他们参与政治与哲学的综合结果。

雅克·莫诺在抵抗纳粹占领方面高度活跃[51]。在 20 世纪 50 年代，他参与了改革法国的大学和法国的科研方面的努力，他积极支持 1968 年 5 月的学生游行运动，也为争取堕胎权利和安乐死战斗过。1970 年，他出版了《偶然与必然》一书，描述了生物学的最新发展并探索了其哲学含义[52]。

雅各布的生活也充满冒险精神[53]。在经历了早年的反犹太主义之后，他于 1940 年 6 月离开了法国，在英国伦敦加入了戴高乐的队伍，曾有四年是非洲的自由法国武装力量的医生。他在 1944 年 8 月的诺曼底战斗中负了重伤，他在被勒沃夫聘任之前度过了艰苦的 6 年时间。1970 年，他出版了《生命的逻辑》一书[54]。在随后的岁月里，雅各布出版过有关科学史和哲学方面的书籍，这受到过米歇尔·福柯（Michel Foucault）和托马斯·库恩的影响。他也出版过一本自传《内在的雕像》。像莫诺一样政治活跃但更为低调一些的雅各布，一直在为科学研究的自由而辩护，并强调科学家的道德责任。

雅各布、勒沃夫和莫诺，这三位分子生物学的火枪手，正如他们对法国生物学研究的影响一样，也影响了法国的社会。他们的影响在几十年后依然被感受到。

# 第三部分

# 分子生物学的扩展

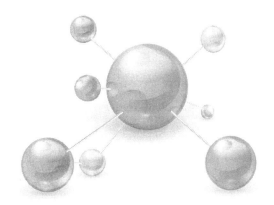

# 第 15 章　常态科学

一旦研究人员破译了遗传密码，并描述了微生物体内的调控机制，分子生物学就进入了被科学史学家和科学哲学家托马斯·库恩称为"常态科学"的一个时期[1]。研究工作不再涉及检验那些带有普遍性的模型，而是在已有理论框架内予以解谜。分子生物学家并不认为他们已经解决了生物学的所有奥秘，不过他们对根本性分子机制的认识似乎足以让他们去想象那些尚未解决的问题（如个体发育和生命起源）该如何被探究。知识基本完整这一印象被大多数分子生物学家所共享（就像物理学家在 20 世纪 30年代的感觉那样），这导致他们中的一部分转向了对似乎是人类知识最后边疆——大脑——的研究[2]。

20 世纪 50 年代，噬菌体研究小组的创始人麦克斯·德尔布吕克就基因研究并未揭示出任何新的物理学原理表示失望，从而转向了一种对光和其他刺激敏感的真菌的研究——作为在分子水平研究感觉生理学的模型[3]。噬菌体遗传学方面的专家西默·本泽尔转向了对果蝇行为遗传学的研究，而他的好友悉尼·布伦纳试图通过研究微小的蛔虫——秀丽线虫——来认识生物个体的发育过程[4]。十年后，克里克开始了对神经系统的研究，野心勃勃地聚焦于人体[5]。

其他分子生物学家，如甘瑟·斯腾特和弗朗索瓦·雅各布撰写了这个学科的历史，强化了人们头脑中这个学科发展史的一个关键阶段已经结束的印象[6]。最后，在《偶然和必然》一书中，雅克·莫诺列出了似乎由分子生物学发展所引出的新的伦理规范。这本书是为阐述生物学世界新观点的产物，反映其发展历程中一位见证者的记述：

遗传密码理论构成生物学的基石。当然，这并不意味着生物体复杂的结构和功能可以从遗传密码中推导出来，甚至也不意味着这些结构和功能可以在分子水平直接进行分析（同样，在化学领域，并非什么都能够通过毫无疑问为整个化学根本的量子理论来预测或解决）。但是，尽管遗传密码的分子理论现在不能——并且毫无疑问永远也不可能——预测、解决整个生物圈的问题，但它今天的确构成了认识生命系统的一种普遍理论[7]。

雅克·莫诺的著作将这门新科学的原理带给了法国和其他地方的普通公众，并引发了 20 世纪法国最后一次伟大的学术辩论。人们撰写了很多书籍，用稍微不同的方式回应了莫诺的观点 [7]。辩论的核心是偶然性在生物演化过程中起什么作用，以及这一新的科学观为人们就宇宙所形成的宗教概念所留下的位置 [8]。

对这一新科学的关键内容已被揭示的信念，不可避免导致了教条主义的出现，以及倾向于拒绝接受对认为已经被证实的内容提出质疑的任何结果——无论这种质疑多么轻微。举两个例子就足以说明分子生物学如何被这种心胸狭隘的反应所影响。第一个例子取自雅克·莫诺和其同事关于微生物基因调控方面的工作。在第 14 章里我们已经看到，莫诺发现自己很难接受负反馈控制现象存在这一事实。其他细菌基因调控系统，比如由莫诺实验室的迈克塞姆·舒瓦茨（Maxime Schwartz）和莫里斯·赫夫兰（Maurice Hofnung）所研究的系统就不遵循负反馈调控模型。其他研究小组提出了正调控模型，但遭到了莫诺的反对。只有经过巨大的努力后，舒瓦茨和赫夫兰才说服莫诺正调控的确存在 [9]。事实上这一概念在细菌中，特别是在多细胞生物体中高度重要（见第 20 章）。

分子生物学家对于向他们的结果提出哪怕是部分质疑也进行抵制的另一个经常被引用的例子，是对一种具有将 RNA 拷贝成 DNA 活性的酶的重要发现。1962 年霍华德·特明（Howard Temin）就提出这样一种酶的存在，但直到 8 年后才被最终接受 [10]。为了理解这种酶的重要性以及因其发现而引发的问题，有必要再回顾一下 1957 年克里克在给实验生物学会所做著名演讲中对中心法则的说明（见第 13 章）[11]。这个演讲之所以重要，是因为克里克首次全面报告了这一门新科学的原理。

克里克的演讲讨论了遗传密码的本质，并提出"衔接物"假说。最重要的是，他陈述了这门新科学的哲学：产生生物个体所需的所有信息都能从 DNA 分子中找到。这一信息进入到蛋白质中，决定着氨基酸的顺序。但反方向——从蛋白质到 DNA——的信息传递是不可能发生的。一方面，似乎没有一种细胞机器能将蛋白质中所含三维信息转换成一个 DNA 分子中所含一维信息。另一方面，如果这样一种信息的转移方式存在的话，将会使遗传学的根本性原理受到质疑。尽管这未被克里克指出，但允许信息从蛋白质到 DNA 进行传递，将打开通往新拉马克主义的大门。

尽管对微生物中所发生调节过程的研究已经表明，细菌培养基的组分能够对其蛋白质的合成产生一种影响。如果蛋白质能够改变 DNA 中所含信息，那么环境就可以改变 DNA，于是获得性性状的遗传将可能发生。对许多生物学家而言，对于拒绝从蛋白质到 DNA 存在任何信息传递这一点铁证如山——更多的是因为从遗传学和新达尔文主义所继承下来的传统，而不是因为克里克和他的同代人手中所掌握的生物化学数据。

正如前面所注意到的那样，1957 年克里克对 RNA 角色的认识特别模糊。信使

RNA 的假说及其存在的实验证实是三年之后的事。很多实验表明，RNA 可能是蛋白质的前体，并且是从基因（DNA）衍生而来，但信息从 RNA 传递到 DNA 的可能性无论如何也没有被排除过。有一些模型——特别是来自布鲁塞尔的鲁思－克罗瓦特（Rouge-Cloitre）实验室的那些——甚至提出，RNA 可能是 DNA 和蛋白质的共同前体[12]。令人吃惊的是，在 1956 年绘制的一种未出版的关于中心法则的初版草图中，克里克描绘了一种潜在的从 RNA 到 DNA 的信息传递过程。也就是说，他在霍华德·特明获得其发现之前六年就从理论上预见到了这种可能性。但是，这些内容没有任何部分出现在他演讲的正式发表版本中。

生物大分子之间的整体关系形成了被克里克有点颇为不幸地称之为分子生物学的中心法则的内容。后来出于自卫，克里克解释说，他并没有意识到法则（dogma）这个词在神学上的意义，他把这个词与公理（axiom）一词混淆了[13]。在信使 RNA 被发现之后，中心法则呈现出它在沃森出版的《基因的分子生物学》一书中被显示的那样的经典形式：DNA 制造 RNA，RNA 制造蛋白质[14]。RNA → DNA 的信息传递被从模型中删除，这除了使内容更为简洁，以及并不存在支持这种传递的实验证据之外，尚无其他任何正当理由。

一般而言，在科学中，特别是在分子生物学中，模型有其自身的分量。结果是，从 RNA 到 DNA 的信息传递一般被相当简单地认为不可能。但是霍华德·特明在反转录病毒方面的实验，很快就使得这种法则的内容需进行重新评估。像劳斯肉瘤病毒这样的反转录病毒是肿瘤病毒（致癌病毒），但与其他肿瘤病毒不同之处是，它们的遗传物质是 RNA。20 世纪 60 年代末，对致肿瘤病毒的研究成为分子生物学领域中一个主要方向。许多科学家认为，致肿瘤病毒将为人们认识多细胞生物提供一条康庄大道，极像对噬菌体的研究帮助人们认识了细菌一样。

瑞拉托·杜尔贝科（Renato Dulbecco）在为研究动物病毒建立定量方法方面扮演了非常重要的角色[15]。他先跟随卢里亚，后来跟随德尔布吕克研究了一种相当奇特的现象，即已经被紫外线灭活的噬菌体能被可见光重新激活。1950 年，德尔布吕克让杜尔贝科中断这项工作，去访问正在开展细胞培养及病毒在这些培养细胞中增殖方面研究的一系列美国实验室。得益于约翰·恩德斯（John Enders）、托马斯·威尔勒（Thomas Weller）、弗雷德里克·罗宾斯（Frederick Robins）和威尔顿·厄尔（Wilton Earle）等的工作，细胞培养技术通过抗生素的使用和培养基组分的改变等得到了大幅改进，使其成为研究和产生病毒的一种强有力工具[16]。回到位于美国帕萨迪纳的加州理工学院之后，仅花费几个月时间开展对马脑炎病进行研究后，杜尔贝科就建立了一种病毒裂解斑的技术——类似于用来检测噬菌体的那种技术，这使得对病毒的数量进行定量检测成为可能。杜尔贝科将这种新的方法首先应用于对脊髓灰质炎病毒的研究方面；然后，在 1960 年，他转向了对一种小的 DNA 致癌病毒——多瘤病毒的研究。与其产生被裂解细胞的斑块，被转化的细胞所产生的斑块却凸起在培养皿的表面。

杜尔贝科的工作表明，德尔布吕克的影响远超出噬菌体研究圈子。它也显示，分子生物学家如何从来自生物学其他领域的新技术中获利。最重要的是，它提供了一个非常具体的例子，说明研究资助怎样影响科学发展。德尔布吕克的研究方向可以从他获得的两笔大额经费中得到解释：一笔来自国家幼儿瘫痪基金会（由富兰克林·罗斯福总统创建，用来支持对脊髓灰质炎——小儿麻痹症——的研究，它为病毒学实验室提供了可观的经费支持）；另一笔来自患有带状疱疹病的美国百万富翁詹姆斯·博斯威尔（James Boswell）捐给加州理工学院的一笔相当可观的经费。

对像多瘤病毒和猿猴空泡病毒 SV40 这些小型致瘤病毒的研究表明，它们的 DNA 被整合进了被感染宿主细胞的基因组中，这一整合过程与细胞的转化——即它们从正常状态转变为癌细胞状态——有关。特明以前提出过相同的假说用于解释反转录病毒转化现象。在其模型中，特明被迫想象在反转录病毒的遗传信息整合到细胞的基因组之前——这一点他感觉已通过不同针对转化过程的抑制剂所产生的效应而得到证实——存在一个从 RNA 到 DNA 的转换步骤。

然而，特明花了八年多的时间才让科学界信服，并使中心法则被"逆转"了——正如 1970 年《自然》杂志上的一篇编者按所言[17]。当特明和大卫·巴尔的摩（David Baltimore）各自独立分离出一种存在于病毒颗粒中、能使 RNA 转变成 DNA 的这种酶——故被称为反转录酶——之后，科学界才最终信服。毫无疑问，因为分子生物学中教条主义的盛行，获得这样的科学发现变得更为困难。但情况并非完全黑白分明：1962 年特明所报道的实验并非完全令人信服，因为其较低的信号噪音比[18]。反对声在反转录酶被发现之后戛然而止。

作为后见之明，就反转录酶的存在与否而引发的整场争论似乎荒唐可笑。毕竟，该发现并未动摇分子生物学的根基。正如我们将要看到的那样，事实上它提供了遗传工程中使用的最重要的工具之一——这是一种反过来强化了分子生物学那些模型的进展（见第 16 章）。

但是，如果说特明并未动摇分子生物学根基的话，这并非因为他缺乏尝试。当反转录酶刚在反转录病毒中被发现时，特明就提出一种"原病毒"模型。据此，反转录病毒只是能将 RNA 拷贝成 DNA 的一种正常细胞机器的病理学产物。特明争辩说，取决于细胞中 RNA 含量及功能的不同，生物体不同细胞中 DNA 的含量是可变的。他提出假说认为，这种反转录机器在个体发育过程中发挥极其重要的功能，这与弗朗索瓦·雅各布和雅克·莫诺的模型完全背道而驰（见第 14 章）[19]。但是，在健康的、未受感染的细胞中，反转录酶类的活性并未被发现；最终，特明被迫放弃了其原病毒假说（见第 23 章）。

1965—1972 年人们见证了开展分子生物学研究实验室数量的增加、致力于该学科的研究所的创建以及更为重要的是，分子观已经扩展到其最初领域之外。这导致分子生物学家对其他生物学领域的接管。在欧洲，这种扩展不仅导致分子生物学散布到其最初的几个中心（剑桥、巴黎和日内瓦）之外，也导致 1964 年欧洲分子生物学组织（EMBO）以及 1978 年欧洲分子生物学实验室（EMBL）在海德堡的创建[20]。尽管一般而言这种分子化现象渐渐发生，但有时也会快速进行：一篇文章就能将整个学科推入分子领域。

最佳范例之一是生物膜领域。物理化学与形态学（电子显微技术）方面的研究提示，生物膜由双层脂类分子形成，其一侧覆盖着蛋白质分子。1972 年，乔纳森·辛格（Jonathan Singer）和加斯·尼可尔森（Garth Nicholson）提出一种非常不同的模型认为，蛋白质是完全插入到生物膜内的，这意味着蛋白质在生物膜的结构与功能特性方面扮演一种关键角色[21]。这样，生物膜特性的研究就逃离了脂生物化学家的轨道，而变成蛋白质专家，特别是分子生物学家的领域。

这些接管以多种方式发生。分子生物学家获得了重要经费支持——经常以牺牲其他研究人员的资助为代价。他们掌控学术刊物——通过创建新的、专注于分子科学的出版物，或改变已有刊物的方向[22]。分子生物学家也接管大学——通过将分子生物学引入到课程体系中，或者更常见的是，将生物化学或遗传学课程予以升级。在这场争斗中尤为重要的是，对教学及科研方面职位的描述，以及对候选人的选择方面。在以上两个方面，分子生物学家都清楚地成了最后的赢家。

后面的章节将描述这一新科学被引入到主要生物学学科后的结果。但此时我们需理解的是，分子生物学家是如何能够接管并将他们对生物学的新视角强加给整个生物学共同体的。这项调研将局限在法国，在那里分子生物学的滞后引入，以及勒沃夫、雅各布和莫诺等先驱研究小组的孤立，使得这种夺权过程及之后发生的生物学分子化变得更加壮观[23]。

对于"辉格党"科学史学家而言，如果聚焦于将科学解释为无止境进步的话，这并非顺理成章。他们会争辩说，分子生物学之所以成功，原因仅仅在于其价值和结果的美感，以及其所开启的新研究领域等。相比而言，对于科学社会学家（或者至少是对于他们中最为教条的那部分人）而言，新科学并不具客观优势。优势仅仅是冲突的产物，并非胜利的原因。因此需从学科的策略而非其科学理论的价值角度来考虑问题。

麦克斯·普朗克（Max Planck）争辩说，一种新的理论只有在其旧理论的铁杆支持者已经死亡情况下才会被接受。然而，如果普朗克的这种解释正确的话，分子生物学的胜利也就来得太快了！

不可否认，分子生物学是一门扣人心弦的科学。这其中的首要原因在于其简单而适合于教学的那些模型（见第 29 章）。构建这些模型并非普及这门科学的一种方式，而是形成了分子生物学家在日常工作中所使用的基本工具。它们使得分子生物学充满魅力。就以雅各布和莫诺的调控模型为例吧：有多少年轻的生物学家不是因为这些似乎能澄清生物学现象复杂性的模型而对生命现象入迷呢？早在 1944 年，薛定谔那本清晰而简洁的著作就吸引了许多年轻物理学家进入生物学领域。20 年后，雅各布和莫诺所提出模型的令人鼓舞的光彩内容又将一批年轻的生物学家从传统生物学科吸走。

这些模型颇具说服力，因为激发这些模型被提出的逻辑，以及它们所揭示的生物世界的景象，与媒体和其他学科所展示的世界景象是和谐统一的。用信息、记忆、密码、信使或负反馈这些概念来解释生物体功能时，涉及使用一套众人皆知的语言与图像。

无论你可能怎么想，分子生物学所产生结果，并未立刻使人人都信服这种研究方法的价值。正如我们将看到的那样，将新科学延伸到多细胞生物研究方面被证明比我们所预期的要困难得多。人们获得的新结果很少，将知识往前推进也被证明是艰难的。科学社会学家的推断至少部分正确：分子生物学的获胜并非简单地只是基于事实的战场。

在法国，分子生物学家的掌权得到 1965 年诺贝尔奖被授予给雅各布、莫诺和勒沃夫这一事实的帮助。诺贝尔奖赋予获奖者巨大名望，使得他或她在其领域相关决策过程的所有层次——包括招聘、经费分配和新实验室的建造等——都具影响力。被任命为富有声望的法兰西公学院的教授，并于 1971 年成为巴斯德研究所所长的雅克·莫诺能直接干预法国分子生物学的发展。但是，这种政治权利是诺贝尔委员会所进行的科学评判的产物：在雅各布和莫诺的例子中，诺贝尔奖的归属认可了一项已经被科学界公认的根本性科学发现。从雅各布和莫诺在获得诺贝尔奖以前的 1961 年冷泉港学术大会上被给予了尊贵地位这一事实就说明了这一点。

简-保罗·哥迪莱利（Jean-Paul Gaudilliere）解释了莫诺和巴斯德研究组对法国分子生物学发展的介入，实际上发生在他们获得诺贝尔奖以及获奖所促进的工作被国内和国际认可之前。法国分子生物学发展的主要动力并非法国国家科学研究中心，也非大学，而是法国国家科学与技术部（DGRST）。1961 年开始运行的法国国家科学与技术部由总理直接控制，被赋予弥补法国科学落后的使命。这是戴高乐政府的一个创举。

其目的是绕过法国的机构与大学系统中臃肿的行政机构来为法国科学的复兴努力。

　　法国国家科学与技术部的主要任务之一便是推动分子生物学发展。给予这个学科的优先权，是分子生物学家与戴高乐将军班子里那些负责制定新科学政策的人之间个人关系的结果。这些联系在第二次世界大战期间的法国抵抗运动中得到建立，并在1955—1960年的一系列行政和学术会议——如在卡昂（诺曼底）举办的那次——中得到加强；所有这些会议的目的都是重组法国的研究机构和大学。因此，使法国国家科学与技术部所采取的行动成为可能的政治接触，在分子生物学法国学派达到其顶峰之前很久就已被建立。

　　分子生物学的一些法则在1965—1972年被证实。克里克在1957年提出的序列假说——一种蛋白质的结构仅决定于其氨基酸序列（见第13章）——通过一种具有生物活性的酶——核糖核酸酶A——只需利用氨基酸就可以在体外进行人工合成这一事实而得到证实[24][①]。这一时期最令人吃惊的进展，当属通过对其晶体的X射线分析而描述的蛋白质三维空间结构[25]。对酶的第一批晶体学分析结果致使研究人员提出了若干酶催化的模型（见第21章）[26]。

　　这些发展并非一定是分子生物学的成果。事实上，它们只是一条漫长道路的延伸，它开始于许多年前威廉·阿斯特伯里、莱纳斯·鲍林和约翰·伯纳尔解析生物分子结构的尝试。这些结果并非与该新学科的核心内容——细胞内信息交换的机制——相关。在这一关键内容方面，人们并未获得大的进展。对基因表达调节机制的研究，仅仅使雅各布和莫诺提出的那种充满诱惑力的简单模型复杂化了。除了负调控之外，其他机制，如正调控，也被证明扮演了一种角色。主要生物过程——复制、转录和翻译——的分子机制都得到阐明，至少在细菌中。在第一种能在体外复制DNA的DNA聚合酶I被发现之后，另一种DNA聚合酶III被发现负责细菌细胞体内DNA的复制（见第19章）[27]。相似地，RNA聚合酶——将DNA拷贝成RNA的酶——也被纯化，并且其作用也被描述。一种小的蛋白质亚基σ因子被发现通过精确地将RNA聚合酶定位于基因的上游而负责其转录过程的起始[28]。

　　在此期间，研究人员鉴定了许多蛋白质合成所需的因子，并开始全面认识核糖体的结构：由野村真康（Masayasu Nomura）开启的从其被分离开的RNA和蛋白质组分开始，重新构建核糖体这一实验尤其令人吃惊[29]。分子生物学家也结晶了转移RNA（tRNA）分子，并开始测定其三维空间结构[30]。同时，通过应用不同的技术，对信使RNA和病毒RNA的结构也进行了研究，但并无任何决定性突破。

――――――――――

① 在此之前，中国科学家在1965年人工合成了具有生物学活性的胰岛素，证实了该假设。——中译者注

分子生物学家也开始测定核酸的序列，从细菌并最终从动物中分离和纯化了首批基因，也化学合成了一种对应于转移 RNA 的基因[31]。涉及基因操作的研究极其复杂（这点可以从论文作者的数量看出）和困难，因为所使用的技术还比较粗糙原始。

许多分子生物学家都意识到，他们学科的最新前沿是对多细胞生物开展研究——功能发挥过程、发育过程和病变机制等。但是，对多细胞生物开展分子研究被证明极其困难。小鼠每个细胞的细胞核中 DNA 的含量比一个细菌细胞大约多 1000 倍，其遗传信息的复杂程度也相应增加。此外，因为一种多细胞生物中存在大量不同种类的细胞，纯化一种小鼠的蛋白质比纯化一种细菌的蛋白质自然也困难得多。从大肠杆菌细胞中分离出一种调节转录的蛋白质已经够困难了（对乳糖操纵子和 λ 噬菌体的阻遏蛋白的分离花费了五年多）。这在小鼠中几乎不可能。与分子生物学现在进入了一种常态科学的阶段的感觉相结合，这些困难导致分子生物学家中某种危机的发生，弗朗索瓦·格罗斯对此历史现象做出了很好的总结[33]。

1965—1972 年，并非一切都黯淡。那些以前除了大肠杆菌和噬菌体以外从未研究过其他生物的研究人员，当然需花费一定时间才能习惯于蠕虫、苍蝇和小鼠的复杂性。但是，这一时期在建立提取 RNA 和 DNA 的方法以便对多细胞生物进行分子研究这方面有进步。来自不同学科的专家——胚胎学家、细胞生物学家、分子生物学家——之间的联系被建立起来，不正式的交流网络形成了，不同实验室开始聚焦于相似的研究对象。很显然，这些年的工作对于生物学的分子化是必需的。

20 世纪 60 年代，"分子"这个词的使用如野火一般扩散。如果相信那时的几位科普读物作者所言，一切都分子化了：包括药理学、神经生物学、内分泌学甚至医学[34]。一批受到过分子生物学训练的年轻研究人员出现了，同时这个领域的最新技术被引入到生物学实验室：在跟踪 RNA 或蛋白质的合成过程中可以利用被标记的分子，在提纯 RNA 或蛋白质分子时可以利用超速离心技术和层析技术，在鉴定这些分子时可使用电泳技术等。这种研究人员的出现和这些技术的引入是不同领域被分子生物学概念和模型入侵的结果。尽管一位传统的生物学家将用生理学或细胞学术语来表征一项生物功能，但分子生物学家——或最近在这门新学科中重新受过训练的生物学家——却会去分离负责这种功能的分子（一般都是蛋白质）。

因此，在内分泌学（研究激素及其作用机制的科学）或神经生物学中，研究的目标是分离出与激素或神经递质结合以及产生所观察到的细胞效用的蛋白质（受体）。类似地，药理学家试图分离作为药物靶标的蛋白质（这些大分子被称为受体）。

受体概念在分子生物学出现之前就存在，但它完美地融合进了这门新科学的模型之中。变构理论解释了像激素这种小分子是如何结合到受体上而使受体蛋白质构象发生变化的，从而使后者能够与其他分子发生相互作用，将激素或药理学分子携带的信号传入细胞内部。在医学领域，人们的目标是用分子术语来描述病理过程。早在 1949 年，莱纳斯·鲍林便建立了一个范例。他描述了镰状细胞贫血患者中所观察到的血红蛋白分子结构的微观变化与导致疾病的红血细胞中的宏观变化之间的因果链（见第 12 章）[35]。

然而，生物学的这轮分子化现象也不能被过高估计。许多实验室——现在也在其名称中逗乐性地加上了"分子"字样——一如既往，研究目标依旧，方法依旧。简 - 保罗·哥迪莱利已经揭示，法国科学与技术部的"扶持分子生物学的协调行动"经常对所涉及实验室开展的研究而言影响甚微[36]。

此外，生物学的分子化，经常涉及的是生物化学而并非分子生物学技术和模型的引入。只有少数几个研究小组开始直接研究基因与基因调控。在部分情况下，这可以被解释为坚持了在分子生物学出现之前就已经存在的研究传统和实验系统。然而，在另外一些情况下，合适分子技术的缺乏阻止了研究人员转向分子水平的研究，或者当最初的尝试未获成功时，导致他们重新回到生物化学的研究路径[37]。

对于像胚胎学、神经生物学和免疫学这样一些以过度分子化著称的研究领域而言，这种审慎态度可能是可取的。所有这三个学科都几乎同时采纳了 RNA 可能负责细胞之间信息传递这样的观点。

在胚胎学领域，有几个研究小组争辩说，诱导效应——一种给定类型的细胞能够诱导其他细胞进行分化的可能性——是 RNA 分子从诱导细胞向被诱导细胞转移所致。20 世纪 30 年代进入一个死胡同的胚胎诱导学说因此获得了新生（见第 8 章）[38]。

从 20 世纪 60 年代初开始，免疫学研究已经表明，抗体合成是不同类型的细胞之间相互协作的结果：巨噬细胞捕获并转化抗原分子，而抗体则由淋巴细胞产生。有几个研究小组的结果显示，特异抗体合成所需信息以抗原 -RNA 复合物的形式从巨噬细胞被传递到淋巴细胞[39]。

然而，正是在神经生物学领域，特别在对记忆的研究中，这种伪分子研究方法似乎获得了最令人吃惊的成功[40]。20 世纪 60 年伊始，瑞典的霍尔格·海顿（Holger Hyden）——使用显微分光光度测量技术——和美国的路易斯（Louis）及约西发·弗莱斯勒（Josefa Flexner）夫妇对大鼠的研究，以及詹姆斯·麦克科尼尔（James McConnell）对一种叫涡虫的小蠕虫开展的研究表明，生物大分子（RNA 或蛋白质）的合成对于记忆的形成，以及特别是条件反射的获得都是必需的。

就其本身而言，这并不怎么令人吃惊。就像任何生物过程一样，记忆需要一定数量的基因被转录及相应蛋白质的合成。但是这些论文的作者发挥过头了，他们提出，在这些动物中存在一种记忆和行为的分子编码。无论是研究涡虫的麦克科尼尔，还是研究大鼠的艾伦·雅各布森（Allan Jacobson）都声称，特异的行为能以 RNA 分子的形式从一个受过训练的动物个体转移到一个未受任何训练的"天真"个体。这些结果发表在最有声望的科学期刊，并被媒体广泛宣传，这既引发了兴奋也引发了主要的担忧。比如，涡虫能够进行学习这种可能性，以及所用材料的纯度等都受到质疑[41]。

1966 年，若干研究人员联合撰写了一篇论文指出，未能重复出以上实验的基本结果——即通过注入富含 RNA 的大脑抽提物，将特异的行为从一个受到过训练的大鼠转移到另一个未受训练的大鼠[42]。20 世纪 60 年代末，乔治·安格（George Ungar）的实验结果支持存在这样一种转移的可能性，但他揭示，相关的分子不是 RNA，而是一种与 RNA 结合的肽。在随后几年中，安格将其初始观察推广到不同类型的获得性行为方面——如对声音的适应和对黑暗的恐惧等。他纯化了这种相关的肽，并测定了其氨基酸序列。他争辩说，这些结果揭示了一套记忆密码的存在。从偏爱一种颜色的受训动物大脑中所提取的肽（安格称这些蛋白质为"辨色素"）都具类似的氨基酸序列，部分保守，部分可变[43]。按照安格的解释，保守序列对应于偏好行为，而可变序列则对应于所喜好的颜色。安格似乎正处于发现记忆密码的门槛上。但他的研究工作的质量日益受到批评，正如他的行为一样。他越来越少地在专业学术期刊上发表文章，仅将其结果发布给新闻界或科普杂志[44]。

这些有关记忆的分子理论被逐渐蒸发了，因为其实验数据或者不可靠，或者非专一。1975 年，脑啡肽和内啡肽（吗啡的内源性类似物）——其中有些对记忆有影响——的发现为记忆转移实验数据提供了另一种解释。安格鉴定出来的肽与内啡肽属同一分子家族，对记忆具非特异性影响[45]。

在所有这三种情况中——记忆的分子基础、胚胎的诱导及抗体的形成——RNA 分子（或安格实验中的蛋白质）被看作是信息容器或信息运输者。它们都整合了作为分子生物学特征的生物学的信息观。但这种研究带有直接了断的还原论色彩，从观察到的生物现象直接就走到了生物大分子，无视生物器官或细胞中所发生的事件。在抗体形成的实验中，就像对胚胎诱导的研究一样，所观察到的效应暗示，细胞之间发生了相互作用。在动物行为的获得性这一例子中，已经知道大脑的不同区域参与不同的行为过程，因此，这就需要信息通过一个神经网络进行传递。

对这种分子时髦现象的一种解释是，将有关科学事件加一政治边框。20 世纪 60 年代，分子生物学家希望将尽可能多的生物现象还原到分子水平。随着时光的流逝，分子生物学领域变得日益强大。它与传统生物学领域之间的斗争变得更为微妙：分子生物学家渗透进其他学科，转变它们，然后逐渐取得控制权。一旦获得胜利，停战协议将在双方同意尊重对方研究方法特殊性的基础上达成。

一种更偏向心理学和概念化（而非社会学）的互补解释也可能合理。许多很少或根本没有受过传统生物学训练的分子生物学家带着某种天真和无知转向对复杂生物现象的研究。他们对多细胞生物的研究导致他们明白，生命事实上具有高度的组织性，这并非令人吃惊。这依次导致了一种新的研究"范式"的建立，它既非分子的也非细胞的，而是某种完全不同的东西。

# 第 16 章　遗传工程

遗传工程涉及对基因的操纵、分离、鉴定和修饰，以及将基因从一种生物转移到另外一种生物的过程。这个术语现在似乎稍微有点过时，对它的使用也在减少，因为它可能已经被不太准确的"生物技术"一词取代，但仍旧没有更好的词汇可以用来描述这种研究路径。因为遗传工程实际上是一种技术而非一门科学，所以精确描述其历史并非容易。科学史经常由对一系列实验和使实验能够被理解的理论的详细记述组成。但是一种新技术的建立却不能被描述为由一些基本步骤组成的线性连续过程。当一种新技术出现时，一整套单独看并不重要的元件将相互关联形成一个网络，并呈现出新的重要性。这些元件中有一些很清楚可以被定义为技术进步，这种进步是为了完成它们在网络中的功能而发展起来；另一些元件则是属于之前未被利用过的旧的科学发现，但通过整合到网络中后呈现新的重要性。最后，网络中的一些元件可能完全不是什么发现，只是一些通过节省时间和精力而使一项任务得以完成的次要的技术改进。比如，测定核酸序列的技术在 1970 年之前就已存在，但它们的发展是如此的缓慢和困难，所以直到 1975—1977 年，快速测序技术被建立之后，遗传工程领域才得以腾飞[1]。

这种技术网络体系的精确边界也难以被定义：遗传工程得益于如免疫学和生理学这样的生物学其他领域中所出现的新发现和新技术——比如单克隆抗体的发现或体外受精技术的发展。这些技术被整合进遗传工程技术体系中，使之更丰富，使之被修改，尽管这些技术本身仍然是其他技术网络体系的一部分。

故意改变一种生物的遗传组成的想法，像遗传学本身一样历史悠久。1927 年，当摩尔根的学生赫尔曼·穆勒发现 X 射线可以诱导突变产生时，这种想法似乎朝现实迈进了一步。但是，这种方法存在局限性，因为它诱导的突变就像自发突变一样随机：它们的频率可以增加，但它们的特异性无法改变。依照奥斯瓦尔德·埃弗里的看法，只有在肺炎球菌的转化中才可能"通过化学的途径……诱导产生可预测的和特异的变化，这些变化随后能像遗传性状一样代代相传。[2]"后来在其他细菌中也发现了转化现象，以及接合和转导现象，这些发现共同强化了一种生物的遗传组成可以被故意修改的概念。

"遗传工程"这个术语在遗传操作实验出现之前就存在。它最初是指对一种生物的遗传组成所进行的任何可控的和故意的修饰，无论是通过经典遗传学手段——将携带特定基因的生物之间进行杂交——还是未来通过将被分离的基因进行操作并引入到另外一种生物中的非杂交技术。

分子生物学家们很快就认识到，直接的基因操作可能具有巨大应用前景。1958 年，爱德华·塔特姆写道：

伴随着对个体发育和细胞分化过程中基因功能及其活性调控方面更加全面的认识，这些过程可能被更加有效地控制和调节，不仅要消除在发育的生物个体中出现结构或代谢上的错误，而且要产生性状更为优良的生物个体……这可能分阶段进行：从体外对更加有效的酶的生物合成，到对应的（编码这些酶的）核酸分子的生物合成，然后将这些分子引入到生物的基因组中——通过注射、使用病毒或一种类似转化的过程将基因引入到生殖细胞中。另外，通过使用一种涉及定向突变的过程或许可以达到相同目标[3]。

1969 年，乔舒亚·莱德伯格为大英百科全书年鉴撰写了遗传学条目，他预言了新遗传学的非凡应用前景：病毒将被用来把新的基因引入到人或植物细胞的染色体中，因此为人类遗传性疾病提供一种可能的治疗途径，或者为改良作物提供一种方式[4]。病毒曾被广泛看作是引入新基因时可供选择的载体；人们知道，像噬菌体感染细菌一样，致瘤病毒将自己整合到被感染细胞的染色体中，并因此而改变宿主细胞的性状（见第 18 章）。但是，这种转化细胞的能力似乎并非仅局限于病毒。早在 1962 年，通过外源 DNA 而直接将多细胞生物的细胞进行转化的实验就显示了正的结果，尽管这些实验无法被重复[5]。对 DNA 片段的分离纯化，以及 1970 年对一种基因的完全人工合成（见第 15 章）的结果表明，对基因进行操作是可能的。但是，没有任何迹象表明分子生物学处在一次甚至比 20 年前由双螺旋结构的发现所引发的还更为彻底的革命的前夜。对基因进行操作似乎仍然是一个艰难的目标，仍然位于遥远的、模糊不清的地平线上。

历史学家在遗传工程的起源方面尚未获得共识。一些人把它看作是一种自然的发展过程，在第一批遗传工程实验进行之前的几年时间里就大概能预期到[6]。另一些人争辩说，能够在精确的位点切割 DNA 的限制性内切酶的发现、鉴定和使用起了决定性作用。这似乎是诺贝尔奖委员会的观点，因为 1978 年与遗传工程有关的第一个诺贝尔奖被授予了维纳·阿博（Werner Arber）、哈密尔顿·史密斯（Hamilton Smith）和丹尼尔·雷瑟斯（Daniel Nathans）。阿博首次表征了被称为"限制"的现象——即某些细菌能够通过限制性内切酶的作用，降解（切割）任何被引入到细菌中的外源 DNA[7]。史密斯是纯化并表征这些酶的首批科学家之一[8]。雷瑟斯用这些酶将 SV40 病毒的 DNA

切割成片段，从而得到了该病毒基因组的后来被称作物理图谱的结果，这是病毒 DNA 完整序列被测定的前奏 [9]。

依我之见，遗传工程的开始以大卫·杰克逊（David Jackson）、罗伯特·瑟蒙斯（Robert Symons）和保罗·伯格（Paul Berg）在斯坦福大学完成并于 1972 年发表在《美国国家科学院院刊》上的实验为标志 [10]。该文描述了怎样在活体内获得一种既含 SV40 致瘤病毒 DNA，也含一种包括了大肠杆菌乳糖操纵子的被改造过的 λ 噬菌体 DNA 的杂合 DNA 分子。

为了实施这项研究，保罗·伯格首先利用由加州大学旧金山分校的赫伯特·博耶（Herbert Boyer）小组所提供的限制性内切酶 *EcoRI* 去切割两个母本 DNA 分子。所获得的 λdvgal 片段以及 SV40 DNA 的末端然后被另一种酶——末端转移酶所修饰，被分别加上腺嘌呤和胸腺嘧啶的重复序列。这两种重复序列之间能够相互形成配对，导致来自噬菌体 λ 和来自 SV40 的 DNA 片段之间的相互结合。然后通过 DNA 聚合酶和 DNA 连接酶将前面结合在一起所形成的环形杂合 DNA 分子的末端补齐并封闭，整个操作也就结束了，得到一种含有分别来自 λ 噬菌体和 SV40 病毒的 DNA 的杂合环形分子。

严格地说，伯格所使用的实验步骤中，无一是原始创新的。限制性内切酶已经被用于切割过 SV40 病毒的 DNA，上述连接酶和末端转移酶的效应也已知——特别感谢阿瑟·科恩伯格小组在连接酶方面所开展的工作（见第 19 章）。

通过末端转移酶的作用在 DNA 的末端加上分别由腺嘌呤和胸腺嘧啶组成的重复序列来融合两个 DNA 分子的想法，之前被莱德伯格在提交给美国国立卫生研究院的经费申请书中提议过 [11]。最终，皮特·罗班（Peter Lobban），伯格所在系的一名学生，已经开始试图在体外将来自 P22 噬菌体的两个 DNA 分子结合在一起 [12]。但伯格的文章具有原始创新性，因为它报道了一种重要结果、多种技术和一种清晰的未来展望。它首次描述了来自不同物种的 DNA 分子之间进行体外遗传重组的实验。

遗传重组，即原先各自分离的基因之间的结合，在细菌和多细胞生物中都是一个随机发生的自然过程。但它被认为总是在同一个物种的不同个体所携带的基因之间发生，或者在最为极端的例子中，是在病毒的基因与被病毒所感染的宿主细胞的基因之间发生。在伯格的实验中，细菌的基因与来自猴子病毒的基因被连接在一起。更进一步说，伯格同时使用了构成任何一种遗传工程实验基本工具的多种酶：切割 DNA 的限制性内切酶、使两个 DNA 分子连接在一起的连接酶、降解 DNA 的外切酶、修补 DNA 的 DNA 聚合酶、使 DNA 分子末端具有“黏性”的末端转移酶。

伯格的实验表明，所产生的 DNA 分子可以被整合入哺乳动物细胞染色体中。但是，因为这种 DNA 分子也拥有来自 λ 噬菌体的 DNA 序列，它因此能够在细菌中进行自我复制。在论文中，伯格与其同事清楚描述了这种遗传操作的双重用途：将基因引入到特定物种中以及利用细菌将在体外创造的杂合 DNA 分子进行扩增。

因此，伯格与其合作者的这篇文章具有与沃森和克里克在 1953 年发表的那篇文章同样的奠基性价值。作者将可能散布于其他实验和文章中的一系列基本技术元件进行了组合，产生了一个研究项目、一系列技术以及一项本身就很重要的结果。这篇文章是一件科学艺术品[13]。

为了给出这些开创性遗传工程实验的一种全貌，大约在同一时期获得的另外三项实验结果需在此予以补充[14]。首先，在 1972 年，简利特·墨茨（Janet Mertz）和罗纳德·戴维斯（Ronald Davis）发现，限制性内切酶 *EcoRI* 对 DNA 的切割并不干净，而是留下一种黏性末端——这样的被切割分子之间能重新黏连成原来的分子，或与被同一种限制性内切酶切割过的其他 DNA 分子黏连[15]。这个结果表明，可以绕过末端转移酶，从而显著简化体外重组过程。大约在同一时期，由赫伯特·博耶和斯坦利·柯恩（Stanley Cohn）所领导的小组使用了一种新的、λ 噬菌体之外的细菌 DNA 载体。

作为一类环形 DNA 分子，质粒于 1965 年被发现。它们携带有能使细菌抵抗抗生素的基因，并能够在细菌细胞里进行自我复制，通常在一个细胞内即可产生多达几百个拷贝[16]。第一种携带几种抗生素抗性基因或 / 和来自不同细菌菌株 DNA 序列的重组质粒在 1973 年和 1974 年被构建。这些质粒能穿入到大肠杆菌细胞中，然后它们所携带的基因可能被表达——即使这些基因来自像沙门氏菌或葡萄球菌这样的其他细菌种类[17]。最后，在 1974 年，由柯恩、博耶和他们的同事所实施的一项实验表明，来自爪蟾的 DNA 一旦被导入细菌中并进行拷贝后，被转录成 RNA。于是使细菌合成一种来自多细胞生物的蛋白质的可能性变得更为现实了[18]。

许多科学家曾为保罗·伯格在其文章发表于《美国国家科学院院刊》之前就向外宣布实验结果感到担忧。他们害怕伯格的研究可能制造携带有致癌基因的大肠杆菌菌株。这些细菌有可能从实验室逃出并将其基因散布到人群中（人类是大肠杆菌的天然携带者）。这些担忧在 1973 年 6 月 11—16 日于美国新罕布什尔州召开的一次会议上被公开表达。三个月后，在 1973 年 9 月 21 日，作为那次新罕布什尔会议的主席，麦克逊·辛格（Maxine Singer）和迪特尔·索尔（Dieter Soll）在《科学》杂志上发表一封信，呼吁成立一个委员会来调查体外遗传操作的可能后果[19]。而后在致《美国国家科学院院刊》和《科学》杂志的信中，伯格赞成对该类研究实行部分暂停，并呼吁召开一次会议以确定何种条件下可以实施此类实验[20]。

会议于 1975 年 2 月 24 日在加利福尼亚州的阿西罗马（Asilomar）举行，其主要内容是报告那些使用这种新技术的实验。只有一天被专门用于讨论这些技术的潜在危险性。由保罗·伯格、大卫·巴尔的摩、悉尼·布伦纳、理查德·罗布林（Richard Roblin）以及麦克逊·辛格执笔撰写了一篇关于这些讨论意见的报告，发表于 1975 年 6 月 6 日出版的《科学》杂志上 [21]。这次会议试图列出这种新的实验技术所具潜在危险性清单及需采取的预防措施。

最后的结论是：研究工作可以重新开始，但需采取严格的物理和生物防护措施以限制其危险性。物理防护涉及限制潜在病原体与实验者或环境之间的任何接触。这包括从实施实验期间需穿实验服和戴手套，到微生物实验室所强制执行的灭菌规则，以及使用通风橱，甚至使用比正常环境具有更低大气压的隔离间，并通过气闸室将实验室与正常环境分隔开。生物防护涉及利用经改造过的、无法在实验室以外的环境中存活的生物开展体外重组实验。

重组遗传实验根据其所涉及 DNA 是来自细菌、动物病毒还是真核细胞而进行分类。主要危害与最后这种类型的实验相关：人们认为真核生物的基因组含潜在致病的未激活病毒，特别是致癌病毒。随意操作真核生物 DNA 可能面临将这些病毒 DNA 序列整合到细菌基因、随后传播至人群的危险。利用动物病毒开展的体外遗传重组实验似乎危险性更低，除非所用病毒具有潜在致癌性。在这种情况下，只有当与致癌性转化有关的基因被剔除后，遗传操作才会被批准。

到目前为止针对细菌 DNA 进行的重组实验危险性最低。的确，细菌细胞之间交换遗传信息是天然现象。唯一危险的实验是那些涉及高度致病性的细菌或者编码细菌毒素蛋白质的 DNA。此类实验被彻底禁止。

每一类实验都被划归一种危险等级，对应不同的危险程度存在不同的被建议的防护措施。根据该报告的总体思路，所建议的防护措施是临时性的，预期将随着生物防护技术方面知识的增加和技术的改进而演变。

1976 年 1 月，阿西罗马建议被美国国立卫生研究院采纳为在美国境内实施的精细规则。在英国，同一时期发表的威廉斯报告也建议若干类似措施 [22]。在法国，一个 1975 年成立的国家科学与技术部的专门委员会负责将项目进行分类并制定安全规则。鉴于不存在专门的法国规则，这个委员会就参考了美国国立卫生研究院和英国威廉斯报告中所提出的建议开展工作。

随后在媒体上爆发了一场关于重组 DNA 的大辩论，特别在阿西罗马会议之后，并在 1976—1977 年达到白热化 [23]。实际上这样的争辩不止一次，而是多次，都以具有相当程度的混淆为特征。这些体外遗传重组新实验所展示的应用可能性，以及与这些新技术相关的潜在危险性，随着时间的流逝发生了改变，至少从两组持相反观点的人群所表述的意见看是如此。

在 1971—1972 年的科学界很快就变得明朗的是，人们主要担忧可能会把原癌基因引入到大肠杆菌细胞中。保罗·伯格的实验是这种担忧的焦点，因为实验中使用了来自一种致癌病毒的 DNA。这种担心在 1970—1975 年变得更加强烈，因为当时大多数分子生物学家倾向于接受癌症由病毒导致这种模型（见第 18 章）。

尽管存在潜在危险，甚至可以致癌，但还是有许多实验室对病毒进行了多年研究。这些研究以前从未引起过任何忧虑。随着第一批遗传工程实验的进行，一组新的、几乎不熟悉传统生物学学科或者不熟悉病原生物实验室防护措施的分子生物学家，开始研究致癌病毒。对这些在 DNA 和限制性内切酶的操作方面受过良好训练，但不熟悉传统预防措施的实验者而言，出现事故的危险性显得更高了。

在这些最初的争论中，只有少部分人担忧，这些遗传操作会产生新的能够繁殖并壮大自己、进而对其他现存物种产生损害的细菌和动物。类似地，担心对人类基因的操作，会产生试图控制和改造人类基因组的优生计划，这样的人也几乎不存在。

在阿西罗马会议之后，一切都变了。用于开展最危险类型遗传学实验的实验室的建造，引起一系列冲突。1976 年夏天，当哈佛大学准备修建这样一个实验室时，其所在的剑桥市的市长反对这个计划。他争辩说，研究工作的进行应当是为了普通大众的利益，而不是获得诺贝尔奖。经过延续了几个月的调查听证以及专家咨询之后，市议会否决了市长的决定，同意建造这样一个实验室[24]。

原本是专家之间的争论扩散到了公众领域。反对进行 DNA 重组实验的争论在大范围内进行——新的病原性物种的产生和致命性流行病的引发，似乎都成为主要的危险性。从更长远来看，重组 DNA 实验面临着鼓励人类去控制自身和自然的危险；它也会导致产生一种对人类的唯遗传学观，导致优生学政策的出台。

对重组 DNA 技术的批评，是远为宽广的对科学、科学与资本主义之间联系以及"科学－军事工业复合体"进行严厉批评这股潮流的一部分。这些批评意见所表现出的担忧，似乎通过主要化学和制药公司对这些新技术所表现出来的兴趣而得到证实。对于遗传工程的反对者而言，这种兴趣既揭示了科学与商业之间业已存在的关联，也预示它们之间将要形成更为紧密的联系——这将倾向于剥夺科学研究所仍然具有的那点独立性和创造性。

贯穿于整个时期，重组 DNA 技术支持者所依赖的科学论据多少保持不变。他们宣称，潜在的有益应用证明开展基础研究是合理的。他们希望这项技术能导致对多细胞生物基因的分离、鉴定以及对它们的构造和调控方面的研究。这项新方法学被指望用来发现真核细胞分化及细胞之间的通信机制是涉及基因组结构及调控的新模式呢，还是仅仅为细菌原核细胞中那些观察到的机制的微小变动[25]。

由支持者所提出的有关遗传工程这种新技术的潜在应用价值，只限于在这个漫长争议过程中被不断重复引用的几个例子。他们声称遗传工程可以：改造细菌细胞，使之合成具有临床应用价值的人类蛋白质产品，比如胰岛素、干扰素等；改造植物使之抗虫、抗病或者固定空气中的氮（这样就能避免使用昂贵的富含氮的化肥）；纠正人类的遗传"错误"。

越来越多的科学家也希望，科学研究能够在无障碍或不限制未来实际应用的环境中进行。1977年，实际上整个美国科学界在美国科学院院长的带领下，利用这些论点作为他们反对麻省参议员爱德华·肯尼迪（Edward Kennedy）所提出的那些限制研究的政策的依据。

大量前所未有的实验数据很快就积累起来了。争论也很快平息下来，开始时极其严格的安全规则慢慢放松到之前的水平。许多或多或少合理的理由支持了这些变化。这种态度的转变并非由于建立了更为有效的生物学防护手段，或者证实了那些防护方法足已阻止开展重组DNA实验期间所可能被分离到的任何致病基因的扩散。相反，它是1976—1978年召开的几次旨在评估这种扩散危险性会议的直接结果。科学史学家苏珊·赖特（Susan Wright）揭示，那些遗传工程技术的支持者，利用这些会议来使科学界和普通公众信服并不存在什么危险性[26]。讨论只集中在由重组细菌引起流行病的危险性，而不是操纵DNA的技术员或研究人员所面临的潜在危害。进一步说，这些会议所产生的报告并不总是准确反映了这场辩论——比如，它们没有提及，那些补充实验已经被委托，或者这些实验的结果尚不知晓。

当人们认识到真核生物的基因一般是断裂的，即被许多长的非编码DNA序列所打断，以及要形成一种有功能的信使RNA分子必须先要删除（"剪接"）这些非编码序列这一事实时，显然，将一个基因从真核生物转移到细菌中所面临的危险性也就降低了。由于细菌缺乏进行"剪接"所需的分子机器，一个被直接导入到细菌中的真核生物基因就不会表达产生蛋白质（见第17章）。

使人们逐渐信服遗传工程之安全性的原因是，尚无任何意外事故发生。换句话说，是经验让大家信服了。至于遗传实验可能在未来导致物种的修饰——人类可能笨拙地去试图控制自身的演化而使优生学卷土重来——等方面的恐惧，即使这些实验结果的实际后果仍旧有限，遗传工程的早期结果和正在发展中的技术改进也难以使之消除。

早期实验表明，在体外进行遗传重组，并将这种重组产物导入到细菌细胞中是可能的。但是，在这些实验打开一条通往研究真核生物的基因之路前，我们需建立分离这些基因的技术。

对此，人们尝试了两种互补的研究路径。第一种由哈佛大学的汤姆·马尼亚蒂斯（Tom Maniatis）小组所选择，涉及一条从蛋白质到基因的路径，这需要选择一种特定蛋白质被大量合成的细胞或器官[27]。红细胞前体即为这样的一个例子，其中血红蛋白被大量合成。在这些细胞里，编码血红蛋白的信使 RNA 以很高的水平存在，在细胞总的信使 RNA 中占据非常大的比例。这样的信使 RNA 分子可以被相对有效地纯化（比如通过离心），然后在体外利用反转录酶（即由特明和巴尔的摩在反转录病毒中发现的那种酶）制备出"互补的"（complementary）DNA（简称为 cDNA），然后将其插入到质粒或者噬菌体载体中，在细菌细胞中进行扩增[28]。

这种研究路径存在两个缺点。第一，用这种方法所获得的基因缺乏生物活性，因为它们并不携带位于基因上游的那些调控信号（特别是"启动子"DNA 序列）。正是这些调控序列才使得 RNA 聚合酶能识别这些基因，并将其拷贝成信使 RNA 分子。第二，这种实验方法只适合用于分离在细胞中含量丰富的那些蛋白质所编码的基因。

另一项是克隆（cloning）技术，由大卫·赫格里斯（David Hogness）小组建立。他们研究的对象是果蝇，希望分离到经典遗传学分析表明对果蝇发育重要的那些基因（见第 22 章）。对这些基因的产物即使有任何知晓，也极少。在这种方法中，整个基因组的 DNA 被限制性内切酶切割成各种不同大小的片段，然后将它们插入到质粒或噬菌体载体中，最后被转入到细菌中[29]。所产生的是一个异质性的细菌群体，即每一个细菌细胞所含质粒或噬菌体携带的是基因组的不同部分（片段）。这样的一种细菌群体被称为一种基因组文库（genomic library）。将细胞内所有的信使 RNA 分子拷贝成互补 DNA，然后将所有这些不同的互补 DNA 分子整合到质粒载体中，再将这些重组质粒转入到细菌细胞中，同样也可以创建一种互补 DNA（cDNA）文库。

只有当那些含有所期望得到的基因或互补 DNA 片段的细菌能够被有效分离时，这种文库才有用。具体步骤如下：组成文库的细菌先通过稀释被各自分离开，然后让它们在培养皿表面形成相互分开的菌落①。含有拟被研究的基因的菌落将通过利用该基因 DNA 的一个片段或是相似基因的 DNA 进行分子杂交而被特异筛选出来。这样，比如，在 1976 年马尼亚蒂斯小组就分离到一种 β− 珠蛋白基因的互补 DNA；并在两年后从基因组文库中分离到了其完整基因[30]。

大卫·赫格里斯所建立的分子杂交技术，涉及先将细菌的菌落转移到一张硝酸纤维素滤膜上，然后使细菌裂解并使其 DNA 分子变性——使细菌质粒 DNA 的两条链分开[31]。这样的滤膜再与之前经过变性并用放射性同位素标记过的叫作探针的 DNA 片段

---

① 一个细菌菌落一般都由一个细胞分裂产生。——中译者注

（在马尼亚蒂斯的实验中则是互补 DNA）一同孵育。这些 DNA 片段将与那些含有与探针 DNA 相同或相似碱基序列的质粒 DNA 配对（"杂交"）。滤膜然后被清洗，那些带有与探针相似 DNA 片段的菌落就可以通过其留在光学胶片上的痕迹[1]显示。实验者只需简单选择那些在胶片上呈现阳性结果的菌落，将它们在试管中进行培养，然后分离存在于这些细菌细胞中的重组质粒。这些质粒一旦被适当的限制性内切酶切割，就能释放拟得到的 DNA 片段。

下一步是建立"表达"文库。在这种文库中，克隆在噬菌体（或者质粒）载体中的基因将在细菌中得到表达，即产生其蛋白质产物。这意味着可以用抗体去探测这种蛋白质在细菌群落中是否存在。后者的原理实际上与分子杂交类似：细菌菌落被从培养皿上转移到硝酸纤维素膜上，然后与抗体而非放射性 DNA 探针一起进行孵育。

通过比较从那些具有和不具有某个特定基因、表达和不表达这个基因所编码蛋白质的细胞或器官而建立的 DNA 文库，即使没有预先分离到这个基因的 DNA 片段，也没有利用对应的蛋白质获得其抗体，也能分离出这个特定基因的基因组 DNA 或互补 DNA[32]。

遗传工程第一个根本性步骤是 DNA 分子之间的体外重组。第二步是克隆 DNA 的实施。但是，如果新技术以及对现存方法的改进不能使这个过程中的每一步得到简化，遗传工程将不会得到如此飞速发展。如下的一些改进——由不同的研究小组快速完成——必须合并在一起才能使遗传工程得以成为一项有效且实用的技术。

首先，越来越多的不同限制性内切酶被纯化和鉴定，每一种酶都识别一段特异的 DNA 序列，这样就可将 DNA 切割成不同大小的片段。紧随这些发现，这些酶的生产很快被商业化，使研究工作变得方便多了。对一个 DNA 片段进行作图——即确定 DNA 片段上存在的可以被不同限制性内切酶切割的位点——变得如此容易，以致任何一位学生都能完成。到 1978 年，共有近 50 种限制性内切酶及它们的切割位点被知晓[33]。

其次，对 DNA 分子进行物理作图需要建立一种将切割后的 DNA 片段进行分离的方法。最初那些像离心之类的方法很快就被聚丙烯酰胺凝胶电泳方法取代，后来又被琼脂糖胶（琼脂糖是一种从海藻中提取出来的多聚糖）电泳所取代，并通过在胶中加入一种荧光染料——溴化乙啶——来显示分离开的 DNA 片段[34]。DNA 片段一旦经电泳分开，携带有特定序列的 DNA 片段将需要被鉴定。这再次涉及将胶上的 DNA 转移到硝酸纤维素滤纸之后的分子杂交[35]。

---

[1] 即由放射性同位素所产生的显影。——中译者注

一种用于测定对应于某个特定基因所转录产生的信使 RNA 分子的类似技术也被建立[36]。这两种技术被分别命名为南方印迹法（Southern Blot）和北方印迹法（Northern Blot）：南方（Southern）是该技术开发者埃德温·萨瑟恩（Edwin Southern）的姓，而北方 (Northern) 则是以一种玩笑的方式创建的［类似的玩笑式术语还包括"西方印迹法"（Western Blot），即检测蛋白质用的免疫印迹法；还有几种不同的技术被称为"东方印迹法"，但未被沿用］。最后，日益有效的衍生自噬菌体或者质粒的 DNA "载体"（Vector）被开发，它们含有多种可以被不同限制性内切酶识别的切割位点。

所有这些发展都意味着，无论用哪种限制性内切酶进行切割产生的 DNA 片段都可被克隆。最初的质粒通常只含一种单一的抗生素抗性基因，而后来的质粒可以同时含有几种这样的抗性基因，有的将因为 DNA 片段的插入而失活。这样，在抗生素存在的条件下，不含质粒的细菌无法生长；只含未被改变质粒的细菌将可以在任何一种抗生素存在的情况下生长；而含有插入了 DNA 片段的质粒的细菌将只能在某些抗生素存在条件下生长（在另外一些抗生素存在时却无法生长）。通过这一实验过程我们能很快将那些含有重组质粒的细菌分离出来，同时去除那些只含初始的未插入外源 DNA 质粒的细菌菌落。今天仍然被使用的质粒中的大多数都从一种由墨西哥科学家弗朗西斯科·玻利瓦尔（Francisco Bolivar）在 1977 年构建的原型质粒 pBR322 衍生而来[37]。许多适用于不同目的的质粒（如仅仅是克隆 DNA，或需产生它们所携带基因的蛋白质）后来都从这种质粒改造而来，并被不同的商业公司销售。

在早期的克隆实验中，限制因素之一是，作为载体的质粒或噬菌体只能整合较小的 DNA 片段（小于几千个碱基对）。这些载体不适合用于克隆通常长达几万个碱基对的真核生物的基因。"黏粒"（Cosmids）——一类由质粒衍生的但可以在体外被包裹进噬菌体头部的载体——解决了这一难题[38]。随着人类基因组研究的开展，新的用于基因克隆、遗传作图和分离较大 DNA 片段的技术被建立（见第 27 章）。

任何一项使用遗传工程技术的研究工作的第一步，都是要分离并扩增目的基因或纯化的 DNA 片段。一旦这个阶段完成，就需对 DNA 进行表征，这可以通过利用限制性内切酶制作一个物理图谱，以及最为重要的是测定其核苷酸的序列。最后一步的操作，由于 1977 年两种相互竞争的测序技术被同时建立而变得容易多了。其中的一种由美国人艾伦·马克萨姆（Allan Maxam）和沃尔特·吉尔伯特（Walter Gilbert）建立[39]，另一种由英国科学家弗雷德里克·桑格建立[40]。

在马克萨姆和吉尔伯特的方法中，使用可以在某些核苷酸位置切割 DNA 的化学试剂，而桑格则使用了一种基于酶的方法，需使用 DNA 聚合酶和特异的抑制剂（对桑格方法更为全面的描述见第 19 章）。要使这两种方法有效，聚丙烯酰胺凝胶电泳方法必须被改进。更薄的胶和新缓冲液的使用极大地提高了电泳分辨率,达到了可以有效区分仅仅相差一个碱基对的两个 DNA 片段的程度。人们能够在一次电泳中测定长度超过 300 个碱基对的 DNA 片段的序列。

遗传工程也包括那些能使研究人员改变所分离 DNA 片段之序列,以便或者修改所编码蛋白质的序列,或者修改调节蛋白质表达的那些信号的技术。开始时这些不同的实验都通过使用化学诱变剂进行,只是到了 1978 年,才由迈克尔·斯密斯(Michael Smith)通过利用人工合成的寡核苷酸(短的单链 DNA 片段),建立了一种定向突变技术[41]。新的更为简单、更为快速的合成寡核苷酸的实验步骤也被同时建立,而且自动化寡核苷酸合成仪也很快被商业化[42]。遗传工程技术使得由这些方法所合成的寡核苷酸能得到多方面的应用,包括在 DNA 载体中引入新的限制性内切酶切割位点以及增加基因表达的调控信号等。

为了研究真核生物中基因的表达与功能,一旦基因被纯化、鉴定以及可能在体外被修饰之后,还须将其重新整合入真核细胞中。20 世纪 60 年代,实验已经表明,DNA 可以进入真核细胞。但这种转移过程相对低效,而且被转入 DNA 的稳定性也较低。动物病毒的使用不仅如前所述具有潜在的危险性,而且也限制了能转入细胞中的 DNA 片段的大小。1973 年,弗兰克·格雷厄姆(Frank Graham)和埃里克斯·范德艾伯(Alex van der Erb)发展了一项新技术,极大提高了 DNA 转入细胞或者用分子生物学家的行话来说,转染的效率[43]。最后在 1979 年,一种与抗性基因共转染的方法被建立,表明可以分离出那些整合了外源 DNA 的细胞(这与几年前为细菌而建立的方法有点类似)[44]。这项实验开启了建立具有遗传组成被修饰的稳定细胞系的大门。

这些技术是遗传工程的基础。在冷泉港开设一门应用课程之后,《分子克隆:一本实验手册》于 1982 年出版了,它用极其简单的术语描述了所有这些实验技术[45]。由汤姆·马尼亚蒂斯,乔·萨姆布鲁克(Joe Sambrook)和爱德华·弗里奇(Edward Fritsch)撰写的这本书,很快被简单地以其第一作者的名字称呼,出现在世界各地分子生物学实验室的书架上。如果要提及存在一本什么分子生物学方面的书的话,那必然是说"马尼亚蒂斯"的那本。当遗传工程技术的应用变得极为平常时,这就标志了这种新技术的创立期的结束。尽管(或者可能是因为)这本书广受欢迎,但它并未被生物化学家所热情接受,后者认为它抛弃了他们在过去几十年所费心建立的良好实验体系,代之以未经良好训练的"新的"生物学家所盲目使用的实验步骤。生物化学家的贬损并未使这本书的受欢迎度削弱多少。

利用这项新技术所获得的最重要的早期结果,涉及真核生物中基因不连续结构的发现、存在于免疫细胞中的遗传重排现象的证实以及遗传密码实际上并非绝对通用这一发现（见第 17 章）。

所有这些结果都威胁着分子生物学法则的内容。其中的部分结果，如 RNA 剪接现象的发现极为重要；而其他一些，如遗传密码的非绝对通用性，只是与某些特定物种有关，最终并未对演化、遗传学或分子生物学的认识方面构成任何威胁[46]。对分子生物学领域发生转变而言，贡献最多的是遗传工程的简单实践：对基因的分离及序列测定。这种实践导致了对那些与正常细胞转化成癌细胞相关基因的鉴定（见第 18 章），并使分子生物学家能够分离出作为转录因子的蛋白质（见第 20 章），以及鉴定出那些控制发育过程的主导基因（见第 22 章）。

1976 年，第一批对应于表达量丰富的信使 RNA 和蛋白质——如 β- 珠蛋白、胰岛素、大鼠生长激素和人的胎盘激素等——的互补 DNA 被获得[47]。这些结果使得人们能够表征这些对应的基因。

最为轰动的研究不是那些试图分离和鉴定真核生物基因方面的，而是那些试图使细菌合成这些基因产物的研究。这些研究在一种疯狂的竞争氛围中进行，在美国西海岸与东海岸的实验室之间——即在加州大学洛杉矶分校（以及位于洛杉矶的基因泰克生物技术公司）与哈佛大学之间[48]。

他们研究的是那些其所编码的蛋白质极有可能具有非常重要医学应用价值的基因，比如编码胰岛素和干扰素的基因。所使用策略包括两种：或者对拟在细菌内表达的蛋白质所对应的编码 DNA 予以人工合成（得益于遗传密码的破译，使得人们能够将 DNA 中的每一个核苷酸三联体与一种特异氨基酸对应），或者是利用由被分离得到的信使 RNA（mRNA）经反转录酶拷贝而成的互补 DNA（cDNA）。在这两种情况下，真核基因都需与由雅各布、莫诺和许多其他科学家所揭示的调控细菌基因表达的序列相连接。这两种方法都得到了回报，在 1977 年年末到 1979 年年初，一系列实验证实，细菌可以表达真核生物的蛋白质。

1977 年秋，加州大学的板仓景一（Keiichi Itakura）和赫伯特·博耶成功地让细菌合成了一种仅有 13 个氨基酸残基的小分子激素——人生长激素释放抑制素[49]。所对应的基因由人工合成，然后被融合到乳糖操纵子的一个片段上。得到的产物是 β- 半乳糖苷酶与生长素释放抑制素所形成的融合蛋白质。一个后期的化学反应将生长素释放抑制素从融合蛋白质中释放出来。

这件事的意义也许看上去有限——一种小的蛋白质以杂合分子的形式被表达。但事实上这个结果表明，在细菌中表达真核生物蛋白质是可能的。这就为接下来的那些重大发展铺平了道路。

紧随其后的第一个成功例子，是利用相同的方法实现了人类胰岛素的表达[50]（在此之前，人们已经成功地利用克隆出来的互补 DNA 在细菌中合成了前胰岛素和二氢叶酸还原酶———一种参与核苷酸合成的酶[51]）。最后，在 1979 年和 1980 年，生长激素及之后具有生物活性的干扰素在细菌中的合成，强化了这种新技术可能具有重要医学应用前景的说法[52]。

在此清单里还应该加上那些导致相反方向遗传"移动"的那些实验———即将那些在细菌中被扩增的基因引入到真核生物中。正如在前面所看到的那样，1973 年，一种在不使用病毒的情况下直接将 DNA 片段导入动物细胞的方法被建立，然后又通过使用选择基因而得到改进（1979）。1980 年，DNA 被首次导入植物细胞中[53]。由于一棵植物可以在体外从单个细胞重构，因而获得其染色体中整合了新遗传信息的"转基因"植物是可能的。

转基因动物很快也被获得。1980 年，弗兰克·鲁德尔（Frank Ruddle）将外源 DNA 注射到才几个小时的小鼠胚胎中，这些 DNA 整合进了胚胎细胞的染色体中。胚胎细胞在离体状态下经过几轮分裂后，被植入到多个代孕母鼠的子宫中。20 天以后，总共有 78 只幼鼠出生，其中有两只在它们大多数细胞的染色体中整合了外源 DNA[54]。人们期望这样的转基因小鼠能将所整合的外源 DNA 传给后代，后来这被证明的确发生了。这一实验之所以成功，得益于几年前发展起来的离体操纵与胚胎离体生长方法，这种方法也被用于进行首批人类体外受精过程。这些实验的成功宣告了当代分子生物学时代的到来。

研究人员紧接着开始将这种新技术应用于遗传异常的早期诊断。到 20 世纪 60 年代，一定数目的遗传疾病，或者说染色体异常，可以通过培养来自母体羊水中的胚胎细胞而进行产前诊断：或者观察有关基因的产物，或者直接观察染色体。这就是经典的产前诊断的原理。但是，如果一种特定的遗传异常并不与可在显微镜下检测到的染色体重排直接关联，或者受影响的基因并不在那些能在羊水中找到的胚胎细胞里，而只在特定胚胎组织中表达，这样的产前诊断就无法实施。

运用这种新的分子技术，这一难题就迎刃而解了。1976 年，加州大学旧金山分校的华裔学者简悦威（Yuet Wai Kan）从正常人和患有因缺少编码 α- 珠蛋白基因而引起的一种特别严重的贫血病患者身上分离出 DNA[55]。然后他将这些 DNA 与用同位素标记过的 α- 珠蛋白的互补 DNA 进行分子杂交。通过测定参与杂交的、被标记互补 DNA 的量，就可将正常人与患者的 DNA 予以区分。简悦威用从母体羊水的胚胎细胞中提取的 DNA 重复这个实验，结果表明被检胎儿的 DNA 未见异常——这一点在胎儿出生时得到证实。于是一种完全可靠的诊断方法被建立，它无须从胎儿身上获取任何血液样品——一个个体的每一个细胞都携带有 α- 珠蛋白基因，无论它是否表达。在接下来的几年里，研究人员极大改进了这项技术，并将它运用到许多其他遗传疾病诊断中。

随着遗传工程技术的出现，分子生物学经历了一次巨大的转变，并通过基因组测序工程的发展被进一步放大（见第 27 章）。这成为一种"阅读"生命的方式[56]。核苷酸序列已知的基因的数目以指数方式增长。通过这些序列，人们可以推断出这些基因所编码的潜在蛋白质的氨基酸序列。与此相比，三维空间结构已知的蛋白质的数目的增长非常缓慢——即使在今天，蛋白质的空间结构仍旧无法可靠地通过其氨基酸序列予以预测，还须直接通过实验进行测定。20 世纪 80 年代和 90 年代的分子生物学家，就像今天的那些一样，必须尽量直接利用可以获得的基因和蛋白质的一维信息，并满足于对生命之书的线性阅读。

对于这样一种用可以被破译但仍属未知的语言书写的文本，其文字的三维含义仍被隐藏。我们能做什么呢？就像一位能阅读一种语言，却无法理解其含义的考古学家一样，分子生物学家试图发现这种语言的规则性、重复性及相似性。这种研究路径导致具有类似结构的蛋白质家族被揭示，这使得人们能够在获得对应基因信息的情况下去猜测所编码蛋白质的功能。因此，对这种相似性的描述还是具有启发性的，并引发人们对不同蛋白质的祖先是什么这一问题的思考。它因此相当顺理成章地导致对生物演化现象的研究。

在很多情况下这些相似性仅仅关注的是一种蛋白质分子中的一部分这一事实暗示，蛋白质分子的结构可以被看作由几种独立模块组合而成。当人们对一个基因周边的DNA 序列进行一番研究之后，一种类似的模块概念出现了，这使科学家认识到，这些周边序列对于基因活性的调节是必需的（见第 20 章）。

经历这个时期后，分子生物学从一门观察性科学，蜕变成了一门干预性和行动性的科学。生命之书——即使其结构尚未被认识——能被改造。

这个时期实施的分子修饰所产生的效用可以从两个层次予以分析。在分子水平，实验者可以通过使用定点突变诱导细微的基因改变——将某一位置的氨基酸替换为另外一种氨基酸。如果被研究的蛋白质广为人知，而且其三维空间结构已被测定，这些氨基酸替换的研究使得人们对蛋白质发挥功能机制的不同可能模型予以测试。如果被研究的蛋白质是一种酶，就可以研究其催化机制（见第 21 章）。如果它是一种调节基因表达的蛋白质，就可以确定其中哪些氨基酸与 DNA 发生直接相互作用。对一位分子生物学家在 20 世纪 70 年代初所能做的，与他利用遗传工程技术后所能做的进行一番比较的话，就能体现出在几年的时间内所发生的改变有多大。之前，对于一种蛋白质发挥功能的机制可以在其结构被测定之后提出模型。但这种模型只能间接地被检测，基本上仍旧是假想性质的。自 20 世纪 80 年代开始，分子生物学家不仅能通过实验来检测所提出的这种模型，而且也能对每一个氨基酸或每一个化学键对催化过程或结合过程的相对贡献予以定量化。

在生物个体水平，分子生物学家现在可以通过将一种被修饰的基因引入到一个卵子或其他细胞中，产生一种转基因生物，以此来探索所引入分子修饰产生的效应。这就使得人们能确定每一种蛋白质或 DNA 片段在体内的功能。也很快成为可能的是，通过同源重组（将一个正常拷贝的基因用一种被改造了的拷贝进行替换）使一个基因失活或使其产物改变，或改变其表达水平——以及在任何合适开展有关研究的生物中实施所有这些改变。通过遗传工程，生物学变成一门分子水平的实验科学。即使所提出模型仍旧相对简单，而且过分偏重机械论，旧的与新的生物学之间的差距与任何观察性科学与行动性科学之间的差距是类似的。

突显所获进步的程度的一种方式是，回顾一下 80 多年前尼尔斯·玻尔在其"光与生命"演说中所提出的问题[57]。玻尔指出，对一种生物的任何分子开展研究，都需涉及对其结构的破坏，以及含有这些分子的个体或细胞的死亡。因为这个问题，即使最有效的体外系统也总是受到抨击——它无法完全重复活体的特征。

随着遗传工程技术的发展，这个问题——对生物的任何分子水平的研究所固有的局限性——消失了。形成生物体的那些分子的角色，可以在不杀死生物的条件下予以研究。这是一种关键但迟到的进展：很少还会有人怀疑对生物的分子研究将为认识生命功能的基本原理做出贡献这一点。

语言学中的一些比喻经常被用于描述分子生物学的概念和理论[58]。分子生物学被整合进了一种在 20 世纪 40 年代末期就开始盛行的新的认识世界的信息视角。这些比喻在遗传工程背景下才得以展示其完整含义。为了破译生命的语言，分子生物学家所使用的方法与一个小孩学习说话时所使用的相同。他们模拟生命中所使用的句子，修饰它们，然后观察生物对这些新句子如何反应。通过这种对话，科学家学习到了那些允许使用和那些不允许使用的术语——即生命的语法规则。将人类和其他生物的基因组所进行的测序给人类打开了生命之书。但仍然不清楚的是，它是否真能使我们认识书中的语言含义。

# 第 17 章　断裂基因与剪接

遗传密码的存在暗示遗传信息与蛋白质一级结构之间存在一种完美的共线性关系：在细菌中这已被实验证实——通过遗传学所能提供的最高精确度 [1]。虽然真核生物比细菌更复杂，但大多数分子生物学家认为，所有的生物都将通过相同的步骤使基因所含信息表达为蛋白质信息。真核细胞中编码蛋白质的 DNA 序列被非蛋白质编码序列所隔开这一惊人发现，是经过一系列不同阶段而逐渐揭示的。有关这一发现的故事仍旧充满争议。许多生物学家认为，被 1993 年的诺贝尔奖所认可的针对这一发现的贡献并非唯一，甚至并非是最重要的。

在 1977 年的冷泉港学术讨论会期间，几个研究组——尤其是理查德·罗伯茨（Richard Roberts）和菲利普·夏朴（Phillip Sharp）的小组报道了在腺病毒（一种呼吸道病毒）中，最终形成的信使 RNA 分子（mRNA）是多个不连续 DNA 序列的一种拷贝；信使 RNA 分子由一段长的编码病毒蛋白质的核苷酸组成，其一端的多个短片段是从 DNA 序列中相隔很远的不同部分拷贝而来的 [2]。通过使用限制性内切酶、DNA 片段的凝胶电泳分离以及分子杂交技术，科学家们能绘制出一幅详细的 DNA 图谱。电子显微镜技术使他们能够直接观察到一个信使 RNA 与一个 DNA 分子的不同区域所形成的杂交复合体。在冷泉港实验室，该电子显微镜观察由周芷（Louise Chow）和托马斯·布罗克（Thomas Broker）实施，他们各自独立地开展了自己的研究。冷泉港实验室主任詹姆斯·沃森敦促他们与另外一个由理查德·罗伯茨领导的研究小组联合发表该结果。结果是，罗伯茨独占了该发现的所有功劳。

在这一最初的科学发现之后，似乎这种遗传信息的片段化现象，只局限于那些不编码蛋白质但含起始 RNA 翻译先导序列的信使 RNA 分子的最末端。人们认为这一结果只局限于病毒，只需提出一种特别的演化机制就能理解这种现象。将遗传信息压缩到一极小体积内的需要导致病毒采取了这种不寻常的解决途径：当时的研究表明，在 ΦX174 噬菌体中，通过以不同的"相位"来阅读其核苷酸链，同一个 DNA 片段可以编码几种完全不同的蛋白质 [3]。

通过对腺病毒研究所获得的结果，随后在对另一种小的动物病毒 SV40 的分析中得到证实，然后延伸到真核生物的基因[4]。通过将信使RNA与基因组DNA进行分子杂交，几个研究小组发现，真核生物中编码蛋白质的DNA序列也被非编码区域隔开；按照美国科学家沃尔特·吉尔伯特引入的命名法，真核生物的基因看起来像嵌合体（马赛克），由一系列"外显子"（被表达的，因此能在信使RNA中找到的DNA片段）和"内含子"（在信使RNA中不存在、不具有明显功能的沉默DNA序列）组成[5]。这一结果在所有随后研究过的真核生物基因，如编码血红蛋白、免疫球蛋白、卵清白蛋白和胶原蛋白的基因中都得到证实[6]。

不同基因的内含子数目各不相同，但一般都比较多；在某些基因中可以高达60个，这些沉默的内含子序列可以占到一个基因总长度的95%。在真核生物中，基因被分割成内含子和外显子这一现象后来被证实并非例外，而是规则。除了酵母（其中基因所含内含子的数目和每个内含子的尺寸似乎都有限），真核细胞的基因多以嵌合形式存在。甚至线粒体，作为真核细胞的"能量工厂"——它们拥有自己的DNA分子，编码核糖体RNA、转移RNA和若干种特异蛋白质——其基因也是断裂形式的[7]。

通过使用放射性同位素，分子生物学家研究了细胞如何加工来自断裂基因的RNA分子。基因首先被拷贝成一条长的寿命非常短的RNA分子，然后被转变成信使RNA[8]。在此过程中，RNA发生了"剪接"：对应于内含子的那些RNA序列被切除，而对应于外显子的RNA片段则被相互连接在一起。这种RNA片段的剪开和连接过程发生于细胞核内。在细胞质中能找到的RNA是最终的信使RNA形式，它与最终的蛋白质分子之间是共线性的。

断裂基因的发现对分子生物学界的冲击如一颗炸弹。它在当时被描述为一次微型革命[9]。尽管这无疑是事实，但从回顾的角度看，这不该是一个令人吃惊的发现，因为大量的结果已经暗示，真核生物中的从DNA到蛋白质的信息传递机制远比细菌中的复杂。比如，人们早在1971年就知道，真核生物信使RNA分子的3'末端（右手边那一端）通过加入一长串的腺苷酸而被修饰[10]。分子生物学家已经开始鉴定存在于细胞核中的RNA分子——被冠以一个包罗万象的名称，即异质细胞核RNA（hnRNA），并揭示，它们比信使RNA分子大得多，其中只有一部分（10%）将在信使RNA分子中予以保留。一种共同发生于信使RNA和异质细胞核RNA的5'末端的修饰为一种额外增加的被甲基化修饰的鸟嘌呤核苷[11]。位于莫斯科的格奥尔基·加夫里切夫（Georgii Georgiev）研究组的实验结果导致以下假说的提出：信使RNA对应于异质细胞核RNA的3'末端部分，因此由异质细胞核RNA分子降解而成[12]。

这些科学家未能发现基因的分段现象这一事实，也许是因为这些实验的难度大，这是在遗传工程技术被建立之前开展的实验。由于人们无法解释为什么在基因组中相隔很远的 DNA 片段能够在同一种信使 RNA 分子中紧密相邻，这就使得一些研究人员忽略或排除了部分观察结果。法国生物学家皮埃尔·昌博（Pierre Chambon）意识到，在 1977 年的冷泉港会议之前，他就已经获得表明卵清白蛋白的编码基因是断裂的这一实验数据，但他未能完全理解这样的结果[13]。

在当时，真实的解释即使被考虑到，也似乎是古怪的。非连续基因的存在，的确完全出乎人们的意料。针对细菌的研究提示，被书写的遗传信息条理清晰、标点明确，而且经济高效。但后来人们发现，事实上真核生物的遗传信息冗长而复杂。然而，科学家对剪接现象的发现还是充满了热情：该现象最终被发现为细菌与真核生物之间的一种清晰差异。从新达尔文主义的观点看，像基因断裂这种异常过程被演化保留与创造，提示它扮演一种关键角色——比如，对基因的表达进行调节。

沿着这些思路几种模型被提出。比如，对剪接的控制可以终止那些被错误转录的基因的表达，从而扮演一种终审角色。但在大多数模型中，这一过程都被赋予一种更为重要的调节功能。一些研究者将细菌的转录调节机制沿用到真核细胞，因此一些特异的、产生抑制效应或者激活效应的蛋白质被认为将结合到异质细胞核 RNA 上，调节剪接过程。其他模型涉及几种不同基因的同时剪接，试图解释在细胞分化与胚胎发育期间所观察到的一组基因的表达之间的协同变化现象，即一种新的剪接酶的作用将形成一种新的细胞分化路径[14]。这些模型都采纳了罗伊·布里滕（Roy Britten）和艾瑞克·戴维森（Eric Davidson）提出的有关发育受遗传控制的思想，如果不是采纳了他们的具体内容的话（见第 22 章）[15]。

甚至更大胆的假说也被提出：在研究酵母线粒体 DNA 中所含内含子时，法国遗传学家皮尔特瑞·斯托林斯基（Piotr Stonimski）（鲍里斯·伊夫鲁西的学生）注意到，如果剪接未能正常发生，就会形成由来自未被切除内含子与其相邻外显子共同提供遗传信息编码的杂合蛋白质。鉴于遗传实验已经表明，内含子中发生的某些改变可以影响剪接过程，斯托林斯基的模型因此声称，这种被他称为成熟酶或 M- 蛋白的杂合蛋白质，参与了其自身 mRNA 的剪接。这个模型允许一种自发类型的自动调节的发生，因为通过参与剪接异质细胞核 RNA，成熟酶去除了产生它自身的 RNA 分子[16]。

斯托林斯基将这个最初为解释线粒体基因而提出的模型，改造成了用于解释细胞核基因的模型，并将模型进行了丰富和拓展[17]。对被称为"理论性的细胞核成熟酶"所进行的氨基酸组成的分析提示，这些蛋白质存在于核膜上，这样它就可能协调异质细胞核 RNA 的剪接与 RNA 穿过核孔这两个过程。如果核孔数目是有限的，不同的 RNA 成熟酶可能须竞争某一个核孔附近的位置。这一竞争的胜出者是那些先一步合成的成熟酶。斯托林斯基在模型中提出，细胞的调节可能依赖于其初始状态。如果这种细胞是一个受精卵，即发育起始时的胚胎，这将解释影响发育的非基因性遗传约束因素的存在，即所产生作用的结果并非胚胎的基因所致。另一位法国分子生物学家安托尼·丹青（Antoine Danchin）使用一种相似的模型，解释了癌细胞转化和细胞衰老现象[18]。

这样，在1977—1980年的短短几年里，基于一个已被证实的现象，即断裂基因的存在，分子生物学家提出了一系列模型，赋予该现象一种关键调节功能。这些模型绝不仅仅只简单展现研究人员的想象力，而是反映他们由于长时间未能解释细胞分化与胚胎发育的机制所产生的烦恼。

不幸的是，实验结果并未确认这些所假想发生的事件。尽管所提出模型无一是假的，但其生物学意义其实极其有限。比如，斯托林斯基的模型只适用于解释几种线粒体内含子的行为。对剪接的调控确实发生于细胞分化的某些阶段，但这仅仅是一种定性的调控（使单一的基因组片段得以产生两种不同的信使RNA分子），并非一种定量的调控（即基因表达量仍旧基本上由DNA转录成RNA的水平所决定）。这种对剪接过程的调节在控制基因表达方面仅扮演一种次要角色。无论它在哪里被观察到，都对应于一种经济原则，使细胞能从一个单一的基因获得两种稍有差异的蛋白质分子。

分子生物学家最终摒弃了多细胞生物的复杂性可以通过其基因是断裂的这一事实予以解释这种想法。因此，外显子和内含子的发现，使分子生物学变得复杂了，但未发生本质改变。正是从生物化学角度对剪接的研究得到了最令人惊奇的结果：一系列不同机制被发现，皆依赖于一种复杂的分子机器，并暗示RNA分子的三维空间结构扮演一种重要角色。

在一些核糖体RNA分子前体中，剪接竟然自发进行，无须蛋白质帮助，即仅由RNA分子自身催化发生[19]。就其本身而言，这一结果可能看上去并不重要，因为它只限于几种RNA分子的剪接。事实上，这一结果极其有趣；与有关核糖核酸酶P的类似实验数据结合一起考虑，它显示，核酸能够催化化学反应的发生，因此其行为像是一种酶[20]。直到此时，分子生物学一直对生物大分子的功能进行了严格区分：核酸负责储存和传递遗传信息，而蛋白质则发挥结构和催化方面的功能（关于这些发现在定义RNA的演化地位及其在描述生命起源方面的内容，见第25章）。断裂基因的发现迫使分子生物学家更加关注生物演化的机制[21]。人们很容易解释一个蛋白质分子中某个位置的氨基酸被另一种氨基酸所替换这样的点突变的起源。尽管沃森和克里克在1953年已经提出一种模型（见第11章），但解释氨基酸如何被插入到一种蛋白质分子中的机制就困难得多。而内含子的存在可以对此做出解释。在内含子和外显子连接处发生的、能消除这两类序列之间功能差别（使内含子中的三联体也可编码氨基酸）的点突变，将可以使氨基酸插入到蛋白质的中间位置[22]。

一系列观察证实，在生物演化过程中，发生剪接的内含子–外显子接合处，的确存在氨基酸的插入或删除现象。不仅如此，在大多数情况下，这些接合处似乎对应着那些位于蛋白质外表面的肽链位置[23]。在这种接合处所发生的变化将不会改变蛋白质的整体结构，但可以导致与细胞中甚至生物有机体外面所存在分子进行接触的、蛋白质上新的催化和调节位点的产生[24]。

另一方面，差异剪接现象在不导致其原来编码的蛋白质消失的前提下，允许一种新的蛋白质形式的演化产生[25]。研究人员因此揭示一种在不改变原有蛋白质功能的条件下，创造一种新蛋白质形式的机制。大野干（Susumu Ohno）提出，基因加倍具有类似功效[26]。

一些分子生物学家提出假说认为，类似的一种演化过程可以将基因片段，即编码蛋白质亚结构的外显子，连接在一起。现在所发现的那些复杂蛋白质分子，可能是由编码不同蛋白质的外显子进行重组，而使不同的基本蛋白质结构域组合在一起的结果[27]。生物进化可能就是通过使用这种极具威力的"安装器"工具进行高效修补而实现的[28]。

然而，这种诱人的假说只是被部分证实。一些复杂的蛋白质，如免疫球蛋白，就是从一个单一外显子不断加倍后演化的结果。但是，尽管外显子的重组可以解释部分蛋白质的演化产生过程，如那些形成细胞外基质或真核细胞转录因子的蛋白质，但它决非一种普遍性规律。许多外显子并不对应于蛋白质的精确结构域，在两种结构相似的蛋白质中各自的内含子的位置可能不同[29]。

外显子混编理论似乎并没有像最初所希望的那样普遍适用。生物演化并非总是利用同样一些砖头去砌出复杂的蛋白质结构。事实上，演化过程可能多次重新设计了同一种基本的蛋白质构造元件。内含子的出现毫无疑问使基因的重组和加倍变得更加容易，但它却并未深刻改变生物演化的速度。

分子生物学家起初认为，内含子和外显子为真核细胞所专有。但被认为可能起源于某些原核生物的线粒体基因中内含子的存在，说明事实并非如此。"外显子搅乱"模型与内含子必然存在于所有有机体进化的初始阶段这一想法非常接近。另外，外显子混编模型提示，内含子必定在生物演化开始的时期就存在于所有生物中。以此观点看，今天的原核生物细菌可以被看作是进化程度最高的生物，因为它们已经删除所有发现于真核生物内含子中的那些垃圾 DNA[30]。

特别令人震惊的是，断裂基因的发现被快速整合进了生物演化模型。这里存在一种悖论：许多分子生物学家都把自己标榜为演化合成理论最热心的支持者，但他们对这种新演化机制的热情却暗示，这种理论，至少是其经典形式，无法解释多细胞生物的演化（有关这种悖论的进一步讨论，见第 23 章）。不仅如此，那些新的机制，例如外显子混编，与被相当简化版本的达尔文主义的精神并非吻合，因为它并没有为拥有这种机制的生物提供一种显而易见的优势。内含子的维持似乎充其量也就是一个中性的过程，只是被演化过程所容忍而已[31]。

在 20 世纪 70 年代后期以及整个 80 年代，四项新的发现引起了人们对经典分子生物学法则的质疑。1977 年，在隶属英国医学研究理事会的乔治·布朗里（George Brownlee）实验室工作的克劳迪·杰奎（Claude Jacq）发现了假基因——结构上类似于正常基因但表观沉默的 DNA 区域——的存在。它们最初被认为是生物演化的残留，即基因加倍后留下的无活性产物。但是，三年后，杰奎和他的同事却发现，一些假基因已经丢失其内含子，似乎是在反转录酶的作用下，利用信使 RNA 形成的[32]。在霍华德·特明提出前癌基因模型（见第 15 章）10 年之后，一种新的威胁出现了：基因组可以整合来自细胞质中的信息，拉马克主义的幽灵随之复活（第 23 章将描述这种威胁又是如何消失的）。

另一种意外来自对线粒体基因组的研究。将线粒体和细胞核中的 DNA 与它们所编码和蛋白质的序列所进行的对比分析揭示，线粒体遗传密码中存在几种密码子与大肠杆菌及真核生物细胞核的基因组中所使用的含义不一致[33]。比如，UGA 密码子在通常情况下的含义是终止蛋白质的合成，但在线粒体中，它却导致色氨酸的掺入。但是，这种与通用遗传密码的背离现象，仅限于少数几个密码子，也只发生于某些生物的线粒体中，以及像四膜虫和草履虫这样的单细胞生物的细胞核基因组中[34]。

对其他单细胞生物（如锥虫）的研究揭示一种被称为"编辑"的新机制的存在，它改变信息在 DNA 和蛋白质之间的传递。在这种情况下，从基因直接转录得到的 RNA 分子并无功能[35]。它们缺少一些核苷酸（通常是尿嘧啶核苷酸），而这些核苷酸在转录后才被加上。所缺失的核苷酸的数目从一个到几百个不等。编辑过程以几种不同的方式发生，部分方式也可在多细胞生物中观察到。但编辑现象在单细胞真核生物的线粒体中最重要，也研究得最为深入。编辑过程与剪接过程相关联，其间，小的（"向导"）RNA 分子充当核苷酸供体[36]。编辑现象再次证实 RNA 的催化活性，但是，尽管奇怪，它在定量方面的重要性仍十分有限（注意，尽管用词上存在相似性，但 RNA 编辑与基因组编辑——一种基于 CRISPR① 技术而创立、使科学家能够精确有效修饰基因组的、极具威力的新技术——不相关；见第 24 章）。

---

① CRISPR 是英文 Clustered Regularly Interspaced Short Palindromic Repeats 的首字母缩写，其意思是："成簇的具规律间隔的短回文重复序列"。——中译者注

最后一项（第四项）发现最终揭示抗体合成之谜 [37]。如前所述，莱纳斯·鲍林通过假设抗原在抗体合成过程中扮演一种积极角色，认为解决了这个问题。但该模型未获实验支持，而且最为重要的是，它因为不符合分子生物学法则而受到责难。克里克在 1957 年发表的题为"论蛋白质合成"的一次著名演讲中，仍然坚持认为，抗体和适应性酶的合成是一种普遍规则的例外情况，是基因还不足以决定蛋白质形成的稀有例子 [38]。弗朗索瓦·雅各布和雅克·莫诺的工作之后，有关适应性酶如何合成的观点，被看作与分子生物学中占统治地位的观点相一致。抗体形成也该类似地遵循这一新的概念框架。在此之前，乔舒亚·莱德伯格就在 1959 年发表于《科学》杂志上的一篇文章中提出了一种有关抗体形成的假说 [39]。抗体的空间结构仅由其氨基酸序列决定；不同抗体的不相同氨基酸序列由遗传决定；最后，因为基因的数目不可能有抗体的数目那么多，所以负责抗体合成的那些基因必然发生过突变，而且由产生抗体的细胞在其形成过程中发生。

莱德伯格的理论须在 1955 年尼尔斯·杰尼（Niels Jerne）提出的抗体形成理论、1957 年由大卫·塔尔梅奇（David Talmage）以及澳大利亚科学家弗兰克·伯内特提出的克隆理论框架中才能被理解 [40]。杰尼越来越确信，鲍林提出的"指导"模型是错误的，正如他自己对"天然抗体"进行的研究所显示的那样，这些抗体能够识别宿主从未接触过的分子结构。杰尼自然而然地提出假说认为，存在一种高度多样化、具不同专一性的抗体库。由一种抗体与一种抗原所形成的复合体被摄入细胞中，然后通过 RNA 的作用，抗体被重新产生。对杰尼而言，就像将其文章在美国科学院交流过的麦克斯·德尔布吕克一样，只有一种将自发变异与自然选择结合在一起的达尔文式机制，才能对免疫系统针对任何入侵者都能如此有效响应这种能力予以解释。但是，杰尼的模型既没有解释抗体多样性的起源，也没有解释抗体复制的精确机制。

伯内特不仅是一位免疫学家，在受到病毒学方面训练后，他对癌症生物学越来越感兴趣。他坚信，肿瘤形成与病毒流行都归咎于一个或更多肿瘤细胞或病毒颗粒的克隆的结果——也就是说，是由几个以极快速度增殖的细胞或病毒所致。伯内特将这些观点移植到了抗体合成方面：每一种抗体都是由一个或几个细胞克隆合成的，这些细胞在遇到与它们所合成的抗体有亲和性的抗原时便大量增殖。这些细胞克隆已经预编了制造特异抗体的程序。为了解释细胞如何能在抗原存在时就开始增殖这一问题，伯内特提出，细胞可能将其合成的抗体携带在细胞表面。与抗原的接触使细胞膜被修饰，从而启动细胞增殖。动物不会针对其本身成分产生抗体，因为对应的细胞克隆在动物发育期间被清除了。

伯内特的以上理论很快就被科学界——尤其是分子生物学家们所接受。但莱纳斯·鲍林的理论被推翻，并非出于任何令人信服的实验数据。在 1959 年，仅知少数几种抗体分子的氨基酸序列，这还不足以否定所有抗体都由同一条多肽链以不同折叠形式形成这一假说，而杰尼所提出的自然抗体概念的真实情况仍旧不清楚。一年前，莱德伯格开展了一项实验，其结果表明，免疫系统中每一个细胞所产生的抗体只能识别一种抗原[41]。鉴于这只是一个孤立的实验结果，加上开展这项实验所涉及的技术难度较大，意味着其影响有限。莱德伯格自己也认识到，鲍林的理论越来越不可接受，这不只是其细节，而是其整体。这种新学说"与其他蛋白质的特异性皆由遗传控制这一现行概念更接近"[42]。相关理论必然具有选择性而非指导性特征，它忠实于分子生物学的新达尔文主义精神[43]。

事实上，伯内特和莱德伯格仅将抗体多样性这一问题推回给了基因和 DNA。他们提出的解决方案，即在编码免疫球蛋白的基因中发生了体细胞突变，这到 1976 年也未被证实，直到对负责制造抗体的基因进行直接分析后才被纠正。体细胞突变确实被涉及，但这与一个涉及基因片段重排的高度复杂的过程相关联。对抗体分子的研究表明，它们含有两条多肽链，每一条肽链都由一个可变区和一个恒定区组成。1976 年，穗积信道（Nobumichi Hozumi）和利根川进（Susumu Tonegawa）揭示，在胚胎细胞中，编码可变区和恒定区的 DNA 序列相隔甚远，而在产生抗体的细胞中却紧密相连：编码抗体分子的基因在发育过程中发生了重排[44]。

随后的研究揭示了这些涉及几种不同遗传片段进行重排的过程的复杂性。这种在发育过程中基因组的重排现象被证实仅局限于免疫细胞中，发生在 B 淋巴细胞中编码免疫球蛋白和 T 淋巴细胞中编码受体的那些基因中[45]。因此，弗朗索瓦·雅各布和雅克·莫诺关于基因组在发育过程中是稳定的这一观点（见第 14 章）并没有被太多改变。基因组中 DNA 片段移动的重要性有限，在多细胞生物调节或演化过程中都并非扮演重要角色。但这种重排在像纤毛虫那样的单细胞生物中却扮演着根本性角色。

# 第 18 章　癌基因的发现

自 1975 年始，一系列实验表明，无论其产生的直接原因是什么，癌症都是一组高度保守、被称为癌基因（Oncogene）的基因，通过突变而被激活或失活的结果[1]。这些基因以不同方式参与对细胞分裂、细胞生存以及 DNA 修复等的控制。它们所编码的蛋白质中有一些形成一个调节网络的一部分，该网络将细胞外面的信号转导到细胞核中，使得细胞能够调整其分裂速度以适应生物有机体的需要。这些发现形成了可以被称为癌基因范式的内涵。这种观点的缓慢且复杂的建立，正是因为有了遗传工程提供的工具才成为可能。癌基因范式的崛起显示了分子生物学是如何被越来越多地整合入其他生物学领域并形成一门新生物学的。

许多分子生物学家转向对小型致癌动物病毒的研究，怀着既能找到一种研究动物细胞的模型，也能找到一种认识细胞癌变分子机制工具的期望。被最广泛研究的，是一类被称为 C 型反转录病毒的 RNA 病毒，这是基于它们在电子显微镜下的外观而被命名的。形成它们的 RNA 分子通过反转录酶的作用被重新拷贝成一种双链 DNA 分子，然后该 DNA 分子以无活性的形式——被称为前病毒（Provirus）——将自身整合到宿主基因组中。这些病毒中有些致癌，有些则不致癌。

1975 年前后，一种关于癌症起源的颇有影响的模型由两位美国科学家，罗伯特·修博纳（Robert Huebner）和乔治·托达罗（George Todaro）提出，他们认为反转录病毒在癌变过程中扮演一种关键角色。他们争辩说，这样的病毒存在于所有基因组中：尽管沉默和不表达，但它们却被一代代地传递。在诱变剂作用下，或是在其他 DNA 或 RNA 病毒作用下，这些沉默的前病毒可以被激活而致癌。根据这一模型，所有的癌症——不论是自发的还是被化学试剂诱导的，或由病毒诱发，都是前病毒被激活的结果[2]。另一种模型被称为原病毒（Protovirus）模型，由反转录酶的发现者霍华德·特明提出。这种模型与修博纳和托达罗所提出模型并无太大差异，也暗示前病毒在癌症发展过程中发挥作用。但对特明而言，前病毒（尽管他称之为原病毒）并不是在基因组中被动等待激活的沉默的致癌结构，而是正常细胞基因组的一部分，参与从 DNA 到 RNA 或是从 RNA 到 DNA 的信息传递（见第 15 章）[3]。

1973 年，爱德华·斯格里克（Edward Scolnick）的研究表明，一种诱导肉瘤发生的肿瘤病毒可以通过不同来源的遗传材料之间的重组而产生。他提出，C 型转化病毒的产生可能涉及这些病毒对细胞所提供致癌信息的捕获 [4]。

这些关于癌症起源的不同理论基本上都是基于 10 年前所获得的细菌遗传学方面的实验数据。1960 年，弗朗索瓦·雅各布就提出，对噬菌体溶原现象及细菌基因调节的研究可能会为理解癌症提供模型 [5]。修博纳和托达罗的前病毒模型是将前噬菌体这一概念改编成了前病毒的概念。有关病毒可以接管并"转导"靠近它在染色体上插入位点附近的基因的可能性，已经在对噬菌体的研究中得到证实；斯格里克仅将这一概念延伸至了肿瘤病毒 [6]。

不仅如此，已有证据表明，前噬菌体整合进细菌基因组这一过程可以扰乱邻近细菌基因的功能。几个开展肿瘤病毒研究的课题组试图鉴定病毒在基因组中的插入位点——基于癌症可能也是在肿瘤病毒整合进细胞中时对正常基因的功能进行扰乱的类似结果这一理由。

聚焦于解释癌症产生的模型还不止这些。在 1974 年的一次演说中，特明综述了解释癌症起源的五种不同模型；其中最简单的模型认为，一种致癌基因可以从一种正常细胞基因通过简单的突变而成 [7]。足以令人惊奇的是，这些不同模型并非处于竞争状态，甚至并非相互排斥。

这种思想和实验结果的酝酿表明，就是细胞癌基因——即在突变之后，或被病毒转导之后能变成致癌基因的那些正常基因——这个概念其实也已经被提出，甚至在第一个细胞癌基因 *sarc*①（很快被重新命名为 *src*）被发现之前就被生物学界所接受。发现细胞癌基因 *src* 的实验在两篇分别发表于《分子生物学杂志》（1975）和《自然》（1976）的文章中被描述 [8]。

所使用的实验系统是引起劳斯肉瘤的病毒，这是 1911 年在鸡中被发现的第一种肿瘤病毒。20 世纪 70 年代早期，一系列的研究——特别那些由花房秀三郎（Hidesaburo Hanafusa）所开展的——表明，在这种疾病中，一个单一的基因与细胞的癌变有关。法国科学家多米尼克·斯德赫林（Dominique Stehelin），以及美国科学家哈罗德·法马思（Harold Varmus）和迈克尔·比沙普（Michael Bishop）分离到对应于导致癌症转化的病毒基因的互补 DNA 探针。在接下来的实验步骤中所采用的分子杂交技术并非首次使用，已有多个其他小组基于同一目的已经使用了这种技术。斯德赫林与其同事的结果表明，正常鸡细胞携带一种与劳斯肉瘤病毒中的转化基因非常相似的基因拷贝。使用

---

① 基因名称一般以英文小写字母和斜体表示。——中译者注

差异分子杂交技术，他们比较了不同鸟类动物中该基因的结构，结果表明，它在演化过程中发生变异的方式与其他鸟类基因类似。

在结论中，作者提出，他们所发现的细胞基因，必定在细胞生长调节和个体发育过程中扮演一种角色。这一重要实验结果受到其他科学家的好评，但并未被认为是革命性的。甚至论文作者也只是基于以上讨论的癌症模型解释了他们的结果。依据修博纳和托达罗的模型，*src* 细胞基因可能来自一种 C 型前病毒，其所含的其他病毒序列已经演化到不能与其他劳斯肉瘤病毒进行杂交的程度。这一结果也可以利用爱德华·斯格里克以前得到的结果来解释：细胞中的 *src* 基因是被劳斯肉瘤病毒基因转导了的正常的细胞基因。

斯德赫林与其同事并未将结果推广至其他脊椎动物物种；他们只声称鸟类携带着与 *src* 转化基因相似的序列。令人费解的是，并无类似序列在哺乳动物中被发现。这种负的结果最初被人们轻易接受的事实，可能看起来令人吃惊；在今天的癌基因范式中，癌基因的产物在所有细胞中都具有根本性的作用，正是因为这种普遍性的功能，使这些癌基因在演化过程中得以高度保守。正是两年后的 1978 年 9 月，德博拉·斯白克特（Deborah Spector）与她的同事的工作表明，在哺乳动物和鱼类中都存在与 *src* 同源的基因 [9]。在后来有关癌基因发现的出版物和历史性描述中，并未表明在斯德赫林与其同事所发现的癌基因，是真核生物细胞中普遍存在的组分这一观点被接受之前，存在一个两年的延迟期 [10]。

由于对细胞中癌基因表达情况所获得的令人失望的结果，发现 *src* 癌基因的重要性也被掩盖：无论是在正常的还是癌变的所有鸟类细胞中，它都以一种较低但相同的水平表达；其表达水平在整个发育过程中保持不变 [11]。这两个特征并非那些人们所期望的那种属于转化和致癌基因的特性。正如第 14 章中所显示的那样，癌症被认为是一种丧失调节功能的过程，因此人们预期的结果是，*src* 在肿瘤细胞中以高水平表达 [12]。此外，细胞癌化经常伴随着发育过程中那些活跃表达基因的再次表达。的确，就像胚胎细胞一样，肿瘤细胞能以极快的速度增殖。研究人员因此期望，癌基因在胚胎中同样也高水平表达。这样一来，*src* 基因的性质就显得很奇怪。

在随后几年里，这些有关 *src* 基因的观察结果延伸到了其他反转录病毒携带的转化基因。但是这种归纳推广并不足以导致细胞癌基因这一范式的诞生。相反，这种新视角在 1981—1984 年建立，这是基于一组同时被获得的发现。这些发现表明，相同的基因既参与"自发性"癌症的发生，也参与由化学试剂或病毒诱导的癌症的发生，同时，癌基因编码的蛋白质参与对正常细胞生长过程的控制。

由美国科学家罗伯特·温恩伯格（Robert Weinberg）和杰弗里·库珀（Geoffrey

Cooper）所建立的一种新的被称为转染分析的实验方法，在这种新观点被建立的过程中扮演了重要角色。这些实验是利用 RNA 和 DNA 肿瘤病毒所开展工作的自然延续。这些实验最初是为了回答以下问题：是否有可能在病毒整合到宿主基因组中成为前病毒后，重新获得（通过对基因组 DNA 的分离与片段化）该病毒的具感染能力的一种形式呢？被病毒转化的细胞的 DNA，通过利用限制性内切酶进行了切割，然后将所得到的 DNA 片段，在有钙离子存在的条件下加到正常的、未被转化的细胞中，使得 DNA 片段能够进入细胞中并整合到细胞的基因组 DNA 中。在被转染的这些细胞中，出现了许多转化细胞的"集落"，证明前病毒仍旧保留了其转化特性。

研究人员现在思考的问题是，沿同样的研究路径，能否利用从被化学试剂转化的细胞中，或是从自发的人类肿瘤组织中提取到的 DNA 来转化正常的细胞呢[13]？之前的研究表明，已知的导致癌变的化学试剂在生物体内被修饰后，也可引起突变[14]。这提示，化学试剂对细胞的转化作用其实是一种或几种正常基因被诱导突变的结果。在有关癌症遗传性起源的支持者与反对者之间发生的一场长时间争论中，这些实验使平衡被打破而倾向于支持前者；在这种情况下，"遗传的"意思是说癌症是生物体中某些细胞遗传物质被修饰的结果，而不是说这些突变将被传递给后代或者由父母遗传。

库珀和温恩伯格的实验结果毫不含糊：在很大一部分经化学转化的细胞和肿瘤中，可以分离到能够使被转染的正常细胞（成纤维细胞）癌变的 DNA 片段[15]。但从正常细胞中提取的 DNA 却不能使细胞癌变[16]。得益于遗传工程提供的新工具，这些具有转化活性的 DNA 片段很快就被分离（克隆）和鉴定（尤其是其序列被测定）。出乎意料的是，这些具有转化能力的 DNA 序列与以前根据其与具转化能力的反转录病毒的基因（如 ras 癌基因）之间的同源性鉴定的多个细胞基因相同[17]。不到一年之后，科学家就从一种由膀胱癌细胞中提取出来的 DNA 中，鉴定出了引起转化的突变。这个对细胞生理功能有着严重影响的突变，其实就是 ras 基因蛋白质编码序列中一个小小的改变：单个核苷酸的替换导致蛋白质产物中第 12 位上的氨基酸被另一种氨基酸替换[18]。

其他转染实验揭示了不同的细胞癌基因中发生的改变。其中有两个结果特别出人意料。在极其不同的癌症类型中相同的基因被发现，而且癌基因的突变可能并非发生在启动子上——因此不影响基因的表达——而可能是改变了其所编码蛋白质的结构。不久，人们发现，在肿瘤形成过程中，同一种癌基因可以被三种不同的分子机制所激活，包括染色体的易位[19]。

在不同的肿瘤中通过使用不同的机制，同一小组的基因被激活成具有转化活性基因这一现象的同时证实，表明这些基因在这种细胞转化过程中是关键参与者。但这个结果本身还不足以产生癌基因范式；这只是这个范式被建立的第一步。其第二步涉及一系列关于癌基因功能的发现，这就解释了这些基因在细胞转化和癌症发生过程中所起的关键作用。

这些发现在很大程度上都出于偶然，正如一个简单的时序回顾所表明的那样。1983 年，科学家测定了血小板源生长因子（PDGF）——一种存在于血液血小板中的生长因子（能刺激细胞分裂的一种小蛋白质分子）的氨基酸序列。通过使用计算机将这一序列与已知的蛋白质和核苷酸序列进行比较后揭示，它与猿猴肉瘤病毒中存在的转化基因相似[20]。这提示，病毒癌基因是一个编码血小板源生长因子的正常基因经过微小改变后的一个版本，即一种生长因子的结构或其表达水平的微小变化就足以引起细胞转化和癌症。次年，引起鸟类成红细胞增多症、由反转录病毒所携带的一个癌基因 *erb-B* 的序列被测定，被发现与另一种生长因子——表皮细胞生长因子（EGF）——的受体蛋白的部分序列实质上完全相同[21]。癌基因与生长因子受体之间的这种关联并非完全出乎意料；1980 年，几个研究小组已经揭示，一些生长因子的受体与癌基因的产物都具有相同的酶活性，并能使多种细胞中的蛋白质产生相似的修饰。同年，一种 G 蛋白的氨基酸序列被首次测定。G 蛋白在信息从细胞外受体传递到细胞内部的过程中扮演关键角色。它们竟然与 *ras* 癌基因的产物相似[22]。最后，其他癌基因，如 *myc* 与 *fos*，也在控制细胞分裂的调控途径中起一定作用。添加生长因子会诱导这些癌基因的短暂表达并导致细胞分裂[23]。

有关癌基因范式的这些功能方面的进展，得到了细胞癌基因的结构在生物演化过程中高度保守这一发现的支持。1983 年，无论在功能还是在结构方面都与 *ras* 基因部分相关的基因，在酵母中被发现[24]。从新达尔文主义观——为大部分分子生物学家所共享的一种观点——看来，对在细胞生长与分裂过程中起重要作用的组分而言，该结果完全在预料之中。

同时，科学家们对控制细胞分裂和细胞分化的调控网络方面的认识，也往前迈出了决定性的一步。除了环腺苷酸（cAMP）为一种已经被鉴定的第二信使（将外来调节信号转导到细胞内部的小分子物质）之外，新的第二信使也被发现，而且导致它们产生的机制也被确定。对蛋白质激酶 C——一种被这些第二信使激活并介入细胞信号转导过程的酶——的表征与细胞癌基因在这些调控途径中作用的发现同时发生[25]。

导致癌基因范式被接受的第三步被法国的弗朗索瓦·库志恩和英国的罗伯特·卡门（Robert Kamen）所预料[26]。被美国科学家温恩伯格与其同事所出色领悟到的是，癌症通过不同癌基因之间的协作而发生[27]。在癌症发生之前，不同癌基因中必须发生一系列的突变，这一点的发现促使医生们接受这一新的范式。在医学圈子里一种被广泛持有的观点是，癌症不可能是单一突变的结果；因为点突变发生的频率要比癌症发生的频率高得多。此外，癌症的发生率随着年龄的增长而增高，而且癌症的发生需要经过很长的时间（比如，接受高剂量的辐射后，需要几年的时间才会产生癌症），这提示，肿瘤的形成需经历多个阶段。

癌基因之间协同现象的发现使得人们临时性地将它们分为两组——使细胞永生的癌基因和使细胞转化的癌基因[28]。前者——如 *myc* 或 *fos*——的激活将导致培养细胞无限期分裂。这些基因的产物在细胞核内发挥作用，直接调控基因转录和细胞分裂。癌基因从其正常形式转化为变异形式——使细胞癌变的版本——是癌基因过度表达的结果。通过与那些使细胞永生的癌基因共同作用，转化类的基因（如 *ras*）负责细胞的转化，使之获得癌变特征。它们编码的蛋白质却是存在于细胞膜或细胞质中。这些蛋白质结构发生的改变是细胞从正常状态变成转化状态所必需。自被引入之后，这种对癌基因的分类在不断变化，并变得越来越复杂（正如我们后面将要讨论的那样）。

在这里关于癌基因范式出现的简短历史回顾中，很多内容都被略去。比如，在1971年被首次描述的隐性癌基因（也被称为抗癌基因或肿瘤抑制基因），在此就未被提及[29]。只有当这种基因的两个拷贝都被改变（失活）时，细胞转化才会发生。在该基因新家族中，第一个被鉴定的成员是1986年被发现的视网膜母细胞瘤基因[30]。肿瘤抑制基因的发现提示了 DNA 肿瘤病毒的可能作用方式：这些病毒的产物可能抑制了肿瘤抑制基因的作用。然而，该发现并未导致一种新范式的出现。肿瘤抑制基因的产物参与与癌基因产物相同的调节网络。

综合来看，这些发现为认识癌症的发生提供了一种理性解释。通过接受癌基因这一范式，大多数生物学家都承认，研究这一小组基因是理解细胞发生癌变的最佳途径。这些基因的结构及功能的改变被认为是癌症发生的起因。这样，癌基因范式既是一个物体（细胞癌基因及其产物）的集合，同时也是对这些癌基因及其产物的结构和功能进行表征的方法的集合。

鉴于一个多世纪以来，这个领域出现那么多的争论，我们如何理解癌基因范式几乎被普遍接受这一现象呢？这里有几种比较现实的原因。这种新范式（至少在理论上）使得建立一系列诊断性和愈后性检测方法成为可能。此外，它为分子生物学家开启了一个生物医学研究的重要领域。它使病毒学家能够利用他们针对癌症病毒所开展长期但经常是徒劳的研究过程中所获得的技巧[31]，对这些癌基因所编码蛋白质结构的表征，为开发特异针对它们的新药打开了一扇门。

这种新观点被广泛和快速采纳，还存在两个更为根本性的原因。第一个是，许多导致癌基因范式建立的科学发现实际上都完全出乎意料。计算机辅助的（核苷酸或氨基酸）序列比较在确立这种范式的存在方面发挥了关键的启示性作用。这种看上去偶然的科学发现，强化了科学家（尤其是生物学家）的现实主义世界观，并使他们对所获得的实验数据充满信心。序列比较的启发性价值是由遗传工程所开启的分子生物学新形式的特征（见第 16 章）。

　　为理解这种癌基因范式如此轻易地就被人们所接受的第二个原因，我们大家必须记住的是，在不同生物学领域中"癌症"这个词的含义并非一致。对不同的专家来说，一种新理论所必须解释的观察结果和事实也不尽相同。对医生而言，一种关于癌症的理论必须解释其逐渐发生的过程，以及其多因素的起源；它也必须解释已被确定的一系列不同化学物质或物理处理方式与突变和癌变效应之间的相关性。对生物化学家而言，一种癌症模型必须解释癌细胞中发生的许多生物化学和结构方面的变化。对细胞生物学家来讲，癌症是一种细胞之间的通信被扰乱的疾病。此外，许多癌症似乎涉及染色体断裂的存在，以及随后所产生的染色体片段在不同染色体之间的转移——这是在显微镜下可以观察到的一种事件[32]。对病毒学家而言，大多数人类的癌症可能都具有一种病毒性起源。即使不是这样，非病毒致癌机制也必须与病毒诱发癌症的机制相同。最后，对分子生物学家来讲，与癌症有关的基因的分离与鉴定则是一种很自然的双目标课题。

　　有趣但可能并不令人惊奇的是，癌基因范式通过使分子生物学与其他生物学学科的概念之间形成联合，导致这些不同的有关癌症的概念的统一。肿瘤细胞中所发生的变化，的确是生物化学方面的，但它们只与少数基因的变化相关联。很少的癌症由病毒引起，但病毒也以与辐射或化学诱变剂相同的机制——即通过改变癌基因——而改变细胞。癌变直接影响的是细胞，而非整个生物个体，但这些被改变的细胞与外界环境及其他细胞之间进行交流的能力也被改变。最后，有几种癌基因必须被修饰后才能获得使细胞转化的能力，而染色体易位则与癌基因表达的变化直接相关。

　　甚至有关癌症的相互对立的观点在这种新范式中也达成了和解：基因在调控和结构两方面的改变都是细胞完全转化所必需的，而影响整个染色体或孤立的基因的那些变化能导致细胞癌基因的活化或被修改。大多数生物学家认为，肿瘤病毒整合入染色体的位点，在细胞转化过程中起关键作用（正如之前所解释的那样，这个概念起源于20 世纪 60 年代对细菌遗传学的研究，却与某些肿瘤病毒本身携带有转化基因这一现象之间存在矛盾）。这两种不同视角在这种新范式中得到统一。细胞癌基因的活化可能是它们被整合到反转录病毒中（以及可能是被修饰）的结果，或者是一种已经激活了这些细胞癌基因表达的反转录病毒，整合到细胞癌基因附近的结果（见第 20 章）。

　　令人吃惊的是，从 *src* 癌基因的发现到癌基因范式被最后接受的 10 年间，没有任何一个单一的系统，也没有任何一种特别的基因扮演过一种主导性角色。尽管 *src* 基因的发现极其重要，但在很长的一段时间内，其精确作用机制仍属未知。类似地，人类肿瘤中的 *ras* 癌基因发生了变化这一发现，具有相当重要的心理影响，但花费近 10 年时间科学家才开始认识 *ras* 基因在细胞癌性转化过程中的作用。

癌基因范式的发展也揭示现代生物学研究两个高度特异的方面。首先，生物学家可以利用的技术日益复杂：使得分离一个基因并鉴定其修饰已经变得日益常规。DNA 序列之间的简单比较所产生的启发性价值也成为这种技术威力的一部分。只花费几年的时间，主要的癌基因（或抗癌基因）就被鉴定，它们的功能也被推断。其次，癌基因的发现历史，也突显我们在分子水平所获得的知识的局限性。所鉴定的癌基因数目越多，对它们的改变和功能的认识就越深入，但生物学家也就更难区分根本性和次要性的作用、驱动型和被动型的突变。因此，他们发现给不断增加的癌基因予以某种有序化变得困难了，癌基因最初被分成两类，现在却变成了八组[33]。

基于癌基因的知识所设计的靶标药物或单克隆抗体将抑制某些酶的活性。尽管这些试剂的作用有效，但它们并非人们所预期的灵丹妙药。结果表明，它们只对某种类型的肿瘤有效，对这些药物有抗性的癌细胞很快就出现。20 世纪 80 年代的那种范式的简单性被稀释，并在后期积累的实验数据中丧失。

这种矛盾效用被以下事实强化，对一种肿瘤组织中存在的不同细胞克隆在肿瘤发生的不同阶段所发生突变的彻底描述；后者在 21 世纪初期发展起来的新的、快速的和廉价的 DNA 和 RNA 测序技术推动下实现（见第 27 章）。这与其他生物学领域所遇到的困难具有可比性——比如，对个体发育的研究方面（见第 22 章）。它引发了两个重要问题：我们能够超越今天的分子系统学吗？这需要建立一种新的基于一门复杂科学的后基因组时代的生命逻辑吗（见第 28 章）？

# 第 19 章　从 DNA 聚合酶到 DNA 扩增

1983 年，凯利·穆利斯（Kary Mullis）开发了一种被称为聚合酶链式反应（Polymerase Chain Reaction, PCR）的 DNA 扩增技术[1]。PCR 技术能扩增任何 DNA 片段，即使它在生物样本中的存在极其微量。这样就可以进而对 DNA 进行鉴定。通过鉴定头发、血痕等生物样本中存在的 DNA 分子，PCR 技术可以作为法医学的辅助工具。其灵敏度甚至允许我们对存在于动物或人体遗骸中已经成千上万年的稀少 DNA 分子进行检测和鉴定（有关用它来研究人体演化方面的工作，见第 23 章）。PCR 技术也可用于基于单细胞——如从被植入子宫前的年幼胚胎中获得的一个细胞——的遗传诊断。最后，它也允许我们对细菌或病毒感染进行早期检测[2]。

尽管 PCR 技术比遗传工程的主要技术晚几年出现，但它却与其共享几点关键特性。虽说 PCR 技术本身没有开辟新的实验方向——它仅仅扩增 DNA，这通过其他像克隆那样的更耗时的方法也能做到——但在实践中，它使得一些先前无法实施的实验成为可能。

实际上，PCR 技术属于一种所谓的过度成熟的技术开发；它没有理由不该在 20 世纪 60 年代早期之后的任何时候被建立。PCR 技术的原理是基于 DNA 聚合酶的特征，而这种酶在 1955 年就被阿瑟·科恩伯格所分离和鉴定。

PCR 技术的历史可以回溯到分子生物学发展之初。它特别涉及为 1953 年沃森和克里克所提出的 DNA 双螺旋模型提供生物化学验证的一系列研究。它再次突显分子生物学与生物化学之间的不和这一难题。它也强调了 20 世纪 40 年代的分子生物学研究与 20 世纪 80 年代的工作之间，在技术延续方面的重要程度。

当科学家们发现存在一种酶能够在体外拷贝 DNA 分子时，沃森和克里克 1953 年所提出 DNA 复制模型的一种缺陷就被消除，因为后者完全依赖于被想象出来的那些酶的神奇特性。此外，DNA 聚合酶的发现也证实他们所描述的 DNA 双螺旋模型的多种特征。这一点只被分子生物学史学家简要描述过。贾德森只用几行字提及它（仅仅转录了一下 1956 年在霍普金斯大学召开的一次关于遗传的化学基础的学术会议上，克里克在得知科恩伯格的最初结果时的反应）[3]。在《DNA 的一个世纪》一书中，富兰克林·泼丘哥尔（Franklin Portugal）和杰克·科恩（Jack Cohen）只提供了一段简短而谨慎的描述[4]。

这种审慎态度与大家当时对科恩伯格工作的正式认可形成强烈对比。1959年，因为对形成多核苷酸的酶的研究，他与塞韦罗·奥乔亚一起被授予诺贝尔奖。诺贝尔奖委员会对这些科学发现的反应，无论其快速性还是其敏锐性都极不寻常。科恩伯格对DNA聚合酶的纯化与鉴定工作仅仅始于1955年；首批结果于1956年才报告，首批论文于1958年才正式发表。

科恩伯格的科研生涯，就第二次世界大战期间一名临床医生决定转向科学研究方面而言，很具代表性[5]。他开始时的研究，是有关营养和维生素方面的；1945年，在塞韦罗·奥乔亚的指导下，科恩伯格帮助纯化了细胞能量代谢所必需的两种酶。科恩伯格在美国圣路易斯的格蒂·科里（Getty Cori）和卡尔·科里（Carl Cori）夫妇实验室短暂待了一段时间，因为这个实验室的研究涉及多聚糖代谢那些非常复杂的酶，故被称作"酶学的麦加圣地"[6]。之后，科恩伯格返回美国国立卫生研究院，在那里他研究了催化合成作为细胞中必需辅酶之一的尼克酰胺腺嘌呤二核苷酸（NAD）的一种酶。这一工作使他对核苷酸代谢有所熟悉；1953—1955年，他鉴定了涉及核苷酸生物合成的几种酶。

从科恩伯格的自传作品中，人们很难理解是什么因素导致他在1954年去研究那些制造DNA和RNA的酶。是他之前研究工作的自然延伸吗？他是想走一条像科里夫妇等其他知名生物化学家所走过的科研道路吗？科里夫妇研究了涉及糖代谢的酶之后，又研究了将单糖分子聚合形成多糖长链的酶。或者，尽管科恩伯格明言事实与之正好相反，他是受到分子生物学以及沃森和克里克1953的DNA双螺旋模型的影响吗[7]？

1954年，在试图鉴定和纯化两种涉及合成RNA和DNA的酶的努力中，科恩伯格使用了一种利用放射性同位素标记的核苷（胸腺嘧啶核苷）。作为酶的来源，科恩伯格选择了大肠杆菌的一种提取物，因为，就像他所说："快速生长的大肠杆菌细胞已经成为生物化学和遗传学研究中人们所偏爱的对象。[8]"其最初结果表明，一小部分但可以重复发生的胸腺嘧啶核苷被掺入一种可能是DNA的多聚体中。

这些令人鼓舞的初期研究被塞韦罗·奥乔亚和玛莉安·古兰伯格-马拉哥（Marianne Grunberg-Manago）的宣称所打断。他们宣称发现一种能够在缺乏任何模板情况下产生RNA聚合长链的酶——多核苷酸磷酸化酶[9]。与尤里尔·利陶尔（Uriel Littauer）一起，科恩伯格从大肠杆菌中提纯了这种酶[10]。后来这种酶被发现在合成由不同核苷酸组成的RNA分子时极为有用——这种RNA分子并被用于旨在破译遗传密码的实验中（见第12章）。但是科恩伯格及同事很快明白，这种酶催化核苷酸被随机掺入到 RNA 分子中的过程，因此在细胞遗传信息传递过程中，不可能扮演任何角色。他们重新回到对 DNA 聚合酶的研究，成功地提纯了这种酶，并证明，在体外的 DNA 合成过程中，所有四种脱氧核糖核苷酸都是必需的。DNA 模板也必不可少，并且一旦加入一种降解 DNA 的酶——脱氧核糖核酸酶（DNase），所有合成反应都将终止。相反，如加入一种降解 RNA 的酶——核糖核酸酶（RNase）则无影响，这表明 DNA 复制时，无须经由一种 RNA 中间体（该结果只在这样的体外 DNA 合成反应体系中正确，对于体内染色体复制的完整过程而言不正确，因为后者可能需要 RNA 引物去引导后续 DNA 分子的合成）。

利用纯度甚至更高的酶，科恩伯格能够使 DNA 在体外进行 20 倍的复制：在合成结束时，母体 DNA 仅占试管中 DNA 总量的 5%[11]。他发现，复制反应的最佳底物是简单的 DNA 单链，这与最初沃森和克里克所提出的 DNA 复制模型吻合（见第 11 章）。此外，在新合成的 DNA 分子中，A（腺嘌呤）所占比例总是等于 T（胸腺嘧啶），G（鸟嘌呤）所占比例总是等于 C（胞嘧啶）。新合成 DNA 的碱基组成与实验开始时试管中的 DNA 组成完全相同[12]。

所有这些结果表明，反应系统中最初存在的那些 DNA，不仅仅是作为 DNA 合成的引物（就像酶催化合成多聚糖时需先由几个单糖分子联结在一起形成一种引物一样），而且也作为被 DNA 聚合酶忠实复制的模板分子。为了确定在新合成的 DNA 分子中掺入到放射性核苷酸相邻位置上的那种核苷酸的本质，科恩伯格先利用放射性核苷酸对新合成的 DNA 进行一种复杂的标记实验，随后利用高度专一的核酸酶对新合成的 DNA 进行降解分析。实验结果表明，新合成的 DNA 与作为模板的 DNA 的走向相反，这一结果与沃森和克里克所提出的 DNA 复制模型再次吻合[13]。

科恩伯格的实验特别精美，也代表了相当大的工作量：为获得必需的分子工具，科恩伯格被迫提纯参与核苷酸代谢的几种酶。最重要的是，这些实验表明，不同寻常的 DNA 复制能力建立在单一一种酶——DNA 聚合酶——特性基础上。正如沃森和克里克所提议的那样，这种酶能够高度精确地从环境中存在的核苷酸中选择能够与模板 DNA 链上的对应碱基进行配对的核苷酸。

但是，科恩伯格的工作没有提供任何证据，表明体外合成的 DNA 具有与亲本 DNA 完全相同的生物学特性。诺贝尔奖委员会之所以做出授予他诺贝尔奖这种快速决定，毫无疑问是因为生物化学家决心确认他们参与了以分子生物学的建立为代表的、探索生命奥秘这场竞赛的最后阶段。如果这个 1959 年诺贝尔奖的授予，是因为科恩伯格证实了沃森和克里克所提出模型，那么将诺贝尔奖先授予给后者，然后再授予给科恩伯格才合情合理！事实上，沃森和克里克直到 1962 年才获得诺贝尔奖，而赫尔希、卢里亚和德尔布吕克则不得不等到1969年，当噬菌体研究小组的贡献得到正式认可时，才获得诺贝尔奖。

塞韦罗·奥乔亚因为发现了多核苷酸磷酸化酶，而与科恩伯格共享1959年诺贝尔奖这一事实表明，最重要的是，这种姿态旨在奖励那些学者，通过其成功研究显示，信息分子在细胞内的转换也属酶学，即也属生物化学范畴。其实这种多核苷酸磷酸化酶的精确生理学功能，至今仍旧知之甚少，它可能参与细胞内RNA的降解过程。

分子生物学与生物化学之间应该被看作是互补的，而非竞争。分子生物学家破解了信息传递的主要途径，而生物化学家则解析了这些分子机器的细节。这些"细节"任务却需那些完成令人吃惊并有点神奇的酶来参与[14]。这种劳动分工，为分子生物学家提供了对他们所假设的那些机制的证实和具体化；对于生物化学家而言，它证实细胞中的任何事件——从中间代谢到基因复制——皆可以从生物化学角度去考察。

然而，科恩伯格的这些研究结果，还缺乏最终的一种实验证实：需证明的是，体外合成的DNA的确具有生物活性。但是DNA的"活性"——即作为信息携带者的角色——的证实难以在体外进行检测。证实这一点的最好实验系统就是细胞转化（见第3章）：即利用科恩伯格所纯化的酶，应该可以扩增转化因子。但是，正如前面所看到的那样，由埃弗里所首次创建的细胞转化实验却难以控制和进行定量化。结果，科恩伯格旨在通过利用DNA聚合酶而扩增转化因子的实验得到的却是负的结果[15]。

直到1967年，科恩伯格才能够在体外扩增一种噬菌体（ΦX174）DNA[16]。该实验之所以成功，仅仅因为加入了另一种酶——DNA连接酶——它使新合成的DNA分子封口。这一实验——被参与的科学家谦虚地描述为，利用酶合成DNA分子的第23条和第24条贡献——被新闻记者描述为在试管中创造了生命，成为1967年最重要的科学发现[17]。新闻记者（和公众）的反应与科学家的态度之间的这一鸿沟，表明了生物学家思想上所发生的变化。对生命的定义已经被改变：对生物学家来说，在体外复制一种病毒并不等同于创造了生命。生命并不存在于分子中——而是存在于正在被研究系统的复杂性之中。

这一迟来的却充满热情的对科恩伯格工作的接受，解释了在之后的1969年当人们发现他所纯化的DNA聚合酶其实并不参与大肠杆菌中DNA的复制这一事实时所产生的失望情绪[18]。随后持续了两年多的负面媒体报道——正如他们对噬菌体ΦX174在体外被复制所表现出的热情正面报道那样——可以解释为分子生物学在一个很长的时期内（1965—1972），正如一句法国谚语所说，都在"穿越沙漠"[19]。尽管分子生物学具备精确的概念体系，但其工具仍显不足。所获得的突破性科学发现很少这一事实，导致对实验数据的过度解释，而且以微不足道的实验借口，就对这一门年轻科学的法则进行不断的质疑。伴随反转录酶的发现而出现的争论，就是反映这种情况的一个极佳例子（见第 15 章）。

后来的实验证实，科恩伯格所纯化的那种酶，对于 DNA 复制而言，并非必需，它只是参与 DNA 修复的过程。但是，参与体内 DNA 复制的那种酶具有与科恩伯格所发现的 DNA 聚合酶接近的结构，而且，重要的是，它们依据同样的原理发挥作用。最关键的是，科恩伯格鉴定的 DNA 聚合酶只发挥次要生理功能这一认识，并没有引起对沃森和克里克的模型中所假设的关于酶能够复制 DNA 这一事实的质疑。

科恩伯格所发现的酶的聚合活性被用于将被同位素标的核苷酸掺入到无标记的 DNA 分子中，以制备出放射性探针，用于通过分子杂交检测凝胶上或 DNA 文库中是否存在同源 RNA 或 DNA 分子。除了这种聚合活性之外，更为有用的方面是，科恩伯格的酶还具有一种降解活性，能够在体内去除 DNA 分子中进行了错误配对的核苷酸，并在体外将 DNA 分子中没有放射性标记的核苷酸替换为具有放射性标记的相同核苷酸[20]。

科恩伯格发现的 DNA 聚合酶还具有另外一种用途。1977 年，弗雷德里克·桑格发现，它能被用来测定 DNA 分子的碱基序列（PCR 技术则是这种 DNA 测序技术的一个侧支）。正如许多发现一样，这是一种想法与偶然机会相遇的果实[21]。桑格最初的想法是，对在聚合酶沿着 DNA 模板链前进时将核苷酸掺入新合成 DNA 分子的过程进行跟踪。在实验的设计阶段，机遇扮演了其角色。因为桑格和他的同事希望将尽可能多的放射性掺入到新合成的 DNA 分子中，所以他们使用了三种未被标记的核苷酸；而第四种核苷酸——X——被放射性同位素标记了，却没有加入未标记的 X，因此被加入 X 的浓度极低。他们发现，在这种低浓度 X 的条件下，有时会导致酶终止其作用，在它应该掺入 X 核苷酸的位置从 DNA 上脱落下来，产生具有不同长度的、不完整的新合成的 DNA 链。研究者可以利用聚丙烯酰胺凝胶电泳来将这些长度不同的 DNA 链之间分离开，并直接确定 X 核苷酸在 DNA 链上所处的不同相对位置。然后再分别用另外三种核苷酸重复该实验，将所有四次反应的产物同时在一块胶上的四个泳道中分别进行电泳分离，这样就可以推导出一种 DNA 分子的完整的碱基序列。这种测序技术的原理已经被揭示：将正在延伸的 DNA 链终止于一种特定的核苷酸处，然后确定所获得的不同 DNA 片段的长度。

桑格随后对这种方法进行了多次改进，最后确定的标准流程如下。将待测序的 DNA 片段先克隆到能够以单链 DNA 形式存在的 M13 噬菌体中[22]。分离出含重组单链 DNA 的噬菌体，然后加入与待测 DNA 片段的插入点附近的噬菌体 DNA 互补并发生分子杂交的一种寡核苷酸。这种寡核苷酸是科恩伯格 DNA 聚合酶的一种引物，因为它不能催化从零开始合成 DNA，只能延伸已经存在的核酸链。然后加入四种脱氧核苷酸，同时加入少量的某一种脱氧核苷酸的类似物——一种双脱氧核苷酸；当这种类似物被随机掺入到正被合成的 DNA 链中而取代正常的脱氧核苷酸时，它就迅速地使 DNA 合成终止。这个实验利用四种不同的双脱氧核苷酸类似物分别进行，每种类似物对应一种核苷酸，所有新合成的 DNA 链通过电泳进行分析，即可直接读出待测 DNA 的序列。

还有另外一种用于 DNA 测序的方法，它是用其发明者马克萨姆和吉尔伯特的名字命名的（见第 16 章）[23]。这种方法利用化学试剂在精确的位置使 DNA 链断开。两种方法都类似地简单，但桑格法随后被普遍使用，并被自动 DNA 测序仪的设计者所采纳。

这一例子再次强调了酶在分子生物学研究中，以及作为遗传工程的工具所扮演的重要角色。研究人员之所以使用酶，是因为它们具有惊人的特异性，是因为 DNA 聚合酶能忠实地拷贝 DNA 链，所以它能被用来确定 DNA 碱基序列。但科恩伯格小组先前的研究结果也表明，这种酶能够被"欺骗"，使得像双脱氧核苷酸这样的类似物能被掺入到 DNA 分子中，取代正常的脱氧核苷酸。对 DNA 聚合酶的精确认识，是使之得到应用的一种关键前提条件。

凯利·穆利斯已经为他发现 PCR 技术的经历提供了一种详细记述[24]。故事是这样的，在 1983 年 4 月的一个周五傍晚，当他在美国加利福尼亚州起伏不平的公路上，开车前往他将度过周末的小屋时，一种想法突然浮现在他的脑际。穆利斯已经获得生物化学博士学位，并于 1979 年被招聘到赛特斯（Cetus）生物技术公司，专门制备用作探针的寡核苷酸（见第 16 章）。但寡核苷酸自动合成仪的上市，使穆利斯这样的研究人员获得了自由，可以投入到其他项目。在那次驾车期间，他在思考如何开发一种技术，基于极其少量生物样本，即能确定其 DNA 分子中一个特定位置上的核苷酸的本质。这将是一个有趣的研究项目，因为许多遗传疾病皆因一个特定基因中一个特定位置上的单一核苷酸被替换所致。这种技术的建立将意味着，可以基于极少量的生物样本进行遗传诊断。

穆利斯的想法是，利用桑格测序技术。第一步需合成一种寡核苷酸，使之结合于紧邻待测核苷酸位置的 DNA 序列上。DNA 的两条链将可以通过加热而分开，寡核苷酸将与其互补链杂交。这个寡核苷酸将作为 DNA 聚合酶的引物而起作用。四种被放射性同位素标记的双脱氧核苷酸将被逐个加入，但唯一能被掺入的双脱氧核苷酸，是与我们感兴趣的那个位置上的核苷酸对应即形成碱基配对的那种。

这是一个很好的想法，但问题在于，寡核苷酸与其互补 DNA 链的结合并非总是那么专一。穆利斯觉得，通过合成第二种可以结合于紧邻待测核苷酸下游的互补 DNA 链上的寡核苷酸可以对前面所获得的结果进行核实。这种寡核酸将与 DNA 链通过分子杂交结合，并将通过掺入一种与前面实验中所掺入的双脱氧核苷酸互补的双脱氧核苷酸而被延伸。因此，这两次实验所获得的结果之间可以相互印证。

还存在一种困难：DNA 样品中可能存在能取代双脱氧核苷酸类似物而被掺入的游离脱氧核苷酸。穆利斯的想法是，将实验分为两个阶段：首先，他将加入寡核苷酸但不加双脱氧核苷酸。DNA 聚合酶将利用环境中所存在的游离脱氧核苷酸使寡核苷酸延伸。一旦这步反应进行彻底（意味着游离的脱氧核苷酸被消耗完毕），下一步所需要做的只是加热反应物，将两条模板 DNA 链与各自所杂交结合的长短不一的（经过延伸的）寡核苷酸分开，然后加入新的寡核苷酸，使之与模板 DNA 重新杂交，但这一次将加入双脱氧核苷酸。

但是，如果第一种寡核苷酸被延伸到足以能够与第二种寡核苷酸进行杂交时，将会发生什么呢？穆利斯立刻有了答案：结果将是使介于这两种寡核苷酸之间的那段 DNA 被特异扩增！对编写电脑程序和程序中经常用到的"循环"概念十分熟悉的穆利斯迅速意识到，通过重复这些基本步骤——分子杂交、合成、加热——他能够扩增位于这两种寡核苷酸之间的 DNA 序列。此外，穆利斯意识到，被扩增的 DNA 片段将具有一种精确的长度：以作为引物被加入的寡核苷酸作为扩增后的所有 DNA 片段的末端。没有因素会阻止两种寡核苷酸在 DNA 链上分开很远的位置结合，这样就可以扩增非常长的 DNA 片段。

穆利斯觉得这个想法太过简单，不太可能没有其他人已经想到。但是当他询问同事时，他们中没有任何人曾听说过任何类似想法。他们找不到这种设想不可行的任何理由，但是他们中也没有任何人特别表现出对这种设想的热心。

准备这个实验就耗费了他几个月的时间。通过参考科恩伯格的原始论文，穆利斯不得不确定试剂的最适浓度、寡核苷酸片段的长度、反应体系的组成成分等。经过长时间的准备后，实验立刻获得成功。首篇宣告建立该技术的论文，涉及镰状细胞贫血症的产前诊断，显示了这种技术在实际运用方面的价值（穆利斯的名字被放在多位作者的中间部分，不易找到）[25]。

最初的实验步骤已经被进行多项改进。其中最重要的一点是，科恩伯格的 DNA 聚合酶已经被从生活在温泉中的噬热水生菌（*Thermus aquaticus*）这种细菌中提取出来的 Taq DNA 聚合酶所取代[26]。这种酶不会在经过延伸阶段后为将 DNA 链分离所需的高温处理条件下失去生物活性。因此不需要像以前那样，在每次延伸反应之初加入新的 DNA 聚合酶。这就导致了自动化机器的发展，它可以通过计算机的编程来控制寡核苷酸的杂交、延伸反应以及将合成的 DNA 链变性这些不同阶段所需的不同温度。此外，整套操作（杂交和延伸）能够在更高的温度下实施，这样就降低了寡核苷酸非特异性杂交的危险，进而提高扩增的效率[27]。

PCR 技术的发现——可能更准确地说应该是发明——提出了多个方面的问题，既涉及广泛的科学内部运作情况，也特别涉及分子生物学的独特性。毫无疑问，这是一个过度成熟的发现[28]。获得这一发现所需的所有工具，在 20 世纪 60 年代就已经具备。在那时，的确莱德伯格和科恩伯格已经讨论过利用 DNA 聚合酶获取大量 DNA 的可能性[29]。葛秉德·科拉纳与其同事甚至走得更远，他们提议，可以通过使用来自 DNA 每条链上的短的互补性寡核苷酸片段来使 DNA 复制[30]。在论文结尾处，他们概括了后来成为 PCR 技术三个阶段的内容——寡核苷酸的分子杂交、通过聚合酶进行的核酸链的延伸，以及已经合成的 DNA 分子两条链之间的分离（变性），包括多次重复这三阶段的想法。但是这一设想与穆利斯的想法之间存在一种根本性的区别。科拉纳的目的是在体外拷贝一种已经被有效鉴定过的 DNA 分子。穆利斯的目标是扩增一种 DNA 分子，以便获得对其进行表征的足够量。这种实验目的的根本区别，完全改变了技术过程的重要性。

足够奇怪的是，穆利斯的想法最初遇到的是礼貌但并非热情的反应。事实上，PCR 技术之所以被看作是一个真正的发现，只是因为它使 DNA 能够被扩增。许多因素——寡核苷酸的非特异性结合、无法预料到的 DNA 聚合酶的终止、核苷酸掺入的错误——都足以令这种技术无效；的确，第一次利用 PCR 技术所获得的成果相对较少。正是 Taq 聚合酶的使用，才使得 PCR 技术变得足够简单、有效并被大众化，并使得"无须许可证即可开展分子生物学实践"成为现实[31]。穆利斯的同事们——他们对这项技术被成功开发的可能性持谨慎态度——并非缺乏眼光，只是比较现实而已。有多少看上去是革命性的发现不是被终结在历史的垃圾桶中呢？

同样值得注意的是，PCR 技术完美地代表了分子生物学，并成为这个学科的实质象征。它是通过使用生物学特异的材料——在这里是复制 DNA 的酶——作为研究工具，而开发的一种简单技术。

PCR 技术发现的另外两个特征也使其具有象征性。其名称——聚合酶链式反应（Polymerase Chain Reaction）——是因为它与原子核链式反应（Nuclear Chain Reaction）之间的关联而被选择[32]。无论是从其所体现的精神还是其部分奠基性人物的特征来看，分子生物学都是 20 世纪 30 年代和 40 年代的物理学的后代。它也是计算机科学的姊妹：具有重复操作环路的 PCR 技术的实验步骤可以类比于计算机的编程方法。PCR 技术共享了这些编程方法中一系列基本步骤的简单性。就像计算机技术所体现出来的一样，PCR 技术的潜力是这些步骤单调重复的产物。

　　PCR 技术的原理是如此简单，以至于当穆利斯在 1993 年被授予诺贝尔化学奖时，一位之前的获奖者评价说，它仅仅是一种技术小窍门而已，并不具备人们期望从一项获诺贝尔奖的研究工作中所看到的智力上的丰富内涵。然而，PCR 技术改变分子生物学工作的程度，远超过任何其他技术。而且，如果它只是一个简单的小窍门的话，为什么之前没有人发现它呢？[33]

# 第四部分

# 超越分子生物学？

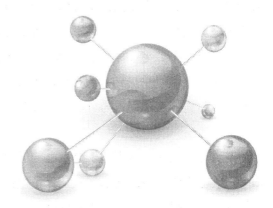

自科学家首次描述 DNA 和少数几种蛋白质的结构那时算起，转眼 60 多年过去了。即使从遗传工程技术发展成一种工具——使得分子生物学家能从原核与真核生物中分离鉴定那些参与复杂生物过程的生物大分子——的时间算起，也过去 40 年了。

这些关键进步导致实验数据的海量积累。对这些后续发现进行类似于该书前三部分那种程度的描述是不可能的。对该时期所获主要进展的任何部分的历史进行描述，都可达到与前三部分等同的长度。我也可以将此书终止于此，引导读者自己去阅读那些已经出版、有关这些更近期发现的历史记载。这样做的危险在于，隐含着前面那几部分所记录的分子生物学历史，与更近的这些进展之间存在某种结构上的断裂，正如这些获得近期科学发现的学者中那些声量大的作者所声称的那样。同样，这也将无法强调这两个阶段之间存在的真实连续性。

后面几章中我所强调的内容其实非常简单：分子生物学家们在 1940—1980 年所创立的对生命的解释框架，在今天是否还适用呢？因此在这最后一部分，我们首先来审视一下分子生物学与一系列其他学科之间的相互作用所产生的结果，这些学科包括生物化学（尤其是对蛋白质的研究）、发育生物学、进化生物学以及与基因疗法相关的医学。然后我们将探究经典分子生物学所未曾预料到的那一系列科学发现所诱发的挑战，特别是所涉及的调节性 RNA，以及表观遗传学修饰的重要性。发生于世纪之交的最重要的变化在于，人类基因组工程的结束，以及紧随其后系统生物学与合成生物学这两个新领域的出现，二者皆声称对生命现象提出了一种与传统思路决然不同的、新的探究模式。因此而出现的问题是，它们是否为分子生物学敲响了丧钟。

本书第四部分的第一章类似于该部分的引言，它强调分子生物学的大部分研究——因为遗传工程而成为可能——涉及对先前几乎缺乏理解的生物现象的精确和直截了当的描述。

本部分的最后一章聚焦于分子生物学中所惯用的图像、隐喻和图示。像早期那些用于表述操纵子模型的图示，赋予分子生物学一种诱人的魅力。通过探究这些表述科学发现与科学概念的方式，我们可以窥探一下过去五十年里所发生转变的程度，是否的确翻天覆地，或者说这些表面上的主要变化和全新发展，实际上掩盖了所隐含的连续性。

# 第 20 章　生物学与医学的分子化

用于展示那场始于 20 世纪 80 年代早期的生物学与医学分子革命的案例比比皆是。其中最为令人印象深刻的事件包括对激素与生长因子的作用（第 18 章中已提及）、细胞分裂、DNA 修复的多种机制等的准确描述 [1]。本章将聚焦于三个方面的问题：发生于真核生物中的转录机制，神经退行性疾病的分子表征，以及细胞凋亡（程序性细胞死亡）。最初，人们认为前两个方面是对分子生物学法则的一种挑战，而第三个方面则是一种全新的细胞现象，不为分子生物学还原论者所熟悉。

## 真核生物中转录发生的机制

20 世纪 60 年代和 70 年代，我们对原核生物中所发生的转录过程的认识日益精确，但对真核细胞中发生的转录过程认识却滞后。基于真核细胞复杂性而产生的技术和概念上的障碍，以及相较于原核生物它们所含有的更为大量的遗传物质，都需依赖遗传工程技术予以克服。真核生物中核糖核酸（RNA）剪接现象的发现，使得许多生物学家以为，发生于原核和真核细胞中的转录过程及其调控机制可能完全不同。这一看法得到部分学者的支持，他们认为，基于细菌而建立起来的分子生物学模型，在解释多细胞生物功能方面的价值有限（见第 22 章）。

尽管存在这些争议，但当第一个真核生物基因在 20 世纪 70 年代后期被克隆时，一个研究项目开始了，它以人们已获得的对原核细胞转录调控的当代认识作为研究的起点。该项目的第一步是，构建一个可以测定特定基因表达水平的实验体系。在缺乏有效的体外真核细胞转录系统的条件下，人们使用了两种方法。第一种方法涉及将特定基因转染进入真核细胞，过一段时间（一般是 48 小时）后测定由所转染基因产生的蛋白质的量——这是一种可以追溯到 40 年前由奥斯瓦尔德·埃弗里开展的肺炎球菌（核酸）转化的实验。以细菌中所揭示的调控序列位于蛋白质编码基因的上游这一观察结果为起点，研究人员开始将基因的编码部分替换为编码那些活性易于被测定的酶的报告基因。第二种方法是通过微注射技术将基因引入到非洲爪蟾的超大型卵母细胞中，这样在单一的细胞中就能产生高水平的蛋白质。

一旦所引入的基因实现了蛋白质表达，研究人员将利用 DNA 外切酶或限制性内切酶将基因的上游序列逐渐删除，这样就消除了这些 DNA 片段在转录过程中所起的作用。尽管这种研究方法的优雅之处显而易见，但 1979—1980 年所发表的那些早期结果，所展现的景象却远非清晰。在开展对海胆 H2a 组蛋白基因进行研究的过程中，麦克斯·伯恩斯迪尔（Max Birnstiel）及其合作者获得了两种令人不解的观察结果。首先，当删除一段位于上游、离转录起始位点 30 个碱基位置的一段现在被称为 TATA 框的 DNA 序列（与原核生物基因中存在于类似位置的一段序列类似）后，尽管蛋白质的表达水平下降了，但并未如预期的那样彻底消除其表达。类似结果在对猿猴病毒 SV40 的启动子序列研究中也曾获得[2]。其次，位于上游的极远位置的某些 DNA 序列被发现可以激活或抑制下游基因的表达。

1981 年，沃尔特·夏福纳（Walter Schaffner）及其合作者获得一种对研究真核生物转录调控而言影响深远的发现。他们研究了一段不长的、只有 72 对碱基的 DNA 序列。该序列存在于致癌病毒 SV40 中，并且之前的研究表明，它为病毒的高水平复制和转录所需[3]。他们发现，将该序列插入到任何基因的上游，都能导致基因转录速率大幅提高[4]。夏福纳领导的小组总结出这些序列三方面的新特征。这样的序列被他们命名为"增强子"（enhancer），它们与细菌中所揭示的那些基因调节序列存在多方面的差异。这些差异不仅体现在，增强子即使被放置在离转录起始位点很远的位置，也能表现出调节活性，而且还体现在——更为令人迷惑——它们的取向无关紧要。而且，即使将它们放置在转录起始位点的下游，甚至一个内含子内，也仍能保持其调节活性。

通过对高度相关的多瘤病毒中的相似序列的研究，这些发现很快就被其他课题组证实。类似的核酸序列也被发现于反转录病毒基因组末端那些长的重复序列中。这种发现帮助解释了 1981 年报道的那些令人迷惑的结果，即一些缺少任何转化序列的致癌病毒，能将它们基因组的反转录产物插入到宿主细胞基因组的原癌基因附近，从而将所感染的细胞转化为肿瘤细胞[5]。对这种现象的最初解释是：反转录病毒为细胞中的原癌基因提供了一个强有力的启动子（见第 18 章）。更合理的一种解释是：反转录病毒中存在增强子，因为它们无须反转录病毒精确定位于宿主基因组中，就能促进原癌基因的有效表达。

增强子的存在很快就在真核基因中得到证实。人们提供的一个令人吃惊的例子是，免疫球蛋白基因的内含子中存在增强子。其存在解释了在形成抗体的细胞中，免疫球蛋白能以非常高的速率产生这一现象[6]。增强子对基因的激活威力很快被证实：通过将增强子放置于不同基因的附近而构建转基因动物获得的实验结果，以及通过研究这些生物中基因表达的规律。

人们提出了三种假设来解释增强子的作用机制。第一种假设认为，它们是真核细胞中 RNA 聚合酶的进入点，这样的酶在前几年刚被煞费苦心地纯化出来。鉴于真核生物的基因组都比较大，靠这些酶通过随机碰撞方式，与其启动子相遇而起始转录过程，似乎高度不可能。因此，有人提出假说认为，RNA 聚合酶在基因组中有特定的进入点，然后再从那里沿 DNA 序列滑动，直到遇到启动子序列——正如针对大肠杆菌这种细菌的 RNA 聚合酶所揭示的那样 [7]。

第二种假说源于人们自 1976 年所获得的一个发现以来对染色质的再次关注，该发现表明，染色质上存在一些区域，其中的 DNA 对于像 DNA 酶 I 这样的 DNA 内切酶更为敏感。而且，这些区域对应于高水平的基因表达。实验结果表明，存在于 SV40 病毒和多瘤病毒中的增强子序列，对这些内切酶的作用也高度敏感 [8]。有人认为，这些敏感区域对应于被重新组织以利于转录起始的染色质。自 1974 年以来就知道的事实是，染色质的基本单位是由八个组蛋白分子组装而成的核小体（见第 26 章）。鉴于核小体的形成过程将诱发 DNA 正超螺旋的出现，而增强子存在的原因，可能就是为了增强 DNA 的超螺旋结构，以利于 DNA 的解旋及转录的起始 [9]。

对增强子活性的第三种解释，是基于乌尔里希·来蒙利的以下观察，即染色质以环状结构组织而成，其中的环状部分是转录活跃区域 [10]。增强子可能对这些染色质环的形成，以及它们附着于细胞核基质有贡献。

以上的三种解释并非相互排斥，有人将它们结合在一起，提出了更加华丽的模型。令人意外的是，增强子的实际作用机制——即使转录因子与 DNA 结合——却未被提出，至少当时未被提出。

尽管其准确作用机制依然不清楚，但增强子很快就被转变成一种研究工具。对一特定基因的 5′ 上游序列的功能进行剖析，一般都需依赖于一定的表达水平，而很多被克隆出来的基因都无法达到这种水平。添加增强子序列可使一种基因的表达激发到一定的水平，从而使得对启动子的功能进行剖析成为可能。

尽管病毒基因组中的启动子在多种宿主细胞中都有效，但大部分细胞基因组中的增强子却存在细胞特异性。前面描述的三种机制都无法解释这一现象。一种可替代的假说很快就出现了，其看法是，增强子乃激活转录过程的有关蛋白质的结合位点 [11]。肾上腺糖皮质激素受体以及参与蛋白质变性这种胁迫响应的热休克转录因子的鉴定，为这一假说提供了支持证据 [12]。这两种因子都可以通过结合到染色体上离启动子很远的地方而激活转录过程。

对于结合到增强子（或启动子）序列上的转录因子的有效鉴定，花费了人们多年的功夫。一些新的电泳技术，如足迹（Footprinting）分析和凝胶迁移（Gel shift）分析，就是为鉴定这些转录因子所特异识别的 DNA 序列而设计的。一旦转录因子被部分纯化，以及它们所特异结合的 DNA 序列也被鉴定，那么转录因子蛋白质便可以通过亲和层析方法被纯化到高度均质的程度，然后获得在其 DNA 靶标存在的条件形成复合物的晶体。这样的复合物的结构可通过 X- 射线衍射技术进行解析。

20 世纪 90 年代开始时，转录因子的结构被首次揭示。同时得到鉴定的，是转录机器的组成成分 [13]。接着，与 DNA 特异结合的蛋白质模体也被描述——如锌指结构，螺旋 – 环 – 螺旋结构。其结构中存在这样的特异模体的转录因子蛋白质家族也被克隆。与这样的工作平行进行的是真核细胞体外转录系统的建立，这被证明是一项特别艰难的工作，主要出于真核细胞转录机器的复杂性（涉及多种参与的蛋白质因子），这有别于细菌系统的相对简单性。这些种体外技术的开发利用使得人们能对之前分离到的转录因子的激活功能进行证实。

得益于这些工作的开展，隐藏于真核生物转录过程中的奥秘被揭开了 [14]。增强子被确认为转录因子的结合位点，距离它们所调节的基因可以很远。通过 DNA 所形成的环，结合于增强子上的转录因子可与位于启动子附近的转录因子和转录机器发生相互作用。通过两类转录抑制蛋白因子之间发生相互作用而形成的这种 DNA 环曾在细菌中被观察到 [15]。

原核和真核转录过程之间的确存在差异。大部分真核转录因子都属于激活剂类型，由多种不同的蛋白质因子调控着同一个基因，在这些过程中，真核细胞的染色质结构扮演重要角色。但这两类生物中基因调控的基本原理一致：通过直接或间接地与 RNA 聚合酶发生相互作用，蛋白质因子控制着该酶与启动子的结合，因而影响着转录的起始。

人们最终发现，对于分子生物学而言，对增强子的表征并非一种挑战，而是对在细菌中所获得结果的验证和拓展。对那些认为一个基因的结构和功能可以被准确定义的人而言，这增加了新的挫折。增强子远离其所控制的基因，而且一个增强子可被多个基因所共享。对于一个增强子而言，我们既不能说它属于某一个基因，也不能说它不属于某一个基因。但谁又会在乎你怎么去定义一个基因呢？毫无疑问，很多生物科学哲学家以及某些遗传学家可能会在乎，但很少有分子生物学家会在乎这一点。后者在乎的是，为他们所观察到的现象提供解释，正如增强子这个例子中的情况。

研究人员仍然在就增强子如何受细胞核中不同区域的结构调控这一点进行争论 [16]。但增强子在转录过程中所发挥的作用是被清楚认识的，它们在发育过程中调控基因表达方面的关键功能也得到了充分验证。

### 神经退行性疾病

在分子水平的认识能如何帮助人们认识一种疾病的机制呢？神经退行性疾病提供了一个极好的例子。一直令人迷惑的是，这种疾病竟然大多数是非遗传性的。即使针对那些不那么令人迷惑的疾病——如糖尿病，分子水平的研究都能大大丰富我们对疾病的认识。还能帮助我们区分以前没有检测到的那些不同的疾病形式。

这一节我们聚焦于那些通过尸体解剖，能在大脑中检测到蛋白质聚集体的神经退行性疾病。这包括阿尔茨海默病、帕金森病、享廷顿病，也包括克雅病（CJD），还包括其他朊病毒疾病，如库鲁病和牛海绵状脑病（也称"疯牛病"）等。

对这些疾病的病原学认识的进展极其缓慢。阿罗斯·阿尔茨海默（Alois Alzheimer）首次描述了这种在 1906 年最终用他名字命名的疾病，但他鉴定到的那些聚集体的结构特征，直到 20 世纪 60 年代才被认识。当时的电子显微镜观察揭示，在因该疾病而死亡的人体大脑中，存在位于细胞外的淀粉样斑，以及存在于细胞内的神经原纤维团[17]。有关阿尔茨海默病的病理生理学机制的合理假说，最初在 20 世纪 80 年代被提出，在接下来的 10 年里通过新的分子技术的应用，被逐渐得到验证。分子生物学并没有被这些非典型疾病的挑战所击败；相反，它展示了其解释威力。尽管如此，很多问题仍有待回答。

在探究我们对阿尔茨海默病的认识所发生的变化之前，我们必须先梳理一下认识朊病毒疾病过程的脉络。因为这类疾病代表了其他神经退行性疾病的一种致病模型。的确，现在大家公认，这些疾病的发病机理相同。

第一种被鉴定的朊病毒类疾病是瘙痒症，其实早在 18 世纪人们就在绵羊和山羊中注意到这种病。没有证据显示这种病曾经发生过从绵羊到人的传染。1936 年，当法国的兽医师吉恩·库伊莱（Jean Cuille）和保罗 - 路易斯·切勒（Paul-Louis Chelle）将一只患病羊的骨髓抽提物注射到另一只健康羊的眼睛里时，人们获得了这种病可以在羊之间传播的实验证据。经过一段很长时间的潜伏期后，原本健康的绵羊显示出了瘙痒病的症状[18]。

正如 20 世纪 80 年代早期人们所认识到的那样，这些感染颗粒含有蛋白质，后来被缩写成了朊蛋白（英文"prions"，缩写自"proteinaceous infectious particles"，也被翻译成"朊病毒"）。作为这种疾病的传染源，它们在 20 世纪 60 年代中期成为一个热门的科学兴趣点。多方面的研究表明，该颗粒不含任何核酸，故并非一种真正的病毒：它太小，对能灭活核酸的物理、化学或生物化学试剂也不敏感[19]。

鉴于以安德烈·勒沃夫为首的分子生物学家已经清楚地区分不同类型的微生物，

并依据最新认识修订了对病毒的定义，这些观察令人费解[20]。1967 年，格里菲思（J. B. Griffith）提出一种解释病原体可能缺乏核酸的三种机制[21]。朊蛋白可能是一种结构与其抗原相同的抗体；它可能诱导一种基因的表达，而该基因编码与朊蛋白自身完全相同的蛋白质；或者它可能是一种二聚体，促进一种初级结构（即氨基酸序列）与其亚基相同的单体的多聚化。最后那种假说最接近现在对朊蛋白疾病的观点，同时与第二种假说类似，它受到分子生物学法国学派所建立模型的启发而提出。

20 世纪 60 年代和 70 年代，美国医生卡列顿·盖达赛克（D. Carleton Gajdusek）描述了库鲁病，一种在新几内亚某些部落之间流行的神经退行性疾病。盖达赛克将其发生归因于葬礼时同类相食的当地风俗，即家族将逝去亲人包括大脑在内的身体部分吃掉的习俗。他进一步证明，这种疾病与羊瘙痒症类似。他的观点是，人类中观察到的其他神经退行性疾病，特别是阿尔茨海默病，可能由被他称为慢病毒的病原体所引起[22]。1976 年，盖达赛克因此获得诺贝尔生理学或医学奖。

1982 年，斯丹利·普鲁西纳（Stanley Prusiner）发表一篇著名论文，创建了"朊蛋白"这个词[23]。他使用一种简单且可重复的实验系统，来研究这些朊蛋白：注射了患有瘙痒症羊脑抽提物的仓鼠出现了一种疾病，这种病可以通过将患病羊的大脑物质，注射入仓鼠大脑而从一只传染给另一只。因为潜伏期较短，普鲁西纳得以将朊蛋白进行部分纯化，揭示它为一种 27—30 千道尔顿的蛋白质[24]。

朊蛋白如何复制这一点仍不清楚。普鲁西纳倾向于认同一种就分子生物学中心法则而言最为异端的假说。他提出，朊蛋白可以在被感染细胞内复制其蛋白质结构（即氨基酸序列）[25]。在 1994 年与奥斯瓦尔德·埃弗里的同事玛克琳·麦卡蒂一同获得拉斯克奖之后，他将其实验与埃弗里半个世纪前在肺炎球菌中认识转化要素化学本质的实验相提并论[26]。尽管这两套实验的步骤之间的确存在平行、可比较的方面，但它们对生物学的影响决然不同。与 DNA 具有遗传功能这一意义深远的发现相比，普鲁西纳对朊蛋白的鉴定，只算得上是一个表象。

对已经形成聚集体的蛋白质开展研究并非一件易事。然而，针对被部分纯化的朊蛋白制作特异抗体被证明可行。这样的抗体可用于筛选互补 DNA（cDNA）文库，以便分离编码朊蛋白的互补 DNA 克隆，进而获取对应的基因组 DNA 的克隆[27]。出乎意料的是，通过这种克隆工作，人们发现，朊蛋白在正常细胞中存在表达，而且在被感染的动物中，也未见该蛋白质的过量表达。另外，正常和感染形式的朊蛋白的氨基酸序列，并不存在任何差异。致病形式的朊蛋白由正常蛋白质的序列通过翻译后修饰而成这一假说，后来也被证明不成立。剩下的唯一解释是，感染形式的朊蛋白是一种正常蛋白质的被改变的致病构象（空间结构）形式。另外一个争论点是，为使朊蛋白在致病过程中扮演重要角色，朊蛋白编码基因应该与一个控制潜伏期的基因关联[28]。

后来人们在朊蛋白编码基因中发现了突变的存在，而且这样的突变是稀有遗传病产生的原因。第一种遗传突变被发现存在于一个家族性的、被称为格斯特曼－斯特劳斯勒（Gerstmann-Strusler）疾病的老年痴呆症患者体内。其他突变后来被发现于克罗伊茨费尔特－雅各布（Creutzfeldt-Jakob）疾病患者体内[29]。人们提出的假说是，这样的突变有利于形成那种致病形式的朊蛋白构象。这些观察也强化了朊蛋白基因所编码产物与神经退行性疾病之间的关联性。

对阿尔茨海默病机制的表征，正寻一条平行路径进行。人们从因患此病而过世者大脑的淀粉样斑中分离到一种肽，并测定了其氨基酸序列。参照该序列，人们合成了一种寡核苷酸片段，这使得分离其互补 DNA 和基因组 DNA 克隆成为可能。淀粉样斑中的肽被发现是通过蛋白质水解过程，衍生自一种被称为淀粉样肽前体（英文缩写为 APP）的膜蛋白[30]。编码该蛋白质的基因被定位于人体细胞第 21 号染色体，这与以下观察相符合，即唐氏综合征患者（又名 21－三体综合征）经常患有早期阿尔茨海默病[31]。

人们的预期是，该基因的突变将对应于家族性阿尔茨海默病的早期出现，但初期的观察结果令人失望。在阿尔茨海默病患者 APP 基因中并未发现突变，但突变却发现于另外一种脑疾病患者体内，即荷兰型遗传性脑溢血。在这样的患者体内，也观察到淀粉样肽聚集体的存在[32]。1992 年，与家族性阿尔茨海默病存在关联的另一个基因被鉴定[33]。该突变被发现存在于生活在俄罗斯的德裔群体中，这样的突变基因于 1995 年被鉴定[34]。该基因所编码蛋白质被称为早衰蛋白（presenilin），一种将淀粉样肽前体蛋白切割形成 β－淀粉样肽的蛋白质水解酶组分。很快，第二种早衰蛋白基因被分离，在家族性阿尔茨海默病患者体内，该基因也发生突变。同时，淀粉样肽前体蛋白编码基因中的突变，终于在家族性阿尔茨海默病患者体内被发现[35]。所有这些突变似乎都倾向于通过不同的方式，促进淀粉样肽的产生及之后的聚集。一种可以解释这种疾病起源的、前后一致的版本最终出现。

对神经退行性疾病认识的重要进展，出现于 20 世纪 80 年代后期及 90 年代。1996年，英国政府承认，在疯牛病与不断增加的一种人类克雅病之间可能存在关联。在因此而诱发的一场主要危机期间，英国将更多的经费提供给了针对朊蛋白疾病的研究工作。利用转基因动物开展的实验，证实了人们早期提出的关于这一大类疾病产生机制的假说。首先，将仓鼠诱发疾病的朊蛋白基因，转移到小鼠，也能诱发类似疾病；如果将这样引入的基因进行破坏，则能阻止小鼠中疾病的发生[36]。将克雅病、阿尔茨海默病或其他神经退行性疾病患者体内的突变基因转移到小鼠体内，大部分情况下都能导致类似人体疾病的病理现象出现。

这种构象转变和聚集的机制，也被通过对酵母中发现的一种类似朊蛋白效用的现象进行探究[37]。不同朊蛋白形式的存在，被解释为对应于产生不同病理效应的蛋白质构象的存在。一种可以解释所有这些病理过程中发生的蛋白质聚集的普遍机制被提出。该机制认为此过程由两步组成：先是聚集"种子"的缓慢形成，然后是淀粉样纤维的快速延伸[38]。2004 年人们终于实现了这种致病形式的朊蛋白在体外的复制过程[39]。

在 21 世纪的最初几年，两方面的主要突破出现并使得这个领域的根基更加坚实。第一方面是 2005 年的揭示，一种高度稳定的 β 折叠共同结构模体，存在于这些患者体内出现的淀粉样纤维的开始部分[40]。第二方面是，研究表明传染性朊蛋白疾病与非传染性神经退行性疾病（包括阿尔茨海默病、帕金森病、亨廷顿病等）之间的差异，并非源于疾病起始机制之间的差异。在被感染的动物体内，所有这些条件下存在的蛋白质聚集体，都可以从一个细胞传播到另外一个细胞[41]。真正的差异所反映的是，朊蛋白在体外从一个个体传染到另外一个个体期间非同寻常的稳定性。

与某些生物学家（及许多生物哲学家）所希望相反的是，对这些神经退行性疾病起源机制的逐渐揭示，并未挑战分子生物学的中心法则[42]。依据弗朗西斯·克里克所提出的中心法则，一种蛋白质将其序列信息传递给另外一种蛋白质（或一种核酸）是不会发生的事件。但中心法则并未禁止一种蛋白质将其构象（三维空间结构）信息传递给另外一种蛋白质。与此相符的，正是雅克·莫诺，杰弗里斯·怀曼，让-皮埃尔·尚泽在 1965 年提出的、解释蛋白质构象转换的别构模型所暗示的内容[43]。有关蛋白质别构调节现象的最新学说，出现于 21 世纪初。据此，一种具有特定氨基酸序列的蛋白质，可通过多种不同空间结构同时存在（见第 21 章）。通过这种新理论来认识朊蛋白存在多种空间结构形式这样的说法，自然远胜于基于经典的别构模型理论的认识，因为后者认为，蛋白质只能以有限数量的构象形式存在。由斯坦利·普鲁西纳于 1982 年提出的那种极端模型很快就被摈弃。

今天，尽管蛋白质聚集体的形成与这些神经退行性疾病的发生存在密切关联这一点很清楚，但其病理生理学机制仍未能被彻底理解[44]。就阿尔茨海默病而言，两类蛋白质聚集体——存在于细胞内的神经纤维团以及存在于细胞外的淀粉样斑——之间的关系仍不清楚。

尽管早期对这种疾病的鉴定是基于蛋白质聚集现象与其病理症状之间的关联，但令人费解的是，我们仍旧未能理解这种关联的本质。有些显示明显症状的患者，其大脑里并未检测到蛋白质聚集斑块，而另一些并未显示明显症状的人却被检测到大量斑块。我们也并未理解蛋白质聚集体形成与神经元死亡之间的关联，而后者是疾病症状的核心所在。在疾病发展的过程中，炎症响应所产生的效应也不清楚，尽管人们越来越相信它扮演了一种关键角色。尽管一个主要的易感基因被鉴定为编码脂蛋白 E，它与疾病的发生及蛋白质聚集之间的准确关联仍未被揭示。许多研究表明，环境中存在的有毒物质可能与神经退行性疾病的发生过程相关，但除了一类这样的分子被发现在帕金森病发生过程中可能起作用之外，这样的说法仍未被验证。

最令人失望的是，我们在认识阿尔茨海默病方面的美妙进展，并未导致任何治疗方面的进步。对其机制的准确描述，为建立新的治疗方法开启了许多新的途径，但时至今日，这方面却毫无进展，仍属徒劳。一些研究人员对目前所获科学解释的价值表示怀疑。问题可能并非出自对疾病发生过程早期分子事件认识的错误，而是出自对这些早期事件与疾病的复杂发展过程之间，在步骤数量和时间方面的差距认识不足。

### 细胞程序性死亡的分子机制

细胞生物学是分子生物学与另外一个领域成功共存的良好范例。除遗传学外，没有其他领域会像细胞生物学那样，因为分子生物学的发展而感受到巨大威胁。毕竟，分子生物学家们认为，细胞内结构不过是通过大分子组装所形成。

20 世纪 80 年代是毫无争议的细胞生物学发展的黄金时代。细胞生物学的这次复兴，尽管面对一种困难环境，可以部分地归功于非常有效却简单的细胞研究方法的建立。其中之一是免疫荧光技术，它将抗体的特异性与荧光分子的易检性进行了有效结合。这种技术帮助揭示了细胞的总体构架及细胞骨架系统的存在。因为它使用简单，免疫荧光技术无须任何高难度技巧，这与电子显微镜技术截然不同。

然而，类似这样的新技术可能无法挽救细胞生物学，幸亏它们帮助揭示了那些人们毫无预期却丰富多样存在于细胞内的物质运输过程。发生在细胞表面与不同细胞器之间的蛋白质运输是由一系列颗粒负责完成的。每种蛋白质的氨基酸序列都携带着使其能被这些不同运输系统识别的信号。揭示这一系统的确存在的关键一步，涉及由甘特尔·布洛贝尔（Gunter Blobel）和大卫·萨巴蒂尼（David Sabatini）提出的信号肽假说[45]。接下来是自 20 世纪 70 年代中期开始的对蛋白质分泌途径的破译。该工作通过使用生物化学研究与遗传分析相结合的方式在酵母中开展。

细胞生物学家很自然地就开展了这项工作，直到这一细胞内运输过程所涉及的所有蛋白质和酶都被分离、鉴定、克隆和测序。但发生在细胞内的事件不仅需在分子水平得以解释，也需从空间的分隔和颗粒的存在等方面解释。因此，细胞水平与分子水平的研究相辅相成。

见证分子水平与细胞水平描述完美契合的另一极佳例子，是对细胞死亡的研究。

正常生物中的细胞死亡现象，特别在发育过程中以及其他不存在任何病理表现的情况下，最初在 19 世纪被发现，在 20 世纪上半叶也常被关注 [46]。但直到 1964 年才被理查德·洛克辛（Richard Lockshin）和卡洛尔·威廉斯（Carroll Williams）将在昆虫发育过程中观察到的这种形式的程序性细胞死亡，与因为缺乏营养物质和氧气而导致的意外死亡（细胞坏死）之间予以清楚区分 [47]。

1972 年，约翰·克尔（John Kerr）和其同事描述了一种独特的程序性细胞死亡方式，其特征是细胞核的片段化，而且通过胞噬作用死亡细胞被迅速清除。他们将此过程命名为细胞凋亡 (apoptosis)，这参照了秋天负责叶子脱落的细胞死亡机制 [48]。1980 年，这种独特细胞死亡方式的新特征被揭示：它涉及在染色体的核小体之间进行切割的核酸内切酶的作用，这将导致 DNA 片段化，从而在琼脂糖凝胶电泳时呈现特征性的梯形分布 [49]。这种 DNA 片段化，成为细胞凋亡的标志性特征，并被通过开发一种简单的技术而得到检测。这被称为 TUNEL（为"末端脱氧核苷酸转移酶介导的地高辛 – 脱氧尿嘧啶缺口末端的标记"的英文首字母的简练但并非准确的缩写）技术。对细胞凋亡过程的表征，是开发遗传工程工具所产生的直接结果（见第 16 章）。细胞凋亡现象很快在不同发育系统中被观察到，而且也在像癌症和神经退行性疾病这样的疾患中被观察到。

在对该过程分子机制缺乏任何线索的情况下，细胞凋亡仍是一个谜。突破来自对秀丽隐杆线虫这种小蠕虫的研究。20 世纪 60 年代，它被悉尼·布伦纳选作研究发育过程的模式生物（见第 22 章）[50]。在 20 世纪 80 年代早期，悉尼·布伦纳开始对这种生物开展遗传学研究，而他的合作者约翰·萨尔斯顿（John Sulston）对这种线虫发育过程中细胞之间的关联谱系进行了完整描述。为理解"发育的逻辑"和基因在细胞命运决定过程中的作用，他们分离了影响细胞谱系产生的那些突变体 [51]。这些突变中有一部分属于所谓的异时性突变，即它们导致细胞命运决定被提前或滞后发生 [52]。这些基因被分离出来，而且在 20 世纪 90 年代，这些基因所编码的微型 RNA 在发育过程中的作用被揭示（见第 25 章）。另外一个课题涉及对控制一种特异器官——蠕虫的阴户形成——的遗传机制进行表征。

就一种生物的完整细胞发生谱系的首次观察而言，最重要的结果也许是对秀丽隐杆线虫中程序性细胞死亡的准确描述。结果表明，在这种蠕虫的成体（含 959 个细胞）发育过程中，有 131 个细胞死亡，其中 105 个是神经元细胞。在秀丽隐杆线虫中，程序性细胞死亡模式完全可重复（但对很多生物而言，并非如此）。这种现象对于罗伯特·霍维茨（Robert Horvitz）在 20 世纪 80 年代伊始所建立的课题而言，是一种巨大帮助，他试图通过大规模的基因突变，来表征究竟哪些基因参与线虫程序性细胞死亡的调节[53]。

所分离到的首批突变基因，*ced-1* 和 *ced-2*（分别是英文 Cell death——细胞死亡 1 和 2 的缩写），被改变的是对死亡细胞的细胞吞噬过程，这是一个发生于细胞凋亡后期的事件[54]。罗伯特·霍维茨希望获得其作用发生在更早期、控制细胞死亡决定的突变。

这种作用于细胞凋亡早期的突变体，在 1983 年开始被获得。其中的第一个突变基因是 *ced-3*，它允许额外的细胞生存（即应该死亡的细胞不死），一年后又获得 *ced-4*，它具有类似效应[55]。因为秀丽隐杆线虫的准确遗传图谱之前已经被构建，这两个基因很快就被克隆，其 DNA 序列被测定。但在基因文库中，未发现任何与它们相似的序列，所以对它们功能的认识未提供任何线索。

"死亡基因"与癌基因（见第 18 章）的故事之间存在众多相似之处。对这些基因的功能的认识发生在几年之后，对基因文库进行的一次例行查询结果表明，基因 *ced-3* 的序列与一种最近被鉴定出来的半胱氨酸蛋白质水解酶（英文名称为 caspase，简称为半胱氨酸蛋白酶）的基因相似，后者参与一种淋巴因子，即白介素 -1 的成熟（即对前体蛋白质进行切割）过程[56]。在参与细胞死亡的半胱氨酸蛋白酶这个大家族的成员中，第一个被详细表征的就是 *ced-3* 基因[57]。在之后很短的时间内，*ced-4* 被发现是 *ced-3* 的激活者①。同时，人们发现，另外一个突变基因 *ced-9* 的过量表达可以导致神经元细胞的额外生存。在这种情况下，一种被称为 *bcl-2* 的哺乳动物同源基因很快就被发现[58]。后者被发现为一种致癌基因，其功能是促进癌细胞的生存。作为对细胞凋亡分子机制初始分析结果的补充，人们描述了将死亡信号从细胞表面的"死亡受体"传递到细胞内的半胱氨酸蛋白酶机器的信号转导途径，也对半胱氨酸蛋白酶的后续靶标进行了描述，结果解释了通过细胞凋亡而发生的细胞死亡过程的特征要素。

秀丽隐杆线虫系统为这样的分子描述所提供的可能性，赋予了细胞凋亡一种完整的特征，也建立了这方面研究的学术声誉。现在人们可以对在病理条件下细胞的死亡是如何被激发或抑制的过程进行科学想象了。

存在一种细胞死亡的程序这一事实，复活了人们对生与死之间复杂关系的哲学思考。研究表明，生与死既对抗也互补。这一程序被发现印刻在基因组中。正在此时，人们期待着人类基因组计划帮我们认识"我们是谁"。之前原癌基因被描述成"内在的敌人"[59]。而对基因组中的内在细胞死亡机制的鉴定，是一个更强的震撼——它表明"内在死亡"机制的存在。

对罗伯特·霍维茨而言，对细胞凋亡机制的表征，揭示一种"生物统一性原理"，

---

① 指它们所编码蛋白质之间的关系。——中译者注

也突显就特定研究课题选择最合适模式动物的重要性。在对真核生物转录机制的研究以及对神经退行性疾病发生的分子机制进行分析的过程中，人们得出同样的结论。即新分子生物学的启发性威力——来自对生物观察结果与已有数据库之间的信息交换——给生物学家的工作带来深刻转变。

三十年过去了，在生物学的解释里，细胞凋亡过程占据一个完全稳固的位置，但其表面的耀眼特征已经部分丧失。细胞凋亡只是多种细胞死亡方式中的一种特异形式，与那些其他不同死亡形式在机制上存在某些相同之处。编码细胞凋亡机器成分的基因也不再被那么夸张地称为死亡基因：结果表明，它们在生物体内还发挥其他功能。它们仅仅是在进化过程中被招募参与细胞凋亡途径而已。正如之前人们所研究的参与发育的基因一样（见第 22 章），死亡基因不再被看作是被清晰界定、属于一种独特类型的基因。

尽管罗伯特·霍维茨那些旨在描述参与细胞凋亡基因的研究课题被证明高度有效，但仍未完全实现其最初目标。细胞如何做出死亡决定的准确机制仍属未知。对于做出这种决定所涉及的不同途径，我们还需建立一种系统性的观点才可认识。细胞网络中发生的动态调整及其复杂的动态性似乎是做出这一决定的关键因子，但它们究竟如何发挥作用仍未被完全认识（见第 28 章）。

# 第 21 章　蛋白质结构

自 20 世纪 60 年代以来，生物大分子——特别是蛋白质——的结构被表征的方式发生了一系列重要变化。所涉及方法由来自多个不同领域的专家共同建立。这些方法包括 X 射线晶体衍射技术、核磁共振（NMR）技术、高分辨率电子显微镜技术以及分子动力学模拟等。很多分子生物学家并非完全理解这些深奥术语背后的科学原理及操作过程。然而，这种多学科式探究方法，在分子生物学历史上占据一席之地，其理由是多方面的。

第一条理由是历史方面的。当转移核糖核酸（tRNA）、核糖体、DNA 和 RNA 聚合酶等结构被最终测定时，它们被看作是始自 20 世纪 50 年代和 60 年代的分子研究累积的结果。比如，DNA 和 λ 噬菌体抑制蛋白之间所形成复合物的晶体结构的测定，被看作是对操纵子模型的最终确认[1]。

对关键细胞组分分子结构的精确测定，也使科学家能为 20 世纪 50 年代提出的部分假说提供证据，这些假说构成分子生物学法则的核心内容。第一个这样的假说在 1957 年由弗朗西斯·克里克提出，他认为蛋白质折叠是一个自发过程。这意味着一种蛋白质的天然结构对应着一种所谓的自由能最低状态，或者，如果因为动力学原因这种自由能最低状态无法实现，那就对应着第二种自由能最低状态。在生理学时间尺度上，存在一种自发路径使得这种自由能最低状态得以实现。第二个假说——看上去似乎与第一个假说之间存在矛盾之处——提出，同一种氨基酸序列可以导致不同空间结构的形成（后来这一假说被扩展到核酸领域）。解释这一结构形成过程如何实现的那些不同模型，比如别构模型和诱导 - 契合模型，最初都是为解释酶的功能机制而提出的（见第 14 章）。能使对这些构象转变的描述和解释更合理的任何结果，在促使分子生物学基础变得更为牢固方面都有贡献。

实际上，来自结构生物学的任何结果，几乎都强化了源自分子视野的一种重要信念：即任何一种生物学现象最终都可以被还原为物理化学解释。还有第二个假说，其表述不是那么清楚，但在分子生物学模型中也显而易见：对生物大分子的解释出自机械论角度，而对生物现象的解释却出自决定论角度（针对后一点的近期批评，见第 28

章）。在半个多世纪里，为蛋白质研究提供指导的那些原理，成为分子生物学的基石。

## 从蛋白质结构到大分子机器到药物设计

当分子生物学在20世纪60年代初期赢得胜利时，只有三种生物大分子的结构已知：DNA(尽管那时候其双螺旋结构仍仅仅是一种模型)、血红蛋白和肌红蛋白。

结构被测定的生物大分子呈对数增长，是结构测定过程中的所有步骤都得到技术改进的结果。产生 X 射线的材料变得日益强劲，特别当同步辐射得到使用时，X 射线衍射数据的收集过程也自动化了。从衍射数据到电子密度的三维展示及最后的空间结构的转换途径，得益于计算能力的增加和恰当软件的开发。1953 年，詹姆斯·沃森和弗朗西斯·克里克不得不依赖手动计算尺、原始机械计算器及金属模具构建其 DNA 双螺旋模型。这样的时代已经成为遥远的过去！

在制备生物样品方面也进步良多，比如为找到蛋白质结晶的最适条件而开发出的自动实验步骤。最重要的进步来自制造大量纯净蛋白质样品的能力方面。为有利于结晶或解决所谓的相位问题（在结构测定过程中发生的一种信息丢失），蛋白质有时还被进行人为的化学修饰。后者通过将天然氨基酸替换为带有重原子的类似物而实现。在 20 世纪 80 年代，这些遗传工程技术席卷生物科学实验室，引领结构生物学一个黄金时代的到来。

20 世纪 50 年代，人们并非明白，通过 X 射线晶体学所揭示的结构是否可以为认识蛋白质如何工作提供帮助。很多科学家怀疑，通过 X 射线衍射技术所测定的刚性结构——因为结晶过程而导致的分子之间的束缚——与具有生物学活性的天然结构不同。这种怀疑很快就通过对一系列蛋白质结构的描述而消除，这包括溶菌酶、核糖核酸酶、胰凝乳蛋白酶和羧肽酶。对它们中的每一种所进行的结构测定，都导致一种解释其催化威力的详细假说的提出[2]。

20 世纪 60 年代末，对蛋白质晶体的 X 射线衍射研究，已经成为一种不可或缺的有效探索工具并延续至今。结构生物学进步的方式并非通过所研究分子的大小反映。比如，尽管相对尺寸较大，一些病毒的结构测定在相对较早的时候，即 20 世纪 70 年代后期就已完成。这得益于它们由重复亚基单位组成，而且结构具有对称性[3]。尽管如此，2000 年对核糖体这种巨大复合体结构的测定在领域内仍是一个重要事件，它揭示了核糖体 RNA 在蛋白质合成过程中的精确作用（见第 25 章）。其体现的是，文卡特拉曼·拉马克里希南（Venkatraman Ramakrishnan）、托马斯·施泰茨（Thomas Steitz）和阿达·尤纳斯（Ada Yonath）被授予 2009 年诺贝尔化学奖[4]。

这一时期，被测定结构的功能蛋白质类型的变换是一个比较慢的过程。20 世纪 60

年代和 70 年代，大部分被测定结构的蛋白质都是水溶性蛋白质（包括酶）。紧随其后是 DNA- 蛋白质复合物，然后自 20 世纪 80 年代始集中到不溶于水的膜蛋白方面。对 DNA- 蛋白质复合物结构的解析，为 20 世纪 80 年代活跃开展的转录机制的认识提供了重要见解（见第 20 章）。这些研究也揭示了奇异的用于结合 DNA 的蛋白质模体的存在，如螺旋－环－螺旋、亮氨酸拉链、锌指等。同时，对发育过程相关基因的分离和鉴定，揭示了这些基因的功能及演化保守的特征——这通过其中存在相同的蛋白质模体而有效体现（见第 22 章）。

对膜蛋白首批结构的描述产生了更大影响。这批蛋白质中包括一种细菌光合作用中心、组织相容性抗原、细菌视紫质、一种质子泵以及钾通道[5]。对其中每一种蛋白质结构的解析，都代表认识之前一直神秘莫测的有关蛋白质生物功能的往前一大步，如组织相容性抗原的准确功能。这些研究也代表一种技术上的精湛表现，因为膜蛋白从脂双层膜上被抽提出来后，总是难以形成晶体。通过对膜蛋白的研究，人们建立一些新的技术，如针对细菌视紫质蛋白而发展的电子衍射技术。这是通过同时利用 X 射线衍射技术和电子显微镜技术，朝着解析大型蛋白质复合物结构迈出的第一步。

然而，早期的那些研究并未揭示任何有关蛋白质结构的简单规则。每一种蛋白质的结构似乎都不同，唯一例外的是进化上相关的肌红蛋白和血红蛋白。但到 20 世纪 70 年代中期，科学家鉴定出了蛋白质模体（motif）——由某些蛋白质二级结构成分按照特定的顺序连接在一起形成。这成为将蛋白质区分为不同类型或不同结构家族的基础。1981 年，珍妮·理查森（Jane Richardson）提出一种展示蛋白质结构的新方式，以便这些模体能清晰可见。她的建议很快就被广泛采纳（见第 29 章）。这种新的展示方式，使得人们能够有效描述影响蛋白质结构的构象变化。这些清晰可见的模体，是稳定蛋白质结构的成分——它们代表蛋白质机器的刚性部分。在蛋白质发挥功能时，它们将以杠杆、铰链等方式运动。

20 世纪 90 年代后期，生物大分子机器概念被广泛接受（之前生物大分子被偶尔描述为机器）。导致这种概念转变的诱因，是 1994 年 ATP 合酶结构通过 X 射线衍射技术被测定，以及保罗·博耶（Paul Boyer）提出的假说：腺苷三磷酸（ATP[①]）的合成通过蛋白质的一部分围绕另一部分旋转而实现，正如一个转子在一个定子里转动那样[6]。这一假说很快就被直接观察所证实。在该实验过程中，ATP 合酶的一部分与一种被荧光探针标记的分子相偶联，而另一部分则附着在显微镜的载玻片上[7]。ATP 合酶这种参与细胞所使用能量形式产生的、最重要的细胞酶的工作模式，就像一种三冲程的马达。

---

① 生物体内的能量货币。——中译者注

这一结果受到科学共同体的欢迎。《细胞》杂志在 1998 年还出版过一期 "生物大分子机器" 专刊[8]。但是，尽管 "机器" 一词对于描述像蛋白酶体和分子伴侣这种比较简单的蛋白质复合体而言恰当，但当描述到像剪接体或细胞核－细胞质运输体这样的（复杂和动态的）细胞结构时，就显得不那么合适[9]。

对这样的纳米机器的兴趣，由于对 ATP 合酶结构的意外发现而被强化。也得到了那些使得研究单分子移动，以及这种运动相关的力，变得可能的那些新技术的发展所支持[10]。这些新技术成为纳米技术这个快速发展领域的一部分。贯穿整个 20 世纪，生物学家一直在研究肌肉收缩的机制。在 20 世纪最后十年里，人们已经能够对单个肌球蛋白分子的运动开展研究了[11]。能使蛋白质和其他细胞颗粒沿着细胞中的微管运输的分子马达（如动力蛋白和驱动蛋白）方面的研究，也在密集开展。很多研究人员也在对 RNA 和 DNA 聚合酶进行表征，不仅测量它们在驱动基因复制和转录期间所施加的力，也描述这些过程的精确机制[12]。

对纳米机器的兴趣，经过一段时间的兴旺后衰弱下去。新的技术揭示，这些蛋白质机器并非按照完美的决定论方式行事，而是带有随机性。蛋白质结构被发现是永远处于不同构象之间的一种平衡状态。在 21 世纪初期，这些重要发现大大改变了人们对生物大分子的观感（如后面所讨论的那样）。

结构测定的进展也导致在化疗时副作用被最小化的靶标药物的开发。以涉及癌基因转化的生物大分子（如受体、激酶）为靶标的抗癌药物，现在已经极为常见。但对这一策略有效性的最令人惊讶的证据，来自针对人类免疫缺陷病毒（HIV）所开发的药物，特别是基于病毒蛋白质水解酶的联合治疗法。

进攻人类免疫缺陷病毒的这些新工具，以异常快的速度被开发。这种病毒于 1983 年被分离出来，其核酸序列于 1985 年被测定[13]。其核酸序列揭示了病毒所编码蛋白质的本质，这就使得人们可以在体外合成这些病毒蛋白质。第一种被选作药物靶标的蛋白质是病毒的逆转录酶。叠氮胸腺嘧啶（AZT，也被音译为 "齐多夫定"）——一种已知可以抑制这种酶活性的化合物——很快就被发现对清除该病毒有效[14]。第二种潜在的靶标是病毒蛋白质水解酶，它将病毒的多蛋白质前体最终切割成不同的病毒蛋白质。定点突变研究结果表明，人类免疫缺陷病毒的蛋白质水解酶是一种天冬氨酸蛋白质水解酶。这一结果通过胃酶抑素 A 对其活性抑制的有效性得到验证，后者是该家族蛋白质水解酶的久负盛名的抑制剂[15]。同年，人们发现，人类免疫缺陷病毒的蛋白质水解酶也能被氨基酸序列与该酶所识别的氨基酸序列类似但不完全相同的肽类分子所抑制[16]。1989 年，人类免疫缺陷病毒的蛋白质水解酶与其肽类抑制剂的复合物的结构被测定[17]。这开启了精确设计人工合成的人类免疫缺陷病毒蛋白质水解酶抑制剂，并将它们加入到对人类免疫缺陷病毒的三药联用的鸡尾酒疗法的一种浪潮[18]。与开发这些新的靶标药物同时被开发的是，可以特异结合并抑制某些对病毒侵入宿主细胞必需的细胞组分的单克隆抗体；这是这次针对 HIV 病毒的药物革命的第二个战场。

### 蛋白质工程、蛋白质稳定性以及蛋白质折叠

定点突变技术可以将一种蛋白质中一个特定位置上的氨基酸替换为其他氨基酸，这为测定处于酶活性中心的不同氨基酸的功能提供了一种工具。对于那些已经有所了解的方面也可以原则上予以加强。旨在修改酶的底物特异性，或提高其稳定性的课题很快出现，后者对于将酶应用于生物技术领域是重要的。旨在解释蛋白质稳定性的结构基础的互补研究，也以同样的速度发展[19]。贯穿于这个时期，科学家并未聚焦于理解蛋白质折叠过程的机制这个方面。

为认识针对这些问题所开展的、交织在一起的研究的全貌，最好的起点是由布莱恩·马修斯（Brian Matthews）和他所领导的团队，在俄勒冈大学所进行的有关噬菌体 T4 溶菌酶方面的工作。这项工作的最初动力来自一个出乎意料的观察结果，即从嗜热生物中所获得的蛋白质，并无独特的结构特征，也不具任何特异的氨基酸组成。它们与从非嗜热生物中所获得的蛋白质之间具有同源性（即显示高度的结构相似性）。因此，要解释这些蛋白质分子在高温下的稳定性，就需对它们结构中那些起稳定作用的化学键开展精确研究。研究噬菌体的学者对溶菌酶很熟悉，它由噬菌体产生，并帮助它从细菌宿主细胞中逃出。获得影响溶菌酶活性的突变体，相对而言是一项直截了当的工作。

马修斯团队鉴定到一种稳定性降低的溶菌酶突变体。他们将这种突变体酶结晶，并将其结构与野生型酶通过利用傅里叶作图差异技术进行了比较，这比完全测定突变体的结构然后再比较更有效。他们发现突变体酶中一个精氨酸被一个组氨酸取代了[20]。但是，这个结果并未解释为什么突变体蛋白质变得不稳定。这导致人们为试图解释蛋白质稳定性的结构基础而进行的十几年的努力。

当基因的自发突变研究缓慢地被定点突变研究所取代时，研究技术在逐渐演变。这期间人们所探究的包括疏水相互作用、二硫键、盐键和氢键对蛋白质稳定性的重要性，以及位于蛋白质螺旋结构每一端的酸性或碱性氨基酸稳定螺旋偶极子的能力[21]。

最为令人吃惊的部分科学发现涉及以下方面。疏水相互作用在蛋白质稳定性方面起主要作用；二硫键扮演一种稳定的功能；并不影响蛋白质整体空间结构的微小变化可以对稳定性产生相当大的影响。这证实"蛋白质折叠过程中结构恒定体"（invariants）的存在，这是 1975 年塞勒斯·乔西亚（Cyrus Chothia）基于对当时所有 15 种蛋白质的

晶体结构的比较而创造的一个词语[22]。这些结构恒定体的揭示表明，蛋白质结构的内核是疏水性的和高度堆集的。总体而言，乔西亚的见解强调了 X 射线衍射研究的威力所在。

艾伦·弗施特（Alan Fersht）在展示蛋白质工程所提供契机方面扮演了关键角色。在 1986 年开始出版的《蛋白质工程》（*Protein Engineering*）刊物的第一期上他发表了一篇论文[23]。他对该领域的首项贡献聚焦于 DNA 聚合酶与氨基酰 -tRNA 合成酶之间所共同使用的编辑机制，这涉及对 DNA 复制和蛋白质合成错误的纠正。艾伦·弗施特之后转向了液化淀粉芽孢杆菌这种细菌的酪氨酰 -tRNA 合成酶（或者更准确地说是其 N 末端的一个长片段），描述了该酶所催化的第一步反应，涉及酪氨酰 – 腺苷酸中间体的形成（第二步是酪氨酸与 tRNA 之间的结合）。通过使用定点突变技术将活性中心的不同氨基酸进行替换，弗施特揭示，这种酶的活性是通过稳定参加反应的底物所形成的过渡态而实施催化的一个例子，验证了由莱纳斯·鲍林在几十年前提出的解释酶催化的"过渡态稳定"假说[24]。

艾伦·弗施特的工作并非仅仅局限于酶催化的机制方面。他也证实了存在于蛋白质表面的带电基团的重要性，并帮助描述了稳定蛋白质结构的氨基酸残基和化学键的本质[25]。对蛋白质稳定性所开展的工作导致他研究了一种新的模式酶，来自液化淀粉芽孢杆菌，是一种分泌到细胞外的水解核糖核酸的酶 (barnase)，其分子足够小，可通过核磁共振技术解析其三维空间结构。

就在 1982 年之后的几年里，基于以上及其他研究人员的工作，使得人们对蛋白质稳定性和酶催化威力的基础获得了一种清楚认识。这激发了人们获得具有新的底物特异性而且更加稳定的酶的尝试，期望这样的酶具有催化新型化学反应的能力。

显示生物学家所获得的这种新的改造威力的一个方面，就是将一种酶转化为另外一种酶的能力，比如通过一个单一氨基酸的替换就将乳酸脱氢酶转变成苹果酸脱氢酶。但该实验也突显这种研究思路的局限性：定点突变可以产生非常极端的变化，但并非总是以一种可预测的方式[26]。科学家开展蛋白质工程改造遇到的困难之一是，很多突变都具有一种无法预料的、使蛋白质结构变得不稳定的效应[27]。在进行系统的定点突变基础上再加入随机突变策略时，这一点就变得特别清楚了[28]。原来自然界也面临同样的约束：赋予细菌抗药性的一些自发产生的突变体酶，也受到"稳定性与活性之间存在一种折中"这一规则的约束[29]。

作为一种后果，进化生物学的语言和概念悄悄进入了蛋白质研究和蛋白质工程领域。

艾伦·弗施特的团队在描述蛋白质稳定性与更强催化效率演化趋势之间的冲突方

面扮演了一种先驱性角色 [30]。这种探究思路是多因素综合（functional synthesis）研究的典型，得益于当代生物综合演化学说与功能生物学及分子生物学之间的汇合，这种探究思路得以逐渐出现 [31]。它产生了巨大的后续效应，不仅涉及演化生物学，也涉及对导致蛋白质降解或聚集的去稳定性突变如何引发疾病方面的理解 [32]。

作为这一时期的特征，人们对蛋白质演化的历史这一问题产生了更加浓厚的兴趣。一系列的研究表明，目前存在的这些蛋白质的祖先可能更为"多面（即特异性更低）"。这种观点并非新颖，只是现在被广泛接受而已 [33]。

一种主要的（但最终价值有限的）突破是催化抗体（或抗体酶）的获得，它们将与化学反应底物结合并催化反应的发生。它们的发现源自莱纳斯·鲍林提出的酶催化模型以及为验证该模型而开展的对酪氨酰 -tRNA 合成酶的研究。与一个化学反应过程中不稳定的过渡态分子——或者这种过渡态分子的稳定类似物——高亲和力结合的蛋白质，将能催化该反应的发生。针对任何分子，包括过渡态类似物，人们都可以制备出抗体。因此，原则上制备出能催化任何化学反应的抗体是可能的。唯一前提条件是需设计出不稳定过渡态的一种稳定类似物。在乔治·科勒（Georges Köhler）和瑟萨·麦尔斯坦（César Milstein）于 1975 年成功掌握单克隆抗体技术后 [34]，生产无限量纯净抗体的目标变为可能了，这是鉴定和使用这些催化抗体的必备条件。

1986 年，位于美国加利福尼亚州的斯克利普斯（Scripps）研究所的理查德·莱纳（Richard Lerner）利用获得的可以识别一个化学反应的四面体过渡态类似物的抗体，实现了对一种酯分子水解反应的有效催化 [35]。很快，人们获得了能催化其他复杂反应——如双分子反应、环化反应或者重排反应等的抗体 [36]。

这两种研究方法的有效性很快就见底。鉴于抗体结构的收敛性，可能存在的抗体结构形式有限。自然界存在的抗体的多样性，反映在免疫球蛋白可变结构域中三个短环上氨基酸的变异。更大的一个问题是，这些抗体的催化效率比天然酶低得多。尽管人们知道，催化抗体通过识别过渡态类似物——而非催化特定反应被筛选出来，而且类似物在模拟过渡态分子方面也往往并非完美，但这还是无法彻底解释催化抗体的低效性 [37]。随机突变带来了一定程度的进步，但主要问题在于抗体结构的刚性特征。这与酶催化过程中表现出来的蛋白质结构的极端柔性无法契合。

## 从刚性蛋白质到大量处于平衡状态构象的集合

已经被人们所熟知的是，一种蛋白质可以采纳多种不同构象。由雅克·莫诺，杰弗里斯·怀曼和让－皮埃尔·尚泽所建立的别构模型提示，蛋白质能以两种不同构象存在，而诱导契合模型则解释了一种蛋白质如何改变其构象，以便与其配体的构象相

适合 [38]。但是，在别构模型中，这种结构的可塑性局限于寡聚（由多个相同亚基形成的）蛋白质上的特异基团，并且仅仅表现出两种刚性结构状态。根据诱导契合模型，蛋白质的可塑性并非只是严格地描述其自身的性质，也可以是它与配体之间发生相互作用的一种性质。在 21 世纪的开局年份里，一种新的见解出现了。依此，蛋白质可塑性找到了其合适的定位，即它是蛋白质演化历史的一种后果。获得这些认识，得益于围绕蛋白质可塑性而建立的新方法、新技术以及新思维方式。

第一方面的变化发生于蛋白质折叠领域。20 世纪 60 年代后期，塞勒斯·莱文索尔（Cyrus Levinthal）对多肽链通过随机过程，自发抵达其能量最低状态这一假说提出挑战。他的理论研究表明，要使这个过程发生，所需时间与生理学时间尺度无法相容 [39]。解决这一问题的出路，在折叠途径的存在方面，而且许多实验研究为这种途径的本质提供了见解。二硫键形成与否是反映蛋白质结构的一种报告指标，因此被广泛使用 [40]。这些研究揭示，蛋白质二级结构一般都会迅速形成，同时发生初期的疏水垮塌。另外还存在许多可替换的蛋白质折叠途径，在被富有诗意地命名为"熔球态" [41] 结构转变为天然的、更具刚性构象的过程中，存在一种最后的限速步骤。这最后一种观点被蛋白质工程实验所证实，同时也为认识最后一步所发生构象转化的准确本质提供了曙光 [42]。

1986 年发现的分子伴侣（molecular chaperone）蛋白，最初被一些人解释为对弗朗西斯·克里克 1957 年所提出的序列假说而言是一次冲击。后者认为蛋白质的结构信息全部来自 DNA 提供的遗传信息。分子伴侣显而易见的功能是，在协助其他蛋白质折叠的过程中扮演一种角色，驱使它们沿特定途径折叠。但这并非事实，分子伴侣很快被发现并非具有那么辉煌的功能：即阻止或清除那些否则会阻止天然结构形成的"非恰当键合形式" [43]。

所有这些研究对于在 20 世纪 90 年代初发生的主要变化而言贡献有限。这时出现了一种源自统计物理学的新模型，被称为能量地景模型，它得到了模拟实验的支持，基于折叠漏斗的比喻而提出 [44]。一种蛋白质的不同变性形式位于漏斗的顶部，它们在沿不规则的漏斗边沿滑动时逐渐折叠。这一种新模型可以解释之前的观察，很快就被接受。

有关蛋白质折叠的新视野，很快并符合逻辑地导致对蛋白质结构新视野的认识。这种概念变迁的主要驱动者是以下发现：一些天然蛋白质是"内在无序的"，比如，它们只有与其他分子发生相互作用后，才能达到一种完全折叠的状态 [45]。在更早的时候，一批研究人员就争辩说，蛋白质是一种处于动态平衡状态的结构集合体，但这种观点并未被广泛接受 [46]。出现这种情况的部分原因是，通过描述形成这些结构的化学键的运动揭示蛋白质动力学特征的计算研究方法，受到当时的计算能力的限制。几十年来，通过核磁共振技术直接测量这些分子运动的实验也存在局限性，因为受到收集数据的设备的功率以及处理这些数据所需软件的限制。

这种状况在 20 世纪 90 年代后期开始发生变化。核磁共振技术的进步，使得人们可以揭示构象状态集群的存在，也可以揭示这些不同状态之间的动态相互转换[47]。同时，计算结构生物学现在也不再局限于测定蛋白质分子内的快速、局部的运动，而可以揭示酶催化过程中所出现的慢的、全局性的构象转换[48]。

结果，一种认识酶催化过程的新视野出现了。催化途径被简单地看作是酶分子所采纳的一系列相继不同的构象的集合[49]。从一个催化步骤到下一个步骤的过渡，可以被描述为这种不同结构群体的一种再平衡过程。尽管诱导契合效应并未被排除在这个视野之外，但蛋白质结构的内在动态性成为主要玩家。

这种新的研究方法也拥抱了别构调节相关的构象变化机制；与莫诺、怀曼和尚泽所提出的不同构象预先存在这种直觉之间存在完美的一致性。但是，人们明白，这种现象并非只局限于寡聚蛋白质中——每一种蛋白质都以不同的构象群体形式存在，而且这种构象群体并非像经典的别构模型中所认为的那样只限于两种[50]。

也许最重要的实验结果所揭示的是，酶的催化过程与蛋白质的别构调节过程并非源自不同机制，而是通过一种共同的路径实现，这种共同路径通过蛋白质的动态特征而开启[51]。这一结果为认识蛋白质的结构、功能和调节提供了一种新的统一视野；演化在其中扮演了一种重要角色：即正是通过蛋白质分子中氨基酸之间相互作用网络的逐渐塑造，产生了其结构的复杂动态性。

这种新视野不仅仅局限于蛋白质分子，RNA 和 DNA 的行为也可以通过处于平衡状态的不同构象群体的存在予以解释[52]。

这里没有空间让我描述这个阶段所有与蛋白质相关的科学发现，比如酶催化过程中的量子效应，或者一些蛋白质具有自我剪接能力的发现等[53]。朊蛋白将其特异构象传播给具有同样本质的其他分子的能力，已经在第 20 章描述。从这些研究中所获得的最重要结论是，蛋白质的重要性并未被基因或 RNA 所篡夺，对它们进行折叠和发挥生物学功能方式的描述，对今天的生物学而言，仍占据一种核心位置。认识这些过程，需结构化学家和进化生物学家的共同努力。

# 第 22 章　发育生物学的崛起

20 世纪 70 年代早期，"胚胎学"这个术语逐渐被"发育生物学"所取代。在这种转变的背后所显示的是分子生物学日益增长的影响力，这可以通过基于基因和分子机制的技术与解释被逐渐引入到胚胎学工作中这一点反映。本章并不涉及发育生物学的历史，而是追寻我们对胚胎发育的认识如何被新的分子视野所改变。

## 从细菌到噬菌体到复杂生物

20 世纪 60 年代，部分分子生物学先驱开始将他们的努力转向对多细胞生物的研究。西莫·本泽尔开始对果蝇中那些控制行为方面的基因进行研究[1]。与此同时，悉尼·布伦纳开始使用一种新的动物模型——秀丽隐杆线虫这种蠕虫。在接下去的几十年里，布伦纳领导的小组与许多其他研究人员合作，对后来被称为"那种蠕虫"的生物进行了完整的描述。该描述涉及影响发育和行为的基因突变及其全部细胞谱系。他们也利用电子显微镜对那种蠕虫的神经系统进行了完整描述（见第 20 章）[2]。类似地，20 世纪 70 年代早期，弗朗索瓦·雅各布转向对小鼠发育的研究[3]。乔治·史崔辛格（George Streisinger）选择研究一种斑马鱼，沉寂了大约 10 年后才发表第一批结果[4]。甘瑟·斯腾特研究了蚂蟥，而其他分子生物学家开始研究显示细胞分化特征的最简单生物，比如可以形成孢子的细菌和形成聚集体的黏菌。其他人，如马克·普塔什尼（Mark Ptashne），再次剖析了噬菌体感染细菌后控制自己命运的复杂机制，并相信这可以为多细胞生物的类似过程提供见解[5]。这其中最为果敢的是弗朗西斯·克里克，他最终转向对人类意识这一现象开展神经生物学研究。在这些模式生物中，斑马鱼或蠕虫是全新选择，但其他的只是简单地"被转向分子研究"而已。这种新的研究系统试图找到其合适的位置，通过利用能有利于分离到突变体的天然的或者人工的遗传工具[6]。

这些不同策略的选择，反映了分子生物学家这边存在的两种共有的信念。一是允许生物使用那些储藏于其遗传物质中的信息的主要原理已经被认识。以此为出发点，第二种信念是，对多细胞生物及其神经系统的研究，是产生生物学知识的一个新前沿。

操纵子模型解释了基因表达如何受其他基因和来自环境的信号控制——通过调节蛋白与 DNA 之间的结合和对转录起始过程的控制。但操纵子作为一种模型，无论多么有价值，人们未能证实在多细胞生物中存在同样的机制。正如基恩·布拉舍所指出的那样，任何试图通过研究无发育现象的生物（如大肠杆菌）去认识发育过程的努力，都是一种充满严重悖论的做法[7]。真核生物中可能存在基因表达控制的新机制，静候着人们去发现。

核心问题是，真核生物中的这些新机制与微生物中的那些机制之间的相似程度如何。如果它们存在明显差异，那就存在一种风险，即它们不可能通过研究像孢子形成这样的简单的细胞分化过程而被揭示。但对哺乳动物（小鼠）的发育直接进行研究是一种挑战，部分因为这些生物以及它们的发育过程的复杂性，部分因为我们还缺乏对这些有关过程开展研究的合适分子工具。

我们的问题仍未得到答案。对于把发育说成是一种遗传程序的比喻，科学家们该重视到何种程度呢？或者换种方式说，发育过程的逻辑性有多强呢？比较一下两位先驱分子生物学家，悉尼·布伦纳和弗朗索瓦·雅各布，在 20 世纪 60 年代晚期和 70 年代早期对这些问题的答案是一件趣事。为了得到对发育过程的深层次认识，布伦纳花费了一年的时间学习计算机编程。他在对蠕虫发育完整描述方面所做的系统努力与他的以下信念吻合：发育过程存在一种逻辑系统，而这可以被揭示。接克里克和斯蒂芬·古尔德（Stephen Jay Gould）的后跟，他提出，控制发育节奏的异时性基因扮演一种关键角色——这种假说后来被证明部分正确[8]。

作为提出发育遗传学程序现代概念的鼻祖之一，弗朗索瓦·雅各布对于小鼠早期发育的研究，采纳了一种远为重视实验的研究方法。他通过研究膜蛋白在胚胎中可能发挥的功能，而聚焦于细胞之间发生相互作用的控制机制方面的研究。当时，人们无法鉴定出哪些调节基因控制发育，但也没有任何迹象表明，雅各布将此看作是一种主要障碍。他的实验室所开展的工作，源自 20 世纪初就引导实验生物学家工作的那些关键假说，特别是细胞–细胞相互作用以及胚胎诱导的重要性；后者认为一组细胞指导另外一组细胞的发育。

1975 年，多萝西娅·班纳特（Dorothea Bennett）就哺乳动物的早期发育提出一种模型，赋予一种被称为 T-复合体的假等位基因复合体一种控制发育过程的主要角色[9]。这种基因复合体自 20 世纪 20 年代就一直被小鼠遗传学家所研究。其中所发生的突变，被证明可以扰乱早期发育过程。班纳特提出，该复合体——当时被错误地认为与主要组织相容性抗原复合体存在进化关系——编码参与细胞–细胞相互作用的膜蛋白。这种相互作用导致这些细胞中基因表达模式的修饰，特别是 T- 复合体中其他基因的表达，后者继而导致新型的细胞－细胞相互作用的发生。这种机制被假想驱动着哺乳动物发育的早期步骤。

该模型得到与雅各布实验室所合作开展实验的支持。他们先获取了未分化胚胎癌细胞（从一种被称作畸胎瘤的生殖腺肿瘤衍生而来，与胚胎干细胞类似）中表达的一种膜蛋白，或者一组被称为 F9 抗原蛋白的抗体。F9 抗原蛋白也在早期胚胎中表达，但在分化后的胚胎肿瘤细胞中不再表达，也不在胚胎发育后期表达。通过利用这种抗血清，人们揭示，F9 抗原的表达水平在 T- 复合体的一种突变中减少了，这种突变阻止了桑椹胚的紧缩过程，这是胚胎早期分化的关键一步。雅各布本人并未参与该模型的构建，但他满怀热情地支持了它，这种模型也强化了他的信念：他认为需要找到一种揭示哺乳动物早期发育机制的合适实验体系。

令人沮丧的是，事实并非如此。针对 T- 复合体的那些免疫学结果被最终发现都是人为假象。T- 复合体并不存在，这是由一种染色体倒置而引起的遗传重组的缺失所导致的错觉。这个模型就此消失，随之而去的是，发育的程序直接雕刻在基因组中这种期望[10]。

另一扇为分子生物学家打开的门，是对保留部分分化程度的离体活细胞体系所开展的研究，这里人们绕过了多细胞生物复杂性这个难题。衍生自畸胎瘤的胚胎癌细胞系是其中的一个例子，但其他系统，如肌肉细胞或血液前体细胞分化体系，在当时也被探究。

有一种技术具有特别的光明前景。这就是细胞杂交技术，1960 年由巴黎附近的鲁西（Gustave Roussy）研究所的乔治斯·巴尔斯基（Georges Barski）、赛盖·索瑞尔（Serge Sorieul）和弗兰悉尼·柯尼弗特（Francine Cornefert）发明。这使得将遗传与生物化学研究结合在一起成为可能[11]。两年后，鲍里斯·伊夫鲁西和赛盖·索瑞尔观察到，杂合细胞中染色体数目逐渐减少，而且亨利·哈里斯（Henry Harris）之后实现了不同物种细胞之间的杂合[12]。鲍里斯·伊夫鲁西发现，当分化细胞与未分化细胞进行杂合后，后者产生一种抑制效应，导致杂合细胞中已分化细胞功能的消失[13]。令人意外的是，通过杂合细胞中染色体的丢失，分化特征再次出现。这说明未分化细胞处于一种被抑制的状态，而分化细胞对应的则是一种抑制被解除的状态[14]。这种理论在弗朗索瓦·雅各布和雅克·莫诺讨论操纵子模型含义时就已被提出。该观察开启了一条路径，使得人们能鉴定那些编码参与分化控制的抑制蛋白的染色体和基因。

然而，当新的实验策略提供了直接分析控制发育的基因的手段时，杂合细胞在 20世纪 70 年代和 80 年代逐渐失去了其重要性[15]。这些细胞系因其不稳定性及所产生的结果的复杂性而失宠，这导致越来越复杂的实验体系和解释方式的出现。作为事后分析，似乎可能的是，利用这些杂合细胞获得的令人迷惑的观察结果，部分因为表观遗传修饰所致，即使当时被认识到，后者也是难以被控制的现象。

### 艾瑞克·戴维森与分子胚胎学的崛起

艾瑞克·戴维森在使胚胎学发生转变方面扮演了重要角色。他既作为一位选择研究胚胎学的分子生物学家，也作为一位采纳分子生物学工具和概念的胚胎学家。他的目标是，在不放弃经典胚胎学研究方法的前提下，为生物发育研究寻找新出路。就此而言，高度重要的是，他在 1973 年选择海胆作为一种他所偏爱的实验系统，而且在之后的 40 年里未曾变心。这种动物在实验胚胎学的早期岁月里扮演过一种不可或缺的角色，特别通过西奥多·博韦里于 19 世纪末在意大利那不勒斯的海洋动物研究站所进行的著名实验。

戴维森 1968 年出版的那本《早期发育过程中的基因活性》一书影响巨大，特别是在美国胚胎学家中[16]。书中，戴维森将基因表达调控放在新胚胎学的核心位置，为胚胎学家描述了当时已有的分子技术，并重点强调了仍有待解释的关键发育现象。

他所描述的那些分子技术当时仍处于婴儿期：能影响从 DNA 到蛋白质遗传信息传递的特异步骤的那些试剂的使用；新合成 DNA、RNA 和蛋白质的放射性同位素标记；分子杂交——使得区分 RNA 和 DNA 序列中那些不同但相关的基因群体成为可能。这些技术中的每一种都存在问题，要对通过它们所获得的结果进行解释是困难的[17]。

利用这些技术开展工作所获得的主要结果包括，证明发育的最早阶段并非依赖基因转录：信息被提前储存在海胆卵细胞的 RNA 分子中，它们只有在受精后才会被翻译产生蛋白质。该结果被看作是对过分简单化的分子生物学模型的一种冲击。但对那些认为发育主要由细胞质，而非细胞核控制的传统胚胎学观点却是一次鼓气。

发育的后面阶段对应 RNA 群体的重要转变（因此伴随转录的改变），这种现象通过标记实验和分子杂交研究被揭示。正如我们所看到的那样，这些实验也揭示细胞核中高分子质量 RNA 群体的存在。这些 RNA 被称为异质细胞核 RNA（简称为 HnRNA），其中只有一小部分将转化为信使 RNA（见第 17 章）。分子杂交研究也表明，真核细胞基因组中存在许多家族的重复序列[18]。

对戴维森以及普遍的胚胎学家而言，这些令人迷惑的结果表明，发育过程的控制与微生物中的生理过程的控制具有根本性差异。所以解释发育过程尚需发现新的特异机制。

1969 年，戴维森和罗伊·布里滕（第一位发现基因组中存在大规模 DNA 重复序列的学者）提出一种解释多细胞生物中基因调控的模型，它与所有这些实验观察吻合。他们提出，作为对感受基因（sensor genes）的响应，整合基因（integrator genes）产生出具有激活能力的 RNA，后者与受体基因（receptor genes）结合并诱导一连串产物基因（producer genes）的表达[19]。在两年后发表的第二篇论文中，布里滕和戴维森提出，整合基因和/或受体基因的突变构成生命演化的关键步骤（见第 23 章）[20]。

布里滕和戴维森的模型受到像康拉德·沃丁顿这样的胚胎学家的欢迎，后者对那些最近转向胚胎学的分子生物学家提出批评，认为他们将生物发育简化成了细胞分化——而发育应该是细胞分化与形态发生的结果。另外，胚胎学家保留了细胞决定与细胞分化之间存在本质区别这种观点（前者是指细胞分化之前的命运决定）。这种观点由实验胚胎学家建立于 20 世纪的前半叶，但被分子生物学家彻底忽略。

从 20 世纪 60 年代早期分子生物学获得成功，到 20 世纪 80 年代早期控制发育的基因被分离，在此之间的岁月里最为令人震惊的现象是为解释细胞分化和个体发育的控制而提出的一系列机制。比如，编码核糖体 RNA 基因的扩增现象被发现于两栖动物内，后来绒毛蛋白编码基因的扩增在果蝇中被描述[21]。因此，DNA 序列的扩增被认为是一种潜在的参与发育的机制。我们已经看到，RNA 剪接及控制曾令如何被认为在细胞分化和个体发育过程中起重要作用（见第 17 章）。有争议认为，信使 RNA 从细胞核到细胞质的转移以及信使 RNA 的翻译，被所结合蛋白质抑制的过程是控制基因表达的重要方式。研究人员也对 RNA 和蛋白质的稳定性在发育过程中扮演的角色表示出兴趣。蛋白质的可逆磷酸化修饰，在多细胞生物中扮演着一种主要的调节功能，而在细菌中这样的磷酸化修饰被假想为不存在。

这种对假想的细胞分化和发育过程中基因表达的多层次调控的重视，是 1960 年到 1980 年我们对涉及真核生物中转录机制缺乏过硬实验数据的结果[22]。

## 演化发育生物学的根源

演化发育生物学的根源，在弗朗索瓦·雅各布和雅克·莫诺的工作中就清晰可见。这甚至可以回溯到他们提出操纵子模型之前对结构基因和调节基因的区分，后者控制前者的表达[23]。人们的期望是，调节基因中所发生的突变，将比结构基因中所发生突变产生更强烈的效用。这就意味着，不同的基因（和突变）在生物演化过程中的角色存在差异，这与当代的演化合成学说的精神相违背，但与理查德·戈尔德施密特那些打破传统的、有关微突变和宏突变的文章主题同路[24]。

雅各布和莫诺并未直接涉及这个问题，尽管在给宗座科学院提供的一篇神秘著作中，他们关注这两类基因中的突变可能存在潜在的不同效应[25]。

艾伦·威尔逊（Allan Wilson）立刻领会到这种差异的重要意义。他花费多年鉴定细菌调节基因突变所产生的效应，同时也着手研究哺乳动物与人类的演化过程[26]。1975年，他与玛丽－克莱尔·金（Mary-Claire King）一起发表一篇著名论文，比较了人与黑猩猩的蛋白质序列。他们利用这些数据计算了这两种动物之间较小的遗传距离[27]。因为对人与其他动物极其不同这种传统假想的冲击，这篇论文至今仍被引用。有趣的是，这个现在被称为种系遗传学的研究领域，在弗朗西斯·克里克于1957年发表的中心法则演讲中就被预测到[28]。

玛丽－克莱尔·金和艾伦·威尔逊的论文真正提供的信息是，人与黑猩猩之间的遗传距离很短，这一点意味着，两者之间巨大的、可见的外观差异，必然来自控制发育的那些有限数量的遗传序列之间的差异，而非那些当时已经被研究过、编码那些非调节蛋白质的"管家基因"之间的差异。这些控制发育的遗传序列当时仍属未知，所以在他们的研究中未予涉及。

威尔逊也确信，与人类演化相关的遗传变异，正如任何发生重要形态改变的演化过程一样，不会只是一次只改变一个碱基的那种简单的点突变，而是出自不同本质的更复杂的遗传事件，如染色体移位等[29]。他关于演化的概念，变得越来越非正统，越来越接近理查德·戈尔德施密特的思想。

人类显然不是研究发育遗传机制的一种合适模型系统，果蝇就好多了。安托尼奥·加西亚－贝利多（Antonio Garcia-Bellido）和齐利斯·莫拉塔（Gines Morata）通过他们在果蝇翅膀形成方面的工作，在揭示发育的遗传控制机制方面迈出了重要的第一步。他们得出的结论是：发育过程中的关键一步是组织分隔的形成，每一分隔中的所有细胞都具相同发育命运，而且这一过程由选择基因控制[30]。受到雅各布和莫诺所开展工作的启发，他们将选择基因（selector gene）看作是在发育过程中运作的一类特殊的调节基因。这个模型得到大家认同，并通过克里克和彼得·劳伦斯（Peter Lawrence）得到广泛宣传[31]。

发育受到主控制基因（master control genes）指导这一观念，得到许多生物学家的认同。演化生物学家斯蒂芬·古尔德提出，某些基因可能通过控制发育速度而扮演一种主要角色[32]。之前的实验和模型为发育基因（developmental gene）这一概念的出现，以及1978年被威廉·贝克（William Baker）描述为"果蝇发育的遗传框架"这一阐述，都做出了贡献[33]。这种新的视野由鲁道夫·拉夫（Rudolf Raff）和托马斯·考夫曼（Thomas Kaufman），在他们1983年出版的、具有高度影响力的《胚胎，基因与演化》（*Embryos，Genes and Evolution*）一书中提出[34]。

如果果蝇分子遗传学家没有通过新的遗传工程工具，将这些重要的发育基因进行克隆，所有这些努力都将徒劳。早在 1973 年，大卫·赫格里斯（David Hogness）就使用这些工具来研究控制果蝇发育的分子机制[35]。1952—1954 年，赫格里斯在位于巴黎的巴斯德研究所与雅克·莫诺一起工作过，后期他对布里滕 - 戴维森模型印象深刻。赫格里斯使用多种前沿技术手段来实现其目标，即制备果蝇基因组 DNA 片段的文库。他利用原位分子杂交技术，准确确定 DNA 片段在昆虫巨型染色体上的位置。赫格里斯也是染色体步移法（后来被称为定位克隆技术）技术的发明人。这一极其费力的技术，使得研究人员可以将染色体上与已经被克隆鉴定的一个基因位置非常靠近的一个基因克隆出来（有关该技术在分离不同疾病相关基因方面的使用实践，见第 27 章）。从已经获得的果蝇遗传图谱的密度看，它是一种很适合开展染色体移步技术的模式生物[36]。1978—1979 年，赫格里斯在位于瑞士巴塞尔的沃尔特·格林（Walter Gehring）实验室度过一年的学术休假，结果他所建立的多种技术，通过全球的果蝇研究共同体得到迅速传播。

　　格林在发育遗传学分子化方面也扮演了重要角色[37]。更年轻的时候，他在厄恩斯特·哈多恩（Ernst Hadorn）手下学习过。后者是一位研究果蝇发育的专家，在果蝇成虫芽（imaginal discs）的转分化方面做了大量工作。成虫芽是存在于昆虫幼体中的多组细胞团，它们贡献于成体组织的形成。哈多恩注意到，这些细胞能够突然重新调整其命运，转变成其他细胞类型。这种转决定现象，遵循理论生物学家一直在研究的那些规则；这些生物学家确信，这个系统将为发育的控制机制提供暗示[38]。尽管后者并未被证实，但这种现象强化了发育过程中细胞命运受到遗传密切控制这一概念。

　　1978 年，在位于德国海德堡的欧洲分子生物学实验室 (EMBL) 工作的克里斯蒂娜·鲁斯雷安 - 福尔哈德（Christiane Nusslein-Volhard）和艾瑞克·威斯乔斯（Eric Wieschaus），通过饱和突变开始对那些参与果蝇发育早期步骤的基因进行鉴定和分类，并描述它们的精确功能[39]。通过坚实根植于当时刚被阐述的发育遗传框架理论中，这项工作在发育基因的鉴定及功能描述方面是一个里程碑。但是，欧洲分子生物学实验室将该项目看作是边缘性的，因为实验室的主要目标是发展研究生物大分子结构的复杂技术。基因克隆技术的快速扩散，已使分子生物学的传统研究方法部分过时，而且新的路径正为所有生物学领域的分子化而开启。但欧洲分子生物学实验室并未对这些方面予以重视。

　　演化发育生物学出现的最后一里路，得益于同源异型基因 (homeotic genes) 及类似基因的克隆，以及通过 DNA 测序对它们进行的表征。同源异型突变在 19 世纪后期就被描述。它们那些异乎寻常的表型——例如，在触角长足这种突变体中，果蝇头部长出了足，而不是触角——抓住了生物学家的想象力。果蝇的同源异型基因被归类成两个不同的假等位基因复合体，但对它们开展遗传学研究是困难的。尽管表型奇异，但就其基因型研究而言，所吸引的遗传学家却寥寥无几。其中最著名的例外是艾迪·路易斯（Ed Lewis）。

第一个被克隆和测序的发育基因，不是一个同源异型基因，而是另一种类型的选择基因，一个被称为 *fushitarazu* 的基因（果蝇的基因经常被给予这样异想天开或晦涩的名字）。对不同同源异型基因的 DNA 进行测序的结果，很快揭示一种由 180 个核苷酸组成的共同序列，对应一种蛋白质模体，被称为同源异型框（homeobox）[40]。结果表明，这种蛋白质模体是一种进化上保守的 DNA 结合结构域[41]。这种基因的保守性，很快就使得非洲爪蟾和小鼠中那些含有同源异型框的基因被克隆[42]。通过对这些基因的比较，人们发现，尽管同源异型框是一种高度保守的序列，但在这些进化距离非常远的物种中——它们的共同祖先存在于大约 5 亿多年前——这些同源异型基因基本上完全相同！

这些 1984 年获得的结果倍加重要。它们确认了选择基因是调节基因——依照雅各布和莫诺 1959 年给出的定义；同时它们也揭示，发育基因在进化上高度保守、少有变化。后者完全出乎意料，因为像昆虫与哺乳动物的发育，似乎应该遵循完全不同的路径和原理。在若干年前的 1978 年，艾迪·路易斯发表过一篇重要论文，总结了当时对双胸复合体突变的认识状态。文中完全没有反映他所描述的机制涉及像昆虫和哺乳动物这样的完全不同类型生物的发育[43]。1977 年，当雅各布提出演化并非被设计的而是被"修补的"这一争议时，令人吃惊的是，他并未提出建议说，这样的修补涉及发育的遗传机制；而是提出，新的发育形式依赖于新的遗传物质的获得[44]。他后来承认，修补过程比他最初想象的还要广泛[45]。

## 从 1984 年到现在：对发育的一种新分子视野

同源异型框序列的发现，以及涉及果蝇发育的那些基因与其他生物内的基因同源这一事实，导致对该领域研究兴趣的一次爆发。发现发育相关基因的途径也发生了巨大变化。研究人员现在先从果蝇开始，然后去寻找其他物种中的同源基因。

最令人惊讶也是初期最模棱两可的结果来自对同源异型基因的研究，这包括与果蝇中的双胸突变及触角长足突变基因复合体同源的基因。在大部分生物中，这两个基因组合复合体被发现可以划分在一种独特的基因组复合体中，后者在哺乳动物进化过程中被复制了两次，产生了如今仍存在于小鼠和人体中的四种（并非完整的）这样的基因的组合体。不同基因在这个复合体中的顺序也被发现是保守的，正如基因在复合体中的位置与它们在胚胎中表达的时间和地点之间的关联[46]。最简单的解释是，这些基因在所有生物中都具有相同的功能。鉴于在昆虫中这些基因似乎都与体节的形成密切关联，有人提出假说认为，这些同源基因负责哺乳动物中可见的部分分节的迹象。

但是，这种就昆虫和哺乳动物分节机制而假想的特征并未得到证实。同源异型基因也被发现存在于不分节动物中——如秀丽隐杆线虫[47]。在哺乳动物中，这些基因被吸收到肢腿形成的发育过程并发挥作用。它们的功能在逐渐被修订，现在被看作是产生一种位置信号或提供一种"密码"。演化过程对它们的功能进行了修补，赋予新的功能，正如弗朗索瓦·雅各布就那些非发育方面的特征如何进化产生所提议的那样。

这些基因的组合体在基因组中所存在组织结构的保守性仍是一个谜。自 20 世纪 30 年代以来，在假等位基因的组合体——通过基因加倍产生——方面，人们已经开展大量研究，旨在揭示基因组的结构组织与其中的基因的功能之间的关系。在大部分情况下，正如 T- 复合体的情形那样，这种大胆尝试成功甚少[48]。人们逐渐接受的观点是，这些基因的组合体之所以被维持，是控制基因表达的那些调节因子（即增强子）以及被称作拓扑学相关结构域中的那些染色质的组织结构，被保守遗传的结果[49]。就普遍的发育基因而言，它们在基因组中的位置的保守性属于例外，而非规则。

与此同时发展的是，由鲁斯雷安 – 福尔哈德（Nüsslein-Volhard）和威斯乔斯所收录分类的其他发育基因，以及已知参与发育的其他果蝇基因——如 notch 基因——也被发现存在于多种生物中，它们在哺乳动物中经常以更多的拷贝数存在[50]。人们得到的一个普遍结论是：一个多基因家族的小集合控制着不同动物的发育过程[51]。

这些基因被逐渐组织成不同的途径和不同的网络。它们在发育过程中的表达模式可以通过原位分子杂交或免疫荧光显微镜观察被揭示。这些基因的功能和角色一般通过将它们的反义 RNA 或反义寡核苷酸注射到两栖动物中进行测试，1990 年后则是通过在小鼠中进行基因敲除进行检测（见第 24 章）。

通过与果蝇（偶尔是秀丽隐杆线虫或斑马鱼）中基因的同源性比较，而对发育基因进行表征并非唯一的研究路径。参与细胞分化的重要基因，也通过利用离体的发生分化的细胞系统进行分离。这类实验中最为引人入胜的，是 1987 年哈罗德·温特劳布（Harold Weintraub）小组对 MyoD 基因的分离，后者是肌肉分化的一个主控基因[52]。温特劳布研究的起点是以下观察：当用 5- 氮杂胞嘧啶核苷处理时，一种胚胎成纤维细胞系能分化为成肌细胞（仍在分裂的肌肉细胞前体）；5- 氮杂胞嘧啶作为胞嘧啶（四种碱基中的一种）的类似物可以被掺入到 DNA 分子中，但与胞嘧啶不同的是，它无法发生甲基化修饰（见第 26 章）。该结果表明，细胞分化产生成肌细胞时，涉及基因 DNA 的去除甲基化过程，后者以某种方式激活了基因的活性。通过极其细致的实验，一种被称为 MyoD 的基因被成功分离，它能有效诱导成纤维细胞分化为成肌细胞。后续研究表明，*MyoD* 基因编码一种转录因子，其功能之一是激发编码肌肉蛋白质的那些基因的表达。*MyoD* 是一个基因家族中的一员，其 DNA 结合模体在许多其他发育基因中皆存在。与 *pax-6* 基因一起，它是显示主控基因威力的最佳例子之一。

人们立刻认识到的是，一个发育基因家族的成员之间，在功能和序列上存在重叠；这种功能上的部分冗余在发育过程中扮演一种潜在的保护性和缓冲性角色。这也解释了为什么在小鼠中进行对这些主控基因的敲除实验，经常产生令人失望的结果——只有当同一基因家族中的两个（或更多）的同源基因被灭活后，明显的发育异常才会出现。这方面的一个极佳例子是，只有将 *MyoD* 和 *Myf5*（*MyoD* 基因家族的另一成员）两个基因同时灭活，骨骼肌的形成才被阻止，而将其中的一个基因单独灭活所产生的效应有限[53]。

这些基因中，很多都编码转录因子类蛋白质，它们以组织特异的方式激活其他基因的表达。但其他发育基因编码的却是信号蛋白分子、膜受体及其他信号通路成分。

对在发育过程中差异表达的那些基因的上游序列进行分离鉴定，导致对控制这些基因表达的 DNA 元件（启动子和增强子）的表征，以及跟这些 DNA 元件结合的转录因子的表征。抑或偶然，抑或通过设计，这经常会导致与以发育基因为直接目标的研究之间的一种相互作用。这样，传统的对发育过程进行细胞水平描述的内容就逐渐变得更加丰富——通过对发育期间细胞中相继表达的发育基因的描述。细胞群体之间的差异，被越来越多地被认为依赖于细胞中基因表达的模式，而非其形态。

沃尔特·格林小组 1995 年针对果蝇"无眼基因"（eyeless gene）所获得的结果也显示了发育基因的威力。对果蝇中的无眼基因的 DNA 测序结果表明，它与小鼠中的"小眼"（small eye）——也被称为 *pax-6* 基因——同源，后者如果被突变，将影响小鼠眼睛的形成[54]。格林因此提出一个大胆的想法：测试在果蝇中过量表达这个小鼠基因所产生的效应。这个引人注目的结果与之前在果蝇中过量表达无眼基因的结果相同：在昆虫的腿、翅膀和其他区域也产生了异位的果蝇眼睛[55]！苍蝇和小鼠在演化上已经分开 5 亿多年，它们的眼睛所具有的形态也完全不同，但共享了保守的遗传模体，以告诉每一种动物身体形式去产生恰当类型的眼睛。

20 世纪 90 年代初，同样的技术被应用于植物研究中，汉斯·萨默（Hans Sommer）、恩利克·科恩（Enrico Coen）和埃利奥特·迈耶罗维茨（Elliott Meyerowitz）各自领导的小组分离和鉴定了特异参与花朵发育的基因[56]。结果表明，这些基因编码的是转录因子蛋白质，它们含有功能类似于同源异型框，但序列并非同源的（即并非相似的）DNA 结合模体。这些实验涉及转座子突变技术，这使得对突变基因进行有效分离成为可能。早在 1991 年，一种有关花朵发育的遗传模型就被提出[57]。再早几年，拟南芥被采纳为植物遗传研究的模式生物，这帮助了植物发育遗传研究的快速扩展[58]。

开始的时候，这些分子水平的研究似乎支持了已建立的有关发育的模型。在那之前，像查尔斯·查尔德（Charles Manning Child）和保罗·维斯（Paul Weiss）这样的胚胎学家，甚至像阿兰·图灵（Alan Turing）这样的计算生物学家已经提出假说，认为存在指导生物发育过程的一种成形素（morphogen）梯度。1971 年，路易斯·沃尔珀特（Lewis Wolpert）提出了有关位置信息产生方式的一种普遍模型[59]。另外，克里斯蒂娜·鲁斯雷安 – 福尔哈德发表了一篇论文，精妙阐述了这种成形素在体内的存在及功能，通过使用卵极蛋白在胚胎早期发育过程中的作用作为范例[60]。

但这种联姻并非完美。被胚胎学家所挚爱的"细胞分化"与"细胞决定"之间的差异，在分子水平却缺乏证据。比如，*MyoD* 主控基因似乎在分化和决定这两个过程中都起作用。此外，尽管直觉上具有吸引力，但仅有少数几个成形素的例子在分子水平被描述过，如 *dpp* 成形素与 *Shh* 成形素。

一种被认为存在于早期胚胎中可以组织其发育过程的结构，"组织者"是一个清楚反映了这些困难的著名范例。对这些组织者物质进行化学鉴定的尝试，在 20 世纪 30 年代就进行了（见第 8 章），但令人吃惊的是，这样的尝试走入了一个死胡同。1991年，人们发现，非洲爪蟾的同源异型基因 *goosecoid*（其所编码蛋白质的 DNA 结合特异性与果蝇的 *bicoid* 基因产物相同）表达于胚孔的背唇（这正是组织者所在位置）。将 *goosecoid* 的信使 RNA 进行注射，所产生的结果与汉斯·施佩曼（Hans Spemann）和希尔德·曼戈尔德在 1924 年获得的移植实验结果类似[61]。人们在小鼠中也获得了类似结果[62]。

不幸的是，关于组织者的这一简单模型很快就因为很多其他基因也参与这一过程而变得费解，这些基因作为一个系统发挥功能。实际上，胚胎学家已经揭示，这种"组织者"现象没有像 1924 年最初所认为的那么简单，并认识到，哺乳动物和两栖动物中的机制并非相同。

今天，无人可以质疑这些主控基因在发育过程中的重要性，对它们的发现开启了发育生物学的一个新时代[63]。自早期的那些观察被报道以来，可能发生变化的是，对每一个基因所具威力的认识方面。与聚焦于单个基因的研究方式相反，研究人员现在认识到由这些基因的集合所形成的系统或网络的重要性。基因在细胞内发挥作用，赋予细胞参与形态发生过程的特别性质。另外，发育基因并非组成一个特定俱乐部的成员：它们中的许多在成体生物阶段仍发挥功能。就科学家仍旧在对这些基因的功能进行争议角度而言，争议的焦点集中到它们在演化过程中的作用方面。这将是我们要在下一章讨论的对象。

# 第 23 章 分子生物学与生物演化

在生命的分子视野崭露头角的岁月里,对于领域外的观察者而言,分子生物学与演化生物学之间的关系也许似乎一帆风顺。不管是采纳了现代合成理论的演化生物学家,还是新一代的分子生物学家,都确信所有生物都享有可以解释其特性及演化过程的共同机制。对于麦克斯·德尔布吕克这位在分子生物学发展过程中扮演如此活跃角色的噬菌体小组的主要领导人之一所进行的思考而言,达尔文主义占据中心的地位。但狄奥多修斯·杜布赞斯基——当代合成演化理论的创始人之一——对分子生物学的那些早期实验结果倾注了相当的注意力,特别强调奥斯瓦尔德·埃弗里所获得的科学发现的重要性——甚至在它被正式发表之前。

可能颇为令人吃惊的是,遗传变异与自然选择这一关键生命演化过程,在分子生物学家开展针对细菌和噬菌体的日常实验中扮演了一种巨大的角色。的确,德尔布吕克和卢里亚的最早和最重要的贡献就是揭示,无论环境条件如何,通过自然选择进行生物演化的原材料——突变——都可在细菌中自发发生[1]。被细菌和噬菌体遗传学家所使用的主要策略,就是通过产生和分离影响所研究过程的突变体,探究特异的生物学机制。当研究人员将其注意力转移到更复杂的多细胞模式生物系统时,这种探索方法在 20 世纪后期也被证明极其具有影响力。先驱分子生物学家毫无疑问地认为,他们将能够获得所期望的突变体,无论他们在探究什么样的遗传表型。隐含的意思是,他们完全承认遗传变异和自然选择过程的创造威力,而这是当代合成演化理论的核心所在。

在现实生活中,分子生物学家与演化生物学家之间并非那么友善。他们不断争吵,有时是由于专业上的嫉妒和概念上的差异而致。首次暗示意见不同的时间,出现在 20 世纪 60 年代伊始,那时恩斯特·麦尔和乔治·辛普森公开反对分子生物学家在大学里所享有的日益加强的权利。与此相随的是,对这两种不同生物学形式之间明显差异的强调,以及生物学家所提出的两种不同类型问题的差异,这种差异首先由麦尔提出[2]。他争辩说,包括分子生物学家在内的功能生物学家所提出的,是"怎样"类型的问题,而演化生物学家提的,是"为什么"类型的问题。通过争辩说演化生物学与分子生物学之间是互补的这一点，麦尔试图抵御演化生物学免遭其新对手日益增加的影响力。

与其勾画出演化生物学在过去 50 年里转变的历史，本章将描述分子生物学与演化生物学之间的逐渐融合，以及在此过程中科学家们所遭遇的困难。

## 问题的核心

麦尔将功能生物学与演化生物学之间的差异推向了极端，他认为唯一真实可信的生物学领域——唯一将生物置于工作中心的领域——是演化生物学。他争辩说，分子生物学属于化学（和物理）的一个分支，并将生物现象简化为化学和物理学解释。即便是遗传程序这一概念——1961 年由弗朗索瓦·雅各布、雅克·莫诺和恩斯特·麦尔同时提出——对分子生物学家与演化生物学家而言，其含义也并非完全相同[3]。分子生物学家将这样一种程序看作是控制一种生物的构建和功能的所有遗传指令。对麦尔和其他演化生物学家而言，遗传程序意味着，在其核心，生物含有其演化历史的一种传奇。

大多数分子生物学家对现代综合演化论并不一定熟悉，对于自第二次世界大战以来它所经历的复杂变化甚至少有赞美。这主要是因为他们大部分接受的训练，都来自生物学以外的学科领域。他们并不认可，许多演化生物学家将自然选择看作一股具有如此威力的力量，因为它的存在，生物总能为适用一种新环境找到某种策略。结果是，演化生物学家并非对任何特定适应过程的精确机制特别感兴趣。他们认为，适用过程并非通过其内含机制转变，而是通过产生适用现象的那种选择压力的本质。对于一位功能生物家而言，遗传变异的精确本质以及变异使生物改变的方式，构成解释生物演化历史的一部分。

自从查尔斯·达尔文（Charles Darwin）以来，生物学家不断在争辩着遗传变异与自然选择两者的相对分量。当代综合演化论将重点放在自然选择方面，但分子生物学家——他们主要对描述机制感兴趣——很自然地将焦点集中于遗传变异的本质方面。

这两种观点之间表面上的对抗也许似乎被过于简单化——实际上，遗传变异的本质、自然选择压力的幅度和方向，对演化过程的完整解释都有贡献。但是，这些观点之间存在的差异，对于理解发生于这个阶段的某些争论而言很关键。对于被分子生物学家所发现的每一种新的、未被预料的和奇异的遗传变异机制而言，这些相同的争辩会不断反复出现。有关这一怪异现象例子的清单很长，包括逆转录现象、转座现象、水平基因转移现象，等等。每一次同样的问题蹦出来，焦点集中于所描述现象在演化过程中的位置，也提出了诱人的可能性——这些被揭示的全新机制是理解演化过程中那些主要的、未被解释问题的关键。

### 1960—1980 年：不同思想者的艰难相遇

自 19 世纪 70 年代从恩斯特·海克尔（Ernst Haeckel）所开展的工作之后，演化生物学家一直试图测定不同生物之间的演化距离，并绘制生物演化树。1965 年，埃米尔·祖克康德尔（Emil Zuckerkandl）和莱纳斯·鲍林提议利用蛋白质序列开展这方面的研究[4]。这一想法最早由弗朗西斯·克里克于 1958 年在他那篇精彩纷呈的"论蛋白质合成"演讲中提出。在该演讲中他提出的展望是，在未来基于蛋白质信息的生物分类研究中，人们会利用他预测存在于不同物种中的蛋白质序列中的"海量演化信息"[5]。但克里克知道，当时已经获得的蛋白质序列的信息很少，因此他没有试图进一步拓展这种想法。祖克康德尔和鲍林在仅仅七年后给出更为细致的提议并产生了巨大影响，直接导致几千个生物演化研究项目的开展。这些研究以不同方式使用蛋白质序列、免疫交叉反应、DNA 分子杂交以及最近的核苷酸序列等提供的信息。对于生物化学家之前几十年所开展的、相对比较初步的表型比较而言，这既是延续也是发展。在所有这些研究的背后，都贯穿同一个原理：从两个物种之间差异的定量估算可以推断它们的生物演化距离。将这些结果与通过化石研究而建立的生物演化关系进行比较，人们很快揭示两个生物物种之间在分子水平的趋异程度与它们在演化上的分开时间成比例。生物演化的"分子钟"——由祖克康德尔和鲍林所创建的一种表述——被发现以大概稳定的速度往前推移。

这种研究方法被演化生物学家批评，其中领头的是恩斯特·麦尔和乔治·辛普森[6]。他们最初集中批评分子演化生物学家所研究的生物特征的本质。他们争辩说，这些分子特征并非由自然选择塑造，因此对演化过程而言并非重要。当一些分子生物学家争辩说，分子钟的规则性表明，演化主要归因于并未被自然选择所过滤掉的自发变异，这场辩论因此被点燃[7]。他们进一步争辩说，如果自然选择真的扮演一种主要角色，那么它该赋予演化钟一种不规则的前移方式。

与当时这场辩论相关联的是演化生物学家的另外一点讨论，这与遗传杂合性——同一种基因存在两种不同等位形式——有关。那些赋予自然选择一种主要功能的学者，倾向于认为遗传杂合性应该是一种稀有现象。理查德·列万廷（Richard Lewontin）争辩说，遗传杂合性为自然选择所偏好，而且更为重要的是，他通过电泳分析证明它在自然群体中存在。这场辩论对演化理论而言影响巨大，因为它帮助导致木村资生（Motoo Kimura）"选择中性演化理论"的出现。其中他争辩说，大多数突变从选择角度看都是中性的——比如，如果它们发生在基因组中的非蛋白质编码区域，或者并不影响蛋白质中氨基酸的产生[8]。这样的突变被保留与否是一种随机事件，并非自然选择过程，后者无法"看到"这些突变。生物分类学家很快就被卷入到这场辩论中，他们被使用蛋白质序列所带来的新机遇所吸引。这些分子特征特别适用于由维利·亨尼格（Willi Hennig）建立的基于遗传因素的生物分类新原理[9]。

分子亲缘关系研究在演化生物学中占据越来越重要的位置。一些关键问题，如分子钟偶尔不规则的嘀嗒声，以及像"长枝吸引"（当计算演化树的时候，一种可以导致演化距离很远的物种被分配在同一组，从而给出虚假结果的数学现象）这样的技术问题逐渐被认识。人们通过利用越来越复杂的模型尝试解决这些问题。

由美国微生物学家卡尔·乌斯（Carl Woese）通过对不同物种中存在的 16S 核糖体RNA 的序列进行比较后，获得的一个早期的发现是：存在两组不同的原核生物，即细菌和古菌[10]。这个未曾预期的分析结果表明了分子技术的威力，为人们重新产生对微生物世界兴趣做出了贡献，也诱发了一种仍在继续的、有关三大生命分支——细菌、古菌和真核生物——之间的关系，以及什么是所有生物物种的共同祖先（LUCA）这一问题的争论。

对分子种系发生树的诠释很快就变得更为复杂，因为在某些物种之间可以发生横向的（也被称为侧向的）基因转移，这主要通过病毒的作用实现。在原核生物中这种现象相当普遍，在 20 世纪 80 年代早期，也在真核生物中发现这种现象，但在动物中很罕见。自那以后，这种现象被发现在生物适应环境的过程中发挥作用，但许多其他最初被认为由"病毒"导致的适应现象，最终被发现需另做解释。因为基因在物种之间水平转移的现象，在多细胞生物中发生频率极低，对所绘制的分子种系发生树影响甚微。物种之间因为这种非同寻常的遗传创造形式产生的非同寻常的连接关系通常可以被解释（并忽略）。但当涉及原核生物时，问题就严重多了，因为在它们之间，这种水平基因转移发生的频率似乎高得多，特别在早期生命演化阶段。这一效用使得生命演化树底部的那些分支难以区分，这导致以下两部分人之间的激烈争论，一部分人不顾一切地试图通过采纳不同的非树形作图方式，将这些侧向（水平）基因转移信息整合入生命演化树中；另外一部分人已经完全放弃试图用任何树的形式来描述这样的演化关系，因为他们对其存在及重要性表示怀疑[11]。

对于这种不确定性的一个重要例外是真核生物获得其线粒体的方式：通过一种原核生物最终生活在另外一种原核生物中，产生一种奇怪的杂合体；后者最终产生所有多细胞生命。这种在 20 世纪伊始被初次提出，然后在 20 世纪 60 年代被琳·马古利斯(Lynn Margulis) 再次提出的令人惊讶的想法，现在被公认了[12]。在之后的几十亿年里，部分来自祖先线粒体的基因已经被整合进了细胞核基因组中。

20 世纪 70 年代，有关自然选择在生物演化过程中的作用问题出现过一次强烈的重估辩论。当时奈尔斯·埃尔德雷奇（Niles Eldredge）和斯蒂芬·古尔德提出，生物演化并非渐进发生，而是以一种不规则的节奏实现，一个长期的停滞期被一次快速的变化所打断——也就是他们所说的"断续平衡"现象[13]。古尔德和列万廷撰写了一篇被他们叫作演化生物学家中的"泛适应主义项目"的文章[14]。他们争辩道，自然选择的威力存在重要缺陷，这是因为受到生物体内的发育约束所致。生物体的某些结构并非适应结果，而仅仅是构建生物的唯一方式。同一时期，古生物家皮里·阿尔波什（Pere Alberch）提出了一种类似的争辩[15]。这些人都确信，演化的节奏不规则，并利用理查德·戈尔德施密特对微突变和宏突变的区分来解释这种不规则性的起源[16]。

正如达尔文所深知的那样，化石记录所体现的不规则性可以从多个角度解释。20世纪70年代和80年代的新发现，使大家的观点变得更加混乱。古尔德不仅对演化以恒定速度发生的观点持批评态度，也争辩说，自然选择在解释那些干扰生物演化的灾难性随机事件方面存在局限性，比如导致所有生物中大部分被毁的陨星撞击，这将导致大量化石记录不连续性的产生。恰好反映这么一种事件的证据于1979年被获得，当时美国加州大学的一个父子团队路易斯和沃尔特·阿尔瓦雷兹（Walter Alvarez）提出，可能是一颗小行星撞击的影响，导致恐龙在六千六百万年前灭绝（我们现在认识到，这一事件清除了所有非鸟类恐龙，以及大部分其他大型爬行类动物和许多海洋生物，还有许多其他类型的生物）[17]。

这些对主流演化生物学的抨击，并非来自分子生物学家，而是来自演化生物学家和古生物学家。但是，令人震惊的是，古尔德试图从新近发现的分子机制方面寻求支持其理论的证据，强调控制发育节奏的基因的突变可能会极端快速地产生重要变化——但这是一种尚未被证实的假说。几十年后的现在，双方的关键观点都被整合到当代演化思想中，再回头去看这些争论时显得相当怪异。

正如本章引言部分所提及的那样，分子生物学家对发生于物种内和物种之间的遗传变异的本质都特别感兴趣。这一聚焦点包括两个方面的内容：遗传变异的功能本质（比如，在特定的演化过程中发生变化基因的功能）和物质本质（点突变、基因加倍或基因组中某些更加极端的修饰）。但是，发现在分子水平究竟发生了什么变化，障碍是缺乏供研究用的分子工具。因此，这个时期并无重要的实验突破。比如，演化生物学家艾伦·威尔逊强调了调节性方面的遗传变异及染色体重排在生物演化方面的角色，但并未提供强有力的实验证据来支持这些观点（见第22章）。

遗传变化的分子视野在有关发育生物学的那一章已经讨论过。但这些发现的演化含义也同等重要：1961年的雅各布-莫诺模型和1969年由罗伊·布里滕和艾瑞克·戴维森提出的模型，开启了调节类突变假说的大门，无论其精确本质是什么，这种突变都可能在演化过程中扮演重要角色。这种伴随 20 世纪 80 年代演化发育生物学快速发展而提出的假说，最初的提出者包括艾伦·威尔逊、安托尼奥·加西亚 - 贝利多、斯蒂芬·古尔德、鲁道夫·拉夫和托马斯·考夫曼。这种对演化过程中的调节类变化的强调，也体现了为什么对斯蒂芬·古尔德的批评，有些分子生物学家比演化生物学家持更为开放态度的原因。调节类突变的存在表明，演化过程可能存在跳跃，这种观点似乎支持斯蒂芬·古尔德的断续平衡理论。

分子生物学对演化生物学的第二个方面的贡献是，弗朗索瓦·雅各布对修补机制在演化过程中角色的强调，但这一点并非那么引人注目[18]。脊椎动物眼睛中晶体蛋白的情况，成为这种演化修补机制的一个关键例子。正如约兰·毕亚第高斯基（Joram Piatigorsky）研究小组所缓慢揭示的那样，在演化过程中已经存在的不同蛋白质和酶被增选，以确保眼球晶状体的持续透明性，它们的编码基因的表达模式也相应地被修饰[19]。"修补"模型认为大部分的演化适应都与基因的调节类变化有关，而与结构变化或新的遗传物质的增加无关。这种对基因调节的重要性的强调，通过对基因组序列的分析被充分验证，特别是通过 20 世纪 90 年代后期完成的人类基因组计划，结果表明，人类基因组所含编码蛋白质的基因的数目出人意料地少。

在探究遗传变异的功能的同时，分子生物学家也研究了遗传变异的物理本质和产生原因，他们因此赋予了遗传变异机制中某些部分一种重要的演化角色。基因加倍现象提供了一个极佳例子。一个基因加倍之后，后续的突变可以发生于两个基因拷贝中的一个，或者导致一种新的生物功能的出现，或者导致缺失突变不断积累并最终成为无功能状态，而另一拷贝则继续在细胞中执行其原来的必需功能。早在 1936 年，这种基因的加倍过程就被假设过，旨在解释假等位基因组合体的形成，如双胸突变基因和触角长足突变基因，它们对果蝇中躯体的组织构建产生重要影响[20]。1970 年，大野干（Susumu Ohno）赋予基因加倍假说一种新的理论含义[21]。但关键突破发生在 20 世纪 80 年代，这是由于与双胸突变基因和触角长足突变基因非常像、与发育有关的多基因家族被鉴定的结果。这为基因加倍的生物演化功能提供了强有力支持。染色体和基因组的加倍作为一种更具全局性影响力的现象，后来被加入到基因加倍这一普遍性概念中。

1970 年对逆转录酶——它能将 RNA 拷贝成 DNA 并使后者插入到一种生物的基因组中——的发现，为解释基因组在生物演化过程中的变化添加了一种新机制。这种机制由霍华德·特明在 1971 年发现逆转录酶后不久提出[22]。但在接下来的几年里，他未能获得清晰表明这种酶的活性在正常细胞内也存在的实验证据（见第 15 章）。20 世纪 70 年代末期，随着伪基因——一段没有功能但与已知基因存在清晰关联的 DNA——的发现，这一假说再次浮出水面。一些真核生物的伪基因被发现缺乏内含子，可能起源于内含子已经被清除的信使 RNA，被错误地逆转录成 DNA，后者再作为该基因的一种无内含子的拷贝形式被插入到基因组中[23]。

这些伪基因一般都缺乏功能，这一事实不免使人质疑它们在生物演化过程中具有任何真正价值（见第 17 章）。然而，1988 年，约翰·凯恩斯（John Cairns）提出，在细菌中逆转录的存在可能是一种适应机制[24]。他争辩道，对细菌生存有益的信使 RNA、被逆转录后所产生的 DNA 可以被插入到基因组中，从而导致这些信使 RNA 分子数量的增加。经过一个长时间争论和许多实验之后，最终的结论是，其他并非那么异端的机制似乎可以解释这些观察结果[25]。

第三种被假定在生物演化过程中扮演一种角色的基因组变异，是遗传元件从染色体的一个位置移动到另外一个位置的可能性。这种被称为"转座子"（transposon）的移动元件，最早于 1949 年由芭芭拉·麦克林托克在玉米中描述[26]。通过一项有关抗生素抗性机制的研究，1976 年转座子在细菌中被发现[27]。它们也在其他真核生物中被描述，先是果蝇中的 copia 元件，后来在脊椎动物中。

麦克林托克提出假说认为，转座现象是发育过程中调控基因活性的一种机制[28]。1959 年，埃利·沃尔曼和弗朗索瓦·雅各布赋予发现于细菌中的一种小型遗传元件游离子（episome）一种类似角色。这种假说后来被放弃，取而代之的是铭刻在基因组中的稳定调节（操纵子模型）[29]。尽管约翰·戈登（John Gurdon）开展的两栖类动物克隆实验倾向于削弱转座现象扮演任何关键功能的建议，但这种假说并未被完全抛弃[30]。当人们发现参与抗体制造的那些基因发生多轮重组这一现象后，这种假说被加强了。

转座子与逆转录转座子——后者以一种 RNA 中间体形式在基因组中移动——对解释基因组中存在大量非编码 DNA 片段这一谜团而言，只是一种次要性的因素[31]。1971年——基因组被测序是很久之后的事——查尔斯·托马斯（Charles Thomas）描述了他称之为"C 值悖论"（C-value paradox）的现象：基因组大小与生物表观复杂性无关。比如，洋葱的基因组大小是人类基因组大小的大约五倍[32]。更为令人迷惑的是——因为测定复杂性极其困难——人们发现，在生物演化树上，距离非常近的那些相似物种的基因组之间，可能其大小差异极大。大约在同一时期，DNA 分子杂交实验揭示，基因组中存在大量重复序列，其中一部分后来被证明是转座子或逆转录转座子[33]。

1977 年发生一种主要变化，这来自一个完全出乎意料的发现：真核生物的一个基因"分段"组成，由外显子和内含子镶嵌在一起（见第 17 章）。这两种序列都会被转录，但只有外显子才会被表达成蛋白质（故被如此称呼）。内含子序列在转录后被剪除，在用于指导蛋白质合成的成熟信使 RNA 分子中不再存在。在很多基因中，其内含子部分远大于其外显子部分。

人们对这一发现的最初反应是，认为这些看上去无用的内含子 DNA 序列，必定具有某种调节功能。有人提出，RNA 剪接是信息从 DNA 流到 RNA 过程中一个重要调节步骤。布里滕和戴维森已经提出，DNA 重复序列在基因表达的控制，以及生物演化过程中基因表达模式改变过程中，都起重要作用[34]。

另一种被不时提起的假说声称，这些无用序列为生物演化而储备，因为它们可以被招募以完成新的功能。分子生物学家认为这一假说似乎合理，但演化生物学家对此有异议。达尔文主义者不关注未来用处，因为自然选择无关未来，只筛选对现在而言具有不同适应性的生物特征。从后者的观点看，大量无用 DNA 的存在明显不是适应性机制所需。

20 世纪 50 年代和 60 年代，当研究人员最初怀疑，并非所有 DNA 都参与蛋白质编码时，他们创建了"垃圾 DNA"这个术语。1972 年，大野干给了它一个标准定义：垃圾 DNA 是那些可以被删除但不影响生物适应性的 DNA[35]。分子演化中性学说，为它们的存在提供了一种解释——如果拥有垃圾 DNA 对一种生物而言并非过于费力，而且对适应也不产生负面效应，它就能逃避自然选择的清除。20 世纪 70 年代末，对无活性伪基因的发现再次证实，看似无用的遗传元件在基因组中可以被保留。

有关垃圾 DNA 的功能，在分别由福特·杜利特尔（Ford Doolittle）和卡门·撒皮恩扎（Carmen Sapienza）以及莱斯利·奥格尔和弗朗西斯·克里克两组科学家，于 1980 年发表在《自然》杂志上的两篇论文中，进行了更深入的探讨[36]。这些作者给出了一种相当不同的观点，他们的焦点并非集中在它们对生物的含义方面，而是它们对 DNA 分子的含义方面。在乔治·威廉斯（George Williams）和比尔·哈密尔顿（Bill Hamilton）的基因中心论学说中——这种学说被理查德·铎金（Richard Dawkin）给予了普及——所有 DNA 序列最终都被看作是自私的，仅仅为了它们自己而繁衍[37]。还有什么比将一段无功能的 DNA 当作自私 DNA 这样更好的例子吗？

大多数演化生物学家都认为，这个新的模型可以终结关于垃圾 DNA 功能的争议。迈克尔·林池（Michael Lynch）后来的结果表明，一个物种的基因组大小与其群体的大小成反比：遗传漂移在小的群体里更加活跃，这解释了为什么自私 DNA 尽管会导致适应性的某种丢失，但仍能在基因组中被保留[38]。

并非所有分子生物学家都放弃揭示垃圾 DNA 功能的希望。2012 年，"DNA 元件大百科全书"（ENCODE）课题联盟宣布，基因组中大约 80% 的 DNA 具有功能（这些DNA 具有某种生物化学活性，比如被转录成 RNA 或者含有转录因子结合位点）。此前，大多数科学家都接受基因组的 90% 由垃圾 DNA 组成这样的观点[39]。这种新观点诱发了热烈的争论——这一令人吃惊的高比例吸引了新闻媒体的关注。这一争论仍未完全解决。无论目前这轮争论结果如何，这种发展表明，并非所有分子生物学家都对生物演化领域更早期的争论表示信服。

**演化发育生物学的崛起（1984—2017）**

我已经对 1960—1980 年所积累的意外观察结果进行了描述，这些结果经常引燃分子生物学家与演化生物学家之间令人困惑的争论。这种情况在 20 世纪 80 年代初期出现了转机。随着发育基因表现出很强演化保守性这一现象的发现，许多生物学家将注意力集中到这些基因以及它们的变异方面。如果生物演化问题要在分子水平得到彻底认识，这是很关键的一步。

仅仅通过研究一类特异基因就能为生物演化过程提供重要见解的提议，与当代合成演化理论的研究方法相悖。但发育生物学家觉得，将发育机制的认识整合入生物演化的现代观点中，时机已成熟。基于优缺点兼具的理由，这些机制并未被包括到当代合成演化理论最初的概念体系中，人们现在的声称是，发育基因是生物演化过程中一直被修补的遗传材料的关键部分。

在 20 世纪 80 年代中期控制发育的主控基因被发现后，生物演化的驱动力究竟是遗传变异还是自然选择这一问题很快再次浮现。这与刚好在此之前的另外一个主要科学事件具关联性：对于在加拿大伯吉斯页岩所发现的动物化石进行的重新评价。这些化石揭示，在寒武纪生物大爆发期间——5.2 亿—5.4 亿年前所发生——动物形态的丰富性和多样性以极快速度出现。这个动物群的丰富性与更早的艾迪卡拉纪的化石的稀少性和难解本质形成明显反差。

如果有人提出，动物形式的这次大爆发可能归因于发育基因的出现，这不能说是想象力的一次大跃进。但通过对发育基因所进行的谱系树研究，并不支持这一过分简化的场景，而是揭示发育基因在寒武纪之前很久就已经出现[40]。为解释这种动物物种的爆发现象，现在人们在寻找环境变化（特别是氧气和稀有元素的可获得性方面）和生态学（比如通过更早期物种的消失以及海底洞穴动物的作用而产生的新环境）因素。它们可能为生物提供了新的、可供它们扩增和演化的小生态环境。

2009 年，尼尔·舒宾（Neil Shubin）、克利夫·塔宾（Cliff Tabin）和希恩·卡洛尔（Sean Carroll）提出深度同源性这一概念。他们认为，新的生物形态的出现可能由已经存在的遗传调控环路的突变所致[41]。卡洛尔更是往前走了一步，声称这些突变定位于控制这些环路基因表达的上游序列[42]。这种观点提示，生物形态演化具有特异潜在机制，它与细菌和其他生物中产生适应的那些过程不同。对两种不同演化机制——

导致两种不同的演化形式——的这种清楚区分，与当代合成演化学说的根基明显相悖。但是，正如在科学中所常见的，实验数据决定理论框架，而非反之。现时并无确凿证据表明这种效应的存在，由卡洛尔提供的一个例子后来被发现具有更简单的解释[43]。

艾瑞克·戴维森以一种类似的方式提出，生物演化由发育基因网络——以一种被他称为基因调控网络的方式——的变异塑造。戴维森的观点是由发育基因的发现所激发、最具野心的理论架构。他是21世纪初海胆基因组测序项目最为热心的倡导者之一。他描述了 endo-16 这个发育基因高度复杂启动子的精确结构，也证明其表达水平可以通过与其结合的转录因子的量来确定[44]。下一步的工作是描述负责海胆的内中胚层形成的基因调控网络[45]。前不久，这个网络的模型被成功建立，它可以完整描述在这些物种中所观察到的发育步骤[46]。

这项工作的一个方面与生物演化有关。对戴维森而言，基因调控网络可以被看作由不同子系统组成，其中的一部分是边缘性的，而被称为内核的其他部分处中心位置。有争论认为，内核极其稳定；其组分中的突变极其稀有，如果有的话，将产生严重后果。在戴维森和道格拉斯·欧文（Douglas Erwin）提出的一种猜想性模型中，由一个突变所改变的次级环路的本质决定了该突变的生物演化后果。发生在内核环路中的一个突变可能导致一个新的门的生物产生，而发生在一组分化基因群中的一个突变仅仅导致一个新的物种的出现[47]。戴维森和欧文争辩说，因为突然的重要生物形态的改变，一般被认为对生物适应而言将产生缺失性效应，在缺乏重要选择压力的条件下，这样的个体可能会在一个小的群体中生存下来。

这些新的变异体正好对应于理查德·戈尔德施密特在20世纪30年代所假想的"有希望的怪兽"，这种说法被主流演化生物学所排斥。的确，在内核模型被提出之前20年，欧文就发表过一篇题目中含有"有希望的怪兽"字样的文章[48]。这篇文章含有类似的思想，但所涉及机制——转座子迁移——不同。

戴维森和欧文基于发育基因突变将引起快速形态改变这样的说法，所提出的这类构架并非唯一，丹尼斯·杜波尔（Denis Duboule）已经提出过 Hox 基因的类似功能[49]。不同遗传机制——转座、基因调控网络突变、Hox 基因突变，等等——被认为是驱动快速形态改变的方式这一事实表明，部分生物学家存在一种共同愿望，那就是在回答演化生物学领域最根本性问题时，赋予他们的研究领域一种中心位置。

无论这些假说的最终命运如何——现在它们仍旧是假说——演化发育生物学的一个明显长处是它在检测生物演化的情景时所提供的前所未有的可能性。如果一个基因网络中一种成分的突变被认为参与了一种在演化过程中可以观察到的形态转变，那么人们就有可能去检测这种假说——通过在密切相关的物种中引入突变并研究其后果。

这个方面的一个有价值的例子，可以在以下努力中看到：即从钙调蛋白途径的修饰角度去理解达尔文在加拉帕戈斯雀类中观察到的鸟喙形态变化[50]。更近期对达尔文雀类基因组的研究暗示，一种编码影响颅面发育转录因子的 *ALXI* 基因在此过程中发挥作用[51]。这提示，故事可能更为复杂，即自然选择是针对一整套基因，而不是简单的一个或两个主控基因而发挥效用。

### 人类的演化

对人类演化的研究，为分子生物学和演化生物学的不同认识视野，以及二者如何慢慢地嵌合于一体提供了一个惊人例子。

玛丽－克莱尔·金和艾伦·威尔逊1975年的工作表明，尽管人与黑猩猩在形态、行为和生理方面差异甚大，但二者的结构基因相对而言却没有多少差异。二者之间的巨大差异，被假想为源自调节基因中发生的有限突变（见第22章）[52]。对人类基因组测序能很快揭示人类本质的遗传基础的期望，很快就被以下想法所取代：即通过比较人与黑猩猩的基因组序列将帮助我们认识究竟是什么使我们人成为人[53]。然而，人类基因组测序工作的结果，并未使我们在这方面有所收获。那种被广泛接受的假说——人类心理学与社会学的复杂性也许可以通过这些巨大数目的基因得到反映——最终销声匿迹。

在这些基因组范围的比较工作开展之前，一系列探究特定候选基因发生变异的研究已经出现；这些基因中的突变可能对现代人类的出现扮演了一种引人注目的角色。这些候选基因中一个最佳例子是 *FoxP2*，它被立刻地但也是不幸地被称为"语言基因"[54]。这个基因编码一种调节蛋白质，它控制大脑中一群基因的表达，在患语言障碍的家族里，这个基因发生了突变。这个基因在哺乳动物中高度保守，但在现代人被演化产生期间例外，其中的两个突变修改了其所编码调节蛋白质的性质。不久前，当时很时髦的微型 RNA，被认为是可能帮助解释人类起源和独特性的一类因子[55]。每一种情况的故事都相同：在经历了最初的一波热情之后，候选基因的地位就被从"人类演化的主要角色"降低到被认为仅仅是一个日益高度复杂过程中的参与者之一（在很多的参与者中）。

令人失望的是，将人与黑猩猩基因组所进行的比较并未提供有关人类演化的任何直接见解。人与黑猩猩之间尽管遗传距离较短，却涉及大量遗传变异，那时（现在仍旧是）难以确定这些变异中哪些重要，哪些不重要。当研究人员为了从这些差异中梳理出一定的含义来，而将这些基因划分成不同功能组的时候，他们获得了一个令人意外的发现：人和黑猩猩的基因之间，变异最大的是那些参与代谢和免疫响应的基因，一般而言，它们中无一被想象为我们两个物种之间的关键差异。

能够鉴定出一种人类所独有、产生主要效用的单一基因的希望（或者说幻觉）从未离去。但大的趋势很清楚地指向将人类演化看作是一个复杂的遗传过程。尽管指导大脑发育的主控基因的调节突变，可能参与我们人类那些独特能力的演化，但大家普遍接受的观点是，要演化产生人类目前的这些特征，还需许多其他突变。

在过去的十年间，对人类演化开展研究的方式发生了转变，这主要得益于通过化石骨骼中存留的古老 DNA，对那些很久以前死亡的人类个体以及人类的近亲进行遗传鉴定的惊人能力。2010 年，一个尼安德特人（一种古人类）基因组的序列草图被发表 [56]。这一杰作因为 21 世纪初所建立的高通量 DNA 测序技术而成为可能 [57]。这也是在首席科学家施旺特·裴柏（Svante Paabo）激励下三十年坚持不懈的结果。在经历了困难重重的开始阶段之后，裴柏小组抽提和扩增了极其微量的、被降解的古代 DNA，他们考虑到了 DNA 被部分降解所产生的影响，也尽力消除了现代生物 DNA 的污染 [58]。甚至更为令人惊讶的是，这些技术还被用于揭示了之前并不知道的也无人怀疑过的人类近亲的存在，现在仅仅以在那里发现过一颗牙齿和一个极其微小指骨的洞穴名称而为人所知：俄罗斯西伯利亚的丹尼索瓦（Denisova）山洞 [59]。通过分析这个丹尼索瓦人的基因组及几个尼安德特人的基因组，人们发现，在现代智人与这两种类人及其他仍旧未知的类人猿之间存在一系列遗传交换，其踪迹可在现代人类的基因组中看到。

在现代人类与尼安德特人之间存在杂交繁殖的可能性过去被提及，但通过对骨骼、原始工具和栖息地进行的研究无法回答此类问题。这已经变成人类演化研究的一个新黄金时期——得益于对古代 DNA 的利用。获得的一个特别引人注目的发现是：使现在的西藏人可以在高原生活的一个基因的等位基因形式，可能是通过与丹尼索瓦人的交配而获得，因为后者也拥有这种基因形式 [60]。人们可以通过形态、生理特征甚至感知功能等角度来解释基因组和蛋白质数据，这是一种通过化石研究完全不可能实现的方式。这能揭示过去无人敢想的这些已经灭绝物种之间的关系，而且甚至还能使我们回看这些很久以前就死亡的个体的感觉世界——比如尼安德特人和丹尼索瓦人的嗅觉 [61]。

这些观察也已经显示，人类演化过程似乎更像是纠缠在一起的一个灌木丛，而非一棵分枝清楚的整洁谱系演化树，后者是古生物学家乔治·辛普森于 20 世纪 40 年代首次提出的对生物演化的一种视野 [62]。通过分子生物学的威力，我们对这种演化机制的认识更加丰富和复杂了。

分子遗传学数据也在被用于追踪现代智人在东部非洲产生后穿越地球的移动。艾伦·威尔逊在母系遗传的线粒体 DNA 方面的工作，为启动这个领域扮演了重要角色。线粒体 DNA 既容易分离也容易测序，它也显示出高频率的突变，这就使得人们能有效发现，在比较短的演化时间周期里所产生的遗传变异。威尔逊的工作使他能够鉴定出一个曾经存在的"线粒体夏娃"，一个生活在 20 万年前为现在所有人类线粒体 DNA 序列起源的人类始祖[63]。该发现获得极其广泛的媒体关注，但其真正的重要性很少被正确认识。"夏娃"仅仅是我们所有人类线粒体的一个共同来源而已。许多其他女性祖先为我们贡献了细胞核基因组，这是我们人类绝大多数基因的所在之地。不久之后，鲁易基·卡法利 – 斯弗扎（Luigi Cavalli-Sforza）扩展了对血型的早期研究的内容，提供了人类在地球上迁徙模式的一种普遍景象[64]。

　　这些研究的结论和方法都被他人批评过，被认为在遗传多样性人群的选择方面，以及作为人类遗传多样性的代表方面都存在问题。另外，据批评者所言，有关遗传演化与语言演化之间关联的结论做得过于轻率。由卡法利 – 斯弗扎于 1991 年启动的旨在收集不同人群遗传样本的"人类基因组多样性计划"遇到很强的反对声，特别是来自土著人群的，他们感觉这些研究可能会导致遗传歧视，或者他们的遗传适应性可能会被外来的商业团体所利用[65]。近年来，随着更多的引人注目的研究的开展，这些怀疑大多消失了，尽管一些土著民族仍旧反对将他们的 DNA 用于这样的研究。整个冰岛人群被研究过，揭示了他们迁移和适应的模式。而在英国的基因组研究，也能够表明生活在英格兰的那些人与一波一波的入侵者——从罗马人到挪威和丹麦的海盗——之间的杂交繁殖模式[66]。随着基因组测序的日益推广，我们可以期待更多关于人类迁移以及其他人类演化问题引人入胜的发现——如这些人群与病原体之间的复杂相互作用。

### 从演化发育生物学看生物演化在分子生物学中的总体地位

　　分子生物学中的大部分议题，都无须涉及其元件的演化历史而予以考察。比如，负责小分子干扰 RNA 产生的复杂机器，就可以在无须知道其生物演化起源的前提下予以描述（见第 25 章）。

　　但是，部分分子生物学家却正试图重构那些在生物体内运行的生物大分子机器——如核糖体和细菌鞭毛——的复杂演化历史[67]。"智慧设计论"的倡导者们频繁地提及这些超级纳米机器，他们声称，这样的生物机器太复杂，不可能是通过随机变异和自然选择所驱动的达尔文进化过程所产生的结果[68]。分子遗传学研究结果表明，这样的观点是错误的。

　　尽管从现存生物所获得的分子数据提供的只是在现存生物大分子中仍然可见的、过去生物分子结构的重写本或痕迹而已，但它们使得对于像糖皮质激素受体——作为约瑟夫·桑顿（Joseph Thornton）研究小组一直深入研究的对象——这样的分子系统的演化历史进行重构成为可能。一种不同但互补的研究体系在过去 25 年里一直被理查德·林斯基（Richard Lenski）的研究组所沿用；涉及允许细菌群体在体外的演化——比如，对一种营养物质的适应——并研究相应的分子变化[69]。这种研究方法直到最近才显示其解释威力，这得益于高通量 DNA 测序技术的发展——它使得对体外演化过程中前后阶段的细菌基因组进行测序成为可能。林斯基的研究为这种演化过程提供了一种完整的描述，包括所发生的和被选择的自发突变，以及它们的表型特征等。这些工作之所以能被开展，是因为在过去几十年里，这些培养细菌的样品一直被每隔一段时间就保存起来。尽管在开始的时候，林斯基做梦也不可能想到，他能拿这些样品做基因组 DNA 测序这样的实验。

这些研究一直被安托尼·丁恩（Antony Dean）和约瑟夫·桑顿称为"功能合成演化"的最佳范例：一种现代版本的生物演化合成论，与其互补的学科不仅有发育生物学，从更为普遍的方面来说，也有那些涉及演化分子机制的精确知识[70]。

这些研究至今无一对生物演化理论提出过挑战，因为其结果强调了新达尔文演化论中两个基础的角色：遗传突变（包括中性的）和自然选择。但他们强调了稀有的临时性变异在决定那些正在被研究的结构的未来发展方面的角色，这些变异理当被描述为创新类型的[71]。对演化创新进行遗传学描述也被从演化发育生物学角度提议过，但所研究系统的复杂性使得我们难以定义什么是创新[72]。

此时，对那些不仅与分子研究互补，而且也可以被看作是理解这些系统的特征所必需的、有关分子系统的历史演化方面的研究仍旧太少。遗传密码就是所遇到困难的一个主要案例：其特征（特别是所涉及的氨基酸的本质和数目）是使它产生的那些历史性或临时性事件的结果。但是，尽管进行过大量研究，而且偶尔大胆和华丽的假说也被提出，其起源仍旧一如既往地模糊不清。分子伴侣——协助其他蛋白质折叠的蛋白质——是另外一个例子。它们目前在生物体中的功能，以及它们所作用的目标蛋白质的特征，是这些目标蛋白质复杂演化历史，以及在很长的演化时间里使它们的结构变得稳定或不稳定的那些突变的结果。唯独有关这个演化历史的知识，可以解释为什么目标蛋白质，或者能无须帮助就快速折叠，或者需要分子伴侣的帮助才能折叠[73]。不幸的是，有关这种演化历史仍旧基本上未知。

建立一种真正的功能演化合成理论，将是预测未来的一种方式——不是设计未来的生物，而是预期它们可能怎么演化，比如作为气候变化的一个后果。这不仅是试图构建出所研究生物的基因调控网络的研究人员的梦想，也是那些考察可能导致一次瘟疫的病毒基因组突变的流行病学家的梦想。围绕旨在创造一种对人类具有高度感染性的禽流感病毒的那些颇具争议实验而开展的争论，不能掩盖这些旨在描述现存生物演化景致而开展的研究的潜在科学兴趣与重要性。

# 第 24 章　基因疗法

自 2012 年年末以来，CRISPR-Cas9 基因编辑技术 ① 的开发，诱发了对基因疗法研究的一个加速过程。这条道路现在似乎引向了对体细胞和生殖细胞基因的相对直截了当的操控，尽管对这一轮新的对基因干扰的结果进行预判为时尚早。一直到 CRISPR 技术被建立之前，对基因疗法进行的有限实践可以被有争议地认为是分子生物学的最大失败——一个其知识的巨大积累，与其相对稀少的运用结果之间形成巨大反差的领域。

在 1958 年的诺贝尔演讲中，爱德华·塔特姆陈述过，生物工程可能会导致"对应的核酸分子的生物合成，以及这些分子被引入到生物的基因组中——不管是通过注射、病毒引入到生殖细胞中，还是通过一个类似于细胞转化的过程。另外，也可能通过一个涉及基因直接突变的方式达到同样目的。[1]"除了核酸合成之外，对人体而言，这些预言实际上仍旧完全未能实现。尽管塔特姆更早些时候在他的演讲中所描述的初始步骤——认识基因与蛋白质之间关系的本质以及基因调控的机制（这两个方面在 1958 年仍属未知）——在 20 世纪 60 年代中期已经实现。迄今，基因疗法所看到的进步很缓慢，这反映在其进步不时地被各种干扰、障碍和面临的主要困难所阻断。

基因疗法研究实际上始于 20 世纪 70 年代晚期，那时遗传工程手段的出现使得操控真核细胞的基因成为可能。但是，在 20 世纪前半叶，"改进"人类和消除遗传疾病的期望一直很高——通过使用有些现在一般不被认可的方法。那时，人们想象这样的目标可以通过选择"最优的"个体，以及阻止那些被视为会将遗传缺陷传给后代的个体继续生育后代。在第二次世界大战之前，尽管优生学项目因为其残酷性以及对基因功能过于简单化的概念有时被批判，但生物学家（以及许多政客，包括那些左派政客）一般都支持增强人类基因质量的想法，这经常是为了避免一种假想的威胁，即人类的遗传特征正被弱化。

---

① Cas9 是一种 RNA 引导的核酸内切酶；整个系统是细菌天然产生的用来将入侵细菌病毒的 DNA 进行切割的防御机制。——中译者注

正如塔特姆所预言的那样，分子生物学家并未等到合适的分子工具已经发展完善，就开始探究由这些新的分子探究方向所开启的可能性。在许多这些可能性中，基因疗法是一种最容易在纸上进行描述的一种，如果并非是最容易予以实践的一种的话。分子生物学最早期实验之一——奥斯瓦尔德·埃弗里于 1944 年对基因化学本质的揭示——表明，通过简单地将外来 DNA 加入到细菌培养液中而修饰细菌的遗传组成是可能的[2]。伊丽莎白（Elizabeth）和瓦克罗·斯兹波尔斯基（Waclaw Szybalski）夫妇将细菌中发生的转化看作是一种基因疗法的模型，他们也是首次试图将 DNA 整合进真核细胞的科学家[3]。他们获得了正的肯定结果，但这些结果无法被重复。有效的转染方法于 1973 年在原核生物中被成功建立，改造后被应用于真核生物中（见第 16 章）。

当在 20 世纪 60 年代分子生物学变得日益普及和时髦时，一些分子生物学家却对基因疗法在不久的将来成为一种可行的技术表示怀疑。罗林·霍奇基斯（Rollin Hotchkiss）——一位与埃弗里共事过的细菌转化专家——对此充满热情[4]。但其他像伯纳德·戴维斯（Bernard Davis）这样的遗传学家更为小心，他们争辩说，除了一些简单的遗传疾病之外，其他的人类性状（和疾病）都由多个基因控制，因此，要对这些性状进行修饰是困难的[5]。在其著名的《偶然与必然》（*Chance and Necessity*）一书中，雅克·莫诺甚至更为悲观，他争辩说，人类基因组的复杂性将阻止它被修饰，这也许永远不可能实现[6]。

20 世纪 70 年代中期，遗传工程技术的支持者和反对者，都展望了一种遗传疾病被减轻甚至治疗的前景，解释了对人类基因组进行遗传修饰的可能性和危险性。

## 20 世纪 90 年代早期出现的第一波基因疗法实践及其问题

20 世纪 80 年代早期，当遗传工程技术提供的工具在实验室变得普及之后，科学家对基因疗法的前景变得乐观起来。早期的尝试因为被认为不成熟而被叫停。在接下来的岁月里，遗传工程技术被应用于分离和鉴定那些与常见遗传疾病相关、也许某一天会成为基因疗法焦点的基因中（见第 27 章）。人们花费了十年时间才开发出可以将基因带到特定人体组织的载体。三类基因载体是该研究的焦点——逆转录病毒、腺病毒和脂质体。

20 世纪 90 年代伊始，首套基因疗法流程被正式审批通过，而后临床试验开始[7]。这些探究方案中，最简单的一个涉及将正常基因引入到遗传缺陷患者体内，以提供功能正常的蛋白质。选择实施这种大胆疗法的疾病在当时尚无有效治疗手段。第一个被测试的基因编码的是腺苷脱氨酶（adenosine deaminase，ADA）。这个基因出现缺陷的患者，其血液中的 T 淋巴细胞内将形成有毒的腺嘌呤衍生物，引起"重症综合免疫缺陷疾病"（英文缩写为 SCID）。人们选择这种疾病进行基因治疗是出于几方面的原因。因为该疾病的问题表现在血液中，从患者体内分离出 T 细胞前体细胞相对比较容易，然后人们可以通过利用逆转录病毒载体将编码正确版本腺苷脱氨酶的基因引入到这些前体细胞中，最后将这些经过了遗传修饰的细胞重新引入到患者体内。基因转移不仅可以通过被分离的细胞在试管中实施，而且也可以在将它们重新引入患者体内之前，提高被成功转染了正常基因的细胞群体的比例，从而提高治疗的成功率。另外，被期望的是，功能被纠正的修饰细胞相对于患者血液中未经修饰的突变细胞，将具有一种选择优势。

有两种其他疾病也被选为这种早期临床试验的对象。一种试验中引入的是存在于肝脏细胞中的低密度脂蛋白胆固醇受体的编码基因。拥有这个基因缺陷拷贝的人将患胆固醇血症、早发动脉粥样硬化和心肌梗塞，这些都是家族性高胆固醇血症的症状。在这些临床试验中，患者的部分肝脏通过手术移出，肝脏细胞被分开并进行体外培养。然后编码受体蛋白的完整基因，由逆转录病毒载体携带，被转染进入这些细胞。这样的被转化的细胞通过门静脉重新注入体内，当它们穿过肝脏时，将自发回归到其正确位置，重新获得它们最初的功能。

囊肿性纤维化 (cystic fibrosis)——一种在白人群体中最常见的遗传疾病——是另外一种进行了临床试验研究的重要疾病。与这种疾病相关的基因最近被克隆出来（见第 27 章），其分子功能也被鉴定。在这些试验中，编码正确版本蛋白质的互补 DNA（cDNA）被插入到一种被修饰的腺病毒基因组中，然后，把经这种操作的病毒引入到鼻子上皮组织——被当作是这种疾病所主要影响的人体组织的一种模型——或者气管和肺的上皮组织[8]。腺病毒是一种合适的基因载体，因为它能感染所有这些组织的细胞。

基因疗法并非只局限用于替换失去功能的基因。人们也可以通过引入基因来标记特定细胞或者清除肿瘤细胞。这种通过基因来标记细胞的技术，最初于 20 世纪 80 年代中期由发育生物学家开发，用于追踪胚胎细胞的命运[9]。它也可被用于建立或改进对疾病的其他治疗策略。比如，对白血病的治疗过程，包括化学疗法和后面对患者造血干细胞的分离。经过充分的放射治疗以清除任何未被化学治疗杀死的白血病细胞后，造血干细胞被重新引入患者体内，以弥补因为放射治疗而造成的免疫细胞的清除。但病人往往会复发，这被认为是可能因为在分离出来的正常造血干细胞中还存在白血病细胞。这个假说通过这种细胞标记技术得到了验证，这就使得研究人员能够对分离的细胞中仍旧存在的白血细胞的数目进行估测，并建立在将这些细胞再次引入到患者体内之前，将白血细胞清除的策略。

细胞标记技术也提供了一种认识肿瘤组织被淋巴细胞渗入的重要性，以及揭示肿瘤组织中存在的淋巴细胞，是否可特异识别并帮助清除肿瘤细胞。为此，肿瘤组织中的淋巴细胞被先分离出来，通过特定基因进行标记，然后重新注射到患者体内。此后，相当一部分标记细胞将重新渗入到肿瘤组织中，这样就验证了它们在肿瘤组织中的存在并非一个随机发生过程。

这个实验结果鼓励大家设计不同策略，以诱发对付肿瘤的免疫反应。一种策略涉及将编码一种膜蛋白的基因——如组织相容性抗原基因组合体中的一个基因——引入到肿瘤细胞中，从而将其转化为能被宿主免疫系统识别的"外来物体"。另外一种方法是将白介素 -2 的编码基因，引入到肿瘤细胞或者离它很近的细胞中，以刺激淋巴细胞去抵抗肿瘤细胞。熟悉癌症免疫疗法最新进展的读者，会被那时和现在所设定目标的相似性以及所使用方法的差别感到震惊——单克隆抗体取代了基因疗法。第三种是最直接的策略，涉及在肿瘤细胞中注射"死亡基因"，在引入一种无毒性的药物后，这种基因的表达会导致拥有它的肿瘤细胞死亡——基因编码的蛋白质会使无毒药物转变成有毒产物。另外一种被考虑过的方法，涉及反义核酸分子的引入，这将抑制肿瘤中关键基因的表达，或者抑制被感染细胞中病毒基因的表达（见第 25 章）[10]。

这第一波临床试验的结果是混合的。没有任何参与的病人获得治愈，但正的效应也被观察到，甚至是当所转入基因的表达水平远低于其正常观察到的水平时。所激发出的针对肿瘤的免疫响应，也展示了其潜在前景。但就其中两位患者而言，试验导致了致死性的严重炎症反应。

一个明显的问题源自将基因引入到目标细胞中的载体。逆转录病毒能以一种很高的效率和稳定性来转化细胞，但能被插入到载体中的基因的大小有限，而且当时还无法将它们引入静止细胞。还存在一种危险性，即当引入的基因插入到细胞基因组中时，可能会改变邻近基因的表达，从而激活一个癌基因的表达——尽管在任何这些临床试验中并未观察到。另外，在一位患神经母细胞瘤的病人中，当产生逆转录病毒的细胞被引入到肿瘤附近时，观察到一种炎症反应。一种腺病毒载体也诱发了一种炎症反应，这在之前的动物测试中并未观察到。此外，通过腺病毒载体引入的基因并不会插入到细胞的基因组中：这样引入到细胞中的 DNA 会逐渐被清除，所以治疗过程需频繁重复，这也增加了炎症响应的危险性。第三种将基因包裹在脂质体（一种人工的脂类载体）中再引入体内的方式在当时还并非十分有效。

并非清楚的是，设计出一种完美的基因载体是否终归可能——适用于一种疾病治疗的载体，并不一定会适用于另外一种疾病。可能这些方法最重要的缺陷在于其结果的不一致性——从一个病人到另外一个病人，从一次试验到另外一次试验。

因为存在未预料的患者死亡现象，临床试验被暂停了。基因疗法似乎危险性太高。首批的临床试验结果也突显一个问题：我们还没有完全掌握好这种新技术。然而，这并未阻止一些遗传学家拒绝接受他们大多数同行的小心态度，而去支持对生殖细胞进行修饰的研究——这方面的研究被大多数参与基因疗法的研究人员有意停止，在部分欧洲国家甚至被认为是违法的[11]。

除基因疗法之外，化学家们逐渐建立了另外一种策略。它涉及通过与基因或信使RNA配对的小寡核苷酸的使用来对特定基因的表达进行修饰。其约定与基因疗法不同，但也存在它们可能交集的领域。这种新方法并不能引入新的功能，也无法弥补失去功能的基因，但可以灭活肿瘤中或病源性病毒中的某个基因。可能并非巧合的是，许多有关这些寡核苷酸潜在应用的报道都发表于 1993—1994 年，正是第一批基因疗法获得令人失望结果的同一个时间段[12]。这一替换策略，最初只在细胞水平和动物水平进行过测试，也存在需克服的障碍。通过化学修饰可以使这些寡核苷酸分子变得稳定，但不清楚的是，如何才能将它们非常有效地递送到靶标细胞，或者如何使它们通过细胞膜进入细胞内。

## 21 世纪初：第二波的热情和困难

2000 年，法国巴黎的艾伦·费希尔（Alain Fischer）与他的合作者成功治愈了两个因为编码白介素 -2 受体 γ 链基因的突变而患重症综合免疫缺陷症的儿童[13]。他们采纳的策略与 20 世纪 90 年代使用的基因疗法的版本类似。他们先分离了病人骨髓中的前体细胞，然后在离体条件下利用插入了编码受体 γ 链正常版本的 DNA 片段的逆转录病毒载体对细胞进行转化。

试验结果极其令人鼓舞。实施基因治疗 10 个月后，两个儿童都没事了，他们得以离开从出生起就各自一直限制于其中的塑料保护箱。他们有了正常水平的 B 淋巴细胞、T 细胞和天然杀手细胞。他们的 T 细胞克隆群体也具有正常水平的多样性。他们对于针对脊髓灰质炎（即小儿麻痹症）、白喉和伤寒疫苗的反应也正常。

在接下来的几个月中，另外 8 名同样条件的儿童患者被实施了基因治疗，其中 7 名的结果都是正面的。第一次基因疗法获得了可重复的结果，而且可以治愈病人。这种治愈不能以病人心理方面的某种单一变化来判定，而是以他们从保护箱中被释放后进入令人惊叹的现实世界判定。2002 年，意大利的团队在两个患有腺苷脱氨酶缺陷的年轻病人身上获得了类似的正面结果[14]。

要为获得这些成功提供一种简单解释并非容易。T 细胞克隆被正向选择，但在之前因腺苷脱氨酶缺陷而致病的患者案例中，这种正向选择可能被以下事实搞得迷糊不清：当基因疗法的临床试验开始实施的时候，通过注射腺苷脱氨酶进行治疗的过程尚未终止。另外，此时的前体细胞分离技术更为有效，逆转录病毒的转化效率也更高。

认为基因疗法进入了一个全新时代的想法，也被证明是短命的。2003 年，法国团队宣布，经过两年半之后，这些通过基因疗法治疗的 9 位年轻患者中有 2 人患了白血病，后来增加到 4 位 [15]。尽管他们的白血病经过治疗后得到了康复，但该宣告降低了人们对这种基因疗法新版本的热情。

白血病是由于逆转录病毒载体插入到 *LMO2* 基因附近而致。人们知道这个基因对造血干细胞的发育至关重要。在小鼠中如果过量表达这个基因，将导致白血病的产生。有人提出，载体 DNA 随机插入到 *LMO2* 基因附近导致该基因的过量表达——通过存在于逆转录病毒载体中的启动子的作用而导致。这诱发了病毒载体被引入到该位置的前体细胞的转化，进而导致之后白血病的发展。

基因疗法的倡导者们，很清楚地意识到逆转录病毒插入所导致的突变的危险性，但这些危险性在初期的临床试验中并未被观察到。其他的危险性，比如具有复制能力的逆转录病毒的出现——通过载体 DNA 与存在于基因组中的其他逆转录病毒之间的重组——获得了人们更多关注。

## CRISPR 技术：新的希望

当基因疗法涉及在宿主中引入失去功能基因的正常版本时，最理想的方法是，将基因组中带有突变的无活性基因用一个有活性的基因拷贝准确替换。这就是 CRISPR 技术似乎可以做到的事情。

为了理解 CRISPR 技术怎样和为什么能成为基因疗法期待已久的手段，我们需要从一个与传统的、聚焦于这种技术的微生物学起源不同的方式来研究一下它的发展历史。CRISPR 技术的潜力通过两条不同研究线路之间的交集而显示。其中的一条是对可识别基因组中有限 DNA 序列位点的限制性内切酶的寻找；另一条是对细菌和古菌的基因组中一些神秘重复序列簇的鉴定，这最终使该技术获得其现有名称。

限制性内切酶在遗传工程发展过程中扮演了如此重要的角色，以至于即使在 20 世纪 90 年代，寻找新的特异限制性内切酶，仍然是人们研究的一个优先领域。研究人员对其中一类限制性内切酶特别感兴趣：即那些能识别较长核苷酸序列的酶，它们在基因组中只会进行一次或少数几次的切割。这种被称为"宏核酸酶"的酶最初在酵母中被描述，人们期望，在开展基因组测序前，进行遗传作图时它们会很有用处，特别对当时正在开展的人类基因组测序计划而言（见第 27 章）[16]。

生物演化的逻辑提示，找到这样的宏核酸酶的可能性很低。细菌中存在的限制性内切酶一直所面临的自然选择压力，是切割和降解入侵噬菌体 DNA 的能力。所以拥有特异性非常高的限制性内切酶，对宿主而言并无选择优势。能够在尽可能多的位点找到并破坏任何病毒 DNA 的限制性内切酶才最有效。

这种无懈可击的逻辑，驱使斯瑞利法善·昌德拉西伽郎（Srinivasan Chandrasegaran）采纳一种决然不同的策略，这体现在 20 世纪 90 年代中期，一个涉及构建人工限制性内切酶的项目方面。为此，他们试图将非特异的核酸酶与识别特异 DNA 序列的蛋白质模体结合在一起。在一篇早期的文章中，昌德拉西伽郎选择了 *Fok* I 核酸酶，其核酸酶结构域和 DNA 识别结构域可以被有效分开[17]。他将这个核酸酶结构域与 *ultrabithorax* 基因编码的识别特异 DNA 序列的同源异型结构域融合在一起，获得一种针对由 *ultrabithorax* 基因编码的同源异型结构域所识别 DNA 的特异限制性内切酶[18]。

最后一步是，寻找一种可以识别任何被恰当修饰的 DNA 序列的蛋白质模体。昌德拉西伽郎选择了具有三个锌指结构的蛋白质模体——它可以识别一种含有 9 个核苷酸的序列。这种蛋白质模体的三维空间结构最近刚被测定，其中的氨基酸 – 核苷酸相互作用规则也被逐渐揭示[19]。当将两个这样的模体结合在一起的时候，将识别更长的 DNA 序列，从而提高酶的特异性。这方面的第一项正的验证结果发表于 1996 年[20]。

许多科研小组立刻认识到这种人工设计的限制性内切酶的潜力。在五年后的 2001 年，通过昌德拉西伽郎与达拉·卡洛尔（Dana Carroll）所领导的小组的合作，这种嵌合核酸酶的有效性和特异性都得到证实[21]。类似结果也由其他科研人员获得，这些新工具的重要性得到广泛认可[22]。

同源重组涉及一段 DNA 序列被另一段比如存在于另一条染色体上的同源序列替换的过程。这是一种在酵母中被频繁观察到的现象。20 世纪 80 年代末期，奥利夫·斯密瑟易斯（Oliver Smithies）和马瑞奥·卡裴奇（Mario Capecchi）的研究结果显示，同源重组在哺乳动物中以很低的频率发生，他们建立了一种分离这种发生了稀有重组的 DNA 的方法，这就使得创建特定目标基因被修饰的转基因动物成为一种可能。该过程的第一步是，通过一个特定基因的修饰拷贝对胚胎干细胞进行转染（如果这个特定基因被一个无活性的基因拷贝替换，这个过程后来就被称为基因敲除实验）。同源重组只会在很少一部分转染细胞中发生，但它们可以通过遗传技巧被分离出来。这些稀有的、发生了基因重组的细胞随后被注射到囊胚中，后者再被移植到一个代养母体中，这就导致在后代中嵌合现象的出现。如果嵌合现象发生于生殖细胞中，当这样的小鼠与野生型小鼠进行杂交时，就会产生特定目标基因的一个拷贝被替换为修饰基因的小鼠。如果让这样的杂合子小鼠之间再进行杂交，就会产生纯合子小鼠，其中的两个等位目标基因拷贝都被替换成了修饰过的基因 [23]。

这一过程既耗时又复杂，因为它涉及对生殖细胞的操作和杂合子动物个体的制造，而且它还不适用于人类。首次表征宏核酸酶性质的伯纳德·杜江（Bernard Dujon）与其他科研人员共同揭示，如果对 DNA 分子中一个特异位点进行切割，则可以增加这个位点的同源重组频率——不仅在酵母中，在植物和哺乳动物中也如此 [24]。这一发现为在哺乳动物中实施同源重组开启了一种新的、更容易和更有效的途径。而且更为重要的是，它暗示了在人体中使用这种技术的可能性。

人工限制性内切酶现在成为一种优先工具，但不是在基因组遗传作图方面，而是在修饰基因组方面——先在精确的位置进行切割，然后将特定的基因替换为一个存在变异的拷贝 [25]。研究人员在竞相梦想这种酶的医学应用价值。比如，大多数 1 型人类免疫缺陷病毒（HIV-1）为了感染免疫细胞，都需依赖细胞表面的受体 CCR5（一种细胞因子受体）。人群中的少数个体拥有一种天然发生了突变的 CCR5 形式，使得他们对 HIV-1 感染具有高度抵抗能力。研究人员试图模拟这种情况：先从被 HIV-1 感染的个体中提取出其 T 淋巴细胞（他们的 T 淋巴细胞中只有一部分被感染），然后通过利用锌指核酸融合酶切割其基因而灭活 CCR5 受体，最后将这种拥有抗性的淋巴细胞重新注射到患者体内 [26]。这一最初于 2005 年提出的试验流程后被批准，然后临床试验就开始了。在接下来的几年里，这种策略被显示是成功的，因为治疗后，患者体内的 T 淋巴细胞增加了。

一类被称为"转录激活因子样效应物核酸酶（英文缩写为 TALEN)"的新的人工限制性内切酶，通过使用与 Fok I 核酸酶中相同的细菌核酸酶被制造。但 TALEN 技术使用了存在于植物病源菌中的一种不同的 DNA 识别模体——它比之前使用的锌指模体更容易被修饰，结合的 DNA 序列也更特异 [27]。

这些新工具是如此有效和准确，以至于技术开发者开始使用一个新的术语来描述它们对基因组所产生的效应："编辑"（editing）。21 世纪初，这个术语被越来越多地用于描述用锌指核酸酶所获得的基因组修饰结果，在 21 世纪头十年的末期，弗奥多尔·厄诺夫（Fyodor Urnov）在一篇强调这种新方法精确性、被广泛阅读的综述里使用了"基因组编辑"这种比喻性描述 [28]。

以上进展导致那些长期探究 CRISPR 复合物结构——以确定它们在保护细菌和古菌免受噬菌体感染过程中的作用——的研究人员意识到 Cas9 核酸酶的潜力。细菌中的 Cas9 核酸酶参与阻止细菌病毒感染的过程。与由分子生物学家煞费苦心地构建出来的人工锌指核酸酶以及转录激活因子样效应物核酸酶（TALEN）相比，这种新的方法提供了一种优越得多的基因组编辑系统。

对 CRISPR 构成一种细菌免疫系统的认识是一个缓慢而曲折的过程。但如果不是这样的话，也许就不会出现基于 CRISPR 的基因编辑方法。被不同的"间隔"序列所交替隔开的"成簇的规律隔开的回文重复序列"（这就是英文首字母缩写 CRISPR 所代表的意思，这里的"回文"结构并不非常精确）的存在于 20 世纪 80 年代被发现。到 21 世纪初，CRISPR 系统被发现广泛存在于微生物中。2005 年，三个实验室对间隔序列的生物信息学研究同时揭示，这些细菌间隔序列中有一部分来自噬菌体 DNA。据此，研究人员提出：CRISPR 系统参与原核生物抵抗病毒感染的过程。这一假说在两年后得到验证[29]。

这个系统立刻就被人们比拟成 RNA 干扰（英文缩写为 RNAi，见第 25 章）系统，它是十年前发现于真核细胞中的一个系统[30]。在 2011 年，艾玛钮尔·夏邦泰（Emmanuelle Charpentier）与她的合作者描述了小分子 RNA 在 CRISPR 系统中的作用，这就支持了在 CRISPR 系统和 RNA 干扰系统之间存在某种可比性的说法[31]。但是一系列的观察表明，CRISPR 系统是直接针对噬菌体 DNA 的，促使后者被 Cas9 核酸酶降解，并不像 RNA 干扰那样是针对 RNA 分子的。2012 年，针对那些小分子 RNA 的功能问题，珍妮弗·窦德那（Jennifer Doudna）和艾玛钮尔·夏邦泰两个小组各自提出了一种新的解释：这些小分子 RNA 通过与噬菌体基因组中特异的 DNA 序列配对，而引导 Cas9 核酸酶接近其靶标。一旦这一点被揭示，他们立刻意识到，这个系统可被设计为能够切割任何特定 DNA 序列的体系。他们因此提出，Cas9 核酸酶能被用来对 DNA 进行编辑，并通过一系列的初步实验对此设想进行了验证[32]。

人们对 CRISPR-Cas9 系统的疯狂，爆发于 2013 年，这被认为将带来一次主要的医学突破[33]。这个系统被很快改造成一种可以在包括人体细胞在内的真核细胞中使用的系统，其位点特异性也被证实。通过简单地改变引导 Cas9 核酸酶结合到其基因组位点的 RNA 分子，这个系统适用于任何 DNA 靶标。这种新技术的有效性和精确性为生殖细胞治疗开启了一扇大门，为此，第一批实验已经启动。

一旦 CRISPR-Cas9 体系的作用机制被确定，"编辑"这个词就立刻被广泛采纳，以至于人们很快就忘记了过去还使用过的其他术语。正如许多科学记者和科学哲学家所指出的那样，这并非是一种中性的选择——"编辑"一词的含义非常简单，至少在出版界，它是指改进一篇文章的过程。在出版了生命之书（即人类基因组的序列）之后，生物学家现在开始通过消除其中的错误来编辑这本书了。"编辑"一词不但传递了科学家要重写生命之书的野心，也给公众展示了对基因操作的一种非威胁性的和技术性的发展方向。

CRISPR 故事的两个方面需特别强调一下。首先，这提供了一个极具说服力的例子，说明科学进步源自对一种自然现象的纯粹想入非非式的研究与具有特定具体目的的实验研究之间的结合。发现 CRISPR–Cas9 系统的微生物学家，并未意识到他们即将创造出一种看上去完美的编辑人类基因组的工具。但他们通过其作用机制立刻认识到 Cas9 核酸酶的潜力，这是因为他们同时了解到已经开展的那些制造具有高特异性人工限制性内切酶的工作。

这个故事的第二个有趣的方面是，由 RNA 或短的寡核苷酸识别 DNA（或 RNA）的现象，是一种广为人知的自然发生的机制，也被生物学家在实验中所使用。人们知道，小分子干扰 RNA 和微型 RNA 可以与信使 RNA 发生相互作用，并抑制基因的表达（见第 25 章）。并非立刻清楚的是，为什么分子生物学家没有想到使用小分子 RNA 将核酸酶引导到特异的 DNA 靶标上——或者具体地说，为什么昌德拉西伽郎只是选择了将核酸酶与来自蛋白质的 DNA 结合模体连接。答案可能隐藏于分子生物学的历史之中。

有可能通过小分子 RNA 与 DNA 的直接相互作用而控制基因的表达的想法被多次提出，但总是徒劳的。在弗朗索瓦·雅各布和雅克·莫诺提出的操纵子模型中，抑制子最初被认为是一种 RNA，但是两年后人们发现它其实是一种别构蛋白质[34]。1969 年，罗伊·布里滕和艾瑞克·戴维森提出，它们的生产基因——相当于操纵子模型中的结构基因——由小分子 RNA 激活。这种假说后来被戴维森在其有关基因调控网络的展望中放弃（见第 22 章和第 23 章）。使用短的核苷酸片段来控制真核生物中基因表达的策略未能导致任何应用，这部分是因为人们未能解决如何将这样的分子递送到细胞核中这一问题。在两种被考虑过的策略中——以 DNA 或 RNA 为靶标——只有第二种在体外研究中是成功的。当时人们认为，在遥远的将来在体内可能也会成功。这些一而再再而三的失望和失败，也许可以解释分子生物学家为什么没有想到制造出一种由 RNA 引导的核酸酶的点子。

**结语**

本章无意对基因疗法的未来前景予以展望，而只是考察了这个领域仍旧处于分子生物学家于 20 世纪 60 年代所勾画出的框架里的发展情况。在由分子生物学的进步所产生的课题中，没有任何其他领域其潜力的实现如此之少。人们以这么高的热情来拥抱 CRISPR–Cas9 系统的一个理由是，它解决了所导致的插入突变这个问题——这是研究噬菌体的分子生物学家在 20 世纪 50 年代就清楚意识到的一个问题。值得注意的是，基因疗法的目前方案，与塔特姆和其他分子生物学家在 20 世纪 50 年代末期所提出的方案基本相同。差异在于，随着 CRISPR–Cas9 技术的出现，那些当时因为不切实际而被扔在一边的想法现在突然变得可能了。

在 CRISPR-Cas9 基因编辑系统发现之后被启动的项目中，最高调的一个是基于生殖细胞的基因疗法。但似乎可能的是，体细胞基因疗法——它无论是基于科学理由，还是基于社会和伦理考虑，都更能被大家所接受——将第一个获益于 CRISPR 系统。生殖细胞基因疗法将对后代产生后果，很快就违反被广泛接受的、有关人种遗传改进和修饰的禁令。

2018 年 11 月，当中国研究人员贺建奎宣告，他利用 CRISPR 系统对两个完全健康的人体胚胎的 CCR5[①] 基因进行了修饰的时候——当时小孩已经出生——他受到了广泛的国际抨击。其原因基于多个因素。从技术角度看，其操作似乎是失败的，只产生了所期望特征（即一种被认为可以对艾滋病病毒具有某种抵抗性的特征）的杂合表型：部分细胞受到了影响，但其他细胞没有受到影响，而且引入了一种未预期到的突变。此外，还存在严重的伦理问题——这与其父母是否获得了知情权，以及对一个本来正常的胚胎做修改的原则有关。这让那些支持利用有限的和可控的生殖细胞修饰来治疗遗传疾病想法的人也很失望——这种未受法规约束的实验将使这个领域后退多年。

正如贺建奎当时试图纠正一个并不存在的问题那样，遗传疾病可以从人群中消除的想法也是一种幻觉，因为这样的疾病会不断地通过新的突变产生。具有家族遗传疾病婴儿的出生已经可以通过体外受精后对胚胎的早期遗传筛查予以阻止。

正如合成生物学的出现是过去半个世纪里所获分子生物学知识积累（见第 28 章）的结果一样，体细胞疗法现在似乎已经落入我们所掌握的范围内，其快速进步代表分子生物学家在 20 世纪 50 年代末的那些早期梦想的一种迟到成全。

---

① CCR5 是一种位于淋巴细胞表面的受体蛋白质，是艾滋病病毒侵入细胞的主要辅助受体之一。——中译者注

# 第 25 章　RNA 的中心位置

依据克里克 1958 年提出的概要性中心法则，核糖核酸（RNA）在 DNA( 遗传记忆 ) 与蛋白质之间扮演了一种中介——被动的信使——的角色。半个世纪后，RNA 作为一种具有普遍重要性、自身具有独特活性、为生命所必需的分子而占据其位置 [1]。

## 从 20 世纪 50 年代后期至 20 世纪 70 年代

尽管 RNA 作为催化剂和调节剂的功能直到 20 世纪 90 年代才被完全揭示，但所有可能导致这些发现的必需技术和假说在三十年之前就已经到位。

20 世纪 50 年代后期，人们已经意识到，RNA 分子可以与 RNA 分子或者单链 DNA 分子之间形成配对 [2]。这最后一种现象正是分子杂交技术的基础，也在遗传调节的早期模型中有所反映 [3]。在雅各布和莫诺 1961 年发表于《分子生物学杂志》的开创性文章中，这两位法国科学家最初提出的观点是，lac 操纵子的阻遏物是一种 RNA 分子 [4]。但阻遏物很快就被发现是一种蛋白质（见第 14 章）。20 世纪 60 年代后期，罗伊·布里滕和艾瑞克·戴维森在他们的模型中提出，整合基因产生具有激活活性的 RNA，后者通过与受体基因结合而激活一连串的生产基因 [5]。这一关于激活因子本质的理论模型，后来被证明是错误的。一系列其他的涉及由多核苷酸或者核酸蛋白质进行遗传调节的但现在已经被人遗忘的模型被提出，却无一幸存 [6]。在其他模型中，有人提出，一个信使 RNA 分子中的一段存在自我回折形成双螺旋的能力，导致一种结构的形成，这将阻止该信使 RNA 分子被核糖体识别以及被翻译成蛋白质的过程。在一些细菌的操纵子中，类似机制调节着基因的表达，这种过程被称为衰减作用（attenuation）。

当遗传密码在 20 世纪 60 年代中期被破译之后，卡尔·乌斯，弗朗西斯·克里克和莱斯利·奥格尔都提出过关于生命起源的模型，作为第一步，都涉及具有自我复制能力的寡核苷酸的形成 [7]。

与最初印象可能不一致的是，这些研究并非现在被广泛接受的"RNA 世界"——现存 DNA、RNA 和蛋白质世界之前的世界——生命起源假说的出处。在这个被认为 36 亿年前存在过的世界里，RNA 占据现在由蛋白质所占据的催化角色，它们同时也是遗传材料。这个假说的一个最初版本于 1957 年由罗林·霍奇基斯在纽约科学院组织的一次学术讨论会上提出。与 RNA 世界假说不同的是,霍奇基斯提出的概念需要蛋白质的存在,他提出的假说产生的直接影响很小[8]。尽管对十克里克和奥格尔而言,非常清楚的是,蛋白质出现在第一批多核苷酸产生之后——这些多核苷酸(RNA 或 DNA)的精确本质无关紧要。尽管这些多核苷酸的复制对于生命起源是必需的,奥格尔提出这可能是一种自发的、非催化性的化学过程。正如 1953 年发现 DNA 双螺旋结构那样(见第 11 章),因为碱基之间的互补性,复制似乎无须催化活性即可发生。尽管奥格尔和克里克并未反对演化出现的第一种酶可能是具有复制酶特征的 RNA 分子这一想法,但他们也无意说明 RNA 可能具有普遍催化活性这一点。

当人们意识到 lac 抑制子并不是一种 RNA 分子时,可能导致研究人员轻视了多核苷酸的调控或修饰受到其他多核苷酸影响的提议。这种淡化效应可能延续了一段时间——人们花费很多年的时间才明白,RNA 作为引导分子参与了 CRISPR-Cas9 对 DNA 目标的识别过程。令人吃惊的是,早期那些旨在创造特异核酸酶的科研项目,无一尝试了利用这样一种机制(见第 24 章)。

实际上,针对 RNA 的两种技术发展方向——试图使用 RNA 的结合能力,试图寻找或创造具有催化活性的 RNA 分子——完全相反。很简单地说,研究 RNA 的学者对于 RNA 的三维结构和核苷酸所携带化学基团发挥功能的能力没有兴趣,而这些特征对于探究 RNA 催化活性的学者却至关重要。

## 反义 RNA 的发现

反义寡核苷酸抑制其他 RNA 功能的能力,在 20 世纪 70 年代后期和 80 年代早期被发现,这发生在将一段特异 DNA 序列与一种特异蛋白质连接在一起的技术建立之后。通过将一种制备好的信使 RNA 分子与一种克隆的 DNA 片段进行分子杂交,然后将杂交前和杂交后的 RNA 分子分别进行体外翻译,这样就能鉴定出哪种蛋白质因为其信使 RNA 发生了分子杂交而未被合成[9]。这种技术也使得区分一段 DNA 中的内含子序列与外显子序列成为可能——只有外显子才存在于信使 RNA 分子中。同时,RNA-DNA 分子杂交也被广泛地通过电子显微镜技术进行分析,以直接证实 RNA 剪接现象的存在,以及鉴定在一个特定基因中所有外显子和内含子的排列顺序(见第 17 章)。

1978 年,保罗·扎麦利克和玛丽·斯蒂芬森(Mary Stephenson)通过加入一种与病毒重复的 3′ 和 5′ 序列互补的寡聚脱氧核糖核苷酸,抑制了劳斯肉瘤病毒的复制,以及它对成纤维细胞的转化效应。在另外一次实验中,他们揭示,该寡聚脱氧核糖核苷酸在一个体外蛋白质翻译体系中抑制了病毒 RNA 的翻译[10]。

　　1981 年，人们发现编码大肠杆菌素（一类细菌毒素）或者编码抗生素抗性蛋白质的质粒的复制由反义 RNA 控制。两年后，有人揭示转座子在细菌基因组中的移动也由反义 RNA 调节，后者抑制了转座酶———一种使得转座过程可以发生的酶——的翻译。与此同时，井上（Masayoro Inouye）领导的小组描述了 *ompF* 基因———一种编码大肠杆菌外膜蛋白的基因——通过一种由 174 个核苷酸组成的反义 RNA 的作用而减弱。这种反义 RNA 通过对来自同一家族的一个不同基因（*ompC*）的逆向转录而获得。这种反义 RNA 结合在 *ompF* 基因信使 RNA 的 5′ 末端部分[11]。后来发现，这种效应是使细菌适应渗透压改变的多种机制中的一种。

　　1984 年，乔纳森·艾扎特（Jonathan Izant）和哈罗德·温特劳布（Harold Weintraub）的研究表明，将一个方向被逆转的胸腺嘧啶脱氧核苷激酶基因（*tk*）转染到小鼠的 L 细胞中减弱了其内源 *tk* 基因的表达水平：从所转染 DNA 产生的反义 RNA 结合到由内源 *tk* 基因转录产生的信使 RNA 上（从而阻止后者被翻译成蛋白质）[12]。涉及该工作的研究人员的主要兴趣，在于为分子生物学工具箱中添加新工具，使得生物学家可以灭活基因（通过阻止其信使 RNA 翻译成蛋白质），因此推断基因的功能。这个时期发展起来的另外一种研究方案涉及往细胞中注射抗体，以便抑制一种特定蛋白质的功能。在弗朗索瓦·雅各布实验室工作的约翰·鲁本斯坦（John Rubenstein）和基恩 – 弗朗索瓦·尼可拉斯（Jean-Francois Nicolas）获得了类似结果，这显示了反义核酸结构的潜力[13]。

　　生物学家现在拥有了一种新的工具，能使他们抑制基因的功能，而这既可用于鉴定基因的功能，原则上也能用于疾病治疗方面。但令人不解的是，这些研究并没有直接导致 RNA 干扰现象或者小分子 RNA 功能的发现。这种技术的建立并未帮助人们产生一种广泛的猜想，即这类机制可能存在于天然细胞中。

　　之所以如此，原因很多。首先，在细菌中这种类型的调节真实例子很少。当真核生物中的第一个反义 RNA 例子（秀丽隐杆线虫中的 *Lin4* 基因）被发表时，已经是十年之后的事了[14]。此外，涉及将反义 RNA 注射到两栖动物卵细胞中，以抑制早期发育基因表达的实验产生了意外结果，比如出现 RNA 双螺旋的解开以及其碱基的被修饰。这些效应的生理意义并不清楚。

　　似乎极为可能的是，研究人员将其注意力集中在反义 RNA 的潜在应用方面，而并未去试图理解这种自然现象的重要性。这种趋势将被以下事实所强化：在这种探究方案中涉及寡聚脱氧核苷酸的修饰——为了增加它们的稳定性以及使之更容易进入细胞。生物学让路给了化学。

　　尽管在体外获得了正面结果，但实现其在医学治疗方面潜力之路既长又难，布满陷阱和挫折[15]。这无疑解释了为什么在 20 世纪 90 年代后期，RNA 干扰现象的发现得到如此热情的欢迎——它提供了一种绕过这些困难的路径。类似的实践性问题也限制了基因疗法的发展，尽管其科学原理似乎得到稳固建立（见第 24 章）。

直到这时，在细菌基因调节和真核生物转染这两方面的实验中，人们一般都认为，反义 RNA 通过结合到信使 RNA 的 5′ 端区域，或者不那么常见地通过扭曲信使 RNA 的整体结构，阻止翻译起始过程。当 RNA 干扰现象被发现之后，这两种模型都被证明是错误的。

## RNA 催化活性的发现

尽管 RNA 可能具有催化活性这种可能性，在 20 世纪 60 年代就被提及，但真实的案例 20 年后才被报道——作为两个几乎同时获得的、影响深远的发现。1982 年，托马斯·柴克（Thomas Cech）领导的小组发现，一种四膜虫 RNA 的内含子具有自我切除的能力——即在其 RNA 剪接的过程中，在没有蛋白质参与的情况下，就能将 RNA 前体中的内含子片段切除并将外显子片段连接[16]。接下来的一年，西德尼·奥特曼（Sidney Altman）领导的小组揭示，在大肠杆菌核酸酶 P——一种 RNA- 蛋白质复合物——中，具催化活性的是其中的 RNA，不是其中的蛋白质[17]。

这些发现瞬时恢复了人们对生命起源这一问题的兴趣，因为它们表明，在生命刚开始的时候，具有催化活性的蛋白质也许并不需要，催化也许由 RNA 分子执行。在紧接柯尼利斯·韦撒（Cornelis Visser）1984 年的论文之后，诺曼·裴斯（Norman Pace）和特瑞·马施（Terry Marsh）也重新回到了由卡尔·乌斯于 20 世纪 60 年代首次提出的，生命起源始自 RNA 这一想法[18]。在接下来的一年里，沃利·吉尔伯特（Wally Gilbert）将其注意力聚焦在这些想法上，并描述了"RNA 世界"这一概念，这时的托马斯·柴克试图定义一种可能形成生命起源的 RNA 复制酶的特征[19]。

有关生命起源假说的这种激增，可能转移了人们揭示 RNA 具有催化多种化学反应的注意力。20 世纪 80 年代，这种 RNA 催化作用的唯一证据，来自类病毒（一类缺乏蛋白质外壳的植物病毒）和病毒 RNA 的切除和连接过程。这些研究引出核酸酶概念的提出，也导致人们对核酸酶发挥作用的化学结构和机制的深入了解[20]。直到 1990 年，在一个随机 RNA 分子文库中体外筛选能与特异的靶分子结合的 RNA 这种所谓的"指数富集的配体系统进化（根据其英文首字母简称为 SELEX）"方法被建立后，RNA 作为酶的广泛能力才得到最后证实[21]。

## 发现 RNA 干扰现象的复杂历史

与很多声称不同的是，RNA 干扰现象的存在，并非首次在揭示植物的外源转入基因与内源基因之间的共抑制现象时被发现。故事更为复杂有趣。干扰现象早在 1929 年就在植物中被描述，那时人们观察到，一种弱化形式病毒的感染可以保护植物抵抗（或干扰）同种病毒致病形式的感染[22]。尽管这也许看上去与给动物注射疫苗所产生效应类似，但问题在于：植物并不拥有一套免疫系统。因此无法通过抗体的产生来解释这种病毒干扰效应。但这并未阻止那些研究植物疾病的学者，使用"衰减"甚至"免疫"这样的免疫学语言。这样"盗用"免疫学词汇，帮助掩盖了他们对这种效用机制的无知。

过去几十年，人们提出过三种假说来解释这种现象，但无一正确或具说服力。第一种假说认为，病毒的产生需依赖植物提供一种物质——衰减形式的病毒在形成时将这种物质消耗殆尽，这就阻止了致病形式病毒的产生。有趣的是，这正是在免疫系统的功能尚未被认识之前，路易斯·巴斯德用来解释动物成功免疫的假说。

依据另外一种假说，植物细胞中存在一个产生病毒的独特场所，当它被衰减形式病毒占据时，就会阻止致病形式病毒接近这个地方。这个假说同样并非原创；它是由埃利·沃尔曼和弗朗索瓦·雅各布于 20 世纪 50 年代提出，用于解释含有一种沉默形式噬菌体的细菌如何被保护，以抵抗同一类噬菌体的第二次感染。

根据第三种假说，由衰减形式病毒所产生的蛋白质，阻断了致病形式病毒的产生。比如，病毒外壳蛋白的大量产生，可能会在感染的第一阶段阻止致病形式病毒的 RNA 离开其外壳蛋白。这种提法很有趣，这并非因为它与最终用来解释干扰现象的机制更接近，而是因为它形成了 20 世纪 80 年代发展起来的一种全新抗病毒策略的基础（正如后面将讨论的那样）。

尽管缺乏单一令人信服的解释，但人们开展了利用干扰现象战胜植物病毒疾病的大规模测试，比如 1964 年在英国南海岸外的怀特岛上进行的测试[23]。20 世纪 70 年代和 80 年代，尽管对其有效性长期存在怀疑，甚至有人担心其安全性，但人们在一系列不同植物（包括番茄、柠檬、可可和木瓜等）和许多不同地点（如巴西、西部非洲国家和中国台湾）进行了实践[24]。这种控制植物病毒感染的方法，有时由生产者"自发地"利用[25]。

20 世纪 80 年代中期，由植物生物学领域专家训练的也熟悉分子生物学的新一代研究人员踏上对干扰现象寻找一种科学解释的旅程。他们也试图将或多或少基于经验的实践替换为基于证据的策略。1986 年，罗杰·比奇（Roger Beachy）领导的小组揭示，滞后烟草花叶病毒在植物中的发生是可能的——通过往植物中注射这种病毒的外壳蛋白基因，这是继一年前的可行性实验之后的一次实践[26]。之后几年，类似结果在被不同病毒感染的其他植物中获得[27]。科学家似乎建立了一种让植物抵抗病毒的简单方法。

以上路径仍属由约翰·桑福德（John Sanford）和斯蒂芬·约翰斯顿（Stephen Johnston）在对付获得性免疫缺陷症（HIV）病毒的战斗中，提出的"由病源生物衍生的抗性"这个更广泛概念范围之内。这种概念在研究进攻大肠杆菌的 Qβ 噬菌体的过程中被建立[28]。所有这些研究都让宿主表达那些原本由病原体产生的蛋白质，因此保护宿主免遭感染。尽管这种实践方案可行，但其科学解释仍旧遥不可及。更早期的假说后来被用分子语言描述的脚本代替，尽管看上去更现代，但并不一定更令人信服。比如，人们可以想象，病毒的外壳蛋白通过与病毒 RNA 分子上的调节位点结合，以阻止病毒 RNA 的复制。

其他更为精准的策略也被提出，如通过转基因技术制造抗病毒植物[29]。大卫·波尔柯姆（David Baulcombe）的研究表明，表达一种无活性的病毒复制酶，可以使转基因植物获得病毒抗性，因为突变的复制酶可与由感染的病毒所产生的正常的复制酶竞争（使后者无法结合到病毒 RNA 分子上）[30]。在此案例中，观察到的效应可以通过传统模型解释。另外一种被建议过的策略，涉及通过表达反义 RNA 来抑制病毒基因的表达——这是 1984 年首次针对动物细胞所建立的方法，两年后被证明在植物细胞中也有效[31]。

多次的观察结果与提出的解释并非吻合——尽管这些解释在当时很时髦。干扰现象不仅在植物病毒中被观察到，在类病毒中也被观察到，尽管后者并不编码蛋白质，所以不具备使感染的宿主细胞产生蛋白质的能力[32]。更为糟糕的是，1992 年威廉·杜尔迪（William Dougherty）发现，给植物细胞转染一个编码病毒外壳蛋白质的基因可以保护植物——即使是一个突变了的不能翻译成蛋白质的基因[33]。这两个实验表明，植物中的干扰现象不应该在蛋白质水平提出解释。

正是基于这样的历史背景，第一批表明在植物中存在共抑制效应的实验被实施。其最初目的是，通过转染来自其他生物的基因，或者内源基因的额外拷贝来制造转基因植物。1989 年，马兹克（Matzke）夫妇的研究揭示，如果同时转染两种带有不同抗生素抗性基因的质粒，将使其中一种质粒所携带的基因不表达[34]。因为这种抑制现象只出现在两种质粒共转染的情况下，所以作者提出假说认为，正是这两种质粒之间的相似性——即它们之间的同源 DNA 序列——导致基因表达的抑制，可能通过被抑制基因的启动子 DNA 发生甲基化修饰实现。接下来的一年，两个研究小组同时在矮牵牛植物中观察到这种共抑制现象（即转入基因和内源基因之间）。两个小组都想通过转染来增加花青素（给予花瓣颜色的色素）的合成。他们所获结果与期望的正好相反：一些植物的花瓣颜色变淡了，且含白色斑纹（表明内源基因被彻底抑制），甚至有些花瓣完全变成白色。两个团队都发现，所转入基因的表达很弱，而内源基因的表达也比正常水平低[35]。正是卡洛琳·拿波里（Carolyn Napoli）创造了"共抑制"（cosuppression）这个词汇，用于描述这种现象，她提出假说认为，DNA 甲基化修饰是产生这种效应的原因。

共抑制现象的普遍特征以及对它的解释，可以在这些早期出版物中看到（尽管第一篇论文并未准确描述这种共抑制现象）。最令人吃惊的是所观察到的差异性。共抑制的程度在不同植株之间，同一植株的不同花瓣之间，甚至同一花瓣的不同区域之间都存在差异。这种现象的第二个特征是 DNA 甲基化与转录抑制之间的快速关联。这是前一个十年所获得的研究结果，揭示了 DNA 甲基化与基因表达抑制之间的关系（见第26 章）。这导致多种倾向于分散研究人员注意力的解释的出现，使他们未能获得与共抑制相关的第二个主要发现：即信使 RNA 的降解现象。很快，共抑制现象——现在被称为基因沉默（gene silencing）——与反义核酸的抑制效应之间被关联在一起。

1988 年，显示晚熟特征的番茄，通过转染反义核酸载体来抑制涉及成熟过程的一种酶而被成功开发[36]。这激发了相当大的伦理争论。对于某些生物学家而言，这些实验提示，转基因植物可以基于纯商业目的被开发，目的在于通过延长水果在收获与销售之间的货架寿命而降低生产者的损失。两年后，同一个团队发现，可以通过表达一种正义的（而不是反义的）但截短的基因得到类似结果[37]。作为后见之明，这些观察结果之间的相似性可以很容易地通过 RNA 干扰现象来解释。但在当时，这些发现被看作是削弱了共抑制现象的原创性。当一个转入的基因被插入到基因组中时，很容易想象的是，它可能通过所插入位点附近的启动子的作用，而被以反义方向转录。因此，共抑制现象被认为是一种人工假象，出于研究人员无法控制转基因过程中转入基因在非特异性位点插入这一事实——一种在基因疗法过程中也遇见的问题（见第 24 章）。最后的困难来自以下事实：尽管基于动物的细胞或整体水平，人们也做过非常多的转基因实验，但从未观察到共抑制现象。

人们逐渐将与 DNA 甲基化修饰相关的由 RNA 诱发的转录沉默以及与 RNA 降解相关的转录后沉默这两种情况予以了区分[38]。自 1995 年以来，人们意识到，在之前描述的病毒干扰现象与转录后基因沉默之间存在某些共同的方面[39]。二者都具有相同的生理意义，即通过抵抗外来遗传信息的表达而为宿主提供保护。但这并未揭示其背后的分子机制。在这两个案例中，研究人员注意到小分子 RNA 和双链 RNA 的重要性，但这一观察本身并未导致任何特别的实验项目的提出，或者任何概念上的突破。

最终揭示干扰现象究竟如何起作用这个实验，在秀丽隐杆线虫这种蠕虫中开展。自 20 世纪 90 年代初以来，研究秀丽隐杆线虫的学者经常注射反义核酸载体随意沉默选择的特定基因——蠕虫也拥有天然产生的反义 RNA。但令人好奇的是，在许多情况下，无论引入正义的还是反义的 RNA，都能诱发相同效应。1998 年，安德鲁·法尔（Andrew Fire）和克雷格·麦罗（Craig Mello）分别将正义的和反义的 RNA，以及二者的混合物注射到秀丽隐杆线虫中[40]。注射混合物时所形成双链 RNA 产生的抑制效应比各自单独注射时强得多。双链 RNA 不简单的只是一种沉默试剂，而且是这种沉默效应的诱发者。该实验也显示，双链 RNA 具有其他功能——除了其已知的启动和介导干扰素诱发的抗病毒效应之外。尽管细胞是一个拥挤空间，充满了可以将这样的 RNA 双螺旋解链并修饰其核苷酸的酶，但 RNA 双螺旋在体内可能具有活性。法尔和麦罗的实验点爆了一系列后续实验，它们很快就证实这种现象在生命世界里是多么的广泛。

在短短几年里，基于果蝇无细胞体系的建立，描述 RNA 干扰的发生步骤以及参与其中的蛋白质（包括酶）成为可能[41]。生物化学研究补充了以秀丽隐杆线虫和粗糙脉胞霉菌为模式系统所开展的遗传学研究。长分子形式的双链 RNA 被一种名为 Dicer 的核酸酶切割，产生小分子的反义 RNA，当掺入到 RNA 诱导的沉默复合体中时，后者引导信使 RNA 分子的切割。这里的双链 RNA 可能通过宿主细胞中存在的 RNA 依赖的 RNA 聚合酶进行扩增。因为这种方法的使用变得如此容易，尽管还有其他的基因沉默方法可以被利用，但双链 RNA 很快就成为基础研究中一种不可或缺的工具。医学治疗方面的潜在运用很快就被展望。

一旦 RNA 干扰的机制被认识，他们又揭示了微型 RNA 在整个生命世界里的重要性。2000 年，第二种微型 RNA 在秀丽隐杆线虫中被发现。当人们发现这种反义微型 RNA 在进化过程中被保守，而且利用与 RNA 干扰现象相同的机制诱导了正义 RNA 的降解时，一切都变了[42]。

微型 RNA 的研究当时向着一个不同的方向发展，在基因组中寻找由大约 20 个保守核苷酸组成被转录而且可与信使 RNA 中存在的序列互补的 DNA 序列[43]。这样，实验的方案就完全反过来了，原来是从已知具有抑制效用的基因开始，并显示通过形成反义 RNA 而工作，现在寻找的是互补的基因序列，目的在于揭示这种反义序列可能具有一种功能角色[44]。仅仅在几年时间里，人们发现的基因组所编码的潜在反义 RNA 数目出现爆发式增长。之后对这些微型 RNA 功能的验证，是一个更为费时的过程，只有其中的几种已被完成。

### 从微型 RNA 到竞争性内源 RNA

因为一种微型 RNA 一般都具有多种信使 RNA 的靶标，而每一种信使 RNA 也携带几种不同微型 RNA 的响应元件，所以要评估一种特定的微型 RNA 对一特定靶标发挥什么功能极其困难。这个问题变得更加尖锐，因为微型 RNA 的结合位点也被发现于另外两种类型的 RNA 分子中，其中首先被发现的一类是由伪基因转录产生的 RNA。

20 世纪 70 年代后期发现的伪基因，引起人们巨大的兴趣。它们的存在后来被解释为一种重要生物演化过程——即基因加倍——的一种"阴险"。伪基因被看作是两个存在过的基因，在进行功能分化时未获成功而留下的演化遗迹（见第 23 章）。大部分伪基因被转录，这一发现并未吸引人们的注意，直到 RNA 干扰现象和微型 RNA 被发现。那时变得清晰的是，因为伪基因与仍具有功能的那个拷贝的基因，拥有同样的微型 RNA 识别位点，这些伪基因中的微型 RNA 识别位点，可能会扭曲有功能的那个基因的调节。

得益于 RNA 测序技术改进而被发现的长非编码 RNA（英文缩写为 lncRNA），其情况类似。这些分子经常被看作是因为转录起始过程的部分随机性本质而产生的噪音，但它们在生物演化过程中的保守性，提示它们具有某种功能[45]。这些长非编码 RNA 分子中存在微型 RNA 的结合序列这一点可能提示，就像伪基因的转录一样，它们可能在基因表达过程中扮演一种非常精确的角色。如果属实，那么一种特定基因的表达水平，就需要放到携带相同微型 RNA 识别位点的所有其他基因（及被转录的序列）表达的背景下去认识。但只有通过一种全局性的（系统生物学的）对转录的研究方案，才可能使我们去认识这是否属实（见第 28 章）。

### RNA 催化威力的扩展与核糖开关的发现

1990 年以后，指数富集的配体系统进化方法（SELEX）揭示，RNA 具有结合大量不同分子的能力。这些与 RNA 结合的被称为"核酸适配体"（aptamers）的分子，很快就在生物技术领域被用作生物传感器。

从分子识别到化学催化之间只是很小一步。正如 20 世纪 80 年代抗体被转化为抗体酶的过程一样（见第 21 章），能够识别一种酶所催化反应的过渡态类似物的核酸适配体，也被发现拥有酶活性[46]。RNA 的催化威力——过去长期一直局限在围绕磷酸基团而发生的核酸链的切割和连接方面——很快就扩展到由蛋白质类酶所催化的其他化学反应方面[47]。

RNA 催化威力的最好验证，由 X 射线衍射技术所测定的核糖体结构所提供，这几乎是一个偶然事件。2000 年，托马斯·施泰茨领导的小组揭示，肽键形成的发生地——核糖体的活性中心——完全由核糖体大亚基 RNA 组成[48]。这个团队提出，催化肽键形成的机制只涉及 RNA（不涉及任何蛋白质），这很快就得到证实[49]。尽管这是一个被某些研究人员预测到的结果，但它还是产生了相当的影响力[50]。还有比这更加直接的证据能证明，在我们现在所知道的 DNA- 蛋白质世界之前还存在过一个 RNA 世界吗？这些结果激发了针对生命起源的新一波研究。也诱发大量关于 RNA 世界的设想，以及它如何转化成现今我们所看到的生命世界[51]。

　　然而，蛋白质结构方面的专家仍旧深信——出于与氨基酸相比，核苷酸所携带的化学官能团有限——RNA 分子的空间构象潜力要低于蛋白质。此外，有关 RNA 构象的描述落后于对蛋白质构象的描述[52]。所有这些都意味着，蛋白质仍被认为在细胞的分子识别与催化方面扮演主要角色。

　　蛋白质与 RNA 这两类生物大分子之间的竞争，可能帮助推动了蛋白质领域的专家们去揭示，蛋白质结构的动态性为他们所偏爱的这类分子所特有。正如我们已经看到的那样，这些课题为蛋白质研究领域带来了革命性的影响，这种影响现在可以在有关蛋白质处于平衡状态的构象群体研究方面看到（见第 21 章）。

　　但是，认为从内在特性看，RNA 空间构象的动态性有限这一观点，与快速增长的核酶清单不相吻合。令人觉得越来越奇怪的是，细胞中发现的大量感受器，无一利用了核酸适配体的分子识别威力。1999 年，这驱使罗恩·布瑞克（Ron Breaker）——这位利用 RNA 构建生物感受器的专家——开始了有关天然 RNA 感受器方面的研究[53]。一直到那时，所有被鉴定的细菌感受器全是蛋白质，比如，当其终产物存在于环境中时将阻断一条生物合成途径的阻遏物。布瑞克获得的发现完全令人意外：正是信使 RNA 分子本身结合了调节性的配体分子。这种结合所导致的 RNA 构象的改变，将阻止它被翻译成蛋白质。被发现的第一个例子是维生素 $B_{12}$，它直接结合到编码产生它所需的酶的信使 RNA 分子上，阻止其翻译过程[54]。紧接其后的发现是，维生素 $B_1$ 也通过一种类似机制发挥其调节作用[55]。

　　大量其他类似的"核糖开关"（riboswitch）已经被描述，原核生物中和真核生物中皆有[56]。它们既可以阻断翻译的起始，也可以干扰转录的终止或剪接。其他研究证实，RNA 分子也具有形成大量不同构象的能力。很清楚，人们在试图设想，核糖开关在"RNA 世界"里扮演了一种重要角色。

　　RNA 现在的的确确占据了本章开始时所说的中心位置。与其半惰性的表亲 DNA 不同的是，RNA 是一种万事通分子，在细胞中以许多不同的形式无休止地活跃着。过去三十年里所获得的发现，大大地强化了 RNA 世界假说，但我们仍旧不知道 RNA 现存功能中，哪些从 RNA 世界继承下来，哪些是经过长期不断循环的演化修补的结果。

　　RNA 作为一种主要的生物大分子角色的出现，是分子生物学内部的一次革命，这并非发生在分子生物学之外，或者与分子生物学相违背。这次革命赋予了 RNA 分子一类以前一直只赋予蛋白质的性质。尽管这是一次全新和令人激动的革命，但从一个层面上说，这只是生物大分子景致的一次再平衡而已。

# 第 26 章　表观遗传学

表观遗传学在现代生物学的研究过程中扮演了一种重要角色。但其所做还不止于此：它使一些被人们遗忘和早已被抛弃的理论复活了，而且它被声称动摇了分子生物学的根基。最近，通过媒体和科普读物，表观遗传学渗入到普通大众的头脑，激起了人们很高的不切实际的期望。与此同时，科学界内部关于被假想为"表观遗传学革命"的重要性的争论也变得日益苦涩。

表观遗传学难以被理解，其野心也无法被讨论，除非我们从其发展历史角度去考察。为了便于理解所使用的术语，以及其支持者的期望所在，我们需要回到过去：回到当生物化学家与分子生物学家之间在 20 世纪中期发生冲突的时候；回到上个世纪初当许多胚胎学家对遗传学的出现进行抵抗的时候；甚至回到更早的 17 世纪当"后成说"与"先成说"，这两种相互矛盾的胚胎发育模型出现的时候。

有关表观遗传学重要性的争论，在 21 世纪伊始就爆发了。这也许发生得太近，不该在本书中占据一定的篇幅，所以这里仅仅就这种争论的某些方面进行概述。但分子生物学与表观遗传学的前体之间的相互作用在更早的时候就开始了，那时分子生物学仍处于婴儿期。对表观遗传学的起始进行考察，也能使我们更好地认识分子生物学的模型和解释在其更早的岁月里，所需面对的反对意见。

## 表观遗传学之前的表观遗传

后成说 (epigenesis) 这个术语，17 世纪首先被威廉·哈维（William Harvey）用于描述生物个体在胚胎生成期间被逐渐构建的过程。作为一种理论，这并非是新的：它在公元前四世纪就被希波克拉底（Hippocrates）和亚里士多德（Aristotle）提出过。但 17 世纪与之前不同的是，先成说（preformation）理论的出现断言，完全形成了存在于雄性的精子或雌性的卵子中很微小的生物（依据不同博物学家的观点），它在胚胎形成过程中仅仅是长大而已。出现这样一种在当时看来非常前沿，但过后再看却很荒唐——与古希腊哲学家的想法相比，甚至是一种倒退——的理论出于多方面的因素[1]。

第一，显微镜的使用，揭示了以前肉眼不可见的生物；给人的印象是，生命形式不会有更小的尺寸。第二，早期对昆虫卵和植物种子的研究，揭示了成熟生物个体的微小版本。第三，尽管卵子和精子被发现，但人们并未认识到它们的同等地位——这需到 19 世纪细胞理论建立之后才能被认识。其他相关因素包括：难以提出一种解释生物构建过程的机械论方面或笛卡儿式的模型来说明生物的构造，以及神学家和早期的科学家在生命产生及建立自然定律过程中，需看到上帝的手，而不是依赖地球圈中永恒和神奇的神明护佑。

先成说理论 18 世纪逐渐失去其影响力，但 20 世纪早年，遗传学的发展被胚胎学家理解为对先成论的一种回归。比如，这就是胚胎学家托马斯·摩尔根皈依遗传学之前的立场[2]。遗传学研究表明，一种生物的特征，即其表型，隐含于其基因型之中。并非生物作为一个整体"先形成"，相反，是其不同部分和特征从某种意义上说包含在其基因之中。

这就解释了为什么在 20 世纪早年，胚胎学家就开始使用"表观遗传的"这个形容词来描述那些似乎并非由基因决定的发育现象。比如，对苏联生物学家尼古拉·科尔佐夫而言，卵细胞对称轴的决定就是一个表观遗传现象，因为它由母体生物中，卵母细胞与周围细胞的相对位置决定，而不由基因的作用决定[3]。

使用"表观遗传的"来表示"非遗传的"这层意思，一直贯穿于 20 世纪，持续至今。比如，当大卫·休伯尔（David Hubel）和托斯腾·韦塞尔（Torsten Wiesel）在 20世纪 60 年代和 70 年代证实，猫的大脑视觉皮层中的突触具有可塑性这一现象后，基因在神经系统精确网络的形成以及突触形成过程中的作用，就变成讨论的焦点。发育后期突触的稳定性——依赖于神经系统在更早期的活动及对活跃神经环路的选择——就被描述为一种表观遗传现象。神经系统的可塑性被看作是突触的这种表观遗传形成的结果。

表观遗传所含"非遗传的"这层意思，也见之于"遗传现象的表观遗传学机制"这样的描述中。这一术语的使用，可能是相对比较近期的事，但存在不依赖基因的遗传机制现象的著名实验，1940 年到 1960 年针对简单的生物系统而开展。麦克斯·德尔布吕克揭示，如果细菌的两条代谢通路之间发生相互作用，使得一条代谢通路的中间代谢物抑制另外一条代谢通路的话，在环境中加入这两种代谢通路的底物的顺序，决定哪条代谢通路具有活性。而且，最为重要的是，这种活性在细菌的后代细胞中被继续保留[4]。在乳糖系统中，临时加入（或不加入）诱导剂，将决定在后面的许多代中，乳糖代谢酶的合成是否会受到低浓度乳糖的加入所诱导（这通过乳糖转运蛋白被合成及它在细菌细胞膜中的稳定性而发生——它为诱导剂进入细胞提供便利）。如果科学家改变存在于单细胞生物草履虫外表面的某些排的纤毛的位置，这种修饰可以被忠实地传递给后代[5]。类似地，朊蛋白导致的蛋白质构象改变也可以被说成是表观遗传现象，因为这种新表型并不依赖于遗传变异，且可通过细胞分裂而传递到子代细胞中（见第20章）[6]。

## 依据康拉德·沃丁顿所定义的表观遗传学（1942）

遗传学家及胚胎学家康拉德·沃丁顿被普遍公认为表观遗传学之父。1942年，为了描述基因控制发育的机制，他倡议创立一门新的科学，即表观遗传学[7]。然而，尽管沃丁顿的定义准确描述了现代发育生物学和发育遗传学，但它并非对应于表观遗传学的当代含义。为了将沃丁顿看作是表观遗传学之父，我们需探究一下他的其他工作，以及他对分子生物学所持态度。

就发育过程中基因的作用而言，沃丁顿的概念与大多数遗传学家的不同。根据他绘制的那幅著名的被他称为表观遗传学地貌的素描，细胞分化和个体发育是多个基因发生间接作用的结果，这些基因创造了发育发生的地貌。此外，根据沃丁顿的观点，环境因素在发育过程中扮演一种重要角色。尽管胚胎发生具备免受环境变化影响的缓冲机制，然而，在一些关键阶段，胚胎发生更易受到环境扰动的影响。环境的影响可以用基因产生的效应进行模拟——这就是沃丁顿所支持的遗传同化这一著名机制的基础——但反之亦然[8]。环境的变异可以模拟基因的作用，在被称为"拟表型"的例子中，环境的变异模拟了特异基因突变的效应（直到分子生物学成为研究真核生物的常用工具，拟表型是人们试图解释基因突变效应的一种方式）。

聚焦于大量参与发育的基因以及环境的角色，是当代表观遗传学的典型特征。沃丁顿也反对分子生物学家利用基因调节的操纵子模型——由弗朗索瓦·雅各布和雅克·莫诺在细菌中建立——来解释发育过程中基因表达的控制。与此相反，他支持罗伊·布里滕和艾瑞克·戴维森提出的一种差异极大的模型——它强调产生RNA的那个调节基因网络的角色[9]。基于这些原因，而不是因为他给出了表观遗传学的定义，沃丁顿还是可以被称作表观遗传学之父。

1958年，大卫·南尼（David Nanney）给表观遗传学这个术语引入了另外一层意思。根据南尼的定义，表观遗传学是一门描述基因表达调控机制的科学[10]。这是"表观遗传学"的当代含义之一——它基本上就是"基因调节"的一种听上去颇为诱人的一个同义词。如果南尼的定义正确，那么操纵子模型就是表观遗传学首批重要成果之一，沃丁顿否定操纵子模型的价值是错误的。

### 现代表观遗传学之根：I. 组蛋白修饰

我将用"现代表观遗传学"这个术语，来囊括所有现在关于 DNA 甲基化与组蛋白修饰的研究（包括主要组蛋白形式被次要组蛋白形式的替换）。这是两种改变基因表达的过程。组蛋白是结合在 DNA 分子周围，形成染色质的那些蛋白质中的主要成分。涉及小分子 RNA 与细胞核结构的研究，经常被描述为表观遗传学研究，但它们在表观遗传学中的重要性仍然并非十分明显。总之，这些研究代表了目前在表观遗传学旗帜下所开展研究的大部分。

不同形式染色质——常染色质及一种紧密形式的异染色质——之间的区别，可以回溯到 20 世纪 30 年代遗传学家和细胞遗传学家的工作。到 20 世纪 40 年代时，基因易位产生的位置效应，以及异染色质中基因的低活性现象，都已是证据充分的事实。1950 年，埃德加（Edgar）和艾伦·斯特曼（Allen Stedman）夫妇的研究表明，一种分化细胞与另外一种分化细胞之间的组蛋白不同。对 DNA 作为遗传物质的功能表示怀疑的斯特曼夫妇提出假说认为，组蛋白对基因的活性具抑制效应 [11]。

20 世纪 60 年代早期，表征和认识组蛋白的功能成为一个主要命题。这特别得益于新的分子生物学工具的使用，它们使得通过测量细胞中或细胞抽提物中的转录水平（即信使 RNA 的水平）而直接估计基因表达的水平成为可能。斯特曼夫妇关于组蛋白具抑制效应的提议很快得到验证 [12]。甚至更为重要的是，人们发现组蛋白能以不同修饰形式存在——通过其部分氨基酸的乙酰化或甲基化，而且这样的修饰改变了组蛋白的活性，具体说，乙酰化阻断了它们的抑制作用 [13]。

这些观察结果导致艾尔弗雷德·米尔斯基与他的合作者一起，提出一种基于组蛋白（细菌并不拥有组蛋白）的真核生物基因表达调控普遍模型。据此，细胞全局性的基因表达被组蛋白抑制，但组蛋白的选择性修饰可能允许基因的特异激活 [14]。

这个模型的出现需放到其特定历史背景中理解。1961 年，弗朗索瓦·雅各布和雅克·莫诺提出细菌中基因调节的操纵子模型 [15]。几个月后，他们大胆地将这个模型应用于解释细胞分化和个体发育期间的真核生物基因调节 [16]。正如我们看到的那样，这引发了胚胎学家们充满敌意的反应（见第 22 章），后者争辩说，对个体发育期间的基因调节的解释，需构建一个特异适合于所研究现象的新模型，而不是从对并无发育过程的细菌的研究中简单输入。

米尔斯基和他的同事提出的模型特别针对真核生物，但它存在一个严重缺陷，正如被他之前的学生艾瑞克·戴维森所迅速指出的那样：它无法解释个体发育期间所观察到的基因激活的特异模式 [17]。为克服这个缺陷，布里滕－戴维森的模型赋予了激活型 RNA 分子一种角色 [18]。

尽管没有被彻底忘记，但组蛋白在基因调节过程中的可能角色，被有关染色质中组蛋白的组织结构方面的进展所部分遮盖。1974 年，阿达（Ada）和唐纳德·奥林斯（Donald Olins）夫妇提出，染色质由类球体单位组织而成 [19]。后来被称为核小体（nucleosome）的这种单位被逐渐得到表征，经过十几年的工作，核小体的结构被精确测定 [20]。大量注意力被给予了核小体在细胞核中 DNA 凝缩方面的角色，但组蛋白修饰的工作还并未被完全放弃。然而，早期的研究未能显示这样的修饰对核小体的结构产生任何重要影响。20 世纪 70 年代后期，通过核酸酶的使用，人们逐渐揭示一幅将转录起始（即基因表达）与启动子 DNA 上核小体的缺乏之间联系在一起的正确景象。人们的注意力开始聚焦在由腺苷三磷酸（ATP）所驱动的有关参与的酶的重塑方面，这可使核小体从 DNA 上挪开。20 世纪 80 年代，这种注意力被转移到了组蛋白修饰以及它们在稳定和去稳定核小体上面。

### 现代表观遗传学之根：II.DNA 甲基化修饰

DNA 甲基化修饰的发现及其在基因调节中的作用，始于在某些生物的 DNA 中修饰碱基的发现，属于一条与组蛋白修饰完全不同的研究路线。首批观察在噬菌体 DNA 中获得，这些修饰吸引了大量注意，但其存在理由依旧不清楚。赋予它们一种重要功能，是在细菌系统中的限制 / 修饰机制被鉴定之后的事 [21]。细菌通过利用核酸酶（即限制性内切酶）切割外源 DNA 而保护自己；为保护细菌自己的遗传物质免遭这些危险酶的破坏，它们使其四种碱基中的一种进行特异修饰（即甲基化）。正如我们前面所看到的那样，从不同细菌中分离和鉴定限制性内切酶，是遗传工程技术发展过程中的重要一步。

20 世纪 60 年代中期，对细菌限制 / 修饰系统的表征，再次激发人们对碱基修饰的兴趣，特别是发生于真核生物中的；细菌中的限制/修饰机制就被用作一种研究的模型。真核生物中这种机制可能具有一种保护功能——就像原核生物中那样——的想法并未被排除，但一种更加令人偏爱的假说是，它可能在细胞分化和个体发育过程中扮演一种角色 [22]。艾德瓦多·斯加拉诺（Eduardo Scarano）和他的同事提出一种模型认为，细胞分化期间，DNA 的修饰将导致 DNA 序列的分隔，这使得生物个体的不同细胞能够合成不同的蛋白质 [23]。这篇文章预示了现在的一种提议，即 DNA 甲基化可能导致突变，而这可能在生物演化过程中扮演一种角色（而不是像更早期模型中所说，这种突变只是简单地影响发育过程）。换句话说，这种表观突变可能会转变成真正的遗传突变。

这些早期试图赋予真核生物 DNA 甲基化一种功能的努力，现在已经被人们遗忘。现如今，DNA 甲基化研究的历史被认为始自 1975 年，那时罗宾·霍利登（Robin Holliday）和托马斯·朴（Thomas Pugh）以及阿瑟·瑞格斯（Arthur Riggs）同时提出，DNA 甲基化是真核生物中基因表达控制的一种重要机制[24]。他们提出假说认为，必须存在两种不同类型的 DNA 甲基化酶，一种用于在 DNA 中引入新的甲基，另一种用于在 DNA 复制过程中维持和再现原有的甲基化模式。

关于这些文章，有两件重要事情经常未能被大家认可。第一件是，甲基化假说并非基于任何实验证据。第二件是，基于此，两篇文章的内容都是高度假想性质的，假说中提出的大部分内容都已经被抛弃（比如，罗宾·霍利登和托马斯·朴提出，DNA 甲基化可能是细胞分化和个体发育过程中，对细胞分裂次数进行计算的一种方式，而且它可能是形成衰老遗传程序的一个关键部分）。

尽管缺乏实验证据，这些文章得到高度评价，部分原因是，已经摈弃了操纵子模型的发育生物学家，正疯狂地寻找能够解释个体发育期间基因表达发生巨大改变的机制。在这两篇发表于 1975 年的文章里，都提及雌性哺乳动物中 X 染色体的失活现象，尽管并无证据表明 DNA 甲基化在此过程中发挥任何作用。发现 X 染色体失活现象的玛丽·赖安（Mary Lyon）考虑过可能解释这种现象的多种不同机制[25]。因为真核生物基因组中甲基化修饰残基（即胞嘧啶核苷酸）的丰富性、特异性这个议题被提出。所提出的假说是，被甲基化酶识别并负责基因表达调控的 DNA 序列，集中在某些距离它们所调节的基因比较近的染色质区域。

在接下来的一段时间里，更多实验证据支持 DNA 甲基化在一些基因调控例子中的作用。很快被人们证实的是，胞嘧啶核苷残基的甲基化水平，在异染色质中比在常染色质中高，而且这种 DNA 甲基化的模式在细胞分裂期间未发生改变[26]。转染的实验数据表明，发生甲基化的 DNA 片段中的基因的表达水平低于没有发生甲基化的。去甲基化的 CpG 岛（即 5′胞嘧啶核苷 – 磷酸 – 鸟嘌呤核苷 –3′）发现于正活跃表达的基因的启动子区域。

最为令人震撼的实验在 20 世纪 80 年代通过利用 5- 氮杂胞嘧啶核苷（5-azacytidine）开展，这是一种无法发生甲基化修饰的胞嘧啶类似物。结果表明，将这种核苷加入到细胞或生物中，会导致那些无活性基因的激活[27]。这其中的一个例子是，一个只在胚胎阶段表达的血红蛋白基因，当用 5- 氮杂胞嘧啶核苷处理时，能在成体中被激活。研究人员认真考虑过利用这种技术来激活地中海贫血患者体内这个胚胎形式血红蛋白的基因；编码成体血红蛋白的那个基因，因为这样或那样的原因丧失了功能，导致遗传性血液紊乱。这种策略被迫放弃，因为药物的效应并非特异，激活很多不同类型的基因因此有害。

认识 DNA 甲基化在基因调节中的作用方面也遇到障碍。DNA 甲基化既不在果蝇中发生，也不在蠕虫中发生，而这是两种发育生物学家最偏爱的模式生物，表明这种现象远非普遍。人们发现胞嘧啶核苷甲基化修饰后，诱发了 DNA 分子的一种构象变化：从经典的 B 型转变为最新发现的 Z 型（一种没那么精美的右手双螺旋，见第 11 章）。这似乎提示一种可以解释甲基化修饰如何工作的机制。这一结论后来被证明是错误的，这一提议使得这个领域的研究，在若干年里偏离了方向[28]。

倾向于支持 DNA 甲基化在基因调控的某些例子中扮演一种角色的最强辩论，随着基因组印记的发现和描述出现了。在一部分哺乳动物基因中，遗传自父本的拷贝和遗传自母本的拷贝并非同等程度被表达；其中的一个拷贝被灭活，而另外一个完全具有活性。此外，在任何一个给定的物种中，总是同样的一个拷贝，或者是来自父本的，或者是来自母本的，处于有活性或者无活性状态。表达水平的差异与对应基因的甲基化水平相关。研究结果表明，这种基因表达的微调为生物正常发育所需。

20 世纪 80 年代后期，罗宾·霍利登声称，他提出的有关基因表达可以通过 DNA 修饰（甲基化）控制的假说，已经得到验证[29]。他 1987 年发表的论文与他 1975 年发表的那篇一样，属于假说性质的，但假说的本质变了。他有关基于 DNA 甲基化的发育时钟的概念不见了，但把焦点集中到了衰老方面，这是他将科研兴趣转移到他研究 DNA 甲基化之前的主要研究课题[30]。霍利登提出，在进行细胞体外培养的过程中所观察到的细胞分裂次数的限制——被称为海弗利克（Hayflick）极限——由 DNA 甲基化决定，因此重新强化了衰老过程中的"甲基化时钟"这一概念——尽管他放弃了在发育过程中有这么一种时钟在运行的想法。

霍利登从两个重要方面修改了其模型，二者都存在重要后果。第一个方面是，将他在 DNA 甲基化方面的观察和假说与康拉德·沃丁顿的模型关联在一起，将 DNA 甲基化置于表观遗传学范畴。第二个方面是，坚持细胞遗传现象的概念，即认为细胞在分裂后仍然拥有维持其基因表达模式的能力。这为从 DNA 甲基化模式的保守方面被予以解释开启了一种可能性，即这些表达模式或者它们的改变，可以一代一代传递下去，这是一种非经典遗传性的遗传形式。这开启了一场有关表观遗传学在生物演化过程中作用的辩论，并且持续至今。

## 20 世纪 90 年代的表观遗传学

20 世纪 90 年代，表观遗传学成为一个主要研究领域。在甲基化／去甲基化和组蛋白修饰这两个方面，进展来自对负责这些修饰的基因的分离和鉴定。通过分离酵母中的有关突变基因，并寻找它们在哺乳动物中的同源基因，在 20 世纪 90 年代早期，人们能够对与 DNA 甲基化 / 去甲基化反应相关的酶进行描述。参与组蛋白修饰的酶，比如乙酰化酶 - 去乙酰化酶所催化的反应，在 20 世纪 90 年代中期被鉴定[31]。

首批结果揭示这些机制意想不到的复杂性和多样性。更早提出的一些假说，比如 DNA 甲基化修饰过程中存在原发性和维持性的不同甲基化酶被证实。这时人们也能够通过使这些基因失活而测试这些修饰在生物体内的功能[32]。结果经常比预期的更为模棱两可——所产生效应的程度并未能与这些修饰被赋予的关键角色相对应。最后，人们使用了复杂的物理化学技术，来验证不同类型的组蛋白修饰对核小体结构的稳定性和去稳定性所产生的效应。一种新的技术，也就是将 DNA 分子杂交与免疫沉淀相结合的被称为染色质免疫沉淀（ChIP）的技术，为精确描述不同组蛋白修饰形式在基因上的定位提供了手段。这也证实组蛋白修饰的某些类型与基因表达的水平高低之间的关联。不同组蛋白亚型的功能也被得到验证[33]。一种具有通过置换核小体而重塑染色质能力、多组分、ATP 驱动的酶催化机器也被描述[34]。

这个时期最重要进展是，逐渐揭示许多参与转录调节和染色质修饰的生物大分子之间的相互作用。在所建立的首批和最重要的关联中，涉及转录因子与乙酰化酶 / 去乙酰化酶之间的关联，以及对甲基化修饰的 DNA 或某些修饰形式的组蛋白进行特异识别的蛋白质与负责染色质凝缩的蛋白质之间的关联[35]。组蛋白修饰的多样性，以及更为普遍地参与基因表达调控的那些分子机器的复杂性，解释了 20 世纪 90 年代晚期和 21 世纪初，表观遗传学所诱发兴趣的程度[36]。

20 世纪 90 年代后期，RNA 干扰现象的发现（见第 25 章）再次提升了表观遗传学的可见度。RNA 干扰现象解释了一些似是而非的观察，特别是在转基因植物中所获得的，如基因拷贝数目的增加可能导致基因表达水平的降低这一引人注目的结果。这被解释为，在转录后水平，通过小分子干扰 RNA（siRNA）的作用，导致蛋白质翻译的抑制或者信使 RNA 的降解；在转录水平这与染色质的修饰有关。人们很快揭示，调节性的小分子 RNA 在染色质修饰过程中也扮演一种角色，因此在 DNA 甲基化和组蛋白修饰之外，表观遗传学舞台出现了一位新演员[37]。

**热情与困难**

很多研究人员发现这些结果特别令人振奋，因为这使人们看到了希望，不仅在发现新的现象方面，而且也在于跨过人类基因组测序工程令人失望的结局方面，后者并未立刻产生任何有意义的结果。基于这种原因，表观遗传学被认为是后基因组学的一个组成部分。

有迹象表明，一些有趣的、尚无法解释的科学发现，属于表观遗传学机制所产生的结果。比如，副突变，同一染色体位点上的两个等位基因中一个的表达被另外一个所改变，就是通过组蛋白修饰或者 DNA 甲基化而发生的。类似地，单细胞原生生物，如四膜虫和草履虫，从其微细胞核产生一种有活性的宏细胞核的复杂机制，被证明是一种表观遗传学机制，而且像蜜蜂这样的社会昆虫的不同职业分工制度的出现，其实也依赖于表观遗传学机制。这最后一个例子并非令人吃惊——工蜂和蜂王之间的基因组相同，所以，依据定义，这就是一个因为基因调控差异，而非 DNA 序列变异产生表型差异的例子。

对许多人而言，表观遗传学的前景来自其独到的特点。表观遗传修饰调节着基因的表达，因此就限制了被一些人看作是威胁性的基因的决定威力。一整系列的实验表明，表观遗传标记可以被诱导，或者被环境所改变：在植物中通过温度的改变；在哺乳动物中通过食物或环境中存在的有毒化学试剂（如内分泌干扰物）；以及通过其他生物的行为，如大鼠母亲对待其幼鼠的行为方式[38]。这些修饰可以在疾病发生以及改变行为（特别是通过激素的作用）方面，扮演一种角色。正如我们所看到的那样，在某些物种中，特别是植物中，某些表观遗传标记可以连续在多代中传递，尽管它们最终将被消除[39]。

对表观遗传学所表现出的热情大大延伸到了科学团体之外，产生了一种时髦但错误的认识，那就是我的行为选择可以改变我们对不同疾病的遗传易感性，从而改变我们自己的甚至我们小孩的命运。这些明显过于夸大的对公众健康的忠告，是将基础很弱的实验结果进行无根据外延所导致的误导。

现在不存在一个单一的表观遗传学研究领域，一直也从未存在过[40]。我们对 DNA 甲基化和组蛋白修饰的功能和机制的认识是逐步增长的，但直到 20 世纪 90 年代后期，这两种修饰机制一般都由两组完全不同的科学家开展研究。对 DNA 甲基化开展工作的研究人员，并不提及对组蛋白开展研究的那些研究人员，反之亦然。今天，这两种机制所产生的效应无法分离：DNA 甲基化和某些类型的组蛋白质修饰（以及调节性小分子 RNA）可能对染色质凝缩有贡献。但这些不同调节机制之间可能发生的直接相互作用，还有很多内容有待发现。比如，我们仍然不知道调节性小分子 RNA，如何贡献于表观遗传标志在某些生物中进行跨代传递。

表观遗传学领域中这种缺乏统一性的原因之一是，从一开始，DNA 甲基化由分子生物学家开展研究，而组蛋白修饰由生物化学家或发育生物学家开展研究。表观遗传学的崛起并未导致一个新学科的出现。与之相反，它涉及之前被分子生物学家所主导的一个领域中生物化学研究的复活，它因此导致 20 世纪 60 年代出现的这两个学科之间冲突的一种延续。

21 世纪初，很多表观遗传研究人员开始提及一种所谓的组蛋白密码[41]。当不同的修饰被引入到多肽链的不同位置，以及形成核小体的不同类型的组蛋白中时，这可以影响核小体的结构，因此将影响基因被表达的方式。这种组蛋白密码描述这些不同组合的修饰所产生的对转录，以及对组蛋白与其他蛋白质之间的相互作用的影响。很明显，"组蛋白密码"（histone code）这个术语的提出，参考了牢固建立的涉及将遗传信息翻译成氨基酸序列的遗传密码，暗示在被修饰组蛋白的结构中，存在一种同等水平的编码或信息成分。

组蛋白密码有时也被称为"第二套基因组密码"[42]。但自其存在被首次提议 20 年后，这套假想的密码系统的特征和本质仍然模糊不清。通过创造这个术语，并赋予其大胆的含义，具有生物化学教育背景的表观遗传学家们试图证明，他们领域的重要性从某种意义上说等同于分子生物学。但在这种大胆提议后面，还存在一种主要的科学错误：这些现象与遗传信息翻译所遵循的规则完全不同，为了解释这些现象，无须依赖一套密码的存在。此外，尽管遗传密码在所有生物中都一样（只有少数例外，见第 17 章），表观遗传修饰的本质和功能，在生命演化树的不同分枝里，都存在高度差异。这种表观遗传密码的非普遍性，尽管很少被提及，在遗传密码和假想的表观遗传密码之间，产生了一种关键的差异和一种层级性。

表观遗传学的困境可以从其术语定义方面的模棱两可性中找到根源。"表观遗传的"可以简单地被理解为"非遗传的"，或者它可以描述基因调节的机制，比如 DNA 甲基化和组蛋白修饰所涉及的方面。然而，在大众的想象中，"表观遗传的"又可以被看成是"遗传信息的非遗传性传递"的同义语。其实，当一种生物特征因为其传递不遵循孟德尔定律，而被描述为通过表观遗传机制传递时，这并不一定涉及表观遗传标记物，可能涉及的是其他因素，如激素效应等。

在这种模棱两可性方面，表观遗传学并非个例。"遗传"（inheritance）这个术语也存在类似的模糊性，它可能描述的是，在细胞分裂期间所发生的事件，或者将遗传信息传递给后代的过程中所发生的事件。有趣的是，DNA 甲基化在那些显示此效用的物种中，是在细胞分裂期间直接遗传下去的。但仍然不清楚的是，对组蛋白修饰而言，是否发生了同样的事件。相比之下，哺乳动物中的 DNA 甲基化修饰标记的直接跨代传递——有关人体的表观遗传传递的科普读物中，可能会将此描写成常见事件——被以下事实所挑战，即哺乳动物拥有在其胚胎生成的早期将表观遗传标记清除的机制[43]。

一些研究人员——有时是受到记者和科普作家的纵容——争辩说，遗传学需要被表观遗传学取代，生物演化的达尔文学说需要被抛弃，以便选择一种新的拉马克主义观点：基于个体将其在生命过程中所获得的表观遗传学标记的跨代传递。表观遗传机制在解释发育以及某些疾病的发生时扮演一种重要角色，但是，表观遗传学并非遗传学。的确，这个词字面上的意思是遗传学"之上的"或"顶部的"。表观遗传学不能在遗传学之外单独存在，一个纯净的表观遗传学世界不可能存在，因为基因和表观遗传修饰具有不同的功能。基因决定着细胞产物的本质，而表观遗传标记帮助调节它们的合成。

此外，表观遗传学修饰经常是之前的遗传事件的结果，所以它们也可以被合法地描述为遗传的。科学家们现在接受以下说法，在显示表观遗传效用的物种中，DNA甲基化修饰暂时稳定基因表达的那种无活性状态——即在缺乏甲基化修饰时就被启动的状态。因为组蛋白修饰如此复杂，它们的重要性仍然不清楚。可能的情况是，在大多数情况下，这种修饰可以被遗传事件所启动，如转录因子的结合等。有关基因调节机制的这种观点，与那些有时在新闻媒体里看到的有关表观遗传学更为极端的介绍相比，其新颖性可能低很多。

表观遗传学的持久传奇，可能在于它使得解释生物机能的基因中心观点更加细微化，将其替换为一个基因既不位于顶层也不位于中心的网络系统。与之相反，基因是重要的成分，其活性被环境和其他基因所调节，而不是所决定。尽管表观遗传的部分支持者给出了更为夸张的声称，特别是那些来自非科学界的，表观遗传学并没有给遗传学敲响丧钟。它不会推翻达尔文主义和现代合成演化理论，它也不会根本性地改变分子生物学。

# 第 27 章　测定人类基因组的序列

## 人类基因组计划的源头

关于人类基因组计划（Human Genome Project，HGP）的故事，既被其参与者讲述过，也被观察者讲述过[1]。这个计划可以溯源到若干关键事件。首先，1985 年，美国加州大学圣克鲁斯分校的校长罗伯特·孙施艾莫（Robert Sinsheimer）组织了一次学术会议，以讨论将筹集到的用于研发一种新型望远镜的经费的一部分，重新分配到一个前所未有规模的重要生物学课题中：即对人类基因组的测序。同一年，美国能源部的健康和环境研究办公室主任查尔斯·德利西（Charles DeLisi）提出，将人类基因组进行测序，可以是该部所设许多实验室的一个新目标（这些能源部实验室迄今一直研究辐射对人体细胞的影响，但是，因为冷战紧张局势的逐渐减弱和大气核试验的禁止，这样的研究就变得过时了）。1986 年，瑞拉托·杜尔贝科在《科学》杂志上发表的一篇文章争辩说，应该摒弃在癌症方面那些占主导却零散的研究，从而对参与肿瘤形成的基因开展系统研究[2]。与此同时，沃利·吉尔伯特在冷泉港实验室主持了一次讨论，以评估这样一个项目的可行性和花费。最后，也是在1986年，美国应用生物系统公司宣告，开发出了一种 DNA 测序机器，其中利用荧光基团探针取代了放射性同位素，它使得开展自动化桑格 DNA 测序成为可能[3]。

严格说来，即使是这些几乎同时提出的建议，也并非全新的——像这样一个巨大的计划不可能凭空出现。1980 年，大卫·波斯坦（David Botstein）等发表了一篇文章，提议通过使用限制性片段长度多态性（RFLP）制作人类基因组的精确遗传图谱[4]。这一提议，尽管从未获得任何实质性进展，但可以被看作是迈向人类基因组计划的第一步，它涉及传统的遗传作图技术与新的分子工具之间的联姻。

人类基因组测序的奠基石，是在比这早得多的 1953 年，当詹姆斯·沃森和弗朗西斯·克里克描述 DNA 双螺旋结构的时候铺下的。一旦 DNA 中的核苷酸序列含有合成蛋白质的信息这种假说（在他们那年共同发表的第二篇《自然》杂志文章里）被提出，并在后面被证实，测定人类基因组的序列就成为一种可能性和一种目标。下面所需要的是一种催化剂，这由上述 1985 年和 1986 年发生的这些趋同性事件所提供。

这些事件立刻导致的一种后果是，基因组学作为一个新学科领域的诞生，它在计算生物学的支持下，将遗传学与分子生物学相结合[5]。将不同物种的基因组序列进行比较，并理解它们对于不同生物的基因组的演化所揭示的规律，很快就被视为一个重要的新的发展方向。

1988 年，人类基因组计划的负责者，从美国能源部换成了美国国立卫生研究院以及新创建的美国国立人类基因组研究所（NHGRI）。詹姆斯·沃森最初被任命为该项目的首席科学家，1992 年由弗朗西斯·柯林（Francis Collins）接任。与这个基于美国的计划同时发生的，是 1988 年国际人类基因组组织（HUGO）的创建。对应的人类基因组国家计划，迅速在英国、日本和法国发起[①]。

### 关于人类基因组计划价值的争论

对人类基因组进行测序的想法，自一开始就引来批评声音。大家都认可，对基因组进行遗传和物理作图是有用的，特别是，如果涉及人类疾病的基因能得到表征的话。在一个基因组的物理图谱中，不同的遗传特征被与特异的 DNA 序列相关联。这使得将特定 DNA 片段定位于基因组特定位置成为可能。但将整个基因组进行测序，则被广泛认为无意义，部分原因是，其中大约 95% 的序列被认为是垃圾 DNA（见第 23 章）。其他策略也被提出，比如，悉尼·布伦纳争辩说，河豚的高度凝缩的基因组，可能是研究脊椎动物基因组的一种模型。人们也争议过什么样的 DNA 测序方法可用。

这个项目的花费，以及这对资助其他研究项目的负面影响，也是争论的一个焦点。此外，对许多观察者而言，这个项目似乎由政治必要性，而非科学探究精神所驱动。大多数生物学家将这种把生物学转化为大科学的做法看成是对他们各自研究领域的一种威胁。此外的一个问题是，基因组测序项目怎样才能使研究生得到恰当的科研训练。

1990 年和 1991 年，这个项目被进行了一次关键的重新设计。被证明是一个漫长而复杂的 DNA 测序过程被延后了。现在的主要目的是产生人类基因组的一种整体遗传图谱（分辨率为 2 厘摩，即大约一百万个碱基对），以及一个对应的使得将 DNA 片段在基因组上予以定位成为可能的物理图谱。大家的努力集中在如何将基因组测序的成本降下来，以及开发出将所产生的几百万个 DNA 序列拼合成一个整体所需的计算机软件。

与此同时发生的是，其他生物的基因组也在被研究。其目的或者是为了检验用于

---

① 中国后来也参与进去。——中译者注

开展人类基因组研究方法的可行性（比如对大肠杆菌和枯草芽孢杆菌的基因组所进行的测序），或者是为了帮助诠释人类基因组测序最终将会产生的那些海量数据（比如对小鼠基因组的研究）。针对古菌微生物或者拟南芥植物的基因组的作图和测序也开始了[6]。人类基因组测序计划的相当一部分工作，也放在了解决其运行所不可避免地产生的法律、社会和伦理方面的问题。

当这种策略还在人类基因组计划项目内部进行讨论的时候，一个 10 厘摩分辨率的人类基因组遗传图谱已经由位于法国巴黎的人类多态性研究中心（CEPH）发表。这个中心由基恩·道瑟特（Jean Dausset）创建，当时的主任是丹尼尔·科恩（Daniel Cohen）[7]。这个中心的传奇性工作是由道瑟特开展的涉及人类组织相容性复合物这种白细胞抗原方面。这个中心的经费来自法国一个致力于肌肉萎缩症研究的慈善机构，它希望新的遗传和分子工具可以帮助人类战胜这类衰竭性疾病。

科学家们几乎自一开始就认识到，需创造一种"人类基因组物理作图的共同语言"。换句话说，这需要所有参与的科研小组都使用同样的研究方案[8]。人们觉得，最近发展起来的聚合酶链式反应（PCR）是该项目应该采用的最佳技术，微卫星 DNA 序列（即基因组中那些短的重复出现的 DNA 片段）被看作是良好的用于制作物理图谱的候选序列。1991 年，克瑞格·温特尔（Craig Venter）提议，项目应该集中精力测定互补 DNA 的序列——与被转录产生的信使 RNA 对应的 DNA 序列，后者被假定为基因组中具有某种生物学重要性的 DNA[9]。他建议利用这些互补 DNA 的序列，来制作基因组的物理图谱。

最终，大家达成了共识，不同的参与者，围绕序列标签位点（sequence tagged sites，STS①）进行分组。辐射杂合子——通过辐射产生的含有人类染色体长片段的仓鼠细胞——对于作图过程而言非常有用。用于构建基因组 DNA 片段文库的克隆载体也逐渐在演变。从噬菌体衍生的粘粒载体（cosmid）最初被使用；接下来是携带人类遗传序列的"人工染色体"，它是使用细菌或者酵母的 DNA 创建的，尽管利用酵母创建的那些载体最初被发现不稳定。

因为所有这些工作，人类基因组的遗传和物理图谱被制作出来，这意味着人类基因组的测序工作可以在不同实验室之间进行协调和分工[10]。可接受的错误序列的百分比是诸多讨论的焦点之一。达成的共识是，正式公布的人类基因组序列应该 99.99% 正确。当人类基因组的草图序列最终在 2001 年发表时，其正确率比这个要求高出十倍。

尽管对最初拟定的项目进行了修改，但批评意见并未能立刻消失[11]。许多生物学

---

① 这种序列在基因组中只出现一次，而且位置已知。——中译者注

家抱怨说，人类基因组计划启动后，一般性的科研项目的支持经费减少了。很多人仍然认为，对整个人类基因组进行测序——包括其几十亿个碱基对的垃圾 DNA——是浪费时间和金钱。一些在美国以外启动的国家基因组计划，聚焦于编码蛋白质的那些基因的序列，而非整个基因组的序列。正如巴斯德研究所的菲利普·科瑞尔斯基（Philippe Kourilsky）在一篇发表于法文期刊《巧克力面包》（Pain au chocolat）的文章所言，对法国儿童来说，在传统的下午茶点心中，他们的目的是"吃面包上的巧克力，而非面包本身"。就基因组测序而言，那就是只测定其中的基因，而非其中的大量垃圾 DNA[12]。围绕人类基因组所预期结果的夸大宣传，也引来刺耳的批评：所谓科学家将揭示人类生命的本质，并为理解人体生物学提供一个蓝图，这样的说法被看作是一种夸大其词，对公众舆论的故意操纵[13]。

## 发现"致病基因"的竞赛

20 世纪 80 年代晚期和 90 年代早期，多个实验室之间在争先恐后地分离和鉴定那些涉及最常见和最具能见度的人类遗传异常的基因和突变。这些课题独立于人类基因组计划之外——无论从组织结构上说，还是从其目的而言——但它们共用一套研究方法。

第一批被鉴定出来的"疾病基因"，包括编码抗肌萎缩蛋白（dystrophin）的基因——这个基因中发生的突变导致杜氏肌萎缩症。在某些案例中，这种疾病是因为基因的缺失或者染色体的重排所致；这两种情况都使得将相关的基因进行染色体定位变得更为容易。该基因的部分互补 DNA（即 cDNA）被克隆和测序[14]。该基因的外显子/内含子结构被描述，所编码的蛋白质先被表征，然后被定位于人类骨骼肌的肌纤维膜上[15]。

最为著名的发现是对涉及囊肿性纤维化症的基因的鉴定，这是欧洲后裔人群中最为常见的一种遗传疾病。这种疾病的复杂症状，使得人们无法对突变基因的功能予以预测。1985 年年底，有三篇文章同时在《自然》杂志上发表，还有一篇在《科学》杂志上发表，报道囊肿性纤维化症的基因，定位于人体第 7 号染色体上，距离一段能够用于进行染色体步移分析的 DNA 序列不远。通过对该位点的染色体进行沿途步移测序，相关的基因被找到（有关这种方法的首次应用，见第 22 章）[16]。这场竞争被广泛地认为极不友好，学者们成为竞争对手，并有人发布不成熟的（错误的）信息[17]。最后，合作开展这项染色体移步分析的工作在徐立之（Lap-Chee Tsui）、弗朗西斯·柯林和约翰·赖尔登（John Riordan）三位科学家各自领导的科研小组之间建立起来，最后，三篇文章被同时发表于 1989 年 9 月 8 日出版的那期《科学》杂志上[18]。

在染色体上定位 BRCA1 基因的竞争也类似地激烈，这个基因的突变会提高早发型乳腺肿瘤和卵巢肿瘤的发病率。最终，这场竞争的赢者并非传统学术界的实验室，而是万基遗传（Myriad Genetics）公司，这使得这个公司能够在 50 多年的时间里垄断对这个基因的遗传检测[19]。涉及亨廷顿舞蹈症基因的鉴定工作竞争温和一些，金融利益也更低。文章于 1993 年由亨廷顿舞蹈症合作研究组，一个学术性松散联盟发表[20]。

在这段时间里，涉及其他遗传疾病的基因也被分离和鉴定。清单中不仅仅局限于单基因疾病，复杂的多基因疾病也被研究[21]。通过这些工作，变得清晰的是，基于基因在染色体上的位置进行克隆这种费时又费力的技术，必须要被精确的遗传和物理图谱以及完整的人类基因组序列所取代。

对疾病相关基因的鉴定开启了对这些基因突变进行产前诊断的一条道路。但是，它并未立刻解释这些疾病的产生原因，也没有提供一种战胜它们的途径。对于囊肿性纤维化症而言更是如此，其中最普遍突变导致的缺陷的精确本质，即一种离子通道的不正确折叠和缺陷蛋白质难以被有效运输到细胞膜也是经过多年的研究之后才被认识的。

基因疗法无须预先对基因在疾病和正常情况下如何工作这一点进行任何了解。你只需分离到基因的健康版本，并找到一种将基因安全递送到相关组织的方法即可。然而，基因疗法遇到许多障碍，延后或者（大多数情况下）阻止了这种新的疾病治疗途径的建立（见第 24 章）。

产生了一场巨大争论的一个"发现"是，有人声称鉴定到一个导致人类同性恋的基因[22]。在此工作之前，有人报道了一种被猜想为反映"男同性恋大脑"的实验证据，体现在下丘脑尺寸的差异上[23]。无论是所报道的解剖学证据，还是遗传学证据都被批评[24]。有趣的是，那时很多支持男同性恋者权利的人，对这些错误的声称表示了欢迎，因为这强化了这些同性恋者"生来就如此"的概念，依此认为，这是社会应该接受他们所表现行为的关键。

对控制动物行为的基因的寻找，在高分辨率人类遗传图谱被获得之前很久就已经开始。西莫·本泽尔小组有关鉴定果蝇行为基因的课题在 20 世纪 60 年代就开始了，最终导致涉及生物节律和学习方面的基因的分离和鉴定[25]。对生物节律基因的研究主要在美国的布兰迪斯大学和洛克菲勒大学开展，并最终荣获了 2017 年的诺贝尔生理学或医学奖。对小鼠的研究，定位了涉及情感、药物和酒精依赖的基因[26]。很多这些实验报道都存在问题——因为不同实验室的结果之间，或者隔几年后再重复同样实验的结果之间，都存在惊人差异[27]。

但是，尽管存在这些反复出现的批评，以及在基因与行为之间建立可靠关联的困难性，对行为相关基因的探索仍在继续。对双胞胎的观察，或者对于涉及大脑功能的不同等位基因（如编码神经递质受体的基因）所导致的行为差异的观察，似乎支持行为遗传学家们的野心。常见的情形是，研究人员从鉴定一个也许参与一种特定疾病的基因，会跳跃到声称这个基因在疾病所影响的功能中扮演一种重要角色，这往往缺乏足够证据条件。比如，当被认为与阅读障碍症或语言障碍症有关的突变被发现后，相关的基因立刻就被声称负责阅读或语言的发育和演化（见第 23 章中有关 *FoxP2* 基因的讨论）[28]。

从历史角度看，这个时期可以被看作是一个倒退的时期。分子生物学研究逐渐认识到，在一个特定基因的直接产物与该基因在生物体内的功能（更为经常的情形是多种功能）之间经常存在鸿沟。20 世纪 80 年代后期和 90 年代早期，涉及疾病或特定行为基因的分离，导致 20 世纪早期对基因那种幼稚观点的复活，即基因的产物总与生物的特异表型对应。这种认为对每一种行为或表型而言都存在一个对应的基因的观点，实际上是一种 20 世纪后期版本的（关于胚胎形成的）预成论。

### 基因组测序的进展以及围绕什么是恰当策略的争议

两个早期基因组测序项目值得深入考察一下。第一个由安德鲁·高福（Andre Goffeau）组织，他研究了涉及酵母抗药的那些基因。他计划测定酿酒酵母基因组序列的雄心，得到欧盟委员会生物技术局的支持[29]。他的想法是，将测序任务分派给研究酵母的不同实验室（总共 79 个）。酵母之所以被选择开展这项先驱性工作，原因是它作为一种真核生物，其基因组序列的测定，被预期将揭示包括人类在内的这类生物的分子机制。而且相对而言，酵母基因组比较小，基因的分布比较紧凑，有望花费在对垃圾 DNA 测序的时间最短。酵母细胞含十八条染色体的事实，使得将这项工作分派给不同的实验室变得容易可行。不同酵母染色体的序列被先后测定：三号染色体测定于 1992 年完成，十一号染色体测定于 1994 年完成，完整基因组序列测定于 1996 年完成[30]。就其对欧洲生物技术发展的重要性而言，这个项目也是很容易兜售的。

这个项目很快就揭示未曾预料的结果。酵母所有基因中的 40% 以上迄今完全未知，遗传图谱与物理图谱之间的吻合性并非完美。这些发现显示了制作出精确遗传图谱和物理图谱以及测定完整基因组序列的重要性。这样才能发现，即使像酵母这样一种被深入研究过的生物，尽管经典遗传学家已经对酵母开展过几十年的艰苦研究，但其中许多基因从未被鉴定。在基因组测序工作完成之后，用于揭示这些新发现的基因功能的方法体系被建立[31]。在接下去的一段时间里，酵母仍然是开展被称为基因组注释（genome annotation）工作以及后来被称为后基因组时代技术开发的模型系统（见第

28 章）。

对秀丽隐杆线虫这种蠕虫的基因组测序工作遵循一种完全不同的逻辑和组织。这源自蠕虫最初被悉尼·布伦纳和其他人选择作为一种模式生物的理由本身：为了对这种生物进行真正完全的描述。秀丽隐杆线虫基因组的完整物理图谱在该项目的早期就已经制作好，这使得将工作分派给不同实验室以及启动测序项目成为可能。其基因组的尺寸（100 兆碱基对）比酵母基因组大 50 倍，但比人类基因组小 30 倍。这是在启动人类基因组测序之前，检验有关实验方案可行性的一个良好的中途点。

1992 年，约翰·萨尔斯顿在英国剑桥附近建立了桑格研究所。它由维康信托基金会和英国医学研究理事会提供经费支持。与此同时，罗伯特·沃特斯顿（Robert Waterston）在位于美国密苏里州的圣路易斯市的华盛顿大学建立了一个基因组测序中心。萨尔斯顿和沃特斯顿一起工作过——研究秀丽隐杆线虫的国际学术圈不大，具有紧密合作的传统。这些基因组中心的工作由技术高度娴熟的人员开展，他们每人负责一小部分基因组的测序工作。1994 年，其中一条染色体的一个 2.2 兆碱基对的片段的序列被发表[32]。1998 年，秀丽隐杆线虫基因组完整 DNA 序列的测定工作结束[33]。同时，位于英国剑桥和美国圣路易斯的基因组测序中心转向对人类基因组的测序工作。

第一批基因组被完整测序的生物既不是酵母也不是线虫，而是流感嗜血杆菌和生殖支原体这两种细菌，它们的基因组由克瑞格·温特尔于 1995 年测定完毕。温特尔是由私人资助的"基因组研究所"（TIGR）的领导人[34]。

线虫基因组的序列通过一种被称为鸟枪法的途径测定：先使基因组 DNA 随机断裂，然后对所有 DNA 片段分别进行系统测序。依据不同片段之间的重叠序列，一个完整的基因组序列便被拼接起来；如果还存在序列缺口，则可通过额外的有针对性的序列测定实验来填补。鸟枪法测序策略本身并不新，它在 1981 年就被发明[35]。其新意在于，用它来测定一个完整基因组的野心。这种策略无须初步的遗传及物理作图，意味着之前的这些努力都是浪费时间和金钱。基因组测序现在需强调的方面是，更新的和更快的 DNA 测序仪的发明，大量强有力的计算机的使用，以及用于将不同 DNA 片段组合在一起的复杂软件的开发[36]。

当时并不清楚的是，鸟枪法是否可以用于测定含有大量重复序列片段的巨大基因组的序列。针对这个关键问题，大家的意见存在分歧[37]。后来的事实表明，两种方法都获得了结果。通过遗传和物理作图策略获得的枯草芽孢杆菌的基因组序列，在第一个细菌基因组序列被公布两年后公布[38]。大肠杆菌，因其在分子生物学发展过程中的重要角色，曾被期望成为基因组序列被测定的第一种生物。尽管也提供了一些早期的测序结果，但它的完整基因组序列直到 1997 年才完成[39]。同时，果蝇基因组的测定是使用一种混合策略的结果，其中鸟枪法扮演了一种主要角色[40]。

克瑞格·温特尔确信，鸟枪法策略可用于测定人类基因组序列。当一个主要制药公司珀金埃尔默（Perkin-Elmer）决定成立一个新公司——塞雷拉基因组学（Celera Genomics）公司——的时候，他获得了这样一个机会，他成为这个新公司的头目，这个公司与基因组研究所（TIGR）存在财务和人事方面的联系。

围绕鸟枪法用于测定人类基因组序列的可行性和有关该项目所产生数据的免费获取问题，爆发了一场巨大争论[41]。温特尔被控告偷偷使用来自公立的人类基因组计划（HGP）的信息，并且没有充分体现出合作精神[42]。由一个生物技术公司资助所需付出的代价是，为开发出诊断和治疗工具，所获信息必须保密；公司对这些人类基因组序列信息申请了专利。这一辩论清楚地给公立的人类基因组计划提供了加快步伐的强大动力，结果是，在 2000 年 6 月该项目被宣告完成目标。经过复杂的政治谈判，人类基因组序列草图在 2001 年 2 月发布，公立人类基因组计划项目的文章发表在《自然》杂志上，私立塞雷拉基因组学公司的论文发表在《科学》杂志上[43]。

2003 年，DNA 结构被发现 50 年后，人类基因组计划项目被认为结束了。有趣而且与该计划刚开始时的期望相悖的是，这一成就的获得无须任何 DNA 测序技术方面的突破。

## 基因组学与后基因组学

当人类基因组 DNA 被测序后，它并未立刻揭示其奥秘——不仅因为还需在极长的 DNA 序列中将所有基因进行鉴定，而且还因为被测定序列的这些基因的功能并非立刻就显而易见[44]。

最引人注目的发现是，人类基因组所含编码蛋白质的基因的数目令人吃惊地少。20 世纪 90 年代中期，人们预期的基因数目是 50000—100000 个；到 2000 年，当这个计划接近完成但尚未发表结果时，预期的基因数目大幅下降到 30000—40000 个[45]。在接下来的几年里，这个数字进一步下降到 20000 多一点，现在的一些估计甚至更低。这让人震惊（因为果蝇基因组含有大约 13000 个编码蛋白质的基因，小鼠基因组大约是 21000 个），为我们这个种群在谦卑方面上了一课。

从科学角度看，其意义更为重大：它是对生物演化修补作用的一种验证——演化是通过将已经存在的模块重新组合，并非通过从零开始制作新模块来创造。这也表明，人们可以有效地去寻找涉及人类疾病的基因在酵母或者果蝇这样的生物中的同源基因，这就使得人们能够利用这些模式生物所具有的遗传性状的丰富性和简单性，来认识人类基因的功能以及它们的突变所产生的效用。人类基因组中编码蛋白质的基因数目如此出人意料的低，这也强调了从一个单一 DNA 序列产生多种不同蛋白质产物的细胞过程的重要性，比如 RNA 剪接以及蛋白质加工和修饰等。复杂性不仅体现在组分的数目方面，也体现在这些组分通过结合在一起而产生新的结构和新的功能的方式方面。后来，这成为一种倾向于支持系统生物学领域的争辩（见第 28 章）。

当第一批基因组序列被测定后，产生的一个挑战是，大量基因的功能都未知——这被比作是对生命的一块新大陆的发现。强调我们对生命现象无知的广度，分散了大家的注意力，使得人们不会过于关注基因组测序并未揭示生命密码这一事实。这同时也是期望社会对人类基因组计划予以持续更多支持的一种争辩。用当时的语言描述，这正是从结构基因组学研究转移到功能基因组学研究的时间节点。

像转录组学这样的后基因组时代技术的崛起，就是这种将研究焦点进行转移的一个结果，这将在第 28 章予以讨论。但基因组学本身也可以帮助我们发现这些尚属未知基因的功能。被使用的主要工具之一是比较基因组学：从一个物种中鉴定的一个基因的功能，经常可以被假定为与一个不同物种中的同源基因的功能类似或相同。不仅基因本身的保守性表明其重要性，而且一个基因的周边 DNA 序列的保守性，也提供了有关该基因的功能和演化方面的信息 [46]。如果两种功能未知的蛋白质，在另外一个物种中拥有融合成一条单一肽链的同源物，这一观察就增加了我们对它们的进一步认识，表明它们在这两个物种中可能参与了一条共同的代谢途径 [47]。如果不同蛋白质显示出关联性演化，这也表明它们可能在同一条代谢途径中，或者同一种蛋白质复合体中共同发挥功能 [48]。对高度相关的模式生物物种之间——如酵母与蠕虫之间，或者人类与黑猩猩之间——进行比较的课题，都具有特别的重要性 [49]。对不同物种的基因组进行的比较研究，会立刻导出自它们从共同的祖先分化出来以后的时间里，谱系的演化历史这个议题。这些比较确认了基因加倍和染色体大段序列的加倍，甚至整个染色体加倍等过程在演化过程中的重要性。尽管基因组测序工作被看作是一种功能生物学的研究方式，但当第一波的基因组序列被成功测定之后，立刻就为演化生物学进入舞台中央开启了一扇门。

出于以上原因，对于拟测序生物的选择也逐渐发生了改变。20 世纪 90 年代后期，研究的目的是，在生命演化树每一个主要分支上，选择一种或几种代表性物种开展基因组序列测定，这些物种都可以被看作是模式生物——古细菌、植物（拟南芥），等等 [50]。在接下去的一段时间里，这种选择就变得更加宽广和细致，聚焦在位于生命演化树的关键位置可能会为认识主要演化步骤提供信息的那些生物。比如，一种被囊类动物的基因组被测定，目的是更好认识脊索动物与无脊椎动物之间的演化分离 [51]。这种转变也同时伴随着对动物和植物模式生物概念的转变。之前，大肠杆菌细菌和噬菌体占据着分子生物学发展的核心位置[52]。现在，基因组测序和后基因组学导致模式生物数量的增加——使得有关的想法、案例和见解可以快速地从一种生物系统转移到另外一种生物系统中。

这个时期之后是第二阶段的反向发展。与其从一个特定物种具有一种独特基因组序列的预设开始，现在的目的变成了在一个单一物种中去探究基因组序列的多样性。这种研究所偏爱的对象自然是人类基因组。自2006年始，这类课题的数目暴增，因为DNA测序新技术的发展，为人们提供了花费一千美元就能很快对任何个人的基因组进行测序的希望（我们距离这样的现实很近了）[53]。

探究人类基因组多样性的一个目的是，对不同人群的遗传多样性进行鉴定（在第23章中简单描述过）。但成为大多数努力的焦点的目标是，将基因序列差异与对某种疾病的易感性差异之间进行关联，或者像所谓的药理基因组学这个学科所追求的，个体对不同药物的特异响应之间的差异[54]。在2005年启动的被称为"单倍体基因图谱"（HapMap）的研究方法，很快就被基因组范围关联研究（genomewide association studies，GWAS）方法所取代，在后面这种方法中，研究人员系统寻找基因组中的单核苷酸多态性（single-nucleotide polymorphism，SNP）与疾病之间的关联性。这种研究的第一个主要结果与视网膜黄斑病变有关，论文于2005年发表[55]。基因组范围关联研究使得人们可以对与任何一种疾病直接或间接相关的基因进行鉴定。这变成开发所谓的精准医学新工具所偏爱的方式。

在癌症研究领域，拟鉴定的基因组之间的差异，关注的是同一种生物的不同细胞。最初，癌症基因组学研究，开展对肿瘤细胞基因组序列的测定，目的是鉴定所有突变，这样就能选择出针对每一种肿瘤的最佳药物和治疗方案[56]。但人们很快意识到，或者更准确地说是很快重新发现，从遗传学角度而言，一种肿瘤并非均一[57]。相反，它由不同相互竞争的细胞克隆形成，每一个克隆都带有不同的突变。因此，对一种肿瘤进行彻底的遗传学描述，需要对其中发生突变的为生长而竞争的许多细胞克隆进行鉴定。

还存在另外两种重要方式，其中DNA测序技术被应用于研究生命多样性。第一种是对传染性疾病源头的寻找，特别是新出现的传染性疾病。使用最新获得的以及过去保存下来的样品，人们可以通过基因组测序方式来对历史性瘟疫的传染性病原体的来源和特征予以复原，这包括像1917—1918年发生的西班牙流感，或者更为最近的世界大流行性疾病，如获得性免疫缺陷症（即艾滋病）[58]。基因组测序再次帮助提供了丰富的对演化历史的描述——在这里是针对病毒。

新的DNA测序技术，特别是鸟枪测序技术，最为有趣也是最为重要的应用，始自2004年克瑞格·温特尔针对采自马尾藻海的样品所开展的所谓"环境基因组测序"。

这个课题的突破之处在于，他们在没有对样品中的微生物进行培养的情况下，就直接进行基因组测序，这就避免了对那些在传统用于细菌培养的培养液中无法生长的细菌的碰巧忽视。所获结果是对迄今无人怀疑过的海洋生物多样性的一次引人注目的证实，这些微生物大多是以前未被描述过的新品种[59]。这一研究路线最近揭示了一个全新的真核生物分支——洛基古菌 (Lokiarchaeota)——的存在，这可能为揭示真核生物起源带来曙光[60]。在噬菌体形式方面，人们也发现了类似的多样性和丰富性。

这些观察提供了相互作用的微生物群体广泛存在的证据，这些微生物只有通过所谓的宏基因组学（metagenomics）技术才能探测到，该技术为微生物学的发展提供了新动力[61]。这些群体中的一个，即存在于人体消化道中的微生物群落吸引了人们大量的注意。这个微生物群体对人体免疫性、人体疾病发生、人体情绪和行为的潜在影响仍然是令人激动的讨论焦点。

1991 年，沃利·吉尔伯特在《自然》杂志上发表了一篇一页纸的文章，该文章为基因组测序计划进行了辩护，但同时也试图理解如此多的生物学家对此所感觉到的"不愉快"：分子生物学正变得枯燥乏味，充塞着重复性的 DNA 测序任务，只需依赖商业公司提供的试剂盒，以及汤姆·马尼亚蒂斯的那本在每一张实验台上都能看到的《分子克隆》工具书中所详细描述的实验步骤即可[62]。吉尔伯特将此解释为"生物学范式变迁"的结果。这一变迁并非局限在生物学领域，也是一种更为普遍现象的结果，即储存在数据库中的信息量的快速增加，以及对这些数据进行瞬时获取的可能性。

但吉尔伯特并不悲观。生物学还并未被转化成科学家个体和他们的见解不再重要的"大科学"。他争辩说，一旦生物学家能够获取储存在数据库中的信息，他们将继续像过去那样工作：在一个小的实验组中提出假说，然后设计实验去验证这些假说。正如彼得·梅德瓦（Peter Medawar）所言，生物学（以及普遍而言的科学）仍是"可解问题的艺术"，即使用最好的技术，解决当时最合适科学问题的艺术[63]。DNA 序列的使用仅仅是一种技术性而非概念性的瓶颈。

吉尔伯特是对的，尽管他低估了以下危险：那些开发强有力技术或者设计数据库的团队，可能会将自己的目标强加在里面[64]。他也没有看到，为了提出完整解释，人们需将一个基因组序列与尽可能多的不同生物的基因组进行比较。随着基因组测序项目的爆发，分子生物学恢复了其从未彻底放弃过的一种自然主义和收集性的传统[65]。正如 21 世纪早年的情况所显示的那样，比较基因组学和对跨越生物演化树的各个时期——甚至回溯到远古时代——的大量数据集的探究，再次将生物演化推到生物科学解释的中心舞台。

# 第 28 章 系统生物学及合成生物学

系统生物学出现在 20 世纪 90 年代晚期, 之后在 21 世纪伊始就很快出现了合成生物学。系统生物学的建立与人类基因组计划及其他基因组测序项目存在关联性。这些基因组测序产生了海量信息, 对于部分研究人员而言, 这意味着, 通过对逐个基因、逐个蛋白质的研究去认识一种生物的功能, 似乎不再恰当。生物学已经成熟到可以对生命开展更为全局和整体的研究了。

合成生物学的起源经常被追溯到 1999 年发表的一篇论文, 它强调合成生物学与系统生物学之间的密切关系[1]。合成生物学依赖于系统生物学关于细胞中的生物大分子是以功能模块形式组织在一起的这一发现。

这两个领域都基于新的技术而建立, 而且二者都是后基因组时代的象征。二者的发展都依赖于一类新型科学家的贡献, 他们受训于物理学、计算生物学和生物信息学; 他们从工程师角度观察生物。这两个领域的研究都涉及建立模型, 这推动了理论生物学的复兴。出于此因, 本章也将考察第三个研究分支, 它既是合成生物学也是系统生物学的一个组成部分, 它带有其自身的议程, 并回归对生物现象的理论和物理研究思路。这第三个分支的聚焦点之一是对"噪音"——即细胞及其成分的活性的随机表观变异——的研究。

正如第四部分的其他篇章一样, 这里的目的并非对这些领域的丰富历史进行详细描述, 而是为了分析它们与 20 世纪 60 年代所引入的分子观之间的关联。乍看起来, 这些新的学科似乎威胁了分子生物学解释所占领的主导地位。系统生物学寻求在比分子更高的结构层次解释生物现象。但是, 另一方面, 有人提出, 某些物理规律无须依赖分子描述就可以解释生命特征。

## 系统生物学

对生物现象的系统观, 远在系统生物学发展之前就存在。一些科学哲学家提出, 这种研究路线的根源可以追溯到乔治·居维叶 (Georges Cuvier) 甚至伊曼努尔·康德 (Immanuel Kant)。更为最近的一位相关者是, 路德维希·冯·贝塔朗菲 (Ludwig von

Bertalanffy），他被公认为 20 世纪中期出现的一种生物系统理论背后的主要人物[2]。但这种历史性关联属于一种回溯性的重构，贝塔朗菲在 20 世纪 30 年代就建立了其系统理论，当时的哲学、科学和政治背景与 20 世纪 90 年代的决然不同，而且分子生物学还远未出现。当代系统生物学的起源跟基因组测序计划以及其获得的结果更为直接相关，与其所激发的期望甚至更为直接相关。人们相信，成千上万种功能完全未知的新基因将被发现——这是从 1996 年酵母基因组测序结果所衍生出来的一种信念。尽管酵母已经被生物学家广泛研究几十年，而且被认为具有一个相对比较小的基因组，但测定的基因组序列揭示，三分之一以上的酵母基因功能完全未知。

人们必须建立新的、与过去那种对逐个基因开展研究的方式完全不同的策略，因为现在部分物种的所有遗传信息都被揭示。试图发现基因组中任何未知遗传材料的可能性已经不复存在。

揭示未知基因的功能需要新的技术手段，酵母正好是这样一种模式生物，对其开展研究的许多技术都已经开发。这些技术中的第一种也是最为引人注目的一种是转录组学[3]。这种技术最初是基于昂飞申科（Effymetrix）公司首先开发的微阵列（即 DNA 芯片）的使用。这些是一些小的附着有几千种不同寡核苷酸的片子，每一种寡核苷酸对应一种特定基因的序列的一部分。这种实验涉及从细胞或者生物个体中提取信使 RNA（mRNA）分子，并将它们用荧光探针标记。这些标记好的分子然后被加到芯片上，在那里它们将与附着的寡核苷酸进行分子杂交。经过一系列清洗后，每一种寡核苷酸与信使 RNA 的杂交程度可以通过扫描整个片子并测定每一个位点的荧光强度而获知。理想的情况是，杂交水平与样品中信使 RNA 的含量成正比——也就是说，与对应基因的表达水平成正比。尽管偶尔会导致过度解释，但这种技术极大加速了对基因表达信息的获取速率，轻易就超过了费时费力的诺瑟（Northern）杂交实验所收集的信息。现今，芯片技术已经被直接的 RNA 测序技术代替。

这些实验也能揭示在特定生理条件下，或在个体发育的特定阶段，被共同激活或共同抑制基因群[4]。运用"牵连犯罪"原理，通过对基因表达谱的分析，人们能够建立有关基因功能的假说，并通过实验对其予以检验[5]。转录组学也能帮助理解不同细胞群体之间的差异。当这种策略被应用于肿瘤细胞时，人们就能够区分传统细胞生物学观察无法区分的不同类型的癌细胞，为建立更准确的诊断和更合适的治疗方案开辟了一条道路[6]。

其他用来提供对细胞和生物功能的一种全局观的技术也被建立，这包括蛋白质组学和蛋白质相互作用组学的相关技术。蛋白质组学是针对蛋白质，正如转录组学是针对 RNA。然而，尽管在不断进步，但蛋白质组学技术还未达到转录组学技术所拥有的威力和简单性。蛋白质相互作用组学被声称是对细胞或生物中蛋白质之间发生的相互作用进行全局描述[7]。这些相互作用中的每一种都在酵母中通过"双杂交"技术揭示，然后需在相关细胞或生物中予以验证[8]。"牵连犯罪"原理对于通过相互作用组而关联在一起的不同蛋白质而言，比通过转录组学鉴定的共表达的不同基因之间更符合事实。通过这些不同技术所获得的结果可以结合在一起，以认识蛋白质和基因的功能。2000年到2003年，出现过一个引人注目的快速进步期；在2003年，系统生物学系（或类似名称）在美国多所大学被创立。

帕特里克·布朗（Patrick Brown）和大卫·波斯坦在1999年发表的一篇颇有影响的论文中预期了这些发展，文中描述了转录组学所带来的可能性，并概述了一系列大胆的目标[9]。这种新研究路径的目标，并不亚于对一种迄今让生物学家困惑的新生命逻辑的发现。这种发现的过程由数据驱动，而非由已经存在的假说所指导；他们声称，这种发现将会从数据中"自发"产生。他们所预期揭示的这种新的逻辑，将与之前所知道的决然不同。与对这种新的生命逻辑的探索同时出现的，是对生命本质和生命定义的新一波兴趣。对很多研究人员而言，分子生物学家所提供的答案不再正当。

在考虑一种新的生命逻辑是否的确会从这些实验中冒出来之前，重要的是聚焦于系统生物学爆发过程中的两个方面。第一个方面是，该研究路径所声称的双重目标。在人类基因组测序完成之后，一定程度的理想破灭的感觉开始出现。尽管主要研究人员和政客们都做出了承诺，但基因组序列并未得到立刻的应用。系统生物学能够帮助克服这种表观的科学发现的停滞，维持了获得新的和深入的科学见解的希望。它也确保了为人类基因组计划而专门划拨的大量经费的持续供给。

第二个方面是，所宣告的系统生物学革命，涉及一种高度不同的演员班子。这包括：参与人类基因组计划或其他基因组计划的科学家们；那些怀念从20世纪早期延续到70年代的理论生物学黄金时代，并对系统理论充满热情的人们；以及许多对长期强调基因和"生命之书"感到不快的生物学家们。其他关键参与者，包括生物信息学工作者、计算生物学家和物理学家。对这些人而言，这些新的技术似乎提供了一种将他们的专长用于研究生物的方式。要使这么一群背景各异的研究人员真正拥有共同的展望和期望将是不可能的。

其他因素也能帮助解释为什么20世纪90年代晚期和21世纪初，对于界定一些现在正被实施的生物学研究新景观如此重要。互联网的兴起导致人们对网络理论和图论再次发生兴趣。1999年，阿尔特尔特－拉斯兹罗·巴拉巴西（Altert-Laszlo Barabasi）等发现，一些网络，如万维网，并非随机，而是具有一种"无尺度"结构。简而言之，其中，少数节点密集连接在一起，而其他大部分节点之间则只是很弱地连接在一起[10]。

这一特点很快就被发现为一些生物网络所共有（如后面所讨论的那样）。人们对于复杂性以及复杂性规律的探索，也表现出了新的兴趣，正如《科学》杂志所出版的一期有关复杂系统的专刊所强调的那样，作者们大胆声称，这将科学带向了"后还原论"时代[11]。

系统生物学的首个结果，是对分子水平生物学系统中的模块结构的描述，这为合成生物学家的工作提供了高度支持[12]。很多证据支持这种模块结构的存在。这样的模块在细胞信号转导通路中、基因调控网络中、个体发育步骤的控制中以及蛋白质的结构中都能鉴定到。之前所描述的通路和生物大分子复合体都被重新通过模块的概念解释。人们所声称的生命新逻辑，处于一种超分了层次，它过去被分子生物学家所忽视。"模块"（module）并非这个时期所提出的唯一具有新意的概念。2002 年，尤瑞·艾伦（Uri Alon）和他的同事描述了基因调节网络中的模体，并证明某些模体受到生物演化的偏爱[13]。

细胞信号转导通路和基因调控网络这样的生物网络，具有无尺度结构的提议，获得人们广泛关注。尽管这些通过模块和网络的概念所进行的描述并非相互矛盾——一个网络可以再细分为不同的亚回路（或模块）——但它们经常是以各自独立的形式被制造。进行这些描述，目的是揭示生物超分子组织原理，以便为模型构建者提供指导，并解释现在仍旧未能被理解的生物的某些特性。第一种被探究过的特征是鲁棒性（robustness），即生物抵抗无论是来自环境还是来自突变的扰动的能力。鲁棒性（强建性）可以源自不同方面，如基因或模块的冗余性、模块型组织本身或网络的结构[14]。

这存在两方面的困难，始自对鲁棒性这个概念赋予的不同含义。抵抗环境变化和抵抗突变是两种不同现象。此外，也很难看出鲁棒性与一种特定的超分子组织形式之间的关联。人们甚至不清楚表示这种因果关系的箭头该如何指——是模块的存在导致鲁棒性的产生，还是反之呢？类似的概念是"枢纽"（hub）——即网络中连接度高的那些节点，它们是网络的核心部分，还是唯一致命弱点[15]？一些研究试图将衰老过程与生物网络中枢纽的改变进行关联[16]。即使这种关联性得到核实，也难以弄清楚它是否提供了任何比以下内容更深入的见解，即像心脏和肝脏这样的关键器官出现功能异常，将比重要性没这么强的像胆囊这样的器官的异常产生更为严重的后果。

生物系统不仅具鲁棒性，也具演化性。围绕被笨拙地称为可演化性所提出的问题，与那些围绕鲁棒性所提出的问题类似：是否存在一种偏爱可演化性的超分子组织呢？对生物系统的这两种性质进行调和并非易事。广泛存在的调节和控制现象，从直觉上看会增加鲁棒性，但它可能也会减弱可演化性[17]。

有关系统生物学家所寻找的那类超分子组织的普遍特征及其重要性，人们并未获得共识。有关生物系统普遍具有无尺度网络特征的证据很快便被质疑[18]。即使证据确凿，人们也不清楚其重要性如何。它可能与网络的功能存在关联，也可能是网络被构建方式的一种结果。

从模块角度对生物系统进行描述，也面临类似问题。从蛋白质结构域到基因调节网络亚回路存在许多类型的模块，即使具有某种自主性，但模块并非相互独立或者独立于网路。从这个角度看，与其说模块性是一种存在论的概念，还不如说它是一种认识论的概念，是生物学家提供的一种简单描述生物的方式，而非演化产生生物复杂功能的方式。这就产生了一种可能性，即这些理应为全新的描述，也许不过是用一种新的语言描述大家所熟悉的现象而已。比如，将p53蛋白描述为细胞调节网络中的一个枢纽，这对p53蛋白是肿瘤发生控制过程中的一个关键角色这一之前的观察而言，又增加了什么呢[19]？

相当可能的是，生物网络或者生物模块的结构，是为完成某种任务而被选择和优化的。比如，尤瑞·艾伦的结果表明，生物网络中的某些类型的模体的存在是为更好地快速响应。在某些情况下，通过一种独特方式来组织一个网络或一个模块甚至可能导致一种特定生物功能的产生[20]。但很清楚的是，这并非意味着一种新的生物逻辑被发现，或者分子角度的描述就变得无用了。

系统生物学并未取代分子描述，其证据可以在对分子过程——特别是基因调节和细胞信号转导网络——进行模型构建的方式中看到。如果某些超分子组织构架具有清晰的重要性，这将不可避免地导致模型构建的规则更为简化，从而能将这种新的更高水准的见解考虑进去。与此相反，大多数现在的模型只是基于生物大分子个体之间的相互作用而构建。已经发生的唯一重要的简化体现于，在某些（并非全部）基因调节网络中使用二分法，即只分为有活性的和无活性的两类，而不是去对一个给定生物通路的活性的具体程度进行测定。

系统生物学一开始就在追求两个非常不同的目标。首先，它希望描述分子生物学家未曾探测到的一种超分子秩序——在不考虑已经存在的那些分子描述的条件下。依照冯·贝塔朗菲的看法，以及更为最近的金子邦彦（Kunihiko Kaneko）的看法，这些组织原理并非生物系统独有，而是所有复杂系统所共有[21]。从一个不是那么充满野心的角度看，它只能仅仅被看作是研究工作的下一步：对生物的分子描述几乎完成之后。换句话说，在单独对生命组分进行分析之后，现在我们应该看看这些组分究竟如何共同工作。或者，利用勒内·笛卡儿的说法，分析之后就该综合。

自从系统生物学及其首批结果在21世纪初出现之后，只在第二个目标方面取得了一些进展。它揭示了通过对单独组分的分析未曾鉴定出的相互作用，而且在某些情况下，这使得人们能够推断出以前未知的生物功能。此外，它揭示了生物系统的复杂动态性，这帮助揭示了像细胞死亡和细胞分化这些新观察到的现象 [22]。系统生物学提供了一种对分子事件的鸟瞰和动态观，但它仍未改变生命的分子逻辑。

## 合成生物学

有关合成生物学的文献，2000 年之前非常稀少，而且相互之间间隔的时间很长。但在 21 世纪，其数量大幅增加 [23]。1999 年发表的一篇论文预示了合成生物学时代的到来。它以模块有关的科学语言撰写，并提出合成研究方法可能会帮助实验室揭示模块的功能。这种知识也会帮助构建新的功能模块 [24]。紧接着，很快就出现一系列引人入胜的结果：如将一种昼夜节律引入到大肠杆菌细胞中，这种系统被称为压缩振荡子（repressilator）；在大肠杆菌中构建一种产生双稳定性的遗传切换开关；甚至将大肠杆菌改造成一种相当于照相胶卷的结构——不幸的是，这发生在一个照相胶卷逐渐被数字媒体取代的时代 [25]。

继这些早期令人震惊的结果之后，聚焦于学生的"国际遗传工程机器设计竞赛"（iGEM）由麻省理工学院（MIT）创办。来自世界各地的学生小组，为构建最好的合成生物学项目而展开竞争。与此同时，麻省理工学院也创设了"生物积木部件注册"项目，它含有能被研究人员用于或重复用于合成生物学研究的那些 DNA 片段。"国际遗传工程机器"大赛项目立刻就获得成功，很快提升了合成生物学在全球范围的可见度。为抓住机会宣传他们的领域，一组从事生命起源的研究人员也参加到了这个新的领域中。

不久之后，杰伊·凯斯林（Jay Keasling）和他的同事成功地在酵母细胞中合成了抗疟疾药物前体青蒿酸，而以前这种物质必须从一种植物中萃取 [26]。许多旨在合成生物燃料的课题被启动。克瑞格·温特尔夺人眼球的项目——将细菌染色体用经过化学合成并修饰过的相同染色体形式取代——也被启动 [27]。自那以后，类似的真核生物人工合成染色体实验也被实施。

合成生物学的社会学、伦理学和经济学方面的含义——尽管重要——并非本书拟涵盖的领域。然而，基于经济方面的原因，青蒿酸生产项目被放弃，这一事实并非是个好兆头。我们这里所关注的是，所研究的科学问题是否的确有新意，以及它是否在我们理解生命方面导致了突破。

正如系统生物学那样，这个领域的异质性本质，意味着它无法获得简单的答案。青蒿酸通过合成生物学方法可以在酵母中产生，这得益于在酵母细胞中可以引入一个复杂的代谢通路，以及投入的大量时间和精力，但并非得益于所采用的特定方法。克瑞格·温特尔的实验结果因为其被描述的方式——声称创造了一种新的生命形式，而并非因为指导该工作的原理而令人吃惊。其他课题，如压缩振荡子，就其聚焦于概念的建立以及实验的实施方面而言更为重要。

真实的情况是，尽管有这样的声称，但合成生物学并非开始于 2000 年。20 世纪80 年代中期，斯瑞利法善·昌德拉西伽郎就开始了创造人工限制性内切酶方面的工作。作为后见之明，这可以算作是合成生物学的最佳课题之一（见第 24 章）。

受到他们所声称的彻底创新结果的驱动，许多合成生物学家开始将他们所构建器件的表观完美性与有机细胞中纳米机器的凌乱低效性相比较，以突出生物演化的修补作用，与他们所开展的设计性建设这种工程性探索方法之间的差异。然而，并非所有这些设计都被证明完美无缺。比如，人们很难构建出一个稳定的压缩振荡子，而且合成生物学家自己也发现，为了优化所构建的遗传回路，他们被迫引入了一步或多步的定向进化的操作[28]。修补者与设计者之间，以及生物演化作用与合成生物学家的工程设计之间的反差逐渐消失了[29]。

在其引人注目的应用之外，合成生物学的两个其他方面尚未得到足够的认可，但它们却显示了这个领域在生物学知识创造方面的重要性。

合成生物学开启了对生命极限进行探索的可能性。生物的许多特征被生物学家和化学家认为是生物演化过程中一种"被冻结的偶发事件"，即属于偶发事件的结果，并非针对生命功能的挑战而产生的独特或是优化的解决办法。这种似乎是偶发事件的例子，包括组成蛋白质的天然发生氨基酸的数目（20 种），遗传密码的本质（三个核苷酸单位与一个氨基酸之间的对应规则），已知蛋白质结构家族的有限数目，以及甚至包括基因的化学本质等。所有这些生命的根本性特征，都可以是不同的和更完美的。我们可以假定，被我们描述为活生命体的这些东西，所占据的潜在空间比地球上的生命所试探过的要大得多。异源生物学（xenobiology）——创造这种全新生命形式的科学——也许使我们有能力去探究这种新的生物空间，指导空间生物学家对外星生命的探索工作。

理查德·费曼（Richard Feynman）"对于我无法创造的东西，我无法理解"的宣言，被采纳为合成生物学家的旗帜。它含有符合事实的成分，这给予了合成生物学家在构建生物的科学知识方面的完整地位。合成生物学是测试我们对于什么是生命这一描述的一种关键方式，特别是从分子生物学中所涌现出来的那类描述。合成生物学可以被看作是分子生物学的顶峰：同时测试这种知识的价值和应用。合成生物学的失败，可能像其成功一样具有指导意义，比如，针对观察到的一种细胞或一种生物的功能进行合成生物学建模的失败，可以揭示出一些未知的、对所研究现象有贡献的成分的存在。

这方面的一项引人注目的工作就是乔治·冯·达索（George von Dassow）及其同事完成的对果蝇体节形成的基因调节网络的研究 [30]。

鉴于合成生物学的重要性，人们不禁要问，它为什么没有在几十年之前就发展起来，比如当分子组织结构的主要原理在 20 世纪 60 年代被描述时。人们也会问，它为什么出现在 2000 年前后。这两个问题各有自己的答案。在 20 世纪 60 年代，尽管分子生物学提供了一种普遍性的框架，但大多数分子的功能仍旧未知。遗传工程技术在 20 世纪 70 年代发展起来，但它花费了 20 多年的时间才充实了对生物分子描述的细节。简单说来就是，合成生物学出现所需工具尚不具备。

2000 年并不代表分子数据积累的一个终结点。恰恰相反，近期测定的基因组序列，揭示许多功能未知基因的存在。而 RNA 干扰现象以及微型 RNA 重要性的发现表明，对细胞中不同活性分子的描述远非彻底。但在世纪之交所发生的事件是一个里程碑，是合成生物学崛起的催化剂，正如它是系统生物学崛起的催化剂一样。在人类基因组计划即将完成之际，人们存在一种普遍的感觉，那就是，自 1953 年 DNA 双螺旋结构被描述开始，或者更早一些自 1944 年奥斯瓦尔德·埃弗里的工作开始，一个阶段即将结束。历史到了一个开发决然不同新策略（系统生物学）以及充分利用前几十年所获巨大数量的知识（合成生物学）的新时代。

## 物理学和分子生物学

随着系统生物学和合成生物学的发展，物理学也逐渐在生物学领域扮演了一种更为重要的角色。这可以在模型的使用及建立模型过程所扮演的新的、日益重要的角色方面清楚地看到。与其用于总结结果——正如分子生物学中一直存在的传统那样，建模现在发生在实验实施之前，并指导实验工作的开展（见第 29 章）。建模现在被看作是预测和解释过于复杂，以至于难以通过直觉去认识的那些系统的唯一方式。

"物理学"这个术语过于宽泛，难以对掺入到分子生物学中的新技术和新研究方法予以全面描述。这个世界上存在多种不同的物理学工作者，他们使用不同的方法，提供不同的见解。自始，分子生物学从这种丰富的方法和见解中受益良多，不同类型的物理学和物理学家，都对分子生物学的出现做出了贡献（见第 7 章和第 9 章）。量子物理学家，特别是玻尔、薛定谔和德尔布吕克，将他们雄心勃勃的目标带到这门新科学，而其他物理学家制造了像电泳仪和超速离心机这样的机器，这使得他们的同事能对生物大分子进行表征。要对物理学家所参与系统生物学和合成生物学发展的所有方式予以描述是困难的，所以我在这里聚焦于他们的某些早期贡献。

为遗传回路进行建模的最初尝试，发生于 20 世纪 60 年代初。比利时生物学家瑞恩·托马斯（Rene Thomas）是这个领域的开拓者，紧接其后是许多其他人，如斯托特·考夫曼（Stuart Kauffman）和布瑞恩·古德温（Brian Goodwin）。具有高度影响力的刊物《理论生物学杂志》发表过这个领域的许多关键文章。某些研究系统是引起人们特别注意的焦点，比如噬菌体在溶原状态和裂解循环之间的转换、操纵子及其衍生模型、果蝇中观察到的"决定转换"现象——成体盘状细胞所显示的、在不同命运之间转换的稀有过程。对这些早期努力，大多数分子生物学家并未显示出任何兴趣，但关键在于，这些模型缺乏实验数据。数据在模型提出之后才被提供。

遗传工程技术使得人们能够对关键过程进行观察，但最初获得的结果是复杂的。即使是对真核生物基因调节机制的部分认识，也花费了研究人员多年时间（见第 20 章）。与此同时，建模者放弃了分子生物学，转而进入其他领域，如社会学和经济学，在那里他们的专长更容易被赏识。

20 世纪 80 年代和 90 年代见证了细胞成像领域相当大的进步。一直存在的障碍被克服，主要通过改进对图像的统计学处理。基于抗体的免疫荧光被特定细胞蛋白质与本身发光的绿色荧光蛋白（green fluorescent protein，GFP）之间的杂合体（融合蛋白）所取代，这使得确定一种特定蛋白质或者 RNA 分子在细胞中的位置，以及它在细胞中的移动成为可能。

这产生了对分子现象的一种更为动态的视觉，使得对一种其存在被预测过但尚未被探究过的现象——许多细胞过程的随机性本质——予以描述成为可能。动态性被描述为"分子噪音"，它影响着许多关键机制，包括那种对分子生物学家而言可能是最重要的机制，如基因转录。在最早有关噬菌体的工作中，随机现象被反复观察到，如细菌中的 β- 半乳糖苷酶的表达及鞭毛马达的工作等，但其含义并未被阐述[31]。21 世纪早期，通过测定遗传背景完全相同的细胞中的蛋白质水平，以及研究这种水平怎样随时间变化，或者直接观察一种单一蛋白质合成的事件，人们见证了这方面的快速进步[32]。

来自不同学科的研究人员蜂拥而至来研究噪音现象，这包括习惯于研究更为简单的非生物系统随机现象的物理学家，以及许多将这种现象看作是对分子生物学决定论的——及过于简化的——模型的一种挑战的生物学家。可以与布朗运动进行比拟的分子噪音的起源，可以通过存在于细胞中生物大分子的数量较少以及像转录起始这样的一些反应发生的速率较低予以解释。但除了这些一般性观察之外，我们仍然在等待对这些随机现象的起源和本质的精确解释。

大多数观察者的注意力所聚焦的方面，并非是分子噪音的机制，而是其生理的重要性。许多生物学家争辩说，它是存在的，而细胞和生物必须应对其存在。但"应对"意味着很多事情。细胞可以对抗噪音现象，限制其对关键调节机制的影响；或者生物可以反过来利用噪音的存在，用它来产生细胞之间的多样性，或出于其他原因[33]。这些相互矛盾的解释，导致分子噪音研究在系统生物学和合成生物学领域处于一种不断上升的地位。在合成生物学中，噪音是一种挑战，必须被控制。在系统生物学中，噪音被归因于一种功能的需要。

人们发现，生物演化塑造了某些细胞回路，以限制噪音所造成的影响。在其他情况下，噪音似乎可以使一个细胞群体适应不同的条件。其中最有趣的，是那些将随机变化的精确本质与它们所产生的动态行为关联在一起的观察。比如，在真核细胞中，转录起始过程以暴发方式发生，而不是大家所预期的以孤立事件方式发生。这可能使细胞的功能状态产生瞬时变化，或者诱导像细胞死亡或者细胞分化这样的不可逆过程。

## 结论

系统生物学扩张到了发育生物学和演化生物学领域（见第22章和第23章），但是，很多最初围绕系统生物学和合成生物学所产生的激动情绪已经消减，尽管尚未完全消失。这两个领域在生物学研究景观中已经占据一席之地。但它们并未取代分子描述，也没有导致研究人员放弃还原论。也许最为有趣的研究是那些将对分子的精确描述与复杂动态现象出现进行关联方面的。

研究人员依旧在提出模型和假说，而且研究也并非全部由数据驱动。但数据的快速积累无止境，也似乎无法抗拒。这导致某些研究人员提出，人们可能绕过一个很长的解释过程，去直接预测生物系统的行为，而且最为重要的是，从对"标记物"的简单观察开始去开展研究。模型与数据之间的对应关系将会变得足够。这种思维趋势在医学领域特别具有威力，在那里行动经常得走在知识前面[35]。然而，医学研究将仍旧在分子水平开展，这并非因为分子解释的本质——这将会消失——而是出于所观察到的现象的本质。

# 第29章　分子生物学中的图像、示意图及隐喻

打开任何一本分子生物学的书籍，或浏览一篇网络上的有关文章，你将会被对所讨论话题进行的图像描绘的数量和质量震撼：每一页都布满对生物大分子、细胞内各种途径及网络的图示。对大多数其他领域而言，并非如此。这种图像的丰富性增加了分子生物学的高可见度——字面意义及隐喻角度。这为理解为什么如此多的学生和年轻研究人员被吸引到这个学科提供了一条重要线索。

对图示的研究，既包括其中的画面，也包括画面后的概念和隐喻，在科学史和科学哲学中，这是一个日益增长的领域。分子生物学中所使用图示——不管是描绘性的还是象征性的——的本质，以及图示在研究发展方式和研究展示方面的角色，已经是若干研究项目的聚焦点[1]。但是，图像出现的方式、起源及助力其发展并赋予它们独特风格的历史背景，在很大程度上仍未被探究过。从历史角度对这些现象进行一番研究，作为本书的最后一部分是恰当的。因为本书的目的是，考察分子生物学自出现以来的转变历程，以及它在20世纪60年代获得其显要位置的发展历程。在这种情况下，分子生物学发展的每一阶段所先后使用的图像，既是之前所用图示的继承，也是它们最近转换和转变的结果。

## 根源

分子生物学中所使用图像的源头可以追溯到化学领域。19世纪的生理化学或20世纪早期的生物化学中所使用的图示，基本上与化学中所使用的那些一样。它们为现代分子生物学中所使用的图示提供了两种关键要素：箭头代表一系列步骤（化学反应），而形状则代表化学结构。

20世纪30年代，莱纳斯·鲍林对化学现象被展示的方式具有重要影响，特别是通过他出版的《化学键的本质》一书[2]。为理解分子间的相互作用，他强调分子形状的重要性，他将传统的"锁和钥匙"模型替换为通过弱化学键相互作用的两种互补表面。鲍林影响了化学与生物化学中分子和大分子如何被图示的发展过程，生物化学家更是特别地受到他这种探究方式的影响（见第1章）。

遗传学为分子生物学提供了最强有力的图示和隐喻方式：遗传图谱（见第 1 章）。第一张遗传图谱——由摩尔根实验室的艾尔弗雷德·斯特蒂文特基于他对果蝇的研究于一个世纪前绘制——是以物理空间代表遗传重组频率的抽象内容。20 世纪 30 年代，这样的抽象图谱被真实地展示基因在果蝇唾液腺巨型条纹染色体——可在显微镜下观察到——上具体位置的图谱所取代。与这种将遗传重组频率绘制到真实生物结构上的作图方法同时出现的是人们日益增强的信念，即基因事实上是一种物理颗粒（而不是，比如说，一种特定物质的含量）。当摩尔根在 1934 年做诺贝尔奖报告时，他就是用染色体图谱来进行展示的，这发生在第一张这样的图谱被绘制后的很短时间内 [3]。最近，图谱制作是人类基因组计划的一个核心问题（见第 27 章）。作图一直是一种将有关内容进行组织的方式，但对早年的遗传学而言，这意味着更多的东西：研究人员期望在基因的图谱位置与它们的功能之间存在一种关联。

当 20 世纪 30 年代基因在染色体上的精确位置被报道之后不久，遗传图示的第二次转变发生了。这是继鲍里斯·伊夫鲁西和乔治·比德尔有关基因（和突变）与胚胎发育之间存在关联的工作之后的一项研究，涉及对果蝇眼睛颜色的遗传决定因子的一种精细分析（见第 2 章）。伊夫鲁西和比德尔通过绘图方式，展示了一系列发育过程（日益通过化学术语描述）的步骤，以及基因与发育方式之间的关联 [4]。在后续几十年里，我们对这些关系的认识不断深入，一直到 20 世纪 60 年代初期，在一幅有关操纵子的基因图谱中，或多或少将基因与被其产物所催化的化学反应进行了一一对应。

分子生物学如何使用图像的第三方面影响，来自控制论和信息理论相关领域。20 世纪 50 年代，箭头不再只被用于化学反应或基因作用的图示中，也被用于表示信息的传递。研究一番这些信息箭头如何被逐渐引入到分子生物学家们所使用图示中将特别具有启迪意义。一个引人注目的例子所关注的是，DNA 与 RNA 之间的关系。这一信息传递过程，最初被构想为从 DNA 到 RNA 的直接化学转变，被逐渐重新概念化为信息的传递——即 DNA 中的特定核苷酸顺序转换为 RNA 中对应的顺序。箭头在生物学中这种新的含义并非全新。使用箭头表示行动是一种长期的传统，比如激素对一种生物组织的作用，或者神经信号的传播方向。人们也习惯于使用箭头来代表一项实验的流程。从行动到信息只是一小步而已。

## 分子生物学中使用的第一波图像和图示

基于对这门科学发展的深远影响，DNA 双螺旋结构的图示被认为是分子生物学早期的象征性事件（见第 11 章）。对 DNA 双螺旋结构的部分图示"纯粹"来自化学领域，也就是说，除了 DNA 是生物领域中的大分子这一点之外，该图示所用素材与大约那个时代的化学家所使用的基本类似。这是基于同样的传统——比如，对不同类型原子用不同颜色标示。

但另外一类图示也被使用——这种图示见于詹姆斯·沃森与弗朗西斯·克里克1953 年发表的第一篇有关 DNA 结构的论文中[5]。该图示由奥黛尔·克里克绘制，与经典的化学图示显然不同：脱氧核糖和磷酸形成的结构被用丝带取代，而碱基对则被小棍取代。这种图像预示未来将使用丝带代表蛋白质——这在 25 年后风行，尽管两者之间是否存在任何直接关联这一点并不清楚。这也开始了一种新的传统，即分子生物学家们通过多种图示来展示同一种大分子的不同细节结构。一般说来，更为简单的图示被用于建立化学结构与生物功能之间的关联。在克里克和沃森第一篇有关 DNA 的文章中，这种关联发生在通过两条链之间的完美互补而显示的双螺旋的规则性与遗传物质的复制之间。这种对 DNA 双螺旋的图示，在接下去的几十年中未曾发生过变化，部分原因是，直到 20 世纪 70 年代中期，转移 RNA（tRNA）的第一个三维结构被发表之前，DNA 是唯——种通过实验测定的多核苷酸结构。DNA 的双螺旋结构并未对类似生物大分子的图示学产生立刻影响，简单原因是，并没有其他多核苷酸需要被图示。

第一批蛋白质的图示代表为球形图像，基于物理化学家提供的描述，为展示蛋白质能够发生结构变化的需要所驱动。20 世纪 30 年代末，约翰·尤德金（John Yudkin）提出，一种酶的活性中心的结构，通过酶与不同潜在底物分子之间的相互作用而产生[6]。这一假说诱发了一种类型图示的出现，它被多次重复使用。它被用作蛋白质形态发生改变的图示的原型。20 世纪 60 年代，当酶活性调节的别构理论出现后（见第 14 章和第 21 章）[7]，这种图示就被不断使用。这些图示实际上都仅仅反映酶的模型，非其精确结构——当时仍然未知，也无法通过实验探测。然而，这些绘制的图示中的信息——如蛋白质分子中不同位点之间的距离——被认为是理解蛋白质转变其空间结构机制的一种重要方式。人们广泛地期待，这些别构变化的细节，在未来可以通过 X 射线衍射研究予以揭示。

难以想明白的是，这些生物大分子的精细三维结构该如何展示。约翰·肯德鲁1957 年提出的肌红蛋白第一个结构模型——被恰如其分地称为"香肠模型"——只描绘了这种蛋白质的球状外貌[8]。若干年后，麦克斯·佩鲁茨搭建了一个血红蛋白结构的精确模型，其中的化学键和原子都被标示，尽管该模型是分子结构的一种准确代表，但人们很难理解其内容。空间填充模型及骨架分子模型看上去都不怎么令人满意。复制一种富含信息的二维结构代表图（比如，在一页印刷出来的纸上）也很困难，很少实验室具备构建这样一种模型所需的技巧和资源。这些模型尽管显得技艺高超，但它们的直接影响基本上只局限于那些有足够优良的设备，能对这些模型进行物理查看的实验室。这种方式的图示，以及其他在 20 世纪 60 年代末和 70 年代提出的图示的低可读性和低可及性，严重阻碍了人们将对生物大分子结构的理解传递给他人。

20 世纪 60 年代，另一种代表基因调节机制的模型在分子生物学领域出现了。这其中的第一个便是操纵子模型及其后续的众多发展[9]。1969 年，罗伊·布里滕和艾瑞克·戴维森提出有关基因调节的另外一个模型，他们认为这个模型对多细胞生物更合适[10]。尽管这两种模型都受到控制论的启发，但布里滕 - 戴维森模型含有工程方面的要素，而操纵子模型不含有这种要素。布里滕 - 戴维森模型展示遗传回路的方式，后来被掺入到系统生物学和合成生物学之中。在操纵子模型中，最初那种抽象的示意图慢慢添补上了结构细节方面的信息：有关阻遏物或核糖体的结构特征，一旦被揭示，就逐渐被加入到绘制的示意图中。

最初只用于展示不同成分之间关系的这种抽象模型的内容被不断丰富，这并非鲜事。1953 年，安德烈·勒沃夫绘制了一种温和噬菌体与一种细菌之间关系的示意图，最近添加了通过电子显微镜获得的有关噬菌体形态的信息[11]。关于神经细胞膜中钠通道的示意图也逐渐被改变[12]；对于大量分子而言，这种转变趋势日益明显。

用示意图展示细胞则是一个长期存在的传统——自 19 世纪初细胞理论被人们接受时开始。这个传统在 20 世纪 40 年代末和 50 年代通过电子显微镜的发展而被更新，这最终改变了我们对细胞结构的想象。但这并非立竿见影之事：最早期的那些电子显微镜图像难以被人们理解。结果，科学家逐渐采纳一种出版习惯，即在电子显微镜照片的边上，放置一个对应的结构示意图，勾勒出原始图像中很勉强检测到的细胞器轮廓。下一步则将二者结合在一起，将标签、箭头和绘画覆盖到显微图像上，将看到的和想象的内容混杂在一起，制造一种似乎是对图像的权威解释，不容忍其他可替换的解释[13]。

## 新的分子化及新的图示

随着遗传工程发展而于 20 世纪 80 年代伊始发生的第二波分子化，导致对微生物研究的加速，也导致多细胞生物研究工作的开始。更多的科学家受到训练，更多的研究小组被建立，而且更多的研究拨款被批准。所导致的研究数据的快速积累需用新的形式展示。

与这新一波分子化相伴的是人们对细胞结构兴趣的增加。通过像免疫荧光这样的新技术，研究人员发现一种复杂的蛋白质相互作用网络，一种囊泡运输系统，以及使抵达细胞膜的外部信号逐级传递到细胞核从而改变细胞中的基因表达模式的细胞信号通路的存在。所有这一切导致细胞生物学的复兴（见第 20 章），以及用于展示细胞和细胞组分的示意图的彻底转变。

细胞图示中第一类需改变的要素是细胞膜。20 世纪 40 年代，利用电子显微镜技术获得的观察，粗略验证了詹姆斯·达尼利（James Danielli）和休·戴维桑（Hugh Davson）之前提出的模型——即细胞膜是一种夹杂着蛋白质的脂双层结构 [14]。但实验数据并未完全支持这种模型。最严重的问题在于，根据这个模型，在细胞的内部和外部之间存在一种刚性的障碍。然而，研究表明，在细胞与其环境之间存在丰富而复杂的物质交换。此外，达尼利－戴维桑模型并没有解释细胞膜中的生物大分子（蛋白质）可能扮演的角色。

1972 年，乔纳森·辛格和加斯·尼可尔森提出一种新的细胞膜模型，其景象被完全改观，他们将可以自由移动的蛋白质放置在细胞膜中（见第 15 章）[15]。为支持和解释这种模型，新的设计美观的图示被立刻绘制。通过使用电子显微镜冰冻蚀刻技术所开展的煞费苦心的研究，人们间接揭示脂双层中蛋白质的存在，为辛格－尼可尔森细胞膜模型提供了进一步的证据。伴随这些论文的那些图示的美观性，补偿了直接观察结果的缺憾！

关于蛋白质的图示，在 20 世纪 80 年代早期也被彻底改变（见第 21 章）。非同寻常的是，这种改变可以归因于一位单一科学家个体：蛋白质晶体学家珍妮·理查森。关于蛋白质的第一批三维空间结构令人失望——并未揭示蛋白质折叠的任何简单规则，以任何有意义的方式去比较不同蛋白质的结构都不可能。20 世纪 70 年代，研究人员逐渐明白，蛋白质的折叠和结构仍然可以得到部分解释——通过聚焦其二级结构（α- 螺旋和 β- 折叠），特别是通过描述这些二级结构如何在肽链中定位，以及它们如何组合在一起（这被称为"拓扑结构"）。

这些新发现需要一种强调二级结构以及它们的拓扑学组织的描述方法。1976 年，迈克尔·拉维特（Michael Levitt）和塞勒斯·乔西亚第一次使用了一种飘带来代表蛋白质的结构，但坦率地说，绘制水平不高，拉维特和乔西亚也没有强调其全新示意图的重要性——的确，他们在之后发表的论文中，这种表示方法被抛弃，回归到更为抽象的那种图示方法 [16]。

珍妮·理查森发现，一些不同的蛋白质都含四条前后相连、来回排列的蛋白质链，形成一种反平行的被称为"希腊钥匙模体"的结构模体。这种类比可能激发理查森去建立一种新的蛋白质展示方式。她掌握了飘带比喻的潜力（不清楚是她，还是拉维特和乔西亚，受到 25 年前奥黛尔·克里克所绘制的 DNA 双螺旋结构的影响），并改进了它，引入了颜色，而且在 1981 年发表于《蛋白质化学进展》这份刊物上的一篇具有影响力的综述文章中，给予这种图示一种中心位置 [17]。科学家们很快就采纳了这种新的蛋白质图示方式，由理查森所建立的图示规则，被应用于所有新近表征的蛋白质中。二十年后，理查森可以恰如其分地声称"一整代科学家在通过我的眼睛看蛋白质"[18]。

这种飘带图像之后被计算机上进行的蛋白质建模工作所采纳，三十多年后仍未被改变——它成为一种展示蛋白质的必需方式。飘带模型所占主导地位并非惰性——即科学家太懒惰，以至于没有去挑战传统做事方式——的产物，相反，这表明理查森最初所提出的见解的威力，这种见解本身是基于她长期深入思考的结果。理查森在成为她丈夫实验室的技术员之前，最初受到的是哲学方面的训练，她确信科学中图示的重要性。为鼓励科学家采纳她提议的图示，她花费了很多时间，试图通过使用蜡笔颜色来增加其图像的审美冲击力，她抢占了出版工业中彩色印刷成为广泛可行的先机——之前它不仅昂贵，而且也只限于利用所提供的粗糙调色板。

理查森深知，当面对一种新的模型，或者一种新的图像形式的时候，美感是许多科学家考虑的特别重要的标准。她的远见和影响力，通过她在图示中对蛋白质二级结构及其拓扑学的强调而强化。这是很好的选择，后来被发现特别适合于对蛋白质中所发生的构象改变的描述方面，以及新蛋白质的设计等方面。

大约就在那时，一类新的主要图示方式出现了：与细胞信号转导的途径和网络相关的图示。这一发展源自 20 世纪 70 年代对蛋白质激酶级联激活的描述。这期间，一系列重要发现突出了这些途径的重要性，需用新的图示来描述这些途径：如环磷酸腺苷（cAMP）被鉴定为一种第二信使，其他的第二信使也与多种多样的蛋白质激酶群被同时发现（快速增长的新的酪氨酸激酶家族，在 20 世纪 70 年代末和 80 年代初被鉴定）。这些信号通路中有很多最终被发现参与肿瘤形成（见第 18 章）。

新的图像不仅被用于描述这些发现，也被用于发表它们——在某些例子中，这是其字面上的意思。一些希望从这些结果中获得经济利益的生物技术公司，制备了将细胞信号通路与地铁图进行类比的墙报，其中的蛋白质成分是地铁站，通路是地铁线。其含义是，理解细胞的复杂性就像从地铁 A 站到 B 站这么简单。这些图示在学生的教育和训练过程中是重要的，因为它们使得通过简单的图像来总结分散在不同论文中的信息成为可能。它们与之前有关生物学过程的复杂图示——如柠檬酸代谢循环图示中那些纠缠在一起的箭头和名称——不同，因为分子生物学家经常将表示分子的象征性形状与箭头结合在一起，以表示相关过程。分子生物学中的很多图像都暗示分子结构在生物功能中的潜在角色。

日益增长的商业教科书市场，在这种新图示的设计和传播过程中发挥了关键作用。由卡尔·布兰顿（Carl Branden）和约翰·图兹（John Tooze）编写的《蛋白质结构导论》这本首次于 1991 年出版、高度成功的教材，推广了这些新的蛋白质图示[19]。作为首版于 1983 年发行、可能是分子生物学领域最重要的一本教材的《细胞分子生物学》，不仅将已经存在的模型和示意图进行了复制，而且还对新图像的创造做出了积极贡献[20]。这本书既是聚焦于细胞结构的一种新分子生物学出现的标志，也为展示这种新视野而有意设计的那些新型图像形式提供了一个窗口。

尽管在这个十年的创新中，许多不同的图示出现了，但它们都享有若干共同特征。第一条是，它们都很美观，这是那些委托和设计这些图示的人制定的一个有意识的目标。这之所以可能，部分原因是印刷技术的改进，这使得在书籍和文章中使用彩色插图更容易了。但这没有解释为什么分子生物学会比其他学科——如物理学——能更好地利用这种可能性。

所使用的图像各式各样，有时真实代表了相关内容，有时——如当被展示的是一个过程而非结构的时候——只是象征性的。对应于不同复杂性水平的图示，经常被同时给出，强调不同层次的解释，而这是分子生物学这种新形式的一种关键特征。

尽管这些图示暗示，它们是人们通过电子显微镜或者其他观察手段所看到东西的直接翻译，但是它们无意完全真实。不言自明的是，用简单的螺旋和箭头来代表蛋白质的二级结构仅仅是一种惯例：它们并非真的就是稳定和完美的螺旋，当然也并非意味着与这些螺旋相伴的是任何像箭头那样的东西。对细胞信号通路的图示并未准确展示这些不同成分的尺寸——一种相对而言体积巨大的细胞器，可能被显示成与一个单一蛋白质分子尺寸一样。一条通路中的组分被显示为好像它们存在于真空中，细胞内所有的其他小分子和大分子，如果不直接参与特定途径，就会呈现不可见的形式。而参与特定途径的各种成分的化学计量比，也不会被给出[21]。

总之，这样的图像是总结我们针对这些途径所积累知识的一种方式。这些途径所发生的形式既抽象也普遍——无意将在一种细胞中活跃，但在另外一种细胞中不活跃的那些途径的不同部分予以展示。这些图示毋庸置疑的价值，因为其局限性以及它们所未包括内容的隐蔽性——基于正当或不正当的理由——而被抵消。

尽管发生了很多变化，但这些来自分子生物学第二纪元的图示，并没有打破在这个领域的第一纪元就可见的既有趋势。它们的特征是，使用形状和过程的混合，同时包括不同层次的图示；一直使用的箭头，其含义明显模棱两可。

### 新的革命：后基因组时代的图示和图像

由后基因组学，以及系统生物学和合成生物学这些新学科，所产生的新的图示和图像，最引人注目的特征是其高度抽象的本质。这些图示并非主要由图标组成，相反，它们成为迈向数学建模和计算机建模的工具和步骤。

所发生的第一种变化并非视觉性的而是隐喻性的，因为原来的"途径"逐渐被新的"网络"取代。尽管当其内部的多个反馈环路，以及不同途径之间的相互对话被发现之后，这些途径变得日益复杂，但这并非所用术语发生改变的原因。代谢途径也被转变成网络，尽管我们对它们的认识并未通过揭示任何新的复杂程度而剧烈变换。"网络"一词变得如此时髦和无所不在，它或多或少要被掺入到生物学词汇中，正如20世纪50年代的"信息"一词那样（见第7章）。

基因组测序本身并未导致任何新型图像或图示的产生。但是，后基因组学（从20世纪90年代末到21世纪初）相关技术的发展，的确激发了快速的变化（见第28章）。通过计算机产生的后基因组数据，导致许多新型图示的出现[22]。测定蛋白质－蛋白质相互作用的双杂交技术的系统应用，使得揭示细胞中或生物中那些相互作用组中的参与元件成为可能——即描述代表细胞或生物中存在的蛋白质－蛋白质之间发生相互作用的一个网络。不像信号转导通路，相互作用组可以被看作是对一种新技术产出结果的描述，而非一种知识的完成状态。只有示意图中的连接重要，仅仅作为节点被表示的不同蛋白质的具体位置并非重要。

这种类型图像的另一个特点是，它可能无须跟真实世界显示任何相似性。在相互作用组被发表之前，活体内蛋白质－蛋白质相互作用的存在最初并未被验证，即使存在充足的理由判断这样的相互作用可能并不存在（比如，蛋白质之间从不相互接触，因为它们存在于被分隔的不同细胞部位，或者用于开展双杂交实验的蛋白质结构域，隐藏在蛋白质天然构象的内部等）。此外，图示中没有任何方面表示这些相互作用是否稳定，或者它们之间亲和力是强是弱。与生物学的传统相比较，这种形式的图像并非表明目前知识状态的基石，但提供了一种假说——一种启发性工具，指向我们仍旧不理解的东西。

转录组学中使用的图像，与蛋白质－蛋白质相互作用组学中所使用的图像，存在很多共同方面。从处于不同环境中、不同功能状态或者不同发育条件下的一种细胞或一种生物中，所存在的不同种类的信使RNA（mRNA）的估计开始，人们可以制造出显示不同基因的表达情况之间对应关系的网络。这些图示代表一种更高层次的抽象：这种关联不再是物理相互作用，而是检测到的表达模式之间的对应关系，这可能对应于或不对应于基因产物之间真实的物理相互作用。

统计学上的对应关系，可能是探测代谢途径和网路的一种有用的启发性工具，但不清楚这是否就是这种示意图应该被使用的方式。当数据收集具有即刻的应用目的时——就像医学研究中的情况那样——对应关系可能为建立新的治疗方案提供足够的正当理由，其价值来自其效果被证实，而不是来自对这种治疗方案的有效解释（见第

28 章）。这些抽象的网络，也可以很好地被采纳，来揭示不同类型细胞之间的相似程度，以及不同类型的细胞过程存在与否。比如，它们被成功地用于鉴定出不同类型的肿瘤细胞（见第 28 章）。不管它们的解释威力如何，这种区分可能对疾病的预后判断和治疗的选择是重要的。新型的图示被专门设计出来，以帮助识别有关的相似性和差异性，正如通过赛科斯（Circos）可视化软件创制的图示[23]。

这些新图示形式的一个特征是，它们维持了与更为传统的和文字性的图示之间的相似性。一种基于转录组数据而绘制的网络，看上去很像基因组时代之前所绘制的网络。两类网络都含"枢纽"和"节点"，但这些文字改变了其原有含义。一个枢纽不再是一种与许多蛋白质发生相互作用的蛋白质，而是一个其表达与很多其他基因共同变化的基因；一个节点简单地就是网络中的一个部分，并非一个具有输入与输出的功能单位。

对蛋白质以及普遍而言的生物大分子的表示方式也在演化，现在强调的是一种由不同构象组成的集群，以及它们之间相互转换的动力学（见第 21 章）。然而，在二维图像中展示分子的动态性和分子的群体性并不容易。因为所有的现象都基于热力学，在这个领域中传统使用的地形图已经被结构分子生物学所采纳，并为适合其最新目的而转变。

这方面最好的例子是对蛋白质折叠的图示。利用箭头分开不同折叠步骤的传统图像不再合理，因为现在的每一步，代表的是一个具有不同构象的生物大分子群体。因此，图示必须能够展示通向蛋白质天然结构的许多条不同路径。1993 年，一种新的图示——蛋白质折叠的地形图——被引入[24]。它看上去像一个变形的漏斗，其中狭窄的底部代表天然结构状态，而宽阔的口部代表许多未折叠结构状态。漏斗的变形显示折叠并非一个规则性过程。这种地形图也可以含有成为蛋白质折叠中间体陷阱的缝隙。

类似图像也用于代表天然蛋白质构象的合集，以及不同的细胞功能状态——以及它们在分化和肿瘤形成过程中的相互转变。有趣的是，这些被假想为新形式的图示，却具有 20 世纪 50 年代康拉德·沃丁顿提出的表观遗传地形图的遗迹，而后者又采纳了 20 世纪 30 年代由休厄尔·赖特引入的对生物演化过程的隐喻（演化地形图）。

## 分子生物学中的隐喻

所有这些不同视觉图示，都是科学家用于解释、理解和展示他们新观点的语言隐喻。这本书的每一页中充满了隐喻，但你可能并未觉察到其中的一部分，因为它们如此深入地根植于我们对于分子生物学的思考模式中，以至于它们初始时的威力基本上早已丢失——如信号、信使、信息、密码、机器、锁和钥匙、地形图、马达、工厂、发电厂、网络、程序、调节，以及甚至它们中最古老的一个："细胞。"

哲学家长期以来就对以下问题感兴趣：准确说隐喻是什么，它们如何完成它们所需完成的任务，特别在科学中，它们似乎是科学家开展工作时必不可少的一部分。像伊夫林·福克斯·凯勒（Evelyn Fox Keller）和更为最近的安德鲁·雷洛斯（Andrew Reynolds）这样的作者，探究了一种引发思考的想法，即隐喻在定义分子和细胞生物学研究项目时，具有决定性作用[25]。科学家也开始不仅考察隐喻在分子生物学中的作用，而且也考察它在神经生物学和生物演化中的角色[26]。

对于历史学家而言，最有趣的问题是，对一个特定隐喻的选择，如何影响科学发现过程——开展或者解释一个特定实验的决定如何被引导，又如何被其后面的隐喻所框住。我希望，读者已经在这本书的不同章节中，发现了许多含蓄和显见的答案。

这些例子有时揭示，隐喻实际上并不清晰。这表明，通过采纳一种共同的隐喻，科学家之间对于如何理解一个特定现象所体现出的差异是隐蔽的，或者是敷衍的。分子生物学的发展提供了两个相互关联的例子，持续回荡到今天：沃森和克里克于1953年所采纳的两个关键隐喻"密码"和"信息"[27]。

被沃森和克里克称为遗传密码的东西，是一种真正的密码——由具有逻辑性和一贯性的基因型与表型之间的对应关系构成——这种想法特别欺骗了从乔治·伽莫夫开始的数学家和物理学家。结果是，在20世纪50年代的几乎全部时间里，大量的努力和聪明才智，被奉献到试图通过理论方法来"破解这种密码"方面，得出一套具有逻辑性的、前后一致的对应关系。正如最终被发现的那样，遗传密码一点也不具备逻辑性和一贯性——或者更准确地说，如果它真含有这样的理性，那就仍旧被隐藏而不被我们所知。通过将"密码"这个隐喻理解为其字面上的意思，科学家拐错了弯，误入了歧途，基本上浪费了他们的时间。正如克里克后来所认识到的那样，"密码"这个隐喻，在技术上是错误的——该使用的术语是"遗传暗号"（genetic cipher）——这一事实强化了这个时期的空想特征[28]。

同样，"信息"一词——它对我们认识生物在每一个层次上如何工作如此重要——的使用基本上也是隐喻性的。尽管该术语可能从克劳德·香农（Claude Shannon）和沃伦·韦弗，在第二次世界大战期间所建立的数学研究方法中直接挑选过来，但很快变得明显的是，其使用主要是隐喻性的，至少在分子生物学领域内如此。克里克不经意地在其1957年的"论蛋白质合成"演说中表明了这一点。在这场报告中，他并没有用抽象的数学公式来定义遗传信息，而是远为简单地将其定义为，对一种蛋白质中氨基酸序列的特异决定[29]。自那时开始，分子生物学家一般都在一种隐喻语境中使用"信息"一词，但这并没有阻止那些热情天真的数学家们去试图计算基因组中的信息含量。

正如"密码"一词那样，所有使用信息一词的数学含义来提高我们对基因的功能和基因的组织进行认识的理论尝试，都很少获得任何实际结果。

科学知识的转变，可以比拟于吞噬细胞的移位过程。后者将其细胞质的一部分往前推进，但如果遇到一个障碍物，它也会为偏离这个轨道做好准备。类似地，研究项目如果获得的产出不理想，就需重新定向，支持这些项目的隐喻也需用新的隐喻替换。当科学家认识到隐喻既能为我们的思考提供参考，也能阻塞我们的思路时，他们经常会激动起来，寻思着，我们怎样才能采纳那些能为新的科学发现开辟道路的新隐喻呢？

也许最近出现的这些新型图示，是分子生物学正在发生一场缓慢但深远转变的最初迹象。如果这些新的抽象型的图示得到稳固建立和延展，而传统的符号图示却消失了，而且如果分子生物学家所使用的隐喻，进一步发生剧烈变化时，这将的确表明，人们经常宣告的分子生物学的死亡到来了。我们还没有到达这个阶段。从这个方面来说，值得回忆的是，自分子生物学伊始，直到对后基因组学的热情倡导，大胆的思考者宣称，这门科学将会超越自我，揭示新的物理学规律以及理解生命自身的新方式。谁知道它明天会带来什么呢？但此时此刻，我们仍在等待。

# 总体结论

　　撰写任何一个已经死亡学科的历史，都将会简单得多。对分子生物学而言，情况是否如此，是本书的聚焦所在。单纯的"分子生物学"这个术语，现在很少被用于描述一所大学的系名，或者一种学位的名称，或者一个科学学会或刊物的名称。它在 20 世纪 60 年代和 70 年代的流行被证明是短命的，尽管像遗传学和生物化学这样的术语生存下来了，并获得继续的繁荣。正如在第 15 章和第 20 章里所讨论的那样，分子生物学从来不是一门独立科学，但它迅速渗透进其他生物科学领域。这些新的领域大多没有采纳分子生物学这个名称，但采纳了其方法和模型。

　　大多数研究生物科学哲学的学者将会争辩说，分子生物学的崛起正好与一个还原论占据科学思维统治地位的时代重合。但是，今天大多数生物学家都采纳一种针对其学科的全局性和整体性的研究方法（见第 9 章和第 28 章）。从社会科学和哲学角度看，分子生物学时代似乎已经终结。

　　在最近这个阶段，先前所开展的研究，并未深入地去探究生物学家的工作以及他们对生物现象的解释。他们过多地关注研究的潮流和争辩的问题，那些更多是策略性的而非计划性的内容。他们在寻找革命性的科学，而忽视了常态性的科学。他们强调 20 世纪 60 年代和 70 年代出现的强势和暂时性的还原论，但未能认识到，在最近几十年里，占统治地位的还原论，是尼尔斯·洛尔汉森所号称的"生物学还原论"，其中生物现象并没有消失，只是通过分子机制被解释而已 [1]。

　　这些就是为什么我在第四部分探究了生物学的不同领域，包括一些被号称是革命性的进展，为了寻找在当代生物学研究中，分子生物学的解释框架所占据的位置。

　　然而，在最近的概念"革命"中，部分内容仍然完全是分子方面的。比如，调节性核糖核酸的存在，并未被经典分子生物学所预测到，但它们却很容易被插入到这种分子框架中。表观遗传学也一样，尽管有研究人员声称这将导致一门新科学的出现。

　　最近这个时期的最为引人注目的特征是，分子解释被逐渐嵌入到演化生物学和物理学框架中。但这些并未取代分子研究，而是相辅相成的。它们很清楚地转变了一些研究领域，如结构生物学和胚胎学。这可能让这些新技术更为充满热情的倡导者吃惊，但该研究并未揭示任何分子描述和分子解释变得过时的新研究领域。即使在最为极端的例子中，它们也只是为其他解释提供了空间而已。

如果有任何东西现在正在死去，它不是分子生物学，而是那种认为存在一种新的、更高的生命逻辑将取代弗朗索瓦·雅各布描述的分子逻辑的梦想[2]。这并非意味着现在的生物学，与20世纪80年代和90年代的生物学并非完全不同。数据库的日益使用和计算机威力的对数增长，剧烈地转变了许多生物学家的工作。同样，这也并非意味着我们尚未处于一场真正的生命科学革命的前夜。我们唯一能说的是，我们仍然无法描述这种新的科学范式——如果它正在出现的话——可能是什么样子的。不管你喜欢还是不喜欢，分子生物学仍旧在这里，其历史对所有生物学而言仍然极其重要。

# 附录：术语定义

## 蛋白质

生物体最重要的组分是蛋白质。蛋白质是生物大分子：由几千个甚至更多原子组成。蛋白质的分子质量可以是一万或几十万道尔顿不等。蛋白质由一条或多条肽链形成。多肽链由被称为氨基酸的组分之间通过稳定的化学键——共价键——形成链状结构。多肽链由二十种不同氨基酸构成，包括半胱氨酸、脯氨酸、苯丙氨酸，等等。因此，多肽链是多聚体，由具相似性但结构又不完全相同的氨基酸连接而成。每种多肽链的特征都通过其所含氨基酸的数量和本质反映，但最为重要的是，氨基酸在肽链中的顺序，即蛋白质序列。

基于多肽链的一级结构（氨基酸序列），蛋白质应该拥有长的直线形结构；然而事实并非如此，因为一旦被合成，多肽链将会自发折叠，使得蛋白质具有一种更加紧凑的结构，这种结构经常呈球形。

生物体内的蛋白质具有三种关键功能：

1. 作为酶，它们催化（加速）细胞内发生的化学反应（所有这些反应的总和构成新陈代谢）。酶是极其高效的催化剂：它们可以使一种反应加速一百亿倍以上。人体内存在 10000 多种酶，每一种酶都催化一种特定化学反应。酶的催化威力和专一性源于酶与其所要转化的分子（底物）形成一种精确的（具立体专一性的）复合物这一事实。酶分子环绕在底物分子四周，并与之形成一系列弱化学键——范德华力、氢键和离子键。

2. 蛋白质扮演一种结构角色：它们为细胞提供一种支撑性的结构，因此间接影响着生物有机体的形态。

3. 蛋白质还能与基因结合以控制它们的活性。蛋白质也能作为受体（与激素、生长因子或抗原结合）、通道（在细胞膜中）或转运体（比如在血液中）发挥功能；蛋白质经常与其他蛋白质发生相互作用。

## 基因和 DNA

一种生物有机体的特征由形成它的蛋白质的本质决定，即由蛋白质的氨基酸序列决定。这种特征信息通过基因代代相传。

人类拥有 2 万多种编码蛋白质的基因。这些基因组成人类的"基因组"，形成微观的被称作染色体的棒状结构。在几乎所有通过有性繁殖所产生的生物中，每种基因都有两个拷贝：一个来自父方，另一个来自母方。每种基因都具有两个拷贝的有机体被称为二倍体。每种基因都只有一个拷贝的生物被称为单倍体。

每种基因都含有合成一条（或通过剪接合成许多 - 如后面将讨论的那样）多肽链或者一种 RNA 分子所需的信息。这些 RNA 可能具有一种结构功能、一种催化功能——如催化蛋白质的氨基酸之间肽键形成的核糖体大亚基 RNA 或者一种调节功能——如使信使 RNA 不稳定或无法翻译。

基因由脱氧核糖核酸（DNA）构成。DNA 由两个分子组成，每个都是一条长链（多聚核苷酸），两个分子相互缠绕形成一种双螺旋结构。每条多聚核苷酸都由四种被称为脱氧核苷酸的基本元件通过非单调重复方式形成多聚体。

每种核苷酸分子都含有三个部分：一个磷酸基团、一个糖（或脱氧核糖）和一个碱基。DNA 含有四种碱基——腺嘌呤、胸腺嘧啶、鸟嘌呤和胞嘧啶。碱基是具有相对简单结构的、小的环形分子，每个碱基的分子质量为 100—200 道尔顿。在一条多聚核苷酸链中，核苷酸之间通过一个核苷酸的糖基与下一个核苷酸的磷酸基之间形成共价键而连接在一起。因此多聚核苷酸链的两端不同，这就使得核酸链具有方向性。

在一个 DNA 分子中，两条多聚核苷酸链具相反的方向。一条链上的每一个碱基都通过两个或三个氢键与另一条链上的碱基形成配对：一个腺嘌呤总与一个胸腺嘧啶配对，一个鸟嘌呤总与一个胞嘧啶配对。因此 DNA 的两条链是互补性的，即通过一条链上的碱基顺序可以推断出另一条链上的碱基序列。

## 从 DNA 到蛋白质

DNA 中（也就是基因中）核苷酸的序列，决定其对应蛋白质中氨基酸的顺序：碱基序列编码氨基酸序列。从 DNA 到 RNA 的信息传递被称为转录。RNA 是一种单链多核苷酸，它与 DNA 之间只存在微小差别（即 RNA 中的糖基是核糖而不是脱氧核糖，而且 DNA 中的胸腺嘧啶在 RNA 中被尿嘧啶代替）。

在原核生物中，DNA 被拷贝成一种被称为信使 RNA（mRNA）的 RNA 分子。RNA 分子由一条单链组成。它与指导其合成的模板 DNA 链之间互补。在真核生物中，

DNA 被先拷贝成一种 RNA 长链，然后其上面的部分片段被通过一种叫作剪接的过程清除。最后出现在信使 RNA 中的 DNA 序列被称为外显子（exon），而那些被清除的序列被称为内含子（intron）。剪接可以是一个被调节的过程；一个独特的 RNA 分子可以产生不同的信使 RNA 分子，因此可以形成不同的蛋白质分子。

信使 RNA 分子被翻译成多肽链。每一个碱基三联体（密码子）都具有一种特殊含义，对应着一种特异的氨基酸。这种对应关系被称为遗传密码。翻译在一种由 RNA 和蛋白质结合形成的被称为核糖体的颗粒上进行（这种颗粒的最初名称是微粒体。通过超速离心分离出来的微粒体，由核糖体和内质网膜碎片构成。在体内，核糖体与内质网膜之间的结合，对于膜蛋白和分泌蛋白的产生是必需的）。

核糖体沿着信使 RNA 滑动。每滑动一次，核糖体就遇到一个新的碱基三联体，一种被称作转移 RNA（tRNA）的小分子 RNA，就被结合到信使 RNA 分子上。每种转移 RNA 携带着与其分子中的碱基三联体（反密码子）对应的氨基酸，这种关系来自遗传密码。在核糖体上，不同的氨基酸被连接在一起。这样，基因上所携带的信息在核糖体上被解码。在多肽链被合成之后，不同的多肽链可以通过弱键发生相互作用形成一种多链（或多亚基）蛋白质。

## 从蛋白质到 DNA

有些蛋白质可以结合 DNA。这些蛋白质（如真核细胞中的组蛋白）扮演一种结构角色，允许一条长的 DNA 链折叠成染色体。这些蛋白质中有一部分还具有更为特异的功能：通过结合到 DNA 分子特异序列上，它们可以控制 DNA 转录为 RNA 的起始过程，即基因的表达。这类蛋白质被称为转录因子。它们可以作为激活剂，也可以作为抑制剂发挥作用。DNA 与组蛋白等形成的复合物在真核细胞中被称为染色质。转录因子也可以与对组蛋白进行化学修饰的酶结合改变染色质的结构，因而间接调节基因的表达。染色质的修饰由表观遗传领域的研究人员予以研究。

## 原核细胞与真核细胞

所有的细胞都被一层膜包围，用以限制它们与外部环境之间的交换。细胞有两类：一类是真核细胞——具有多种细胞内的结构，每种结构都被一层细胞膜隔开形成细胞器；另一类是原核细胞——这种细胞既不含细胞内膜系统，也不含细胞器。细菌和古菌是原核细胞。真核细胞形成单细胞有机体（如酵母菌），或整合形成多细胞生物（动植物及某些真菌）。

每一个真核细胞都具有细胞核——其中含有染色体——和细胞质。从 DNA 到

RNA 的基因转录过程发生在细胞核中，而从信使 RNA 翻译成蛋白质的过程则发生在细胞质中——核糖体存在于细胞质中。

一个真核细胞还含有其他细胞器，如线粒体——作为代谢反应能量来源的腺苷三磷酸分子（ATP）大部分都在这里产生；内质网以及高尔基体——细胞内的囊泡结构，蛋白质在被合成出来以后，还没有被插入到质膜或被分泌之前，通过这些囊泡运送。植物细胞还含有叶绿体，在那里光能被转换成化学能。

病毒并非自主性生物。它们由一种受膜或蛋白质结构保护的遗传物质（RNA 或 DNA）形成。为了表达它们所携带的遗传信息，病毒将劫持宿主细胞的分子机器。

# 注 释

## 绪论

1. 这就解释了为什么，比如，本书中并未涉及光合作用研究方面的任何内容。尽管在与书中所述研究大约同一时期，光合作用研究也经历了类似的分子水平的"还原"，但严格说来，它并非分子生物学的一部分。与此不同的观点可参考：Doris T. Zallen. Redrawing the boundaries of molecular biology：The case of photosynthesis（重绘分子生物学的边界：光合作用的案例）. Journal of the History of Biology, 26（1993）：65-87. 尽管分子生物学赋予基因在生命过程中以及生物发育过程中一种核心角色，但它不能被简化为只是研究基因的结构和功能，即分子遗传学。请参考：Richard M. Burian. Technique, task definition and the transition from genetics to molecular genetics：Aspects of the work on protein synthesis in the laboratories of J. Monod and P. Zamecnik（技术、任务界定及从遗传学到分子遗传学的变迁：莫诺与扎麦利克实验室有关蛋白质合成方面的工作）. Journal of the History of Biology, 26（1993）：387-407.

2. 罗伯特·奥尔比讨论过分子生物学的名称和地位：Robert Olby. The Molecular Revolution in Biology（生物学的分子革命）. 发于 R. C. Olby, G. N. Cantor, I. R. R. Christie and M. J. S. Hodge. **Companion to the History of Modern Science**（现代科学史指南）. London：Routledge, 1990：503-520.

3. "范式"（Paradigm）一词在这里仅用其简单含义，并不涉及自托马斯·库恩"发明"该词之后所发生的不同争论。分子范式是产生自分子生物学的一种新的生命观。参考：Thomas S. Kuhn. **The Structure of Scientific Revolutions**（科学革命的结构）. Chicago：University of Chicago Press, 1970.

4. 这些研究在需要时将被引用。一份早期自传性记述的清单，可以在以下文章中找到：Nicholas Russell. Towards a history of biology in the twentieth century：directed autobiographies as historical sources（关于二十世纪生物学的历史：以定向性自传作为史料）. British Journal for the History of Science, 21（1988）：77-89. 也可参考：Pnina G. Abir-Am. Noblesse oblige：Lives of Molecular Biologists（位高则任重：分子生物学家的生活）. Isis, 82（1991）：326-343；Jan Sapp. Essay review：portraying molecular biology（综述：描绘分子生物学）. Journal of the History of Biology, 25（1992）：149-155.

5. Robert Olby. **The Path to the Double Helix**（通往双螺旋之路）. 第二版, London：Macmillan, 1994.

6. Horace Freeland Judson. **The Eighth Day of Creation: The Makers of the Revolution in Biology**（创世纪第八天：生物学革命的制造者）. New York：Simon & Schuster, 1979；第二版, Cold Spring Harbor, NY：Cold Spring Harbor Laboratory Press, 1996.

7. Lily E. Kay. **The Molecular Vision of Life: Caltech, the Rockefeller Foundation and the Rise of the New Biology**（生命的分子观：加州理工学院、洛克菲勒基金会及新生物学的崛起）. Oxford：Oxford University Press, 1993.

8. Matthew Cobb. **Life's Greatest Secret: The Race to Crack the Genetic Code**（生命的最大奥秘：破译遗传密码之争）. London：Profile Books, 2015. 也见：Jan Witkowski, ed. . **The Inside Story: DNA to RNA to Protein**（内幕故事：从 DNA 到 RNA 到蛋白质）. Cold Spring Harbor, NY：Cold Spring Harbor Laboratory Press, 2005；此文最初发表于 Trends in Biochemical Sciences 刊物。

9. James D. Watson and John Tooze. **A Documentary History of Gene Cloning**（基因克隆的实录历史）. San Francisco：W. H. Freeman, 1981；Stephen S. Hall. **Invisible Frontiers**：The Race to Synthesize a Human Gene（看不见的前沿：合成人类基因之争）. New York：Atlantic Monthly Press, 1987；Sheldon Krimsky. **Genetic Alchemy: The Social History of the Recombinant DNA Controversy**（遗传学炼金术：关于重组 DNA 争论的社会历史）. Cam-

bridge MA：MIT Press，1982；Nicolas Rasmussen. **Gene Jockeys: Life Science and the Rise of Biotech Enterprise**（基因操纵：生命科学与生物技术产业之崛起）. Baltimore：Johns Hopkins University Press，2014；Doogab Yi. **The Recombinant University: Genetic Engineering and the Emergence of Stanford Biotechnology**（重组大学：遗传工程与斯坦福生物技术的出现）. Chicago：University of Chicago Press，2015. 将遗传工程的历史排除在分子生物学史之外，将会是一种方便的解决方案，然而其结果是，分子生物学将成为一门纯"理论性"的科学，而且这将使以下事实变得难以理解：从 20 世纪 40 年代到 60 年代发展起来的生命分子观，就其本质而言，是具可操作性的，也是实用性的。

10. Dominique Pestre. En guise d'introduction：quelques commentaires sur les 'témoignages oraux'. Cahiers pour l'histoire du CNRS，2（1989）：9–12. 有关与关键人物进行面对面接触的后果方面更为积极的描述，见：Nathaniel Comfort. When Your Sources talk back：a multimodal approach to scientific biography（当你的线索回嘴时：对科学自传的多模式研究路径）. Journal of the History of Biology，44（2011）：651–669.

11. Federic L. Holmes. **Meselson，Stahl and the Replication of DNA: A History of "the Most Beautiful Experiment in Biology"**（梅塞尔森、斯塔尔及 DNA 的复制："生物学中最美实验之历史"）. New Haven，CT：Yale University Press，2001.

12. 在该书中，有时平衡偏向之前被忽视的工作，以减少对更为知名事件的描述为代价。

13. Donald Fleming and Bernard Bailyn（eds.）. **The Intellectual Migration：Europe and America，1930—1960**（知识移民：欧洲和美国，1930—1960）. Cambridge，MA：Belknap Press，1969；请特别参考：Donald Fleming. **Emigré Physicists and the Biological Revolution**（移民物理学家及生物学革命）. 152–189. 也请参考：David Nachmansohn. **German-Jewish Pioneers in Science，1900–1933**（科学中的德裔犹太人先驱，1900—1933）. New York：Springer-Verlag，1979；Paul K. Hoch. Migration and the generation of new scientific ideas（移民与新科学思想之产生）. Minerva，25（1987）：209–237.

14. Fernand Braudel，La Méditerranée et le monde méditerranéenà l'époque de Philippe II，Paris：Armand Colin，1949.

15. Frederic L. Holmes. The longue durée in the history of science（科学史之长时段考察）. History and Philosophy of the Life Sciences，25（2003）：463–470.

16. Michel Morange. Science et effet de mode. **L'État des science et des techniques**，Nicolas Witkowski（ed.）. Paris：La Découverte，1991：453–454.

17. 科学出版物被声称是科学活动迟到的产物，在这些出版物中"策略"被故意模糊化。但经验提示人们，以下倾向于对这种记载文献进行细致研究的争辩是有道理的。因为只有这样，才能揭示可能已经被人们遗忘的科学史的全部。对出版物的研究，可使我们对特定时期的不同模型和不同实验路径的相对重要性，予以定量评估；出版物并不像许多历史学家所认为的那样容易受到"审查"，尤其是在知识快速增加的时期——一座充满新信息的矿藏可能正等待警觉的读者开采。最后，出版物中的信息，要比它们所描述的工作更为"丰富"：对出版物进行编辑，是创造性科学活动中必不可少的组成部分。见：Frederic L. Holmes. Scientific Writing and Scientific Discovery（科学写作及科学发现）. Isis，78（1987）：220–235. 尤其是，从对专业同行到对广大公众，所进行的写作活动有时会存在"语义转换"，这可能成为科学革命的起点。见：Christiane Sinding. Literary genres and the construction of knowledge in biology：semantic shifts and scientific change（文体与生物学领域知识的构建：语义的转换与科学的改变）. Social Studies of Science，26（1996）：43–70.

18. David Bloor. **Knowledge and Social Imagery**（知识与社会意象）. London：Routledge and Kegan Paul，1976.

19. 这种先入为主的立场，经常使一些科学史学家去重视一些次要的工作，这仅仅因为这些工作并未导致那些可以被重复实施的实验系统的建立。这种"不良选择"的多个实例将在第 2 章和第 8 章介绍。

20. 首先受到约束的是，对拟研究生物的选择，这种最初的选择，常常以难以预见的方式影响着后续研究。见：Richard M. Burian. How the choice of experimental organism matters：epistemological reflections on an aspect of biological practice（实验生物选择的重要性：对生物学实践之一个方面的认识论感言）. Journal of the History of Biology，26（1993）：351–367.

第 1 章　这门新科学的根基

1. Garland E. Allen. **Life Science in the Twentieth Century**（二十世纪之生命科学）. New York：Wiley，1975；Marcel Florkin. **A History of Biochemistry**（生物化学之历史）. Amsterdam：Elsevier，1972；Joseph S. Fruton. The emergence of biochemistry（生物化学之出现）. Science，192（1976）：327–334；P. R. Srinivasan，Joseph S. Fruton and John T. Edsall. **The Origins of Modern Biochemistry: A Retrospect on Proteins**（现代生物化学之起源：有关蛋白质之回顾）. New York：New York Academy of Science，1979；Robert E. Kohler. **From Medical Chemistry to Biochemistry**（从医学化学到生物化学）. Cambridge：Cambridge University Press，1982.

2. Robert E. Kohler. The history of biochemistry：a survey（生物化学之历史：概述）. Journal of the History of Biology，8（1975）：275–318. 关于这一发现的重要性、根源和后果，请参见：Robert E. Kohler. The background to Eduard Buchner's discovery of cell-free fermentation（爱德华·布赫纳发现无细胞发酵现象之背景）. Journal of the History of Biology，4（1971）：35–61，及 The reception of Eduard Buchner's discovery of cell-free fermentation（爱德华·布赫纳之无细胞发酵发现的接受）. Journal of the History of Biology，5（1972）：327–353；Joseph S. Fruton. **Proteins，Enzymes，Genes: The Interplay of Chemistry and Biology**（蛋白质、酶和基因：化学与生物学的交互作用）. New Haven，CT：Yale University Press，1999（注：该书已由昌增益教授翻译成中文，清华大学出版社，2005 年 1 月）.

3. Keith J. Laidler. **The World of Physical Chemistry**（物理化学之世界）. Oxford：Oxford University Press，1993.

4. Robert Olby. **The Path to the Double Helix**（见绪论注释 5），第 1 章；Robert Olby. Structural and Dynamical Explanations in the World of Neglected Dimensions（被忽视维度世界里的结构和动态解释）. 发表于 T. J. Horder，J. A. Witkowski and C. C. Wylie. **A History of Embryology**（胚胎学历史）. Cambridge：Cambridge University Press，1986：275–308；Neil Morgan. Reassessing the biochemistry of the 1920s：from colloids to macromolecules（重估 20 世纪 20 年代的生物化学：从胶体到大分子）. Trends in Biochemical Sciences，11（1986）：187–189；Ute Deichmann. "Molecular" versus "colloidal"：controversies in biology and chemistry，1900–1940（"分子"对"胶体"：在生物学与化学中的争议，1900—1940）. Bulletin for the History of Chemistry，32（2007）：105–118.

5. John D. Bernal. Structure of proteins（蛋白质结构）. Nature，143（1939）：663–667.

6. Karl Landsteiner. **The Specificity of Serological Reactions**（血清反应的专一性）. Springfield，IL：Charles C. Thomas，1936.

7. Lily E. Kay. Molecular biology and Pauling's immunochemistry（分子生物学与莱纳斯·鲍林的免疫化学）. History and Philosophy of the Life Sciences，11（1989）：211–219.

8. Linus Pauling. **The Nature of the Chemical Bond**（化学键的本质）. Ithaca，NY：Cornell University Press，1960（第一版，1939）；Linus Pauling. Modern structural chemistry（现代结构化学）. Science，123（1956）：255–258；Linus Pauling. Fifty years of progress in structural chemistry and molecular biology（结构化学与分子生物学进展 50 年）. Daedalus，99（1970）：988–1014；Anthony Serafini. **Linus Pauling：A Man and His Science**（莱纳斯·鲍林：其人其科学）. New York：Simon & Schuster，1989；Alexander Rich and Norman Davidson. **Structural Chemistry and Molecular Biology**（结构化学与分子生物学）. San Francisco：W. H. Freeman，1968；Ahmed Zewail. T**he Chemical Bond：Structure and Dynamics**（化学键：结构与动力学）. Cambridge，MA：Academic Press，1992；Thomas Hager. **Force of Nature：The Life of Linus Pauling**（自然之力量：莱纳斯·鲍林之一生）. New York：Simon & Schuster，1995.

9. Linus Pauling. Nature of forces between molecules of biological interest（具生物学意义的分子间作用力之本质）. Nature，161（1948）：707–709. 在几类弱键中，莱纳斯·鲍林强调氢键的作用，他给予氢键的能量水平

比我们今天所定义的更高。他并未太多注意疏水相互作用或者今天被称之为熵值的变化。这些错误很可能反而对弱键概念的发展起到了促进作用，因为它们使事情简单化了。见：Howard Schachman. Summary Remarks：A Retrospect on Proteins（总结性评论：蛋白质回顾）. 发表于 P. R. Srinivasan，Joseph S. Fruton and John T. Edsall. **The Origins of Modern Biochemistry：A Retrospect on Proteins**（见本章注释 1），363–373.

10. Alfred E. Mirsky and Linus Pauling. On the structure of native，denatured and coagulated proteins（论天然、变性和聚集蛋白质之结构）. Proceedings of the National Academy of Sciences of the USA，22（1936）：439–447.

11. Alfred H. Sturtevant. **A History of Genetics**（遗传学史）. New York：Harper & Row，1965；Elof A. Carlson. **The Gene: A Critical History**（基因：一部批判历史）. Philadelphia：Saunders，1966；Garland E. Allen. **Life Science in the Twentieth Century**（见本章注释 1）；Ernst Mayr. **The Growth of Biological Thought: Diversity，Evolution and Inheritance**（生物学思想之提升：多样性、演化与遗传）. Cambridge，MA：Harvard University Press，1982；Peter J. Bowler. **The Mendelian Revolution：The Emergence of Hereditarian Concepts in Modern Science and Society**（孟德尔革命：现代科学与现代社会中遗传概念的出现）. Baltimore：Johns Hopkins University Press，1989；Lindley Darden. **Theory Change in Science：Strategies from Mendelian Genetics**（科学理论的变化：孟德尔遗传学之策略）. New York：Oxford University Press，1991；Jean-Louis Fischer and Willam H. Schneider. Histoire de la génétique，pratique，techniques et theories. Paris：ARPEM et Sciences en situation，1990；Robert Obly. **The Origins of Mendelism**（孟德尔学说之起源）. Chicago：Chicago University Press，1985（1966，第一版）；Robert E. Kohler. **Lords of the Fly: Drosophila Genetics and the Experimental Life**（蝇王：果蝇遗传学与生命实验）. Chicago：University of Chicago Press，1994；Elof A. Carlson. **Medel's Legacy: The Origin of Classical Genetics**（孟德尔传奇：经典遗传学之起源）. Cold Spring Harbor，NY：Cold Spring Harbor Laboratory Press，2004；Raphael Falk. **Genetic Analysis: A History of Genetic Thinking**（遗传学分析：遗传学思想之历史）. Cambridge：Cambridge University Press，2009；Has-Jörg Rhein-berger and Staffan Müller-Wille. **The Gene: from Genetics to Post-Genomics**（基因：从遗传学到后基因组学）. Chicago：University of Chicago Press，2017. 即使是孟德尔的实验结果先被人遗忘后又被重新发现这一观点，在当代历史学家中也还存在争议。首先，孟德尔的实验结果并非不被人们所知晓；其次，这些结果再次被发现时，所处历史背景与它第一次被表述时大相径庭。见：Robert Olby. Mendel No Mendelian?（孟德尔是一位非孟德尔主义者？）History of Science，17（1979）：53–72；以及：Augustine Brannigan. The reification of Mendel（孟德尔的具体化）. Social Studies of Science，9（1979）：423–454.

12. Thomas H. Morgan，Alfred H. Sturtevant，Hermann J. Muller and Calvin B. Bridges. **The Mechanism of Mendelian Heredity**（孟德尔遗传之机制）. New York：Henry Holt，1915.

13. Barbara A. Kimmelman. Agronomie et théorie de Mendel：La dynamique institutionnelle et la génétique aux Etats-Unis，（1900—1925）. in Fischer and Schneider，Histoire de la génétique：17–41；Robert Olby. Rôle de l'agriculture et de l'horticulture britanniques dans le fondement de la génétique expérimentale. in Fischer and Schneider，Histoire de la génétique：65–81.

14. Bowler. **Mendelian Revolution**（孟德尔革命）. Daniel J. Kevles. Genetics in the United States and Great Britain，1890-1930：A review with speculations（1890—1930 年间遗传学在美国和英国：一篇带有猜想性质的回顾）. Isis，71（1980）：441–455；Jonathan Harwood. National Styles in Science：Genetics in Germany and the United States between the World Wars（科学中的国家风格：两次世界大战之间德国和美国的遗传学）. Isis，78（1987）：390–414；Jonathan Harwood. **Styles of Scientific Thought: The German Genetics Community，1900—1933**（科学思想的风格：德国的遗传学共同体，1900—1933）. Chicago：University of Chicago Press，1993；Richard M. Burian，Jean Gayon and Doris Zallen. The singular fate of genetics in the history of French biology（法国生物学发展历史中遗传学的独特命运）. Journal of the History of Biology，21（1988）：

357–402.

15. Jonathan Harwood. National Styles in Science：Genetics in Germany and the United States between the Word Wars（见本章注释 14）；Jonathan Harwood. **Styles of Scientific Thought：The German Genetics Community，1900—1933**.（见本章注释 14）.

16. Faphael Falk. The struggle of genetics for independence（遗传学为独立而斗）. Journal of the History of Biology，28（1995）：219–246.

17. Hermann J. Muller. Artificial transmutation of the gene（基因的人工转化）. Science，66（1927）：84–87；Elof Axel Carlson. An acknowledged founding of molecular biology：Hermann J. Muller's contributions to gene theory，1910—1936（分子生物学创立的公认：赫尔曼·穆勒对基因理论的贡献，1910—1936）. Journal of the History of Biology，4（1971）：149–170；Elof Axel Carlson. **Genes，Radiation and Society: The Life and Work of H. J. Muller**（基因、辐射与社会：赫尔曼·穆勒的生平和工作）. Ithaca，NY：Cornell University Press，1982.

18. Robert Olby. **The Path to the Double Helix**（见绪论注释 5），第 7 章. DNA 已于 1869 年被梅斯丘尔（Johann Friedrich Miescher）所发现。见：Franklin H. Portugal and Jack S. Cohen. **A Century of DNA: A History of the Discovery of the Structure and Function of the Genetic Substance**（DNA 的一个世纪：遗传物质的结构与功能研究历史）. Cambridge，MA：MIT Press，1977.

19. Hermamn J. Muller. The gene，Pilgrim Trust Lecture（基因，皮尔格莱姆信托基金演讲）. Proceedings of the Royal Society of London: Series B，Biological Sciences，134（1947）：1–37.（引文摘自第 1 页）.

20. 这具体反映在，很少有详细的基因模型在 20 世纪 30 年代和 40 年代被提出。比如见：Dorothy M. Wrinch. Chromosome behaviour in terms of protein pattern（从蛋白质模式角度看染色体的行为）. Nature，134（1934）：978–979.

21. N. K. Koltsov. Les molécules héréditaires. Actualités Scientifiques et Industri-elles，no. 776，Paris：Hermann，1939.

22. Hermann J. Muller. Resume and perspectives of the symposium on genes and chromosomes（基因和染色体研讨会之概要与展望）. Cold Spring Harbor Symposia on Quantative Biology，9（1941）：290–308；Robert Olby. **The Path to the Double Helix**（见绪论注释 5），第 7 章.

23. 乔丹模型是他内涵更广的"量子生物学"项目的一部分。Richard H. Beyler. Targeting the organism：The scientific and cultural context of Pascual Jordan's quantum biology，1932—1947（以生物为靶标：帕斯丘尔·乔丹量子生物学之科学和文化背景，1932—1947）. Isis，87（1996）：248–273.

24. Linus Pauling and Max Delbrück. The nature of the intermolecular forces operative in biological processes（生物过程中所运行的分子间作用力的本质）. Science，92（1940）：77–79.

25. Allen. **Life Science**（生命科学）. Ernst Mayr and William B. Provine. **The Evolutionary Synthesis: Perspectives in the Unification of Biology**（演化合成：展望生物学的统一）. Cambridge，MA：Harvard University Press，1980；Mayr. **Growth of Biological Thought**（生物学思想的提升）. Fischer and Schneider. **Histoire de la génétique**. Jean Gayon. **Darwinism's Struggle for Survival: Heredity and the Hypothesis of Natural Selection**（达尔文主义的生存竞争：遗传及自然选择假说）. Cambridge：Cambridge University Press，1998；V. B. Smocovitis. Unifying biology：the evolutionary synthesis and evolutionary biology（统一生物学：演化合成与演化生物学）. Journal of the History of Biology，25（1992）：1–65.

26. Theodosius Dobzhansky. **Genetics and the Origin of Species**（遗传学与物种起源）. New York：Columbia University Press，1937；George G. Simpson. **Tempo and Mode in Evolution**（演化速度与模式）. New York：Columbia University Press，1944. 在通过实验数据去测试赖特，霍尔丹和费歇尔提出的模型时，杜布赞斯基起了关键作用。这就帮助平息了实验科学家与理论生物学家之间的矛盾。见：Robert E. Kohler. Drosophila

and evolutionary genetics：The moral economy of scientific practice（果蝇与演化遗传学：科学实践的道德经济）. History of Science，24（1991）：335-375.

## 第 2 章　一个基因一种酶假说

1. George W. Beadle and Edward L. Tatum. Genetic control of biochemical reactions in neurospora（链胞霉属真菌生物化学反应之遗传控制）. Proceedings of the National Academy of Sciences of the USA，27（1941）：499-506.

2. Harriet Zuckerman and Joshua Lederberg. Postmature scientific discovery?（过度成熟的科学发现？）Nature，324（1986）：629-631.

3. Robert Olby. **The Path to the Double Helix**（见绪论注释 5）；Krishna R. Dronamraju. Profiles in genetics：George Wells Beadle and the origin of the gene-enzyme concept（遗传学人物简介：乔治·比德尔及基因 - 酶概念之起源）. Journal of Heredity，82（1991）：443-446；Arnold W. Ravin. The gene as catalyst；the gene as organism（基因作为催化剂；基因作为生物有机体）. Studies in History of Biology，1（1977）：1-45.

4. Alexander G. Beam. **Archibald Garrod and the Individuality of Man**（阿奇博尔德·加罗德及人类之个体性）. Oxford：Clarendon Press，1993.

5. 被奥尔贝在 **The Path to the Double Helix**（见绪论注释 5）一书中引用，见书中第 130 页。

6. Archibald Garrod. **The Inborn Errors of Metabolism**（代谢之先天缺陷）. London：Oxford University Press，1909（1963，新版），London：H. Harris.

7. 伊夫鲁西和比德尔的工作中用到移植这种胚胎学方法，这是首次试图使遗传学与胚胎学之间和解的尝试。比德尔和伊夫鲁西继续利用这个系统开展了多年的研究工作。Robert E. Kohler. Systems of production：Drosophila，Neurospora and biochemical genetics（多产的研究系统：果蝇、链胞霉及生物化学遗传学）. Historical Studies in the Physical and Biological Sciences，22（1991）：87-130. 关于伊夫鲁西的事业生涯，见：Richard M. Burian，Jean Gayon and Doris T. Zallen. Boris Ephrussi and the Synthesis of Genetics and Embryology（鲍里斯·伊夫鲁西以及遗传学与胚胎学之间的合成）. 发表于 Scott F. Gillbet. **Developmental Biology**，vol. 7. **A Conceptual History of Modern Embryology**（发育生物学丛书第七卷——现代胚胎学概念史）. New York：Plenum Press，1991：207-227.

8. Garland E. Allen. **Thomas Hunt Morgan: The Man and His Science**（托马斯·摩尔根：其人其科学）. Princeton，NJ：Princeton University Press，1978；Elof A. Carlson. **The Gene: A Critical History**（见第 1 章的注释 11）；Peter J. Bowler. **The Mendelian Revolution: The Emergence of Hereditarian Concepts in Modern Science and Society**（见第 1 章注释 11）.

9. Richard B. Goldschmidt. **Physiological Genetics**（生理遗传学）. New York：McGraw-Hill，1938；Garland E. Allen. Opposition to the mendelian-chromosome theory：The physiological and developmental genetics of Richard Goldschmidt（对孟德尔学派染色体理论的反对：理查德·戈尔德施密特之生理与发育遗传学）. Journal of the History of Biology，17（1974）：49-92. 戈尔德施密特的批评所针对的是，颗粒基因的概念；Michael R. Dietrich. Striking the Hornet's Nest：Richard Coldschmidt's Rejection of the Particulate Gene（轰击马蜂窝：理查德·戈尔德施密特对颗粒基因的反对）. 发表于 Oren Harman and Michael R. Dietrich. **Rebels，Mavericks and Heretics in Biology**（生物学中的叛逆者、特立独行者及异端者）. New Haven，CT：Yale University Press，2008：119-136.

10. Scott F. Gilbert. Induction and the Origins of Developmental Genetics（诱导现象及发育遗传学之起源）. 发表于 **Developmental Biology** vol. 7，**A Conceptual History of Modern Embryology**（见第 2 章注释 7），181-206；Scott F. Gilbert. Cellular Politics：Ernest Everett Just，Richard B. Goldschmidt and the Attempt to Reconcile Embryology and Genetics（细胞的政治：贾斯特、戈尔德施密特及使胚胎学与遗传学之间和解的尝试）. 发

表于 Ronald Rainger，Keith R. Benson and Jane Maienschein. **The American Development of Biology**. Philadelphia：University of Pennsylvania Press，1988：311–346.

11. Scott F. Gilbert. The embryological origins of the gene theory（基因理论之胚胎学起源）. Journal of the History of Biology，11（1978）：307–351.

12. Jane Maienschein. What determines sex? A study of converging approaches，1880—1916（什么决定性别？对趋同研究路径的研究，1880—1916）. Isis，75（1984）：457–480；Muriel Lederman. Research note：Genes on chromosomes——the conversion of Thomas Hunt Morgan（研究笔记：染色体上的基因——摩尔根的皈依）. Journal of the History of Biology，22（1989）：163–176.

13. Jan Sapp. The struggle for authority in the field of heredity，1900—1932：New perspectives on the rise of genetics（遗传领域的权威之争，1900—1932：关于遗传学崛起的新视角）. Journal of the History of Biology，16（1983）：311–342.

14. Garland E. Allen. **Thomas Hunt Morgan: The Man and His Scionce**（见第2章注释8），第9章.

15. Lily E. Kay. Selling pure science in wartime：The biochemical genetics of G. W. Beadle（在战争时代兜售纯科学：比德尔的生物化学遗传学）. Journal of the History of Biology，22（1989）：73–101；Robert E. Kohler. Systems of Production：Drosophila，Neurospora and biochemical genetics（见第2章注释7）；George W. Beadle. Recollections（回忆录）. Annual Review of Biochemistry，43（1974）：1–3；Paul Berg and Maxine Singer. **George Beadle: An Uncommon Farmer**（乔治·比德尔：一位罕见农夫）. Cold Spring Harbor，NY：Cold Spring Harbor Laboratory Press，2003.

16. 这些结论从基恩·格扬和汉斯·瑞恩伯格的工作中可以预期到。格扬的工作表明，鲍里斯·伊夫鲁西通过一个与比德尔和塔特姆后来提出的模型很不一样的模型解释了他的数据，而瑞恩伯格已经展示，阿尔弗雷德·库恩怎样从激素作用角度去解释他在粉蛾身上所做观察。见：Jean Gayon. Génétique de la pigmentation de l'oeil de la drosophile：la contribution spécifique de Boris Ephrussi. 发表于 Claude Debru，Jean Gayon and Jean-François Picard. Les sciences biologiques et médicales en France: 1920–1950. Paris：CNRS Editions，1994：187–206；以及 Hans-Jörg Rheinberger. Ephestia：the experimental design of Alfred Kühn's physiological developmental genetics（粉蛾：阿尔弗雷德·库恩之生理发育遗传学实验设计）. Journal of the History of Biology，33（2000）：535–576；Michel Morange. Resurrection of a transient forgotten model of gene action（一种曾短暂存在、已经被遗忘的基因作用模型的复活）. Journal of Biosciences，40（2015）：473–476.

17. Lily E. Kay. Selling pure science in wartime：The biochenical genetics of G. W. Beadle（见本章注释15）；Lily E. Kay. Microorganisms and Macromanagement：Beadle's Return to Caltech（微生物与宏观管理：比德尔回归加州理工学院）. 发表于 **The Molecular Vision of Life：Caltech，the Rockefeller Foundation and the Rise of the New Biology**（见绪论注释7），194–216. 利用微生物测定氨基酸的方法已经相当"经典"。见综述：Esmond E. Snell. The microbiological assay of amino acids（氨基酸的微生物测定方法）. Advances in Protein Chemistry，2（1945）：85–118.

18. George W. Beadle. Genetic control of biochemical reactions（生物化学反应的遗传控制）. Harvey Lectture，40（1945）：56–211，193.

19. Ernest P. Fischer and Carol Lipson. **Thinking about Science：Max Delbrück and the Origin of Molecular Biology**（思考科学：德尔布吕克及分子生物学起源）. New York：W. W. Norton，1988：169–173.

20. Rorbert Olby. **The Path to the Double Helix**（见绪论注释5），第9章；Arnold W. Ravin. The gene as catalyst；the gene as organism（见本章注释3），1–45.

21. Jan Sapp. **Where the Truth Lies: Franz Moewus and the Origins of Molecular Biology**（真理之所在：弗朗茨·莫乌斯与分子生物学起源）. Cambridge：Cambridge University Press，1990；Jan Sapp. What counts as evidence，or who was Franz Moewus and why was everybody saying such terrible things about him（什么才算是

证据，或者谁是弗朗茨·莫乌斯，以及为什么人人都在说他的这些坏话）. History and Philosophy of the Life Sciences, 9（1987）: 277–308. 在题目颇具挑衅性的《真理之所在》一书中，萨普提出，比德尔和塔特姆的结果已经被弗朗茨·莫乌斯的工作抢先，莫乌斯才是分子生物学的真正创建人。萨普争辩说，莫乌斯研究的重要性之所以未被承认，是因为人们对他的欺诈指控导致他的思想和工作受到质疑。尽管其内容有趣，分析发人深省，但萨普的书并非令人满意。令人吃惊的是，他并没有回答莫乌斯是否篡改了实验结果。对萨普而言，即使控告真实，这也仅仅说明莫乌斯跟其他科学家并无二致，他们都会 "更正" 自己的实验数据。这种先入为主的判断，阻碍了萨普去探究有关莫乌斯结果正当性的多个问题，比如，他所声称鉴定到的不同激素是否的确存在，如果存在的话，它们是否具有莫乌斯所赋予它们的结构和功能。对萨普而言，"科学发现并不能与其发现者分离" 以及 "当莫乌斯被排除在科学共同体之外时，其科学发现也随之消失"（Sapp,《什么才算是证据》书中第 307 页）。

### 第 3 章　基因的化学本质

1. Oswald T. Avery, Colin MacLeod and Maclyn McCarty. Studies on the chemical nature of the substance inducing transformation of pneumococcal types（诱导链球菌类型转化物质的化学本质研究）. Journal of Experimental Medicine, 79（1944）: 137–158.

2. Alfred D. Hershey and Martha Chase. Independent functions of viral proteins and of nucleic acids in the growth of the bacteriophage（病毒蛋白质和病毒核酸在噬菌体生长过程中的独立功能）. Journal of General Physiology, 36（1952）: 39–56.

3. Gunther S. Stent. Prematurity and uniqueness in scientific discovery（科学发现的早熟性和独特性）. Scientific American, 228（1972）: 84–93.

4. H. V. Wyatt. When does information become knowledge（信息何时变成知识）. Nature, 235（1972）: 86–89.

5. René J. Dubos. **The Professor**, **The Institute and DNA**（教授、研究所和 **DNA**）. New York: Rockefeller University Press, 1976; Olga Amsterdamska. From pneumonia to DNA: The research career of Oswald T. Avery（从肺炎到 DNA: 奥斯瓦尔德·埃弗里的研究生涯）. Historical Studies in the Physical and Biological Sciences, 24（1993）: 1–40; David M. Morens, Jeffery K. Taubenberger and Anthony S. Fauci. Predominant role of bacterial pneumonia as a cause of death in pandemic influenza: implications for pandemic influenza preparedness（细菌肺炎在导致世界性流感死亡过程中的主要角色: 对防范世界性流感的启示）. Journal of Infectious Diseases, 198（2008）: 962–970.

6. 弗雷德里克·格里菲思的细菌转化实验，已经被置于有关流行病学工作的背景下: Pierre-Olivier Méthot. Bacterial transformation and the origins of epidemics in the interwar period: the epidemiological significance of Fred Griffith's "transforming experiment"（两次世界大战之间的细菌转化和流行病起源研究: 弗雷德里克·格里菲思转化实验之流行病学重要感性）. Journal of the History of Biology, 49（2016）: 311–358. 也见: Michael Fry. **Landmark Experiments in Molecular Biology**（分子生物学中之标志性实验）. London: Academic Press, 2016.

7. Maclyn McCarty. **TheTransforming Principle**（转化要素）. New York: W. W. Norton, 1985.

8. Oswald T. Avery, Colin MacLeod and Maclyn McCarty. Studies on the chemical nature of the substance inducing transformation of pneumococcal types（见本章注释 1）.

9. René J. Dubos. **The Professor**, The **Institute and DNA**（见本章注释 5）.

10. H. V. Wyatt. When does information become knowledge（见本章注释 4）, 86–89; Matthew Cobb. Oswarld Avery, DNA and the transformation of biology（奥斯瓦尔德·埃弗里, DNA 和生物学的转变）. Current Biology, 24（2014）: R55–R60.

11. Horace Freeland. Judson. **The Eighth Day of Creation: The Maker of the Revolution in Biology**（见绪论注

释 6），60.

12. Robert Olby. **The Path to the Double Helix**（见绪论注释 5），第 13 章.

13. François Jacob. **The Logic of Life: A History of Heredity**（生命的逻辑：对遗传认识之历史）. 英文翻译 Betty E. Spillmann. New York：Pantheon Press，1974：262.

14. Robert Olby. **The Path to the Double Helix**（见绪论注释 5），第 9 章.

15. Max Delbrück. A theory of autocatalytic synthesis of polypeptide and its application to the problem of chromosome reproduction（一种解释多肽链自催化合成的理论及其在染色体复制方面的应用）. Cold Spring Harbor Symposia on Quantitative Biology，9（1941）：122-124.

16. René J Dubos. **The professor，The Institute and DNA**（见本章注释 5）. 一些史学家注意到，即使在奥斯瓦尔德·埃弗里 1944 年的论文中，他并未将转化因子描述为一种基因，而是描述为一种特异的诱变剂。见：Bernardino Fantini. Genes and DNA（基因和 DNA）. History and Philosophy of the life Sciences，10（1988）：145-151. 对现代遗传学而言，如此重要的基因与特异诱变剂之间的区别，对奥斯瓦尔德·埃弗里和他的同代人而言，根本不清楚；对他们而言，基因和诱变剂有着相同的"催化"作用。见：H. V. Wyatt. Knowledge and prematurity：The journey from transformation to DNA（知识及其早熟：从转化到 DNA 之旅）. Perspectives in Biology and Medicine，18（1975）：149-156.

17. 引自 Ilana Löwy. Variances in meaning in discovery accounts：The case of contemporary biology（科学发现的记述中含义的变动：当代生物学的情形）. Historical Studies in the Physical and Biological Sciences，21（1990）：87-121.

18. Michel Morange. La révolution silencieuse de la biologie moléculaire. Débat，10（1982）：62-75.

19. 柯林·麦克里澳德（Colin Macleod）感觉到这个研究对象如此疑点重重，以至于发表任何有关细菌转化方面的结果都将困难重重。在三年时间里，他转向一个使他能发表更多论文的课题。见：Maclyn McCarty. **The Tansforming Principle**（见本章注释 7），96-100.

20. 一篇精美的"违反事实的证实"，见：Matthew Cobb. A speculative history of DNA：what if Oswarld Avery had died in 1934?（对 DNA 的臆想历史：如果奥斯瓦尔德·埃弗里 1934 年就死了将会怎样呢？）PloS：Biology，14（2016）：e2001197.

21. Erwin Chargaff. **Heraclitean Fire: Sketches from a Life before Nature**（赫拉克利特之火：在自然面前对一种生命的素描）. New York：Rockefeller University Press：1978，86-100. 欧文·查格夫的工作在奥尔贝的 **The Path to the Double Helix**（见绪论注释 5）一书中也有描述，第 211-219 页.

22. Rollin D. Hotchkiss. The Identification of Nucleic Acid as Genetic Determinants（将核酸鉴定为遗传决定因子）. 发表于 P. R. Srinivasan，Joseph S. Fruton and John T. Edsall. **The Origins of Modern Biochemistry：A Retrospect on Proteind**（见第 1 章注释 1），321-342.

## 第 4 章 噬菌体研究小组

1. 于 1966 年出版的麦克斯·德尔布吕克纪念论文集，是这个研究小组一个迟到的洗礼。就在它出版后不久的 1969 年，该研究小组的三位创始人便获得了诺贝尔奖。见：John Cairns，Gunther S. Stent and James D. Watson. **Phage and the Origins of Molecular Biology**（噬菌体及分子生物学之起源）. Cold Spring Harbor：Cold Spring Harbor Laboratory Press，1966 年（1992 年，扩充版）；Nicholas C. Mullins. The development of a scientific specialty：The phage group and the origins of molecular biology（一个科学专业的建立：噬菌体研究小组和分子生物学的起源）. Minerva，10（1972）：51-82；D. Fleming. Émigré physicists and the biological revolution（移民物理学家与生物学革命）. Perspectives in American History，2（1968）：176-213；该文后重印于 Donald Fleming and Bernard Bailyn（eds.）. **The Intellectual Migration：Europe and America：1930—1960** 一书中（见绪论注释 13）。

2. Lily E. Kay. Conceptual models and analytical tools：The biology of physicist Max Delbrück（概念模型与分析工具：物理学家麦克斯·德尔布吕克所践行的生物学）. Journal of the History of Biology，18（1985）：207–246；Ernst P. Fischer and Carol Lipson. **Thinking about Science：Max Delbrück and the Origin of Molecular Biology**（见第 2 章注释 19）；Thomas D. Brock. **The Emergence of Bacterial Genetics**（细菌遗传学的出现）. Cold Spring Harbor：Cold Spring Harbor Laboratory Press，1990.

3. Niels Bohr. Light and life（光与生命）. Nature，131（1933）：421–423，457–459.

4. Nikolaï W. Timofeeff-Ressovsky，Karl G. Zimmer and Max Delbrück. Über die Natur der Genmutation und der Genstruktur. Nachrichten von der Gesellschaft der Wissenschaften zu Göttingen，Mathematisch-Physikalische Klasse，6（1935）：190–245. 该文被翻译并重新编辑，而且加了评语，发表于 Phillip R. Sloan and Brandon Fogel. **Creating Physical Biology: The Three-Man Paper and the Early Molecular Biology**（创建物理生物学：三人论文与早期分子生物学）. Chicago：University of Chicago Press，2011. 逖莫费夫 – 瑞瑟富斯基的一生显示那些在第二次世界大战中，不能或者不想选择正确阵营的人所面临的困难。1926 年他离开苏联，跟随刚刚结束对苏联访问的德国精神病学家和神经生理学家奥斯卡·冯哥特（Oskar Vogt）工作。瑞瑟富斯基在第二次世界大战期间继续在德国工作。战争结束后，他被送到苏联一个劳改所。在约里奥 – 居里（Frederic Joliot-Curie）干预下，以及瑞瑟富斯基本人的科学能力，他获得了自由。之后他被任命为乌拉尔地区位于斯弗罗夫斯克的一个放射生物学实验室的主管。他后来被指控在战争期间，参与了利用囚犯进行研究的工作——检测了放射性化合物对囚犯的影响。这种与纳粹合作的指控——如果的确发生了的话——未能使他将反纳粹主义的儿子，从德国毛特豪森集中营中救出，他的儿子后来死在那里。瑞瑟富斯基的科学贡献很重要。他除与德尔布吕克进行合作之外，还在群体遗传学方面获得几项重要发现。他帮助遗传学的切特韦里科夫（Chetverikov）俄罗斯学派获得了注意度，并因此在使遗传学与演化生物学之间达成和解方面起了主要作用。他对杜布赞斯基的影响似乎尤为深远。见：Diane B. Paul and Costas B. Krimbas. Nikolaï W. Timofeeff-Ressovsky（尼古拉·逖莫费夫 - 瑞瑟富斯基）. Scientific American，266（1992）：64–70；Max F. Perutz. Erwin Schrodinger's *What Is Life* and Molecular Biology（埃尔温·薛定谔的《生命是什么》与分子生物学）. 发表于 C. W. Kilmister. Schrödinger：Centenary Celebration of a Polymath（薛定谔：一个博学者的百年纪念）. Cambridge：Cambridge University Press，1987：234–251；Bentley Glass. Timofeeff-Ressovsky，Nikolaï Wladimirowich（尼古拉·逖莫费夫 – 瑞瑟富斯基）. 发表于 F. L. Holmes. **Dictionary of Scientific Biographies**（科学传记词典）. New York：Charles Scribner's Sons，1990：第 18 卷，附录Ⅱ.

5. Keith L. Manchester. Exploring the gene with X-rays（利用 X 射线探索基因）. Trends in Genetics，12（1996）：515–518.

6. Erwin Schrödinger. **What Is Life**（生命是什么）. Cambridge：Cambridge University Press，1944.

7. Salvador E. Luria. **A Slot Machine，a Broken Test Tube: An Autobiography**（一个投币游戏机，一个破试管：一份自传）. New York：Harper and Row，1984.

8. Max Delbrück and Nikolaï W. Timofeeff-Ressovsky. Cosmic rays and the origin of species（宇宙射线与物种起源）. Nature，137（1936）：358–359.

9. Elof A. Carlson. **The Gene: A Critical History**（见第 1 章注释 11）.

10. Lily E. Kay. Quanta of life：Atomic physics and the reincarnation of phage（生命的量子：原子物理学与噬菌体的复活）. History and Philosophy of the life Sciences，14（1992）：3–21.

11. William C. Summers. How bacteriophage came to be used by the phage group（噬菌体如何被噬菌体研究小组选中）. Journal of the History of Biology，26（1993）：255–267.

12. 噬菌体是体现"行事利器"重要性的最佳范例之一。Adèle E. Clark and Joan H. Fujimura. **The Right Tools for the Job: At Work in Twentieth-Century Life Sciences**（行事利器：运行中的 20 世纪生命科学）. Prince-

ton，NJ：Princeton University Press，1992.

13. Lily E. Kay. Virus，enzyme ou gene? Le problème du bacteriophage（1917—1947）. in L'Institut Pasteur: Contributions à son histoire，La Découverte，Paris，1991.

14. Ton Van Helvoort. The construction of bacteriophage as bacterial virus：Linking endogenous and exogenous thought styles（将噬菌体当成细菌病毒进行构想：将内源性和外源性思维模式予以关联）. Journal of the History of Biology，27（1994）：91-139.

15. Kay. Virus，enzyme ou gène? Ton Van Helvoort. The controversy between John H. Northrop and Max Delbrück on the formation of bacteriophage：Bacterial synthesis or autonomous multiplication（约翰·诺思罗普与麦克斯·德尔布吕克之间有关噬菌体形成机制的论战：是细菌合成的还是自我增殖的）. Annals of Science，49（1992）：545-575.

16. Emory Ellis and Max Delbrück. The growth of bacteriophage（噬菌体的生长）. Journal of General Physiology，22（1939）：365-384.

17. Nicholas C. Mullins. The development of a scientific specialty：The phaga group and the origins of molecular biology（见本章注释 1）.

18. Franklin W. Stahl. **We Can Sleep Later: Alfred D. Hershey and the Origins of Molecular Biology**（我们可以晚睡：艾尔弗雷德·赫尔希与分子生物学的起源）. Cold Spring Harbor，New York：Cold Spring Harbor Laboratory Press，2000.

19. Ernest P. Fischer and Carol Lipson. **Thinking about Science: Max Delbrück and the Origin of Molecular Biology**（见第 2 章注释 19），147.

20. Salvador E. Luria and Thomas F. Anderson. The identification and characterization of bacteriophages with the electron microscope（利用电子显微镜鉴定和表征噬菌体）. Proceedings of the National Academy of Sciences of the USA，28（1942）：127-130.

21. H. Ruska. Über ein neues bei der bakteriophagen Lyse auftretendes Formelement. Naturwissenschaften，29（1941）：367-368.

22. Salvador E. Luria. **A Slot Machine，a Broken Test Tube：An Autobiography**（见本章注释 7）.

23. Angela N. H. Creager. The paradox of the phage group：essay reviews（噬菌体小组的悖论：评论综述）. Journal of the History of Biology，45（2010）：183-193. 针对噬菌体小组为何在科学上失败了但仍旧重要的原因，安杰拉·克里杰提出两点看法：通过在生物医学研究中强调病毒的用处，以及所建立的噬菌体与放射生物学之间的关联性.

24. Seymour S. Cohen. Synthesis of bacterial viruses，synthesis of nucleic acid and protein in Escherichia coli infected with T2r$^+$ bacteriophage（感染了 T2r$^+$ 噬菌体的大肠杆菌中的细菌病毒、核酸和蛋白质的合成）. Journal of Biological Chemistry，174（1948）：295-303.

25. 第二次世界大战之后，噬菌体体系变得日益被人们所知晓，甚至在生物学圈子之外也如此。1946 年约翰·冯·诺依曼（John von Neumann）给诺伯特·维纳（Norbert Wiener）写信，讨论有关控制论与人类大脑功能研究方向时，就引用了噬菌体作为认识基本生物学功能方面模型这一案例。Pesi R. Masani. **Norbert Wiener，1894—1964**（诺伯特·维纳，1894—1964）. Vita Mathematica，第 5 卷，Basel：Birkhaüser Verlag，1990：242-249.

26. Gunther S. Stent. Max Delbrück（麦克斯·德尔布吕克）. Trends in Biochemical Sciences，6（1981）：iii-iv.

27. Ernest P. Fischer and Carol Lipson. **Thinking about Science: Max Delbrück and the Origin of Molecular Biology**（见第 2 章注释 19），179.

28. 噬菌体研究小组在科学的另一分支上，产生了一种重要副产品：瑞拉托·杜尔贝科根据德尔布吕克的建议，建立了一种对动物病毒进行定量研究的新方法。这种方法从研究噬菌体的方法中衍生出来（见第

15 章 )。

29. Alfred D. Hershey and Martha Chase. Independent functions of viral protein and nucleic acid in growth of bacterio-phage (病毒的蛋白质与核酸在噬菌体生长过程中的独立功能). Journal of general Physiology, 36 (1952): 39–56.

30. Angela N. H. Creager. **Life Atomic: A History of Radioisotopes in Science and Medicine** (生命原子学: 放射性同位素在科学和医学中的发展历史). Chicago: University of Chicago Press, 2013.

31. Gunther S. Stent. That was the molecular biology that was (这就是那时的分子生物学). Science, 160 (1968): 390–395; Alfred D. Hershey. Functional differentiation within particles of bacteriophage T2 (噬菌体 T2 颗粒中的功能分化). Cold Spring Harbor Symposia on Quantitative Biology, 18 (1953): 135–140. 有关这方面的更多资料, 请参考: Matthew Cobb. Oswald Avery, DNA and the transformation of biology (奥斯瓦尔德·埃弗里, DNA 和生物学的转变). Current Biology, 24 (2015): R55–R60.

32. H. V. Wyatt. How history has blended (历史是怎样被混淆的). Nature, 249 (1974): 803–805.

33. H. V. Wyatt. Knowledge and prematurity: The journey from transformation to DNA (知识及其早熟: 从细菌转化到 DNA 之旅). Perspectives in Biology and Medicine, 18 (1975): 149–15.

34. André Boivin, Roger Vendrely and Colette Vendrely. Lacide désoxyribonu-cléique du noyau cellulaire, dépositaire des caractères héréditaires; arguments d'ordre analytique. Comptes rendus hebdomadaires des séances de l'Académie des sciences, 226 (1948): 1061–1063.

35. Roger Vendrely and Colette Vendrely. La teneur du noyau cellulaire en acide désoxyribonucléique à travers les or-gans, les individus et les espèces ani-males. Experientia, 4 (1948): 434–436.

### 第 5 章 细菌遗传学的诞生

1. William Bulloch. **The History of Bacteriology** (细菌学历史). New York: Dover, 1979 (1938 年, 第一版).

2. Olga Amsterdamska. Stabilizing instability: The controversy over cyclogenic theories of bacterial variation during the interwar period (使不稳定之物稳定: 两次世界大战期间关于细菌周期性变异理论之争). Journal of the History of Biology, 24 (1991): 191–222.

3. Robert E. Kohler. Innovation in normal science: bacterial physiology (常态科学时的创新: 细菌生理学). Isis, 76 (1985): 162–181.

4. V. B. Smocovitis. Unifying biology: The evolutionary synthesis and evolutionary biology (统一生物学: 演化合成理论与演化生物学). Journal of the History of Biology, 25 (1992): 1–65; Theodosius Dobzhansky. **Genetics and the Origin of Species** (见第 1 章注释 26).

5. Cyril Hinshelwood. **The Chemical Kinetics of the Bacterial Cell** (细菌细胞的化学动力学). Oxford: Clarendon Press, 1946.

6. William Summers. From culture as organism to organism as cell: Historical origins of bacterial genetics (从培养细胞作为有机体到有机体作为细胞: 细菌遗传学之历史起源). Journal of the History of Biology, 24 (1991): 171–190.

7. I. M. Lewis. Bacterial variation with special reference to behavior of some mutabile strains of colon bacteria in synthetic media (细菌变异: 特别关注合成培养基中大肠细菌一些可突变菌株的行为). Journal of Bacteriology, 26 (1934): 619–639.

8. Salvador E. Luria and Max Delbrück. Mutations of bacteria from virus sensitivity to virus resistance (细菌从病毒敏感型到病毒抵抗型的突变). Genetics, 28 (1943): 491–511.

9. Max Delbrück and Salvador E. Luria. Interference between bacterial viruses: 1– Interference between two bacterial viruses acting upon the same host and the mechanism of virus growth (细菌病毒之间的相互干扰: I. 两种作用于

同一宿主细菌病毒之间的干扰现象及病毒生长机制）. Archives of Biochemistry，1（1942）：111-141.

10. Salvador E. Luria. **A Slot Machine，a Broken Test Tube：An Autobiography**（见第 4 章注释 7）.

11. Salvador E. Luria. **A Slot Machine，a Broken Test Tube：An Autobiography**（见第 4 章注释 7），20.

12. Eugene Wollman，Fernand Holweck and Salvador Luria. Effect of radiations on bacteriophage C16（辐射对 C16 噬菌体的影响）. Nature，145（1940）：935-93.

13. S. E. Luria and T. F. Anderson. The identification and characterization of bacteriophages with the electron microscope（利用电子显微镜鉴定和表征噬菌体）. Proceedings of the National Academy of Sciences of the USA，28（1942）：127-130.

14. Salvador E. Luria. **A Slot Machine，a Broken Test Tube：An Autobiography**（见第 4 章注释 7），75.

15. Ernest P. Fischer and Carol Lipson. **Thinking about Science：Max Delbrück and the Origin of Molecular Biology**（见第 2 章注释 19），142-147.

16. Salvador E. Luria. Recent advances in bacterial genetics（细菌遗传学最新进展）. Bacteriological Review，11（1947）：1-40. 尽管有人多次尝试过，但卢里亚和德尔布吕克的结果从未被严重挑战。

17. René J. Dubos. **The Bacterial Cell in Its Relation to Problems of Virulence，Immunity and Chemotherapy**（细菌细胞及其与毒性、免疫性和化疗等问题的关联）. Cambridge，MA：Harvard University Press，1945：176.

18. Harriet Zuckerman and Joshua Lederberg. Postmature scientific discovery?（晚熟的科学发现?）Nature，324（1986）：629-631. 杜布赞斯基是演化合成论的主要创始人之一，他在这次生物学统一过程中起了重要作用。他帮助促使信息在遗传学家、生物化学家和生理学家之间传播，尤其值得一提的是，他使得遗传学家知晓了埃弗里的发现。

19. Peter Medawar. **The Art of the Soluble**（寻找可解问题之艺术）. London：Methuen，1967.

20. Joshua Lederberg. A fortieth anniversary reminiscence（四十周年回忆录）. Nature，324（1986）：627-628；Genetic recombination in bacteria：A discovery account（细菌中的遗传重组：发现纪实）. Annual Review of Genetics，21（1987）：23-46.

21. Joshua Lederberg and Edward L. Tatum. Novel genotypes in mixed cultures of biochemical mutants of bacteria（不同细菌生物化学突变株混合培养后产生的全新基因型）. Cold Spring Harbor Symposia on Quantitative Biology，11（1946）：113-114. 这些结果在《自然》杂志上以一篇短文形式发表：Joshua Lederberg and Edward L. Tatum. Gene recombination in Escherichia coli（大肠杆菌中的基因重组）. Nature，158（1946）：558.

22. Thomas D. Brock. **The Emergence of Bacterial Genetics**（见第 4 章注释 2）.

23. Salvador E. Luria. Mutations of bacterial viruses affecting their host ranges（细菌病毒中的突变影响它们的宿主范围）. Genetics，30（1945）：84-99.

24. Alfred D. Hershey. Mutation of bacteriophage with respect to type of plaque（与噬菌斑类型相关的噬菌体突变）. Genetics，31（1946）：620-640.

25. Alfred D. Hershey. Spontaneous mutations in bacterial viruses（细菌病毒中的自发突变）. Cold Spring Harbor Symposia on Quantitative Biology，11（1946）：67-77；M. Delbrück and W. T. Bailey. Induced mutations in bacterial viruses（细菌病毒中的诱发突变）. Cold Spring Harbor Symposia on Quantitative Biology，11（1946）：33-37.

26. Frederic L. Holmes. **Reconceiving the Gene: Seymour Benzer's Adventures in Phage Genetics**（重新构想基因：西莫尔·本泽尔进行的噬菌体遗传学冒险）. New Haven，CT：Yale University Press，2006.

27. J. Lederberg，E. M. Lederberg，N. D. Zinder and E. R. Lively. Recombination analysis of bacterial heredity（细菌遗传的重组分析）. Cold Spring Harbor Symposia on Quantitative Biology，16（1951）：413-443.

28. William Hayes. Recombination in Escherichia coli K12：unidirectional transfer of genetic Material（大肠杆菌 K12 菌株中的重组：遗传物质的单向转移）. Nature，169（1952）：118-119.

29. ElieL. Wollman. Bacterial Conjugation（细菌转导）. 发表于 John Cairns，Gunther S. Stent and James D. Watson. **Phage and the Origins of Molecular Biology**（噬菌体与分子生物学的起源）. Cold Spring Harbor，NY：Cold Spring Harbor Laboratory Press，1966：216-225（1992，扩充版）.

30. Elie L. Wollman and François Jacob. Sur le mécanisme de transfert du matériel génétique au cours de la recombinaison chez Escherichia coli Kl2. Comptes rendus de l'Académie des sciences，240（1955）：2449-2451.

31. J. Lederberg，E. M. Lederberg，N. D. Zinder and E. R. Lively. Recombination analysis of bacterial heredity（见本章注释 27）.

32. Joshua Lederberg. Genetic recombination in bacteria：A discovery account（见本章注释 20），33-34.

33. Norton D. Zinder and Joshua Lederberg. Genetic exchange in *Salmonella*（沙门氏菌中的遗传交换）. Journal of Bacteriology，64（1952）：679-699.

34. Milislav Demerec and P. E. Hartman. Tryptophan mutants in *Salmonella typhimurium*（沙门氏菌中的色氨酸突变），5-33；P. E. Hartman. Linked loci in the lontrol of consecutive steps in the primary pathway of histidine synthesis in *Salmonella typhimurium*（控制沙门氏菌中组氨酸合成主要途径连续步骤的遗传关联位点），35-61；发表于 **Genetic Studies in Bacteria**（细菌的遗传学研究）. Publication 612，Washington，DC：Carnegie Institution of Washington，1956.

35. M. L. Morse，E. M. Lederberg and J. Lederberg. Transduction in *Escherichia coli* K12（大肠杆菌 K12 菌株中的转导现象）. Genetics，41（1956）：142-156.

## 第 6 章 烟草花叶病毒的结晶

1. Hermann J. Muller. Variations due to change in the individual gene（单个基因中的变化引起的变异）. American Naturalist，22（1922）：32-50.

2. 有关当时的科学与社会背景的一份极佳描述，见：Angela N. H. Creager. **The Life of a Virus: Tobacco Mosaic Virus as an Experimental Model，1930—1965**（一种病毒的生活：烟草花叶病毒作为一种实验模型，**1930—1965**）. Chicago：University of Chicago Press，2002.

3. Ton Van Helvoort. What is a virus? the case of tobacco mosaic disease（病毒是什么？烟草花叶疾病案例）. Studies in History and Philosophy of Science: Part A，22（1991）：557-588；John G. Shaw and Milton Zaitlin. **Tobacco Mosaic Virus: One Hundred Years of Contributions to Virology**（烟草花叶病毒：贡献给病毒学的 100 年）. St. Paul，MN：American Physiopathological Society Press，1999；Angela N. H. Creager. **The Life of a Virus：Tobacco Mosaic Virus as an Experimental Molel，1930—1965**（见本章注释 2）.

4. Robert Olby. **The Path to the Double Helix**（见绪论注释 5），第 10 章；Lily E. Kay. W. M. Stanley's crystallization of the tobacco mosaic virus，1930—1940（温得尔·斯坦利结晶烟草花叶病毒，1930—1940）. Isis，77（1986）：450-472.

5. Seymour S. Cohen. Finally the beginnings of molecular biology（分子生物学最终开始了）. Trends in Biochemical Sciences，11（1986）：92-93.

6. Philip J. Pauly. **Controlling Life: Jacques Loeb and the Engineering Ideal in Biology**（控制生命：雅克·洛布与生物学中的工程理念）. Oxford：Oxford University Press，1987.

7. Wendell M. Stanley. Isolation of a crystalline protein possessing the properties of tobacco mosaic virus（一种拥有烟草花叶病毒特征的晶体蛋白质的分离）. Science，81（1935）：644-645.

8. Lily E. Kay. The twilight zone of life：the crystallization of the tobacco mosaic virus（生命的微光区：烟草花叶病毒的结晶）. 7th Course of the International School of the History of Biological Sciences（第 7 届生物科学历史国际学校课程），Ischia，June 19-28，1990.

9. Max A. Lauffer. Contributions of early research on tobacco mosaic virus（对烟草花叶病毒早期研究的贡献）.

Trends in Biochemical Sciences, 9（1984）：369–371. 1934 年，一种噬菌体被发现为核酸蛋白质复合体：Max Schlesinger. Zur Frage der Chemischen Zusammensetzung des Bakteriophagen. Biochemische Zeitschrift，273（1934）：306–311.

10. 温德尔·斯坦利认为，关键是他的研究结果与生命和蛋白质——生命的关键成分——的自催化模型吻合。这个模型得到洛克菲勒研究所的生物学家诺思罗普、伯格曼和莱曼的广泛接受（见第 12 章）。它解释了像胰蛋白酶这样的蛋白质水解酶的自激活作用，以及噬菌体和参与蛋白质合成的多酶复合体的复制（Olby，通向双螺旋之路，第 9 章）。

11. Lily E. Kay. The twilight zone of life：the crystallization of the tobacco mosaic virus（见本章注释 8）。

### 第 7 章　物理学家进入分子生物学领域

1. Bernard T. Feld and Gertrud Weiss Szilard. **The Collected Papers of Leo Szilard：Scientific Papers**（利奥·西拉德文集：科学论文）. Cambridge，MA：MIT Press，1972；William Lanouette and Bela Silard. **Genius in the Shadows：A Biography of Leo Szilard，the Man behind the Bomb**（阴影中的天才：利奥·西拉德传记，原子弹的幕后人）. New York：Charles Scribner's Sons，1992. 一系列物理学家参与了生物学革命，有关他们所做贡献的讨论，见：Donald Fleming. **Emigré Physicists and the Biological Revolution**（见绪论注释 13）。

2. Horace Freeland Judson. **The Eighth Day of Creation The Makers of the Revolution in Biology**（见绪论注释 6），228. 乔治·伽莫夫还是一位知名的科普作家，他创造了汤姆金斯先生（Mr Tomkins）这个人物。

3. 在美国，西拉德和乔治·伽莫夫属于被怀疑帮助苏联获得原子弹信息的移民科学家。见：Pavel A. Sudoplatov，Anatoli P. Sudoplatov，Jerrold L. Schecter and Leona P. Schecter. **Special Tasks：The Memoirs of an Unwanted Witness, a Soviet Spymaster**（特殊任务：一位不受欢迎的见证人、一位苏联间谍王的回忆录）. Boston：Little，Brown and Company，1994.

4. Nicholas C. Mullins. The development of a scientific specialty：The phage group and the origins of molecular biology（见第 4 章注释 1）。

5. François Jacob. **The Logic of Life：A History of Herdeity**（见第 3 章注释 13）。

6. Thomas S. Kuhn. **The Structure of Scientific Revolutions**（见绪论注释 3）。

7. Andrew Hodges. **Alan Turing：The Enigma of Intelligence**（阿兰·图灵机：智慧之谜）. London：Burnett Books，1983；Philippe Breton. **Histoire de l'informatique**（信息学史）. Paris：La Découverte，1987.

8. R. V. Jones. **The Wizard War: British Scientific Intelligence，1939—1945**（魔力之战：英国的科学情报，**1939—1945**）. New York：Coward McCann and Geoghan，1978；F. H. Hinsley and Alan Stripp. **Codebreakers: The Inside Story of Bletchley Park**（密码破译者：布莱切利园之内幕）. Oxford：Oxford University Press，1993；Stephen Budiansky. **Battle of Wits: Complete Story of Code Breaking in Word War II**（智慧之较量：第二次世界大战中破译密码之完整故事）. New York：Free Press/Viking，2000.

9. F. Aaserud. **Redirecting Science: Niels Bohr，Philanthropy and the Rise of Nuclear Physics**（重新定向科学：尼尔斯·玻尔、慈善及核物理学之崛起）. Cambridge：Cambridge University Press，1990；Abraham Pais. **Niels Bohr's Times in Physics: Philosophy and Polity**（物理学的尼尔斯·玻尔时代：哲学与政体）. Oxford：Clarendon Press，1991：388–394.

10. Niels Bohr. Light and life（光与生命）. Nature，131（1933）：421–423，457–459.

11. Lily E. Kay. Quanta of life：Atomic physics and the reincarnation of phage.（见第 4 章注释 10）. 尼尔斯·玻尔一生中对互补性这个概念的认识在不断演化：他开始时关注还原论与生机论之间的互补性，后来转向了机械论与目的论之间的互补性。他最后一篇生物学文章，《再论光与生命》（1962）并未提及互补性概念。Abraham Pais. **Niels Bohr's Times in Physics：Philosophy and Polity**（见本章注释 9），441–444. 受到玻尔讲座影响的德尔布吕克，其世界观更倾向于始终如一：Daniel J. McKaughan. The Influence of Niels Bohr on Max Delbrück：Revisiting the Hopes Inspired by "Light and Life"（尼尔斯·玻尔对麦克斯·德尔布吕克的影响：再论"光与生命"所激发的希望）. Isis, 96（2005）：507–529.

12. Erwin Schrödinger. **What Is Life**（见第 4 章注释 6）；Robert C. Olby. Schrodinger's problem：What is life（薛定谔的问题：生命是什么）. Journal of the History of Biology, 4（1971）：119–148. 1938 年，当奥地利被德国吞并后不久，薛定谔离开了那里。

13. Gunther S. Stent. That was the molecular biology that was（见第 4 章注释 31）.

14. Erwin Schrödinger. **What is Life**（生命是什么）. Cambridge：Cambridge University Press, 1992（1944 年，第一版）. 薛定谔的观点，是笛卡儿机械论和决定论思想的直接移植，比如对基因和染色体概念的表述："如果像人这样的某些特定动物种子的所有部分都被精确认识，仅从这一点就可以完全通过数学的和精确的推导，得知其脸部或四肢的样子。"René Descartes. **Descriptiondu corps humain**（人体描述）, 11 卷, **Oeuvres completes**（完整的作品）. Charles Adam and Paul Tannery, 11：277, Paris：Libraries Philosophique J. Vrin, 2000（1897 年，第一版）.

15. Max F. Perutz. Erwin Schrödinger's What Is Life and Molecular Biology（薛定谔的《生命是什么》与分子生物学）. 发表于 C. V. Kilmister. **Schrodinger：Centenary Celebration of a Polymath**（薛定谔：一个博学者的百年纪念）. Cambridge：Cambridge University Press, 1987：234–251. 薛定谔对"密码"一词的使用，被给予许多解释，有关这些解释的评判，见：A. E. Walsby and M. J. S. Hodge. Schrödinger's code-script：not a genetic cipher but a code of development（薛定谔的密码本：并非遗传的加密而是发育的密码）. Studies in History and Philosophy of Science：Part C, 63（2017）：45–54.

16. Pnina Abir-Am. Themes, genres and orders of legitimation in the consolidation of new scientific disciplines：Reconstructing the historiography of molecular biology（新科学领域整合正当性有关的主题、流派和秩序：重构分子生物学发展史）. History of Science, 23（1985）：75–117. 这种笼统描述，并非意味着薛定谔的书未对一部分科学家产生直接影响：Nicola Williams. Irene manton, erwin Schrödinger and the puzzle of chromosome structure（艾琳·曼顿，薛定谔以及染色体结构之谜）. Journal of the History of Biology, 49（2016）：425–459.

17. Theodosius Dobzhansky. **Genetics and the Origin of Species**（见第 1 章注释 26）.

18. Michel Morange. Schrödinger et la biologie moléculaire. Fundamenta Scientiae, 4（1983）：219–234.

19. Erwin Schrödinger. **What Is Life**（见本章注释 14）, 21.

20. Edward Yoxen. Where Does Schrödinger's What Is Life. Belong in the History of Molecular Biology?（在分子生物学历史中薛定谔的《生命是什么》该归属何处？）History of Science, 17（1979）：17–52.

21. Edward Yoxen. Where Does Schrödinger's What Is Life Belong in the History of Molecular Biology（见本章注释 20）, 17–52.

22. Walter Moore. **Schrödinger: Life and Thought**（薛定谔：生平与思想）. Cambridge：Cambridge University Press, 1989.

23. Erwin Schrödinger. **My View of the World**（我的世界观）. Cambridge：Cambridge University Press, 1964.

24. Morange. Schrödinger et la biologie moléculaire.

25. William M. Johnston. **The Austrian Mind: An Intellectual and Social History, 1848-1938**（奥地利智慧：智力和社会学史）. Berkeley：University of California Press, 1972.

## 第 8 章　洛克菲勒基金会的影响

1. Robert E. Kohler. The management of science：The experience of Warren Weaver and the Rockefeller Foundation programme in molecular biology（科学管理：沃伦·韦弗的经历及洛克菲勒基金资助的分子生物学项目）.

Minerva，14（1976）：279-306；Pnina Abir-Am. The discourse of physical power and biological knowledge in the 1930s：A reappraisal of the Rockefeller Foundation's "Policy" in molecular biology（论 20 世纪 30 年代物理学威力及生物学知识：重估洛克菲勒基金会的分子生物学 "政策"）. Social Studies of Science，12（1982）：341-382；John A. Fuerst，Ditta Bartels，Robert Obly，Edward J. Yoxen and PninaAbir-Am. Responses and replies to P. Abir-Am（对佩莉纳·阿贝 - 阿姆的回应和答复：佩莉纳·阿贝 - 阿姆的最后回应）. Social Studies of Science，14（1984）：225-263；Lily E. Kay. **The MolecularVision of Life: Caltech, the Rockefeller Foundation and the Rise of the New Biology**（见绪论注释 7）. 在之后的一篇文章中，阿贝 - 阿姆对洛克菲勒基金会批评的声调低多了. Pnina G. Abir-Am. The Rockefeller Foundation and the rise of molecular biology（洛克菲勒基金会与分子生物学之崛起）. Nature Reviews Molecular Biology，3（2002）：65-70. 其他基金会对于分子生物学的诞生也发挥了重要作用，例如那些资助病毒研究的基金会（见第 6 章和第 15 章）.

2. Robert E. Kohler. **Partners in Science: Foundations and Natural Scientists**，1900—1945（科学合伙人：基金会与自然科学家，1900—1945）. Chicago：University of Chicago Press，1991.

3. Robert E. Kohler. The management of science：The experience of Warren Weaver and the Rockefeller Foundation programme in molecular biology（见本章注释 1），290.

4. Robert E. Kohler. The management of science：The experience of Warren Weaver and the Rockefeller Foundation programme in molecular biology（见本章注释 1）.

5. Warren Weaver. Molecular biology：Origins of the term（分子生物学：这一术语之起源）. Science，170（1970）：591-592.

6. Doris T. Zallen. The Rockefeller Foundation and french research（洛克菲勒基金会与法国的科学研究）. Les Cahierspourl'histoiredu CNRS，5（1989）：35-58.

7. Jean-François Picard. **La République des savants. La recherche francaise et le CNRS**. Paris：Flammarion，1990.

8. Robert E. Kohler. The management of science：The experience of Warren Weaver and the Rockefeller Foundation programme in molecular biology（见本章注释 1）.

9. 引自 Horace Freeland Judson. **The Eighth Day of Creation: The Makers of the Revolution in Biology**（见绪论注释 6），4.

10. Horace Freeland Judson. **The Eighth Day of Creation：The Makers of the Rewlution in Biology**（见绪论注释 6），361-367；Pnina Abir-Am. The asessment of interdisciplinary research in the 1930s：The Rockefeller Foundation and physico-chemical morphology（对 20 世纪 30 年代交叉学科类研究的评估：洛克菲勒基金会与物理 - 化学形态学）. Minerva，26（1988）：153-176.

11. 他们都是一个理论生物学俱乐部的创始成员。Pnina G. Abir-Am. The biotheoretical gathering，trans-disciplinary authority and the incipient legitimation of molecular biology in the 1930s：New perspective on the historical sociology of science（20 世纪 30 年代的理论生物学聚会、跨学科的学术权威以及分子生物学初期的正当化：对科学的历史社会学的新视野）. History of Science，25（1987）：1-70；Pnina G. Abir-Am and Dorinda Outram. **Uneasy Careers and Intimate Lives：Women in Science，1789—1979**（不易的事业生涯与温馨的个人生活：科学领域中的女性，**1789—1979**）. New Brunswick，NJ：Rutgers University Press，1987. 该书的第 12 章专门讨论多萝茜·林池的情况。李约瑟后来转向研究中国科学史。有关约瑟夫·伍杰及他对方法学上的还原论的评论，见：Nils Roll-Hansen. E. S. Russell，J. H. Woodger. The failure of two twentieth-century opponents of mechanistic biology（罗素与伍杰：20 世纪机制生物学两位反对者之失败）. Journal of the History of Biology，17（1984）：399-428；约翰·伯纳尔是首批蛋白质晶体学家成员，也是一位热衷于解释最根本性生物学问题的思想家；见：Andrew Brown. **J. D. Bernal: The Sage of Science**（约翰·伯纳尔：科学智者）. Oxford：Oxford University Press，2005.

12. Tim J. Horder and Paul Weindling. Hans Spemann and the Organizer（汉斯·斯佩曼与组织者）. 发表于 Tim Horder，Jan Witkowski and C. C. Wylie. **A History of Embryology**（胚胎学史）. Cambridge：Cambridge University Press，1986：183-242. 有关斯佩曼研究工作的全面清晰的概述，见：Jan Witkowski. The hunting of the organizer：An episode in biochemical embryology（猎取胚胎发育组织者：生物化学胚胎学领域的一段插曲）. Trends in Biochemical Sciences，10（1985）：379-381；Scott F. Gilbert. Induction and the origins of developmental genetics（胚胎诱导及发育遗传学之起源）. in Developmental Biology（发育生物学），第 7 卷. Scott F Gilbert. **A Conceptual History of Modern Embryology**（现代胚胎学概念史）. New York：Plenum Press，1991：181-206；Rony Armon. Between biochemists and embryologists：the biochemical study of embryonic induction in the 1930s（生物化学家与胚胎学家之间：20 世纪 30 年代对胚胎诱导之生物化学研究）. Journal of the History of Biology，45（2012）：65-108.

13. J. M. W. Slack. **From Egg to Embryo: Determinative Events in Early Development**（从卵到胚胎：早期发育之决定性事件）. Cambridge：Cambridge University Press，1983；被引文章：Jan Witkowski. The hunting of the organizer：An episode in biochemical embryology（见本章注释 12）.

14. Pnina G. Abir-Am and Dorinda Outram. **Uneasy Careers and Intimate Lives：Women in Science，1789—1979**（见本章注释 11），267.

15. 与此相似而与莉莉·凯的提议相反的是，加州理工学院的赞助者并非分子生物学的创建者——虽然这个研究中心所做贡献可能大于他人。见 Lily E. Kay. **The Molecular Vision of Life：Caltech，the Rockefeller Foundation and the Rise of the New Biology**（见绪论注释 7）.

16. Robert Bud. **The Uses of Life: A History of Biotechnology**（生命的应用：生物技术发展史）. Cambridge：Cambridge University Press，1993.

17. Antoine Danchin. **Physique，chimie，biologie，un demi-siècle d'interactions: 1927—1977.** Paris，1977. 1977 年此文为纪念巴黎的生物物理-化学研究所创建五十周年而写；Michel Morange. L'institut d ebiologie physico-chimique：de sa foundation à l'entrée dans l'ère moléculaire. Revue pour l'Histoire du CNRS，7（2002）：32-40.

### 第 9 章　分子生物学中的物理技术

1. William Bulloch. **The History of Bacteriology**（细菌学史）. Oxford：Oxford University Press，1938（1979 年再版，New York：Dover）；Thomas D. Brock. **Robert Koch: A Life in Medicine and Bacteriology**（罗伯特·科赫：奉献于医学与细菌学的一生）. Madison，WI：Science Tech Publishers，1988.

2. A. J. P. Martin and R. L. M. Synge. A new form of chromatogram employing two liquid phases：1. A theory of chromatography；2. Application to the micro-determination of the higher monoamino-acids in proteins（一种使用两个液相的新层析技术：1. 一种层析理论；2. 在蛋白质单氨基氨基酸微量分析方面之应用）. Biochemical Journal，35（1941）：1358-1368；A. H. Gordon，A. J. P. Martin and R. L. M. Synge. Partition chromatography in the study of protein constituents（蛋白质组分研究中的分配层析技术）. Biochemical Journal，37（1943）：79-86.

3. R. Consden，A. H. Gordon and A. J. P. Martin. Qualitative analysis of proteins：A partition chromatographic method using paper（蛋白质定性分析：纸分配层析方法）. Biochemical Journal，38（1944）：224-232. 早在 19 世纪纸层析技术就已经被应用于德国化学工业（尤其是染料和炼油工业）；这种方法后被遗忘. 该说法出自：P. R. Srinivasan，Joseph S. Fruton and John T. Edsall. **The Origins of Modern Biochemistry: A Retrospect on Proteins**（见第 1 章注释 1）.

4. Erwin Chargaff. **Heraclitean Fire：Sketches from a Life before Nature**（见第 3 章注释 21）.

5. 长期在有机化学中被应用的离子交换树脂，在曼哈顿计划中对核裂变产物的分离方面发挥了重要作用；

见：Arthur Kornberg. **For the Love of Enzymes：The Odyssey of a Biochemist**（出于对酶的热情：一位生物化学家之艰苦跋涉）. Cambridge：Harvard University Press，1989. 这类树脂中首先被应用于分子生物学领域的是，聚甲基丙烯酸树脂（Amberlite IRC50）及硫化聚苯乙烯树脂。许多其他树脂（如 Dowex，DE-AE-cellulose）随后几年纷纷出现，其中有些更适用于对蛋白质和多肽链的分离。斯坦福·莫尔（Stanford Moore）和威廉·斯特恩（William Stein）通过使用这项技术发明了氨基酸自动分析器。1948 年，莫尔和斯特恩也最先使用自动部分收集器，这大大地简化柱层析技术。见：Stanley Moore and William Stein. Chemical structures of pancreatic ribonuclease and deoxyribonuclease（胰核糖核酸酶及胰脱氧核糖核酸酶之化学结构）. Science，180（1973）：458–464. 关于葡聚糖珠，见：Jerker Porath and P. Flodin. Gel filtration：a method for desalting and group separation（凝胶过滤：一种用于脱盐和组分离的方法）. Nature，183（1959）：1657–1659.

6. Rolf Axen，Jerker Porath and Sverker Ernback. Chemical coupling of peptides and proteins to polysaccharides by means of cyanogen halides（通过卤化氰使肽和蛋白质与多糖之间进行化学偶联）. Nature，214（1967）：1302–1304；Pedro Cuatrecasas，Meir Wilchek and Christian Anfinsen. Selective enzyme purification by affinity chromatography（用亲和层析对酶进行选择性纯化）. Proceedings of the National Academy of Sciences of the USA，61（1968）：636–643.

7. Robert Olby. **The Path to the Double Helix**（见绪论注释 5），11–21；Lily E. Kay. **The Molecular Vision of Life：Caltech，the Rockfeller Foundation and the Rise of the New Biology**（见绪论注释 7），112；Boelie Elzen. Two ultracentrifuges：a comparative study of the social construction of artefacts（两种超速离心：实验假象之社会构建比较研究）. Social Studies of Science，16（1986）：621–662.

8. Milton Kerker. The svedberg and molecular reality（特奥多尔·斯韦德贝里与分子现实）. Isis，67（1976）：190–216.

9. The Svedberg. The ultra-centrifuge and the study of high-molecular compounds（超速离心及高分子质量化合物研究）. Nature，139（1937）：1051–1062.

10. Dorothy M. Wrinch. The pattern of proteins（蛋白质模式）. Nature，137（1936）：411–412.

11. Linus Pauling and C. Niemann. The structure of proteins（蛋白质结构）. Science，61（1939）：1860–1867.

12. Milton Kerker. The Svedberg and molecular reality：an autobiographical postscript（特奥多尔·斯韦德贝里及分子现实：一篇自传性后记）. Isis，77（1986）：278–282.

13. Lily E. Kay. W. M. Stanley's crystallization of the tobacco mosaic virus，1930—1940（温得尔·斯坦利对烟草花叶病毒的结晶，1930—1940）. Isis，77（1986）：450–472.

14. Albert Claude. The coming of age of the cell：the inventory of cells by fractionation，biochemistry and electron microscopy has affected our status and thinking（细胞时代的到来：由分级分离、生物化学及电子显微技术所带来的细胞清单已经影响我们的状态和思想）. Science，189（1975）：433–435；William Bechtel. **Discovering Cell Mechanisms: The Creation of Modern Cell Biology**（发现细胞机制：现代细胞生物学之创建）. Cambridge：Cambridge University Press，2008.

15. Boelie Elzen. Two ultracentrifuges：a comparative study of the social construction of artefacts（见本章注释 7）.

16. Lily E. Kay. Laboratory technology and biological knowledge：the tiselius electrophoresis apparatu，1930—1945（实验室技术与生物学知识：蒂塞利乌斯的电泳装置，1930—1945）. History and Philosophy of the Life Sciences，10（1988）：51–72.

17. R. Consde，A. H. Gordo and A. J. P. Martin. Ionophoresis in silica jelly：a method for the separation of amino-acids and peptides（硅胶中的离子电渗透：一种用于分离氨基酸和肽的方法）. Biochemical Journal，40（1946）：33–41.

18. Samuel Raymond and Lewis Weintraub. Acrylamide gel as a supporting medium for zone electrophoresis（丙烯酰

胺凝胶用作区带电泳的支持介质）．Science，130（1959）：711．

19. Ulrich K. Laemmli. Cleavage of structural proteins during the assembly of the head of bacteriophage T4（T4 噬菌体头部组装期间结构蛋白质的裂解）．Nature，227（1970）：680-685；Howard Hsueh-Hao Chang. The laboratory technology of discrete molecular separation：The historical development of gel electrophoresis and the material epistemology of biomolecular science（进行有效分子之间分离的实验室技术：凝胶电泳发展史及生物分子科学之物质认识论）．Journal of the History of Biology，42（2009）：495-527．

20. Lily E. Kay. Laboratory technology and biological knowledge：the tiselius electrophoresis apparatu,1930—1945（见本章注释16），51．阿尔内·蒂塞利乌斯在层析技术建立方面也做出过重要贡献，见综述：A. J. P. Martin and R. L. M. Synge. Analytical chemistry of the proteins（蛋白质的分析化学）．Advances in Protein Chemistry，2（1945）：1-83；以及蒂塞利乌斯的自传性记述：Arne Tiselius. Reflections from both sides of the counter（正反两方面的感言）．Annual Review of Biochemistry，37（1968）：1-244．

21. Ronald Bentley. The Use of Stable Isotopes at Columbia University's College of Physicians and Surgeons（稳定同位素在哥伦比亚大学内科与外科学院的使用）．Trends in Biochemical Sciences，10（1985）：171-174．

22. Rudolph Schonheimer. **The Dynamic State of Body Constituents**（身体组分的动态性）．Cambridge，MA：Harvard University Press，1942．

23. Jacques Monod. From Enzymatic Adaptation to Allosteric Transitions（从酶的适用性到酶的变构转换）．Science，154（1966）：477．

24. Robert E. Kohler，Jr. . Rudolf Schonheimer，isotopic tracers and biochemistry in the 1930s（鲁道夫·舍恩海默、同位素示踪及20世纪30年代的生物化学）．Historical Studies in the Physical Sciences，8（1977）：257-298；有关放射性同位素的历史，见：Angela N. H. Creager. **Life Atomic：A History of Radioisotopes in Slience and Medicine**（见第4章注释30）．

25. Doris T. Zallen. The Rockefeller Foundation and Spectroscopy Research：the Programs at Chicago and Utrecht（洛克菲勒基金会与光谱学研究：在芝加哥大学和乌得勒支大学的研究项目）．Journal of the History of Biology，25（1992）：67-89．

26. 尤其是提供了核酸定量检测结果，就像查格夫工作中那样。

27. V. E. Cosslet. The early years of electron microscopy in biology（生物学中早年的电子显微术）．Trends in Biochemical Sciences，10（1985）：361-363；Nicolas Rasmussen. Making a machine instrumental：RCA and the wartime origins of biological electron microscopy in America，1940—1945（使机器成为工具：美国无线电公司及生物电子显微技术在美国的战时起源，1940—1945）．Studies in History and Philosophy of Science，28（1996）：311-349；Nicolas Rasmussen. **Picture Control: The Electronic Microscope and the Transformation of Biology in America，1940—1960**（图像控制：电子显微镜与生物学在美国的转变，1940—1960）．Palo Alto，CA：Stanford University Press，1999．

28. 比如中体（mesosomes）．Nicolas Rasmussen. Facts，artifacts and mesosomes：practicing epistemology with the electron microscope（事实、假象及中体：电子显微镜之实践认识论）．Studies in History and Philosophy of Science，24（1993）：227-265. 电子显微镜技术的局限在于，这个领域的专家所开展的工作在生物学研究中并不具有代表性。

## 第 10 章　物理学的角色

1. Horace Freeland Judson. **The Eighth Day of Creation：The Makers of The Revolution in Biology**（见绪论注释6），特别参考第606-607页. 也存在一种非常不同的观点，见：Matthew Cobb. 1953：When Genes Became "Information"（1953 年：当基因变成信息）．Cell，153（2013）：503-506. 以及 Matthew Cobb. **Life's Greatest Secret: The Race to Crack the Genetic Code**（见绪论注释8）．

2. Arthur Kornberg. Molecular origins（分子起源）. Nature，214（1967）：538.

3. Alain Prochiantz. L'illusion physicaliste dans les sciences de la vie. Revue Internationale de psychopathologie，8（1992）：553−569. 即便如此，薛定谔的作用仍将重要。类推和比喻在科学研究中具有重要位置。

4. Nils Roll-Hansen. The Meaning of Reductionism（还原论解读）. International Conference on Philosophy of Science（科学哲学国际学术会议）. University of Vigo，Vigo（Spain），1996：125−148.

5. Olga Amsterdamska. Stabilizing instability：The controversy over cyclogenic theories of bacterial variation during the interwar period（见第 5 章注释 2）.

6. Donald Fleming and Bernard Bailyn（eds.）. **The Intellectual Migration：Europe and America，1930—1960**（见绪论注释 13）；Paul K. Hoch. Migration and the Generation of New Scientific Ideas（移民及新科学思想之产生）. Minerva，25（1987）：209−237. 分子生物学在一个国际空间内发展起来。见：Pnina Abir-Am. From Multidisciplinary Collaboration to Transnational Objectivity：International Space as Constitutive of Molecular Biology，1930—1970（从多学科交叉合作到超越国界的客观性：国际空间作为分子生物学的组成要件，1930—1970）. 发表于 Elisabeth Crawford，Terry Shin and Sverker Sorlin. **Denationalizing Science：The Contexts of International Scientific Practice**（使科学去国家化：国际科学实践之背景）. Dordrecht，the Netherlands：Kluwer Academic，1993：153−186.

7. Evelyn Fox Keller. Physics and the emergence of molecular biology：a history of cognitive and political synergy（物理学与分子生物学的出现：认知与政治之间的协作史）. Journal of the History of Biology，23（1990）：389−409.

8. "所有迹象表明，遗传的逻辑与计算器的逻辑可比。很少有一个划时代的模型能够得到如此可靠的应用。"François Jacob. **The Logic of Life：A History of Heredity**（见第 3 章注释 13）. 它们的年表之间事实上表现出一种惊人的平行性——1936 年：第一种计算机"理论"概念——图灵机器；1944 年：埃弗里实验；1945 年：第一台计算机概念（EDVAC）由冯·诺依曼提出；1948 年：维纳创立控制论，信息理论由克劳德·香农发表；1953 年：DNA 双螺旋结构发现和遗传密码概念初露端倪。见：Norbert Wiener. **Cybernetics：Or Control and Communication in the Animal and the Machine**（控制论：或动物和机器中的控制与通信）. Paris：Hermann，1948；Claude E. Shannon. A mathematical theory of communication（通信之数学理论）. Bell System Technical Journal，27（1948）：379−423，623−656. 在第二次世界大战之后几年里，约翰·冯·诺依曼与分子生物学奠基者们有过多次接触。William Aspray. **John von Neumann and the Origins of Modern Computing**（约翰·冯·诺依曼与现代计算技术之起源）. Cambridge，MA：MIT Press，1990：181.

9. Andrew Hodges. **Alan Turing：The Enigma of Intelligence**（见第 7 章注释 7）. 阿兰·图灵自己对生物学也很感兴趣。他发表的最后一批论文中有一篇专门讨论形态发生。A. M. Turing. The chemical basis of morphogenesis（形态发生之化学基础）. Philosophical Transactions of the Royal Society B，237（1952）：37−72. 控制论者与像德尔布吕克这样的分子生物学家之间的关系，在开始时是困难的。Steve J. Heims. **Constructing a Social Science for Postwar America：The Cybernetics Group，1946—1953**（为战后美国构建社会科学：控制论小组，1946—1953）. Cambridge，MA：MIT Press，1993：93−96. 虽然在 20 世纪 40 年代后期和 50 年代初期，信息理论尚未对分子生物学产生实际影响，但信息理论词汇在 20 世纪 60 年代初，越来越被广泛应用。Lily E. Kay. **Who Wrote the Book of Life? A History of the Genetic Code**（谁书写了生命之书？遗传密码史）. Palo Alto，CA：Stanford University Press，2000；Matthew Cobb. **Life's Greatest Secret：The Race to Crack the Genetic Code**（见绪论注释 8）.

## 第 11 章　双螺旋的发现

1. 关于这个时期的情况，沃森出版了一个生动记述；见 James D. Watson. **The Double Helix：A Personal**

**Account of the Discovery of the Structure of DNA**（双螺旋：DNA 结构发现之个人记述）. Weidenfeld and Nicholson, London, 1968（1981, 修订版）；也请参考沃森的传记：Victor K. McEllheny. **Watson and DNA: Making a Scientific Revolution**（沃森与 DNA：制造一次科学革命）. Hoboken, NJ：Perseus/John Wiley, 2003. 英国史学家罗伯特·奥贝撰写 **The Path to the Double Helix** 一书（见绪论注释 5）. 他最近还撰写了克里克的传记：**Francis Crick. Hunter of Life's Secrets**（弗朗西斯·克里克，生命秘密的猎取者）. Cold Spring Harbor, NY：Cold Spring Harbor Laboratory Press, 2009。霍勒斯·贾德森通过开展大量采访，重现了该发现前后时期的情况；见 **The Eighth Day of Creation：The Makers of the Revolution in Biology**（见绪论注释 6）. 通往双螺旋之路被予以全新描述，包括了许多历史文献以及与参与者之间的口头访谈：Michael Fry. **Landmark Experiments in Molecular Biology**（见第 3 章注释 6）. 以上资料是本章的主要素材。

2. Francis Crick. **What Mad Pursuit：A Personal View of Scientific Discovery**（疯狂探索：我观科学发现）. New York：Basic Books, 1988.

3. 有关剑桥分子生物学实验室的历史，见 Soraya De Chadarevian. **Designs for Life: Molecular Biology after World War II**（生命的设计：第二次世界大战之后的分子生物学）. Cambridge：Cambridge University Press, 2002.

4. John M. Thomas and David Phillips（eds.）. **Selections and Reflections：The Legacy of Sir Lawrence Bragg**（选集和感言：劳伦斯·布拉格爵士传奇）. London：Science Reviews, 1991.

5. Francis Crick. **What Mad Pursuit：A Personal View of Scientific Discovery**（见本章注释 2）.

6. Anne Sayre. **Rosalind Franklin and DNA**（罗莎琳德·富兰克林与 DNA）. New York：W. W. Norton, 1975；在更为最近的一部由布兰妲·马杜克斯撰写的传记中，罗莎琳德·富兰克林并未被描述为女性科学家所遇困难的象征，而是被描述成一位具有丰富而复杂个性的人，也是双螺旋发现的活跃参与者：Brenda Maddox. **Rosalind Franklin: The Dark Lady of DNA**（罗莎琳德·富兰克林：DNA 的黑女士）. London：Harper Collins, 2002.

7. 有关伦敦实验室处境，以及伦敦与剑桥实验室之间困难关系方面的信息见：Maurice Wilkins. **The Third Man of the Double Helix；The Autobiography**（探索双螺旋的第三人：自传）. Oxford：Oxford University Press, 2003；Alexander Gann and Jan Witkowski. The lost correspondence of Francis Crick（弗朗西斯·克里克遗失的来往书信）. Nature, 467（2010）：519−524，以及罗伯特·奥贝撰写的关于弗兰西斯·克里克的书（见本章注释 1）.

8. Linus Pauling and Robert B. Corey. Two hydrogen-bonded spiral configurations of the polypeptide chain（多肽链的两种由氢键维持的螺旋结构）. Journal of the American Chemical Society, 72（1950）：5349；Linus Pauling, Robert B. Corey and H. R. Branson. Two hydrogen-bonded helical configurations of the polypeptide chain（多肽链的两种由氢键维持的螺旋结构）. Proceedings of the National Academy of Sciences of the USA, 37（1951）：205−211；Linus Pauling and Robert B. Corey, 七篇连续论文见：Proceedings of the National Academy of Sciences of the USA, 37（1951）：235−285.

9. Robert Olby. **The Path to the Double Helix**（见绪论注释 5）, 第 4 章.

10. Sir Lawrence Bragg, John C. Kendrew and Max F. Perutz. Polypeptide Chain Configuration in Crystalline Proteins（结晶蛋白质中多肽链的构型）. Proceedings of the Royal Society of London：Series A, Mathematical, Physical and Engineering Sciences, 203（1950）：321−357.

11. Alexander Rich and Norman Davidson. **Structural Chemistry and Molecular Biology**（结构化学与分子生物学）. San Francisco：W. H. Freeman, 1968.

12. Linus Pauling and Robert B. Corey. A proposed structure for the nucleic acids（核酸的一种假想结构）. Proceedings of the National Academy of Sciences of the USA, 39（1953）：84−97.

13. Keith L. Manchester. Did a Tragic Accident Delay the Discovery of the Double Helical Structure of

DNA?（一个灾难性的事故延缓了 DNA 双螺旋结构被发现吗？）Trends in Biochemical Sciences，20（1995）：126-128.

14. James D. Watson and Francis H. C. Crick. A structure for deoxyribose nucleic acid（脱氧核糖核酸的一种结构）. Nature，171（1953）：737-738；Maurice H. F. Wilkins，Alexander R. Stokes and H. R. Wilson. Molecular structure of deoxy pentose nucleic acid（脱氧戊糖核酸的分子结构）. Nature，171（1953）：738-740；Rosalind E. Franklin and Raymond G. Gosling. Molecular configuration in sodium thymonucleate（胸腺核酸钠盐的分子结构）. Nature，171（1953）：740-741.

15. James D. Waston and Francis H. C. Crick. Genetical implications of the structure of deoxyribonucleic acid（脱氧核糖核酸结构的遗传学暗示）. Nature，171（1953）：964-967.

16. Bruno J. Strasser. Who cares about the double helix?（谁关心双螺旋呢？）Nature，422（2003）：803-804；Yves Gingras. Revisiting the "quiet debut" of the double helix：a bibliometric and methodological note on the "impact" of scientific publications（重访双螺旋的 "悄悄出台"：关于科学出版物 "影响力" 的文献计量学和方法学注释）. Journal of the History of Biology，43（2010）：159-181.

17. Graeme K. Hunter. **Light as a Messenger: The Life and Science of William Lawrence Bragg**（光作为信使：威廉·洛伦思·布拉格的生平与科学）. Oxford：Oxford University Press，2004；Kersten T. Hall. **The Man in the Monkeynut Coat: William Astbury and the Forgotten Road to the Double Helix**（着花生色外衣者：威廉·阿斯特伯里与被遗忘的通往双螺旋之路）. Oxford：Oxford University Press，2014.

18. John D. Bernal. Structure of proteins（蛋白质的结构）. Nature，143（1939）：663-667.

19. Ernest P. Fischer and Carol Lipson. **Thinking about Science：Max Delbrück and the Origin of Molecular Biology**（见第 2 章注释 19）.

20. 修补（拼装）这个概念被弗朗索瓦·雅各布在 1977 年引入以此来描述生命演化（见第 23 章）。见 François Jacob. Evolution and tinkering（生物演化与修补）. Science，196（1977）：1161-1166. 正如雅可布在其文中所指出的那样，这个概念也适用于科学研究。一种与这个概念可用于描述科学家行为方面略有差异的解释见：Karin D. Knorr-Cetina. **An Essay on the Constructivist and Contextual Nature of Science**（关于科学的建构论与语境本质的评论）. Oxford：Pergamon Press，1981：34-35.

21. 这正是沃森和克里克在 1954 年试图理性地重构发现 DNA 双螺旋结构故事的方式。Francis H. C. Crick and James D. Watson. The complementary structure of deoxyribonucleic acid（脱氧核糖核酸的互补结构）. Proceedings of the Royal Society of London: Series A，Mathematical，Physical and Engineering Sciences，223（1954）：80-96.

22. Gunther S. Stent. Prematurity and uniqueness in scientific discovery（科学发现的早熟性与独特性）. Scientific American，227（1972）：84-93.

23. Francis Crick. **What Mad Pursuit：A Personal View of Scientific Discovery**（见本章注释 2）.

24. Anne Sayre. **Rosalind Franklin and DNA**（见本章注释 6）.

25. Brenda Maddox. **Rosalind Franklin: The Dark Lady of DNA**（见本章注释 6）.

26. Angela N. H. Creager and Gregory J. Morgan. After the double Helix：Rosalind Franklin's research on tobacco mosaic virus（双螺旋之后：罗莎琳德·富兰克林在烟草花叶病毒方面的研究）. Isis，99（2008）：239-272.

27. 在 1953 年开始的几周内，罗莎琳德·富兰克林单枪匹马，朝着正确的 DNA 结构方向迈出了几步，这解释了为什么她能立刻接受沃森和克里克的结果。见：A. Klug. The discovery of the structure of DNA（DNA 结构之发现）. Journal of Molecular Biology，335（2004）：3-26.

28. Bernadette Bensaude-Vincent. Une mythologie révolutionnaire dans la chimie française. Annals of Science，40（1983）：189-196.

29. Pnina Abir-Am. From biochemistry to molecular biology：DNA and the acculturated journey of the critic of science

Erwin Chargaff（从生物化学到分子生物学：DNA 以及欧文·查格夫在科学评论方面的同化之旅）．History and Philosophy of the Life Sciences，2（1980）：3–60；Pnina Abir-Am. How scientists view their heroes：some remarks on the mechanism of myth construction（科学家怎样看待其英雄：有关神话建造机制的一些评论）．Journal of the History of Biology，15（1982）：281–315.

30. 借用罗伯特·奥尔比的书名，通向双螺旋之路。

31. Horace Freeland Judson. **The Eighth Day of Creation: The Makers of the Revolution in Biology**（见绪论注释6），261 页及之后部分。

32. Francis Crick. **What Mad Pursuit：A Personal View of Scientific Discovery**（见本章注释2）。

33. Monica Winstanley. Assimilation into the literature of a critical advance in molecular biology（分子生物学——关键进展被同化入文献库中）．Social Studies of Science，6（1976）：545–549；Barak Gaster. Assimilation of scientific change：the introduction of molecular genetics into biology textbooks（科学变化的同化：将分子遗传学知识引入生物学教科书中）．Social Studies of Science，20（1990）：431–454.

34. A. H. J. Wang，G. J. Quigley，F. J. Kolpak，et al. . Molecular structure of a left-handed double helical DNA fragment at atomic resolution（一种左手双螺旋 DNA 片段之原子分辨率结构）．Nature，282（1979）：680–686. 在沃森和克里克的发现 25 年之后，Z-DNA 是第一种被证实的 DNA 结构。

35. Max Delbrück and Gunther S. Stent. **On the Mechanism of DNA Replication**（论 DNA 复制之机制）．发表于 W. D. McElroy and B. Glass. **The Chemical Basis of Heredity**（遗传之化学基础）．Baltimore：Johns Hopkins Press，1957：699–736.

36. John B. S. Haldane. **New Paths in Genetics**（遗传学中的新路径）．London：Allenand Unwin，1941：44.

37. Horace Freeland Judson. **The Eighth Day of Creation: The Makers of the Revolution in Biology**（见绪论注释6），第 188 页及之后部分。

38. Matthew Meselson and Franklin W. Stahl. The replication of DNA in Escherichia coli（DNA 在大肠杆菌中的复制）．Proceedings of the National Academy of Sciences of the USA，44（1958）：671–682.

39. Frederic L. Holmes. **Meselson，Stahl and the Replication of DNA：A History of "the Most Beautiful Experiment in Biology"**（见绪论注释11）。

## 第 12 章　破译遗传密码

1. James D. Watson and Francis H. C. Crick. Genetical implications of the structure of deoxyribonucleic acid（脱氧核糖核酸结构之遗传学暗示）．Nature，171（1953）：964–967. 关于遗传密码发现历史的最佳文献见：Lily E. Kay. **Who Wrote the Book of Life ?A History of the Genetic Code**（见第 10 章注释9）．有关更为科普性的记述见：Matthew Cobb. **Life's Greatest Secret：The Race to Crack the Genetic Code**（见绪论注释8）.

2. Horace Freeland Judson. **The Eighth Day of Creation：The Makers of the Revolution in Biology**（见绪论注释6），261 页及之后。

3. 通过一次"不走运"的观察，一个伸展蛋白质链上两个相邻氨基酸分开的距离变成了 3.3–3.4 埃（威廉·阿斯特伯里早在 1938 年就注意到这一点）。这个数值与一个 DNA 分子中两个相邻核苷酸的分开距离相同。这导致多种错误假说的提出。这也解释了为什么与乔治·伽莫夫所提出模型类似的一种模型，在此之前已经被莱纳斯·鲍林和罗伯特·科赫在发表他们错误的 DNA 结构模型时就提出过。见：Linus Pauling and Robert B. Corey. A proposed structure for the nucleic acids（核酸的一种假想结构）．Proceedings of the National Academy of Sciences of the USA，39（1953）：84–97.

4. Francis H. C. Crick，John S. Griffith and Leslie E. Orgel. Codes without commas（没有逗号的密码）．Proceedings of the National Academy of Sciences of the USA，43（1957）：416–421.

5. Carl R. Woese. **The Genetic Code：The Molecular Basis for Genetic Expression**（遗传密码：遗传表达之分子

基础）. New York：Harper and Row, 1967；Martynas Ycas. **The Biological Code**（生物密码）. Amsterdam：North Holland, 1969；Jan A. Witkowski. The "magic" of numbers（数字之"魔法"）. Trends in Biochemical Sciences, 10（1985）：139-141.

6. Francis H. C. Crick. The Present Position of the Coding Problem（编码问题之现状）. Brookhaven Symposia, 12（1959）：35-39.

7. Max Bergmann and Carl Niemann. Newer biological aspects of protein chemistry（蛋白质化学更新的生物学方面）. Science, 86（1937）：187-190.

8. A. H. Gordon, A. J. P. Martin and R. L. M. Synge. Partition chromatography in the study of protein constituents（见第9章注释2）；A. H. Gordon, A. J. P. Martin and R. L. M. Synge. A new form of chromatogram employing two liquid phases：1. A theory of chromatography；2. Application to the micro-determination of the higher monoamino-acids in proteins（见第9章注释2）；R. Consden, A. H. Gordon and A. J. P. Martin. Qualitative analysis of proteins：A partition chromatographic method using paper（见第9章注释3）.

9. Frederick Sanger. Sequences, sequences and sequences（序列、序列及序列）. Annual Review of Biochemistry, 57（1988）：1-28. 桑格从蛋白酶被相对深入认识这一事实中获益，尤其因为伯格曼研究小组所开展工作。为实施该项目，他开发了专一作用于肽链N末端氨基酸的化学试剂，后来被称作桑格试剂。有关桑格与剑桥分子生物学家之间的关系，见：Soraya de Chadarevian. Sequences, conformation, information：biochemists and molecular bioligists in the 1950s（序列、构象、信息：20世纪50年代的生物化学家与分子生物学家）. Journal of the History of Biology, 29（1996）：361-386；也见：Miguel Garcia-Sancho. **Biology, Computing and the History of Molecular Sequencing：from Proteins to DNA, 1945—2000**（生物学、计算及分子测序之历史：从蛋白质到DNA，1945—2000）. New York：Palgrave MacMillan, 2012.

10. A. P. Ryle, Frederick Sanger. L. F. Smith and Ruth Kital. The disulphide bonds of insulin（胰岛素中之二硫键）. Biochemical Journal, 60（1955）：541-556；Frederick Sanger. Chemistry of insulin：determination of the structure of insulin opens the way to greater understanding of life processes（胰岛素化学：胰岛素结构测定为更深入认识生命过程开启一扇门）. Science, 129（1959）：1340-1344. 短杆菌肽这种小分子抗生素多肽链的结构稍早时被测定；得益于文森特·迪维尼奥（Vincent du Vigneaud）的工作，两种垂体腺激素——催产素和加压素——的序列也被测定。

11. Linus Pauling, Harvery A. Itano, Seymour J. Singer and Ibert C. Wells. Sickle cell anemia, a molecular disease（镰状细胞贫血，一种分子疾病）. Science, 110（1949）：543-548.

12. James V. Neel. The inheritance of sickle cell anemia（镰状细胞贫血之遗传）. Science, 110（1949）：64-66.

13. Vernon M. Ingram. A specific chemical difference between the globins of normal human and sickle-cell anaemia haemoglobin（正常人与镰状细胞贫血患者的血红蛋白之间的特异化学差异）. Nature, 178（1956）：792-794；Vernon M. Ingram. Gene mutations in human haemoglobin：the chemical difference between normal and sickle cell haemoglobin（人血红蛋白基因的突变：正常人和镰状细胞贫血患者血红蛋白之间的特异化学差异）. Nature, 180（1957）：326-328.

14. Joseph S. Fruton. Proteolytic enzymes as specific agents in the formation and breakdown of proteins（蛋白质水解酶作为蛋白质形成与降解过程之特异参与者）. Cold Spring Harbor Symposia on Quantitative Biology, 9（1941）：211-217；Ditta Bartels. The multi-enzyme programme of protein synthesis：its neglect in the history of biochemistry and its current role in biotechnology（蛋白质合成的多酶体系：它在生物化学发展史中被忽视的情况以及它在生物技术中的现时角色）. History and Philosophy of the Life Sciences, 5（1983）：187-219.

15. Horace Freeland Judson. **The Eighth Day of Creation：The Malers of the Revolution in Biology**（见绪论注释6），247.

16. 最早的数据1934年由姜青·哈默林（Joachim Hammerling）在一种巨型单细胞藻中得到：Joachim Ham-

merling. Über formbildende Substanzen bei Acetabularia mediterranea, Räumliche und zeitliche Verteilung und ihre Herkunft. Wilhelm Roux' Archiv fürEntwick-lungsmechanik der Organismen: Organ fürd. gesamte kausale Morphologie, 131（1934）: 1-81.

17. Torbjörn Caspersson and Jack Schultz. Pentose nucleotides in the cytoplasm of growing tissues（处于生长状态的组织的细胞质中之戊糖核苷酸）. Nature, 143（1939）: 602-603.

18. Alexander L. Dounce. Duplicating mechanism for peptide chain and nucleic acid synthesis（肽链及核酸合成过程中的加倍机制）. Enzymologia, 15（1952）: 251-258; "模板"这个词 1904 年由阿姆斯特朗引入到生物化学中，用于表示酶催化化学反应发生的"表面"部分；H. E. Armstrong. Enzyme action as bearing on the validity of the ionic-dissociation hypothesis and on the phenomena of vital change（与离子解离假说正当性及活力改变现象直接相关的酶的作用）. Journal of the Chemical Society, 73（1904）: 537；这个词因此而暗示生物中发生的立体特异性识别现象（见第 1 章）。

19. Alexander Dounce. Nucleic acid template hypotheses（核酸模板假说）. Nature, 172（1953）: 541-542. 这个模型也被伸展开的多肽链相邻氨基酸之间的距离与 DNA 分子中相邻核苷酸之间的距离相似这一事实所支持（见本章注释 3）。

20. André Boivin and Roger Vendrely. Sur le rôle possible des deux acides nucléiques dans la cellule vivante. Experientia, 3（1947）: 32-34. 该论文提供了一段英文总结，该结果故能被不懂法语的人知晓。

21. Linus Pauling. A theory of the structure and process of formation of antibodies（抗体结构和形成过程的一种理论）. Journal of the American Chemical Society, 62（1940）: 2643-2657.

22. 如需更为全面了解生物合成抗体的理论，可参考：Arthur M. Silverstein. **A History of Immunology**（免疫学史）. San Diego, CA: Academic Press, 1988.

23. Karl Landsteiner. **The Specificity of Serological Reactions**（血清反应之专一性）. Springfield, IL: Charles C. Thomas, 1936; Linus Pauling. A theory of the structure and process of formation of antibodies（见本章注释 21）。

24. F. Breinl and Felix Haurowitz. Chemische Untersuchung des Präzipitates aus Hämoglobin und Anti-Hämoglobin Serum und Bemerkungen über die Natur der Antikörper. Hoppe-Seyler's Zeitschrift für physiologische chemie, 192（1930）: 45-57; Jerome Alexander. Some intracellular aspects of life anddisease（生命与疾病的某些细胞内方面）. Protoplasma, 14（1931）: 296-306; Stuart Mudd. A hypothetical mechanism of antibody formation（抗体形成的一种假想机制）. Journal of Immunology, 23（1932）: 423-427.

25. 依据卡尔·波普尔的说法，科学理论与非科学理论之间的差别在于，前者可以通过实验被驳倒，或被证明错误。见：Karl Popper. **The Logic of Scientific Discovery**（科学发现的逻辑）. London: Hutchinson, 1959.

26. 伯利特所报道的实验：F. M. Burnet and F. Fenner. **The Production of Antibodies**（抗体产生）. Melbourne: Macmillan, 1949.

27. Linus Pauling and Dan H. Campbell. The production of antibodies in vitro（抗体体外产生）. Science, 95（1942）: 440-441; Linus Pauling and Dan H. Campbell. The manufacture of Antibodies in vitro（抗体体外制备）. Journal of Experimental Medicine, 76（1942）: 211-220.

28. Felix Haurowitz, Paula Schwerin and Saide Tunc. The mutual precipitation of proteins and azoproteins（蛋白质和偶氮蛋白质之间的相互沉淀）. Archives of Biochemistry and Biophysics, 11（1946）: 515-520; 豪若威兹是一位来自中欧（布拉格）的犹太难民，土耳其政府慷慨地给他提供了学术职位：Arnold Reisman. **Turkey's Modernization: Refugeesfrom Nazism and Ataturk's Vision**（土耳其的现代化：由于纳粹主义导致的难民以及阿塔图尔克的愿景）. Washington, DC: New Academia, 2006.

29. Lily E. Kay. Molecuar Biology and Pauling's Immunochemistry: A Neglected Dimension（分子生物学及鲍林的免疫化学：一个被忽视的维度）. History and Philosophy of the Life Sciences, 11（1989）: 211-219; Lily E.

Kay. **The Molecular Vision of Life: Caltech，the Rockefeller Foundation and the Rise of the New Biology**（见绪论注释 7），第 6 章.

30. 比如见：MacFarlane Burnet. **The Clonal Selection Theory of Acquired Immunity**（获得性免疫的克隆选择理论）. Nashville：Vanderbilt University Press，1959；Niels K. Jerne. The natural selection theory of antibody formation（抗体形成之自然选择理论）. Proceedings of the National Academy of Sciences of the USA，41（1955）：849–857.

31. Linus Pauling. Molecular basis of biological specificity（生物专一性之分子基础）. Nature，248（1974）：769–771.

32. Felix Haurowitz. **Chemistry and Biology of Proteins**（蛋白质之化学与生物学）. New York：Academic Press，1950；The mechanism of the immunological response（免疫响应机制）. Biological Reviews，27（1952）：247–280.

33. Jacques Monod. The Phenomenon of Enzymatic Adaptation and Its Bearings on Problems of Genetics and Cellular Differentiation（酶适应现象及其与遗传学和细胞分化问题的关系）. Growth Symposium，11（1947）：223–289.

34. Jacques Monod and Melvin Cohn. La biosynthèseinduite des enzymes（adaptation enzymatique）. Advances in Enzymology，13（1952）：67–119.

35. Lily E. Kay. Molecuar and Pauling's Immunochemistry：A Neglected Dimension（见本章注释 29）.

36. George W. Gray. Pauling and Beadle（鲍林与比德尔）. Scientific American，180（1949）：16–21；也被提及的文章包括：Lily E. Kay. Molecuar and Pauling's Immunochemistry：A Neglected Dimension（见本章注释 29）.

37. Alfred H. Sturtevant. Can specific mutations be induced by serological methods?（特异突变能通过血清学方法诱导吗?）Proceedings of the National Academy of Sciences of the USA，30（1944）：176–178.

38. Anne-Marie Moulin. Le Dernier langage de la médecine: Histoire de l'Immunologie de Pasteurau SIDA. Paris：Presses Universitaires de France，1991：176.

39. Sterling Emerson. The induction of mutations by antibodies（通过抗体诱导突变）. Proceedings of the National Academy of Sciences of the USA，30（1944）：179–183.

40. Seymour S. Cohen. The biochemical origins of molecular biology（分子生物学之生物化学起源）. Trends in Biochemical Sciences，9（1984）：334–336；Robert Olby. Biochemical origins of molecular biology：a discussion（分子生物学之生物化学起源：一次讨论）. Trends in Biochemical Sciences，11（1986）：303–305.

41. John Cairns，Gunther S. Stent and James D. Watsoneds. **Phage and the Origins of Molecular Biology**（噬菌体与分子生物学之起源）. Cold Spring Harbor，NY：Cold Spring Harbor Laboratory Press，1966（1992 年，扩充版）；John C. Kendrew. How molecular biology started（分子生物学如何开始）. Scientific American，216（1967）：141–144. 该观点被甘瑟·施腾特吸收和发展：Gunther S. Stent. That was the molecular biology that was（见第 4 章注释 31）.

42. Paul Zamecnik. The machinery of protein synthesis（蛋白质合成器）. Trends in Biochemical Sciences，9（1984）：464–466；Historical Aspects of Protein Synthesis（蛋白质合成研究之历史回顾）. 发表于 P. R. Srinivasan，Joseph S. Fruton and John T. Edsall. The Origins of Modern Biochemistry：A Retrospect on Proteins（见第 1 章注释 1），269；Hans-Jörg Rheinberger. Experiment，difference and writing：I. tracing protein synthesis（实验、差异及写作：I. 追踪蛋白质合成过程）. Studies in History and Philosophy of Science，23（1992）：305–331，以及：Ⅱ. The laboratory production of transfer RNA（Ⅱ. 实验室制备转移 RNA）. Studies in History and Philosophy of Science，23（1992）：389–422；Hans-Jörg Rheinberger. Experiment and orientation：early systems of in Vitro protein synthesis（实验与科研定向：体外蛋白质合成的早期系统）. Journal of the History of Biology，

26（1993）：443−471. 汉斯·瑞恩伯格所开展的极为细致的研究清晰表明，科学家所选择的策略如何受到实验"抵抗"的约束和指导。例如，极为困难的一个实验步骤是建立不使蛋白质失去活性情况下使细胞破碎的方法。

43. Mahlon Hoagland. **Towards the Habit of Truth：A Life in Science**（追求真理的习惯：科学人生）. New York：W. W. Norton，1990.

44. Horace Freeland Judson. **The Eighth Day of Creation: The Makers of the Revolution in Biology**（见绪论注释6），第6章.

45. Marvin R. Lamborg and Paul C. Zamecnik. Amino acid incorporation into proteins by extracts of E. coli（利用大肠杆菌细胞抽提液将氨基酸掺入蛋白质分子中）. Biochimica et Biophysica Acta, 42（1960）：206−211；Alfred Tissières, David Schlessinger and François Gros. Aminoacid incorporation into proteins by Escherichia coli ribosomes（通过大肠杆菌的核糖体将氨基酸掺入到蛋白质中）. Proceedings of the National Academy of Sciences of the USA, 46（1960）：1450−1463.

46. 关于这些实验的极佳描述见：Horace Freeland Judson. **The Eighth Day of Creation: The Makers of the Revolution in Biology**（见绪论注释6），470−489；以及 Michael Fry. **Landmark Experiments in Molecular Biology**（见第3章注释6）.

47. Johann H. Matthaei and Marshall W. Nirenberg. Characteristics and stabilization of DNAase sensitive protein synthesis in E. coliextracts（大肠杆菌抽提液中所发生的对 DNA 水解酶敏感之蛋白质合成的特征和稳定性）. Proceedings of the National Academy of Sciences of the USA, 47（1961）：1580-1588；Marshall W. Nirenberg and Johann H. Matthaei. The dependence of cell-free protein synthesis in E. coli upon naturally occuring or synthetic polyribonucleotides（大肠杆菌无细胞蛋白质合成对天然或人工合成的多核苷酸之依赖性）. Proceedings of the National Academy of Sciences of the USA, 47（1961）：1588−1602.

48. Horace Freeland Judson. **The Eighth Day of Creation: The Makers of the Revolution in Biology**（见绪论注释6），478，482；Robert Olby. And on the eighth day ...（在第八天……）. Trends in Biochemical Sciences, 4（1979）：N215−N216；也见：Franklin H. Portugal. **The Least Likely Man: Marshall Nirenberg and the Discovery of the Genetic Code**（最不可能之人：马歇尔·尼伦伯格与遗传密码之发现）. Boston：MIT Press，2015.

49. Francis H. Crick. The Recent Excitement in the Coding Problem（有关编码问题的近期兴奋点）. 发表于**Progress in Nucleic Acid Research**. New York：Academic Press，1963，1：163−217.

50. Har G. Khorana. Polynucleotide Synthesis and the Genetic Code（多核苷酸合成与遗传密码）. 发表于 **Harvey Lectures** 1966-1967，系列62. NewYork：Academic Press，1968：79−105.

51. Marshall W. Nirenberg and Philip Leder. RNA codewords and protein synthesis：the effect of trinucleotides upon the binding of sRNA to ribosomes（RNA 密码单词与蛋白质合成：三核苷酸单位对 sRNA 结合到核糖体的影响）. Science, 145（1964）：1399−1407.

52. Francis H. C. Crick, Leslie Barnett, Sydney Brenner and R. J. Watts-Tobin. General nature of the genetic code for proteins（编码蛋白质之遗传密码的普遍本质）. Nature, 192（1961）：1227−1232；Errol C. Friedberg and Eleanor Lawrence. **My Life in Science**（我的科学生涯）. London：PubMed Central，2001；Errol C. Friedberg. **Sydney Brenner: A biography**（悉尼·布伦纳：传记）. Cold Spring Harbor, NY：Cold Spring Harbor Laboratory Press，2010.

53. Francis Crick. **What Mad Pursuit：A Personal View of Scientific Discovery**（见第11章注释2）.

## 第13章　信使 RNA 的发现

1. Francis Crick. **What Mad Pursuit：A Personal View of Scientific Discovery**（见第11章注释2）.

2. Francis Crick. On protein synthesis（论蛋白质合成）. Symposia of the Society for Experimental Biology, 12

（1958）：138-163．自发折叠假说基于大量始于 20 世纪 30 年代蛋白质变性 - 复性实验数据而提出，50 年代后期由克里斯蒂安·安芬森（Christian Anfinsen）通过对核糖核酸酶的研究取得引人夺目的进展。克里克在做演讲前已经知道安芬森的结果，见：Bruno J. Strasser. A world in one dimension：Pauling, Francis Crick and the central dogma of molecular biology（一维世界：鲍林、克里克，以及分子生物学中心法则）. History and Philosophy of the Life Sciences，28（2006）：491-512.

3. Francis Crick. On protein synthesis（见本章注释 2），153.

4. Johann H. Matthaei and Marshall W. Nirenberg. Characteristics and stabilization of DNAase sensitive protein synthesis in E. coliextracts（见第 12 章注释 47）.

5. Torbjörn Caspersson and Jack Schultz. Pentose nucleotides in the cytoplasm of growing tissues（见第 12 章注释 17）.

6. Jean Brachet. La localisation des acides pentosenucléiques dans les tissus animaux et les oeufs d'amphibiens en voie de développement. Archivesde biologie，53（1942）：207-257.

7. Jean Brachet，Hubert Chantrenne and F. Vanderhaeghe. Biochemical interaction of the nucleus andcytoplasm of unicellular organisms. II. Acetabulatia mediterranea（单细胞生物中细胞核与细胞质之间的生物化学相互作用。II. 伞藻）. Biochimica et Biophysica Acta，18（1955）：544-563．去除细胞核的早期实验由姜青·哈默林实施。有关布鲁塞尔附近的"比利时"分子生物学小组之作用的重估，见：Denis Thieffry and Richard M. Burian. Jean Brachet's alternative scheme for protein synthesis（基恩·布拉舍的另一种蛋白质合成方案）. Trends in Biochemical Sciences，21（1996）：114-117.

8. Ilana Löwy. Variances in meaning in discovery accounts：the case of contemporary biology（科学发现记述中含义的变动：当代生物学的情形）. Historical Studies in the Physical and Biological Sciences，21（1990）：87-121.

9. 乔治·帕拉德在 1974 年的诺贝尔演讲中描述过此项工作：George Palade. Intracellular aspects of the process of protein synthesis（蛋白质合成过程之细胞内方面）. Science，189（1975）：347-358；另见：Hans-Jörg Rheinberger. From microsomes to ribosomes："strategies"of "representation"（从微粒体到核糖体："代表"的"策略"）. Journal of the History of Biology，28（1995）：49-89.

10. Heinz Fraenkel-Conrat. The role of the nucleic acid in the reconstitution of active tobacco mosaic virus（在重构具有活性的烟草花叶病毒过程中核酸的作用）. Journal of the American Chemical Society，78（1956）：882-883.

11. Arthur B. Pardee，Francois Jacob and Jacques Monod. The genetic control and cytoplasmic expression of "inducibility" in the synthesis of β -galactosidase by E. col（大肠杆菌 β - 半乳糖苷酶合成过程中"可诱导性"的遗传控制及细胞质表达）. Journal of Molecular Biology，1（1959）：165-178.

12. Monica Riley，Arthur Pardee，Francois Jacob and Jacques Monod. On the expression of a structural gene（一种结构基因之表达）. Journal of Molecular Biology，2（1960）：216-225. 这是通过使用 $^{32}$P 而实施的"自杀实验"的一个例子：Angela N. H. Creager. Phosphorus-32 in the phage group：radioisotopes as historical tracers of molecular biology（噬菌体小组中使用的 $^{32}$P：放射性同位素作为分子生物学中的历史追踪者）. Studies in History and Philosophy of Science Part C: Studies in History and Philosophy of Biologica land Biomedical Sciences，40（2009）：29-42.

13. François Jacob. La Statue intérieure. Paris：Odile Jacob，1986，第 7 章；Franklin Philip. **The Statue Within: An Autobiography**（内在雕像：一部自传）. New York：Basic Books，1988.

14. François Gros. Les Secretsdugène. Paris：OdileJacob，1986：126-127.

15. Horace Freeland Judson. **The Eighth Day of Creation：The Makers of the Rerolution in Biology**（见绪论注释 6），428-436；Errol C. Friedberg and Eleanor Lawrence. **My Life in Science**. London：Pub Med Central，2001；Errol

C. Friedberg. **Sydney Brenner: A biography**（见第 12 章注释 52），第 11 和 12 章；Michael Fry. **Landmark Experiments in Molecular Biology**（见第 3 章注释 6）.

16. Elliot Volkin and L. Astrachan. Phosphorus incorporation in Escherichia coli ribonucleic acid after infection with bacteriophage T2（被 T2 噬菌体感染后磷酸被掺入到大肠杆菌核酸中）. Virology, 2（1956）：149-161.

17. Jacob. La Statue Intérieure, 415-427；Sydney Brenner, Francois Jacob and Matthew Meselson. An unstable intermediate carrying information from genes to ribosomes for protein synthesis（一种不稳定中间体在蛋白质合成过程中将信息从基因带到核糖体）. Nature, 190（1961）：576-581.

18. François Gros, H. Hiatt, Walter Gilbert, Chuck G. Kurland, R. W. Risebrough and James D. Watson. Unstable ribonucleic acid revealed by pulse aabelling of Escherichia coli（通过脉冲标记大肠杆菌细胞所揭示的不稳定核酸）. Nature, 190（1961）：581-585；Gros. Les Secrets du gène, 131-135.

19. Francis Crick. **What Mad Pursuit：A Personal View of Scientific Discovery**（见第 11 章注释 2）. 另一个熟知的科学发现例子，在第 2 章中讨论过——比德尔和塔特姆的一个基因一种酶假说。

20. Andrei N. Belozersky and A. S. Spirin. A correlation between the composition of deoxyribonucleic acid and ribonucleic acids（脱氧核糖核酸与核糖核酸之间组分的相关性）. Nature, 182（1958）：111-112.

21. Denis Thieffry and Richard M. Burian. Jean Brachet's alternative scheme for protein synthesis（见本章注释 7）；这种"另类方案"的一个例子见如下综述：Hubert Chantrenne. Newer developments in relation to protein biosynthesis（有关蛋白质生物合成的更新进展）. Annual Review of Biochemistry, 27（1958）：35-56.

22. 关于细胞质遗传，几种相互竞争的理论被提出过。细胞质基因组理论与细胞质基因理论之间相对立，且抛弃了细胞质遗传的微粒子本质。

23. 对这些理论进行专门讨论的书有：Jan Sapp. **Beyond the Gene：Cytoplasmic Inheritance and the Struggle for Authority in Genetics**（超越基因：细胞质遗传与遗传学权威之争）. New York：Oxford University Press, 1987. 也请参考：Jan Sapp. Hérédité Cytoplasmique et histoire de la génétique. in Jean-Louis Fischer and William H. Schneider. Histoire de la génétique, pratique, techniques et théories. Paris: ARPEM et Sciences en situation, 1990：231-246；Jan Sapp. The struggle for authority in the field of heredity, 1900—1932: new perspectives on the rise of genetics（遗传领域的权威之争，1900—1932：有关遗传学崛起的新观点）. Journal of the History of Biology, 16（1983）：311-342；Jonathan Harwood. Genetics and the evolutionary synthesis in interwar Germany（在两次世界大战之间德国的遗传学及演化合成理论）. Annalsof Science, 42（1985）：279-301. 以及：Jonathan Harwood. **Styles of Scientific Thought in the German Genetics Community**（德国遗传学界之科学思想的风格）. Chicago：University of Chicago Press, 1993. 在关于这个主题的许多原始论文中，特别参考：Sol Spiegelman and M. D. Kamen. Genes and nucleoproteins in the synthesis of enzymes（酶合成过程中之基因及核酸蛋白质复合体）. Science, 104（1946）：581-584. 究竟是细胞核还是细胞质决定遗传并指导胚胎发育，这一问题在 19 世纪末就已经被提出。支持细胞质遗传的人也普遍相信，发育可以受到外部环境影响。细胞质的形式事实上依赖于周围的介质：Garland E. Allen. Morgan's Background and the Revolt from Descriptive and Speculative Biology（摩尔根的经历以及对描述性和猜想性生物学的背叛）. 发表于 T. J. Horder, J. A. Witkowski and C. C. Wylie. **A History of Embryology**（胚胎学史）. Cambridge：Cambridge University Press, 1986：116-146.

24. Francis H. C. Crick. The Present Position of the Coding Problem（见第 12 章注释 6），35-39；在以下书中被引：Horace Freeland Judson. **The Eighth Day of Creation：The Makers of the Revolution in Biology**（见绪论注释 6），346.

25. 比如参考 Gerard Hurwitz, Ann Bresler and Renata Diringer. The enzymic incorporation of ribonucleotides into polyribonucleotides and the effect of DNA（核苷酸掺入多核苷酸中之酶催化及 DNA 的影响）. Biochemical and Biophysical Research Communications, 3（1960）：15-19.

26. James D. Watson. **The Double Helix：A Personal Account of the Discovery of the Structure of DNA**（见第 11 章注释 1）.

27. Alexander Rich. An Analysis of the Relation between DNA and RNA（DNA 与 RNA 之间关系的分析）. Annals of the New York Academy of Sciences，81（1959）：70–72；以及 A hybrid helix containing both deoxyribose and ribose polynucleotides and its relation to the transfer of information between the nucleic acids（一种既含脱氧核糖核酸又含核糖核酸的杂合螺旋以及它与信息在核酸之间转移的关系）. Proceedings of the National Academy of Sciences of the USA，46（1960）：1044–1053.

28. Elliot Volkin. The function of RNA in T2 infected bacteria（被 T2 噬菌体感染的细菌中 RNA 的功能）. Proceedings of the National Academy of Sciences of the USA，46（1960）：1336–1349.

29. Mahlon B. Hoagland. Nucleic acids and proteins（核酸与蛋白质）. Scientific American，201（1959）：55–61.

30. Masayasu Nomura，Benjamin D. Hall and Sol Spiegelman. Characterization of RNA，synthesized in Escherichia coli after bacteriophage T2 infection（T2 噬菌体感染后的大肠杆菌中新合成 RNA 的鉴定）. Journalof Molecular Biology，2（1960）：306–326；Dario Giacomoni. The origin of DNA：RNA hybridization（DNA-RNA 杂交的起源）. Journal of the History of Biology，26（1993）：89–107；Benjamin D. Hall and S. Spiegelman. Sequence complementarity of T2–DNA and T2–specific RNA（T2–DNA 与 T2 特异的 RNA 序列之间的互补性）. Proceedings of the National Academy of Sciences of USA，47（1961）：137–146.

31. J. Marmur and D. Lane. Strand separation and specific recombination in deoxyribonucleic acids：biological studies（脱氧核糖核酸中的链分离和特异性重组：生物学研究）. Proceedings of the National Academy of Sciences of the USA，46（1960）：453–461；Paul Doty，J. Marmur，J. Eigner and C. Schildkraut. Strand separation and specific recombination in deoxyribonucleic acids：physical chemical studies（脱氧核糖核酸中链的分离与特异重组：物理化学方面的研究）. Proceedings of the National Academy of Sciences of the USA，46（1960）：461–476.

32. Matthew Cobb. Who discovered messenger RNA?（谁发现了信使 RNA？）Current Biology，25（2015）：R526–R532.

### 第 14 章　法国学派

1. Gunther S. Stent. That was the molecular biology that was（见第 4 章注释 31），390–395.

2. Mirko D. Grmek and Bernardino Fantini. Le rôle du hasard dans la naissance du modèle de l'opéron. Revue d' histoire des sciences，35（1982）：193–215. 劳伦特·卢瓦松近期研究表明，远非令人吃惊的是，一种可能的融合已被安德烈·勒沃夫所预期：Laurent Loison. Le role de la physiologie microbienne d'André Lwoff dans la constitution du modèle de l'ppéron. in Laurent Loison and Michel Morange. **L'Invention de la régulation génétique: Les Nobel 1965（Jacob，Lwoff，Monod）et le modèle de l'opéron dans l' histoire de la biologie**. Paris：Editionsrued' Ulm，2017：67–84.

3. Horace Freeland Judson. **The Eighth Day of Creation：The Makers of the Revolution in Biology**（见绪论注释 6），第 7 章；Bernardino Fantini，ed.. **Jacques Monod: Pour une éthique de la connaissance**. Paris：La Découverte，1988；Patrice Debré. **Jacques Monod**. Paris：Flammarion，1996；也请参考 Comptesrendus-del'AcadémiedesSciences/Biologies 刊物出版的 "雅克·莫诺：一位分子生物学时代的理论学家" 专刊，338（2015）：369–423. Jean Gayon，Michel Morange and François Groseds. 文章贡献者包括：Henri Buc，Soraya de Chadarevian，Jean Gayon，Evelyn Fox Keller，Laurent Loison，Francesca Merlin，Michel Morange and Maxime Schwartz.

4. Jacques Monod. From Enzymatic Adaptation to Allosteric Transitions（见第 9 章注释 23）；Jean-Paul Gaudillière. J. Monod，S. Spiegelman et l'adaptationenzymatique. Programmes de recherche，cultures locales et traditions disci-

plinaires. History and Philosophy of the Life Sciences，14（1992）：23-71.

5. 正如第二次世界大战前已经由马俏丽·斯蒂芬森（Marjory Stephenson）所提议的那样。见：Robert E. Kohler. Innovation in normal science：bacterial physiology（常态科学时期的创新：细菌生理学）. Isis，76（1985）：162-181.

6. Jacques Monod. The Phenomenon of Enzymatic Adaptation and Its Bearings on Problems of Genetics and Cellular Differentiation（见第 12 章注释 33）.

7. Benno Müller-Hill. **The "lac" Operon：A Short History of a Genetic Paradigm**（乳糖操纵子：一种遗传学范式的简史）. New York：Walter De Gruyter，1996.

8. Michel Morange. L'oeuvre scientifique de Jacques Monod. Fundamenta Scientiae，3（1982）：396-404.

9. Alvin M. Pappenheimer，Whatever Happened to Pz?（无论 Pz 的命运如何）. 发表于 **Origins of Molecular Biology: A Tribute to Jacques Monod**；Jacques Monod. From Enzymatic Adaptation to Allosteric Transitions（见第 9 章注释 23）.

10. Melvin Cohn，Jacques Monod，Martin R. Pllock，Sol Spiegelman and Roger Y. Stanier. Terminology of enzyme formation（有关酶形成方面的术语学）. Nature，172（1953）：1096-1097.

11. 雅克·莫诺在第二次世界大战期间和第二次世界大战之后都是一名共产党员，在苏联的李森科事件之后与该党脱离。孟德尔遗传理论以及新达尔文主义和新拉马克学说的各自优点，都在持续为法国左翼知识分子们之间的讨论加油。问题并未解决，雅克·莫诺觉得有必要重新公开确认他对所有新拉马克学说的否定。见：Joël and DanKottek. L'Affaire Lyssenko. Brussels：Éditions Complexe，1986；Dominique Lecourt. **Proletarian Science?**（无产阶级的科学?）London：New Left Books，1976；Z. A. Medvedev. **The Rise and Fall of T. D. Lysenko**（李森科沉浮）. NewYork：Columbia University Press，1969；NilsRoll-Hansen. **The Lysenko Effect: The Politics of Science**（李森科效应：科学的政治）. Amherst，NY：Humanity Books，2004.

12. Thomas D. Brock. **The Emergence of Bacterial Genetics**（见第 4 章注释 2），第 7 章.

13. Charles Galperin. Le bactériophage，la lysogénie et son déterminisme génétique. History and Philosophy of the Life Sciences，9（1987）：175-224；Laurent Loison，Jean Gayon and Richard M. Burian. The Contributions—and Collapse—of Lamarckian Heredity in Pasteurian Molecular Biology：I. Lysogeny，1900—1960（在巴斯德式分子生物学中拉马克遗传的贡献及瓦解：I. 噬菌体溶原性，1900—1960）. Journal of the History of Biology，50（2017）：5-52.

14. Franklin Philip. **The Statue Within: An Autobiography**（见第 13 章注释 13）；也请参考 Research in Microbiology 刊物为致敬雅各布而编辑的专刊：弗朗索瓦·雅各布（1920—2013）纪念专刊，Research in Microbiology，165（2014）：311-398；雅各布其实比他所假装的那样更为重视研究。第二次世界大战之后，他开展过抗生素生产方面的工作，也参加过微生物学方面的会议：Michel Morange. François Jacob：17 June 1920—19 April 2013（弗朗索瓦·雅各布 1920 年 6 月 17 日—2013 年 4 月 19 日）. Biographical Memoirs of Fellows of the Royal Society，63（2017）：345-361.

15. Charles Galperin. La lysogénie et les promesses de la génétique bactérienne. in **L'Institut Pasteur：contributions à son histoire**. Paris：LaDécouverte，1991：198-206；Thomas D. Brock. **The Emergence of Bacterial Genetics**（见第 4 章注释 2）.

16. Grmek and Fantini. Le rôle du hasard.

17. Arthur B. Pardee，Francois Jacob and Jacques Monod. The genetic control and cytoplasmic expression of "inducibility" in the synthesis of β-galactosidase by E. coli（见第 13 章注释 11）.

18. Francois Jacob and Jacques Monod. Genetic regulatory mechanisms in the synthesis of proteins（蛋白质合成之遗传调节机制）. Journal of Molecular Biology，3（1961）：318-356. 关于此项研究的描述，见：Horace Freeland Judson. **The Eighth Day of Creation：The Makers of the Revolution in Biology**（见绪论注释 6），第

7 章. 也请参考 Jean-Paul Gaudillière，J. Monod，S. Spiegelman et. l'adaptation enzymatique：programmes de recherche，cultures locales et traditions disciplinaires. History and Philosophy of the Life Sciences，14（1992）：23-27；Grmek and Fantini. Le rôle du hazard；Kenneth Schaffner. Logic of Discovery and Justification in Regulatory Genetics（科学发现的逻辑及调节遗传学的合理性）. Studies in History and Philosophy of Science，4（1974）：349-385.

19. Jacques Monod. An outline of enzyme induction（酶诱导概述）. Recueil des travaux chimiques des Pays-Bas，77（1958）：569.

20. François Jacob. Genetic Control of Viral Function（病毒功能的遗传控制）. 发表于 **Harvey Lectures，1958—1959**. NewYork：Academic Press，1960：1-39.

21. 所有这些结果都发表在一篇数据量大、内容丰富和影响力大的单一文章中：F. Jacob and J. Monod. Genetic regulatory mechanisms in the synthesis of proteins（蛋白质合成之遗传控制机制）. Journal of Molecular Biology，3（1061）：318-356.

22. Jacques Monod. From Enzymatic Adaptation to Allosteric Transitions（见第 9 章注释 23）；Franklin Philip. **The Statue Within：An Autobiography**（见第 13 章注释 13）.

23. H. Edwin Umbarger. Evidence for a negative-feedback mechanism in the Bbosynthesis of isoleucine（异亮氨酸生物合成过程中存在一种负反馈机制的证据）. Science，123（1956）：848.

24. Bernard T. Feld and Gertrud Weiss Szilard. **The Collected Papers of Leo Szilard：Scientific Papers**（见第 7 章注释 1）；William Lanouette and Bela Silard. **Genius in the Shadows：A Biography of Leo Szilard，the Man Behind the Bomb**（阴影下的天才：利奥·西拉德传记——原子弹的幕后人）. New York：Charles Scribner's Sons，1992.

25. Michel Morange. Le concept de gènerégulateur. in Fischer and Schneider. Histoire de la génétique，271-291.

26. François Jacob and Jacques Monod. Gènes de structure et gènes de régulation dans la biosynthèse des protéines. Comptes rendus de l'Académie des Sciences，249（1959）：1282-1284；François Jacob and Jacques Monod. On the regulation of gene activity（论基因活性之调节）. Cold Spring Harbor Symposia on Quantitative Biology，26（1961）：193-211.

27. Jacques Monod. Remarques conclusives du colloque：Basic Problems in Neoplastic Disease. in **Jacques Monod: pour une** éthique **de la connaissance**，ed. Bernardino Fantini Paris：La Découverte，1988：79-96.

28. Evelyn Fox Keller. **A Feeling for the Organism：The Life and Work of Barbara McClintock**（一种对生物的感情：芭芭拉·麦克林托克的生平及工作）. New York：W. H. Freeman，1983；Nina Fedoroff and David Botstein（eds.）. **The Dynamic Genomic：Barbara McClintock's Ideas in the Century of Genetics**（动态基因组学：芭芭拉·麦克林托克在遗传学世纪中的思想）. Cold Spring Harbor，NY：Cold Spring Harbor Laboratory Press，1991；纳撒尼尔·康福特的研究表明，并非麦克林托克在基因移动性方面的结果未被他人接受，而是她赋予这种基因移动在个体发育过程期间的基因表达调控方面的角色未被接受：Nathaniel Comfort. **The Tangled Field: Barbara McClintock's Search for the Patterns of Genetic Control**（混杂的领域：芭芭拉·麦克林托克对遗传控制模式的探寻）. Cambridge，MA：Harvard University Press，2001.

29. François Jacob. Comments（评述）. Cancer Research，20（1960）：695-697.

30. Elie L. Wollman and Francois Jacob. **Sexuality and the Genetics of Bacteria**（细菌性别与遗传学），New York：Academic Press，1961. 这种变化无疑发生在 1961 年。在其英文版著述中，雅可布和沃尔曼已经谨慎得多，这一点可在相应章节的标题变化中看出："附加体（Episomes）与细胞分化"变成"附加体与细胞调节"。

31. Jacques Monod and François Jacob. General conclusions：teleonomic mechanisms in cellular metabolism，growth and differentiation（普遍性结论：细胞代谢、生长和分化过程中的目的性机制）. Cold Spring Harbor Symposia on Quantitative Biology，26（1961）：389-401.

32. François Jacob and Jacques Monod. Genetic Repression，Allosteric Inhibition and Cellular Differentiation（遗传阻遏、变构抑制及细胞分化）. in **Cytodifferential and Macromolecular Synthesis**（细胞分化与大分子合成）. NewYork：Academic Press，1963：31.

33. Edward Yoxen. Where Does Schrödinger's What Is Life Belong in the History of Molecular Biology（见第 7 章注释 20）.

34. 雅各布不记得是否存在任何直接影响（与雅各布个人通信）；也请参考：Michel Morange. Le concept de gene régulateur. in Fischer and Schneider. Histoire de la génétique，271–291.

35. Jacques Monod，Jefries Wyman and Jean-Pierre Changeux. On the nature of allosteric transitions：a plausible model（论变构转换之本质：一种可能的模型）. Journal of Molecular Biology，12（1965）：88–118.

36. Angela N. H. Creager and Jean-Paul Gaudillière. Meanings in search of experiments or Vice-Versa：the invention of allosteric regulation in Paris and Berkeley（1959—1969）（寻求实验之解释或反之：法国巴黎和美国伯克利对变构调节的发明，1959—1969）. Historical Studies in the Physical and Biological Sciences，27（1996）：1–89.

37. Henri Buc. Mother Nature and the Design of a Regulatory Enzyme（自然母亲及对一种调节酶之设计）. in Ullmann. **Origins of Molecular Biology**（分子生物学之起源），255–262；Daniel E. Koshland Jr. Memories of Jacques Monod（对雅克·莫诺的回忆）. in Ullmann. **Origins of Molecular Biology**，249–253. 这一争论的广度和深度也许令人吃惊。它们部分来自对达尔文主义和新拉马克学说过去争论的持续。科西兰德的模型被卡尔·林德格瑞赋予一种新拉马克解释。林德格瑞在链胞霉属（见第 2 章）和酵母的遗传分析工作中，发挥了重要作用，但他也变成了"摩尔根"遗传学的狂热反对者。见：Carl C. Lindegren. Lamarckian proteins（拉马克学者眼中的蛋白质）. Nature，198（1963）：1224.

38. 让 - 皮埃尔·尚泽随后转向对乙酰胆碱受体的研究，并基于变构理论对其进行了解释：Thierry Heidmann and Jean-Pierre Changeux. Structural and Functional Properties of the Acetylcholine Receptor Protein in Its Purified and Membrane-Bound States（处于纯化和与膜结合状态的乙酰胆碱受体蛋白的结构和功能特性）. Annual Review of Biochemistry，47（1978）：317–335；Jean-Pierre Changeux. Allosteric proteins：from regulatory enzymes to receptors—personal recollections（变构蛋白质：从调节酶到受体——个人回忆）. Bioessays，15（1993）：625–634.

39. 雅克·莫诺为波普尔撰写的《科学发现之逻辑》（**The Logic of Scientific Discovery.** London：Hutchinson，1959）一书的第一个法文版撰写绪论。该书的法文版是：*La Logique de la découverte scientifique.* Paris：Payot，1973.

40. François Jacob，Sydney Brenner and François Cuzin. On the regulation of DNA replication in bacteria（论细菌中 DNA 复制之调节）. Cold Spring Harbor Symposia on Quantitative Biology，28（1963）：329–348.

41. François Jacob. **Of Flies，Mice and Men**（苍蝇，小鼠与人）. Cambridge，MA：Harvard University Press，1999. 他实验室的其他科学家采取一种更为小心的策略，开始研究盘基网柄菌这种变形虫（阿米巴）的细胞分化。

42. Jean-Paul Gaudillière. Catalyse enzymatique et oxydations cellulaires：l'oeuvre de Gabriel Bertrand er son héritage. in **L'Institut Pasteur**，118–13.

43. Yvette Conry. **L'Introduction du darwinisme en France au XIXe siècle**. Paris：Vrin，1974.

44. Jan Sapp. **Beyond the Gene：Cytoplasmic Inheritance and the Struggle for Authority in Genetics**（见第 13 章注释 23），第 5 章；Laurent Loison. French roots of French Neo-Lamarckism，1879—1985（法国新拉马克主义之法国起源）. Journal of the History of Biology，44（2011）：713–744.

45. 菲利普·贺利特尔（Philippe L'Héritier）和乔治斯戴西尔（Georges Teissier）这两位科学家在 20 世纪 30 年代所进行的果蝇实验群体学方面的惊人工作非常重要。有关描述见：Jean Gayon. **Darwinism's Struggle for Survival：Heredity and the Hypothesis of Natural Selection**（达尔文主义的生存斗争：遗传及自然选择假

说）. Cambridge：Cambridge University Press，1998.

46. Richard M. Burian，Jean Gayon and Doris Zallen. The singular fate of genetics in the history of French biology，1900—1940（在法国生物学发展史中遗传学之非凡命运，1900—1940）. Journal of the History of Biology，21（1988）：357-402.

47. Richard M. Burian and Jean Gayon. Genetics after World War II：the laboratories at Gif（第二次世界大战之后的遗传学：在吉夫的实验室）. Cahiers pour l'histoire du CNRS，7（1990）：25-48；也请参考：Richard M. Burian and Jean Gayon. The French school of genetics from physiological and population genetics to regulatory molecular genetics（遗传学的法国学派：从生理和种群遗传学到调节分子遗传学）. Annual Review of Genetics，33（1999）：313-349；Richard M. Burian and Jean Gayon. National traditions and the emergence of genetics：the French example（国家传统与遗传学的出现：法国案例）. Nature Reviews Genetics，5（2004）：150-156.

48. Richard M. Burian and Jean Gayon. Un évolutionniste bernardien à l'Institut Pasteur? Morphologie des ciliés et évolution physiologique dans l'oeuvred'André Lwof. in L'Institut Pasteur，165-186.

49. Burian and Gayon. Un évolutionniste bernardien；Laurent Loison. Monod before Monod：enzymatic adaptation，Lwoff and the legacy of general biology（莫诺之前的莫诺：酶的适应性，勒沃夫以及普通生物学之传奇）. History and Philosophy of the Life Sciences，35（2013）：167-192.

50. Jan Sapp. **Beyond the Gene：Cytoplasmic Inheritance and the Struggle for Authority in Genetics**（见第 13 章注释 23），第 5 章.

51. 有关"莫诺之前的莫诺"的生动描述——从他的知识、政治和社会背景进行了描绘，聚焦于他与作家阿尔贝·加缪（Albert Camus）之间的友谊，见：Sean B. Carroll. **Brave Genius: A Scientist，a Philosopher and Their Daring Adventures from the French Resistance to the Nobel Prize**（勇敢的天才：一位科学家，一位哲学家以及他们在法国抵抗诺贝尔奖的大胆冒险）. New York：Crown，2013.

52. Jacques Monod. **Chance and Necessity**（偶然性与必然性）. London：Collins，1972.

53. Franklin Philip François Jacob. **The Statue Within：An Autobiography**（见第 13 章注释 13）.

54. Franklin Philip François Jacob. **The Logic of Life: A History of Heredity**（见第 3 章注释 13）.

## 第 15 章　常态科学

1. Thomas S. Kuhn. **The Structure of Scientific Revolutions**（见绪论注释 3）.

2. Gunther S. Stent. **The Coming of the Golden Age：A View of the End of Progress**（黄金时代的到来：观进步之终止）. Garden City，NY：Natural History Press，1969.

3. Ernest P. Fischer and Carol Lipson. **Thinking about Science：Max Delbrück and the Origins of Molecular Biology**（见第 2 章注释 19）.

4. Yoshiki Hotta and Seymour Benzer. Mapping of behaviour in Drosophila mosaics（果蝇嵌合体行为作图）. Nature，240（1972）：527-535；Jonathan Weiner. **Time，Love，Memory: A Great Biologist and His Quest for the Origins of Behavior**（时间、爱、记忆：一位伟大的生物学家及其对行为起源之探索）. New York：Alfred A. Knopf，1999.

5. Robert Olby. **Francis Crick，Hunter of Life's Secrets**（弗朗西斯·克里克：生命奥秘之猎手）. Cold Spring Harbor，NY：Cold Spring Harbor Laboratory Press，2009.

6. Gunther S. Stent. **The Coming of the Golden Age：A View of the End of Progress**（见本章注释 2）；François Jacob. **The Logic of Life: A History of Heredity**（见第 3 章注释 13）.

7. Jacques Monod. **Chance and Necessity**（见第 14 章注释 52），12.

8. 比如见：Pierre-Henri Simon. Questions aux savants. Paris：LeSeuil，1969；Marc Beigbeder. **Le Contre-Monod**. Paris：Grasset，1972；Madeleine Barthélémy-Madaule. L'Idéologie du hasard et de la nécesité. Paris：

Le Seuil，1972. 伴随《偶然性与必然性》一书的出版而引起的热烈争论，可以更多地从雅克·莫诺的个性以及他在法国社会中的地位而并非从书的内容中得到解释。莫诺是第二次世界大战至 20 世纪 70 年代末之间的知识分子中，在普通法国人的生活里扮演过重要角色的唯一一位科学家。第二次世界大战期间在法国共产党组织的抵抗运动中十分活跃，但因为苏联的李森科事件而与共产党断绝关系的莫诺，仍然是一位"左翼"分子，与法国作家阿尔贝·加缪（Albert Camus）关系密切，并高度欣赏后者的作品。莫诺是接近皮埃尔·弗兰斯（Pierre Mendes France）圈子的科学家之一，后者在 20 世纪 50 年代后期，试图改革法国的大学和研究体系，但未获多大成功。沉浸在获诺贝尔奖之后的官方认可之中，并从 1971 年起担任巴斯德研究所所长的莫诺，经常介入公众事务。他参与倡导计划生育和避孕自由化的"法国计划生育运动"。他也积极地参加主张堕胎合法化、有权安乐死以及支持被关押苏联科学家等活动。他的立场总是十分明确，但他的对手有时认为他有藐视法律之嫌。这就解释了为什么他参加的许多辩论都特别痛苦。见：Jacques Julard and Michel Winock（eds.）. **Les intellectuels francais**. Paris：LeSeuil，1996：800-801；Patrice Debré. **Jacques Monod**（雅克·莫诺）. Paris：Flammarion，1996；Sean B. Carroll. **Brave Genius: A Scientist，a Philosopher and Their Daring Adventures from the French Resistance to the Nobel Prize**（见第 14 章注释 51）. 与莫诺有关的丰富档案材料见：Service des Archives de l'Institut Pasteur, fonds Monod. 莫诺也是一名音乐家——在选择科学还是音乐这一问题上他痛苦了相当长时间。他对文学也有兴趣，甚至写过一个剧本 Le Puitsde Syène（1964）.

9. Maxime Schwartz. Uneautrevoie?in **Les Origines de la biologie moléculaire: Un homage à Jacques Monod**，ed. André Lwoff and Agnès Ullmann，177-184. Paris：Études Vivantes，1980；Another Route（另一条路线），in **Origins of Molecular Biology: A Tribute to Jacques Monod**，ed. Agnès Ullmann：207-215. Washington，DC：ASM Press，2003.

10. David Baltimore. Viral RNA-dependent DNA polymerase（病毒中依赖 RNA 的 DNA 聚合酶）. Nature，226（1970）：1209-1211；Howard M. Temin and S. Mizutani. RNA-dependent DNA polymerase in virions of Rous Sarcoma Virus（劳氏肉瘤病毒不同病毒颗粒中存在的依赖 RNA 的 DNA 聚合酶）. Nature，226（1970）：1211-1213；Lindley Darden. Exemplars，Abstractions and Anomalies：Representations and Theory Change in Mendelian and Molecular Genetics（样本、抽象化和异常：孟德尔遗传学及分子遗传学中的图示及理论改变）. in James G. Lennox and Gereon Walters. **Philosophy of Biology**（生物学哲学）. Pittsburgh：University of Pittsburgh Press，1995：137-158.

11. Francis Crick. On protein synthesis.（见第 13 章注释 2）.

12. Denis Thieffry and Richard M. Burian. Jean Brachet's alternative scheme for protein synthesis（见第 13 章注释 7）.

13. Francis Crick. **What Mad Pursuit：A Personal View of Scientific Discovery**（见第 11 章注释 2）.

14. James D. Watson. **Molecular Biology of the Gene**（基因分子生物学）. New York：W. A. Benjamin，1965.

15. Renato Dulbecco. Production of plaques in monolayer tissue cultures by single particles of an animal virus（通过一种动物病毒的单个病毒颗粒在单层培养的细胞上产生病毒斑）. Proceedings of the National Academy of Sciences of the USA，38（1952）：747-752. 相关的一篇综述见：Renato Dulbecco. From the molecular biology of oncogenic DNA viruses to cancer（从致癌 DNA 病毒之分子生物学到癌症）. Science，192（1976）：437-440；Daniel J. Kevles. Renato Dulbecco and the new animal virology：medicine，methods and molecules（瑞拉托·杜尔贝科及新动物病毒学：医学、方法及分子）. Journal of the History of Biology，26（1993）：409-442.

16. Hannah Landecker. **Culturing Life: How Cells Became Technologies**（培养生命：细胞如何变成技术）. Cambridge，MA：Harvard University Press，2007.

17. Central Dogma Reversed（中心法则之逆转）. Nature，226（1970）：1198-1199.

18. James A. Marcum. From heresy to dogmain accounts of opposition to Howard Temin's DNA protovirus hypothesis（从离经叛道到法则：对霍华德·特明之 DNA 原病毒假说之反对）. History and Philosophy of the Life Sciences, 24（2002）：165-192.

19. Howard M. Temin. The Protovirus Hypothesis（原病毒假说）. Journal of the National Cancer Institute, 46（1971）：iii-viii. 特明因此提出细胞功能的"拉马克主义"观点。一种细胞的遗传背景反映其状态。因为细胞可以在外部信号作用下，改变其基因的表达——正如雅各布和莫诺所展示的那样——细胞的遗传组成依赖于这种外部介质。

20. Soraya de Chadarevian and Bruno Strasser, eds.. Molecular biology in postwar Europe（第二次世界大战之后的欧洲分子生物学）. Studies in History and Philosophy of Science PartC: Studies in History and Philosophy of Biological and Biomedical Sciences, 33（2002）：361-565.

21. S. J. Singer and Garth L. Nicholson. The fluid mosaic model of the structure of cell membranes（细胞膜结构之流动镶嵌模型）. Science, 175（1972）：720-721；这次革命已由之前几年，有关细菌细胞膜中存在蛋白质泵方面的研究，予以铺垫；见：Mathias Grote. Purple matter, membranes and "molecular pump" in rhodopsin research（1960s—1980s）［视紫红质研究中的紫色物质、膜以及"分子泵"（1960s—1980s）］. Journal of the History of Biology, 46（2013）：331-368；Mathias Grote. **Membranes to Molecular Machines: Active Matter and the Remaking of Life**（从细胞膜到分子机器：活性物质及生命之重塑）. Chicago：University of Chicago Press, 2019.

22. 分子生物学领域的首份学术期刊被命名为《分子生物学期刊》（*Journal of Molecular Biology*），该刊于 1959 年由约翰·肯德鲁创建。布伦纳发表在这份期刊上的论文选编，反映该刊在发表分子生物学关键结果方面的重要性。见：Sydney Brenner. **Molecular Biology：A Selection of Paper**（分子生物学：论文选集）. London：Academic Press, 1989. 然而，创建这份期刊的原始动机并非来自分子生物学家：Robert C. Olby. The Molecular Revolution in Biology（生物学的分子革命）. in R. C. Olby, G. N. Cantor, J. R. R. Christie and M. J. S. Hodge（eds.）. **Companion to the History of Modern Science**（现代科学历史读物）. London：Routledge, 1990：507. 分子生物学的快速扩张，无疑解释了它为什么没有时间结晶成一门真正的新学科，而只被融合于先前已经存在的学科中。

23. Jean-Paul Gaudillière. **Inventer la biomédecine: La France，l'Amérique，et la production des savoirs du vivant**. Paris：La Découverte, 2002；Jean-Paul Gaudillière. Molecular biology in the French tradition? Redefining Local Traditions and Disciplinary Patterns（法国传统下的分子生物学？重新定义地区传统与学科模式）. Journal of the History of Biology, 26（1993）：473-498；Jean-Paul Gaudillière. Chimie biologique ou chimie moléculaire? La biochimie au CNRS dans les années soixante. Cahierspour l'histoire du CNRS, 7（1990）：91-147；Jean-Paul Gaudillière. Molecular biologists, biochemists and messenger RNA：the birth of a scientific network（分子生物学家、生物化学家及信使 RNA：一个科学家网络的诞生）. Journal of the History of Biology, 29（1996）；Xavier Polanco. La mise en place d'un reseau scientifique, les roles du CNRS et de la DGRS Tdans l'institutionnalisation de la biologie moléculaire en France（1960—1970）. Cahiers pour l'histoire du CNRS, 7（1990）：49-90. 关于国际上分子生物学家这种"夺取权力"的行动，以及他们与生物化学家之间冲突的状况，见：Pnina G. Abir-Am. The politics of macromolecules：molecular biologists, biochemists and rhetoric（生物大分子政治学：分子生物学家、生物化学家及花言巧语）. Osiris, 7（1992）：164-191.

24. Bernd Gutte and R. B. Merrifield. The synthesis of ribonuclease A（核糖核酸酶 A 之人工合成）. Journal of Biological Chemistry, 246（1971）：1922-1941.

25. 首批蛋白质结构（分别是肌红蛋白和血红蛋白）在更早时就已经被测定：John C. Kendrew, R. E. Dickerson, B. E. Strandberg, R. G. Hart, D. R. Davies, D. C. Philipps and V. C. Shore. A three-dimensional model of the myoglobin molecule obtained by X-Ray analysis（通过 X 射线分析获得的肌红蛋白分子的三维模型）.

Nature，181（1958）：662-666；Max F. Perutz, M. G. Rossmann, Ann F. Cullis, Hillary Muirhead, George Will and A. C. T. North. Structure of hemoglobin：a three-dimensional fourier synthesis at 5.5Å resolution obtained by X-Ray analysis（血红蛋白的结构：通过 X 射线分析获得的 5.5 埃分辨率的一种三维傅立叶合成）. Nature，185（1960）：416-422. 接下来的几年，这些结构的分辨率被提高，新蛋白质（特别是酶）的三维结构被测定。这样的结构测定之所以可能，得益于 1951 年佩鲁茨对"相"问题的解决（见第 11 章）、对衍射图案定量测定方法的不断改进以及实验数据的电脑处理；见：Sorayade Chadarevian. **Design for Life：Molecular Biology after World War II**（设计生命：第二次世界大战之后的分子生物学）. Cambridge：Cambridge University Press，2002.

26. 溶菌酶是首种催化机制通过晶体学测定而被认识的酶（1967），C. C. F. Blake, L. N. Johnson, G. A. Mair, A. C. T. North, D. C. Philipps and V. R. Sarma. Crystallographic studies of the activity of hen egg-white lysozyme（鸡卵白溶菌酶活性之晶体学研究）. Proceedings of the Royal Society of London: Series B，Biological Sciences，167（1967）：378-388. 胰凝乳蛋白酶及羧肽酶的结构和作用机制在不久后也被测定。

27. 冈奇（Okazaki）也揭示，DNA 复制是一个不连续过程：Reii Okazaki Tuneko Okazaki, Kiwako Sakabe, Kazunori Sugimoto and Akio Sugino. Mechanism of DNA chain growth I. possible discontinuity and unusual secondary structure of newly synthesized chains（DNA 链增长的机制 I. 新合成链可能不连续且具不寻常二级结构）. Proceedings of the National Academy of Sciences of the USA，59（1968）：598-605. 结果表明，DNA 复制是一个极其复杂的过程，需许多蛋白质因子参与：Arthur Kornberg. **For the Love of Enzymes：The Odyssey of a Biochemist**（见第 9 章注释 5）.

28. Richard R. Burgess andrew A. Travers，John J. Dunn and Ekkehard K. F. Bautz. Factors stimulating transcription by RNA polymerase（增强 RNA 聚合酶转录活性之因子）. Nature，221（1969）：43-46.

29. Masayasu Nomura. Reflections on the days of ribosome reconstitution research（对核糖体重构研究那些日子的感言）. Trends in Biochemical Sciences，22（1997）：275-279.

30. Sung Hou Kim, Gary Quigley，F. L. Suddath and Alexander Rich. High resolution X-Ray diffraction patterns of crystalline transfer RNA that show helical regions（显示螺旋区域结构的结晶转移 RNA 的高分辨率 X 射线衍射图谱）. Proceedings of the National Academy of Sciences of the USA，68（1971）：841-845.

31. 首批核酸序列测定工作见：Robert W. Holley，Jean Apgar，George A. Everett，James T. Madison，Mark Marquisee，Susan H. Merrill，John Robert Penswick and Ada Zamir. Structure of a ribonucleic acid（一种核糖核酸之结构）. Science，147（1965）：1462-1465；首批分离和纯化基因的工作见：Jim Shapiro, Lorne Machattie, Larry Eron，Garrett Ihler，Karin Ippen and Jon Beckwith. Isolation of pure Lac operon DNA（纯净乳糖操纵子 DNA 之分离）. Nature，224（1969）：768-774. 有关第一种真核生物基因（核糖体基因）的分离，参考综述：Max L. Birnstiel. Gene isolation is 25 years old this month（这个月基因分离 25 岁）. Trends in Genetics，6（1990）：380-381；有关化学合成基因方面的工作，见：K. L. Agarwal，M. Buchi，M. H. Caruthers，N. Gupta，H. G. Khorana，K. Kleppe，A. Kumar，E. Ohtsuka，V. L. Rajbhandary，J. H. Van de Sande，V. Sgaramella，H. Weber and T. Yamada. Total synthesis of the gene foran alanine transfer ribonucleic acid from yeast（一种来自酵母的丙氨酸转移核糖核酸基因之完全人工合成）. Nature，227（1970）：27-34.

32. Walter Gilbert and Benno Müller-Hill. Isolation of the Lac repressor（乳糖抑制子蛋白之分离）. Proceedings of the National Academy of Sciences of the USA，56（1966）：1891-1898；Mark Ptashne. Isolation of the Lambda phage repressor（λ 噬菌体抑制子蛋白之分离）. Proceedings of the National Academy of Sciences of the USA，57（1967）：306-313。

33. 分子生物学家所感受到的危机，已被格罗斯进行过详细描述："在科学中也如在艺术中一样，思想发展史表明，对一种概念或一种方法的探索被推至极限很危险，因为饱和的感觉，将倾向于代替最初阶段的那种满足感。即使是领域中最聪明的研究者，也开始担忧分子生物学的明天，20 世纪 70 年代初，整个学科进入一种危机状态。当然，受其成功'动力'的驱使，它坚持下去了，并持续获得一些重要结果，但原始创新并非总是这门学科的标志。人们不得不承认研究工作在原地踏步，而其心思已经飞走。如果不是真正的忧虑的话，这个'低谷'至少也伴随着一种并非完全不同于忧虑的疑问。" Francois Gros. Les secrets du gène. Paris: Odile Jacob, 1986: 167.

34. 比如见：Jacqueline Djian, ed.. La Médecine moléculaire. Paris：Robert Laffont, 1970.

35. Linus Pauling, Harvey A. Itano, S. J. Singer and Ibert C. Wells. Sickle cell anemia, a molecular disease（镰状细胞贫血，一种分子疾病）. Science, 110（1949）：543-548.

36. Gaudillière, Inventer la biomédecine.

37. 这种退却从科学角度看也正当。调节机制控制酶的活性，例如通过蛋白质激酶进行的磷酸化修饰，在细菌中并不存在（或极少存在）。人们想象，多细胞生物的复杂性，反映在生物化学层次上与反映在基因表达层次上至少一样多（如果不是更多的话），这相当合理。例如一种激素与其受体的结合，经常会导致细胞中一种被称作环磷酸腺苷（cAMP）的小分子的合成，而后者进而激活蛋白质激酶。细胞内的这一信号转导路径已被深入研究。见：Earl W. Sutherland. Studies on the mechanism of hormone action（激素作用机制的研究）. Science, vol. 177, 1972：401-408. Roy J. Britten and Eric H. Davidson. Gene regulation for higher cells：a theory（高等生物细胞之基因调节：一种理论）. Science, 177（1972）：401-408.

38. M. C. Niu. Thymus ribonucleic acid and embryonic differentiation（胸腺核糖核酸与胚胎分化）. Proceedings of the National Academy of Sciences of the USA, 44（1958）：1264-1274；Jean-Paul Gaudillière. Un code moléculaire pour la différenciation cellulaire：la controverse sur les transferts d'ARN informationnel（1955-1973）et les étapes de diffusion du paradigm de la biologie moléculaire. Fundamenta Scientiae, 9（1988）：429-467.

39. Marvin Fishman, R. A. Hammerstrom and V. P. Bond. In vitro transfer of macrophage RNA to lymph node cells（在体外将巨噬细胞 RNA 转入到淋巴结细胞中）. Nature, 198（1963）：549-551；Gaudillière. Un code moléculaire.

40. Michel Morange. La recherche d'un code moléculaire de la mémoire. Fundamenta Scientiae, 6（1985）：65-80.

41. 有关真涡虫可能具有学习能力这种争议见：G. D. L Travis. Replicating Replication? Aspects of the Social Construction of Learning in *Planarian worms*（复制复制？真涡虫学习之社会构建方面）. Social Studies of Science, 11（1981）：11-32.

42. W. L. Byrne, D. Samuel, E. L. Bennett, M. R. Rosenzweig, E. Wasserman, et al. Memory transfer（记忆的移植）. Science, 153（1966）：658-659.

43. D. F. Tate, L. Galvan and George Ungar. Isolation and identification of two learning-induced peptides（两种学习诱导肽之分离与鉴定）. Pharmacology Biochemistry and Behavior, 5（1976）：441-448.

44. 1972 年，《自然》杂志刊登一篇描述与害怕黑暗行为有关的一种肽：George Ungar, D. M. Desiderio and W. Parr. Isolation, identification and synthesis of a specific behaviour-inducing brain peptide（特异诱导行为的一种脑肽之分离、鉴定与合成）. Nature, 238（1972）：198-210. 在该杂志同一期，发表了该文一位审稿人的长篇评论性文章，以及作者的回应。

45. 有关记忆分子的内幕故事，见：Louis N. Irwin. **Scotophobin: Darkness at the Dawn of the Search for Memory Molecules**（恐暗肽：寻找记忆分子之黎明前的黑暗）. Lanham, MD：Hamilton Books, 2007.

## 第 16 章　遗传工程

1. RNA 是首批序列被测定的核酸分子，所使用的方法由蛋白质测序方法改造而来：核糖体 RNA 分子的测序由法国斯特拉斯堡的吉恩 - 佩瑞·伊博尔（Jean-Pierre Ebel）研究组完成，他们也测定了 RNA 噬菌体基因组的序列。见：Jérôme Pierrel. An RNA Phage Lab：MS2 in Walter Fiers' Laboratory of Molecular Biology in Ghent, from Genetic Code to Gene and Genome, 1963—1976（一个 RNA 噬菌体实验室：位于比利时根特的

沃尔特·费尔斯分子生物学实验室里的 MS2 噬菌体，从遗传密码到基因及基因组，1963—1976）. Journal of the History of Biology，45（2012）：109-138.

2. Oswald T. Avery，Colin MacLeod and Maclyn McCarty. Studies on the chemical nature of the substance inducing transformation of pneumococcal types（见第 3 章注释 1）.

3. Edward L. Tatum. A case history in biological research（生物学研究个案史）. Science，129（1959）：1711-1715.

4. Joshua Lederberg. Genetics（遗传学）. in **Encyclopaedia Britannica**，**Year-book of Science and the Future**（大英百科全书，科学与未来年鉴）. Chicago：Encyclopaedia Britannica，1969：32.

5. Elizabeth H. Szybalska and Waclaw Szybalski. Genetics of human cell lines，IV. DNA-mediated heritable transformation of a biochemical trait（人类细胞系之遗传学，IV：由 DNA 介导的一种生物化学性状的可遗传转导）. Proceedings of the National Academy of Sciences of the USA，48（1962）：2026-2034.

6. Susan Wright. Recombinant DNA Technology and Its Social Transformation，1972—1982（重组 DNA 技术及其社会变迁，1972—1982）. Osiris，2（1986）：303-360.

7. 有关该工作的一篇综述，可参考：Werner Arber. Promotion and limitation of genetic exchange（促进和限制遗传交换）. Science，205（1979）：361-365.

8. Hamilton O. Smith and K. W. Wilcox. A restriction enzyme from *Hemophilus influenzae* I. purification and general properties（来自流感嗜血杆菌的一种限制性内切酶，I：纯化及一般特性）. Journal of Molecular Biology，51（1970）：379-391；Thomas J. Kelly and Hamilton O. Smith. A restriction enzyme from *Hemophilus influenzae* II. base sequence of the recognition site（来自流感嗜血杆菌的一种限制性内切酶，Ⅱ：识别位点之碱基序列）. Journal of Molecular Biology，51（1970）：393-409. 有关第一种被纯化的限制性内切酶的文章，见：Matthew Meselson and Robert Yuan. DNA Restriction Enzyme from *E. coli*（来自大肠杆菌的 DNA 限制性内切酶）. Nature，217（1968）：1110-1114. 这种酶的切割特异性较低，这意味着其用处不会特别大.

9. Kathleen Danna and Daniel Nathans. Specific cleavage of simian virus 40 DNA by restriction endonuclease of *Hemophilus influenzae*（猿猴病毒 SV40 的 DNA 被流感嗜血杆菌限制性内切酶的特异切割）. Proceedings of the National Academy of Sciences of the USA，68（1971）：2913-2917.

10. David A. Jackson，Robert H. Symons and Paul Berg. Biochemical Method for Inserting New Genetic Information into DNA of Simian Virus 40：Circular SV40 Molecules Containing Lambda Phage Genes and the Galactose Operon of *Escherichia coli*，（将新遗传信息插入到 SV40 病毒 DNA 中的生物化学方法：含有 λ 噬菌体基因和大肠杆菌乳糖操纵子 DNA 的环形 SV40 分子）. Proceedings of the National Academy of Sciences of the USA，69（1972）：2904-2909；Doogab Yi. Cancer，viruses and mass migration：Paul Berg's venture into eukaryotic biology and the advent of recombinant DNA research and technology，1967-1980（癌症、病毒及大规模移民：保罗·伯格进入真核生物学的探险以及重组 DNA 研究与技术时代的到来，1967-1980）. Journal of the History of Biology，41（2008）：589-636.

11. Joshua Lederberg. Genetics of Bacteria（细菌遗传学）. 美国国立卫生研究院基金申请报告，编号 A105160-11，1967 年 12 月 20 日。被怀特在 Recombinant DNA Technology and Its Social Transformation，1972—1982 一文中引用（见本章注释 6），310.

12. Peter Lobban and A. D. Kaiser. Enzymatic End to End Joining of DNA Molecules（酶催 DNA 分子的末端连接）. Journal of Molecular Biology，78（1973）：453-471. 罗班这一结果耽搁一年后才发表，这倾向于掩盖这两个实验实际同时实施这一事实。罗班的导师凯赛希望罗班修改其博士论文，而非发表其结果。以上故事被科恩伯格报道过：Arthur Kornberg. **For the Love of Enzymes**：**The Odyssey of a Biochemist**（见第 9 章注释 5），275 页及之后.

13. Gunther S. Stent. Prematurity and niqueness in scientific discovery（科学发现的早熟性与独特性）. Scientific

American，227（1972）：84–93.

14. 有关促使遗传工程诞生那些主要发现的年代学，见：James D. Watson and John Tooze. **A Documentary History of Gene Cloning**（基因克隆之实录历史）. San Francisco：W. H. Freeman，1981；Jan Witkowski. Fifty years of molecular biology's hall of fame（分子生物学名人堂之五十年）. Life Science Job Trends，2，no. 17（1988）：1–13. 有关遗传工程的发展及早期应用，请参考：Stephen S. Hall. **Invisible Frontiers：The Race to Synthesize a Human Gene**（见绪论注释 9）；Nicolas Rasmussen. **Gene Jockeys: Life Science and the Rise of Biotech Enterprise**（见绪论注释 9）；Doogab Yi. **The Recombinant University: Genetic Engineering and the Emergence of Stanford Biotechnology**（见绪论注释 9）.

15. Janet E. Mertz and Ronald W. Davis. Cleavage of DNA by RI restriction endonuclease generates cohesive ends（RI 限制性内切酶切割 DNA 时产生黏性末端）. Proceedings of the National Academy of Sciences of the USA，69（1972）：3370–3374.

16. Mathias Grote. Hybridizing bacteria，crossing methods，cross-checking arguments：the transition from episomes to plasmids，1961—1969（有关杂合细菌、杂交方法、交叉检验之争议：从附加体过渡到质粒，1961–1969）. History and Philosophy of the Life Sciences，30（2008）：407–430.

17. Stanley N. Cohen，Annie C. Y. Chang，Herbert W. Boyer and Robert B. Helling. Construction of biologically functional bacterial plasmids *in vitro*（具生物学功能质粒之体外构建）. Proceedings of the National Academy of Sciences of the USA，70（1973）：3240–3244. 为使质粒进入细菌，这些科学家使用了氯化钙——基于早些时候由曼德尔所建立方法：M. Mandel and A. Higa. Calcium dependent bacteriophage DNA infection（钙依赖的噬菌体 DNA 之侵染）. Journal of Molecular Biology，53（1970）：159–162；也见：Annie C. Y. Chang and Stanley N. Cohen. Genome Construction between bacterial species *in vitro*：replication and expression of *Staphylococcus* plasmid genes in *Escherichia coli*（细菌菌株之间基因组的体外构建：葡萄球菌质粒基因在大肠杆菌中的复制与表达）. Proceedings of the National Academy of Sciences of the USA，71（1974）：1030–1034.

18. John F. Morrow，Stanley N. Cohen，Annie C. Y. Chang，Herbert W. Boyer，Howard M. Goodman and Robert B. Helling. Replication and transcription of eukaryotic DNA in *Escherichia coli*（真核细胞 DNA 在大肠杆菌中的复制与转录）. Proceedings of the National Academy of Sciences of the USA，71（1974）：1743–1747.

19. Maxine Singer and Dieter Soll. Guidelines for DNA hybrid molecules（制备 DNA 杂交分子指南）. Science，181（1973）：1114.

20. Paul Berg，David Baltimore，Herbert W. Boyer，Stanley N. Cohen，Ronald W. Davis，et al. . Potential biohazards of recombinant DNA molecules（重组 DNA 分子之潜在生物危害性）. Proceedings of the National Academy of Sciences of the USA，71（1974）：2593–2594; Paul Berg，David Baltimore，Herbert W. Boyer，Stanley N. Cohen，Ronald W. Davis，et al.. Potential biohazards of recombinant DNA molecules（重组 DNA 分子之潜在生物危害性）. Science，185（1974）：303；NAS ban on plasmid engineering（美国国家科学院禁止进行质粒的设计改造）. Nature，250（1974）：175.

21. Paul Berg，David Baltimore，Sydney Brenner，Richard O. Roblin and Maxine F. Singer. Asilomar conference on recombinant DNA molecules（关于重组 DNA 分子的阿西罗马会议）. Science，188（1975）：44–47.

22. Sir Robert Williams，chair. Report of the Working Party on the Practice of Genetic Manipulation（Williams Report），Command 6600（调查委员会有关遗传操作实践的报告——威廉斯报告，指令 6600），London：Her Majesty's Stationery Office，1976.

23. Michael Ruse. The Recombinant DNA Debate：A Tempest in a Test Tube?（重组 DNA 争论：试管中的风暴?）in **Is Science Sexist?**（科学研究中存在性别歧视吗?）Dordrecht，the Netherlands：D. Reidel，1981；Clifford Grobstein. **A Double Image of the Double Helix：The Recombinant DNA Debate**（双螺旋的两面性：重组 DNA 之争论）. San Francisco：W. H. Freeman，1979；Sheldon Krimsky. **Genetic Alchemy：The Social His-**

tory of the Recombinant DNA Controversy（遗传学炼金术：重组 DNA 争议之社会学历史）. Cambridge, MA：MIT Press, 1982；Susan Wright. **Molecular Politics：Developing American and British Regulatory Policy for Genetic Engineering, 1972—1982**（分子政治学：建立美国和英国之遗传工程监管政策, 1972—1982）. Chicago：University of Chicago Press, 1994；Donald S. Fredrickson. **The Recombinant DNA Controversy, a Memoir：Science, Politics and the Public Interest, 1974—1981**（重组 DNA 之争，一部回忆录：科学，政治及公众利益, 1974—1981）. Washington, DC：ASM Press, 2001.

24. Stephen S. Hall. **Invisible Frontiers The Race to Synthesize a human Gene**（见绪论注释 9）.

25. Paul Berg. Dissections and reconstructions of genes and chromosomes（基因和染色体之解剖与重构）. Science, 213（1981）：296-303.

26. Susan Wright. Molecular biology or molecular politics? The Production of Scientific Consensus on the Hazards of Recombinant DNA Technology（是分子生物学还是分子政治学？重组 DNA 技术危害性之科学共识之产生）. Social Studies of Science, 16（1986）：593-620.

27. Argiris Efstratiadis, Fotis C. Kafatos, Allan M. Maxam and Tom Maniatis. Enzymatic *in vitro* synthesis of globin genes（珠蛋白基因之酶催体外合成）. Cell, 7（1976）：279-288.

28. Tom Maniatis, Sim Gek Kee, Argiris Efstratiadis and Fotis C. Kafatos. Amplification and characterization of a β-Globin gene synthesized *In Vitro*（体外合成 β-珠蛋白基因之扩增与表征）. Cell, 8（1976）：163-182.

29. Pieter Wensink, David J. Finnegan, John E. Donelson and David S. Hogness. A system for mapping DNA sequences in the chromosomes of *Drosophila melanogaster*（一种可用于对果蝇染色体 DNA 序列进行作图的系统）. Cell, 3（1974）：315-325.

30. Tom Maniatis, Ross C. Hardison, Elizabeth Lacy, Joyce Lauer, Catherine O'Connel, Diana Quon, Gek Kee Sim and Argiris Efstratiadis. The isolation of structural genes from libraries of eucaryotic DNA（从真核生物 DNA 文库中分离结构基因）. Cell, 15（1978）：687-701.

31. Michael Grunstein and David S. Hogness. Colony hybridization：A method for the isolation of cloned DNAs that contain a specific gene（菌落杂交：分离含有某一特异基因之克隆 DNA 片段的一种方法）. Proceedings of the National Academy of Sciences of the USA, 72（1975）：3961-3965.

32. 果蝇唾液腺巨型染色体的存在，使得通过原位分子杂交技术，直接在染色体上对一个 DNA 片段进行定位变得更为容易。见：Pieter Wensink, David J. Finnegan, John E. Donelson and David S. Hogness. A system for mapping DNA sequences in the chromosomes of *Drosophila melanogaster*（见本章注释 29）.

33. Hamilton O. Smith. Nucleotide sequence specificity of restriction endonucleases（限制性内切酶之核苷酸序列特异性）. Science, 205（1979）：455-462.

34. Phillip A. Sharp, Bill Sugden and Joe Sambrook. Detection of two restriction endonuclease activities in Haemophilus parainfluenzae using analytical agarose-ethidium bromide electrophoresis（利用分析型琼脂糖-溴化乙啶电泳检测存在于副流感嗜血杆菌中两种限制性内切酶之活性）. Biochemistry, 12（1973）：3055-3063. 超速离心方法继续被用于质粒制备：溴化乙啶存在时，质粒密度与染色体 DNA 密度不同，从而可通过利用一种氯化铯密度梯度离心进行分离。

35. E. M. Southern. Detection of specific sequences among DNA fragments separated by gel electrophoresis（在通过凝胶电泳分离开的 DNA 片段中检测特异 DNA 序列之存在）. Journal of Molecular Biology, 98（1975）：503-517；Dario Giacomoni. The origin of DNA：RNA hybridization（DNA：RNA 杂交之起源）. Journal of the History of Biology, 26（1993）：89-107.

36. James C. Alwine, David J. Kemp and George R. Stark. Method for detection of specific RNAs in agarose gels by transfer to diazobenzyloxymethyl paper and hybridization with DNA probes（通过将 RNA 转移到重氮苯氧甲基化纸上并利用 DNA 探针进行分子杂交而检测特异 RNA 之方法）. Proceedings of the National Academy of

Sciences of the USA，74（1977）：5350-5354.

37. Francisco Bolivar，Raymond L. Rodriguez，Mary C. Betlach and Herbert W. Boyer. Construction and characterization of new cloning vehicles：I. ampicillin-resistant derivatives of the plasmid pMB9（新克隆载体的构建与表征：I. pMB9 质粒之抗氨苄青霉素衍生质粒）. Gene，2（1977）：75-93；Francisco Bolivar，Raymond L. Rodriguez，Patricia J. Greene，Mary C. Betlach，Herbert L. Heynecker，Herbert W. Boyer，Jorge H. Crosa and Stanley Falkow. Construction and Characterization of New Cloning Vehicles：Ⅱ. A Multipurpose Cloning System（新克隆载体的构建与表征：Ⅱ. 一种多用途克隆系统）. Gene，2（1977）：95-113.

38. John Collins and Barbara Hohn. Cosmids：a type of plasmid gene-cloning vector that is packageable *in vitro* in bacteriophage λ heads（黏粒：一种可以在体外包裹进入 λ 噬菌体头部的质粒型基因克隆载体）. Proceedings of the National Academy of Sciences of the USA，75（1978）：4242-4246.

39. Allan M. Maxam and Walter Gilbert. A new method for sequencing DNA（一种测定 DNA 序列的新方法）. Proceedings of the National Academy of Sciences of the USA，74（1977）：560-564. 俄罗斯化学家尤金·斯浮德罗夫（Eugene Sverdlov）在 4 年前就提出一种类似方法，但他的工作没有引起人们任何注意：E. D. Sverdlov，W. Monastyrskaya，A. V. Chestulkhin and E. I. Budowsky. The primary structure of oligonucleotides：partial apurination as a method to determine the position of purine and pyrimidine residues（寡核苷酸的初级结构：局部脱嘌呤反应作为一种确定嘌呤和嘧啶残基位置之方法）. FEBS Letters，33（1973）：15-17；一种基因的部分序列在十多年前就通过蛋白质测序，阅读框架移码突变以及对遗传密码的知识等获得：Y. Okada，E. Terzaghi，G. Streisinger，J. Emrich，M. Inouye and A. Tsugita. A frame-shift mutation involving the addition of two base pairs in the lysozyme gene of phage T4（一种涉及在 T4 噬菌体的溶菌酶基因中插入两个碱基对的阅读框架移码突变）. Proceedings of the National Academy of Sciences of the USA，56（1966）：1692-1698.

40. Frederick Sanger，S. Nicklen and A. R. Coulson. DNA sequencing with chain-terminating inhibitors（利用链终止抑制剂进行 DNA 测序）. Proceedings of the National Academy of Sciences of the USA，74（1977）：5463-5467.

41. Clyde A. Hutchison Ⅲ，Sandra Philps，Marshall H. Edgell，Shirley Gillam，Patricia Jahnke and Michael Smith. Mutagenesis at a specific position in a DNA sequence（在一段 DNA 序列中特定位置实施突变）. Journal of Biological Chemistry，253（1978）：6551-6560.

42. M. J. Gait and R. C. Sheppard. Rapid synthesis of oligodeoxyribonucleotides：A new solid-phase method（寡聚脱氧核糖核苷酸之快速合成：一种新的固相方法）. Nucleic Acid Research，4（1977）：1135-1158.

43. 这些作者将已经在细菌中使用的这种技术进行了改进：F. L. Graham and A. J. Van der Erb. A new technique for the assay of infectivity of human adenovirus DNA（一种分析人腺病毒 DNA 感染性的新技术）. Virology，52（1973）：456-467.

44. Michael Wigler，Raymond Sweet，Gek Kee Sim，Barbara Wold，Angel Pellicer，Elizabeth Lacy，Tom Maniatis，Saul Silverstein and Richard Axel. Transformation of mammalian cells with genes from prokaryotes and eukaryotes（利用来自原核和真核细胞的基因转化哺乳动物细胞）. Cell，16（1979）：777-785.

45. Tom Maniatis，Ed. F. Fritsch and Joe Sambrook. **Molecular Cloning：A Laboratory Manual**（分子克隆：实验室手册）. Cold Spring Harbor，NY：Cold Spring Harbor Laboratory Press，1982. 在实验室，这本书经常被称为 "配方手册" 或 "烹饪手册"，甚至被更为尊敬地称为 "圣经"。Joan H. Fujimura. Constructing "Do-Able" problems in cancer research：articulating alignment（在癌症研究中构思 "可以解决的" 问题：话说校准）. Social Studies of Science，17（1987）：257-293.

46. 将从一种生物中获得的实验数据，推广到整个生物界是一种相当合理的策略，尽管这经常无果而终。Lindley Darden. Essay review：generalizations in biology（文献综述：生物学中概念的普遍化）. Studies in

History and Philosophy of Science: Part A，27（1996）：409-419.

47. Tom Maniatis，Sim Gek Kee，Argiris Efstratiadis and Fotis C. Kafatos. Amplification and characterization of a β-Globin gene synthesized *In Vitro*（见本章注释28）；胰岛素：Axel Ullrich，John Shine，John Chirgwin，Raymond Pictet，Edmond Tischer，William J. Rutter and Howard M. Goodman. Rat insulin genes：construction of plasmids containing the coding sequences（大鼠胰岛素基因：构建含有其编码序列的质粒）. Science，196（1977）：1313-1319；大鼠生长激素：Peter H. Seeburg，John Shine，Joseph A. Martial，John D. Baxter and Howard M. Goodman. Nucleotide sequence and amplification in bacteria of structural gene for rat growth hormone（大鼠生长激素结构基因的核苷酸序列及其在细菌中之扩增）. Nature，270（1977）：486-494；人胎盘激素：John Shine，Peter H. Seeburg，Joseph A. Martial，John D. Baxter and Howard M. Goodman. Construction and analysis of recombinant DNA for human chorionic somatomammotropin（人绒毛膜生长激素重组DNA之构建与分析）. Nature，270（1977）：494-499.

48. 获得这些结果所需巨大工作量和所需"修补"，在以下著作中得到精彩描述：Nicolas Rasmussen. **Gene Jockeys: Life Science and the Rise of Biotech Enterprise**（见绪论注释9）；Sally Smith Hughes. **Genentech: The Beginnings of Biotech**（基因泰克公司：生物技术之开始）. Chicago：University of Chicago Press，2011；对生物技术如何通过获得资金支持而快速发展方式感兴趣的读者，可参考：Cynthia Roberts-Roth. **From Alchemy to IPO: The Business of Biotechnology**（从炼金术到首次公开募股：生物技术之商业模式）. New York：Perseus Books，2000.

49. Keiichi Itakura，Tadaaki Hirose，Roberto Crea，Arthur D. Riggs，Herbert Heynecker，Francisco Bolivar and Herbert Boyer. Expression in Escherichia coli of a chemically synthesized gene for the hormone somatostatin（化学合成的生长激素释放抑制因子基因在大肠杆菌中之表达）. Science，198（1977）：1056-1063.

50. David V. Goeddel，Dennis G. Kleid，Francisco Bolivar，Herbert L Heynecker，Daniel G. Yansura，Roberto Crea，Tadaaki Hirose，Adam Kraszewski，Keiichi Itakura and Arthur D. Riggs. Expression in *Escherichia coli* of chemically synthesized genes for human insulin（化学合成的人胰岛素基因在大肠杆菌中之表达）. Proceedings of the National Academy of Sciences of the USA，76（1979）：106-110.

51. Lydia Villa-Komaroff，ArgirisEfstratiadis Stephanie Broome，Peter Lomedico，Richard Tizard，Stephen P. Naber，William L. Chick and Walter Gilbert. A Bacterial Clone Synthesizing Proinsulin（一种能够合成前胰岛素的细菌克隆）. Proceedings of the National Academy of Sciences of the USA，75（1978）：3727-3731；Annie C. Y. Chang，Jack H. Nunberg，Randal J. Kaufman，Henry A. Etlich，Robert T. Schimke and Stanley N. Cohen. Phenotypic expression in E. coli of a DNA sequence coding for mouse dihydrofolate reductase（编码小鼠二氢叶酸还原酶的DNA序列在大肠杆菌中的性状性表达）. Nature，275（1978）：617-624.

52. 生长激素：David V. Goeddel，Herbert L. Heynecker，Toyohara Hozumi，René Arentzen，Keiichi Itakura，Daniel G. Yansura，Michael J. Ross，Giuseppe Miozzari，Roberto Crea and Peter Seeburg. Direct expression in *E. coli* of a DNA sequence coding for human growth hormone（编码人生长激素的DNA序列在大肠杆菌中之直接表达）. Nature，281（1979）：544-548；具生物活性的干扰素：Shigekazu Nagata，Hideharu Taira，Alan Hall，Lorraine Johnsrud，Michel Streuli，Josef Ecsödi，Werner Boll，Kari Cantell and Charles Weissmann. Synthesis in *E. coli* of a polypeptide with human leukocyte interferon activity（一种具人白细胞干扰素活性的多肽链在大肠杆菌细胞中之合成）. Nature，284（1980）：316-320；David V. Goeddel，Elizabeth Yelverton，Axel Ullrich，Herbert L. Heynecker，Giuseppe Miozzari et al.. Human leukocyte interferon produced by E. coli is biologically active（大肠杆菌中产生的人白细胞干扰素具生物活性）. Nature，287（1980）：411-416.

53. Jean-Pierre Hernalsteens，Francoise Van Vliet，Marc De Beuckeleer，Ann Depicker，Gilbert Engler，Michel Lemmers，Marcelle Holsters，Marc Van Montagu and Jeff Schell. The *Agrobacterium tumefaciens* Ti plasmid as a host vector system for introducing foreign DNA in plant cells（土壤杆菌Ti质粒作为将外源DNA引入植物细胞

之宿主载体系统). Nature, 287（1980）: 654–656.

54. Jon W. Gordon, George A. Scangos, Diane J. Plotkin, James A. Barbosa and Frank H. Ruddle. Genetic transformation of mouse embryos by microinjection of purified DNA（通过微量注射纯净 DNA 使小鼠胚胎进行遗传转化）. Proceedings of the National Academy of Sciences of the USA, 77（1980）: 7380–7384.

55. 该实验是一项在溶液中发生分子杂交的经典实验。其重要性源于所使用的实验材料。Yuet Wai Kan, Mitchell S. Golbus and Andrée M. Dozy. Prenatal diagnosis of α -thalassemia: clinical application of molecular hybridization（α - 地中海贫血症的产前诊断：分子杂交之临床应用）. New England Journal of Medicine, 295（1976）: 1165–1167.

56. Michel Morange. **Une Lecture du vivant: Histoire et épistémologie de la biologie moléculaire**. Louvain-la-Neuve, France: CIACO, 1986.

57. Niels Bohr. Light and life（光与生命）. Nature, 131（1933）: 421–423, 457–459.

58. Lily E. Kay. **Who Wrote the Book of Life? A History of the Genetic Code**（见第 10 章注释 9）.

### 第 17 章　断裂基因与剪接

1. C. Yanofsky, B. C. Carlton, J. R. Guest, D. R. Helinski and U. Henning. On the colinearity of gene structure and protein structure（论基因与蛋白质结构之间的共线性特征）. Proceedings of the National Academy of Sciences of the USA, 51（1964）: 266–272; A. S. Sarabhai, A. O. W. Stetton, Sydney Brenner and A. Bolle. Colinearity of the gene with the polypeptide chain（基因与多肽链之间的共线性关系）. Nature, 201（1964）: 13–17.

2. 不久后，这些结果发表在学术刊物上。S. M. Berget, A. J. Berk, T. Harrison and P. A. Sharp. Spliced segments at the 5'termini of adenovirus-2 late mRNA: a role for heterogeneous nuclear RNA in mammalian cells（2 型腺病毒晚期信使 RNA5' 末端被剪接的片段：哺乳动物细胞中异质细胞核 RNA 的一种角色）. Cold Spring Harbor Symposia on Quantitative Biology, 42（1978）: 523–529; T. R. Broker, L. T. Chow, A. R. Dunn, R. E. Gelinas, J. A. Hassel et al.. Adenovirus-2 Messengers—An Example of Baroque Molecular Architecture（2 型腺病毒之信使——一例奇异分子构造）. Cold Spring Harbor Symposia on Quantitative Biology, 42（1977）: 531–553; H. Westphal and S. P. Lai. Displacement loops in adenovirus DNA-RNA hybrids（腺病毒 DNA-RNA 杂合分子中之置换环）. Cold Spring Harbor Symposia on Quantitative Biology, 42（1978）: 555–558; Susan M. Berget, Claire Moore and Phillip A. Sharp. Spliced segments at the 5' terminus of adenovirus-2 late mRNA（2 型腺病毒晚期信使 RNA5' 末端被剪接之片段）. Proceedings of the National Academy of Sciences of the USA, 74（1977）: 3171–3175; Louise T. Chow, Richard E. Gelinas, Thomas R. Borker and Richard J. Roberts. An amazing sequence arrangement at the 5'ends of adenovirus 2 messenger RNA（2 型腺病毒晚期信使 RNA5' 末端一种令人惊奇之序列排布）. Cell, 12（1977）: 1–8; Daniel F. Klessig. Two adenovirus mRNAs have a common 5'terminal leader sequence encoded at least 10 kb upstream from their main coding regions（两种腺病毒信使 RNA 具有共同的、位于它们主体编码序列上游至少 10000 个碱基处的 5' 末端前导序列）. Cell, 12（1977）: 9–21; Ashley R. Dunn and John A. Hassell. A novel method to map transcripts: evidence for homology between an adenovirus mRNA and discrete multiple regions of the viral genome（一种对转录产物进行作图的新方法：一种腺病毒信使 RNA 与病毒基因组的几个独立区域具同源性之证据）. Cell, 12（1977）: 23–36; J. B. Lewis, C. W. Anderson and J. F. Atkins. Further mapping of late adenovirus genes by cell-free translation of RNA selected by hybridization to specific DNA fragments（通过利用与特异 DNA 片段杂交而筛选到的 RNA 进行无细胞翻译所开展的晚期腺病毒基因之进一步作图）. Cell, 12（1977）: 37–44.

3. B. G. Barrell, G. M. Air and C. A. Hutchison Ⅲ. Overlapping genes in bacteriophage ΦX174（噬菌体 Φ174 中的重叠基因）. Nature, 264（1976）: 34–41.

4. 有关 SV40 病毒：Yosef Aloni, S. Bratosiw, Ravi Dhar, Orgad Laub, Mia Horowitz and George Khoury.

Splicing of SV40 mRNAs: a novel mechanism for the regulation of gene expression in animal cells（SV40 信使 RNA 剪接：动物细胞中基因表达调节之全新机制）. Cold Spring Harbor Symposia on Quantitative Biology, 42（1977）：559-570；M. T. Hsu and J. Ford. A novel sequence arrangement of SV40 late RNA（SV40 晚期 RNA 的一种全新序列排布方式）. Cold Spring Harbor Symposia on Quantitative Biology, 42（1977）：571-576；Yosef Aloni, Ravi Dhar, Orgad Laub, Mia Horowitz and George Khoury. Novel mechanisms for RNA maturation：the leader sequences of simian virus 40 mRNA are not transcribed adjacent to the coding sequences（RNA 分子成熟全新机制：猿病毒 SV40 信使 RNA 的前导序列并非从编码序列相邻序列转录而来）. Proceedings of the National Academy of Sciences of the USA, 74（1977）：3686-3690. 有关真核生物：A. J. Jeffreys and R. A. Flavell. The rabbit β-Globin gene contains a large insert in the coding sequence（兔 β-珠蛋白基因的编码序列中含一段长的插入片段）. Cell, 12（1977）：1097-1108；R. Breathnach, J. L. Mandel and P. Chambon. Ovalbumin gene is split in chicken DNA（鸡 DNA 中的卵白蛋白基因是断裂的）. Nature, 270（1977）：314-319；Shirley M. Tilghman, David C. Tiemeier, J. G. Seidman, B. MatijaPeterlin, Margery Sullivan, Jacob V. Maizel and Philip Leder. Intervening sequence of DNA identified in the structural portion of a mouse β-globin gene（在一种小鼠 β-珠蛋白基因结构部分的插入 DNA 序列）. Proceedings of the National Academy of Sciences of the USA, 75（1978）：725-729；Christine Brack and Susumu Tonegawa. Variable and constant parts of the immunoglobulin light chain gene of a mouse myeloma cell are 1250 non-translated bases apart（一种小鼠骨髓瘤细胞中的免疫球蛋白轻链基因可变区与恒定区被 1250 个非翻译碱基隔开）. Proceedings of the National Academy of Sciences of the USA, 74（1977）：5652-5656.

5. Walter Gilbert. Why Genes in Pieces?（基因为什么成段？）Nature, 271（1978）：501.

6. Francis Crick. Split Genes and RNA Splicing（断裂基因与 RNA 剪接）. Science, 204（1979）：264-271；R. Breathnach and P. Chambon. Organization and expression of eucaryotic split genes coding for proteins（真核生物编码蛋白质的断裂基因之结构与表达）. Annual Review of Biochemistry, 50（1981）：349-383.

7. J. L. Bos, C. Heyting, P. Borst, A. C. Arnberg and E. F. J. Van Bruggen. An insert in the single gene for the large ribosomal RNA in yeast mitochondrial DNA（酵母线粒体 DNA 中编码大核糖体 RNA 的一种单一基因中的一段插入序列）. Nature, 275（1978）：336-338.

8. Peter J. Curtis, Ned Mantei, Johan Van Den Berg and Charles Weissmann. Presence of a Putative 15S Precursor to β-Globin mRNA but not to α-Globin mRNA in Friend Cells（弗兰德细胞中存在一种假想的 β-珠蛋白信使 RNA 的 15S 前体，但不存在 α-珠蛋白前体）. Proceedings of the National Academy of Sciences of the USA, 74（1977）：3184-3188.

9. Walter Gilbert. Why Genes in Pieces？（见本章注释 5）；Francis Crick. Split Genes and RNA Splicing（见本章注释 6）；Jan A. Witkowski. The discovery of "split" genes：a scientific revolution（"断裂"基因之发现：一次科学革命）. Trends in Biochemical Sciences, 13（1988）：110-113.

10. J. E. Darnell, L. Philipson, R. Wall and M. Adesnik. Polyadenylic acid sequences：role in conversion of nuclear RNA into messenger RNA（多聚腺苷酸序列：在细胞核 RNA 转化为信使 RNA 过程中的角色）. Science, 174（1971）：507-510.

11. R. P. Perry and D. E. Kelley. Methylated constituents of heterogeneous nuclear RNA：Presence in Blocked 5' Terminal structures（异质细胞核 RNA 之甲基化组分：在被阻断的 5' 末端结构中之存在）. Cell, 6（1975）：13-19.

12. O. P. Samarina. The distribution and properties of cytoplasmic deoxyribonucleic acid-like ribonucleic acid（messenger ribonucleic acid）（细胞质脱氧核糖核酸类核糖核酸——信使核糖核酸——之分布与性质）. Biochimica et Biophysica Acta, 91（1964）：688-691；G. P. Georgiev. On the structural organization of operon and the regulation of RNA synthesis in animal cells（论动物细胞中操纵子的结构及 RNA 合成之调节）. Journal of

Theoretical Biology, 25（1969）：473–490；G. P. Georgiev, A. P. Ryskov, C. Coutelle, V. L. Mantieva and E. R. Avakyan. On the structure of transcriptional unit in mammalian cells（论哺乳动物细胞中转录单位之结构）. Biochimica et Biophysica Acta, 259（1972）：259–283；J. E. Darnell, L. Philipson, R. Wall and M. Adesnik. Polyadenylic acid sequences：role in conversion of nuclear RNA into messenger RNA（见本章注释 10）；Robert A. Weinberg. Nuclear RNA metabolism（细胞核 RNA 代谢）. Annual Review of Biochemistry, 42（1973）：329–354.

13. Pierre Chambon. Split genes（断裂基因）. Scientific American, 244（1981）：60–71.

14. Francis Crick. Split Genes and RNA Splicing（见本章注释 6）.

15. Roy J. Britten and Eric H. Davidson. Gene regulation for higher cells：a theory（见 15 章注释 37）.

16. Claude Jacq, Jaga Lazowska and Piotr P. Stonimski. Sur un nouveau mécanisme de la régulation de l'expression génétique. Comptes rendus de l'Académie de sciences, seriesD, 290（1980）：89–92；Jaga Lazowska, Claude Jacq and Piotr P. Stonimski. Sequence of introns and flanking exons in wild-type and Box3 mutants of cytochrome b reveals an interlaced splicing protein coded by an intron（野生型及 Box3 突变型细胞色素 b 的内含子和相邻外显子序列揭示一种由一个内含子编码的交错式剪接蛋白质）. Cell, 22（1980）：333–348.

17. Piotr P. Slonimski. Éléments hypothétiques de l'expression des genes morcelés：protéines messagères de la membrane nucléaire. Comptes rendus de l'Académie de sciences, series D, 290（1980）：331–334.

18. Antoine Danchin. Régles de réécriture en biologie moléculaire. Le Débat, no. 3（1980）：111–114.

19. Thomas R. Cech, Arthur J. Zaug and Paula J. Grabowski. *In vitro* splicing of the ribosomal RNA precursor of *Tetrahymena*：involvement of a guanosine nucleotide in the excision of the intervening sequence（四膜虫核糖体 RNA 前体之体外剪接：在插入序列被删除过程中一种鸟嘌呤核苷酸之参与）. Cell, 27（1981）：487–496；Kelly Kruger, Paula J. Grabowski, Arthur J. Zaug, Julie Sands, Daniel E. Gottschling and Thomas R. Cech. Self-splicing RNA：autoexcision and autocyclization of the ribosomal RNA intervening sequence of *Tetrahymena*（自剪接 RNA：四膜虫核糖体 RNA 插入序列之自删除及自环化）. Cell, 31（1982）：147–157.

20. Cecilia Guerrier-Takada, Katheleen Gardiner, Terry Marsh, Norman Pace and Sydney Altman. The RNA moiety of ribonuclease P is the catalytic subunit of the enzyme（核糖核酸酶 P 中的 RNA 组分为酶之催化亚基）. Cell, 35（1983）：849–857.

21. Walter Gilbert. Why Genes in Pieces?（见本章注释 5）；James E. Darnell Jr.. Implication of RNA：RNA splicing in Evolution of eukaryotic cells（RNA 的含义：真核细胞演化中的 RNA 剪接）. Science, 202（1978）：1257–1260.

22. Walter Gilbert. Why Genes in Pieces?（见本章注释 5）.

23. Charles S. Craik, Stephen Sprang, Robert Fletterick and William J. Rutter. Intron-exon splice junctions map at protein surfaces（内含子 – 外显子剪接接头处位蛋白质表面）. Nature, 299（1982）：180–182；Charles S. Craik, William J. Rutter and Robert Fletterick. Splice junctions：association with variation in protein structrue（剪接结头：与蛋白质结构变异之关系）. Science, 220（1983）：1125–1129.

24. Colin C. F. Blake. Do genes-in-pieces imply proteins-in-pieces？（基因成段分布是否意味着蛋白质也成段分布？）Nature, 273（1978）：267.

25. Walter Gilbert. Why Genes in Pieces?（见本章注释 5）.

26. S. Ohno. **Evolution by Gene Duplication**（通过基因加倍的演化）. New York：Springer-Verlag, 1970.

27. James E. Darnell Jr.. Implication of RNA：RNA splicing in Evolution of eukaryotic cells（见本章注释 21）；Susumu Tonegawa, Allan M. Maxam, Richad Tizard, Ora Bernard and Walter Gilbert. Sequence of a mouse germ-line gene for a variable region of an immunoglobin light chain（小鼠生殖细胞中编码一条免疫球蛋白轻链可变区基因之序列）. Proceedings of the National Academy of Sciences of the USA, 75（1978）：1485–1489；

Walter Gilbert. Why Genes in Pieces?（见本章注释 5）.

28. 修补的概念——在断裂基因的存在被知晓之前就由雅各布在 1977 年引入——在这种新背景下找到一种极佳应用：François Jacob. Evolution and tinkering（生物演化与修补）. Science, 196（1977）：1161–1166；也可参考：François Jacob. **The Possible and the Actual**（可能的与真实的）. Seattle：University of Washington Press, 1982.

29. Carmen Quinto, Margarita Quiroga, William F. Swain, William C. Nikovits, Jr., David N. Standring, Raymond L. Pictet, Pablo Valenzuela and William J. Rutter. Rat preprocarboxypeptidase A：cDNA sequence and preliminary characterization of the gene（大鼠前羧肽酶 A 前体：互补 DNA 序列及对基因的初步表征）. Proceedings of the National Academy of Sciences of the USA, 79（1982）：31–35；Margaret Leicht, George L. Long, T. Chandra, Kotoku Kurachi, Vincent J. Kidd, Myles Mace, Jr., Earl W. Davies and Savio L. C. Woo. Sequence homology and structural comparison between the chromosomal human α 1–antitrypsin and chicken ovalbumin genes（人染色体 α 1– 抗胰蛋白酶基因与鸡卵白蛋白基因之间的序列同源性及结构比较）. Nature, 297（1982）：655–659.

30. W. Ford Doolittle. Genes in pieces：were they ever together?（成段的基因：它们是否曾经连在一起？）Nature, 272（1978）：581–582；James E. Darnell Jr. . Implication of RNA：RNA splicing in Evolution of eukaryotic cells（见本章注释 21）.

31. Francis Crick. Split Genes and RNA Splicing（见本章注释 6）, 269.

32. Claude Jacq, J. R. Miller and G. G. Brownlee. A pseudogene structure in 5S DNA of *Xenopus laevis*（蟾蜍 5SDNA 中一种假基因之结构）. Cell, 12（1977）：109–120；Y. Nishioka, A. Leder and P. Leder. Unusual α -globin-like gene that has cleanly lost both globin intervening sequences（完全失去两段插入序列的不寻常类 α - 珠蛋白基因）. Proceedings of the National Academy of Sciences of the USA, 77（1980）：2806–2809.

33. B. G. Barrell, A. T. Bankier and J. Drouin. A different genetic code in human mitochondria（人线粒体中一套不同的遗传密码）. Nature, 282（1979）：189–194.

34. Stuart Horowitz and Martin A. Gorovsky. An unusual genetic code in nuclear genes of *Tetrahymena*（四膜虫细胞核基因中一套不寻常遗传密码）. Proceedings of the National Academy of Sciences of the USA, 82（1985）：2452–2455；François Caron and Eric Meyer. Does *Paramecium primaurelia* use a different genetic code in its macronucleus?（草履虫在其巨型细胞核中使用一套不同的遗传密码？）Nature, 314（1985）：185–188；J. R. Preer, L. B. Preer, B. M. Rudman and A. J. Barnett. Deviation from the universal code shown by the gene for surface protein 51. A in *Paramecium*（草履虫表面蛋白 51. A 编码基因与通用遗传密码之间的偏差）. Nature, 314（1985）：188–190.

35. Rob Benne, Janny Van den Burg, Just P. J. Brakenhoff, Paul Sloof, Jacques H. Van Boom and Marike C. Tromp. Major transcript of the frameshifted CoX II gene from trypanosome mitochondria contains four nucleotides that are not encoded in the DNA（锥体虫线粒体发生阅读框架移位的 CoX II 基因主要转录产物中含四个并非由 DNA 编码之核苷酸）. Cell, 46（1986）：819–826.

36. Beat Blum, Nancy R. Sturm, Agda M. Simpson and Larry Simpson. Chimeric gRNA–mRNA molecules with oligo（U）tails covalently linked at sites of RNA editing suggest that U addition occurs by transesterification（含寡聚尿嘧啶尾巴共价连接在 RNA 编辑位点的嵌合型 gRNA–mRNA 分子的存在暗示尿嘧啶的添加通过转酯反应进行）. Cell, 65（1991）：543–550.

37. Scott H. Podolsky and Alfred I. Tauber. **The Generation of Diversity and the Rise of Molecular Biology**（多样性之产生与分子生物学之崛起）. Cambridge, MA：Harvard University Press, 1997.

38. Francis Crick. On protein synthesis（见第 13 章注释 2）.

39. Joshua Lederberg. Genes and antibodies（基因与抗体）. Science, 129（1959）：1649–1653.

40. Niels K. Jerne. The natural selection theory of antibody formation（见第 12 章注释 30）；T. Söderqvist. Darwin-ian Overtones：Niels K. Jerne and the origin of the selection theory of antibody formation（达尔文主义的弦外之音：尼尔斯·杰尼与抗体形成选择理论之起源）. Journal of the History of Biology, 27（1994）：481−529；Michel Morange. The complex history of the selective model of antibody formation（抗体形成选择模型的复杂历史）. Journal of Biosciences, 39（2014）：347−350；David W. Talmage. Allergy and immunology（过敏反应与免疫学）. Annual Review of Medicine, 8（1957）：239−256；Frank MacFarlane Burnet. **The Clonal Selec-tion Theory of Acquired Immunity**（获得性免疫之克隆选择理论）. Cambridge：Cambridge University Press, 1959. 该模型 1957 年首次在一份澳大利亚刊物上提出：Frank MacFarlane Burnet. A modification of Jerne's theory of antibody production using the concept of clonal selection（利用克隆选择概念对杰尼抗体产生理论所进行修改）. Australian Journal of Science, 20（1957）：67−69.

41. G. J. V. Nossal and Joshua Lederberg. Antibody production by single cells（通过单个细胞产生抗体）. Nature, 181（1958）：1419−1420.

42. Joshua Lederberg. Genes and antibodies（见本章注释 39），1649.

43. 对伯利特理论的采纳，伴随免疫学领域发生一种深远转变，并导致免疫系统这一概念的出现：Arthur M. Silverstein. **A History of Immunology**（免疫学史），第 2 版. New York：Elsevier/Academic Press，2009.

44. Nobumichi Hozumi and Susumu Tonegawa. Evidence for somatic rearrangement of immunoglobulin genes coding for variable and constant regions（免疫球蛋白基因中编码可变和恒定区 DNA 序列在体细胞中发生重排之证据）. Proceedings of the National Academy of Sciences of the USA, 73（1976）：3628−3632.

45. Stephen M. Hedrick，David I. Cohen，Ellen A. Nielsen and Mark M. Davis. Isolation of cDNA clones encoding T cell-specific membrane-associated proteins（编码 T 细胞特异膜结合蛋白质互补 DNA 克隆之分离）. Nature, 308（1984）：149−153.

### 第 18 章　癌基因的发现

1. Michel Morange. The discovery of cellular oncogenes（细胞癌基因之发现）. History and Philosophy of the Life Sciences, 15（1993）：45−59；Michel Morange. From the regulatory vision of cancer to the oncogene paradigm（从癌症调节观到癌基因范式）. Journal of the History of Biology, 30（1997）：1−27；Natalie Angier. **Nat-ural Obsessions：The Search for the Oncogene**（对自然的执念：探寻癌基因）. Boston：Houghton Mifflin, 1988. 藤村的工作为在癌基因发现过程中所涉及的"策略性"赌注提供了曙光：Joan H. Fujimura. Construct-ing "Do−Able" problems in cancer research：articulating alignments（见第 16 章注释 45）；The molecular biological bandwagon in cancer research：where social worlds meet（癌症研究中的分子生物学浪潮：社交圈的交合之处）. Social Problems, 35（1988）：261−283；**Crafting Science：A Sociohistory of the Quest for the Genetics of Cancer**（精巧设计的科学：癌症遗传学探索之社会历史方面）. Cambridge, MA：Harvard University Press, 1996. 一种极为简化的关于这段历史的描述，见：Harold Varmus and Robert A. Weinberg. **Genes and the Biology of Cancer**（基因与癌症生物学）. New York：Scientific American Library, 1993.

2. Robert J. Huebner and George J. Todaro. Oncogenes of RNA tumor viruses as determinants of cancer（决定癌症发生的 RNA 肿瘤病毒中的癌基因）. Proceedings of the National Academy of Sciences of the USA, 64（1969）：1087−1094. 杜尔贝科小组在致癌 DNA 病毒、多腺病毒和 SV40 病毒方面的研究表明，转化由病毒携带的一种基因引起，但这种基因的作用机制仍属未知。此外，杜尔贝科认为，转化是病毒入侵后引发的其他细胞变化所致，所以他的发现并不与修博纳和托达罗的模型矛盾。见：Renato Dulbecco. From the Mo-lecular Biology of Oncogenic DNA Viruses to Cancer（从致癌 DNA 病毒的分子生物学到癌症）. Science, 192（1976）：437−440. 致癌病毒方面的研究获得相当多的经费支持，并在 20 世纪 60 年代末期，美国发起的攻克癌症的圣战中占有一种重要地位。人们希望这些研究会导致诊断工具和治疗方法的迅速建立，既造福病人，也让医药工业受益。特别是病毒的分离和表征为疫苗的开发开启了一扇门。

3. Howard M. Temin. The protovirus hypothesis（原病毒假说）. Journal of the National Cancer Institute，46（1971）：iii-viii.

4. Edward M. Scolnick，Elaine Rands，David Williams and Wade P. Parks. Studies on the Nucleic Acid Sequences of Kirsten Sarcoma Virus：A Model for Formation of a Mammalian RNA-Containing Sarcoma Virus（克斯顿肉瘤病毒核酸序列之研究：一种哺乳动物 RNA 肉瘤病毒形成的模型）. Journal of Virology，12（1973）：458-463.

5. François Jacob. Comments（评论）. Cancer Research，20（1960）：695-697. 噬菌体的溶原性与癌症之间的类比性早在七年前就被勒沃夫强调：André Lwoff. Lysogeny（溶原性）. Bacteriology Review，17（1953）：269-337. 也请参考 Charles Galperin. Virus，provirus et cancer. Revue d'histoire des sciences，47（1994）：7-56.

6. 见第 5 章。

7. Howard M. Temin. On the Origin of the Genes for Neoplasia：G. H. A. Clowes Memorial Lectures（论肿瘤形成基因之起源：克劳斯纪念报告系列）. Cancer Research，34（1974）：2835-2841.

8. Dominique Stehelin，Ramareddy V. Guntaka，Harold E. Varmus and J. Michael Bishop. Purification of DNA Complementary to Nucleotide Sequences Required for Neoplastic Transformation of Fibroblasts by Avian Sarcoma Viruses（与鸟类肉瘤病毒引起成纤维细胞癌变所需核苷酸序列互补 DNA 之分离）. Journal of Molecular Biology，101（1975）：349-365；Dominique Stehelin，Harold E. Varmus，J. Michael Bishop and Peter K. Vogt. DNA Related to the Transforming Gene（s）of Avian Sarcoma Viruses is Present in Normal Avian DNA（鸟类肉瘤病毒中与转化基因相关的 DNA 在正常鸟类 DNA 中也存在）. Nature，260（1976）：170-173.

9. Deborah H. Spector，Harold E. Varmus and J. Michael Bishop. Nucleotide sequences related to the transforming gene of avian sarcoma virus are present in DNA of uninfected vertebrates（鸟类肉瘤病毒中与转化基因相关的核苷酸序列在未被感染的脊椎动物中也存在）. Proceedings of the National Academy of Sciences of the USA，75（1978）：4102-4106.

10. 比如参考：J. Michael Bishop. Enemies within：the genesis of retrovirus oncogenes（来自内部之敌人：反转录病毒癌基因的生成）. Cell，23（1981）：5-6；也请参考：Natalie Angier. **Natural Obsessions：The Search for the Oncogene**（见本章注释 1）.

11. Deborah H. Spector，Karen Smith，Thomas Padgett，Pamela McCombe，Daisy Roulland-Dussoix，Carlo Moscovici，Harold E. Varmus and J. Michael Bishop. Uninfected Avian Cells Contain RNA Related to the Transforming Gene of Avian Sarcoma Viruses（未被感染的鸟类细胞含有与鸟类肉瘤病毒转化基因相关的 RNA）. Cell，13（1978）：371-379；Deborah H. Spector，Barbara Baker，Harold E. Varmus and J. Michael Bishop. Characteristics of Cellular RNA Related to the Transforming Gene of Avian Sarcoma Viruses（鸟类肉瘤病毒中与转化基因相关的细胞 RNA 的特征）. Cell，13（1978）：381-386.

12. Michel Morange. From the regulatory vision of cancer to the oncogene paradigm（见本章注释 1）.

13. 1973 年，格雷厄姆和范·德·艾伯建立了一种利用外源 DNA "转染" 细胞的技术。1979 年，这项技术通过共转染一种抗性基因而变得可操作（见第 16 章）；温恩伯格和库珀在同一年实施了他们的转染实验。在这些实验中，癌基因被通过正筛选获得：转化细胞长得更快，可以有效地在培养皿中检测并分离出来。

14. Joyce McCann，Edmund Choi，Edith Yamasaki and Bruce N. Ames. Detection of Carcinogens as Mutagens in the Salmonella/Microsome Test：Assay of 300 Chemicals（通过是否在沙门氏菌 / 微粒体实验中表现为诱变剂而检测致癌物质：对 300 种化学物质进行的分析）. Proceedings of the National Academy of Sciences of the USA，72（1975）：5135-5139.

15. Chiaho Shih，Ben-Zion Shilo，Mitchell P. Goldfarb，Ann Dannenberg and Robert A. Weinberg. Passages of Phe-

notypes of Chemically Transformed Cells Via Transfection of DNA and Chromatin（通过转染 DNA 和染色质将经化学转化的癌细胞的表型予以传递）. Proceedings of the National Academy of Sciences of the USA, 76（1979）: 5714-5718; Geoffrey M. Cooper, Sharon Okenquist and Lauren Silverman. Transforming Activity of DNA of Chemically Transformed and Normal Cells（经化学转化的癌细胞及正常细胞 DNA 的转化活性）. Nature, 284（1980）: 418-421.

16. 这最后一个结果只被温恩伯格小组获得过。库珀发现，如果将 DNA 切成足够小的片段，癌基因可以从正常的未经转化的细胞中提取。库珀的结果与当时占主导地位的癌症是因丧失调节所致这一概念吻合。Michel Morange. From the regulatory vision of cancer to the oncogene paradigm（见本章注释 1）.

17. Luis F. Parada, Clifford J. Tabin, Chiaho Shih and Robert A. Weinberg. Human E. J. Bladder carcinoma oncogene is homologue of harvey sarcoma virus *ras* gene（人布拉德肿瘤的癌基因与哈维肉瘤病毒的 *ras* 基因同源）. Nature, 297（1982）: 474-478; Channing J. Der, Theodore G. Krontiris and Geoffrey M. Cooper. Transforming genes of human Bladder and lung carcinoma cell lines are homologous to the *ras* genes of harvey and kirsten sarcoma viruses（人膀胱及肺癌细胞系中的转化基因与哈维和科斯登肉瘤病毒的 *ras* 基因同源）. Proceedings of the National Academy of Sciences of the USA, 79（1982）: 3637-3640.

18. Clifford J. Tabin, Scott M. Bradley, Cornelia I. Bargmann, Robert A. Weinberg, Alex G. Papageorge, Edward M. Scolnick, Ravi Dhar, Douglas R. Lowy and Esther H. Chang. Mechanism of activation of a human oncogene（一种人类癌基因被激活的机制）. Nature, 300（1982）: 143-149; E. Premkumar Reddy, Roberta K. Reynolds, Eugenio Santos and Mariano Barbacid. A poin mutation is responsible for the acquisition of transforming properties by the T24 human bladder carcinoma oncogene（人 T24 膀胱癌的致癌基因的转化特性由一个点突变引起）. Nature, 300（1982）: 149-152.

19. William S. Hayward, Benjamin G. Neel and Susan M. Astrin. Activation of a Cellular *onc* Gene by Promoter Insertion in ALV-Induced Lymphoid Leukosis（ALV 病毒诱导的白血病形成过程中一种细胞 *onc* 癌基因的激活通过启动子的插入而发生）. Nature, 290（1981）: 475-480; Steven Collins and Mark Groudine. Amplification of endogenous Myc-related DNA sequences in a human myeloid leukaemia cell line（在一种人类骨髓性白血病细胞系中对内源性 Myc 相关 DNA 序列的扩增）. Nature, 298（1982）: 679-681; Philip Leder, Jim Battey, Gilbert Lenoir, Christopher Moulding, William Murphy, Huntington Potter, Timothy Stewart and Rebecca Taub. Translocations among antibody genes in human cancer（人癌细胞中抗体基因间的易位）. Science, 222（1983）: 765-771.

20. Russell F. Doolittle, Michael W. Hunkapiller, Leroy E. Hood, Sushilkumar G. Devare, Keith C. Robbins, Stuart A. Aaronson and Harry N. Antoniades. Simian sarcoma virus onc gene, *v-sis*, is derived from the gene（or genes）encoding a platelet-derived growth factor（猿肉瘤病毒的致癌基因 *v-sis* 从编码血小板衍生的生长因子的基因演生而来）. Science, 221（1983）: 275-27; Michael D. Waterfield, Geoffrey T. Scrace, Nigel Whittle, Paul Sroobant, Ann Johnsson, Åke Wasteson, Bengt Westermark, Carl-Henrik Heldin, Jung San Huang and Thomas F. Deuel. Platelet-derived growth factor is structurally related to the putative transforming protein p28[sis] of simian sarcoma virus（血小板衍生的生长因子在结构上与猿肉瘤病毒中假定的转化蛋白 p28[sis] 相关）. Nature, 304（1983）: 35-39.

21. J. Downward, Y. Yarden, E. Mayes, G. Scrace, N. Totty, P. Stockwell, A. Ullrich, J. Schlessinger and M. D. Waterfield. Close similarity of epidermal growth factor receptor and *v-erb-B* oncogene protein sequence（表皮细胞生长因子受体与癌基因 *v-erb-B* 之间的蛋白质序列极其相似）. Nature, 307（1984）: 521-527.

22. James B. Hurley, Melvin I. Simon, David B. Teplow, Janet D. Robishaw and Alfred G. Gilman. Homologies between signal tranducing G proteins and *ras* gene products（进行信号转导的 G 蛋白与 *ras* 基因产物之间的同源性）. Science, 226（1984）: 860-862.

23. Kathleen Kelly，Brent H. Cochran，Charles D. Stiles and Philip Leder. Cell-specific regulation of the *c-myc* gene by lymphocyte mitogens and platelet-derived growth factor（淋巴细胞促细胞分裂剂与血小板衍生的生长因子对 *c-myc* 基因进行的细胞特异性调节）. Cell，35（1983）：603–610；Wiebe Kruijer，Jonathan A. Cooper，Tony Hunter and Inder M. Verma. Platelet-derived growth factor induces rapid but transient expression of the *c-fos* gene and protein（血小板衍生生长因子诱导 *c-fos* 基因及其蛋白质的快速而短暂的表达）. Nature，312（1984）：711–716；Rolf Müller，Rodrigo Bravo and Jean Burckhardt，Tom Curran. Induction of *c-fos* gene and protein by growth factors precedes activation of *c-myc*（*c-fos* 基因及其蛋白质被生长因子诱导之过程发生于 *c-myc* 基因被激活之前）. Nature，312（1984）：716–720.

24. D. Defeo-Jones，E. M. Scolnick，R. Koller and R. Dhar. *ras*-Related Gene Sequences Identified and Isolated from *saccharomyces cerevisiae*（酿酒酵母中被鉴定和分离的 *ras*- 相关的基因序列）. Nature，306（1983）：707–709.

25. Michael J. Berridge and Robin F. Irvine. Inositol triphosphate，a novel second messenger in cellular signal transduction（细胞信号转导过程中一种新的第二信使肌醇三磷酸）. Nature，312（1984）：315–321；Yasutomi Nishizuka. The role of protein kinase C in cell surface signal transduction and tumour promotion（蛋白质激酶 C 在细胞表面信号转导和促肿瘤发生过程中的角色）. Nature，308（1984）：693–698.

26. Minoo Rassoulzadegan，Alison Cowie，Antony Carr，Nicolas Glaichenhaus，Robert Kamen and Francois Cuzin. The roles of individual polyoma virus early proteins in oncogenic transformation（每个多腺瘤病毒早期蛋白质在致癌转化过程中的角色）. Nature，300（1982）：713–718.

27. Harmut Land，Luis F. Parada and Robert A. Weinberg. Cellular oncogenes and multistep carcinogenesis（细胞癌基因与多步骤癌变过程）. Science，222（1983）：771–778.

28. Robert A. Weinberg. The action of oncogenes in the cytoplasm and nucleus（细胞质和细胞核中癌基因的作用）. Science，230（1985）：770–776.

29. Alfred G. Knudson，Jr.. Mutation and cancer：statistical study of retinoblastoma（突变与癌症：成视网膜细胞瘤的统计学研究）. Proceedings of the National Academy of Sciences of the USA，68（1971）：820–823.

30. Stephen H. Friend，René Bernards，Snezna Rogelj，Robert A. Weinberg，Joyce M. Rapaport，Daniel M. Albert and Thaddeus P. Dryja. A human DNA seqment with properties of the gene that predisposes to retinoblastoma and osteosarcoma（一段具有使细胞倾向变位成视网膜细胞瘤和骨肉瘤之基因特性的人类 DNA 片段）. Nature，323（1986）：643–646.

31. Joan H. Fujimura. The molecular biological bandwagon in cancer research: where social words meet（见本章注释 1）.

32. George Klein. The role of gene dosage and genetic transposition in carcinogenesis（癌变过程中基因剂量的作用与遗传转座）. Nature，294（1981）：313–318.

33. Douglas Hanahanand Robert A. Weinberg. Hallmarks of Cancer：The Next Generation（癌症的标志：下一代）. Cell，144（2011）：646–674.

### 第 19 章　从 DNA 聚合酶到 DNA 扩增

1. Kary B. Mullis. Unusual origin of the polymerase chain reaction（聚合酶链式反应之不寻常起源）. Scientific American，262（1990）：36–43；Paul Rabinow. **Making PCR：A Story of Biotechnology**（发明聚合酶链式反应技术：一个生物技术故事）. Chicago：University of Chicago Press，1996.

2. Henry A. Erlich，David Gelfand and John J. Sninsky. Recent advances in the polymerase chain reaction（聚合酶链式反应之最新进展）. Science，252（1991）：1643–1651.

3. Horace Freeland Judson. **The Eighth Day of Creation：The Makers of the Revolution in Biology**（见绪论

注释6），322.

4. Fuanklin H. Portugal and Jack S. Cohen. **A Century of DNA：A History of the Discovery of the Structure and Function of the Genetic Substance**（见第1章注释18），314–317.

5. Arthur Kornberg. **For the Love of Enzymes：The Odyssey of a Biolchemist**（见第9章注释5）；Arthur Kornberg. Never a dull enzyme（永无枯燥之酶）. Annual Review of Biochemistry, 58（1989）：1–30. 两篇有关科恩伯格的自传性记述也值得一读：Pnina G. Abir-Am. Noblesse oblige：Lives of Molecular Biologists（见绪论注释4）；Jan Sapp. Portraying Molecular Biology（描绘分子生物学）. Journal of the History of Biology, 25（1992）：149–155.

6. Arthur Kornberg. Never a dull enzyme（见本章注释5），6.

7. Arthur Kornberg. **For the Love of Enzymes：The Odyssey of a Biochemist**（见第9章注释5），121–122.

8. Arthur Kornberg. Never a dull enzyme（见本章注释5），11.

9. Marianne Grunberg-Manago and Severo Ochoa. Enzymatic synthesis and breakdown of polynucleotides：polynucleotide phosphorylase（多核苷酸的酶催化合成与降解）. Journal of the American Chemical Society, 77（1955）：3165–3166. 有关塞韦罗·奥乔亚从生物化学转到分子生物学领域的过程，见：Maria Jesus Santesmases. Enzymology at the core："primers" and "templates" in Severo Ochoa's transition from biochemistry to molecular biology（核心处的酶学：塞韦罗·奥乔亚从生物化学转向分子生物学的"引物"和"模板"）. History and Philosophy of the Life Sciences, 24（2002）：193–218.

10. Uriel Z. Littauer and Arthur Kornberg. Reversible synthesis of polyribonucleotides with an enzyme from *Escherichia coli*（利用从大肠杆菌中获得的一种酶对多聚核糖核苷酸实施的可逆合成）. Journal of Biological Chemistry, 226（1957）：1077–1092.

11. Arthur Kornberg. Pathways of Enzymatic Synthesis of Nucleotides and Polynucleotides（核苷酸及多聚核苷酸之酶催化合成途径）. W. D. McElroy and B. Glass. **The Chemical Basis of Heredity**（遗传之化学基础）. Baltimore：Johns Hopkins University Press, 1958：579–608; I. R. Lehman, Maurice J. Bessman, Ernest S. Simms and Arthur Kornberg. Enzymatic synthesis of deoxyribonucleic acid. I. preparation of substrates and partial purification of an enzyme from *Escherichia coli*（脱氧核糖核酸的酶催化合成：Ⅰ. 底物制备和大肠杆菌中一种酶的部分纯化）. Journal of Biological Chemistry, 233（1958）：163–170; Maurice J. Bessman, I. R. Lehman, Ernest S. Simms and Arthur Kornberg. Enzymatic synthesis of deoxyribonucleic acid. Ⅱ. general properties of the reaction（脱氧核糖核酸的酶催化合成：Ⅱ. 反应之一般特征）. Journal of Biological Chemistry, 233（1958）：171–177.

12. I. R. Lehman, Steven R. Zimmerman, Julius Adler, Maurice J. Bessman, Ernest S. Simms and Arthur Kornberg. Enzymatic synthesis of deoxyribonucleic acid. V. chemical composition of enzymatically synthesized deoxyribonucleic acid（脱氧核糖核酸的酶催化合成：V. 酶催化合成的脱氧核糖核酸之化学组成）. Proceedings of the National Academy of Sciences of the USA, 44（1958）：1191–1196.

13. Arthur Kornberg. Biologic synthesis of deoxyribonucleic acid：an isolated enzyme catalyzes synthesis of this nucleic acid in response to directions from pre-existing DNA（脱氧核糖核酸的生物合成：一种被分离到的酶以预先存在的 DNA 为指导催化这种核酸的合成）. Science, 131（1960）：1503–1508.

14. 这种将酶看作物质创造者的观点，以及它如何被分子生物学家轻易接受的情况，已被法国数学家托姆（Rene Thom）讨论过："我很吃惊地看到生物学家如何对分子生物学问题做出反应。大分子行为极其令人吃惊，而在文献中生物学家似乎觉得这相当自然。在 DNA 复制过程中，以及螺旋解开以及两个 DNA 分子分离并分别进入两个不同子细胞中的方式，他们只看到他们认为能解释一切的酶的作用。" René Thom. **Paraboles et catastrophes：entretiens sur lesmathématiques, la science et la philosophie**. Paris：Flammarion, 1983：131. 托姆感到吃惊是对的，但他对这些解释的怀疑是错误的。蛋白质这些超凡能力背后的机制被逐渐揭示（见第 21 章）。

15. Arthur Kornberg. Never a dull enzyme（见本章注释 5），13；Arthur Kornberg. **For the Love of Enzymes：The Odyssey of a Biochemist**（见第 9 章注释 5），163.

16. Mehran Goulian and Arthur Kornberg. Enzymatic synthesis of DNA，XXIII. synthesis of circular replicative form of phage ΦX174 DNA（DNA 之酶催化合成，XXIII. 环状复制型 ΦX174 噬菌体 DNA 的合成）. Proceedings of the National Academy of Sciences of the USA，58（1967）：1723−1730. Mehran Goulian，Arthur Kornberg and Robert Sinsheimer. Enzymatic synthesis of DNA，XXIV. synthesis of infectiou phage ΦX174 DNA（DNA 之酶催化合成，XXIV. 具感染力的 ΦX174 噬菌体 DNA 的合成）. Proceedings of the National Academy of Sciences of the USA，58（1967）：2321−2328.

17. Arthur Kornberg. Never a dull enzyme（见本章注释 5），14. 但在这个实验被实施两年前，已经有人利用一种 RNA 病毒进行过类似实验。S. Spiegelman，T. Haruna，I. B. Holland，G. Beaudreau and D. Mills. The synthesis of a self-propagating and infectious nucleic acid with a purified enzyme（利用一种纯化的酶合成一种能自我繁殖并具感染性的核酸）. Proceedings of the National Academy of Sciences of the USA，54（1965）：919−927.

18. Paula de Lucia and John Cairns. Isolation of an *E. coli* strain with a mutation affecting DNA polymerase（一种含有影响 DNA 聚合酶活性之突变的大肠杆菌菌株的分离）. Nature，224（1969）：1164−1166.

19. How relevant is kornberg polymerase?（科恩伯格的聚合酶有多重要呢？）Nature New Biology，229（1971）：65−66；Is Kornberg junior enzyme the true replicase?（小科恩伯格的酶是真正的复制酶吗？）Nature New Biology，230（1971）：258.

20. DNA 聚合酶 I 的 "切口平移" 活性——由科恩伯格小组在 1970 年检测到——被很多实验室用来对 DNA 分子进行放射性标记。有关该技术的完整描述，可参考：Peter W. J. Rigby，Marianne Dieckmann，Carl Rhodes and Paul Berg. Labelling deoxyribonucleic acid to high specific activity in Vitro by nick translation with DNA polymerase I（在体外通过利用 DNA 聚合酶 I 进行切口平移使脱氧核糖核酸进行高度特异的标记）. Journal of Molecular Biology，113（1977）：237−251.

21. Frederick Sanger. Sequences，sequences and sequences（序列、序列及序列）. Annual Review of Biochemistry，57（1988）：1−28；MiguelGarcia-Sancho. **Biology，Computing and the History of Molecular Sequencing：From Proteins to DNA，1945—2000**（生物学、计算机技术以及分子测序的历史：从蛋白质到 DNA，1945—2000）. Newark，NJ：Palgrave MacMillan，2012；George G. Brownlee. **Fred Sanger: Double Nobel Laureate: A Biography**（弗雷德里克·桑格：两次诺贝尔奖获得者：传记）. Cambridge：Cambridge University Press，2014.

22. F. Sanger，S. Nicklen and A. R. Coulson. DNA sequencing with chain terminating inhibitors（利用链终止抑制剂进行的 DNA 测序）. Proceedings of the National Academy of Sciences of the USA，74（1977）：5463−5467.

23. Allan M. Maxam and Walter Gilbert. A new method for sequencing DNA（测定 DNA 序列的一种新方法）. Proceedings of the National Academy of Sciences of the USA，74（1977）：560−564.

24. Kary B. Mullis. Unusual origin of the polymerase chain reaction（见本章注释 1）.

25. Randall K. Saiki，Stephen Scharf，Fred Faloona，Kary B. Mullis，GlennT. Horn，Henry A. Erlich and Norman Arnheim. Enzymatic amplification of β-globin genomic sequences and restriction site analysis for diagnosis of sickle cell anemia（β- 珠蛋白基因组序列的酶催化扩增以及为诊断镰状细胞贫血而进行的限制性酶切割位点分析）. Science，230（1985）：1350−1354.

26. Randall K. Saiki，David H. Gelfand，Susanne Stoffel，Stephen J. Scharf，Russell Higuchi，Glenn T. Horn，Kary B. Mullis and Henry A. Erlich. Primer-directed enzymatic amplification of DNA with a thermostable DNA polymerase（利用一种热稳定 DNA 聚合酶进行引物指导的酶催化 DNA 扩增）. Science，239（1988）：487−491.

27. Henry A. Erlich，David Gelfand and John J. Sninsky. Recent advances in the polymerase chain reaction（见本章注释 2）.

28. 参考此文中所给定义：Harriet Zuckerman and Joshua Lederberg. Post-mature scientific discovery?（过度成熟的科学发现？）Nature，324（1986）：629-631.

29. Kary B. Mullis. Unusual origin of the polymerase chain reaction（见本章注释 1），43. 基于这些争论，杜邦公司开始废除赛特斯公司所拥有专利的行动：Marcia Barinaga. Biotech nightmare：Does Cetus Own PCR?（生物技术的噩梦：赛特斯公司拥有 PCR 技术专利吗？）Science，251（1991）：739-740.

30. K. Kleppe，E. Ohtsuka，R. Kleppe，I. Molineux and H. G. Khorana. Studies on polynucleotides XCVI. repair replication of short synthetic DNAs as catalyzed by DNA polymerase（多聚核苷酸研究 XCVI：DNA 聚合酶催化的小段人工合成 DNA 的修复性复制）. Journal of Molecular Biology，56（1971）：341-361.

31. Henry A. Erlich，David Gelfand and John J. Sninsky. Recent advances in the polymerase chain reaction（见本章注释 2），1650.

32. 也请参考凯利·穆利斯在获得他的科学发现后，他头脑中"爆炸"的"脱氧核糖核酸炸弹"这一故事：Kary B. Mullis. Unusual origin of the polymerase chain reaction（见本章注释 1），41.

33. Kimberley Carr. Nobel rewards two laboratory revolutions（诺贝尔奖奖励了两项实验室革命）. Nature，365（1993）：685；Tim Appenzeller. Chemistry：laurels for a late-night brainstorm（化学：桂冠授予了深夜灵机一动者）. Science，262（1993）：506-507. 诺贝尔奖也被共同授予给迈克尔·斯密斯——因为开发定点突变技术（见第 16 章）。

## 第 20 章　生物学与医学的分子化

1. Errol C. Friedberg. **Correcting the Blueprint of Life: An Historical Account of the Discovery of DNA Repair Mechanisms**（修正生命蓝图：DNA 修复机制之历史记述）. Cold Spring Harbor，NY：Cold Spring Harbor Laboratory Press，1997.

2. R. Grosschedl and M. L. Birnstiel. Identification of regulatory sequences in the prelude sequences of an H2A histone gene by the study of specific deletion mutants in vivo（通过开展体内特异删除突变研究鉴定 H2A 组蛋白基因的开端序列中的调节序列）. Proceedings of the National Academy of Sciences of the USA，77（1980）：1432-1436；Rudolf Grosschedl and Max L. Birnstiel. Spacer DNA sequences upstream of the sequence are essential for promotion of H2A histone gene transcription in vivo（T-A-T-A-A-A-T-A 序列上游的间隔 DNA 序列对促进 H2A 基因的体内转录必不可少）. Proceedings of the National Academy of Sciences of the USA，77（1980）：7102-7106；C. Benoist and P. Chambon. Deletions covering the putative promoter region of early mRNAs of simian virus 40 do not abolish T-antigen expression（猿猴 SV40 病毒早期信使 RNA 假定启动子区域的删除并不消除 T- 抗原的表达）. Proceedings of the National Academy of Sciences of the USA，77（1980）：3865-3869；Christophe Benoist and Pierre Chambon. In vivo sequence requirements of the SV40 early promoter region（猿猴 SV40 病毒在体内产生时其早期启动子区域为必需）. Nature，290（1981）：304-310.

3. Peter Gruss，Ravi Dhar and George Khoury. Simian virus 40 tandem repeated sequences as an element of the early promoter（猿猴 SV40 病毒中的串联重复序列作为早期启动子元件）. Proceedings of the National Academy of Sciences of the USA，78（1981）：943-947.

4. Julian Banerji，Sandro Rusconi and Walter Schaffner. Expression of a β -globin gene enhanced by remote SV40 DNA sequences（由 SV40 远端序列所加强的一种 β - 珠蛋白基因的表达）. Cell，27（1981）：299-308.

5. Gregory S. Payne，Sara A. Courtneidge，Lyman B. Crittenden，Aly M. Fadly，J. Michael Bishop and Harold E. Varmus. Analysis of avian leukosis virus DNA and RNA in bursal tumors：viral gene expression is not required for maintenance of the tumor state（禽类白血病病毒 DNA 及法氏囊肿瘤中 RNA 的分析：病毒基因表达并非维

持肿瘤状态所需). Cell, 23（1981）: 311-322; Benjamin G. Neel and William S. Hayward. Avian leukosis virus-induced tumors have common proviral integration sites and synthesize discrete new RNAs: oncogenesis by promoter insertion（禽类白血病病毒诱导的肿瘤具有共同的前病毒整合位点并合成不同的新 RNA 分子: 由启动子插入导致的肿瘤发生）. Cell, 23（1981）: 323-334; William S. Hayward, Benjamin G. Neel and Susan M. Astrin. Activation of a cellular *Onc* gene by promoter insertion in ALV-induced lymphoid leukosis（在 ALV 病毒诱导的淋巴白血病中通过启动子插入导致的细胞癌基因的激活）. Nature, 290（1981）: 475-480.

6. Stephen D. Gillies, Sherie L. Morrison, Vernon T. Oi and Susumu Tonegawa. A tissue-specific transcription enhancer element is located at the major intron of a rearranged immunoglobulin heavy chain gene（一种组织特异转录促进元件定位于一种重排过的免疫球蛋白重链基因的主要内含子中）. Cell, 33（1983）: 717-728; Julian Banerji, Laura Olson and Walter Schaffner. A lymphocyte-specific cellular enhancer is located downstream of the joining region in immunoglobulin heavy chain genes（淋巴细胞特异的细胞增强子位于免疫球蛋白重链基因接合区域下游）. Cell, 33（1983）: 729-740; Cary Queen and David Baltimore. Immunoglobulin gene transcription is activated by downstream sequence elements（免疫球蛋白基因通过下游序列元件被激活）. Cell, 33（1983）: 741-748; M. S. Neuberher. Expression and regulation of immunoglobulin heavy chain gene transfected into lymphoid cells（转染入淋巴样细胞中的免疫球蛋白重链基因之表达与调节）. EMBO Journal, 2（1983）: 1373-1378.

7. R. B. Winter, O. G. Berg and P. H. von Hippel. Diffusion-driven mechanisms of protein translocation on nucleic acids. 3. the *Escherichia coli* lac repressor-operator interaction: kinetic mechanisms and conclusions（蛋白质在核酸上移位的扩散驱动机制. 3. 大肠杆菌的乳糖抑制子与操纵子之间的相互作用: 动力学机制与结论）. Biochemistry, 20（1980）: 6961-6977.

8. Harold Weintraub and Mark Groudine. Chromosomal subunits in active genes have an altered conformation（活跃表达基因中染色体亚单位之结构发生了改变）. Science, 193（1976）: 848-856; Walter A. Scott and Dianne J. Wigmore. Sites in simian virus 40 chromatin which are preferentially cleaved by endonucleases（猿猴病毒 SV40 中倾向于被核酸内切酶切割的位点）. Cell, 15（1978）: 1511-1518; A. J. Varshavsky, O. H. Sundin and M. J. Bohn. SV40 viral minichromosome: preferential exposure of the origin of replication as probed by restriction endonucleases（SV40 病毒微染色体: 复制起始位点倾向于暴露给限制性内切酶切割）. Nucleic Acids Research, 5（1978）: 3469-3477; W. A. Scott and D. J. Wigmore. Sites in simian virus 40 chromatin which are preferentially cleaved by endonucleases（猿猴病毒 SV40 中倾向于被核酸内切酶切割的位点）. Cell, 15（1978）: 1511-1518; S. Saragosti, G. Moyne and M. Yaniv. Absence of nucleosomes in a fraction of SV40 chromatin between the origin of replication and the region coding for the leader RNA（复制起始序列与先导 RNA 编码区域之间的 SV40 病毒染色质部分缺少核小体）. Cell, 20（1980）: 65-73.

9. James J. Champoux. Proteins that affect DNA conformation（影响 DNA 构象的蛋白质）. Annual Review of Biochemistry, 47（1978）: 449-479; Gerald R. Smith. DNA supercoiling: another level for regulating gene expression（DNA 超螺旋: 调节基因表达的一个新层次）. Cell, 24（1981）: 599-600.

10. M. P. F. Marsden and U. K. Laemmli. Metaphase chromosome structure: evidence for a radial loop model（细胞分裂中期的染色体结构: 放射状环存在之证据）. Cell, 17（1979）: 849-858.

11. Laimonis A. Laimins, George Khoury, Cornella Gorman, Bruce Howard and Peter Gruss. Host-specific activation of transcription by tandem repeats from simian virus 40 and moloney murine sarcoma virus（来自 SV40 病毒和莫洛尼氏鼠肉瘤病毒串联重复序列所导致的宿主特异性转录激活）. Proceedings of the National Academy of Sciences of the USA, 79（1982）: 6453-6457; H. Weiner, M. König and P. Gruss. Multiple point mutations affecting the simian virus 40 enhancer（影响猿猴 SV40 病毒增强子活性的多个点突变）. Science, 219（1983）: 626-631.

12. Vicki L. Chandler, Bonnie A. Maler and Keith R. Yamamoto. DNA sequences bound specifically by glucorticoid receptor in vitro render a heterologous promoter hormone responsive in Vivo（在体外被糖皮质激素受体特异结合的 DNA 序列导致体内异源启动子的激素响应）. Cell, 33（1983）：489-499.

13. B. F. Luisi, W. X. Xu, Z. Otwinowski, L. P. Friedman, K. R. Yamamoto and P. B. Sigler. Crystallographic analysis of the interaction of the glucocorticoid receptor with DNA（糖皮质激素受体与 DNA 相互作用之晶体学分析）. Nature, 352（1991）：497-505; Dimitar B. Nikolov, Shu- Hong Hu, Judith Lin, Alexander Gasch, Alexander Hoffmann, et al.. Crystal structure of TFIID TATA-box binding protein（TATA- 盒结合之转录起始因子 TFIID 蛋白质的晶体结构）. Nature, 360（1992）：40-46.

14. Tom Maniatis, Stephen Goodbourn and Janice A. Fischer. Regulation of inducible and tissue-specific gene expression（可诱导的和组织特异的基因表达之调节）. Science, 236（1987）：1237-1245; Paula J. Mitchell and Robert Tjian. Transcriptional regulation in mammalian cells by sequence-specific DNA binding proteins（哺乳动物中由序列特异的 DNA 结合蛋白质所实施的转录调节）. Science, 245（1989）：371-378; James Darnell. **RNA: Life's Indispensable Molecule**（RNA：生命不可或缺之分子）. Cold Spring Harbor, NY：Cold Spring Harbor Laboratory Press, 2011.

15. 有关综述见：Robert Schleif. DNA looping（DNA 环化）. Annual Review of Biochemistry, 61（1992）：199-223.

16. Wouter de Laat and Denis Duboule. Topology of mammalian developmental enhancers and their regulatory landscapes（哺乳动物发育增强子的拓扑学及其调节景致）. Nature, 502（2013）：499-506.

17. M. Kidd. Paired helical filaments in electron microscopy of alzheimer's disease（通过电子显微镜观察到的阿尔兹海默病中存在的成对螺旋细丝）. Nature, 197（1963）：192-193.

18. J. Cuillé and P. L. Chelles. La Maladie de la tremblante du mouton est-elleinoculable? Comptesrendushebdomadaires des séances de l'Académie des sciences, 203（1936）：1552-1554.

19. Tikvah Alper, W. A. Cramp, D. A. Haig and M. C. Clarke. Does the agent of scrapie replicate without nucleic acid?（瘙痒症诱发能在没有核酸的条件下复制吗？）Nature, 214（1967）：764-766.

20. André Lwoff. The concept of virus（病毒概念）. Journal of General Microbiology, 17（1957）：239-253.

21. J. B. Griffith. Self-replication and scrapie（自我复制与瘙痒症）. Nature, 215（1967）：1043-1044.

22. D. Carleton Gajdusek. Unconventional viruses and the origin and disappearance of Kuru（非传统病毒及库鲁病之起源与消失）. Science, 197（1977）：943-960.

23. Stanley B. Prusiner. Novel proteinaceous particles cause scrapie（导致瘙痒症的仅由蛋白质组成的全新颗粒）. Science, 216（1982）：136-144.

24. David C. Bolton, Michael P. McKinley and Stanley B. Prusiner. Identification of a protein that purifies with the scrapie prion（一种与瘙痒症朊病毒共纯化蛋白质之鉴定）. Science, 218（1982）：1308-1311.

25. Stanley B. Prusiner. Novel proteinaceous particles cause scrapie（见本章注释23）.

26. Stanley B. Prusiner and Maclyn McCarty. Discovering DNA encodes heredity and prions are infectious proteins（发现 DNA 编码遗传信息以及朊病毒为具感染性的蛋白质）. Annual Review of Genetics, 40（2006）：25-45.

27. Bruno Oesch, David Westaway, Monika Walchli, Michael P. NcKinley, Stephen B. H. Kent, et al. . A cellular gene encodes scrapie PrP 27-30 protein（编码与瘙痒症相关的 PrP 27-30 蛋白质的细胞基因）. Cell, 40（1985）：735-746; R. Basler, B. Oesch, M. Scott, D. Westaway, M. Walchli, et al.. Scrapie and cellular PrP isoforms are encoded by the same chromosomal gene（引起瘙痒症的及细胞中存在的正常 PrP 形式由相同染色体基因编码）. Cell, 46（1986）：417-428.

28. George A. Carlson, David T. Kingsbury, Patricia A. Goodman, Shernie Coleman, Susan T. Marshall, et al. . Linkage of prion protein and scrapie incubation time genes（朊病毒蛋白质与瘙痒症孵育时间基因之间的关联

性）. Cell, 46（1986）: 503-511；David Westaway, Patricia A. Goodman, Carol A. Mirenda, Michael P. McKinley, George A. Carlson and Stanley B. Prusiner. Distinct prion proteins in short and long scrapie incubation period mice（短时间和长时间瘙痒症孵育周期小鼠中存在不同的朊病毒蛋白质）. Cell, 51（1987）: 651-662.

29. Karen Hsiao, Harry F. Baker, Tim J. Crow, Mark Poulter, Frank Owen, et al.. Linkage of a prion protein missense variant to Gerstmann-Sträussler syndrome（一种朊病毒蛋白质的错义突变与格斯特曼 - 斯特劳斯勒综合征之间的关联）. Nature, 338（1989）: 342-344.

30. Jie Kang, Hans-Georg Lemaire, Axel Unterbeck, Michael Salbaum, Colin L. Masters, et al.. The precursor of Alzheimer's disease amyloid A4 protein resembles a cell-surface receptor（阿尔茨海默病淀粉样 A4 蛋白的前体与一种细胞表面受体类似）. Nature, 325（1987）: 733-736.

31. P. H. St George-Hyslop, J. L. Haines, L. A Ferrer, R. Polinsky, C. Van Broeck-hoven, et al.. Genetic linkage studies suggest that Alzheimer's disease is not a single homogeneous disorder（遗传关联研究表明阿尔茨海默病并非一种单一的同质性紊乱）. Nature, 347（1990）: 194-197.

32. Efrat Levy, Mark D. Carman, Ivan J. Fernandez-Madrid, Michael D. Power, Ivan Lieberburg, et al.. Mutation of the Alzheimer's disease amyloid gene in hereditary cerebral hemorrhage, Dutch type（遗传性脑溢血患者的阿尔茨海默病淀粉样基因突变: 荷兰型）. Science, 248（1990）: 1124-1126.

33. Gerard D. Schellenberg, Thomas D. Bird, Ellen M. Wijsman, Henry T. Orr, Leojean Anderson, et al. Genetic linkage evidence for a familial Alzheimer's disease locus on chromosome 14（14 号染色体上的家族性阿尔茨海默病突变位点的遗传学关联证据）. Science, 258（1992）: 668-671.

34. Ephrat Levy-Lahad, Ellen M. Wijsman, Ellen Nemens, Leojean Anderson, Kattrina A. B. Goddard, et al.. A familial Alzheimer's disease locus on chromosome I（I 号染色体上的家族性阿尔茨海默病突变位点）. Science, 269（1995）: 970-973；Ephrat Levy-Lahad, Wilma Wasco, Parvoneh Poorkaj, Donna M. Romano, Junko Oshima, et al.. Candidate gene for the chromosome 1 familial Alzheimer's disease locus（1 号染色体上的家族性阿尔茨海默病突变位点上的候选基因）. Science, 269（1995）: 973-977.

35. Alison Goate, Marie-Christine Chartier-Harlin, Mike Mullan, Jeremy Brown, Fiona Crawford, et al.. Segregation of a missense mutation in the amyloid precursor protein gene with familiar Alzheimer's disease（家族性阿尔茨海默病患者的类淀粉样前体蛋白质中一种错义突变的分离）. Nature, 349（1991）: 706；Marie-Christine Chartier-Harlin, Fiona Crawford, Henry Houlden Andrew Warren, David Hughes, et al.. Early-onset Alzheimer's disease caused by mutations at codon 717 of the β-amyloid precursor protein gene（由 β - 淀粉样前体蛋白质基因 717 位密码子突变引起早发型阿尔茨海默病）. Nature, 353（1991）: 844-846.

36. Michael Scott, Dallas Foster, Carol Mirenda, Dan Serban, Frank Coutal, et al.. Transgenic mice expressing hamster prion produce species-specific scrapie infectivity and amyloid plaques（表达仓鼠朊病毒的转基因小鼠产生物种特异性的瘙痒症感染和淀粉样蛋白质斑）. Cell, 59（1989）: 847-857；H. Bueler, A. Aguzzi, A. Saller, R. -A. Greiner, P. Autenried, et al.. Mice devoid of PrP are resistant to scrapie（缺乏 PrP 蛋白质的小鼠可抵抗瘙痒症）. Cell, 73（1993）: 1339-1347.

37. Susan Lindquist. Mad cows meet Psichotic yeast: the expansion of the prion hypothesis（疯牛与精神错乱酵母相遇: 朊病毒假说之扩展）. Cell, 89（1997）: 495-498.

38. James D. Harper and Peter T. Lansbury Jr.. Models of amyloid seeding in Alzheimer's disease and scrapie: mechanistic truths and physiological consequences of the time-dependent solubility of amyloid proteins（阿尔茨海默病与瘙痒症中的类淀粉种子模型: 类淀粉蛋白质时间依赖性可溶解度变化之机制本质与生理后果）. Annual Review of Biochemistry, 66（1997）: 385-407.

39. Giuseppe Legname, Ilia V. Baskakov, Hoang-Oanh B. Nguyen, Detlev Riesner, Fred E. Cohen, et al. Synthet-

ic mammalian prions（人工合成的哺乳动物朊病毒）. Science，305（2004）：673−676.

40. Rebecca Nelson，Michael R. Sawaya，Melinda Balbirnie anders O Madsen，Christian Riekel，et al. Structure of the cross-β spine of amyloid-like fibrils（淀粉样原纤维之"β 柱横面"结构）. Nature，435（2005）：773−778.

41. Pei-Hsien Ren，J. E. Lauckner，Ioulia Kachirskaia，John E. Heuser，Ronald Melki and Ron R. Kopito. Cytoplasmic penetration and persistent infection of mammalian cells by polyglutamine aggregates（多聚谷氨酰胺聚集体的细胞质穿透作用与哺乳动物细胞的持续感染）. Nature Cell Biology，11（2009）：219−225.

42. Martha E. Keyes. The prion challenge to the "central dogma" of molecular biology，1965−1991. Part I：prelude to prions（朊病毒对分子生物学"中心法则"之挑战，1965−1991，第 I 部分：朊病毒专辑前言）. Studies in History and Philosophy of Science Part C: Studies in History and Philosophy of Biological and Biomedical Sciences，30（1999）：1−19；Part II：the problem with prions（第 II 部分：朊病毒相关问题）. Studies in History and Philosophy of Science Part C: Studies in History and Philosophy of Biological and Biomedical Sciences，30（1999）：181−218.

43. Jacques Monod，Jeffries Wyman and Jean-Pierre Changeux. On the nature of allosteric transitions：a plausible model（见第 14 章注释 35）.

44. Michel Goedert and Maria Grazia Spillantini. A century of Alzheimer's disease（阿尔茨海默病的一个世纪）. Science，314（2006）：777−781；Adriano Aguzzi and Magdalini Polymenidou. Mammalian prion biology：one century of evolving concepts（哺乳动物朊病毒生物学：一个世纪的概念演化）. Cell，116（2004）：313−327.

45. Günter Blobel and David Sabatini. Ribosome membrane interaction in eukaryotic cells（真核细胞中的核糖体与细胞膜之间的相互作用）. in R. A. Manson，**Biomembranes**. New York：Plenum Press，1971：193−195；Michelle Lynne Labonte. Blobel and Sabatini's beautiful idea：visual representations of the conception and refinement of the signal hypothesis（布洛贝尔与萨巴蒂尼的精美想法：信号肽假说概念与其细化之可视化图示）. Journal of the History of Biology，50（2017）：797−833.

46. 有关这些早期观察的描述，见：P. G. H. Clarke and S. Clarke. Nineteenth century research on naturally occurring cell death and related phenomena（19 世纪有关自然细胞死亡及相关现象的研究）. Anatomy and Embryology，193（1996）：81−99. 也请参考：A. Glucksmann. Cell deaths in normal vertebrate ontogeny（正常脊椎动物个体发生过程中之细胞死亡）. Biological Reviews of the Cambridge Philosophical Society，26（1951）：59−86.

47. Richard A. Lockshin and Carroll M. Williams. Programmed cell death II. endocrine potentiation of the breakdown of the intersegmental muscles of silkmoths（程序性细胞死亡之 II：蚕蛾的节间肌肉损坏引发的内分泌强化效应）. Journal of Insect Physiology，10（1964）：643−649.

48. J. F. Kerr，A. Wyllie and A. H. Currie. Apoptosis：a basic biological phenomenon with wide-ranging implications in tissue kinetics（细胞凋亡：一种在生物组织动力学方面具广泛含义的基本生物学现象）. British Journal of Cancer，26（1972）：239−257.

49. A. H. Wyllie. Glucorticoid-induced thymocyte apoptosis is associated with endogenous endonuclease activation（糖皮质激素诱导胸腺细胞凋亡与内源性内切酶之活化相关）. Nature，284（1980）：555−556.

50. Sydney Brenner. The genetics of *Caenorhabditis elegans*（秀丽隐杆线虫遗传学）. Genetics，77（1973）：71−94.

51. H. Robert Horvitz and John E. Sulston. Isolation and genetic characterization of cell-lineage mutants of the nematode *Caenorhabditis elegans*（秀丽隐杆线虫细胞系突变体的分离与遗传表征）. Genetics，96（1980）：435−464.

52. Victor Ambros and H. Robert Horvitz. Heterochronic mutants in the nematode *Caenorhabditis elegans*（秀丽隐杆线虫中的异时性突变体）. Science，226（1984）：409−416.

53. H. Robert Horvitz. Worms，life and death——Nobel lecture（蠕虫、生命与死亡——诺贝尔奖获得者演讲）. Chembiochem，4（2003）：697-711.

54. Edward M. Hedgecock，John E. Sulston and J. Nichol Thomson. Mutations affecting programmed cell deaths in the nematode *Caenorhabditis elegans*（影响秀丽隐杆线虫程序性细胞死亡之突变）. Science，220（1983）：1277-1279.

55. Junting Yuan and H. Robert Horvitz. The *Caenorhabditis elegans* cell death gene *ced-4* encodes a novel protein and is expressed during the period of extensive programmed cell death（秀丽隐杆线虫细胞死亡基因 *ced-4* 编码一种全新蛋白质并在程序性细胞死亡的长时间范围内表达）. Development，116（1992）：309-320.

56. Junying Yuan，Shai Shaham，Stephane Ledoux，Hilary M. Ellis and H. Robert Horvitz. The C. *elegans* cell death gene *ced-3* encodes a protein similar to mammalian interleukin-1 β -converting enzyme（秀丽隐杆线虫细胞死亡基因 *ced-3* 编码一种类似于哺乳动物白介素 -1 之 β - 转化酶的蛋白质）. Cell，75（1993）：841-852.

57. Ding Xue，Shai Shaham and H. Robert Horvitz. The *Caenorhabditis elegans* cell-death protein CED-3 is a cysteine protease with substrate specificities similar to those of the human CPP32 protease（秀丽隐杆线虫细胞死亡蛋白质 CED-3 是一种其底物专一性与人类 CPP32 蛋白质水解酶类似的半胱氨酸蛋白质水解酶）. Genes and Development，10（1996）：1073-1083；Nancy A. Thornberry and Yuri Lazebnik. Caspases：enemies within（凋亡蛋白酶：内在敌人）. Science，281（1998）：1312-1316.

58. Michael O. Hengartner and H. Robert Horvitz *Caenorhabditis elegans* cell survival gene *ced-9* encodes a functional homolog of the mammalian proto-oncogene *bcl-2*（秀丽隐杆线虫细胞生存基因 *ced-9* 编码一种与哺乳动物原癌基因 *bcl-2* 编码产物功能类似 之蛋白质）. Cell，78（1994）：665-678.

59. J. Michael Bishop. Enemies within：the genesis of retrovirus oncogenes（内在敌人：反转录病毒致癌基因之起源）. Cell，23（1981）：5-6.

## 第 21 章 蛋白质结构

1. Steven R. Jordan and Carl O. Pabo. Structure of the lambda complex at 2. 5 Å resolution：details of the repressor-operator interactions（2. 5 埃分辨率 λ 复合体结构：阻遏蛋白质—操纵子相互作用细节）. Science，242（1988）：893-899.

2. 溶菌酶：C. C. F. Blake，D. F. Koenig，G. A. Mair，A. C. T. North，D. C. Phillips and V. R. Sarma. Structure of hen egg-white lysozyme：a three-dimensional fourier analysis at 2Å resolution（鸡蛋蛋清溶菌酶的结构：2 埃分辨率的三维傅里叶分析）. Nature，206（1965）：757-761. 核糖核酸酶：G. Kartha，J. Bello and D. Harker. Tertiary structure of ribonuclease（核糖核酸酶之三维结构）. Nature，213（1967）：862-865. 胰凝乳蛋白酶：B. W. Matthews，P. B. Sigler，R. Henderson and D. M. Blow. Three-dimensional structure of tosyl- α -chymotrypsin（对甲苯磺酰 α - 胰凝乳蛋白酶之三维结构）. Nature，214（1967）：652-656. 羧肽酶 A：G. N. Reeke，J. A. Hartsuck，M. L. Ludwig，F. A. Quiocho，T. A. Steitz and W. N. Lipscomb. The structure of carboxypeptidase A，VI. some results at 2.0Å resolution and the complex with glycyl-tyrosine at 2.8 Å resolution（羧肽酶 A 之结构：VI. 2 埃分辨率部分结果以及 2.8 埃分辨率与甘氨酰酪氨酸复合物结果）. Proceedings of the National Academy of Sciences of the USA，58（1967）：2220-2226.

3. S. C. Harrison，A. J. Olson，C. E. Schutt，F. K. Winkler and G. Bricogne. Tomato bushy stunt virus at 2.9 Å resolution（番茄丛矮病毒之 2.9 矮分辨率结构）. Nature，276（1978）：368-373；Celerino Abad-Zapatero，Sherin S. Abdel-Meguid，John F. Johnson Andrew G. W. Leslie，Ivan Rayment，et al.. Structure of southern bean mosaic virus at 2.8 Å resolution（南方豆花叶病毒之 2.8 埃分辨率结构）. Nature，286（1980）：33-39.

4. William M. Clemons Jr.，Joanna L. C. May，Brian T. Wimberly，John P. McCutcheon，Malcolm S. Capel and V. Ramakrishnan. Structure of a bacterial 30S ribosomal subunit at 5.5 Å resolution（细菌 30S 核糖体亚基之 5.5 埃

分辨率结构）. Nature, 400（1999）: 833-840; Nehad Ban, Poul Nissen, Jeffrey Hansen, Malcolm Capel, Peter B. Moore and Thomas A. Steitz. Placement of protein and RNA structures into a 5Å-resolution map of the 50S ribosomal subunit（将蛋白质和 RNA 结构放置于 50S 核糖体亚基之 5 埃分辨率图谱中）. Nature, 400（1999）: 841-847; Jamie H. Cate, Marat M. Yusupov, Gulnara Zh Yusupova, Thomas N. Earnest and Harry F. Noller. X-Ray crystal structures of 70S ribosome functional complexes（70S 核糖体功能复合体之 X 射线晶体结构）. Science, 285（1999）: 2095-2104.

5. 细菌光合作用中心: J. Deisenhofer, O. Epp, K. Miki, R. Huber and H. Michel. Structure of the protein subunits in the photosynthetic reaction centre of *Rhodopseudomonas viridis* at 3Å resolution（红假单胞菌光合作用反应中心蛋白质亚基之 3 埃分辨率结构）. Nature, 318（1985）: 618-624; 组织相容性抗原: P. J. Bjorkman, M. A. Saper, B. Samraoui, W. S. Bennett, J. L. Strominger and D. C. Wiley. Structure of the human class I histocompatibility antigen, HLA-A2（人类 I 型组织相容性抗原 HLA-A2 之结构）. Nature, 329（1987）: 506-512; 质子泵: R. Henderson, J. M. Baldwin, T. A. Ceska, F. Zemlin, E. Beckmann and K. H. Downing. Model for the structure of bacteriorhodopsin based on high-resolution electron cryo-microscopy（基于高分辨冷冻电子显微技术的细菌视紫红质之结构模型）. Journal of Molecular Biology, 213（1990）: 899-929; 钾离子通道: Declan A. Doyle, Joao Morais Cabral, Richard A. Pfuetzner, AnlingKuo, Jacqueline M. Gulbis, et al. . The structure of the potassium channel: molecular basis of K$^+$ conduction and selectivity（钾通道蛋白结构：钾离子传导与选择性之分子基础）. Science, 280（1998）: 69-77; Stephen B. Long, Ernest B. Campbell and Roderick MacKinnon. Crystal structure of a mammalian voltage-dependent shaker family K$^+$ channel（哺乳动物电压依赖摇晃家族钾通道之晶体结构）. Science, 309（2005）: 897-903; Stephen B. Long, Ernest B. Campbell and Roderick MacKinnon. Voltage sensor of Kv1. 2: structural basis of electromechanical coupling（钾通道 Kv1. 2 电压感受器：电机偶联之结构基础）. Science, 309（2005）: 903-908. 也请参考: Mathias Grote. **Membranes to Molecular Machines: Active Matter and the Remaking of Life**（见第 15 章注释 21 ）.

6. Jan Pieter Abrahams Andrew G. W. Leslie, René Lutter and John E. Walker. Structure at 2.8 Å resolution of F1-ATPase from bovine heart mitochondria（牛心线粒体 F1-ATP 酶之 2.8 埃分辨率结构）. Nature, 370（1994）: 621-628. Paul D. Boyer. The ATP synthase-a splendid molecular motor（ATP 合酶———一种精美分子马达）. Annual Review of Biochemistry, 66（1997）: 717-749.

7. Hiroyuki Noji, Ryohei Yasuda, Masasuke Yoshida and Kazuhiko Kinosia Jr. Direct observation of the rotation of F1-ATPase（F1-ATP 酶旋转之直接观察）. Nature, 386（1997）: 299-302.

8. 《细胞》杂志 1998 年 2 月 6 日出版的大分子机器专刊。

9. 蛋白酶体: Wolfgang Baumeister, Jochen Walz, Frank Zühl and Erika Seemüller. The proteasome: paradigm of a self-compartmentalizing protease（蛋白酶体：自我空间划分的蛋白质水解酶范式）. Cell, 92（1998）: 367-380; 分子伴侣: Bernd Bukau and Arthur L. Horwich. The Hsp70 and Hsp60 chaperone machines（Hsp70 与 Hsp60 分子伴侣机器）. Cell, 92（1998）: 351-366; 剪接体: Jonathan P. Staley and Christine Guthrie. Mechanical devices of the spliceosome: motors, clocks, springs and things（剪接体的机械装置：马达、时钟、弹簧及部件）. Cell, 92（1998）: 315-326; 细胞核 — 细胞质运输: Mutsuhito Ohno, Maarten Fornerod and Iain W. Mattaj. Nucleocytoplasmic transport: the last 200 nanometers（细胞核—细胞质运输：最后的 200 纳米）. Cell, 92（1998）: 327-336.

10. Shimon Weiss. Fluorescence spectroscopy of single biomolecules（单生物分子水平之荧光光谱法）. Science, 283（1999）: 1676-1683; Amit D. Mehta, Matthias Rief, James A. Spudich, David A. Smith and Robert M. Simmons. Single-molecule biomechanics with optical methods（通过光学方法研究单分子生物力学）. Science, 283（1999）: 1689-1695; Marcos Sotomayor and Klaus Schulten. Single-molecule experiments *in vitro* and *in silico*（基于体外和计算机开展单分子实验）. Science, 316（2007）: 1144-1148.

11. Jefferey T. Finer, Robert M. Simmons and James A. Spudich. Single myosin molecule mechanics: piconewton forces and nanometer steps (肌球蛋白之单分子力学: 皮牛顿水平之力量及纳米水平之迈步). Nature, 368 (1994): 113–119.

12. Hong Yin, Michelle D. Wang, Karel Svoboda, Robert Landick, Steven M. Block and Jeff Gelles. Transcription against an applied force (针对所施加之力所发生之转录). Science, 270 (1995): 1653–1657; Jeff Gelles and Robert Landick. RNA polymerase as a molecular motor (RNA 聚合酶作为一种分子马达). Cell, 93 (1998): 13–16; Andrey Revyakin, Chenyu Liu, Richard H. Ebright and Terence R. Strick. Abortive initiation and productive initiation by RNA polymerase involve DNA scrunching (RNA 聚合酶的流产起始和有效起始涉及 DNA 卷缩). Science, 314 (2006): 1139–1143; Achilleis N. Kapanidis, Emmaniel Margeat, Sam On Ho, Ekaterine Kortkhonijia, Shimon Weiss and Richard H. Ebright. Initial transcription by RNA polymerase proceeds through a DNA-scrunching mechanism (RNA 聚合酶实施的最初转录通过一种 DNA 卷曲机制发生). Science, 314 (2006): 1144–1147.

13. F. Barré-Sinoussi, J. C. Chermann, F. Rey, M. T. Nugeyre, S. Chamaret, et al.. Isolation of a T-lymphotropic retrovirus from a patient at risk for Acquired Immune Deficiency Syndrome (AIDS) (从获得性免疫缺陷症患者体内分离一种 T- 淋巴细胞白血病反转录病毒). Science, 220 (1983): 868–871; Simon Wain-Hobson, Pierre Sonigo, Olivier Danos, Stewart Cole and Marc Alizon. Nucleotide sequence of the AIDS Virus, LAV (LAV 获得性免疫缺陷症病毒之核苷酸序列). Cell, 40 (1985): 9–17.

14. Hiroaki Mitsuya, Kent J. Weinhold, Phillip A. Hurman, Marty H. St. Clair, Sandra Nusinof, et al. 3′-Azido-3′-deoxythymidine (BW A509U): an antiviral agent that inhibits the infectivity and cytopathic effect of human T-lymphotropic virus type 3 / lymphadenopathy-associated virus in vitro (3′-叠氮 -3′-脱氧胸腺嘧啶核苷: 一种抑制人类 T- 淋巴细胞白血病病毒 / 淋巴结肿大相关病毒感染性和细胞毒害效用的试剂). Proceedings of the National Academy of Sciences of the USA, 82 (1985): 7096–7100.

15. SigfridSeelmeier, Holger Schmidt, Vito Turk and Klaus von der Helm. Human immunodeficiency virus has an aspartic-type protease that can be inhibited by pepstatin A (人类免疫缺陷病毒具有一种可被胃酶抑素 A 抑制的天冬氨酸型蛋白质水解酶). Proceedings of the National Academy of Sciences of the USA, 85 (1988): 6612–6616.

16. Moshe Kotler, Richard A. Katz, Wakeed Danho, Jonathan Leis and Anna Marie Skalka. Synthetic peptides as substrates and inhibitors of a retroviral protease (人工合成肽作为反转录病毒蛋白质水解酶之底物及抑制剂). Proceedings of the National Academy of Sciences of the USA, 85 (1988): 4185–4189.

17. Maria Miller, Jens Schneider, Bangalore K. Sathyanarayana, Mihaly V. Toth, Garland R. Marshall, et al.. Structure of complex of synthetic HIV-1 protease with a substrate-based inhibitor at 2.3 Å resolution (人工合成 HIV-1 病毒蛋白质水解酶与基于其底物的抑制剂所形成复合物的 2.3 埃分辨率结构). Science, 246 (1989): 1149–1152.

18. T. J. McQuade, A. G. Tomasselli, L. Liu, V. Karacostas, B. Moss, et al.. Synthetic HIV-1 protease inhibitor with antiviral activity arrests HIV-like particle maturation (人工合成的具有抗病毒活性的 HIV-1 病毒蛋白质水解酶抑制剂阻止类 HIV 病毒颗粒之成熟). Science, 247 (1990): 454–456; Alexander Wlodawer and John W. Erickson. Structure-based inhibitors of HIV-1 protease (基于 HIV-1 病毒蛋白质水解酶结构而设计的抑制剂). Annual Review of Biochemistry, 62 (1993): 343–385.

19. 比如，参考 Steven Rosenberg, Philip J. Barr, Richard C. Najarian and Robert A. Hallewell. Synthesis in yeast of a functional oxidation-resistant mutant of human α1-antitrypsin (一种具功能的人类 α1- 抗胰蛋白酶因子抗氧化突变体在酵母细胞中之合成). Nature, 312 (1984): 77–80.

20. Markus G. Grütter, Richard B. Hawkes and Brian W. Matthews. Molecular basis of thermostability in the lysozyme

from bacteriophage T4（噬菌体 T4 溶菌酶热稳定性之分子基础）. Nature，277（1979）：667-669.

21. Masazumi Matsumura，Wayne J. Becktel and Brian W. Matthews. Hydrophobic stabilization in T4 lysozyme determined directly by multiple substitutions of Ile 3（通过将亮氨酸残基 3 实施多种替换而直接测定 T4 溶菌酶之疏水稳定作用）. Nature，334（1988）：406-410；Tom Alber，Dao-pin Sun，Keith Wilson，Joan A. Wozniak，Sean P. Cook and Brian W. Matthews. Contributions of hydrogen bonds of Thr 157 to the thermodynamic stability of Phage T4 lysozyme（噬菌体 T4 溶菌酶中的苏氨酸残基 157 所形成氢键对酶分子热力学稳定性之贡献）. Nature，330（1987）：41-46；H. Nicholson，W. J. Becktel and B. W. Matthews. Enhanced protein thermostability from designed mutations that interact with α-helix dipoles（所设计与 α-螺旋之双极性发生相互作用的突变导致蛋白质稳定性增强）. Nature，336（1988）：651-656；Tom Alber. Mutational effects on protein stability（突变对蛋白质稳定性产生的效用）. Annual Review of Biochemistry，58（1989）：798；Brian W. Matthews. Structural and genetic analysis of protein stability（蛋白质稳定性之结构与遗传学分析）. Annual Review of Biochemistry，62（1993）：139-160.

22. Cyrus Chothia. Structural invariants in protein folding（蛋白质折叠过程中之结构恒定性）. Nature，254（1975）：304-308.

23. Robin J. Leatherbarrow and Alan R. Fersht. Protein engineering（蛋白质工程）. Protein Engineering，1（1986）：7-16.

24. Greg Winter，Alan R. Fersht，Anthony J. Wilkinson，Mark Zoller and Michael Smith. Redesigning enzyme structure by site-directed mitagenesis：tyrosyl-tRNA synthetase and ATP binding（通过定点突变重新设计酶的结构：酪氨酰-tRNA 合酶及其与 ATP 之间的结合）. Nature，299（1982）：756-758；Robin J. Leatherbarrow，Alan R. Fersht and Greg Winter. Transition-state stabilization in the mechanism of tyrosyl-tRNA synthetase revealed by protein engineering（通过蛋白质工程研究揭示酪氨酰-tRNA 合酶催化机制中的过渡态稳定现象）. Proceedings of the National Academy of Sciences of the USA，82（1985）：7840-7644.

25. Alan J. Russell and Alan R. Fersht. Rational modification of enzyme catalysis by engineering surface change（通过对蛋白质表面进行改造实施酶催化理性修改）. Nature，328（1987）：496-500；James T. Kellis Jr.，Kerstin Nyberg，DasaSali and Alan R. Fersht. Contribution of hydrophobic interactions to protein stability（疏水相互作用对蛋白质稳定性之贡献）. Nature，333（1988）：784-786.

26. Anthony R. Clarke，Tony Atkinson and J. John Holbrook. From analysis to synthesis：new ligand binding sites on the lactate dehydrogenase framework. Part I（从分析到合成：乳酸脱氢酶框架中的新配体结合位点，第 I 部分）. Trends in Biochemical Sciences，14（1989）：101-105；Anthony R. Clarke，Tony Atkinson and J. John Holbrook. From analysis to synthesis：new ligand binding sites on the lactate dehydrogenase framework. Part II（从分析到合成：乳酸脱氢酶框架中新的配体结合位点，第 II 部分）. Trends in Biochemical Sciences，14（1989）：145-148.

27. 在许多可能的例子中，请参考 Eric Quéméneur，Mireille Moutiez，Jean-Baptiste Charbonnier and André Menez. Engineering cyclophilin into a proline-specific endopeptidase（将亲环素蛋白质改造成一种脯氨酸特异的内肽酶）. Nature，391（1998）：301-304.

28. Andrew D. Griffiths and Dan S. Tawfik. Man-made enzymes—from design to *in vitro* compartmentalisation（人工制造酶——从设计到体外分隔）. Current Opinion in Biotechnology，11（2000）：338-353.

29. Xiaojun Wang，George Minasov and Brian K. Shoichet. Evolution of an antibiotic resistance enzyme constrained by stability and activity trade-offs（通过稳定性与活性之间的折中约束演化产生具抗生素抗性的酶）. Journal of Molecular Biology，320（2002）：85-95.

30. Elizabeth M. Meiering，Luis Serrano and Alan R. Fersht. Effect of active site residues in barnase on activity and stability（芽孢杆菌 RNA 酶活性中心残基对活性与稳定性之影响）. Journal of Molecular Biology，225（1992）：

585-589；Gideon Schreiber，Ashley M. Buckle and Alan R. Fersht. Stability and function：two constraints in the evolution of barstar and other proteins（稳定性与功能：芽孢杆菌 RNA 酶抑制蛋白及其他蛋白质演化过程中存在的两种约束机制）. Structure，2（1994）：945-951.

31. Antony M. Dean and Joseph W. Thornton. Mechanistic approaches to the study of evolution：the functional synthesis（生物演化研究之机制探究路径：功能综合）. Nature Reviews Genetics，8（2007）：675-688.

32. Konstantin B. Zeldovich，Peiqiu Chen and Eugene I. Shaknovich. Protein stability imposes limits on organism complexity and speed of molecular evolution（蛋白质稳定性对生物复杂性及分子演化速度施加限制）. Proceedings of the National Academy of Sciences of the USA，104（2007）：16152-16157；Mark A. DePristo，Daniel M. Weinreich and Daniel L. Hartl. Missense meanderings in sequence space：a biophysical view of protein evolution（序列空间中错义突变之曲折道路：对蛋白质演化的一种生物物理观）. Nature Reviews Genetics，6（2005）：678-687.

33. Roy A. Jensen. Enzyme recruitment in evolution of new function（演化产生新生物功能时酶的被征用）. Annual Review of Microbiology，30（1976）：409-425.

34. G. Köhler and C. Milstein. Continuous cultures of fused cells secreting antibody of predefined specificity（持续培养的融合细胞分泌具有预定专一性的抗体）. Nature，256（1975）：495-497.

35. Alfonso Tramontano，Kim D. Janda and Richard A. Lerner. Catalytic antibodies（催化抗体）. Science，234（1986）：1566-1569.

36. Andrew D. Napper，Stephen J. Benkovic，Alfonso Tramontano and Richard A. Lerner. A stereospecific cyclization catalyzed by an antibody（由抗体催化的一种立体特异环化反应）. Science，237（1987）：1041-1043；Stephen J. Benkovic andrew D. Napper and Richard A. Lerner. Catalysis of a stereospecific bimolecular amide synthesis by an antibody（由抗体催化的一种立体特异之双分子酰胺合成反应）. Proceedings of the National Academy of Sciences of the USA，85（1988）：5355-5358.

37. Donald Hilvert. Critical analysis of antibody catalysis（有关抗体催化之批判性分析）. Annual Review of Biochemistry，69（2000）：751-793.

38. Jacques Monod，Jeffries Wyman and Jean-Pierre Changeux. On the nature of allosteric transition：a plausible model（见第 14 章注释 35）；D. E. Koshland，G. Nemethy and D. Filmer. Comparison of experimental binding data and theoretical models in proteins containing subunits（含亚基蛋白质的结合方面的实验数据与理论模型之比较）. Biochemistry，5（1966）：365-385.

39. Cyrus Levinthal. Are there pathways for protein folding?（蛋白质折叠具特定路径？）Journal of Chemical Physics，65（1968）：44-45.

40. Jonathan J. Ewbank and Thomas E. Creighton. The molten globule protein conformation probed by disulphide bonds（通过二硫键探测到的熔球态蛋白构象）. Nature，350（1991）：618-620.

41. O. B. Ptitsyn，R. H. Pain，G. V. Semisotnov，E. Zerovnik and O. I. Razgulyaev. Evidence for a molten globule state as a general intermediate in protein folding（蛋白质折叠过程中熔球态作为一种普遍存在中间体之证据）. FEBS Letters，262（1990）：20-24.

42. Andreas Matouschek，James T. Kellis Jr.，Luis Serrano，Mark Bycroft and Alan R. Fersht. Transient folding intermediates characterized by protein engineering（通过蛋白质工程表征的瞬时性折叠中间体）. Nature，346（1990）：440-445.

43. John Ellis. Proteins as molecular chaperones（蛋白质作为分子伴侣）. Nature，328（1987）：378-379.

44. Peter E. Leopold，Mauricio Montal and José Nelson Onuchic. Protein folding funnels：a kinetic approach to the sequence-structure relationship（蛋白质折叠漏斗：蛋白质序列与结构之间关系之动力学探究）. Proceedings of the National Academy of Sciences of the USA，89（1992）：8721-8725；Joseph D. Bryngelson，José Nelson

Onuchic，Nicholas D. Socci and Peter G. Wolynes. Funnels，pathways and the energy landscape of protein folding：a synthesis（蛋白质折叠之漏斗、路径及能量地貌：一种合成）. Proteins: Structure，Function and Genetics，21（1995）：167–195；Ken A. Dill and Hue Sen Chan. From Levinthal to pathways to Funnels（从莱文索尔到折叠路径到折叠漏斗）. Nature Structural and Molecular Biology，4（1997）：10–19.

45. Vladimir N. Uversky. Natively unfolded proteins：a point where biology waits for physics（天然不折叠蛋白质：生物学等待物理学帮助的一个方面）. Protein Science，11（2002）：739–756.

46. J. Andrew McCannon，Bruce R. Gelin and Martin Karplus. Dynamics of folded Proteins（已折叠好蛋白质之结构动态性）. Nature，267（1977）：585–590.

47. Anthony Mittermaier and Lewis E. Kay. New tools provide new insights in NMR studies of protein dynamics（新工具为利用核磁共振研究蛋白质动态结构提供新见解）. Science，312（2006）：224–228；Arthur G. Palmer III and Francesca Massi. Characterization of the dynamics of macromolecules using rotating-frame spin relaxation NMR spectroscopy（通过使用旋转框架自旋弛豫核磁共振光谱学表征生物大分子动态性）. Chemical Reviews，106（2006）：1700–1719.

48. David E. Shaw，Paul Maragakis，Kresten Lindorff-Larsen，Stefano Piana，Ron O. Dror，et al. . Atomic-level characterization of the structural dynamics of proteins（蛋白质结构动态性之原子水平表征）. Science，330（2010）：341–346.

49. Elan Z. Elsenmesser，Oscar Millet，Wladimir Labelkovsky，Dimitry M. Korzhnev，Magnus Wolf-Watz，et al. . Intrinsic dynamics of an enzyme underlies catalysis（作为酶催化反应基础之内在结构动态性）. Nature，438（2005）：17–121；David D. Boehr，Dan McEl- heny，H. Jane Dyson and Peter E. Wright. The dynamic energy landscape of dihydrofolate reductase catalysis（二氢叶酸还原酶催化过程之动态能量地貌）. Science，313（2006）：1638–1642；Katherine Henzler-Wildman and Dorothee Kern. Dynamic personalities of proteins（蛋白质之动态个性）. Nature，450（2007）：964–972；Stephen J. Benkovic，G. G. Hammes and S. Hammes- Schiffer. Free-energy landscape of enzyme catalysis（酶催化过程之自由能地貌）. Biochemistry，47（2008）：3317–3321.

50. Hesam N. Motlagh，James O. Wrabl，Jing Li and Vincent J. Hilser. The ensemble nature of allostery（变构效用之集合本质）. Nature，508（2014）：331–338.

51. Nina M. Goodey and Stephen J. Benkovic. Allosteric regulation and catalysis emerge via a common route（变构调节与催化通过一条共同路径实现）. Nature Chemical Biology，4（2008）：474–482.

52. Wade C. Winkler and Charles E. Dann III. RNA allostery glimpsed（RNA 变构效用一瞥）. Nature Structural and Molecular Biology，13（2006）：569–571；Evgenia N. Nikolova，Runae Kim，Abigail A. Wise，Patrick J. O'Brien，Ioan Andricioaei and Hashim M. Al-Hashimi. Transient hoogsteen base pairs in canonical duplex DNA（经典 DNA 双螺旋结构中之瞬时性胡斯坦碱基配对）. Nature，470（2011）：498–502.

53. Patricia M. Kane，Carl T. Yamashiro，David F. Wolczyk，Norma Neff，Mark Goerl and Tom H. Stevens. Protein splicing converts the yeast TFP1 gene product to the 69–kD subunit of the vacuolar $H^+$-adenosine triphosphatase（酵母 TFP1 基因产物通过蛋白质剪接转变成液泡 $H^+$- 腺苷三磷酸酶的 69–kD 亚基）. Science，250（1990）：651–657；Henry Paulus. Protein splicing and related forms of autoprocessing（蛋白质剪接及自加工的相关形式）. Annual Review of Biochemistry，69（2000）：447–496.

## 第 22 章　发育生物学的崛起

1. Yoshiki Hotta and Seymour Benzer. Mapping of behaviour in *Drosophila* mosaics（果蝇嵌合体之行为作图）. Nature，240（1972）：527–535.

2. Sydney Brenner. Nematode research（蠕虫研究）. Trends in Biochemical Sciences，9（1984）：172；Soraya

de Chadarevian. Of worms and programmes：*Caenorhabditis elegans* and the study of development（有关蠕虫与程序：秀丽隐杆线虫及发育研究）. Studies in History and Philosophy of Science Part C: Studies in History and Philosophy of Biological and Biomedical Sciences，29（1998）：81-105；Rachel A. Ankeny. The natural history of *Caenorhabditis elegans* research（秀丽隐杆线虫研究之自然历史）. Nature Reviews Genetics，2（2001）：474-479.

3. François Jacob. **Of Flies，Mice and Men**（见第 14 章注释 41）.

4. David Jonah Grunwald and Judith S. Eisen. Headwaters of the Zebrafish— Emergence of a New Model Vertebrate（斑马鱼研究之源头——一种新脊椎动物模式之出现）. Nature Reviews Genetics，3（2002）：717-724；Robert Meunier. Stages in the development of a model organism as a platform for mechanistic models in developmental biology：zebrafish，1970—2000（发育生物学中将一种模式生物发展为一种机制模型平台之多个阶段：斑马鱼，1970—2000）. Studies in History and Philosophy of Science Part C: Studies in History and Philosophy of Biological and Biomedical Sciences，43（2012）：522-531.

5. Mark Ptashne. **A Genetic Switch: Gene Control and Phage Lambda**（一种遗传开关：基因控制与 λ 噬菌体）. Cambridge，MA：Cell Press & Blackwell Scientific，1986.

6. George Streisinger. Charline Walker，Nancy Dower，Donna Knauber and Fred Singer. Production of clones of homozygous diploid zebra fish（brachydanio rerio）（一种斑马鱼同源双倍体克隆之制备）. Nature，291（1981）：293-296.

7. Denis Thieffry and Richard M. Burian. Interview of Jean Brachet by Jan Sapp，Arco Felice，Italy，December 10，1980.（简·萨普对基恩·布拉舍之采访，1980 年 12 月 10 日于意大利）. History and Philosophy of the Life Sciences，19（1997）：113-140.

8. Stephen Jay Gould. **Ontogeny and Phylogeny**（个体发生与种群发生）. Cambridge，MA：Belknap Press，1977.

9. Dorothea Bennett. The T-locus of the mouse（小鼠 T- 基因座位点）. Cell，6（1975）：441-454.

10. Michel Morange. François Jacob's lab in the seventies：the T-complex and the mouse developmental genetic program（20 世纪 70 年代之弗朗索瓦·雅各布实验室：T- 复合体以及小鼠发育遗传项目）. History and Philosophy of the Life Sciences，22（2000）：397-411.

11. Georges Barski，Serge Sorieul and Francine Cornefert. Production dans des cultures in vitro de deux souchescellulairesen association，de cellules de caractère "hybride". Comptesrendushebdomadaires des séances de l'Académie des sciences，251（1960）：1825-1827.

12. Boris Ephrussi and Serge Sorieul. Nouvelles observations sur l'hybridation in vitro de cellules de souris. Comptes rendus hebdomadaires des séances del'Académie des sciences，254（1962）：181-182；Henry Harris and J. F. Watkins. Hybrid cells derived from mouse and man：artificial heterokaryons of mammalian cells from different species（衍生自小鼠和人的杂交细胞：从不同物种获得的哺乳动物的人工异核杂交瘤细胞）. Nature，205（1965）：640-646.

13. Richard L. Davidson，Boris Ephrussi and Kontaro Yamamoto. Regulation of pigment synthesis in mammalian cells，as studied by somatic hybridization（通过体细胞杂交揭示哺乳动物细胞中色素合成之调节）. Proceedings of the National Academy of Sciences of the USA，56（1966）：1437-1440.

14. Robert J. Klebe，Tchaw-ren Chen and Frank H. Ruddle. Mapping of a human genetic regulator element by somatic cell genetic analysis（通过体细胞遗传分析绘制出的人类遗传调节子元件图谱）. Proceedings of the National Academy of Sciences of the USA，66（1970）：1920-1927；Mary C. Weiss and Michèle Chaplain. Expression of differentiated functions in hepatoma cell hybrids：reappearance of tyrosine aminotransferase inducibility after the loss of chromosomes（肝癌细胞杂合体中分化功能的表达：染色体丢失之后的酪氨酸氨基转移酶诱导性的

重现）. Proceedings of the National Academy of Sciences of the USA，68（1971）：3026–3030.

15. S. Gordon，ed. **The Legacy of Cell Fusion**（细胞融合之传奇）.Oxford：Oxford University Press，1994.
16. Eric H. Davidson. **Gene Activity in Early Development**（早期发育过程中之基因活性）. New York：Academic Press，1968.
17. Michel Morange. Molecular hybridization：a problematic tool for the study of differentiation and development（1960–1980）（分子杂交：在研究细胞分化与个体发育时一种存在问题的工具）. Journal of Bioscience，39（2014）：29–32.
18. R. J. Britten and D. E. Kohne. Repeated sequences in DNA（DNA 中重复的序列）. Science，161（1968）：529–540；Edna Suarez-Diaz. Satellite-DNA：a case-study for the evolution of experimental techniques（卫星 DNA：实验技术演化的一个案例研究）. Studies in History and Philosophy of Science Part C: Studies in History and Philosophy of Biological and Biomedical Sciences，32（2001）：31–57.
19. Roy J. Britten and Eric H. Davidson. Gene regulation for higher cells：a theory（见第 15 章注释 37）.
20. Roy J. Britten and Eric H. Davidson. Repetitive and non-repetitive DNA sequences and a speculation on the origins of evolutionary novelty（重复和非重复 DNA 序列以及对演化创新性起源之猜想）. Quarterly Review of Biology，46（1971）：111–133.
21. Donald D. Brown and Igor B. Dawid. Specific gene amplification in oocytes（卵母细胞中特异基因之扩增）. Science，160（1968）：272–280；Allan C. Spradling and Anthony P. Mahowald. Amplification of genes for chorion proteins during oogenesis in *Drosophila* melanogaster（果蝇卵子发生过程中绒毛膜蛋白质编码基因之扩增）. Proceedings of the National Academy of Sciences of the USA，77（1980）：1096–1100.
22. Michel Morange. The transformation of molecular biology on contact with higher organisms，1960—1980：from a molecular description to a molecular explanation（在触及高等生物时分子生物学之转变，1960—1980 年：从分子描述到分子解释）. History and Philosophy of the Life Sciences，19（1997）：369–393.
23. François Jacob and Jacques Monod. Gènes de structure et gènes de régulation dans la biosynthèse des protéines. Comptes rendus hebdomadaires des séances de l'Académie des sciences，249（1959）：1282–1284. 关于演化—发育的起源问题，胚胎学家与更为一般性的"传统"生物学家的看法不同：Manfred D. Laubichler and Jane Maienschein, eds. **From Embryology to Evo-Devo: A History of Developmental Evolution**（从胚胎学到演化—发育：发育演化学之历史）. Cambridge，MA：MIT Press，2007.
24. Richard Goldschmidt. **The Material Basis of Evolution**（生物演化之物质基础）. New Haven，CT：Yale University Press，1940；再版的前言部分由斯蒂芬·古尔德撰写，1982。
25. François Jacob and Jacques Monod. Sur le mode d'action des gènes et leurrégulation. Pontificiae Academiae Scientiarum Scripta Varia，22（1962）：85–95.
26. Allan C. Wilson，Steven S. Carlson and Thomas J. White. Biochemical Evolution（生物化学角度之生物演化）. Annual Review of Biochemistry，46（1977）：573–639.
27. Mary-Claire King and Allan C. Wilson. Evolution at two levels in humans and chimpanzees（人类与黑猩猩在两个层次之演化）. Science，188（1975）：107–116.
28. Francis Crick. On protein synthesis（见第 13 章注释 2）.
29. Allan C. Wilson，Linda R. Maxson and Vincent M. Sarich. Two types of molecular evolution：evidence from studies of interspecific hybridization（两类分子演化：来自跨物种分子杂交研究之证据）. Proceedings of the National Academy of Sciences of the USA，71（1974）：2843–2847；Allan C. Wilson，Vincent M. Sarich and Linda R. Maxson. The importance of gene rearrangement in evolution：evidence from studies on rates of chromosomal，protein and anatomical evolution（演化过程中基因重排之重要性：通过对染色体、蛋白质和解剖水平的演化速率研究所获证据）. Proceedings of the National Academy of Sciences of the USA，71（1974）：3028–3030.

30. Antonio Garcia Bellido，P. Ripoll and Gines Morata. Developmental com- partmentalisation of the wing disk of *Drosophila*（果蝇翼盘的发育分隔）. Nature New Biology，245（1973）：251–253.

31. Francis H. C. Crick and Peter A. Lawrence. Compartments and polyclones in insect development（昆虫发育过程中之分隔与多克隆现象）. Science，189（1975）：340–347；Gines Morata and Peter A. Lawrence. Homeotic genes，compartments and cell determination in *Drosophila*（果蝇中的同源异型基因、分隔及细胞命运决定）. Nature，265（1977）：211–216.

32. Stephen Jay Gould. **Ontogeny and Phylogeny**（见本章注释 8）.

33. William K. Baker. A genetic framework for *Drosophila* development（果蝇发育之遗传框架）. Annual Review of Genetics，12（1978）：451–470.

34. Rudolf A. Raff and Thomas C. Kaufman. **Embryos，Genes and Evolution: The Developmental-Genetic Basis of Evolutionary Change**（胚胎、基因及生物演化：演化改变之发育—遗传基础）. London：MacMillan，1983.

35. Marcel Weber. Redesigning the fruitfly: the molecularization of *Drosophila*（重新设计果蝇：果蝇研究之分子化）. in Angela N. H. Creager，E. Lunbeck and M. Norton Wise. **Model Systems，Cases，Exemplary Narratives**（模型系统、案例及代表性叙述）. Durham，NC：Duke University Press，2007：23–45. Doogab Yi. **The Recombinant University: Genetic Engineering and the Emergence of Stanford Biotechnology**（见绪论注释 9）.

36. Welcome Bender，Pierre Spierer and David S. Hogness. Chromosomal walking and jumping to isolate DNA from the *Ace* and *rosy* loci and the bithorax complex in *Drosophila melanogaster*（通过染色体步移和跳跃技术分离果蝇 *Ace*，*rosy* 及双胸复合体位点之 DNA）. Journal of Molecular Biology，168（1983）：17–33；Matthew P. Scott，Amy J. Weiner，Tulle I. Hazelrigg，Barry A. Polisky，Vincenzo Pirrotta，et al. . The molecular organization of the antennapedia locus of *Drosophila*（果蝇的触角足遗传位点之分子组织）. Cell，35（1983）：763–776.

37. Walter J. Gehring. **Master Control Genes in Development and Evolution: The Homeobox Story**（发育和演化过程中的主控基因：同源异型框基因之故事）. New Haven，CT：Yale University Press，1998.

38. Stuart A. Kauffman. Control circuits for determination and transdetermination（决定与转决定之控制环路）. Science，181（1973）：310–318.

39. Christiane Nüsslein-Volhard and Eric Wieschaus. Mutations affecting segment number and polarity in *Drosophila*（影响果蝇分节数及极性之突变）. Nature，287（1980）：795–801.

40. W. McGinnis，M. S. Levine，E. Hafen，A. Kuroiwa and W. J. Gehring. A conserved DNA sequence in homeotic genes of the *Drosophila* antennapedia and bithorax complexes（果蝇触角足与双胸复合体中的同源异型基因之间一段保守 DNA 序列）. Nature，308（1984）：428–433.

41. Allen Laughon and Matthew P. Scott. Sequence of a *Drosophila* segmentation gene：protein structure homology with DNA-binding proteins（果蝇分节基因序列：与 DNA 结合蛋白之间的结构同源性）. Nature，310（1984）：25–31；John C. W. Sheperd，William McGinnis andrés E. Carrasco，Eddy M. De Robertis and Walter J. Gehring. Fly and frog homeo domains show homologies with yeast mating type regulatory proteins（苍蝇与青蛙的同源异型结构域显示与酵母交配型调节蛋白之间存在同源性）. Nature，310（1984）：70–71；William McGinnis，Richard L. Garber，Johannes Wirz，Atsushi Kurowa and Walter J. Gehring. A homologous protein-coding sequence in *Drosophila* homeotic genes and its conservation in other metazoans（果蝇同源异型基因中的一段同源蛋白质编码序列及其在其他后生动物中之保守性）. Cell，37（1984）：403–408.

42. Andrés E. Carrasco，William McGinnis，Walter J. Gehring and Eddy M. De Robertis. Cloning of an X. laevis gene expressed during early embryogenesis coding for a peptide region homologous to *Drosophila* homeotic genes（一种在青蛙早期胚胎生成过程中表达、编码一个与果蝇同源异型基因同源肽段区域之基因的克隆）. Cell，

37（1984）：409-414；William McGinnis, Charles P. Hart, Walter J. Gehring and Frank H. Ruddle. Molecular cloning and chromosome mapping of a mouse DNA sequence homologous to homeotic genes of *Drosophila*（一种与果蝇同源异型基因同源的小鼠 DNA 片段之分子克隆与染色体作图）. Cell, 38（1984）：675-680.

43. E. B. Lewis. A gene complex controlling segmentation in *Drosophila*（控制果蝇分节之基因复合体）. Nature, 276（1978）：565-570.

44. François Jacob. Evolution and tinkering（生物演化与修补）. Science, 196（1977）：1161-1166；François Jacob. **The Possible and the Actual**（可能的与真实的）. Seattle：University of Washington Press, 1982.

45. François Jacob. L'irrésistible ascension des genes *Hox*. Revue Médecine/ Sciences, 10（1994）：145-148.

46. Denis Duboule and Pascal Dollé. The structural and functional organization of the murine HOX gene family resembles that of *Drosophila* homeotic genes（鼠 HOX 基因家族与果蝇同源异型基因之间存在结构与功能组织方面的相似性）. EMBO Journal, 8（1989）：1497-1505.

47. Cynthia Kenyon and Bruce Wang. A cluster of antennapedia-class homeobox genes in a nonsegmented animal（在一种非分节动物中存在的一簇触角足类同源异型基因）. Science, 253（1991）：516-517.

48. Michel Morange. Pseudoalleles and gene complexes（拟等位基因及基因复合体）. Perspectives in Biology and Medicine, 58（2016）：196-204.

49. Wouter de Laat and Denis Duboule. Topology of mammalian developmental enhancers and their regulatory landscapes（哺乳动物发育相关增强子的拓扑学及它们的调节景观）. Nature, 502（2013）：499-506.

50. Spyros Artavanis-Tsakonas, Kenji Matsuno and Mark E. Fortini. Notch signaling（Notch 信号通路）. Science, 268（1995）：225-232.

51. Gregory R. Dressler and Peter Gruss. Do multigene families regulate vertebrate development?（脊椎动物之发育由多基因家族调节？）Trends in Genetics, 4（1988）：214-219；Michael Kessel and Peter Gruss. Murine developmental control genes（鼠类发育调控基因）. Science, 249（1990）：374-379.

52. Robert L. Davis, Harold Weintraub and Andrew B. Lassar. Expression of a single transfected cDNA converts fibroblasts to myoblasts（表达一种单一转染互补 DNA 可将成纤维细胞转化为成肌细胞）. Cell, 51（1987）：987-1000.

53. Michael A. Rudnicki, Patrick N. J. Schnegelsberg, Ronald H. Stead, Thomas Braun, Hans-Henning Arnold and Rudolf Jaenisch. *MyoD* or *Myf5* is required for the formation of skeletal muscle（*MyoD* 或 *Myf5* 基因为骨骼肌形成所必需）. Cell, 75（1993）：1351-1359.

54. Rebecca Quiring, Uwe Walldorf, Urs Kloter and Walter J. Gehring. Homology of the *eyeless* gene of *Drosophila* to the *Small eye* gene in mice and *Aniridia* in humans（果蝇 eyeless 基因与小鼠 *Small eye* 基因以及人类 *Aniridia* 基因之间的同源性）. Science, 265（1994）：785-789.

55. Georg Haider, Patrick Callaerts and Walter J. Gehring. Induction of ectopic eyes by targeted expression of the *eyeless* gene in *Drosophila*（通过在果蝇中定位表达 eyeless 基因而诱导异位眼睛之产生）. Science, 267（1995）：1788-1792.

56. Hans Sommer, José-Pio Beltran, Peter Huijser, Heike Pape, Wolf-Ekkehard Lönnig, et al. *Deficiens*, a homeotic gene involved in the control of flower morphogenesis *Antirrhinum majus*：the protein shows homology to transcription factors（一种参与金鱼草花形态形成之同源异型基因 *Deficiens*：其编码蛋白质显示与转录因子同源）. EMBO Journal, 9（1990）：605-613；Rosemary Carpenter and Enrico S. Coen. Floral homeotic mutations produced by transposon-mutagenesis in *Antirrhinum majus*（金鱼草通过转座子突变产生的花样同源异型突变）. Genes and Development, 4（1990）：1483-1493；Martin F. Yanofsky, Hong Ma, John L. Bowman, Gary N. Drews, Kenneth A. Feldmann and Elliot M. Meyerowitz. The protein encoded by the *Arabidopsis* homeotic gene *Agamous* resembles transcription factors（拟南芥同源异型基因 *Agamous* 所编码蛋白质类似于转录因

子）．Nature, 346（1990）：35-39.

57. Elliot M. Meyerowitz, John L Bowman, Laura L. Brockman, Gary N. Drews, Thomas Jack, et al. . A genetic and molecular model for flower development in *Arabidopsis thaliana*（拟南芥中花发育的一种遗传学及分子模型）．Development, 113, Suppl. 1（1991）：157-167.

58. Elliot M. Meyerowitz and Robert E. Pruitt. *Arabidopsis thaliana* and plant molecular genetics（拟南芥及植物分子遗传学）．Science, 229（1985）：1214-1218；Chris Somerville and Maarten Koornneef. A fortunate choice：the history of *Arabidopsis* as a model plant（一种幸运选择：拟南芥作为一种模式植物之历史）．Nature Reviews Genetics, 3（2002）：883-889；Sabina Leonelli. Growing weed, producing knowledge：an epistemic history of *Arabidopsis thaliana*（通过种植大麻产生知识：对拟南芥之认识历史）．History and Philosophy of the Life Sciences, 29（2007）：193-224.

59. Lewis Wolpert. Positional information and pattern formation（位置信息及模式形成）．Current Topics in Developmental Biology, 6（1971）：183-224.

60. Wolfgang Driever and Christiane Nüsslein-Volhard. Gradient of *bicoid* protein in *Drosophila* embryos（果蝇胚胎中之 *bicoid* 蛋白质梯度）．Cell, 54（1988）：83-93；Wolfgang Driever and Christiane Nüsslein-Volhard. The *bicoid* protein determines position in the drosophila embryo in a concentration-dependent manner（*bicoid* 蛋白通过一种浓度依赖方式决定器官位置）．Cell, 54（1988）：95-104.

61. Ken W. Y. Cho, Elaine A. Morita, Christopher V. E. Wright and Eddy M. De Robertis. Overexpression of a homeodomain protein confers axis-forming activity to uncommitted *Xenopus* embryonic cells（过量表达同源域蛋白赋予尚未定向的非洲爪蟾一种轴形成活性）．Cell, 65（1991）：55-64；Ken W. Y. Cho, Bruce Blumberg, Herbert Steinbelsser and Eddy M. De Robertis. Molecular nature of spemann's organizer：the role of the homeobox gene *goosecoid*（斯佩曼组织中心：*goosecoid* 同源异型基因之角色）．Cell, 67（1991）：1111-1120；Bruce Blumberg, Christopher V. E. Wright, Eddy M. De Robertis and Ken W. Y. Cho. Organism-specific homeobox genes in *Xenopus laevis* embryos（非洲爪蟾胚胎中具生物特异之同源框基因）．Science, 253（1991）：194-196.

62. Martin Blum, Stephen J. Gaunt, Ken W. Y. Cho, Herbert Steinbelsser, Bruce Blumberg, et al. . Gastrulation in the mouse：the role of the homeobox gene *goosecoid*（小鼠原肠胚形成：同源框基因 *goosecoid* 之角色）．Cell, 69（1992）：1097-1106.

63. Walter J. Gehring. The Homeobox in Perspective（同源框基因展望）．Trends in Biochemical Sciences, 17（1992）：277-280.

### 第 23 章　分子生物学与生物演化

1. Salvador E. Luria and Max Delbrück. Mutations of bacteria from virus sensitivity to virus resistance（使细菌从对病毒敏感到对病毒具有抗性的突变）．Genetics, 28（1943）：491-511.

2. Ernst Mayr. Cause and effect in biology（生物学中之因果关系）．Science, 134（1961）：1501-1506；一种互补但稍有不同的观点，见：George G. Simpson. Biology and the nature of science：unification of the sciences can be most meaningfully sought through study of the phenomena of life（生物学及科学本质：科学统一性可以最为合理地从对生命现象研究中去探寻）．Science, 139（1963）：81-88.

3. Alexandre E. Peluffo. The "genetic program"：behind the genesis of an influential metaphor（"遗传程序"：一种影响深远的隐喻之起源背后）．Genetics, 200（2015）：685-696.

4. Emil Zuckerkandl and Linus Pauling. Evolutionary divergence and convergence in proteins（蛋白质中发生的发散性演化与收敛性演化）．in V. Bryson and H. J. Vogel. **Evolving Genes and Proteins**（演化中的基因与蛋白质）．New York：Academic Press, 1965：153-181.

5. Francis H. C. Crick. On protein synthesis（论蛋白质合成）（见第 13 章注释 2）.

6. Michael R. Dietrich. Paradox and persuasion：negotiating the place of molecular evolution within evolutionary biology（悖论与说服：在演化生物学中为分子演化争取其位置）. Journal of the History of Biology, 31（1998）：85–111.

7. Jack L. King and Thomas H. Jukes. Non Darwinian evolution：random fixation of selectively neutral mutations（非达尔文演化：选择性中性突变之随机固定）. Science, 164（1969）：788–798.

8. Motoo Kimura. Evolutionary rate at the molecular level（分子水平之演化速率）. Nature, 217（1968）：624–626；Motoo Kimura. **The Neutral Theory of Molecular Evolution**（分子演化之中性理论）. Cambridge：Cambridge University Press, 1983；Michael R. Dietrich. The origins of the neutral theory of molecular evolution（分子演化中性理论之起源）. Journal of the History of Biology, 27（1994）：21–59；Edna Suarez and Ana Barahona. The experimental roots of the neutral theory of molecular evolution（分子演化中性理论之实验根源）. History and Philosophy of the Life Sciences, 18（1996）：55–81.

9. Willi Hennig. **Grundzüge einer Theorie der phylogenetischen Systematik**. Berlin：Deutscher Zentralverlag, 1950；英文版书名：**Phylogenetic Systematics**（谱系发生系统学）. Urbana：University of Illinois Press, 1966.

10. Jan Sapp. The iconoclastic research program of Carl Woese（卡尔·乌斯的反传统研究项目）. 发表于 Oren Harman and Michael R. Dietrich. **Rebels，Mavericks and Heretics in Biology**（生物学中的叛逆者、特立独行者及异端者）New Haven, CT：Yale University Press, 2008：302–320.

11. W. Ford Doolittle. Phylogenetic classification and the universal tree（谱系发生分类及完整生物演化树）. Science, 284（1999）：2124–2128；Yan Boucher and Eric Bapteste. Revisiting the concept of lineage in prokaryotes：a phylogenetic perspective（再论原核生物谱系概念：从系统发生角度看）. Bioessays, 31（2009）：526–536.

12. 琳·马古利斯进一步争辩说，共生现象在生物演化的其他步骤中扮演一种主要角色，但只获得有限成功：Lynn Margulis. **Symbiosis in Cell Evolution**（细胞演化过程中的共生现象）. San Francisco：W. H. Freeman, 1981.

13. Stephen J. Gould and Niles Eldredge. Punctuated equilibria：the tempo and mode of evolution reconsidered（间断平衡：重新思考生物演化节奏与模式）. Paleobiology, 3（1977）：115–151.

14. Stephen J. Gould and Richard Lewontin. The spandrels of San Marco and the panglossian paradigm：a critique of the adaptationist programme（圣马可教堂的三角穹顶及乐天范式：对适应主义者程序之批判）. Proceedings of the Royal Society of London: Series B, Biological Sciences, 205（1979）：581–598.

15. Pere Alberch. Ontogenesis and morphological diversification（个体发生及形态多样化）. American Zoologist, 20（1980）：653–667；Diego Rasskin-Gutman and Miquel de Renzi, eds. **Pere Alberch：The Creative Trajectory of an Evo-Devo Biologist**（演化—发育生物学家之创造轨迹）. Valencia, Spain：Universitat de Valencia, 2009.

16. Richard Goldschmidt. **The Material Basis of Evolution**（演化之物质基础）. New Haven, CT：Yale University Press, 1940；1982 年再版序言由古尔德撰写。异时性突变的重要性由古尔德讨论过：Stephen J. Gould. **Ontogeny and Phylogeny**（个体发生与谱系发生）. Cambridge, MA：Belknap Press, 1977.

17. Luis W. Alvarez, Walter Alvarez, Frank Asano and Helen V. Michel. Extraterrestrial cause for the cretaceous-tertiary extinction（白垩纪第三纪生物大灭绝之地球外起因）. Science, 208（1980）：1095–1108.

18. F. Jacob. Evolution and tinkering（演化与修补）. Science, 196（1977）：1161–1166.

19. Joram Piatigorsky and Graeme Wislow. Enzyme/crystallins：gene sharing as an evolutionary strategy（酶 / 眼球晶体蛋白：共享基因作为一种演化策略）. Cell, 57（1989）：197–199；Joram Piatigorsky. Lens crystallins：innovation associated with changes in gene regulation（晶状体晶体蛋白：与基因调节变化有关的创

新）. Journal of Biological Chemistry, 267（1992）: 4277–4280.

20. Calvin B. Bridges. The *bar* gene: a duplication（*bar* 基因：一种加倍过程）. Science, 83（1936）: 210–211.

21. Susumu Ohno. **Evolution by Gene Duplication**（通过基因加倍进行演化）. Berlin: Springer-Verlag, 1970.

22. Howard M. Temin. The protovirus hypothesis: speculations on the significance of the RNA-directed DNA synthesis for normal development and for carcinogenesis（原病毒假说：对 RNA 指导的 DNA 合成在正常发育与癌症发生过程中重要性之猜想）. Journal of the National Cancer Institute, 46（1971）: III–VII.

23. 涉及反转录在生物演化过程中角色的假说，在 20 世纪 80 年代期间以及 90 年代伊始持续存在：Jürgen Brosius. Retroposons—Seeds of Evolution（逆转座子：生物演化之种子）. Science, 251（1991）: 753.

24. John Cairns, J. Overbaugh and S. Miller. The Origin of Mutants（突变体之起源）. Nature, 335（1988）: 141–145.

25. James A. Shapiro. Adaptive Mutation: Who's Really in the Garden?（适应性突变：谁真的在花园里？）Science, 268（1995）: 373–374；有关演化合成理论在过去 50 年里遭遇的不同挑战——特别因为分子数据的原因，可参考以下佳作：Francesca Merlin. **Mutations et aléas: Le hasard dans la théorie de l'évolution**. Paris: Hermann, 2013.

26. Nina Fedoroff. How jumping genes were discovered（跳跃基因如何被发现）. Nature Structural Biology, 8（2001）: 300–301.

27. Stanley N. Cohen. Transposable genetic elements and plasmid evolution（可转座遗传元件及质粒演化）. Nature, 263（1976）: 731–738.

28. Nathaniel Comfort. **The Tangled Field: Barbara McClintock's Search for the Patterns of Genetic Control**（见第 14 章注释 28）.

29. Elie L. Wollman and François Jacob. **Sexuality and the Genetics of Bacteria**（细菌之性别与遗传学）. New York: Academic Press, 1961.

30. John B. Gurdon. Adult frogs derived from the nuclei of single somatic cells（从单一体细胞细胞核衍生而成之成体青蛙）. Developmental Biology, 4（1962）: 256–273.

31. Alan M. Weiner, Prescott L. Deininger and Argiris Efstratiadis. Nonviral retroposons: genes, pseudogenes and transposable elements generated by the reverse flow of genetic information（非病毒型逆转座子：通过遗传信息逆向流动而产生的基因、伪基因及可转座元件）. Annual Review of Biochemistry, 55（1986）: 631–661.

32. Charles A. Thomas Jr. . The genetic organization of chromosomes（染色体之遗传组织）. Annual Review of Genetics, 5（1971）: 237–256.

33. R. J. Britten and D. E. Kohne. Repeated sequences in DNA（DNA 中之重复序列）. Science, 161（1968）: 529–540.

34. Roy J. Britten and Eric H. Davidson. Gene regulation for higher cells: a theory（见第 15 章注释 37）；Roy J. Britten and Eric H. Davidson. Repetitive and non-repetitive DNA sequences and a speculation on the origins of evolutionary novelty（见第 22 章注释 20）.

35. Susumu Ohno. So much "junk" DNA in our genome（我们的基因组中存在如此多的"垃圾"DNA）. Brookhaven Symposium in Biology, 23（1972）: 366–370.

36. W. Ford Doolittle and Carmen Sapienza. Selfish genes, the phenotype paradigm and genome evolution（自私基因、表型范式及基因组演化）. Nature, 284（1980）: 601–603；L. E. Orgel and F. H. C. Crick. Selfish DNA: the ultimate parasite（自私 DNA：终极之寄生者）. Nature, 284（1980）: 604–607.

37. Richard Dawkins. **The Selfish Gene**（自私基因）. Oxford: Oxford University Press, 1976.

38. Michael Lynch. **The Origins of Genome Architecture**（基因组结构之起源）. Sunderland, MA: Sinauer, 2007.

39. ENCODE Project Consortium. An integrated encyclopedia of genetic elements in the human genome（人类基因组中遗传元件之整合百科全书）. Nature, 489（2012）: 57–74.

40. Renaud de Rosa, Jennifer K. Grenier, Tatiana Andreeva, Charles E. Cook andré Adoutte, et al. *Hox* genes in brachiopods and priapulids and protostome evolution（腕足动物与曳鳃动物中之 *Hox* 基因以及原口动物之演化）. Nature, 399（1999）: 772–776.

41. Neil Shubin, Cliff Tabin and Sean Carroll. Deep homology and the origins of evolutionary novelty（深度同源性及演化创新性起源）. Nature, 457（2009）: 818–823.

42. Sean B. Carroll. Evo-devo and an expanding evolutionary synthesis: a genetic theory of morphological evolution（演化—发育以及一种扩展之演化合成理论：形态演化之遗传理论）. Cell, 134（2008）: 25–36.

43. Daniel R. Matute, I. A. Butler and Jerry A. Coyne. Little effect of the *tan* locus on pigmentation in female hybrids between *Drosophila santomea* and *D. melanogaster*（红头果蝇与黑腹果蝇之间形成的雌性杂合体中之 *tan* 位点对色素形成影响甚微）. Cell, 139（2009）: 1180–1188.

44. Chiou-Hwa Yuh, Hamid Bolouri and Eric H. Davidson. Cis-regulatory logic in the *endo16* gene: switching from a specification to a differentiation mode of control（endo-16 基因中之顺式调节逻辑：从一种特异化到控制之分化模式的转换）. Development, 128（2001）: 617–629.

45. Eric H. Davidson. **The Regulatory Genome: Gene Regulatory Networks in Development and Evolution**（调节基因组：发育和演化过程中之基因调节网络）. Burlington, MA: Academic Press, 2006.

46. Isabelle Peter and Eric H. Davidson. **Genomic Control Process: Development and Evolution**（基因组控制过程：发育与演化）. New York: Academic Press, 2015.

47. Eric H. Davidson and Douglas H. Erwin. Gene regulatory networks and the evolution of animal body plans（基因调节网络及动物体型计划之演化）. Science, 311（2006）: 796–800; Douglas H. Erwin and Eric H. Davidson. The evolution of hierarchical gene regulatory networks（分层分级基因调节网络之演化）. Nature Reviews Genetics, 10（2009）: 141–148.

48. Douglas H. Erwin and James W. Valentine. "Hopeful monsters" transposons and metazoan radiation（"有希望之怪兽"转座子及后生动物辐射）. Proceedings of the National Academy of Sciences of the USA, 81（1984）: 5482–5483.

49. Nicolas Di-Poï, Juan I. Montoya-Burgos, Hilary Miller, Olivier Pourquié, Michel C. Milinkovitch and Denis Duboule. Changes in *Hox* genes' structure and function during the evolution of the squamate body plan（有鳞动物体型计划演化期间 *Hox* 基因结构与功能之变化）. Nature, 464（2010）: 95–103.

50. Arhat Abzhanov, Winston P. Kuo, Christine Hartmann, B. Rosemary Grant, Peter R. Grant and Clifford J. Tabin. The calmodulin pathway and evolution of elongated beak morphology in Darwin's finches（钙调蛋白通路与达尔文雀被拉长鸟喙形态学之演化）. Nature, 442（2006）: 563–567.

51. Sangeet Lamichhaney, Fan Han, Jonas Berglund, Chao Wang, Markus Sällman Alme, et al. . A beak size locus in Darwin's finches facilitated character displacement during drought（达尔文雀中一个决定鸟喙尺寸的位点促使干旱期间之性状替换）. Science, 352（2016）: 470–474.

52. Mary-Claire King and Allan C. Wilson. Evolution at two levels in humans and chimpanzees（人类与黑猩猩在两个层次之演化）. Science, 188（1975）: 107–116.

53. David Cyranoski. Almost humans（貌似人类）. Nature, 418（2002）: 910–912.

54. Wolfgang Enard, Molly Przeworski, Simon E. Fisher, Cecilia S. L. Lai, Victor Wiebe, et al. . Molecular evolution of *FoxP2*, a gene involved in speech and language（涉及说话与语言功能的 *FoxP2* 基因之分子演化）. Nature, 418（2002）: 869–872.

55. Mehmet Somel, Xiling Liu, Lin Tang, Zheng Yan, Halyang Hu, et al. . MicroRNA-driven developmental re-

modeling in the brain distinguishes humans from other primates（微 RNA 驱动之大脑发育重构差异将人与其他灵长类动物予以区分）. PLoS Biology, 9（2011）: e1001214.

56. Richard E. Green, Johannes Krause, Adrian W. Briggs, Tonislav Maricic, Udo Stenzel, et al.. A draft sequence of the Neandertal genome（尼安德特人基因组序列草图）. Science, 328（2010）: 710-722.

57. Marcel Margulies, Michael Egholm, William E. Altman, Said Attiya, Joel S. Bader, et al.. Genome sequencing in microfabricated high-density picolitre reactors（微制造高密度皮升反应器中进行的基因组测序）. Nature, 437（2005）: 376-380.

58. Svante Pääbo. Molecular cloning of ancient egyptian mummy DNA（古埃及木乃伊 DNA 之分子克隆）. Nature, 314（1985）: 644-645; Svante Pääbo. Ancient DNA: extraction, characterization, molecular cloning and enzymatic amplification（古代 DNA: 提取、表征、分子克隆及酶催化扩增）. Proceedings of the National Academy of Sciences of the USA, 86（1989）: 1939-1943; Mathias Röss, Pawel Jaruga, Tomasz H. Zastawny, MiralDizda- roglu and Svante Pääbo. DNA damage and DNA sequence retrieval from ancient tissues（古生物组织中 DNA 之损坏及 DNA 序列获取）. Nucleic Acids Research, 24（1996）: 1304-1307; M. Stiller, R. E. Green, M. Ronan, J. F. Simons, L. Du, et al.. Patterns of nucleotide misincorporations during enzymatic amplification and direct large-scale sequencing of ancient DNA（古生物 DNA 之酶催化扩增及直接大规模测序过程中核苷酸错误掺入之模式）. Proceedings of the National Academy of Sciences of the USA, 103（2006）: 13578-13584.

59. Matthias Meyer, Martin Kircher, Marie-Theres Gansauge, Heng Li, Fernando Racimo, et al. A high-coverage genome sequence from an archaic denisovan individual（从一个古丹尼索瓦人个体获得之高覆盖率基因组序列）. Science, 338（2012）: 222-226.

60. Emilia Huerta-Sanchez, Xin Jin, Asan, ZhuomaBianba, Benjamin M. Peter, et al.. Altitude adaptation in tibetans caused by introgression of denisovan-like DNA（西藏人通过掺入类丹尼索瓦人 DNA 而获得的高海拔适应性）. Nature, 512（2014）: 194-197.

61. Kara C. Hoover, Omer Gokcumen, Zoya Qureshy, Elise Bruguera, Aulaphan Savangsuksa, et al.. Global survey of variation in a human olfactory receptor gene reveals signatures of non-neutral evolution（人类嗅觉受体基因变异的全球调查揭示非中性演化之特征）. Chemical Senses, 40（2015）: 481-488.

62. George Gaylord Simpson. **Tempo and Mode in Evolution**（演化速度与模式）. New York: Columbia University Press, 1944.

63. Rebecca L. Cann, Mark Stoneking and Allan C. Wilson. Mitochondrial DNA and human evolution（线粒体 DNA 与人类演化）. Nature, 325（1987）: 31-36.

64. Luigi Luca Cavalli-Sforza, Alberto Piazza, Paolo Menozzi and Joanna Mountain. Reconstruction of human evolution: bringing together genetic, archaeological and linguistic data（人类演化之重构: 汇总遗传学、考古学及语言学数据）. Proceedings of the National Academy of Sciences of the USA, 85（1988）: 6002-6006.

65. Luca Cavalli-Sforza. The human genome diversity project: past, present and future（人类基因组多样性分析工程: 过去、现在及将来）. Nature Reviews / Genetics, 6（2005）: 333-340; Jenny Reardon. **Race to the Finish: Identity and Governance in the Age of Genomics**（终极赛跑: 基因组学时代之身份与治理）. Princeton, NJ: Princeton University Press, 2005.

66. Stephen Leslie, Bruce Winney, Garrett Hellenthal, Dan Davison, Abdelhamid Boumertit, et al.. The fine-scale genetic structure of the British population（英国人口之精细遗传结构）. Nature, 519（2015）: 309-314.

67. Renyi Liu and Howard Ochman. Stepwise formation of the bacterial flagellar system（细菌鞭毛系统之分步形成）. Proceedings of the National Academy of Sciences of the USA, 104（2007）: 7116-7121.

68. Michael Behe. **The Edge of Evolution: The Search for the Limits of Darwinism**（演化之边沿: 探寻达尔文主

义之极限）. New York：Free Press，2007.

69. Richard E. Lenski and Michael Travisano. Dynamics of adaptation and diversification：a 100000-generation ex-periment with bacterial populations（适应性与多样性之动力学：细菌群体之万代实验）. Proceedings of the National Academy of Sciences of the USA, 91（1994）：6808-6814；Olivier Tenaillon，Jeffrey E. Barrick，Noah Ribeck，Daniel E. Deatherage，Jeffrey L. Blanchard，et al. Tempo and mode of genome evolution in a 50 000 generation experiment（在一个5万代实验中观察到的基因组演化速率与模式）. Nature, 536（2016）：165-170.

70. Antony M. Dean and Joseph W. Thornton. Mechanistic approaches to the study of evolution：the functional synthe-sis（演化研究之机制探索路径：功能综合）. Nature Reviews Genetics, 8（2007）：675-688.

71. Michael J. Harms and Joseph W. Thornton. Historical contingency and its biophysical basis in glucocorticoid receptor evolution（糖皮质激素受体演化过程中之历史偶然与生物物理基础）. Nature, 512（2014）：203-207.

72. Benjamin Prud'homme，Caroline Minervino，Mélanie Hocine，Jessica D. Cande，Hélène Aicha Aouane，et al. . Body plan innovation in treehoppers through the evolution of an extra wing-like appendage（角蝉通过额外类翅膀附加物的演化而实现体型计划之创新）. Nature, 473（2011）：83-86.

73. Michael J. Kerner，Dean J. Naylor，Yasushi Ishihama，Tobias Maier，Hung-Chun Chang，et al. . Genome-wide analysis of chaperonin-dependent protein folding in *Escherichia coli*（大肠杆菌中依赖分子伴侣的蛋白质折叠之全基因组分析）. Cell, 122（2005）：209-220.

## 第24章　基因疗法

1. Edward L. Tatum. A case history in biological research（生物学研究个案史）. Science, 129（1959）：1711-1715.

2. Oswald T. Avery，Colin MacLeod and Maclyn McCarty. Studies on the chemical nature of the substance inducing transformation of pneumococcal Types（见第3章注释1）.

3. Elizabeth H. Szybalska and Waclaw Szybalski. Genetics of human cell lines，IV. DNA-mediated heritable transfor-mation of a biochemical trait（见第16章注释5）.

4. R. D. Hotchkiss. Portents for a genetic engineering（遗传工程前兆）. Journal of Heredity, 56（1965）：197-202.

5. Bernard Davis. Prospects for genetic engineering in man（人类遗传工程展望）. Science, 170（1980）：1279-1283.

6. Jacques Monod. **Chance and Necessity**（偶然与必然）. London：Collins，1972.

7. Richard A. Morgan and W. French Anderson. Human gene therapy（人类基因疗法）. Annual Review of Bio-chemistry, 62（1993）：191-217；Ronald G. Crystal. Transfer of genes to humans：early lessons and obstacles to success（将基因转入人体：早期教训及成功之障碍）. Science, 270（1995）：404-410.

8. Joseph Zabner，Larry A. Couture，Richard J. Gregory，Scott M. Graham，Alan E. Smith and Michael J. Welsh. Adenovirus-mediated gene transfer transiently corrects the chloride transport defect in nasal epithelia of patients with cystic fibrosis（腺病毒介导之基因转移暂时性纠正囊性纤维患者鼻腔上皮中氯离子转运缺陷）. Cell, 75（1993）：207-218.

9. Joshua R. Sanes，John L. R. Rubenstein and Jean-François Nicolas. Use of a recombinant retrovirus to study post-implantation cell lineage in mouse embryos（将重组反转录病毒用于研究小鼠胚胎中植入后的细胞谱系）. EMBO Journal, 5（1986）：3133-3142.

10. J. G. Izant and H. Weintraub. Inhibition of thymidine kinase gene expression by anti-sense RNA：a molecular ap-proach to genetic analysis（利用反义RNA抑制胸苷激酶基因表达：遗传分析之分子路径）. Cell, 36（1984）：

1007-1015; John L. R. Rubenstein, Jean-François Nicolas and François Jacob. L'ARN non sens（nsARN）: Un outil pour inactiverspécifiquementl'expression d'un gènedonné in vivo. Comptesrendushebdomadaires des séances de l'Académie des sciences, série III, 299（1984）: 271-274.

11. Barbara J. Culliton. Politics and Genes（政治与基因）. Nature Medicine, 1（1995）: 181.

12. C. A. Stein and Y. C. Cheng. Antisense oligonucleotides as therapeutic agents—is the bullet really magical?（反义寡核苷酸作为治疗试剂——真是魔弹）. Science, 261（1993）: 1004-1012; K. W. Wagner. Gene inhibition using antisense oligodeoxynucleotides（使用反义脱氧寡核苷酸抑制基因）. Nature, 372（1994）: 333-335.

13. Marina Cavazzana-Calvo, Salima Hacein-Bey, Geneviève de Saint Basile, Fabian Gross, Eric Yvon, et al. Gene therapy of human severe combined immunodeficiency（SCID）-X1 disease（人类重症综合免疫缺陷 -X1 疾病之基因疗法）. Science, 288（2000）: 669-672.

14. Alessandro Aluti, ShlmonSlavin, Mermet Aker, Francesca Ficara, Sara Deola, et al. . Correction of ADA-SCID by stem cell gene therapy combined with nonmyeloablative conditioning（通过干细胞基因疗法与非骨髓破坏性前置治疗的结合纠正腺苷脱氨酶缺陷所致重症综合免疫缺陷）. Science, 296（2002）: 2410-2413.

15. S. Hacein-Bey-Abina, C. Von Kalle, M. Schmidt, M. P. McCormack, N. Wulffraat, et al. . LMO2-associated clonal T cell proliferation in two patients after gene therapy for SCID-X1（在实施了基因疗法的两位重症综合免疫缺陷 -X1 疾病患者中 LMO2 蛋白相关的克隆性 T 细胞增殖）. Science, 302（2003）: 415-419.

16. Alain Jacquier and Bernard Dujon. An intron-encoded protein is active in a gene conversion process that spreads an intron into a mitochondrial gene（一种内含子编码蛋白质在将一个内含子扩散至一个线粒体基因中这种基因转换过程中发挥功能）. Cell, 41（1985）: 383-394.

17. L. Li, L. P. Wu and S. Chandrasegaran. Functional domains in *Fok* I restriction endonuclease（*Fok* I 限制性内切酶之功能结构域）. Proceedings of the National Academy of Sciences of the USA, 89（1992）: 4275-4279.

18. Yang-Gyun Kim and Srinivasan Chandrasegaran. Chimeric restriction endonuclease（嵌合型限制性内切酶）. Proceedings of the National Academy of Sciences of the USA, 91（1994）: 883-667.

19. Nicolas P. Pavletich and Carl O. Pabo. Crystal structure of a five-finger GLI-DNA complex: new perspectives on Zinc fingers（五指 GLI 蛋白 -DNA 复合体晶体结构: 对锌指蛋白之新视角）. Science, 261（1993）: 1701-1707; John R. Desjarlais and Jeremy M. Bero. Toward rules relating Zinc finger protein sequences and DNA binding site preferences（认识将锌指蛋白序列与其 DNA 结合位点偏好性关联之规则）. Proceedings of the National Academy of Sciences of the USA, 89（1992）: 7349; John R. Desjarlais and Jeremy M. Bero. Use of a Zinc-finger consensus sequence framework and specificity rules to design specific DNA binding proteins（利用锌指之保守序列框架以及专一性规则设计专一性 DNA 结合蛋白质）. Proceedings of the National Academy of Sciences of the USA, 90（1993）: 2256-2260; John R. Desjarlais and Jeremy M. Bero. Length-encoded multiplex binding site determination: application to Zinc finger proteins（由长度编码的多元结合位点之确定: 应用于锌指蛋白）. Proceedings of the National Academy of Sciences of the USA, 91（1994）: 11099-11103; L. Falrall, John W. R. Schwabe, Lynda Chapman, John T. Finch and Daniela Rhodes. The crystal structure of a two Zinc-finger peptide reveals an extension to the rules for Zinc-finger/DNA recognition（一种双锌指肽晶体结构揭示一种对锌指 /DNA 识别规则之扩展）. Nature, 366（1993）: 483-487.

20. Yang-Gyon Kim, Jooyeun Cha and Srinivasan Chandrasegaran. Hybrid restriction enzymes: Zinc finger fusions to *Fok* I cleavage domain（杂合限制性内切酶: 锌指与 *Fok* I 限制性内切酶切割结构域之融合）. Proceedings of the National Academy of Sciences of the USA, 93（1996）: 1156-1160.

21. Marina Bibikova, Dana Carroll, David J. Segal, Jonathan K. Trautman, Jeff Smith, et al. Stimulation of homologous recombination through targeted cleavage by chimeric nucleases（通过利用嵌合核酸酶之定向切割增强同源重组过程）. Molecular and Cellular Biology, 21（2001）: 289-297; Marina Bibikova, Kelly

Beumer, Jonathan K. Trautman and Dana Carroll. Enhancing gene targeting with designed Zinc finger nucleases（通过利用人工设计锌指核酸酶增强基因靶向定位）. Science, 300（2003）: 764.

22. M. H. Porteus and D. Baltimore. Chimeric nucleases stimulate gene targeting in human cells（嵌合核酸酶可强化人体细胞中之基因靶向定位）. Science, 300（2003）: 763.

23. Mario R. Capecchi. Altering the genome by homologous recombination（通过同源重组改造基因组）. Science, 244（1989）: 1288–1292; Beverly H. Koller and Oliver Smithies. Altering genes in animals by gene targeting（通过基因靶向定位技术改变动物基因）. Annual Review of Immunology, 10（1992）: 705–730.

24. H. Puchta, B. Dujon and B. Hohn. Homologous recombination in plant cells is enhanced by in vivo induction of double strand breaks into DNA by a site-specific endonuclease（植物细胞中之同源重组可通过在活体内利用位点特异之内切核酸酶在 DNA 分子中引入双链断裂而增强）. Nucleic Acids Research, 21（1993）: 5034–5040; P. Rouet, F. Smith and M. Jasin. Expression of a site-specific endonuclease stimulates homologous recombination in mammalian cells（通过表达位点特异之核酸内切酶可增强哺乳动物细胞中之同源重组频率）. Proceedings of the National Academy of Sciences of the USA, 91（1994）: 6064–6068; A. Choulika, A. Perrin, B. Dujon and J. -F. Nicolas. Induction of homologous recombination in mammalian chromosomes by using the I-SceI system of saccharomyces cerevisiae（通过使用酿酒酵母 I-SceI 核酸酶系统可诱导哺乳动物细胞染色体上之同源重组）. Molecular and Cellular Biology, 15（1995）: 1968–1973.

25. Sundar Durai, Mala Mani, Karthikeyan Kandavelou, Joy Wu, Matthew H. Porteus and Srinivasan Chandrasegaran. The Zinc finger nucleases: custom-designed molecular scissors for genome engineering of plant and mammalian cells（锌指核酸酶：植物及哺乳动物细胞基因组工程中之定制型分子剪刀）. Nucleic Acids Research, 33（2005）: 5978–5990; Dana Carroll. Progress and prospects: Zinc-finger nucleases as gene therapy agents（进展与展望：锌指核酸酶作为基因疗法试剂）. Gene Therapy, 15（2008）: 1463–1468.

26. E. E. Perez, J. Wang, J. C. Miller, Y. Jouvenot, K. A. Kim, et al. Establishment of HIV-1 resistance in CD4$^+$ T cells by genome editing using Zinc-finger nucleases（通过锌指核酸酶介导的基因组编辑建立具有抗 HIV-1 病毒性质的 CD4$^+$ T 细胞）. Nature Biotechnology, 26（2008）: 808–816.

27. M. Christian, T. Cermak, E. L. Doyle, C. Schmidt, F. Zhang, et al.. Targeting DNA double-strand breaks with TAL effector nucleases（利用转录激活因子样效应物核酸酶进行靶向 DNA 双链切割）. Genetics, 186（2010）: 757–761; Jeffrey C. Miller, Siyuan Tan, Guijuan Qiao, Kyle A. Barlow, Jianbin Wang, et al.. A TALE nuclease architecture for efficient genome editing（一种可用于实施有效基因组编辑的转录激活因子样效应物核酸酶之构造）. Nature Biotechnogy, 29（2011）: 143–148.

28. Fyodor D. Urnov, Edward J. Rebar, Michael C. Holmes, H. Steve Zhang and Philip D. Gregory. Genome editing with engineered Zinc finger nucleases（利用人工设计锌指核酸酶实施基因组编辑）. Nature Reviews Genetics, 11（2010）: 636–646.

29. C. Pourcel, G. Salvignol and G. Vergnaud. CRISPR elements in *Yersinia pestis* acquire new repeats by preferential uptake of bacteriophage DNA and provide additional tools for evolutionary studies（鼠疫杆菌中的成簇规律间隔短回文重复序列元件通过偏好性摄取噬菌体 DNA 而获取新的重复序列，故为演化研究提供额外工具）. Microbiology, 151（2005）: 653–663; F. J. M. Mojica, C. Diez-Vollasenor, J. Garcia-Martoinez and E. Soria. Intervening sequences of regularly spaced prokaryotic repeats derive from foreign genetic elements（从外源遗传元件衍生的规律间隔原核细胞重复序列之间隔序列）. Journal of Molecular Evolution, 60（2005）: 174–182; A. Bolotin, B. Quinquis, A. Sorokin and S. D. Ehrlich. Clustered regularly interspaced short palindromic repeats（CRISPRs）have spacers of extrachromosomal origin（成簇规律间隔短回文重复序列中具有源自染色体之外的间隔序列）. Microbiology, 151（2005）: 2551–2561; R. Barrangou, C. Frenaux, H. Deveau, M. Richards, P. Boyaval, et al.. CRISPR provides acquired resistance against viruses in prokaryotes（成簇规律间隔短回

文重复序列为原核细胞提供获得性病毒抗性）. Science, 315（2007）: 1709-1712.

30. A. Fire, S. Xu, M. K. Montgomery, S. A. Kostas, S. E. Driver and C. C. Mello. Potent and specific genetic interference by double-stranded RNA in Cernorhabditis elegans（通过双链 RNA 在秀丽隐杆线虫中进行有效而特异之遗传干扰）. Nature, 391（1998）: 806-811.

31. E. Deltcheva, K. Chylinski, C. M. Sharma, K. Gonzales, Y. Chao, et al. . CRISPR RNA maturation by trans-encoded small RNA and host factor RNase III（通过反式编码的小分子 RNA 及宿主因子 RNaseIII 使含有成簇规律间隔短回文重复序列之 RNA 成熟）. Nature, 471（2011）: 602-607.

32. M. Jinek, K. Chylinski, I. Fonfara, M. Hauer, J. A. Doudna and E. Charpentier. A programmable dual-RNA-guided DNA endonuclease in adaptive bacterial immunity（适应性细菌免疫过程中的一种可编程的双角色 RNA 指导之 DNA 内切酶）. Science, 337（2012）: 816-821.

33. E. Pennisi. The CRISPR craze（成簇规律间隔短回文重复序列之疯狂）. Science, 341（2013）: 833-836.

34. François Jacob and Jacques Monod. Genetic regulatory mechanisms in the synthesis of proteins（蛋白质合成过程中之遗传调节机制）. Journal of Molecular Biology, 3（1961）: 318-356.

## 第 25 章 RNA 的中心位置

1. Phillip A. Sharp. The centrality of RNA（RNA 之中心位置）. Cell, 136（2009）: 577-580; James Darnell. **RNA: Life's Indispensable Molecule**（RNA: 生命不可或缺之分子）. Cold Spring Harbor, NY: Cold Spring Harbor Laboratory Press, 2011.

2. A. Rich and D. R. Davies. A new two stranded helical structure: polyadenylic acid and polyuridylic acid（一种新的双链螺旋结构: 聚腺苷酸与聚尿苷酸）. Journal of the American Chemical Society, 78（1956）: 3548-3549; Gary Felsenfeld and Alexander Rich. Studies on the formation of two- and three-stranded polyribonucleotides（双链及三链多聚核苷酸之形成）. Biochimica et Biophysica Acta, 26（1957）: 457-468; Alexander Rich. Formation of two- and three-stranded helical molecules by polyinosinic acid and polyadenylic acid（由多聚次黄苷酸与多聚腺苷酸形成的双链及三链螺旋分子）. Nature, 181（1958）: 521-525; Alexander Rich. A hybrid helix containing both deoxyribose and ribose polynucleotides and its relation to the transfer of information between the nucleic acids（既含脱氧核糖又含核糖的多聚核苷酸之杂合螺旋及其与信息在核酸之间传递之关系）. Proceedings of the National Academy of Sciences of the USA, 46（1960）: 1044-1053.

3. Benjamin D. Hall and S. Spiegelman. Sequence complementarity of T2-DNA and T2-specific RNA（见第 13 章注释 30）.

4. François Jacob and Jacques Monod. Genetic regulatory mechanisms in the synthesis of proteins（蛋白质合成过程中之遗传调节机制）. Journal of Molecular Biology, 3（1961）: 318-356.

5. Roy J. Britten and Eric H. Davidson. Gene regulation for higher cells: a theory（见第 15 章注释 37）.

6. 如见: Jeffrey H. Miller and Henry M. Sobell. A molecular model for gene expression（基因表达之分子模型）. Proceedings of the National Academy of Sciences of the USA, 55（1966）: 1201-1205.

7. Carl R. Woese. **The Genetic Code: The Molecular Basis for Genetic Expression**（遗传密码: 遗传表达之分子基础）. New York: Harper and Row, 1967; F. H. C. Crick. The origin of the genetic code（遗传密码之起源）. Journal of Molecular Biology, 38（1968）; L. E. Orgel. Evolution of the genetic apparatus（遗传器件之演化）. Journal of Molecular Biology, 38（1968）: 381-393.

8. 在弗伦克尔 - 康瑞特做完报告的讨论环节，霍奇基斯提出这种想法；具体反映这种观点的文章: Rollin D. Hotchkiss. DNA in the decade before the double helix（在双螺旋提出之前十年时的 DNA）. Annals of the New York Academy of Sciences, 758（1995）: 55-73.

9. Bruce M. Paterson, Bryan E. Roberts and Edward L. Kuff. Structural gene identification and mapping by DNA-mR-

NA hybrid-arrested cell-free translation（通过 DNA—信使 RNA 杂交促停无细胞翻译过程对结构基因进行鉴定及作图）. Proceedings of the National Academy of Sciences of the USA, 74（1977）: 4370-4374.

10. Mary L. Stephenson and Paul C. Zamecnik. Inhibition of rous sarcoma viral RNA translation by a specific oligodeoxyribonucleotide（通过一种特异寡聚脱氧核苷酸抑制劳斯肉瘤病毒 RNA 翻译）. Proceedings of the National Academy of Sciences of the USA, 75（1978）: 285-288; Paul C. Zamecnik and Mary L. Stephenson. Inhibition of rous sarcoma virus replication and cell transformation by a specific oligodeoxynucleotide（通过一种特异寡聚脱氧核苷酸抑制劳斯肉瘤病毒之复制及细胞转化）. Proceedings of the National Academy of Sciences of the USA, 75（1978）: 280-284.

11. Takeshi Mizuno, Mei-Yin Chou and Masayori Inouye. A unique mechanism regulating gene expression: translational inhibition by a complementary RNA transcript（micRNA）（调节基因表达的一种独特机制：利用互补性 RNA 转录本抑制翻译）. Proceedings of the National Academy of Sciences of the USA, 81（1984）: 1966—1970; 有关这些早期工作的一般性描述，见: Michel Morange. Regulation of gene expression by non-coding RNAs: the early steps（通过非编码 RNA 调节基因表达：早期工作）. Journal of Bioscience, 33（2008）: 327-331.

12. Jonathan G. Izant and Harold Weintraub. Inhibition of thymidine kinase gene expression by anti-sense RNA: a molecular approach to genetic analysis（通过反义 RNA 抑制胸腺嘧啶核苷激酶基因之表达）. Cell, 36（1984）: 1007-1015.

13. John L. R. Rubenstein, Jean-François Nicolas and François Jacob. L'ARN non sens（nsARN）: un outil pour inactiverspécifiquementl'expression d'un gènedonné in vivo. Comptesrendus de l'Académie des Sciences, série III, 299（1984）: 271-274.

14. Rosalind C. Lee, Rhonda L. Feinbaum and Victor Ambros. The *C. elegans* heterochronic gene *lin-4* encodes small RNAs with antisense complementarity to *lin-14*（秀丽隐杆线虫之异时基因 *lin-4* 编码一种与基因 *lin-14* 反义互补的小分子 RNA）. Cell, 75（1993）: 843-854.

15. 比如见: Pamela J. Green, Ophry Pines and Masayori Inouye. The role of antisense RNA in gene regulation（反义 RNA 在基因调节过程中之角色）. Annual Review of Biochemistry, 55（1986）: 569-597; J. -J. Toulmé and C. Hélène. Antimessenger oligodeoxyribonucleotides: an alternative to antisense RNA for artificial regulation of gene expression—a review（反义信使脱氧寡核苷酸：人工调节基因表达之反义 RNA 的替代者———篇综述）. Gene, 72（1988）: 51-58; C. A. Stein and Y. C. Cheng. Antisense oligonucleotides as therapeutic agents—is the bullet really magical?（见 24 章注释 12）.

16. Kelly Kruger, Paula J. Grabowski, Arthur J. Zaug, Julie Sands, Daniel E. Gottschling and Thomas R. Cech. Self-splicing RNA: autoexcision and autocyclization of the ribosomal RNA intervening sequence of tetrahymena（见 17 章注释 19）.

17. Cecilia Guerrier-Takeda, Kathleen Gardiner, Terry Marsh, Norman Pace and Sidney Altman. The RNA moiety of ribonuclease P is the catalytic subunit of the enzyme（核糖核酸酶 P 中 RNA 组分为酶之催化亚基）. Cell, 35（1983）: 849-857.

18. C. M. Visser. Evolution of biocatalysts 1. possible pre-genetic-code RNA catalysts which are their own replicase（生物催化剂之演化 1. RNA 催化剂作为其自身复制酶的前遗传密码）. Origins of Life, 14（1984）: 391-400; Norman R. Pace and Terry L. Marsh. RNA catalysis and the origin of life（RNA 催化与生命起源）. Origins of Life, 16（1985）: 97-116.

19. Wally Gilbert. The RNA world（RNA 世界）. Nature, 319（1986）: 618; Thomas R. Cech. A model for the RNA-catalyzed replication of RNA（一种由 RNA 催化的 RNA 复制模型）. Proceedings of the National Academy of Sciences of the USA, 83（1986）: 4360-4363.

20. Huey-Nan Wu，Yu-June Lin，Fu-Pang Lin，Shinji Makino，Ming-Fu Chang and Michael M. C. Lai. Human hep-atitis δ virus RNA subfragments contain an autocleavage activity（人类肝炎 δ 病毒 RNA 亚片段含自切割活性）. Proceedings of the National Academy of Sciences of the USA，86（1989）：1831–1835；Robert H. Symons. Small catalytic RNAs（小的具催化活性的 RNA）. Annual Review of Biochemistry，61（1992）：641–671；Anna Marie Pyle. Ribozymes：a distinct class of metalloenzymes（核酶：一类独特金属酶）. Science，261（1993）：709–714；Elizabeth A. Doherty and Jennifer A. Doudna. Ribozyme structures and mechanisms（核酶之结构与作用机制）. Annual Review of Biochemistry，69（2000）：597–615.

21. Craig Tuerk and Larry Gold. Systematic evolution of ligands by exponential enrichment：RNA ligands to bacterio-phage T4 DNA polymerase（通过对数式富集实现的配体的系统性演化：噬菌体 T4 DNA 聚合酶之 RNA 配体）. Science，249（1990）：505–510；Andrew D. Ellington and Jack W. Szostak. In vitro selection of RNA molecules that bind specific ligands（可结合特异配体的 RNA 分子之体外筛选）. Nature，346（1990）：818–822.

22. 有关 RNA 干扰现象发现的简史，见：Michel Morange. Transfers from plant biology：from cross protection to RNA interference and DNA vaccination（移自植物生物学：从交叉保护作用到 RNA 干扰到 DNA 疫苗）. Journal of Bioscience，37（2012）：949–952；迄今有关调节性小分子 RNA 发现历史方面的著作很少，我建议参考以下著作（尽管是用法语写的）：FrédériqueThéry. **La Face cachée des cellules: quand le monde des ARN bouscule la biologie**. Paris：Editions Matériologiques，2016.

23. L. Broadbent. Epidemiology and control of tobacco mosaic virus（流行病学及烟草花叶病毒之控制）. Annual Review of Physiopathology，14（1976）：75–96.

24. R. W. Fulton. Practices and precautions in the use of cross protection for plant virus disease control（将交叉保护机制用于控制植物病毒疾病之实践与注意事项）. Annual Review of Physiopathology，24（1986）：67–81.

25. Luis Sequeira. Cross protection and induced resistance：their potential for plant disease control（交叉保护与诱导抗性：它们在植物疾病控制中之潜力）. Trends in Biotechnology，2（1984）：25–29.

26. Patricia Powell Abel，Richard S. Nelson，Barun De，Nancy Hoffmann，Stephen G. Rogers，et al. . Delay of disease development in transgenic plants that express the tobacco mosaic virus coat protein gene（表达烟草花叶病毒衣壳蛋白的转基因植物之发病延迟现象）. Science，232（1986）：738–743；M. W. Bevan，S. E. Mason and P. Godelet. Expression of tobacco mosaic virus coat protein by a cauliflower mosaic virus promoter in plants transformed by agrobacterium（被农杆菌转化植物中通过菜花嵌合病毒启动子控制的烟草花叶病毒衣壳蛋白之表达）. EMBO Journal，4（1985）：1921–1926.

27. R. N. Beachy，S. Loesch-Fries and N. E. Turner. Coat protein-mediated resistance against virus infection（由衣壳蛋白介导的对病毒感染之抗性）. Annual Review of Physiopathology，28（1990）：351–472.

28. J. C. Sanford and S. A. Johnston. The concept of parasite-derived resistance-deriving resistance genes from the par-asite's own genome（衍生自寄生性病原体的抗性概念——从寄生性病原体自身基因组衍生的抗性基因）. Journal of Theoretical Biology，113（1985）：395–405；Rebecca Grumet，John C. Sanford and Stephen A. Johnston. Pathogen-derived resistance to viral infection using a negative regulatory molecule（通过使用一种负调节分子诱发的衍生自病原体的对病毒感染之抗性）. Virology，161（1987）：561–569.

29. D. Baulcombe. Strategies for virus resistance in plants（植物之抗病毒策略）. Trends in Genetics，5（1989）：56–60.

30. Marian Longstaff，Gianinna Brigneti，Frédéric Boccard，Sean Chapman and David Baulcombe. Extreme resist-ance to potato virus X infection in plants expressing a modified component of the putative viral replicase（表达暂定为病毒复制酶的一种修饰组分的植物对土豆病毒 X 感染之极端抗性）. EMBO Journal，12（11993）：379–386.

31. Joseph R. Ecker and Ronald W. Davis. Inhibition of gene expression in plant cells by expression of antisense RNA（通过表达反义 RNA 抑制植物细胞基因表达）. Proceedings of the National Academy of Sciences of the USA，83（1986）：5372-5376.

32. C. L. Niblett, Elizabeth Dickson, K. H. Fernow, R. K. Horst and M. Zaitlin. Cross protection among four viroids（四种类病毒之间的交叉保护）. Virology，91（1978）：198-203.

33. John A. Lindbo and William G. Dougherty. Untranslatable transcripts of the tobacco etch virus coat protein gene sequence can interfere with tobacco etch virus replication in transgenic plants and protoplasts（烟草蚀刻病毒衣壳蛋白基因序列之非翻译转录本在转基因植物和原生质体中可干扰该病毒复制）. Virology，189（1992）：725-733.

34. M. A. Matzke, M. Primig, J. Trnovsky and A. J. M. Matzke. Reversible methylation and inactivation of marker genes in sequentially transformed tobacco plants（被连续转化的烟草植物标识基因的可逆甲基化与失活）. EMBO Journal，8（1989）：643-649.

35. Carolyn Napoli, Christine Lemieux and Richard Jorgensen. Introduction of a chimeric chalcone synthase gene into petunias results in reversible co-suppression of homologous genes in trans（将嵌合体形式的苯基苯乙烯酮合成酶基因引入到牵牛花中导致其同源基因之反式可逆共抑制）. Plant Cell，2（1990）：279-289；Alexander R. van der Krol, L. A. Mur, Marcel Beld, Joseph N. M. Mol and Antoine. R. Stuitje. Flavonoid genes in petunia：addition of a limited number of gene copies may lead to a suppression of gene expression（牵牛花黄酮类化合物合成相关基因：加入有限数目拷贝的基因可导致基因表达抑制）. Plant Cell，2（1990）：291-299.

36. C. J. S. Smith, C. F. Watson, J. Ray, C. R. Bird, P. C. Morris, et al. . Antisense RNA inhibition of polygalacturonase gene expression in transgenic tomatoes（在转基因番茄中通过反义 RNA 抑制多聚半乳糖醛酸酶基因之表达）. Nature，334（1988）：724-726.

37. C. J. Smith, C. F. Watson, C. R. Bird, J. Ray, W. Schuch and D. Grierson. Expression of a truncated tomato polygalacturonase gene inhibits expression of the endogenous gene in transgenic plants（一种截短形式的番茄多聚半乳糖醛酸酶基因的表达抑制转基因植物中内源基因之表达）. Molecular and General Genetics，224（1990）：477-481.

38. Michael Wassenegger, Sabine Heimes, Leonhard Riedel and Heinz L. Sanger. RNA-directed de novo methylation of genomic sequences in plants（植物中由 RNA 指导的基因组序列从头甲基化）. Cell，76（1994）：567-576.

39. Simon N. Covey, Nadia S. Al-Kaff, AmagoiaLangara and David S. Turner. Plants combat infection by gene silencing（植物通过基因沉默抵抗感染）. Nature，385（1997）：781-782；F. Ratcliff, B. D. Harrison and D. C. Baulcombe. A similarity between viral defense and gene silencing in plants（植物的病毒感染与基因沉默之间的相似性）. Science，276（1997）：1558-1560.

40. Andrew Fire, SiQun Xu, Mary K. Montgomery, Steven A. Kostas, Samuel E. Driver and Craig C. Mello. Potent and specific genetic interference by double-stranded RNA in *Caenorhabditis elegans*（秀丽隐杆线虫中通过双链 RNA 实施的高效特异遗传干扰）. Nature，391（1998）：806-811.

41. Phillip D. Zamore, Thomas Tuschl, Phillip A. Sharp and David P. Bartels. RNAi：double-stranded RNA directs the ATP-dependent cleavage of mRNA at 21 to 23 nucleotide intervals（RNA 干扰：双链 RNA 指导的 ATP 依赖型信使 RNA 中每间隔 21 或 22 个核苷酸就被切割）. Cell，101（2000）：25-33；Sayda M. Elbashir, WinifriedLendeckel and Thomas Tuschl. RNA interference is mediated by 21- and 22-Nucleotide RNAs（RNA 干扰由 21 个和 22 个核苷酸组成之 RNA 分子介导）. Genes and Development，15（2001）：188-200.

42. Amy E. Pasquinelli, Brenda J. Reinhart, Frank Slack, Mark Q. Martindale, Mitzi I. Kuroda, et al. . Conservation of the sequence and temporal expression of *let-7* heterochronic regulatory RNA（异时性调节基因 *let-7* 编码

的 RNA 的序列及时序表达之保守性 ). Nature，408（2000）：86–89.

43. Mariana Lagos-Quintana，Reinhard Rauhut，Wilfried Lendeckel and Thomas Tuschi. Identification of novel genes coding for small expressed RNAs（编码小分子被表达 RNA 的全新基因之鉴定）. Science，294（2001）：853–858；Nelson C. Lau，Lee P. Lim，Earl G. Weinstein and David P. Bartel. An abundant class of tiny RNAs with probable regulatory roles in *Caenorhabditis elegans*（秀丽隐杆线虫中一类含量丰富并可能具有调节作用之微小 RNA）. Science，294（2001）：858–862；Rosalind C. Lee and Victor Ambros. An extensive class of small RNAs in *Caenorhabditis elegans*（秀丽隐杆线虫中一大类小分子 RNA）. Science，294（2001）：862–864.

44. Maureen O'Malley，Kevin C. Elliott and Richard M. Burian. From genetic to genomic regulation：iterativity in microRNA research（从遗传调节到基因组调节：微小 RNA 研究中的重现性）. Studies in History and Philosophy of Science Part C: Studies in History and Philosophy of Biological and Biomedical Sciences，41（2010）：407–417.

45. Anamaria Necsulea，Magali Soumillon，Maria Warnefors，Angelica Liechti，Tasman Daish，et al. . The evolution of lnc RNA repertoires and expression patterns in tetrapods（四足动物中长非编码 RNA 的全部库存及表达模式之演化）. Nature，505（2014）：635–640.

46. James R. Prudent，Tetsuo Uno and Peter G. Schultz. Expanding the scope of RNA catalysis（RNA 催化范围之扩展）. Science，264（1994）：1924–1927.

47. David S. Wilson and Jack W. Szostak. In vitro selection of functional nucleic acids（功能核酸分子之体外筛选）. Annual Review of Biochemistry，68（1999）：611–647.

48. Nehad Ban，Poul Nissen，Jeffrey Hansen，Malcolm Capel，Peter B. Moore and Thomas A. Steitz. Placement of protein and RNA structures into a 5 A- resolution map of the 50S ribosomal subunit（在分辨率为 5 埃之 50S 核糖体亚基图谱中置入蛋白质和 RNA 的结构）. Nature，400（1999）：841–847.

49. Poul Nissen，Jeffrey Hansen，Nehad Ban，Peter B. Moore and Thomas A. Steitz. The structural basis of ribosome activity in peptide bond synthesis（核糖体中肽键合成活性之结构基础）. Science，289（2000）：920–930.

50. Harry F. Noller. Ribosomal RNA and translation（核糖体 RNA 及蛋白质翻译）. Annual Review of Biochemistry，60（1991）：191–227.

51. Gerald Joyce. The antiquity of RNA-based evolution（基于 RNA 之演化的古老性）. Nature，418（2002）：214–221.

52. E. Dolgin. A cellular puzzle：the weird and wonderful architecture of RNA（一种细胞之谜：RNA 古怪而精彩的构造）. Nature，523（2015）：398–399.

53. Jonathan Knight. Switched on to RNA（接通 RNA）. Nature，425（2003）：232–233.

54. Ali Nahvi，Narasimhan Sudarsan，Margaret S. Ebert，Xiang Zou，Kenneth L. Brown and Ronald R. Breaker. Genetic control by a metabolite binding mRNA（一种可结合代谢物的信使 RNA 之遗传控制）. Chemistry and Biology，9（2002）：1043–1049.

55. Wade Winkler，Ali Nahvi and Ronald R. Breaker. Thiamine derivatives bind messenger RNAs directly to regulate bacterial gene expression（硫胺素衍生物与信使 RNA 直接结合并调节细菌之基因表达）. Nature，419（2002）：952–956.

56. Alexander Serganov and Evgeny Nudler. A decade of riboswitches（核糖开关之十年）. Cell，152（2013）：17–24.

### 第 26 章　表观遗传学

1. Matthew Cobb. **Generation: The Seventeenth-Century Scientists Who Unraveled the Secrets of Sex，Life and Growth**（世代：那些揭示性、生命及生长之十七世纪科学家）. London：Bloomsbury，2006.

2. Garland E. Allen. **Thomas Hunt Morgan: The Man and His Science**（见第 2 章注释 8）.

3. Michel Morange. The attempt of Nikolaï Koltzoff（Koltsov）to link genetics，embryology and physical chemistry（尼古拉·科尔佐夫将遗传学、胚胎学与物理化学关联的尝试）. Journal of Bioscience，36（2011）：211–214.

4. Max Delbrück. **Unités biologiques douées de continuité génétique，Colloques Internationaux**，Vol. 8. Paris：CNRS，1949：33–34.

5. Janine Beisson and T. M. Sonneborn. Cytoplasmic inheritance of the organization of the cell cortex in *Paramecium aurelia*（双核草履虫细胞皮层组织之细胞质遗传）. Proceedings of the National Academy of Sciences of the USA，53（1965）：275–282.

6. Heather L. True and Susan L. Lindquist. A yeast prion provides a mechanism for genetic variation and phenotypic diversity（酵母朊病毒提供一种有关遗传变异及表型多样性之机制）. Nature，407（2000）：477–483.

7. C. H. Waddington. The epigenotype（表基因型）. Endeavour，1（1942）：18–20.

8. C. H. Waddington. Canalization of development and the inheritance of acquired characters（定向发育及获得性性状遗传）. Nature，150（1942）：563–565.

9. C. H. Waddington. Gene regulation in higher cells（高等生物细胞中之基因调节）. Science，166（1969）：639–640.

10. D. L. Nanney. Epigenetic Control Systems（表观遗传学控制系统）. Proceedings of the National Academy of Sciences of the USA，44（1958）：712–717.

11. Edgar Stedman and Ellen Stedman. Cell specificity of histones（组蛋白之细胞专一性）. Nature，166（1950）：780–781.

12. Ru-Chih C. Huang and James Bonner. Histone，a suppressor of chromosomal RNA synthesis（组蛋白：染色体 RNA 合成之抑制因子）. Proceedings of the National Academy of Sciences of the USA，48（1962）：1216–1222.

13. V. G. Allfrey，R. Faulkner and A. E. Mirsky. Acetylation and methylation of histones and their possible role in the regulation of RNA synthesis（组蛋白乙酰化与甲基化及其在 RNA 合成调节中之可能角色）. Proceedings of the National Academy of Sciences of the USA，51（1964）：786–794.

14. Vincent G. Allfrey and Alfred E. Mirsky. Structural modifications of histones and their possible role in the regulation of RNA synthesis（组蛋白结构修饰及其在 RNA 合成调节过程中之可能角色）. Science，144（1964）：559.

15. François Jacob and Jacques Monod. Genetic regulatory mechanisms in the synthesis of proteins（蛋白质合成之遗传调节机制）. Journal of Molecular Biology，3（1061）：318–356.

16. Jacques Monod and François Jacob. General conclusions：teleonomic mechanisms in cellular metabolism，growth and differentiation（见第 14 章注释 31）.

17. Eric H. Davidson. **Gene Activity in Early Development**（早期发育过程中之基因活性）. New York：Academic Press，1968.

18. Roy J. Britten and Eric H. Davidson. Gene regulation for higher cells：a theory（见第 15 章注释 37）.

19. Ada L. Olins and Donald E. Olins. Spheroid chromatin units（ν bodies）[球形染色质单位（ν 体）]. Science，183（1974）：330–332.

20. Roger D. Kornberg. Chromatin structure：a repeating unit of histones and DNA（染色质结构：一种由组蛋白和 DNA 形成之重复单位）. Science，184（1974）：868–871；T. J. Richmond，J. T. Finch，B. Rushton，D. Rhodes and A. Klug. Structure of the nucleosome core particle at 7 Å resolution（核小体核心颗粒之 7 埃分辨率

结构). Nature, 311（1984）: 532–537.

21. Werner Arber and Stuart Linn. DNA modification and restriction（DNA 修饰与限制）. Annual Review of Biochemistry, 38（1969）: 467–500.

22. P. R. Srinivasan and Ernest Borek. Enzymatic alteration of nucleic acid structure（酶催化的核酸结构改变）. Science, 145（1964）: 548–553.

23. E. Scarano, M. Iaccarino, P. Grippo and E. Parisi. The heterogeneity of thymine methyl group origin in DNA pyrimidine isostichs of developing sea urchin embryos（发育海胆胚胎 DNA 嘧啶簇中之胸腺嘧啶甲基来源的不均一性）. Proceedings of the National Academy of Sciences of the USA, 57（1967）: 1394–1400.

24. R. Holliday and J. E. Pugh. DNA modification mechanisms and gene activity during development（DNA 修饰机制及发育期间之基因活性）. Science, 187（1975）: 228–232; A. D. Riggs. X inactivation, differentiation and DNA methylation（X 染色体失活、细胞分化及 DNA 甲基化）. Cytogenetics and Cell Genetics, 14（1975）: 9–25.

25. Mary F. Lyon. Possible mechanisms of X chromosome inactivation（X 染色体失活之可能机制）. Nature New Biology, 232（1971）: 229–232.

26. Aharon Razin and Howard Cedar. Distribution of 5–methylcytosine in chromatin（染色质 5- 甲基胞嘧啶之分布）. Proceedings of the National Academy of Sciences of the USA, 74（1977）: 2725–2728; Reuven Stein, Yosef Gruenbaum, Yaakov Pollack, AharonRazin and Howard Cedar. Clonal inheritance of the pattern of DNA methylation in mouse cells（小鼠细胞中 DNA 甲基化模式之克隆性遗传）. Proceedings of the National Academy of Sciences of the USA, 79（1982）: 61–65.

27. Gary Felsenfeld and James McGhee. Methylation and gene control（甲基化与基因控制）. Nature, 296（1982）: 602–603.

28. Michael Behe and Gary Felsenfeld. Effects of methylation on a synthetic polynucleotide: the B-Z transition in poly（dG-m⁵dC）. poly（dG-m⁵dC）［甲基化修饰对一种人工合成多聚核苷酸之影响: 多聚（脱氧鸟嘌呤 -5- 甲基胞嘧啶）. 多聚（脱氧鸟嘌呤 -5- 甲基胞嘧啶）之 B-Z 型转换］. Proceedings of the National Academy of Sciences of the USA, 78（1981）: 1619–1623.

29. Robin Holliday. The inheritance of epigenetic defects（表观遗传缺陷之遗传）. Science, 238（1987）: 163–170.

30. Lijing Jiang. Causes of aging are likely to be many: robin holliday and changing molecular approaches to cell aging, 1963–1988（衰老原因可能多种: 罗宾·霍利登与改变中的细胞衰老分子研究路径, 1963–1988）. Journal of the History of Biology, 47（2014）: 547–584.

31. 比如见: Jack Taunton, Christian A. Hassig and Stuart L. Schreiber. Mammalian histone deacetylase related to the yeast transcriptional regulator Rpd3p（哺乳动物组蛋白去乙酰化酶与酵母转录调节因子 Rpd3p 相关）. Science, 272（1996）: 408–411.

32. En Li, Timothy H. Bestor and Rudolf Jaenisch. Targeted mutation of the DNA methyl transferase gene results in embryonic lethality（DNA 甲基转移酶基因之定向突变导致胚胎死亡）. Cell, 69（1992）: 915–926.

33. Alan P. Wolffe and Dmitry Pruss. Deviant nucleosomes: the functional specialization of chromatin（反常核小体: 染色质之功能特化）. Trends in Genetics, 12（1996）: 58–62.

34. Craig L. Peterson and Ira Herskowitz. Characterization of the yeast *SWI1*, *SWI2* and *SWI3* genes, which encode a global activator of transcription（酵母中编码全局性转录激活因子的 *SWI1*、*SWI2* 和 *SWI3* 基因之表征）. Cell, 68（1992）: 573–583; Jacques Côté, Janet Quinn, Jerry L. Workman and Craig L. Peterson. Stimulation of GAL4 derivative binding to nucleosomal DNA by the yeast SWI/SNF complex（酵母 SWI/SNF 蛋白质复合体促进 GAL4 转录因子与核小体 DNA 之结合）. Science, 265（1994）: 53–60.

35. 如见：Andrew J. Bannister, Phillip Zeggerman, Janet F. Partridge, Eric A. Miska, Jean O. Thomas, et al. . Selective Recognition of Methylated Lysine 9 on Histone H3 by the HP1 Chromo Domain（组蛋白 H3 中发生甲基化的第 9 位赖氨酸被异染色质蛋白 HP1 中的 Chromo 结构域选择性识别）. Nature, 410（2001）：120-124.

36. 《科学》杂志出版的一个专刊就是例证：Guy Riddihough and Elizabeth Pennisi. Epigenetics（表观遗传学）. Science, 293（2001）：1063-1102.

37. Shivl S. Grewal and Sarah C. R. Elgin. Transcription and RNAi in the formation of heterochromatin（异染色质形成过程中的转录及 RNA 干扰）. Nature, 447（2007）：399-406.

38. Matthew D. Anway andrea S. Cupp, Mehmet Uzumcu and Michael K. Skinner. Epigenetic transgenerational actions of endocrine disruptors and male fertility（内分泌腺干扰物及雄性可育性之表观遗传学跨代效应）. Science, 308（2005）：1466-1469.

39. Robert A. Martienssen and Vincent Colot. DNA methylation and epigenetic inheritance in plants and filamentous fungi（植物及丝状真菌中的 DNA 甲基化及表观遗传现象之遗传）. Science, 293（2001）：1070-1074.

40. D. Haig. The（dual）origin of epigenetics［表观遗传学之（双）起源］. Cold Spring Harbor Symposia on Quantitative Biology, 49（2004）：67-70.

41. Bryan M. Turner. Histone Acetylation and an Epigenetic Code（组蛋白乙酰化及表观遗传密码）. BioEssays, 22（2000）：836-845; Thomas Jenuwein and C. David Allis. Translating the histone code（解决译组蛋白密码）. Science, 293（2001）：1074-1080.

42. Vivien Marx. Reading the second genomic code（阅读第二套基因组密码）. Nature, 491（2012）：143-147.

43. Hongshan Guo, Ping Zhu, LiYing Yan, Rong Li, Boqiang Hu, et al. . The DNA methylation landscape of human early embryos（人类早期胚胎中的 DNA 甲基化地貌）. Nature, 511（2014）：606-610; Zachary D. Smith, Michelle M. Chan, Kathryn C. Humm, Rahul Karnik, Shila Mekhoubad, et al. . DNA methylation dynamics of the human preimplantation embryo（人类植入前胚胎 DNA 甲基化之动态性）. Nature, 511（2014）：611-615.

## 第 27 章　测定人类基因组的序列

1. Joel Davis. **Mapping the Code: The Human Genome Project and the Choices of Modern Science**（密码作图：人类基因组工程及现代科学之选择）. New York：John Wiley & Sons, 1990; Robert Shapiro. **The Human Blueprint: The Race to Unlock the Secrets of our Genetic Script**（人类蓝图：破解我们遗传剧本秘密之赛）. New York：St. Martin's Press, 1991; Robert Cook-Deegan. **The Gene Wars: Science, Politics and the Human Genome**（基因战争：科学、政治及人类基因组）. New York：W. W. Norton, 1994; Kevin Davies. **Cracking the Genome: Inside the Race to Unlock Human DNA**（破解基因组：解码人类 **DNA** 竞争之内幕）. Baltimore：Johns Hopkins University Press, 2001; John Sulston and Georgina Ferry. **Common Thread: A Story of Science, Politics, Ethics and the Human Genome**（共同主线：科学、政治、伦理及人类基因组之故事）. Washington, DC：Joseph Henry Press, 2002; Adam Bostanci. Sequencing Human Genomes（测定人类基因组序列）. in Jean-Paul Gaudillière and Hans-Jörg Rheinberger. **From Molecular Genetics to Genomics: The Mapping Cultures of Twentieth-Century Genetics**（从分子遗传学到基因组学：20 世纪遗传学之作图文化）. New York：Routledge, 2004：158-179; Craig Venter. **Life Decoded: My Genome: My Life**（生命被解码：我的基因组：我的生命）. London：Viking, 2007; Victor K. McElheny. **Drawing the Map of Life: Inside the Human Genome Project**（绘制生命之图：人类基因组计划内幕）. New York：Basic Books, 2010.

2. Renato Dulbecco. A turning point in cancer research：sequencing the human genome（癌症研究转折点：测定人类基因组序列）. Science, 231（1986）：1055-1056.

3. Lloyd M. Smith，Jane Z. Sanders，Robert J. Kaiser，Peter Hughes，Chris Dodd，et al.．Fluorescence detection in automated DNA sequence analysis（自动 DNA 序列分析中之荧光检测）．Nature，321（1986）：674-679．

4. David Botstein，Raymond L. White，Mark Skolnick and Ronald W. Davis. Construction of a genetic linkage map in man using restriction fragment length polymorphisms（利用限制性内切酶片段长度多态性构建人类遗传连锁图）．American Journal of Human Genetics，32（1980）：314-331．

5. Victor A. McKusick and Frank H. Ruddle. A new discipline，a new name，a new journal（一个新领域，一个新名称，一份新刊物）．Genomics，1（1987）：1-2；Alexander Powell，Maureen O'Malley，Staffan Müller-Wille，Jane Calvert and John Dupré. Disciplinary baptisms：a comparison of the naming stories of genetics，molecular biology，genomics and systems biology（学科洗礼：遗传学、分子生物学、基因组学以及系统生物学之命名故事比较）．Historical Studies in the Physical and Biological Sciences，29（2007）：5-32．

6. T. D. Yager，D. A. Nickerson and L. E. Hood. The human genome project：creating an infrastructure for biology and medicine（人类基因组工程：为生物学及医学创造一种基础设施）．Trends in Biochemical Sciences，16（1991）：454-458．

7. Jean Dausset，Howard Cann，Daniel Cohen，Mark Lathrop，Jean-Marc Lalouel and Ray White. Centre d'Etude du polymorpisme humain（CEPH）：collaborative genetic mapping of the human genome［法国人类多态性研究中心（CEPH）：人类基因组之协作性遗传作图］．Genomics，6（1990）：575-577．

8. Maynard Olson，Leroy Hood，Charles Cantor and David Botstein. A common language for physical mapping of the human genome（用于人类基因组物理作图之共同语言）．Science，245（1989）：1434-1435．

9. Mark D. Adams，Jenny M. Kelley，Jeannine D. Gocayne，Mark Dubnick，Michael H. Polymeropoulos，et al.．Complementary DNA sequencing：expressed sequence tags and human genome project（互补 DNA 测序：表达的序列标签及人类基因组工程）．Science，252（1991）：1651-1656．

10. G. D. Schuler，M. S. Boguski，E. A. Stewart，L. D. Stein，G. Gyapay，et al.．A gene map of the human genome（人类基因组之基因图谱）．Science，274（1996）：540-546；P. Deloukas，G. D. Schuler，G. Gyapay，E. M. Beasley，C. Siderlund，et al.．A physical map of 30000 human genes（人类 3 万个基因之物理图谱）．Science，282（1998）：744-746；David R. Bentley，Kim D. Prutti，PanigiotisDeloukas，Greg D. Schuler and Jim Ostell. Coordination of human genome sequencing via a consensus framework map（通过一个共识框架图协作进行人类基因组测序）．Trends in Genetics，14（1998）：381-384．

11. Bernard D. Davis and Colleagues. The human genome and other initiatives（人类基因组及其他倡议）．Science，249（1990）：342-343；Yager et al.．Human genome project（人类基因组工程）；Martin C. Rechsteiner. The human genome project：misguided science policy（人类基因组工程：误入歧途之科学政策）．Trends in Biochemical Science，16（1991）：455-460．

12. Peter Coles. A different approach（一种不同探索路径）．Nature，347（1990）：701．

13. Paul R. Billings. Promotion of the human genome project（推动人类基因组工程）．Science，250（1990）：1071．

14. Louis M. Kunkel，Anthony P. Monaco，William Middlesworth，Hans D. Ochs and Samuel A. Latt. Specific cloning of DNA fragments absent from the DNA of a male patient with an X chromosome deletion（一位缺失 X 染色体男性患者 DNA 中所缺失 DNA 片段之特异克隆）．Proceedings of the National Academy of Sciences of the USA，82（1985）：4778-4782；Anthony P. Monaco，Rachael L. Neve，Chris Colletti-Feener，Corlee J. Bertelson，David M. Kurnit and Louis M. Kunkel. Isolation of candidate cDNAs for portions of the duchenne muscular dystrophy gene（杜氏肌肉营养不良症候选基因之部分分离）．Nature，323（1986）：646-650．

15. M. Koenig，E. P. Hoffman，C. J. Bertelson，A. P. Monaco，C. Feener and L. M. Kunkel. Complete cloning of the duchenne muscular dystrophy（DMD）cDNA and preliminary genomic organization of the DMD gene in nor-

mal and affected individuals（杜氏肌肉营养不良症基因互补 DNA 之完整克隆及正常和患者体内该基因的基因组结构初览）. Cell, 50（1987）：509–517；E. P. Hoffman, Robert H. Brown Jr. and Louis M. Kunkel. Dystrophin：the protein product of the duchenne muscular dystrophy locus（抗肌营养不良蛋白：杜氏肌肉营养不良症遗传位点编码之蛋白质产物）. Cell, 51（1987）：919–928；Elizabeth E. Zubrzycka-Gaarn, Dennis E. Bulman, George Karpatin, Arthur H. M. Burghes, Bonnie Belfall, et al. . The duchenne muscular dystrophy gene product is localized in sarcolemma of human skeletal muscle（杜氏肌肉营养不良症基因产物定位于人类骨骼肌之肌纤维膜上）. Nature, 333（1988）：466–469.

16. Robert G. Knowlton, Odile Cohen-Haguenauer, Nguyen Van Cong, Jean Frézal, Valerie A. Brown, et al. . A polymorphic DNA marker linked to cystic fibrosis is located on chromosome 7（一种与囊性纤维化相关联的多态性 DNA 标志物定位于第 7 号染色体）. Nature, 318（1985）：380–382；Ray White, Scott Woodward, Mark Leppert, Peter O'Connell, Mark Holl, et al. . A closely linked marker to cystic fibrosis（一种与囊性纤维化密切关联的遗传标志物）. Nature, 318（1985）：382–384；Brandon J. Wainwright, Peter J. Scambler, Jorg Schmidtke, Eila A. Watson, Hai-Yang Law, et al. . Localization of cystic fibrosis locus to human chromosome 7cen-q22（囊性纤维化位点存在于人类第 7 号染色体 cen-q22 区域）. Nature, 318（1985）：384–385；Lap-Chee Tsui, Manuel Buchwald, David Barker, Jeffrey C. Braman, Robert Knowlton, et al. . Cystic fibrosis locus defined by a genetically linked polymorphic DNA marker（通过一种遗传关联的多态性 DNA 标志物定义囊性纤维化遗传位点）. Science, 230（1985）：1054–1057.

17. Leslie Roberts. The race for the cystic fibrosis gene（围绕囊性纤维化基因之竞争）. Science, 240（1988）：141–144；Leslie Roberts. Race for cystic fibrosis gene near end（围绕囊性纤维化基因之竞争接近尾声）. Science, 240（1988）：282–285.

18. Jean L. Marx. The cystic fibrosis gene is found（囊性纤维化基因被找到）. Science, 245（1989）：923–925；Johanna M. Rommens, Michael C. Lannuzzi, Bat-Sheva Kerem, Mitchell M. Drumm, Georg Melmer, et al. . Identification of the cystic fibrosis gene：chromosome walking and jumping（囊性纤维化基因之鉴定：染色体步移与跳跃）. Science, 245（1989）：1059–1065；John R. Riordan, J. M. Rommens, Bat-Sheva Kerem, Noa Alon, Richard Rozmahel, et al. . Identification of the cystic fibrosis gene：cloning and characterization of complementary DNA（囊性纤维化基因之鉴定：互补 DNA 之克隆与表征）. Science, 245（1989）：1066–1073；Bat-Sheva Kerem, Johanna M. Rommens, Janet A. Buchanan, Danuta Markiewicz, Tara K. Cox, et al. . Identification of the cystic fibrosis gene：genetic analysis（囊性纤维化基因之鉴定：遗传分析）. Science, 245（1989）：1073–1080.

19. Yoshio Miki, Jeff Swensen, Donna Shatuck-Eldens, P. Andrew Futreal, Keith Harshman, et al. . A strong candidate for the breast and ovarian cancer susceptibility gene BRCA1（乳腺癌和卵巢癌易感基因 BRCA1 的一个强有力候选者）. Science, 266（1994）：66–71；Mary-Claire King. The race to clone BRCA1（克隆 BRCA1 基因之争）. Science, 343（2014）：1462–1465.

20. Huntington's Disease Collaborative Research Group. A novel gene containing a trinucleotide repeat that is expanded and unstable on huntington's disease chromosomes（含有一段在亨廷顿氏疾病患者染色体上被扩展并且不稳定的三核苷酸重复序列之全新基因）. Cell, 72（1993）：971–983.

21. June L. Davies, Yoshihiko Kawaguchi, Simon T. Bennett, James B. Copeman, Heather J. Cordell, et al. . A genome-wide search for human type 1 diabetes susceptibility genes（人类 1 型糖尿病易感基因之基因组范围搜寻）. Nature, 371（1994）：130–136；Linda R. Brzustowicz, Kathleen A. Hodgkinson, Eva W. C. Chow, William G. Honer and Anne S. Bassett. Location of a major susceptibility locus for familial schizophrenia on chromosome 1q21-q22（家族性精神分裂症的一个主要易感遗传位点存在于染色体 1q21-q22 区域）. Science, 288（2000）：678–682.

22. Dean H. Hamer, Stella Hu, Victoria L. Magnuson, Nan Hu and Angela M. L. Pattatucci. Linkage between DNA markers on the X chromosome and male sexual orientation（X 染色体上的 DNA 标志物与雄性性别取向之间的关联）. Science, 261（1993）: 321–327.

23. Simon LeVay. A difference in hypothalamic structure between heterosexual and homosexual men（异性取向男人与同性取向男人在下丘脑结构方面存在差异）. Science, 253（1991）: 1034–1037.

24. George Rice, Carol Anderson, Neil Risch and George Ebers. Male homosexuality: absence of linkage to microsatellite markers at Xq28（男同性恋: 与 Xq28 染色体位点处的微卫星标记之间关联的缺失）. Science, 284（1999）: 665–667.

25. Jonathan Weiner. **Time, Love, Memory: A Great Biologist and His Quest for the Origins of Behavior**（时光、爱和记忆: 一位伟大的生物学家及其对行为起源之探索）. New York: Alfred A. Knopf, 1999.

26. Jonathan Flint, Robin Corley, John C. DeFries, David W. Fulker, Jeffrey A. Gray, et al.. A simple genetic basis for a complex psychological trait in laboratory mice（实验室小鼠中一种复杂心理学性状之简单遗传学基础）. Science, 269（1995）: 1432–1435.

27. John C. Crabbe, Douglas Wahlsten and Bruce C. Dudek. Genetics of mouse behavior: interactions with laboratory environment（小鼠行为遗传学: 与实验室环境之间的相互作用）. Science, 284（1999）: 1670–1672; Douglas Wahlsten, Alexander Bachmanov, Deborah A. Finn and John C. Crabbe. Stability of inbred mouse strain behavior and brain size between laboratories and across decades（不同实验室之间以及相差几十年之间所测定的近亲繁殖小鼠的行为与大脑尺寸之稳定性）. Proceedings of the National Academy of Sciences of the USA, 103（2006）: 16364–16369.

28. Lon R. Cardon, Shelley D. Smith, David W. Fulker, William J. Kimberling, Bruce F. Pennington and John C. DeFries. Quantitative trait locus for reading disability on chromosome 6（阅读障碍的定量性状位点存在于人类 6 号染色体）. Science, 266（1994）: 276–279.

29. Alessio Vassarotti and André Goffeau. Sequencing the yeast genome: the european effort（测定酵母基因组序列: 欧洲之努力）. Trends in Biotechnology, 10（1992）: 15–18.

30. S. G. Oliver, Q. J. M. van der Aart, M. L. Agostoni-Carbone, M. Aigle, L. Alberghina, et al.. The complete DNA sequence of yeast chromosome III（酵母 III 号染色体之完整 DNA 序列）. Nature, 359（1992）: 38–46; B. Dujon, D. Alexandraki, B. André, W. Ansorge, V. Baladron, et al.. Complete DNA sequence of yeast chromosome XI（酵母 XI 号染色体之完整 DNA 序列）. Nature, 369（1994）: 371–378; A. Goffeau, B. G. Barrell, H. Bussey, R. W. Davis, B. Dujon, et al.. Life with 6000 genes（拥有 6000 个基因之生命）. Science, 274（1996）: 546–567.

31. André Goffeau. Genomic-scale analysis goes upstream（基因组范围的分析开始关注基因上游序列）. Nature Biotechnology, 16（1998）: 907–908.

32. R. Wilson, R. Ainscough, K. Anderson, C. Baynes, M. Berks, et al.. 2. 2 Mb of contiguous nucleotide sequence from chromosome III of *C. elegans*（秀丽隐杆线虫 III 号染色体之 2. 2 兆连续核苷酸序列）. Nature, 368（1994）: 32–38.

33. 秀丽隐杆线虫基因测序联合组. Genome sequence of the nematode *C. elegans*: a platform for investigating biology（蠕虫秀丽隐杆线虫的基因组序列: 研究生物学的一个平台）. Science, 282（1998）: 2012–2046.

34. Robert D. Fleischmann, Mark D. Adams, Owen White, Rebecca A. Clayton, Ewen F. Kirkness, et al.. Whole-genome random sequencing and assembly of *Haemophilus influenzae* Rd（流感嗜血杆菌之全基因组随机测序与序列拼接）. Science, 269（1995）: 496–512; Claire M. Fraser, Jeannine D. Gocayne, Owen White, Mark D. Adams, Rebecca A. Clayton, et al.. The minimal gene complement of *Mycoplasma genitalium*（生殖支原体之最少基因匹配）. Science, 270（1995）: 397–403.

35. Stephen Anderson. Shotgun DNA sequencing using cloned DNase I-generated fragments（利用由 DNA 核酸酶 I 产生之克隆片段进行的鸟枪 DNA 测序）. Nucleic Acid Research, 9（1981）：3015-3027.

36. 贯穿整个 DNA 测序过程，特别但并非独特地通过鸟枪策略，计算机在生物学研究过程中扮演日益重要角色：Hallam Stevens. **Life Out of Sequence: A Data-Driven History of Bioinformatics**（出自序列之生命：生物信息学之数据驱动史）. Chicago：University of Chicago Press, 2013.

37. James L. Weber and Eugene W. Myers. Human whole-genome shotgun sequencing（通过鸟枪法进行人类全基因组测序）. Genome Research, 7（1997）：401-409；Philip Green. Against a whole-genome shotgun（反对全基因组鸟枪法测序）. Genome Research, 7（1997）：410-417.

38. F. Kunst, N. Ogasawara, I. Moszer, A. M. Albertini, G. Alloni, et al. . The complete genome sequence of the gram-positive bacterium *Bacillus subtilis*（革兰氏阳性细菌枯草芽孢杆菌之完整基因组序列）. Nature, 390（1997）：249-256.

39. Donna L. Daniels, Guy Plunkett III, Valerie Burland and Frederick R. Blattner. Analysis of the *Escherichia coli* genome：DNA sequence of the region from 84. 5 to 86. 5 minutes（大肠杆菌基因组分析：染色体 84. 5-86. 5 分钟区域内的 DNA 序列）. Science, 257（1992）：771-778；Frederick R. Blattner, Guy Plunkett III, Craig A. Bloch, Nicole T. Perna, Valerie Burland, et al. . The complete genome sequence of *Escherichia coli* K12（大肠杆菌 K12 菌株完整基因组序列）. Science, 277（1997）：1453-1462.

40. Mark D. Adams, Susan E. Celniker, Robert A. Holt, Cheryl A. Evans, Jean- nine D. Gocayne, et al. . The genome sequence of *Drosophila melanogaster*（果蝇全基因组序列）. Science, 287（2000）：2185-2195；Michael Ashburner. **Won for All: How the Drosophila Genome Was Sequenced**（全胜：果蝇基因组如何被测定）. Cold Spring Harbor, NY：Cold Spring Harbor Laboratory Press, 2006.

41. Laurie Goodman. Random shotgun Fire（随机鸟枪发射）. Genome Research, 8（1998）：567-568.

42. Robert H. Waterston, Eric S. Lander and John E. Sulston. On the sequencing of the human genome（论人类基因组测序）. Proceedings of the National Academy of Sciences of the USA, 99（2002）：3712-3716；Phil Green. Whole genome disassembly（全基因组拆装）. Proceedings of the National Academy of Sciences of the USA, 99（2002）：4143-4144；Eugene W. Myers, Granger G. Sutton, Hamilton O. Smith, Mark D. Adams and J. Craig Venter. On the sequencing and assembly of the human genome（论人类基因组之测序及拼装）. Proceedings of the National Academy of Sciences of the USA, 99（2002）：4145-4146.

43. 2001 年 2 月 15 号出版的《自然》杂志；2001 年 2 月 16 号出版的《科学》杂志.

44. Teresa K. Atwood. The babel of bioinformatics（生物信息学之迷茫）. Science, 290（2000）：471-473.

45. Brent Ewing and Phil Green. Analysis of expressed sequence tags indicates 35000 human genes（表达序列标签分析表明存在 35 000 个人类基因）. Nature Genetics, 25（2000）：232-234；Hughes RoestCrollius, Olivier Jaillon, Alain Bernot, Corinne Dasilva, Laurence Bouneau, et al. . Estimate of human gene number provided by genome-wide analysis using *Tetraodon nigroviridis* DNA sequence（通过对潜水艇鱼之全基因组 DNA 序列分析来估计人类拥有之基因数目）. Nature Genetics, 25（2000）：235-238.

46. M. S. Clark. Comparative genomics：the key to understanding the human genome project（比较基因组学：认识人类基因组工程价值之关键）. BioEssays, 21（1999）：121-130.

47. Edward M. Marcotte, Matteo Pellegrini, Ho-Leung Ng, Danny W. Rice, Todd O. Yeates and David Eisenberg. Detecting protein functions and protein-protein interactions from genome sequences（从基因组 DNA 序列研判蛋白质之功能及蛋白质－蛋白质相互作用）. Science, 285（1999）：751-753.

48. Matteo Pellegrini, Edward M. Marcotte, Michael J. Thompson, David Eisenberg and Todd O. Yeates. Assigning protein functions by comparative genome analysis：protein phylogenetic profiles（通过比较基因组分析特定蛋白质之功能：蛋白质系统发生谱）. Proceedings of the National Academy of Sciences of the USA, 96（1999）：

4285-4288.

49. 酵母: Manolis Kellis, Bruce W. Birren and Eric M. Lander. Proof and evolutionary analysis of ancient genome duplication in the yeast *Saccharomyces cerevisiae*（酿酒酵母中远古时发生基因组加倍之发生证据及演化分析）. Nature, 428（2004）: 617-624; Fred S. Dietrich, Sylvia Voegeli, Sophie Brachat, Anita Lerch, Krista Gates, et al.. The Ashbya gossypii genome as a tool for mapping the ancient *Saccharomyces cerevisiae* genome（棉病囊菌基因组作为一种对古代酿酒酵母进行遗传作图之工具）. Science, 304（2004）: 304-307; Bernard Dujon, David Sherman, Gilles Fischer, Pascal Durrens, Serge Casaregola, et al.. Genome evolution in yeasts（酵母基因组演化）. Nature, 430（2004）: 35-44. 蠕虫: Lincoln D. Stein, Zhirong Bao, Darin Blasiar, Thomas Blumenthal, Michael R. Brent, et al.. The genome sequence of *Caenorhab ditisbriggsae*: a platform for comparative genomics（秀丽隐杆线虫基因组序列: 比较基因组学之平台）. PLoS Biology, 1（2003）: 166-192.

50. Carol J. Bult, Owen White, Gary J. Olsen, Lixin Zhou, Robert D. Fleischmann, et al.. Complete genome sequence of the methanogenic archaeon *Methanococcus jannaschii*（产甲烷的古细菌甲烷球菌之完整基因组序列）. Science, 273（1996）: 1058-1073; 拟南芥基因组项目联盟. Analysis of the genome sequence of the flowering plant *Arabidopsis thaliana*（开花植物拟南芥之基因组序列分析）. Nature, 408（2000）: 796-813.

51. Paramvir Dehal, Yutaka Satou, Robert A. Campbell, Jarrod Chapman, Bernard Degnan, et al.. The draft genome of *Ciona intestinalis*: insights into chordate and vertebrate origins（玻璃海鞘之基因组草图: 洞察脊索动物以及脊椎动物的起源）. Science, 298（2002）: 2157-2167.

52. Rowland H. Davis. **The Microbial Models of Molecular Biology: From Genes to Genomes**（分子生物学之微生物模型: 从基因到基因组）. Oxford: Oxford University Press, 2003.

53. Robert E. Service. The race for the $1000 genome（1000 美元测定一个人的基因组之竞争）. Science, 311（2006）: 1544-1546.

54. William E. Evans and Mary V. Relling. Pharmacogenomics: translating functional genomics into rational therapeutics（药理基因组学: 将功能基因组学知识翻译成理性治疗学）. Science, 286（1999）: 487-491.

55. Robert J. Klein, Caroline Zeiss, Emily Y. Chew, Jen-Yue Tsai, Richard S. Sackler, et al.. Complement factor H polymorphism in age-related macular degeneration（在年龄相关的黄斑退化过程中补体因子 H 之多态性）. Science, 308（2005）: 385-489.

56. Michael R. Stratton. Exploring the genomes of cancer cells: progress and promise（探究癌细胞之基因组: 进展与前景）. Science, 331（2011）: 1553-1558.

57. Peter C. Nowell. The clonal evolution of tumor cell populations（肿瘤细胞群体之克隆演化）. Science, 194（1976）: 23-28.

58. S. J. Gamblin, L. F. Haire, R. J. Russell, D. J. Stevens, B. Xiao, et al.. The structure and receptor binding properties of the 1918 influenza hemagglutinin（1918 年流感病毒血凝素蛋白之结构及受体结合特性）. Science, 303（2004）: 1838-1842; Nuno R. Faria Andrew Rambaut, Marc A. Suchard, Guy Baele, Trevor Bedford, et al.. The early spread and epidemic ignition of HIV-1 in human populations（人类获得性免疫缺陷症病毒在人群中的早期传播及流行起始）. Science, 346（2014）: 56-61.

59. J. Craig Venter, Karin Remington, John F. Heidelberg, Aaron L. Halpern, Doug Rusch, et al.. Environmental genome shotgun sequencing of the sargasso sea（在马尾藻海进行之环境基因组鸟枪法测序）. Science, 304（2004）: 66-74.

60. K. Zaremba-Niedzwiedzka, E. F. Caceres, J. H. Saw, D. Bäckström, L. Juzokaite, et al.. Asgard archaea illuminate the origin of eukaryotic cellular complexity（阿斯加德古菌照亮真核细胞复杂性起源）. Nature, 541（2017）: 353-358.

61. Maureen A. O'Malley. Exploratory experimentation and scientific practice：metagenomics and the proteorhodopsin case（探索性实验及科学实践：宏基因组学及细菌视紫红质案例）. History and Philosophy of the Life Sciences，29（2007）：337-360.

62. Walter Gilbert. Towards a paradigm shift in biology（关于生物学中的一种范式变迁）. Nature，349（1991）：99.

63. Peter Medawar. **The Art of the Soluble**（见第 5 章注释 19）.

64. Sandra Leonelli and Rachel A. Ankeny. Re-thinking organisms：the impact of databases on model organism biology（对生物之重新思考：数据库对现代整体生物学之影响）. Studies in History and Philosophy of Science Part C: Studies in History and Philosophy of Biological and Biomedical Sciences，43（2012）：29-36.

65. Bruno J. Strasser. Collecting nature：practices，styles and narratives（收集自然：实践、风格及故事）. Osiris，27（2012）：303-320.

## 第 28 章　系统生物学及合成生物学

1. Leland H. Hartwell，John J. Hopfield，Stanislas Leibler and Andrew W. Murray. From molecular to modular cell biology（从分子生物学到模块式细胞生物学）. Nature，402（1999）：C47-C52.

2. Ludwig von Bertalanffy. **General Systems Theory**（通用系统理论）. New York：George Braziller，1968.

3. Donald J. Lockhart，Helin Dong，Michael C. Byrne，Maximilian T. Follettie，Michael V. Gallo，et al. . Expression monitoring by hybridization to high-density oligonucleotide arrays（通过与高密度寡核苷酸阵列进行分子杂交而实施基因表达监控）. Nature Biotechnology，14（1996）：1675-1680.

4. Kevin P. White，Scott A. Rifkin，Patrick Hurban and David S. Hogness. Microarray analysis of *Drosophila* development during metamorphosis（果蝇发育蜕变期间基因表达之微阵列分析）. Science，286（1999）：2179-2184；Stuart K. Kim，Jim Lund，Moni Kirali，Kyle Duke，Min Jiang，et al. . Gene expression map for *Caenorhabditis elegans*（秀丽隐杆线虫基因表达图）. Science，293（2001）：2087-2092.

5. John Quackenbush. Microarrays—guilt by association（微阵列——牵连犯罪）. Science，302（2003）：240-241.

6. Ash A. Alizadeh，Michael B. Elsen，R. Eric Davis，Chi Ma，Izidore S. Lossos，et al. . Distinct types of diffuse large B-cell lymphoma identified by gene expression profiling（通过基因表达谱鉴定的不同类型弥漫型大 B 细胞淋巴瘤）. Nature，403（2000）：503-511.

7. Peter Uetz，L. Giot，Gerard Cagney，Traci A. Mansfield，Richard S. Judson，et al. . A comprehensive analysis of protein-protein interactions in *Saccharomyces cerevisiae*（酿酒酵母中蛋白质－蛋白质相互作用综合分析）. Nature，403（2000）：623-627；Takashi Ito，Tomoko Chiba，Kitsuko Ozawa，Mikio Yoshida，Masahira Hattori and Yoshiyuki Sakaki. A comprehensive two-hybrid analysis to explore the yeast protein interactome（为探究酵母蛋白质相互作用组而开展的全面双杂交分析）. Proceedings of the National Academy of Sciences of the USA，98（2001）：4569-4574；L. Giot，J. S. Bader，C. Brouwer，A. Chaudhuri，B. Kuang，et al. . A protein interaction map of *Drosophila melanogaster*（果蝇中蛋白质相互作用图谱）. Science，302（2003）：1727-1736.

8. Stanley Fields and Ok-kyu Song. A novel genetic system to detect protein-protein interactions（检测蛋白质－蛋白质相互作用的一种全新遗传学系统）. Nature，340（1989）：245-246.

9. Peter O. Brown and David Botstein. Exploring the new world of the genome with DNA microarrays（利用 DNA 微阵列探索基因组新世界）. Nature Genetics，21，Suppl. 1（1999）：33-37.

10. Réka Albert，Hawoong Jeong and Albert-Laszlo Barabasi. Diameter of the World-Wide Web（万维网之直径）. Nature，401（1999）：130-131.

11. Richard Gallagher and Tim Appenzeller. Beyond reductionism（超越还原论）. Science，284（1999）：79.

12. Gerhard Schlosser and Gunter P. Wagner. **Modularity in Development and Evolution**（发育与演化之模块化）. Chicago：University of Chicago Press，2004.

13. R. Milo，S. Shen-Orr，S. Itzkovitz，N. Kashtan，D. Chklovskii and U. Alon. Network motifs：simple building blocks of complex networks（网络模体：复杂网络之简单构建模块）. Science，298（2002）：824–827.

14. Andreas Wagner. Robustness against mutations in genetic networks of yeast（酵母遗传网络抵抗突变之强健性）. Nature Genetics，24（2000）：355–361.

15. H. Jeong，S. P. Mason，A. -L. Barabasi and Z. N. Oltvai. Lethality and centrality in protein networks（蛋白质相互作用网络中之致死性与核心性）. Nature，411（2001）：41–42.

16. Daniel E. L. Promislow. Protein networks，pleiotropy and the evolution of senescence（蛋白质相互作用网络、基因多效性及衰老的生物演化）. Proceedings of the Royal Society of London: Series B，Biological Sciences，271（2004）：1225–1234.

17. Denis Duboule and Adam S. Wilkins. The evolution of "bricolage"（"拼装"的生物演化）. Trends in Genetics，14（1998）：54–59.

18. Michael P. H. Stumpf，Carsten Wiuf and Robert M. May. Subnets of scale-free networks are not scale-free：sampling properties of networks（无尺度限制网络之亚网络并非无尺度限制：对网络特性之抽样调查）. Proceedings of the National Academy of Sciences of the USA，102（2005）：4221–4224；Evelyn Fox Keller. Revisiting "Scale-free" networks（重访"无尺度"网络）. Bioessays，27（2005）：1060–1068.

19. Bert Vogelstein，David Lane and Arnold J. Levine. Surfing the p53 network（在 p53 蛋白质网络中冲浪）. Nature，408（2000）：307–310.

20. Pierre-Alain Braillard. Systems biology and the mechanistic framework（系统生物学及其机制框架）. History and Philosophy of the Life Sciences，32（2010）：43–62.

21. Kunihiko Taneko. **Life: An Introduction to Complex Systems Biology**（生命：复杂系统生物学导论）. New York：Springer，2006.

22. Avigdor Eldar and Michael B. Elowitz. Functional roles for noise in genetic circuits（遗传环路噪音之功能角色）. Nature，467（2010）：167–174.

23. Manuel Porcar and JuliPereto. **Synthetic Biology: From iGEM to the Artificial Cell**（合成生物学：从国际基因工程机器大赛到人工细胞）. Dordrecht，the Netherlands：Springer，2014.

24. Leland H. Hartwell，John J. Hopfield，Stanislas Leibler and Andrew W. Murray. From molecular to modular cell biology（见本章注释 1），C47–C52.

25. Michael B. Elowitz and Stanislas Leibler. A synthetic oscillatory network of transcriptional regulation（转录调节之人工振荡网络）. Nature，403（2000）：335–338；Timothy S. Gardner，Charles R. Cantor and James J. Collins. Construction of a genetic toggle switch in *Escherichia coli*（在大肠杆菌中构建一种遗传切换开关）. Nature，403（2000）：339–342；Anselm Levskaya，Aaron A. Chevalier，Jeffrey J. Tabor，Zachary Booth Simpson，Laura A. Lavery，et al. . Engineering Escherichia coli to see light（使大肠杆菌可以看见光之工程改造）. Nature，438（2005）：441–442.

26. Dae-Kyun Ro，Eric M. Paradise，Mario Ouellet，Karl J. Fisher，Karyn L. Newman，et al. . Production of the antimalarial drug precursor artemisinic acid in engineered yeast（在经工程设计酵母细胞中生产抗疟疾药物前体青蒿酸）. Nature，440（2006）：940–943.

27. Daniel G. Gibson，John I. Glass，Carole Lartigue，Vladimir N. Noskov，Ray-Yuan Chuang，et al. . Creation of a bacterial cell controlled by a chemically synthesized genome（创造一种化学合成基因组控制的细菌细胞）. Science，329（2010）：52–56.

28. Jesse Stricker, Scott Cookson, Matthew R. Bennett, William H. Mather, Lev M. Tsimring and Jeff Hasty. A fast, robust and tunable synthetic gene oscillator（一种快速、强劲和可调之人工合成之基因振荡器）. Nature, 456（2008）: 516-519; Michael J. Dougherty and Frances H. Arnold. Directed evolution: new parts and optimized function（定向演化: 新器件及被优化的功能）. Current Opinion in Biotechnology, 20（2009）: 486-491.

29. U. Alon. Biological networks: the tinkerer as an engineer（生物网络: 作为一位工程师之修补匠）. Science, 301（2003）: 1866-1867.

30. George von Dassow, Elt Meir, Edwin M. Munro and Garrett M. Odell. The segment polarity network is a robust developmental module（昆虫分支极性网络是一种强健的发育模块）. Nature, 406（2000）: 188-192.

31. S. Benzer. Induced synthesis of enzymes in bacteria analyzed at the cellular level（细胞水平分析细菌中酶的诱导合成）. Biochimica et Biophysica Acta, 11（1953）: 383-395; Aravinthan D. T. Samuel and Howard C. Berg. Fluctuation analysis of rotational speeds of the bacterial flagellar motor（细菌鞭毛马达旋转速度之间隙性分析）. Proceedings of the National Academy of Sciences of the USA, 92（1995）: 3502-3506.

32. William J. Blake, Charles R. Cantor and J. J. Collins. Noise in eukaryotic gene expression（真核基因表达的噪音）. Nature, 422（2003）: 633-637; Jonathan M. Raser and Erin K. O' Shea. Noise in gene expression: origins, consequences and control（基因表达过程中之噪音: 起源、后果及控制）. Science, 309（2005）: 2010-2013; Long Cai, Nir Friedman and X. Sunney Xie. Stochastic protein expression in individual cells at the single molecule level（单细胞单分子水平观察到随机性蛋白质表达）. Nature, 440（2006）: 358-362.

33. Harley H. McAdams and Adam Arkin. It's a Noisy Business! Genetic Regulation at the Nanomolar Scale（这是一件嘈杂之事! 纳摩尔范围之遗传调节）. Trends in Genetics, 15（1999）: 65-69.

34. Avigdor Eldar and Michael B. Elowitz. Functional roles for noise in genetic circuits（见本章注释 22）, 167-174.

35. 有关后基因组学目前状况之概述见: Sarah S. Richardson and Hallam Stevens, eds. **Post-Genomics: Perspectives on Biology after the Genome**（后基因组学: 基因组后之生物学展望）. Durham, NC: Duke University Press, 2015.

### 第 29 章　分子生物学中的图像、示意图及隐喻

1. Soraya de Chadaverian and Nick Hopwood, eds. **Models: The Third Dimension of Science**（模型: 科学之第三维）. Stanford, CA: Stanford University Press, 2004; Norberto Serpente. Justifying molecular images in cell biology textbooks: from construction to primary data（细胞生物学教科书中使用分子图像之正当性: 从构建到初步数据）. Studies in History and Philosophy of Science Part C: Studies in History and Philosophy of Biological and Biomedical Sciences, 55（2016）: 105-116.

2. Linus Pauling. **The Nature of the Chemical Bond**（化学键之本质）. Ithaca, NY: Cornell University Press, 1939.

3. Thomas H. Morgan. The relation of genetics to physiology and medicine（遗传学与生理学和医学之关系）. 1934 年 6 月 4 号之诺贝尔奖讲座: www. nobelprize. org/uploads/2018/06/morgan-lecture. pdf. 关于 20 世纪生物学中作图之重要性，在以下著作中做了细致分析: Jean-Paul Gaudillière and Hans-Jörg Rheinberger, eds. **The Mapping Cultures of Twentieth-Century Genetics**（20 世纪遗传学之作图文化）. New York: Routledge, 2004.

4. George W. Beadle and Boris Ephrussi. Development of eye colors in *Drosophila*: diffusible substances and their interrelations（果蝇眼睛颜色发育: 可扩散物质及它们之相互关系）. Genetics, 22（1937）: 76-86.

5. James D. Watson and Francis H. C. Crick. A structure for deoxyribose nucleic acid（脱氧核糖核酸之一种结构）. Nature, 171（1953）: 737-738.

6. John Yudkin. Enzyme variation in micro-organisms（微生物中酶之变异）. Biological Reviews，13（1938）：93−106.

7. Jacques Monod，Jeffries Wyman and Jean-Pierre Changeux. On the nature of allosteric transitions：a plausible model（见第 14 章注释 35）.

8. J. C. Kendrew，G. Bodo，M. Kintzis，R. G. Parrish，H. Wickoff and D. C. Phillips. A three-dimensional model of the myoglobin molecule obtained by X-ray analysis（通过 X 射线分析获得的肌红蛋白分子三维结构模型）. Nature，181（1958）：662−666.

9. François Jacob and Jacques Monod. Genetic regulatory mechanisms in the synthesis of proteins（蛋白质合成之遗传调节机制）. Journal of Molecular Biology，3（1961）：318−356.

10. Roy J. Britten and Eric H. Davidson. Gene regulation for higher cells：a theory（见 15 章注释 37）.

11. André Lwoff. Lysogeny（噬菌体溶原性）. Bacteriology Reviews，17（1953）：269−337.

12. Maria Trumpler. Converging images：techniques of intervention and forms of representation of sodium channel proteins in nerve cell membranes（趋同之图像：神经细胞膜中钙离子通道蛋白之干扰技术及示意方式）. Journal of the History of Biology，30（1997）：55−89.

13. Norberto Serpente. Cells from icons to symbols：molecularizing cell biology in the 1980s（细胞从图标到象征：20 世纪 80 年代分子化的细胞生物学）. Studies in History and Philosophy of Science Part C: Studies in History and Philosophy of Biological and Biomedical Sciences，42（2011）：403−411.

14. J. F. Danielli and H. Davson. A contribution to the theory of permeability of thin films（对薄膜可通透性理论的一种贡献）. Journal of Cellular and Comparative Physiology，5（1935）：495−508.

15. S. J. Singer and G. L. Nicolson. The fluid mosaic model of the structure of cell membranes（细胞膜结构流动镶嵌模型）. Science，175（1972）：720−731.

16. M. Levitt and C. Chothia. Structural patterns in globular proteins（球蛋白结构模型）. Nature，261（1976）：552−558.

17. Jane S. Richardson. The anatomy and taxonomy of protein structure（蛋白质结构剖析与归类）. Advances in Protein Chemistry，34（1981）：167−339；Jane S. Richardson and David Richardson. Doing molecular biophysics：finding，naming and picturing signal within complexity（从事分子生物物理学：从复杂结构中寻找、命名及图像化信号）. Annual Review of Biochemistry，42（2013）：1−28.

18. S. Bahar. Ribbon diagrams and protein taxonomy：a profile of Jane S. Richardson（飘带示意图及蛋白质分类：珍妮·理查森传略）. Newsletter of the Division of Biological Physics of the American Physical Society，4（2004）：5−8.

19. Carl-Ivar Branden and John Tooze. **Introduction to Protein Structure**（蛋白质结构导论）. New York：Garland，1991.

20. Bruce Alberts，Alexander Johnson，Julian Lewis，David Morgan，Martin Raff，et al. **Molecular Biology of the Cell**（细胞分子生物学）. New York：Garland，1983；Norberto Serpente. Beyond a pedagogical tool：30 years of Molecular Biology of the Cell（超越一种教学工具：《细胞分子生物学》一书出版 30 年）. Nature Reviews/Molecular Biology，14（2013）：120−125.

21. 然而，在单调的图示景观世界，存在一种引人注目的例外：大卫·古赛尔的绘画表明，细胞内部是何种拥挤不堪. David S. Goodsell. **The Machinery of Life**（生命机器）. New York：Springer-Verlag，1998.

22. Sarah S. Richardson and Hallam Stevens eds. **Post-genomics: Perspectives on Biology after the Genome**（后基因组学：后基因组时代之生物学展望）. Durham，NC：Duke University Press，2015.

23. Martin Krzywinski，Jacqueline Schein，Inanç Birol，Joseph Connors，Randy Gascoyne，et al. . Circos：an information aesthetic for comparative genomics（赛克斯可视化软件：比较基因组学的一种信息美学）. Genome

Research，19（2011）：1639−1645.

24. Ken A. Dill and Hue Sun Chan. From levinthal to pathways to funnels（从莱文索尔到折叠路径再到折叠漏斗）. Nature Structural and Molecular Biology，4（1997）：10−19.

25. Evelyn Fox Keller. **Refiguring Life: Metaphors of Twentieth Century Biology**（重新描绘生命：20 世纪生物学的隐喻）. New York：Columbia University Press，1995；Andrew S. Reynolds. **The Third Lens: Metaphor and the Creation of Modern Cell Biology**（第三种镜头：现代细胞生物学的隐喻与创新）. Chicago：University of Chicago Press，2018. 有关此问题的入门性内容，见：George Lakoff and Mark Johnson. **Metaphors We Live By**（我们赖以为生的隐喻）. Chicago：University of Chicago Press，1980；R. C. Paton. Towards a metaphorical biology（向一种隐喻生物学迈进）. Biology and Philosophy，7（1992）：279−294；Theodore L. Brown. **Making Truth: Metaphor in Science**（制造真理：科学中的隐喻）. Chicago：University of Illinois Press，2003.

26. 三个 2019 年的例子，突显来自生物学完全不同领域年轻科学家对这一问题的兴趣：Daniel J. Nicholson. Is the cell really a machine?（细胞果真是一部机器吗？）Journal of Theoretical Biology，477（2019）：108−126；Mark E. Olson，Alfonso Arroyo-Santos and Francisco Vergara-Silva. A user's guide to metaphors in ecology and evolution（生态学与演化生物学隐喻用户指南）. Trends in Ecology and Evolution，34（2019）：605−615；Romain Brette. Is coding a relevant metaphor for the brain?（编码是描述大脑的一种恰当隐喻吗？）Behavioral and Brain Sciences，2019，https://doi. org/10. 1017/S0140525X19000049. 注意，贝特里奇（Betteridge）提出的"头条与文章题目定律"陈述说，当题目中含一个问号时，其答案其实为"否"。

27. 这两个例子一直是开展细致历史和哲学探究的对象，比如见：Evelyn Fox Keller. **Refiguring Life: Metaphors of Twentieth Century Biology**（见本章注释 25）；Lily E. Kay. **Who Wrote the Book of Life? A History of the Genetic Code**（见第 10 章注释 9）；Matthew Cobb. **Life's Greatest Secret：The Race to Crack the Genetic Code**（见绪论注释 8）.

28. 克里克在其 1988 年的自传里挖苦性地指出了这一点，评论说"遗传密码"（genetic code）听上去比"遗传暗号"（genetic cipher）引人入胜得多。Francis Crick. **What Mad Pursuit: A Personal View of Scientific Discovery**（见第 11 章注释 2）.

29. Francis. Crick. On protein synthesis（见第 13 章注释 2）.

**总体结论**

1. Nils Roll-Hansen. The Meaning of Reductionism（还原论解读）. in **International Conference on Philosophy of Science**（科学哲学国际会议）. Vigo，Spain：University of Vigo，1996：125−148.

2. François Jacob. **The Logic of Life: A History of Heredity**（见第 3 章注释 13）.